Wolfgang Nolting

Grundkurs Theoretische Physik 6 Statistische Physik

Grundkurs Theoretische Physik

Von Wolfgang Nolting

1 Klassische Mechanik
Mathematische Vorbereitung – Mechanik des freien Massenpunktes – Mechanik der Mehr-Teilchen-Systeme – Der starre Körper

2 Analytische Mechanik
Lagrange-Mechanik – Hamilton-Mechanik – Hamilton-Jacobi-Theorie

3 Elektrodynamik
Mathematische Vorbereitung – Elektrostatik – Magnetostatik – Elektrodynamik

4 Spezielle Relativitätstheorie, Thermodynamik
Spezielle Relativitätstheorie: Grundlagen – Kovariante vierdimensionale Formulierung – Thermodynamik: Grundbegriffe – Hauptsätze – Thermodynamische Potentiale – Phasen und Phasenübergänge

5 Quantenmechanik
Teil 1: Grundlagen
Induktive Begründung der Wellenmechanik – Schrödinger-Gleichung – Grundlagen der Quantenmechanik (Dirac-Formalismus) – Einfache Modellsysteme

Teil 2: Methoden und Anwendungen
Quantentheorie des Drehimpulses – Zentralpotential – Näherungsmethoden – Mehr-Teilchen-Systeme – Streutheorie

6 Statistische Physik
Klassische Statistische Physik – Quantenstatistik – Quantengase – Phasenübergänge

7 Viel-Teilchen-Theorie
Die zweite Quantisierung – Viel-Teilchen-Modellsysteme – Green-Funktion – Wechselwirkende Teilchen-Systeme – Störungstheorie ($T = 0$) – Störungstheorie bei endlichen Temperaturen

Wolfgang Nolting

Grundkurs Theoretische Physik 6 Statistische Physik

Mit 107 Abbildungen und 92 Aufgaben mit vollständigen Lösungen

3., verbesserte Auflage

Prof. Dr. rer. nat. W. Nolting
Humboldt-Universität Berlin

Die 1. und 2. Auflage des Buches erschienen
im Verlag Zimmermann-Neufang, Ulmen

Ursprünglich erschienen bei Friedr. Vieweg & Sohn Verlagsgesellschaft mbH, Braunschweig /Wiesbaden, 1998

http://www.vieweg.de

Umschlag: Klaus Birk, Wiesbaden

Gedruckt auf säurefreiem Papier

ISBN 978-3-528-16936-7 ISBN 978-3-663-12152-7 (eBook)
DOI 10.1007/978-3-663-12152-7

VORWORT

Die **Statistische Physik** bildet für praktisch alle Studiengänge der Physik den Abschluß der Grundausbildung und wird bei einem Ausbildungsbeginn im ersten Semester in der Regel im sechsten oder siebten Semester angeboten. Die ersten vier Bände des **Grundkurs: Theoretische Physik** beinhalten mit der *Klassischen Mechanik*, der *Elektrodynamik*, der *Speziellen Relativitätstheorie* und der *phänomenologischen Thermodynamik* die *"klassische Theoretische Physik"*, die normalerweise den Stoff für die Vordiplomprüfung darstellt. Die beiden Teile des fünften Bandes, die sich mit der *Quantenmechanik* befaßten, sowie der nun vorliegende sechste Band zur **Statistischen Physik** werden der *"modernen Theoretischen Physik"* zugerechnet. Ihr Verständnis wird für die Diplom-Hauptprüfung vorausgesetzt. – Das Konzept und die Zielsetzung des gesamten Grundkurses ist natürlich auch für diesen sechsten Band beibehalten worden. Er ist als direkte Unterstützung der entsprechenden Grundvorlesung gedacht und vermittelt den Stoff in so kompakter und abgeschlossener Form, daß zunächst auf Sekundärliteratur verzichtet werden kann. Die mathematischen Ableitungen werden stets in sehr detaillierter Form ausgeführt, um die Konzentration des Lesers insbesondere auf die physikalischen Zusammenhänge zu richten. Es sei erneut darauf hingewiesen, daß die am Ende eines jeden Abschnitts angebotenen Übungsaufgaben unbedingt zur Vertiefung des Verständnisses der abstrakten Theorie und zum Selbsttest angenommen werden sollten. Die ausführlichen Lösungsvorschläge im Anhang dienen der Kontrolle.

Der vorliegende Band zur **Statistischen Physik** gliedert sich in vier größere Kapitel. Die wichtigsten Konzepte und Methoden werden an klassischen Systemen (Kap. 1) erläutert und geübt. Es wird demonstriert, wie die große Zahl von Freiheitsgraden makroskopischer Systeme zu ganz neuartigen Phänomenen führen kann. Als Beispiel sei der irreversible Übergang aus dem Nicht-Gleichgewicht ins thermische Gleichgewicht genannt, der, obwohl alle mikroskopischen Bewegungsgleichungen zeitumkehrinvariant sind, als alltägliche Beobachtung akzeptiert und erklärt werden muß. Die Methode der **Statistischen Gesamtheit** (mikrokanonisch, kanonisch, großkanonisch) wird sich als erfolgreiche Beschreibungsmöglichkeit der physikalischen Eigenschaften makroskopischer Systeme herausstellen. Der Beweis ihrer Äquivalenz stellt einen wichtigen Programmpunkt des ersten Kapitels dieses sechsten Bandes des **Grundkurs: Theoretische Physik** dar.

Das zweite Kapitel hat die **Quantenstatistik** zum Inhalt. Ihr Charakteristikum ist die ihr innewohnende doppelte *Unbestimmtheit*, die **zwei** Mittelungsprozesse erfordert. Neben der Unbestimmtheit aufgrund der großen Zahl von Freiheitsgraden, die natürlich auch den makroskopischen klassischen Systemen *anhaftet*, gibt es zusätzlich noch die unvermeidbare *quantenmechanische Unsicherheit* (Meßprozeß!), mit der wir uns ausführlich in Band 5, Teil 1 befaßt haben. Diese Tatsache erfordert die Entwicklung typisch *quantenstatistischer Konzepte*.

Eine wichtige erste Anwendung der allgemeinen Theorie betrifft die **idealen Quantengase** (Kap. 3), für die das quantenmechanische *Prinzip der Ununterscheidbarkeit identischer Teilchen* eine prägende Rolle spielt. Systeme identischer **Fermionen** und solche identischer **Bosonen** unterliegen unterschiedlichen Gesetzmäßigkeiten, die zu deutlich voneinander abweichendem physikalischen Verhalten führen. – Im vierten Kapitel wird die Theorie auf das wichtige und hochaktuelle Teilgebiet der **Phasenübergänge und kritischen Phänomene** angewendet.

Ich möchte mich an dieser Stelle bei allen denen bedanken, die in irgendeiner Weise zum Gelingen dieses Buches beigetragen haben. Dazu zählen insbesondere die zahlreichen Kollegen, die sich die Mühe gemacht haben, durch konstruktive Kritik und wertvolle Verbesserungsvorschläge zu den bereits erschienenen Bänden des **Grundkurs: Theoretische Physik** das Konzept und die Ausführung der Reihe weiter auszubauen und aufzuwerten. Viele Studenten haben mir umfangreiche Druckfehlerlisten zukommen lassen, für die ich mich sehr bedanken möchte. Ein besonderer Dank gilt wiederum dem Verlag Zimmermann-Neufang für die sehr faire und stets erfreuliche Zusammenarbeit.

Berlin, im Juni 1994 Wolfgang Nolting

INHALTSVERZEICHNIS

1 KLASSISCHE STATISTISCHE PHYSIK

1.1 Vorbereitungen

1.1.1 Formulierung des Problems

Die in Band 4 des **Grundkurs: Theoretische Physik** besprochene **Thermodynamik** ist eine phänomenologische Theorie, die auf wenigen fundamentalen Postulaten (*Hauptsätzen*) basierend makroskopische Systeme *im Gleichgewicht* mit Hilfe weniger Variabler, wie zum Beispiel Druck, Volumen, Temperatur, Dichte,..., beschreibt. Es handelt sich bei ihr jedoch keineswegs um eine abgeschlossene, vollständige Theorie. So konstatiert die Thermodynamik aufgrund empirischen Befunds, daß makroskopische Systeme aus dem Nicht-Gleichgewicht ins Gleichgewicht streben. Es fehlt ihr jedoch jede Möglichkeit, das irreversible Einstellen des Gleichgewichts nachzuvollziehen. Die in den Hauptsätzen zusammengefaßten Erfahrungtatsachen bilden die Grundlage der Thermodynamik, werden aber durch sie nicht erklärt. Fundamentale Begriffe wie *Temperatur* und *Wärme* zählen gewissermaßen zum *Rüstzeug*, ihre Existenz muß aber postuliert (*Nullter Hauptsatz*) oder durch ein *gefühlsmäßiges Selbstverständnis* begründet werden. Die eigentliche *Rechtfertigung* der Thermodynamik bleibt der

Statistischen Physik

vorbehalten. Die makroskopischen Systeme, auf die sich die Thermodynamik bezieht, bestehen aus sehr vielen Einzelgebilden (Atome, Moleküle, Cluster,...), deren Verhalten durch mikroskopische, klassische oder quantenmechanische Bewegungsgleichungen festgelegt ist. Es ist also, zumindest im Prinzip, denkbar, die Gesetzmäßigkeiten der Thermodynamik aus *mikroskopischen Daten* abzuleiten, und genau dies ist das Anliegen der Statistischen Physik. Wegen der unvorstellbar großen Zahl von Teilchen (typischerweise 10^{23} in einigen Kubikzentimetern eines Kristalls) ist allerdings an eine exakte Lösung nicht zu denken. Selbst wenn ein Super-Computer ausreichender Kapazität zur Verfügung stünde, woher sollte man z.B. die Information über den riesigen Satz der zur Lösung der Bewegungsgleichungen benötigten Anfangsbedingungen nehmen? Wer sollte die Riesenmenge an Einzeldaten mit vertretbarem Zeitaufwand auswerten können? Da also insbesondere die verfügbare *Ausgangsinformation* in jedem Fall unvollständig bleiben wird, ist der Versuch der **exakten** mikroskopischen Beschreibung von vorneherein aufzugeben.

Nun wissen wir aber, daß es der Thermodynamik durchaus gelingt, mit Hilfe weniger Zahlenangaben wichtige makroskopische Vorgänge aus Gesetzmäßigkeiten herzuleiten, die makroskopisch widerspruchsfrei erscheinen. Vom mikroskopischen Standpunkt aus gesehen kann es sich dabei aber nur um *gemittelte* Aussagen, um *Wahrscheinlichkeitsaussagen* handeln. Von der atomaren Welt *versteht* die Thermodynamik schließlich nichts! Zur Erfüllung ihrer Zielsetzung, die in der mikroskopischen Begründung der Thermodynamik besteht, wird die Statistische Physik deshalb auch mikroskopische Bewegungsgleichungen (Differentialgleichungen) mit Elementen der Wahrscheinlichkeitstheorie verknüpfen dürfen. Typische Resultate betreffen dann Mittelwerte, Häufigkeitsverteilungen, Schwankungen,... Nur in diesem Sinne kann die Statistische Physik trotz ungenügender mikroskopischer *Vorinformation* zu konkreten Aussagen kommen und ihrer Zielsetzung genügen. Oder anders ausgedrückt: Auch die Aussagen der Statistischen Physik sind nur *im Mittel* richtig, im Einzelfall sind durchaus Abweichungen zu erwarten. Die *Fluktuationen* um den *Mittelwert* sind aber ebenfalls berechenbar. Von entscheidender Bedeutung ist dabei die Beobachtung, daß, obwohl mit wachsender Teilchenzahl die *mikroskopische Unkenntnis* anwächst, die relativen Schwankungen in den Wahrscheinlichkeitsaussagen zu den makroskopischen Größen jedoch immer unbedeutender werden. Für gesicherte Aussagen benötigt die Statistische Physik deshalb das *asymptotisch große* System.

Sie kommt zusätzlich nicht ohne ein fundamentales Postulat aus, will sie konkret zu physikalischen Problemen unter Zuhilfenahme **statistischer** Methoden Stellung beziehen. Dieses Postulat betrifft ausschließlich **isolierte Systeme**. Als ein solches hatten wir in Band 4 ein System definiert, das keinerlei Austausch von *Eigenschaften* und *Inhalten* mit der Umgebung betreibt. Zunächst einmal ist zu konstatieren, daß es *streng isolierte* Systeme gar nicht geben wird. Die Aussage, daß ein isoliertes System eine scharf definierte, konstante Energie habe, beinhaltet bereits eine gewisse Idealisierung und kann nur *makroskopisch richtig* sein. 1 cm^3 eines Kristalls enthält größenordnungsmäßig 10^{23} Atome, die zugehörige Oberfläche die noch immer unvorstellbar große Zahl von 10^{16} Atomen. Es wird sich nicht vermeiden lassen, daß diese Oberflächenatome mit Teilchen der umgebenen Gasatmosphäre wechselwirken. Jedoch ist der Bruchteil der Kristallatome, die in der Oberfläche sitzen und solchen Wechselwirkungen ausgesetzt sind, so verschwindend gering ($\approx 10^{-7}$), daß man das System *Kristall* makroskopisch durchaus als isoliert ansehen kann, mikroskopisch ist es dies strenggenommen nicht. Man wird die Energie U eines *isolierten* Systems deshalb mit $E < U < E + \Delta$ angeben, wobei Δ eine *sehr kleine* Energie sein muß($\Delta \ll E$). Ferner sind natürlich noch Volumen V und Teilchenzahl N als konstant anzusehen. – Unsere *Vorinformation* über das *isolierte* System wird sich in der Regel auf die Größen E, Δ, V und N beschränken. Sie ist damit *unvollständig*, da es eine sehr große Zahl von Mikrozuständen geben wird, die mit diesen Randbedingungen *verträglich* sind. Man denke nur an ein Gas mit N Teilchen im Volumen V, bei dem es bezüglich der Energie E z.B. überhaupt nicht auf die räumliche Verteilung der Teilchen ankommt. Wir wissen nicht, in welchem dieser *denkbaren* Mikrozustände sich das System nun tatsächlich befindet. Das für die Statistische Physik fundamentale

Postulat der gleichen "a priori"-Wahrscheinlichkeiten

besagt nun, daß sich das System in jedem dieser *denkbaren* Zustände mit gleicher Wahrscheinlichkeit aufhält. Diese Hypothese ist nicht beweisbar. Sie bezieht ihre Rechtfertigung erst im Nachhinein ("a posteriori") aus dem widerspruchsfreien Vergleich der *statistischen Resultate* mit dem empirischen Befund. Allerdings ist es wohl auch die einzig *plausible* Annahme, jede andere wäre mit dem Ruch der *Willkür* behaftet.

Betrachten wir noch einmal von einer anderen Warte aus die obige Schlußfolgerung, daß Statistische Physik, und damit auch Thermodynamik, nur für *asymptotisch große* Systeme sinnvoll sein kann. Machen wir uns dazu einige Gedanken über den für die Thermodynamik so wichtigen Begriff des *Gleichgewichts*, und zwar wieder am Beispiel des *isolierten* Systems. Wenn dieses sich gemäß *makroskopischer Kriterien* im Gleichgewicht befindet, d.h. sich seine makroskopischen Observablen zeitlich nicht mehr ändern, dann bedeutet das keineswegs, daß dies auch mikroskopisch gälte. Von *zeitlicher Konstanz* kann in der *Mikrowelt* bei bestem Wissen nicht die Rede sein, wenn man z.B. an die rasche Bewegung von Gasmolekülen denkt. Aber wie manifestiert sich denn nun mikroskopisch der Gleichgewichtszustand und insbesondere die irreversible Entwicklung eines Systems in denselben? Da scheinen wir an einer entscheidenden Fragestellung der Statistischen Physik angelangt zu sein. Sie wird erklären müssen, wie die empirisch eindeutig belegte *Irreversibilität* makroskopischer Systeme zu verstehen ist, obwohl doch alle mikroskopischen Bewegungsgleichungen zeitumkehrbar und damit *reversibel* sind. Offensichtlich macht der Begriff *Gleichgewicht* mikroskopisch überhaupt keinen Sinn. Wir können das Dilemma vorläufig nur durch die Vermutung lösen, daß die makroskopische Beschreibung der phänomenologischen Thermodynamik und die exakte mikroskopische Anlayse deutlich gegeneinander abgegrenzt werden müssen. Wir werden in den folgenden Kapiteln in der Tat erfahren, daß im Fall sehr großer Systeme ($N \to \infty$) gewisse Observable, die wir dann als *makroskopisch* bezeichnen werden, anderen Gesetzmäßigkeiten genügen, mit denen *irreversibles Streben ins Gleichgewicht* zugelassen und erklärbar wird, als *mikroskopische Observable*, mit denen *Gleichgewicht* nicht zu definieren ist. Obwohl also das *endliche* System und das *asymptotische* System ($N \to \infty$, $V \to \infty$, $N/V \to$ const.) mikroskopisch exakt denselben Gesetzen der Mechanik oder Quantenmechanik unterliegen, führt erst die ungeheure Zahl von Freiheitsgraden des *asymptotischen* Systems zu den speziellen *Verhaltensregeln*, die die *Thermodynamik* ausmachen. Die mikroskopische Begründung der in diesem Sinn *asympotischen Korrektheit* der Thermodynamik wird im Rahmen der Statistischen Physik vollzogen. Das beinhaltet insbesondere eine *mikroskopisch-mechanische* Begründung der Fundamentalgrößen *Temperatur* und *Entropie*, mit denen sich die Grundrelationen der Thermodynamik als **beweisbare** Aussagen formulieren lassen. Das bedeutet andererseits aber auch, daß Thermodynamik auf Systeme mit wenigen Teilchen **nicht** anwendbar sein wird.

Man unterscheidet **Klassische Statistische Physik** und **Quantenstatistik**, je nachdem, ob die mikroskopischen Bewegungsgleichungen der Klassischen Mechanik oder der Quantenmechanik entnommen sind. Es ist zunächst einmal eine interessante Tatsache, daß die allgemeinen Regeln und Zusammenhänge der phänomenologischen Thermodynamik, die wir mit der Statistischen Physik begründen werden, unabhängig davon sind, ob wir sie klassisch oder quantenmechanisch ableiten. Wir haben die Thermodynamik in diesem Grundkurs deshalb bereits in Band 4, also vor der Quantenmechanik, besprechen können, ohne irgendwelche Einschränkungen in Kauf nehmen zu müssen. Diese Feststellung bezieht sich natürlich nur auf die **allgemeinen** Gesetzmäßigkeiten. Es ist klar, daß spezielle Formen zum Beispiel der Zustandsgleichungen, und damit auch explizite Abhängigkeiten der thermodynamischen Potentiale von ihren *natürlichen Variablen* sehr wohl unterschiedlich sein können, je nachdem, ob wir sie im Rahmen der Klassischen Mechanik oder der Quantenmechanik begründen. Wir wollen uns in diesem ersten Kapitel zunächst mit der **Klassischen Statistik** befassen, um uns von Kapitel 2 an dann ausschließlich der übergeordneten **Quantenstatistik** zu widmen.

Man muß Statistische Physik aufteilen in eine *Theorie der Gleichgewichtszustände* und eine solche der *Nichtgleichgewichtsprozesse*. Im ersten Fall geht es um Größen, die nicht zeitabhängig sind (Wahrscheinlichkeiten, Verteilungen, Mittelwerte,...), im zweiten um solche mit Zeitabhängigkeiten. Die umfassendere, allerdings auch außerordentlich komplizierte *Statistische Nichtgleichgewichts-Physik* übersteigt den Rahmen dieses Grundkurses und wird allenfalls in Form von Randbemerkungen gestreift.

1.1.2 Einfaches Modellsystem

Wir wollen uns mit Hilfe eines sehr einfachen, abstrakten Modellsystems ein wenig in die im vorigen Kapitel angedeutete Problematik einstimmen und dabei insbesondere eine gewisse Vorstellung davon gewinnen, wie die große Zahl der Freiheitsgrade (große Teilchenzahl) makroskopischer Systeme zu außergewöhnlichen Effekten führen kann. Wir werden auch bei späteren Begründungen hin und wieder zur *Anschauungshilfe* dieses Modellsystem benutzen, zum Beispiel wenn wir in Kapitel 1.3.2 die fundamentalen Größen *Entropie* und *Temperatur* im Rahmen der Statistischen Physik besprechen.

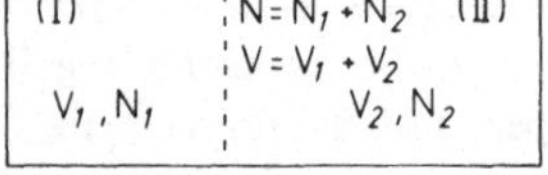

(I) V_1, N_1 | $N = N_1 + N_2$, $V = V_1 + V_2$ | (II) V_2, N_2

In einem **isolierten** Behälter des Volumens V sollen sich N Teilchen eines klassischen idealen Gases befinden. Der Behälter bestehe aus zwei Kammern (I) und (II) mit den Volumina V_1 und V_2. Wir stellen uns vor, daß die Gasteilchen die Kammern beliebig wechseln können, wobei aber eine bestimmte Teilcheneigenschaft A in (I) den Wert a_1 und in (II) den Wert a_2 haben möge. Das kann man sich z.B. durch irgendwelche elektrischen oder magnetischen Felder realisiert denken. Einzelheiten dieser Realisierungen spielen allerdings für das Folgende keine Rolle. Außerdem ist es für unsere Zwecke hier ausreichend zu wissen, daß sich ein bestimmtes Teilchen in Kammer (I) bzw. in Kammer (II) aufhält. Der spezielle Ort innerhalb der jeweiligen Kammer sei dagegen unbedeutend. Da für jedes der N Teilchen gilt, daß es sich entweder in (I) oder in (II) befindet, lassen sich in diesem Sinne

$$2^N \text{ verschiedene Zustände}$$

des Gesamtsystems konstruieren. Auf der anderen Seite kann die Observable A für das Gesamtsystem $(N+1)$ Werte annehmen, nämlich:

$$N\,a_1,\ (N-1)\,a_1 + a_2,\ (N-2)\,a_1 + 2a_2, \dots, a_1 + (N-1)\,a_2,\ N\,a_2.$$

Der Meßwert

$$N_1\,a_1 + N_2\,a_2 = N_1\,a_1 + (N - N_1)\,a_2$$

wird mit Ausnahme von $N_1 = 0$ und $N_2 = N$ hoch-entartet sein, da es nur darauf ankommt, daß N_1 Teilchen in Kammer (I) und N_2 Teilchen in Kammer (II) sind, nicht jedoch darauf, welche individuellen Teilchen dies jeweils sind. Es gibt

$$\Gamma_N(N_1) = \frac{N!}{N_1!\,N_2!} = \frac{N!}{N_1!\,(N-N_1)!} \tag{1.1}$$

verschiedene Möglichkeiten, von N Teilchen N_1 in (I) und $N_2 = N - N_1$ in (II) unterzubringen. Entsprechend hoch ist der Entartungsgrad des obigen Meßwerts. Wir machen die Probe:

$$\sum_{N_1=0}^{N} \frac{N!}{N_1!\,(N-N_1)!} = \sum_{N_1=0}^{N} \binom{N}{N_1} 1^{N_1}\,1^{N-N_1} = (1+1)^N = 2^N.$$

Es sind also in der Tat alle Zustände erfaßt. Wir nennen die Wahrscheinlichkeiten dafür, daß sich ein bestimmtes Teilchen in V_1 bzw. V_2 aufhält, p_1 bzw. p_2. Diese sind natürlich für alle Teilchen gleich und leicht angebbar:

$$p_1 = \frac{V_1}{V}; \quad p_2 = \frac{V_2}{V} = 1 - p_1. \tag{1.2}$$

Greifen wir nun N_1 bestimmte Teilchen heraus und fragen nach der Wahrscheinlichkeit, daß sich diese in V_1, alle anderen $N_2 = N - N_1$ in V_2 befinden, so ergibt sich

$$p_1^{N_1}\,p_2^{N_2}.$$

Wenn es *nur* um die **Wahrscheinlichkeit** $w_N(N_1)$ geht, daß *überhaupt* N_1 bzw. N_2 Teilchen in V_1 bzw. V_2 sind, dann haben wir diesen Ausdruck mit der Zahl der Realisierungsmöglichkeiten (1.1) zu multiplizieren:

$$w_N(N_1) = \frac{N!}{N_1!\,(N-N_1)!}\,p_1^{N_1}\,p_2^{N-N_1}. \tag{1.3}$$

Wir überprüfen die Normierung:

$$\sum_{N_1=0}^{N} w_N(N_1) = \sum_{N_1=0}^{N} \binom{N}{N_1} p_1^{N_1}\, p_2^{N-N_1} = (p_1+p_2)^N = 1^N = 1.$$

Da hierbei der Binomialsatz benutzt wird, nennt man (1.3) eine **Binomialverteilung**.

Wir bekommen den *Mittelwert* $\langle N_1 \rangle$ der Teilchenzahl in V_1 dadurch, daß wir jede Zahl N_1 mit ihrer Wahrscheinlichkeit $w_N(N_1)$ multiplizieren und aufsummieren:

$$\langle N_1 \rangle = \sum_{N_1=0}^{N} N_1\, w_N(N_1). \tag{1.4}$$

Analog berechnet sich der Mittelwert des Teilchenzahlquadrats,

$$\langle N_1^2 \rangle = \sum_{N_1=0}^{N} N_1^2\, w_N(N_1),$$

und damit die *mittlere quadratische Schwankung*:

$$\overline{\Delta N_1} \equiv \sqrt{\langle N_1^2 \rangle - \langle N_1 \rangle^2} = \sqrt{\langle (N_1 - \langle N_1 \rangle)^2 \rangle}. \tag{1.5}$$

Für die Binomialverteilung (1.3) findet man:

$$\langle N_1 \rangle = N\, p_1; \quad \overline{\Delta N_1} = \sqrt{N\, p_1\,(1-p_1)}. \tag{1.6}$$

Die explizite Ableitung dieser Ausdrücke soll als Aufgabe 1.1.1 durchgeführt werden.

Das Maximum der Verteilung $w_N(N_1)$ definiert die *wahrscheinlichste* Teilchenzahl $\widehat{N}_1$. Zu ihrer Berechnung ist es bequemer, den Logarithmus von w_N zu untersuchen, der natürlich an derselben Stelle maximal wird:

$$\ln w_N(N_1)\big|_{N_1=\widehat{N}_1} \stackrel{!}{=} \text{Maximum}.$$

Dabei können wir von der außerordentlich nützlichen **Stirling-Formel**,

$$N! = \sqrt{2\pi N}\, N^N \exp\left(-N + \frac{1}{12\,N} + \dots\right), \tag{1.7}$$

Gebrauch machen, deren Ableitung in vielen Lehrbüchern der Höheren Mathematik angeboten wird. Für sehr große N läßt (1.7) die einfache Abschätzung

$$\ln N! \approx N\,(\ln N - 1) \tag{1.8}$$

zu (Aufgabe 1.1.2), die allerdings nur für den Logarithmus gut ist, für den man Terme der Größenordnung $\ln N$ getrost gegen N vernachlässigen kann. (Beispiel: $N = 10^{10} \Longrightarrow \ln N = 10 \cdot \ln 10 = 10 \cdot 1{,}370 = 13{,}70 \lll N$). Es gilt also in guter Näherung für N, N_1, $N_2 \gg 1$:

$$\begin{aligned}
&\ln w_N(N_1) \approx \\
&\approx N \ln N - N - N_1 \ln N_1 + N_1 - N_2 \ln N_2 + N_2 + N_1 \ln p_1 + N_2 \ln p_2 = \\
&= N \ln N - N_1 \ln N_1 - (N - N_1) \ln(N - N_1) + N_1 \ln p_1 + (N - N_1) \ln p_2 .
\end{aligned}$$

Wir fassen N_1 näherungsweise als kontinuierliche Variable auf und nutzen die Extremwertbedingung aus:

$$\begin{aligned}
&\left.\frac{d \ln w_N}{d N_1}\right|_{\widehat{N}_1} \stackrel{!}{=} 0 = -\ln \widehat{N}_1 - 1 + \ln(N - \widehat{N}_1) + 1 + \ln p_1 - \ln p_2 \\
&\Longleftrightarrow \ln \frac{\widehat{N}_1}{N - \widehat{N}_1} \stackrel{!}{=} \ln \frac{p_1}{p_2} .
\end{aligned}$$

Für die Binomialverteilung (1.3) ist also der *wahrscheinlichste* mit dem *mittleren* Teilchenzahlwert identisch:

$$\widehat{N}_1 = N p_1 = \langle N_1 \rangle . \tag{1.9}$$

Wegen

$$\left.\frac{d^2}{d N_1^2} \ln w_N \right|_{\widehat{N}_1} = -\frac{1}{\widehat{N}_1} - \frac{1}{N - \widehat{N}_1} < 0$$

wird w_N an der Stelle $N_1 = \widehat{N}_1$ in der Tat **maximal**.

Auf die für unsere Überlegungen entscheidende Eigenschaft des Modellsystems stoßen wir, wenn wir uns den Verlauf der Binomialverteilung in der Nähe des Maximums etwas genauer anschauen. Es wird sich herausstellen, daß $w_N(N_1)$ dort eine extrem scharfe Spitze besitzt.

Mit x sei im folgenden die Abweichung der Teilchenzahl N_1 von ihrem wahrscheinlichsten Wert $\widehat{N}_1$ gemeint:

$$N_1 = \widehat{N}_1 + x; \quad N_2 = N - \widehat{N}_1 - x; \quad 1 \ll x \ll \widehat{N}_1 .$$

Dies setzen wir in (1.3) ein und diskutieren nacheinander die einzelnen Terme:

$$\begin{aligned}
N_1! &= \widehat{N}_1! \, (\widehat{N}_1 + 1) \cdots (\widehat{N}_1 + x), \\
(N - N_1)! &= (N - \widehat{N}_1)! \left[(N - \widehat{N}_1)\,(N - \widehat{N}_1 - 1) \cdots (N - \widehat{N}_1 - x + 1) \right]^{-1} .
\end{aligned}$$

Damit folgt:

$$\ln N_1! = \ln \widehat{N}_1! + \sum_{y=1}^{x} \ln(\widehat{N}_1 + y),$$

$$\ln(N - N_1)! = \ln(N - \widehat{N}_1)! - \sum_{y=1}^{x} \ln\bigl(N - \widehat{N}_1 - y + 1\bigr).$$

Im letzten Term können wir getrost die 1 gegen $N - \widehat{N}_1$ vernachlässigen:

$$\ln\bigl[N_1!\,(N - N_1)!\bigr] = \ln\bigl[\widehat{N}_1!\,(N - \widehat{N}_1)!\bigr] + \sum_{y=1}^{x} \ln \frac{\widehat{N}_1 + y}{N - \widehat{N}_1 - y}.$$

Für den Logarithmus des letzten Summanden läßt sich wegen $\ln(1 \pm z) \approx \pm z$ für $z \ll 1$ die folgende Abschätzung verwenden:

$$\begin{aligned}
\ln \frac{\widehat{N}_1 + y}{N - \widehat{N}_1 - y} &= \ln \frac{\widehat{N}_1}{N - \widehat{N}_1} + \ln \frac{1 + \frac{y}{\widehat{N}_1}}{1 - \frac{y}{N - \widehat{N}_1}} \approx \\
&\overset{(1.9)}{\approx} \ln \frac{p_1}{p_2} + y \left(\frac{1}{\widehat{N}_1} + \frac{1}{N - \widehat{N}_1} \right) = \ln \frac{p_1}{p_2} + \frac{y}{N\,p_1\,(1 - p_1)}.
\end{aligned}$$

Setzen wir dies in die obige Summe ein, so bleibt:

$$\ln\bigl[N_1!\,(N - N_1)!\bigr] \approx \ln\bigl[\widehat{N}_1!\,(N - \widehat{N}_1)!\bigr] + x \ln \frac{p_1}{p_2} + \frac{\frac{1}{2}x(x+1)}{N\,p_1(1 - p_1)}.$$

Wir vernachlässigen noch die 1 gegen x und erkennen dann, daß für die hier angenommenen großen Teilchenzahlen die Binomialverteilung (1.3) zumindest in der Nähe ihres Maximums eine *Gauß-Glocke* darstellt:

$$w_N(N_1) \approx w_N\bigl(\widehat{N}_1\bigr) \exp\left(-\frac{(N_1 - \widehat{N}_1)^2}{2N\,p_1\,(1 - p_1)} \right). \tag{1.10}$$

Der Maximalwert $w_N\bigl(\widehat{N}_1\bigr)$ ergibt sich direkt durch Einsetzen von $\widehat{N}_1 = N\,p_1$ in die Definition (1.3). Manchmal ist es allerdings zweckmäßiger, den Koeffizienten der Exponentialfunktion in (1.10) durch die Normierungsbedingung

$$\sum_{N_1} w_N\,(N_1) = 1$$

festzulegen. Ersetzen wir die Summe durch ein Integral, wobei wir die Integrationsgrenzen für $x = N_1 - \widehat{N}_1$ ohne nennenswerten Fehler zu $\pm\infty$ annehmen können, so ergibt sich mit dem Standardintegral,

$$\int_{-\infty}^{+\infty} dx\, e^{-\alpha x^2} = \sqrt{\frac{\pi}{\alpha}},$$

ein alternativer Ausdruck für $w_N(N_1)$,

$$w_N(N_1) = \frac{1}{\sqrt{2\pi N p_1 (1-p_1)}} \exp\left(-\frac{(N_1 - \widehat{N}_1)^2}{2N p_1 (1-p_1)}\right), \tag{1.11}$$

der die exakte Formel (1.3) zwar nicht ganz so gut approximiert wie (1.10), dafür aber passend normiert ist. Beide Approximationen, (1.10) und (1.11), heißen **Gauß-Verteilungen** und zeigen gleichermaßen das für uns hier Wesentliche.

Die Gauß-Verteilung konzentriert sich symmetrisch um das Maximum $N_1 = \widehat{N}_1$. Sinnvollerweise definiert man als *Breite* der Verteilung den Abstand zwischen $\widehat{N}_1$ und den N_1-Werten, bei denen w_N auf den e-ten Teil des Maximalwertes abgefallen ist:

$$|\Delta N_1|_{-1} = \sqrt{2N p_1 (1-p_1)}.$$

Das ist zwar, absolut gesehen, für die uns interessierenden makroskopischen Systeme eine sehr große Zahl, bezogen auf das gesamte Werteintervall $0 \le N_1 \le N$,

$$\frac{|\Delta N_1|_{-1}}{N} = \sqrt{\frac{2p_1(1-p_1)}{N}}, \tag{1.12}$$

aber verschwindend gering.

Beispiel:

$$p_1 = \frac{1}{2}; \quad N = \frac{1}{2}\cdot 10^{22} \implies |\Delta N_1|_{-1} = \frac{1}{2}\, 10^{11},$$
$$\frac{|\Delta N_1|_{-1}}{N} = 10^{-11}.$$

$\frac{|\Delta N_1|_{-1}}{N}$ ist ein Maß für die **relative Breite** der Gauß-Verteilung. Die Verteilung besitzt eine außerordentlich scharfe Spitze bei dem wahrscheinlichsten Wert $\widehat{N}_1$. Das ist nun aber der entscheidende Punkt für das *Funktionieren* der Statistischen Physik. Bei der makroskopischen Messung der Observablen A kommt es nicht auf die tatsächlichen Teilchenzahlen in den Kammern (I) und (II) an, sondern nur darauf, mit welcher *relativen Genauigkeit* der makroskopische Meßwert angegeben werden kann. Die *relative Abweichung* des Meßwertes von

$$\widehat{N}_1 a_1 + (N - \widehat{N}_1)\, a_2$$

ist durch (1.12) gegeben und damit im *asymptotisch großen* System faktisch Null. Obwohl also die mikroskopische Unsicherheit mit wachsender Teilchenzahl zunimmt, wird die relative Genauigkeit der Messung immer besser. In diesem Sinne wird man bei makroskopischen Systemen im Rahmen der Statistischen Physik von **bestimmten** Werten der Observablen reden dürfen. Sie liegen *fast schwankungsfrei* fest.

Betrachten wir zum Schluß noch einmal das obige Zahlenbeispiel. Mit welcher Wahrscheinlichkeit wird ein Meßwert beobachtet, der nur um

$$\frac{N_1 - \widehat{N}_1}{N} = 10^{-10},$$

also extrem geringfügig, vom wahrscheinlichsten Wert abweicht? Nach (1.10) finden wir eine mit

$$\frac{w_N(N_1)}{w_N(\widehat{N}_1)} = e^{-100}$$

bereits auf den e^{100}-sten Teil abgefallene Wahrscheinlichkeit. Die **Gesamt**wahrscheinlichkeit, bei einer Messung einen Wert außerhalb des Intervalls

$$-10^{-10} \leq \frac{N_1 - \widehat{N}_1}{N} \leq +10^{-10}$$

zu erhalten, beträgt

$$1 - \frac{1}{\sqrt{\pi}} \int\limits_{-100}^{+100} e^{-t^2}\, dt < 10^{-4000}$$

und ist damit unvorstellbar klein. – Nehmen wir einmal an, ein Gasteilchen würde 10^{10}mal pro Sekunde die Kammer wechseln. Dies bedeutet $10^{10} * 10^{22} = 10^{32}$ Wechsel des Mikrozustandes pro Sekunde. Demnach müßten wir $10^{-32} * e^{100}$ s $\approx 10^{-32} * 10^{44}$ s $= 10^{12}$ s warten, um eine relative Meßwertabweichung der Größenordnung 10^{-10} zu erhalten. Dies entspricht etwa dem 100 bis 1000fachen eines menschlichen Lebensalters. Wir können also getrost davon ausgehen, dieses Ereignis **nie** zu beobachten.

Es versteht sich von selbst, daß die präsentierten Abschätzungen nur für *asymptotisch große* Teilchenzahlen gültig sind. Bei kleinen Zahlen werden die Abweichungen beträchtlich.

1.1.3 Aufgaben

Aufgabe 1.1.1

Betrachten Sie die *Binomialverteilung* (1.3)!

1) Berechnen Sie die Mittelwerte

$$\langle N_1 \rangle = \sum_{N_1=0}^{N} N_1 \, w_N(N_1),$$

$$\langle N_1^2 \rangle = \sum_{N_1=0}^{N} N_1^2 \, w_N(N_1)$$

und damit die mittlere quadratische Schwankung:

$$\overline{\Delta N_1} = \sqrt{\langle N_1^2 \rangle - \langle N_1 \rangle^2}.$$

Was folgt für die *relative Schwankung* $\frac{\overline{\Delta N_1}}{\langle N_1 \rangle}$ in der Grenze $N \to \infty$?

2) Es seien $p_1 = p_2 = \frac{1}{2}$. Berechnen Sie $w_N(N_1)$ explizit für $N = 4$.

3) Es seien $p_1 = p_2 = \frac{1}{2}$ und $N = 10^{23}$. Wie groß sind $\langle N_1 \rangle$, $\overline{\Delta N_1}$, $\frac{\overline{\Delta N_1}}{\langle N_1 \rangle}$? Geben Sie die Wahrscheinlichkeit dafür an, alle Teilchen im Volumen V_1 anzutreffen ($N_1 = N$, $N_2 = 0$).

Aufgabe 1.1.2

Außerordentlich nützlich für die Statistische Physik ist die *Stirling-Formel* (1.7). Finden Sie eine einfache Begründung für die Abschätzung

$$\ln m! \approx m \ln m - m \qquad (m \in \mathbb{N},\, m \gg 1).$$

Aufgabe 1.1.3

Zeigen Sie, daß für $p_1 \ll 1$, $N_1 \ll N$ die Binomialverteilung (1.3) in eine *Poisson-Verteilung*

$$w_N(N_1) = \frac{\langle N_1 \rangle^{N_1}}{N_1!} \exp(-\langle N_1 \rangle)$$

übergeht.

Aufgabe 1.1.4

Ein Buch von 500 Seiten enthalte 500 Druckfehler, die dem Setzer in völlig statistischer Weise unterlaufen sind. Berechnen Sie mit der *Poisson-Verteilung* (Aufgabe 1.1.3) die Wahrscheinlichkeit, daß eine Seite

1) keinen Fehler,

2) mindestens drei Fehler

enthält.

Aufgabe 1.1.5

Ein System bestehe aus $N = 4$ Teilchen. Die *Vorinformation* sei dergestalt, daß für jedes Teilchen zwei Zustände a und b *denkbar* sind. Es seien n_a und n_b die Zahlen der Teilchen in den Zuständen a und b.

1) Zählen Sie die möglichen Verteilungen (n_a, n_b) auf.

2) Geben Sie explizit alle *denkbaren* Zustände des Systems an, die zu den einzelnen Verteilungen (n_a, n_b) gehören.

3) Bestimmen Sie die Wahrscheinlichkeiten der Verteilungen (n_a, n_b).

1.2 Mikrokanonische Gesamtheit

1.2.1 Zustand, Phasenraum, Zeitmittel

Das uns interessierende System, von dem wir für die folgenden Überlegungen annehmen wollen, daß es **isoliert** sei, besitze s Freiheitsgrade. Zu seiner Beschreibung benötigen wir deshalb eine gleich große Zahl von *generalisierten Koordinaten* (s. Kap. 1.1, Bd.2),

$$\mathbf{q} = (q_1, q_2, \dots, q_s),$$

mit den zugehörigen *generalisierten Impulsen*:

$$\mathbf{p} = (p_1, p_2, \dots, p_s).$$

Die generalisierten Koordinaten und Impulse spannen in Form kartesischer Achsen den sogenannten *Phasenraum* auf (s. Kap. 2.4.1, Bd. 2). Dieser wird in der Statistischen Physik bisweilen auch Γ-*Raum* genannt. Als gleichberechtigte, unabhängige Variable lassen sich Impulse und Koordinaten zu einer *Phase* bzw. einem *Phasenvektor* zusammenfassen:

$$\boldsymbol{\pi} = (\pi_1, \pi_2, \dots \pi_{2s}) \equiv (q_1, q_2, \dots q_s, p_1, \dots, p_s).$$

Jeder Mikrozustand des Systems entspricht dann einem ganz bestimmten Phasenpunkt $\boldsymbol{\pi}$ des Phasenraums. Im Rahmen der Klassischen Mechanik ist der Systemzustand durch die Phase $\boldsymbol{\pi}$ vollständig definiert. Als *Phasenbahn* oder *Phasentrajektorie* bezeichnet man die Menge aller Phasenpunkte $\boldsymbol{\pi} \equiv (\mathbf{q}, \mathbf{p})$, die das System im Laufe der Zeit besetzt. Bei gegebenen Anfangsbedingungen

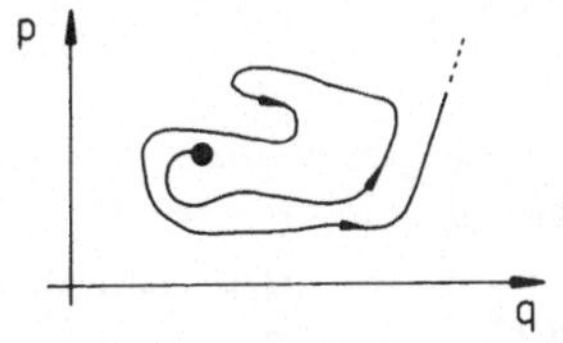

$$\boldsymbol{\pi}(t=0) = \big(\mathbf{q}(0), \mathbf{p}(0)\big)$$

sind diese Phasenpunkte $\boldsymbol{\pi}(t)$ eindeutig mit den *Hamiltonschen Bewegungsgleichungen* ((2.11), (2.12), Bd. 2)

$$\dot{p}_i = -\frac{\partial H}{\partial q_i}; \quad \dot{q}_i = \frac{\partial H}{\partial p_i}; \quad i = 1, \ldots, s \tag{1.13}$$

berechenbar, falls die *Hamilton-Funktion*

$$H = H\big(q_1, \ldots q_s, p_1, \ldots, p_s\big)$$

bekannt ist. Für ein isoliertes, konservatives System kann H nicht explizit zeitabhängig sein. Liegen zudem, wenn überhaupt, *holonom-skleronome Zwangsbedingungen* ((1.3), Bd. 2) vor, so ist H mit der Gesamtenergie E des Systems identisch:

$$H = H(\mathbf{q}, \mathbf{p}) \equiv E. \tag{1.14}$$

Bei den Hamiltonschen Bewegungsgleichungen (1.13) handelt es sich um Differentialgleichungen erster Ordnung mit infolgedessen eindeutigen Lösungen. Die Trajektorie schneidet sich deshalb nie oder stellt eine einfach geschlossene Kurve dar. Ferner ist sie an die durch (1.14) definierte, $(2s-1)$ dimensionale Hyperfläche (*Energiefläche*) des Phasenraums gebunden. Bekanntlich (Kap. 2.4.1, Bd. 2) stellt die Trajektorie des linearen harmonischen Oszillators in dessen zweidimensionalem Phasenraum eine Ellipse mit durch die Energie E bestimmten Halbachsen dar.

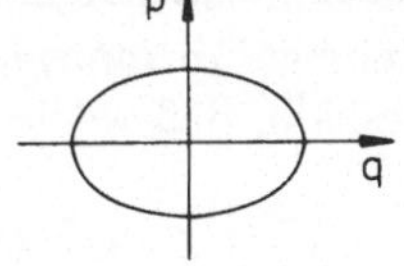

Harmonischer Oszillator

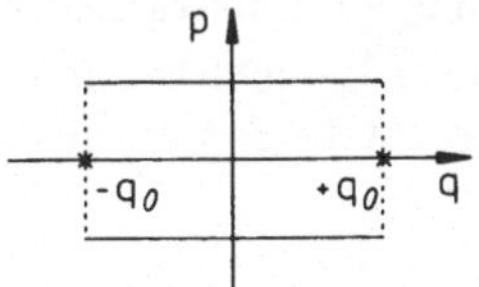

Potentialkasten mit ideal reflektierenden Wänden

Da der Zustand des Systems durch $\boldsymbol{\pi}(t)$ eindeutig bestimmt ist, läßt sich natürlich auch jede am System meßbare Größe (*Observable*) der Klassischen Mechanik als Phasenraumfunktion formulieren:

$$F = F(\mathbf{q}, \mathbf{p}, t) = F(\boldsymbol{\pi}, t). \tag{1.15}$$

Diese erfüllt die Bewegungsgleichung ((2.105), Bd. 2):

$$\frac{dF}{dt} = \{F, H\} + \frac{\partial F}{\partial t}. \tag{1.16}$$

Dabei ist mit $\{\dots, \dots\}$ die *Poisson-Klammer* ((2.104), Bd. 2) gemeint:

$$\{F, H\} = \sum_{j=1}^{s} \left(\frac{\partial F}{\partial q_j} \frac{\partial H}{\partial p_j} - \frac{\partial F}{\partial p_j} \frac{\partial H}{\partial q_j} \right). \tag{1.17}$$

Die Klammer besitzt eine Reihe von bemerkenswerten Eigenschaften, z.B. die, daß ihr Wert nicht von dem speziellen Satz *kanonisch konjugierter* Koordinaten und Impulse abhängt. $(\mathbf{Q}, \mathbf{P})$ sind genau dann so wie $(\mathbf{q}, \mathbf{p})$ kanonisch konjugiert, wenn für sie nach Einsetzen von $\mathbf{q} = \mathbf{q}(\mathbf{Q}, \mathbf{P})$ und $\mathbf{p} = \mathbf{p}(\mathbf{Q}, \mathbf{P})$ in die Hamilton-Funktion $H(\mathbf{q}, \mathbf{p})$ Bewegungsgleichungen der Form (1.13) gültig sind. Weitere wichtige Eigenschaften der Poisson-Klammer sind in Kapitel 2.4 von Band 2 besprochen worden.

Die strenge Lösung der Bewegungsgleichung (1.16) ist aus den in Kapitel 1.1.1 diskutierten Gründen für die makroskopischen Systeme der Statistischen Physik ausgeschlossen. In einem isolierten System wird die Observable F nicht explizit von der Zeit abhängen, jedoch ändert das System im Laufe der Zeit seine Position im Phasenraum $(\boldsymbol{\pi} = \boldsymbol{\pi}(t))$. Damit ändern sich natürlich auch die Werte von F zeitlich. Diese Zeitabhängigkeit detailliert zu berechnen, ist, wie erwähnt, unmöglich, vielleicht aber auch gar nicht unbedingt vonnöten, wenn man bedenkt, daß ja auch jedes Experiment eine endliche Zeit dauert. Der experimentelle Meßwert ist also bereits ein *Mittelwert*. Dinge, die prinzipiell (!) nicht gemessen werden können, sind genaugenommen auch für die Theorie nicht interessant. Von Bedeutung ist deshalb von vorneherein nur die Bestimmung des **Zeitmittels**:

$$\overline{F}^{t_0} = \frac{1}{t_0} \int_0^{t_0} F(\mathbf{q}, \mathbf{p})\, dt. \tag{1.18}$$

Bei endlichem t_0 wird dieses allerdings von den Anfangsbedingungen abhängen. Damit ist auch $\overline{F}^{t_0}$ nicht bestimmbar, da uns die vollständige *Vorinformation* über das betrachtete System fehlt. Wir **postulieren** deshalb, daß wenigstens der Grenzwert

$$\overline{F} = \lim_{t_0 \to \infty} \overline{F}^{t_0} \tag{1.19}$$

existiert und **unabhängig** von den Anfangsbedingungen ist. Wir werden noch erkennen, daß die Gültigkeit dieses Postulats grundlegend für die Statistische Physik ist. Die Aussage des Postulats erscheint auch durchaus plausibel, ist aber dennoch keineswegs selbstverständlich. Ein strenger mathematischer Beweis liegt bislang nicht vor. Es handelt sich um eine spezielle Formulierung der **Quasiergodenhypothese** (P. und T. Ehrenfest, 1911):

Die im Phasenraum an die $H(\mathbf{q}, \mathbf{p}) = E$-Hyperfläche gebundene Phasentrajektorie kommt im Laufe der Zeit jedem Punkt dieser Fläche beliebig nahe!

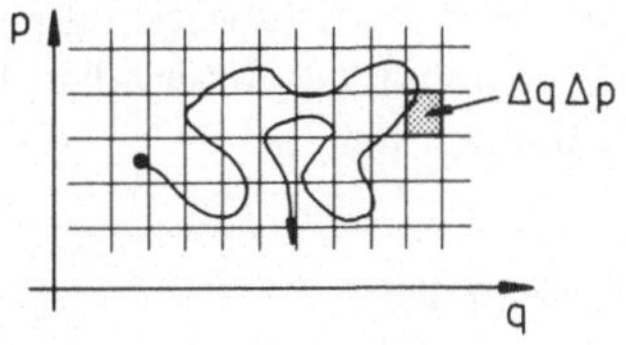

Lege ich um einen Phasenpunkt $\boldsymbol{\pi} = (\mathbf{q}, \mathbf{p})$ einen Raster $\Delta^s q\, \Delta^s p$, so läßt sich gemäß dieser Hypothese stets eine endliche, sicher von der Größe des Rasters mitbestimmte Zeit t_0 angeben, innerhalb derer die Trajektorie den Raster mindestens einmal durchlaufen hat. – So plausibel diese Hypothese auch erscheinen mag, sie ist nicht beweisbar. Ja, es sind durchaus auch Gegenbeispiele (*nicht-ergodische Systeme*) bekannt, die jedoch so speziell sind, daß wir von ihnen hier absehen wollen.

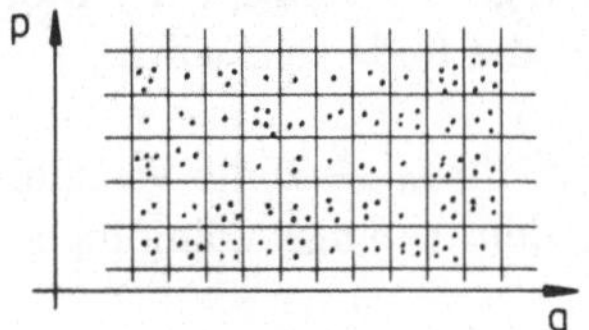

Wir können nun, wie im Bild angedeutet, den Phasenraum in *Volumenelemente* $\Delta^s q\, \Delta^s p$ zerlegen und schlicht abzählen, wie häufig die System-Trajektorie innerhalb der Zeit t_0 die einzelnen Elemente durchquert hat. Das läßt sich über eine

Dichteverteilungsfunktion

$$\overline{\overline{\rho}}\,(\mathbf{q}, \mathbf{p}, t_0)$$

in dem Sinne ausdrücken, daß

$$\overline{\overline{\rho}}\,(\mathbf{q}, \mathbf{p}, t_0)\, \Delta^s q\, \Delta^s p$$

die Häufigkeit angibt, mit der die Trajektorie das *Volumenelement* $\Delta^s q\, \Delta^s p$ um den Phasenpunkt $(\mathbf{q}, \mathbf{p})$ in der Zeit t_0 passiert hat. Die tatsächliche Zahl der Ereignisse hängt natürlich von t_0 ab und wird mit t_0 über alle Grenzen wachsen. Es empfiehlt sich deshalb, die Dichteverteilung zu normieren, wobei wir gleichzeitig das Phasenraumvolumenelement infinitesimal klein werden lassen ($\Delta^s q\, \Delta^s p \to d^s q\, d^s p$):

$$\overline{\rho}(\mathbf{q}, \mathbf{p}, t_0) = \frac{\overline{\overline{\rho}}\,(\mathbf{q}, \mathbf{p}, t_0)}{\iint d^s q\, d^s p\; \overline{\overline{\rho}}\,(\mathbf{q}, \mathbf{p}, t_0)}. \tag{1.20}$$

Ist t_0 hinreichend groß, so wird $\overline{\rho}$ in guter Näherung eine kontinuierliche Phasenraumfunktion darstellen, und

$$\overline{\rho}\,(\mathbf{q}, \mathbf{p}, t_0)\, d^s q\, d^s p$$

kann als die Wahrscheinlichkeit interpretiert werden, zu einem gegebenen Zeitpunkt das System im *Volumenelement* $d^s q\, d^s p$ bei $(\mathbf{q}, \mathbf{p})$ anzutreffen. Sobald sich das System im Element $d^s q\, d^s p$ um $(\mathbf{q}, \mathbf{p})$ aufhält, nimmt die Observable F den Wert $F(\mathbf{q}, \mathbf{p})$ an. Ihr zeitlicher Mittelwert (1.18) läßt sich damit auch durch die Verteilungsfunktion ausdrücken, da es bei der Mittelwertbildung ja nicht darauf ankommt, zu welchem konkreten Zeitpunkt des Intervalls $[0, t_0]$ die Observable F einen bestimmten Wert angenommen hat:

$$\overline{F}^{t_0} = \iint d^s q\, d^s p\, \overline{\rho}\,(\mathbf{q}, \mathbf{p}, t_0)\, F(\mathbf{q}, \mathbf{p}). \tag{1.21}$$

Bei dieser Darstellung handelt es sich natürlich nach wie vor um ein *Zeitmittel*, da sich $\overline{\rho}$ aus dem zeitlichen Verhalten der Systemtrajektorie ergibt. Sie liefert aber bereits einen deutlichen Hinweis auf das auf Boltzmann und Gibbs zurückgehende, für die Statistische Physik grundlegende Konzept der *Statistischen Ensemble*, von dem im nächsten Abschnitt die Rede sein wird.

Die Quasiergodenhypothese (1.19) fordert nun, daß für $t_0 \to \infty$ die Verteilungsfunktion makroskopischer Systeme ($s \to \infty$) von den Anfangsbedingungen unabhängig wird:

$$\lim_{t_0 \to \infty} \overline{\rho}\,(\mathbf{q}, \mathbf{p}, t_0) \equiv \overline{\rho}\,(\mathbf{q}, \mathbf{p}). \tag{1.22}$$

Dies ist eine entscheidende Voraussetzung für die Gültigkeit der Statistischen Physik makroskopischer Systeme. Wie bereits erwähnt, läßt sich diese Hypothese nicht mathematisch streng beweisen. Sie bezieht ihre Rechtfertigung ausschließlich aus der Widerspruchsfreiheit der mit ihr entwickelten Statistischen Physik, gemessen an den experimentellen Beobachtungen.

1.2.2 Statistische Ensemble, Scharmittel

Das Ziel besteht darin, ein System zu beschreiben, über das wir eine nur unvollständige Information besitzen. Der exakte (Mikro-)Zustand läßt sich nicht präzisieren. Wir können ihn nur in gewisser Weise *abgrenzen*, können deshalb auch, wie in Kapitel 1.1.1 im einzelnen erläutert, nur auf *im Mittel richtige* Aussagen hoffen. Es wird also insbesondere darauf ankommen, Mittelwerte zu berechnen. Damit diese von den (unbekannten) Anfangsbedingungen unabhängig werden, brauchen wir die Gültigkeit der Quasiergodenhypothese (1.19) und eine im Prinzip unendlich lange *Beobachtungsdauer*. Im allgemeinen lassen sich jedoch die Hamiltonschen Bewegungsgleichungen (1.13) nicht geschlossen integrieren, die Phase $\boldsymbol{\pi}(t)$ damit explizit als Funktion der Zeit gar nicht angeben. Das schließt dann natürlich auch die für den Mittelwert (1.18) benötigte Zeitintegration aus. Wir scheinen deshalb mit den Überlegungen des letzten Abschnitts noch nicht sehr viel weitergekommen zu sein.

Die Umformulierung des Zeitmittelwertes (1.18) auf die äquivalente Version (1.21) mit Hilfe einer Verteilungsfunktion $\overline{\rho}$ gibt jedoch erste Hinweise auf eine andere Methode der Berechnung von Mittelwerten. Die Idee besteht in der Einführung von

Statistischen Ensemblen.

Darunter versteht man eine *Schar* von *gedachten* Systemen, die sämtlich getreue Abbilder des eigentlichen, realen Systems sind, mit diesem also physikalisch völlig übereinstimmen. Jedes Mitglied des Ensembles befindet sich in einem für das reale System *denkbaren* Mikrozustand, der mit dessen (unvollständigen) Randbedingungen verträglich ist und sich gemäß passender Bewegungsgleichungen entwickelt. Gibt es *Z denkbare* Mikrozustände, in denen sich das reale System nach unseren Vorinformationen *im Prinzip* befinden könnte und nach der Quasiergodenhypothese auch irgendwann einmal befinden wird, so besteht das Ensemble – man spricht bisweilen auch von einer *Gesamtheit* – aus Z dem wirklichen System völlig gleichberechtigten Mitgliedern. In einem einzigen Moment verkörpert nun die Gesamtheit der Ensemble-(Schar-)Systeme die volle Zeitentwicklung des tatsächlichen Systems, allerdings nur dann, wenn tatsächlich die Quasiergodenhypothese gilt. Genau dann ist es möglich, die Zeitmittelung (1.19) durch eine *instante* Mittelung über die Ensemble-Glieder zu ersetzen. Das entspricht der Formulierung (1.21) des Zeitmittels, wenn wir die Verteilungsfunktion (1.22) durch eine entsprechende über die Ensemble-Systeme ersetzen. Die Aussage

Zeitmittel $\stackrel{!}{=}$ Scharmittel

ist in der Tat die grundlegende Annahme der Gibbschen Methode beim Aufbau der Statistischen Physik. Wenn dem aber so ist, dann entfällt die Notwendigkeit, die Hamiltonschen Bewegungsgleichungen vollständig aufzuintegrieren, da wir die Scharmittelung ja zu einem **festen** Zeitpunkt durchführen. Dies soll noch etwas genauer formuliert werden.

Zu einem gegebenen Zeitpunkt besetzen die Ensemble-Systeme bestimmte Punkte des Phasenraums. Diese Punkte bilden so etwas wie eine Flüssigkeitsmenge (*Tropfen*), die sich in noch zu untersuchender Form durch den Phasenraum bewegt. Natürlich bestehen anders als in einer wirklichen Flüssigkeit zwischen den *Einzelbestandteilen*, also den Systemen, keinerlei Wechselwirkungen. Es interessiert nun vor allem die *lokale Dichte* dieser Phasenraumflüssigkeit. Dazu zerlegen wir wie im letzten Abschnitt den Phasenraum in *Volumenelemente*,

$$d\Gamma \equiv d^s q \, d^s p \equiv dq_1 \, dq_2 \ldots dq_s \, dp_1 \, dp_2 \ldots dp_s = \prod_{j=1}^{s} dq_j \, dp_j , \qquad (1.23)$$

und definieren eine **Verteilungsfunktion**,

$$\widehat{\rho}\,(q_1,\dots,q_s,p_1,\dots,p_s,t) = \widehat{\rho}(\mathbf{q},\mathbf{p},t),$$

durch die Forderung, daß

$$dZ = \widehat{\rho}(\mathbf{q},\mathbf{p},t)\,d^sq\,d^sp$$

die Zahl der Systeme darstellt, die sich zur Zeit t im *Volumenelement* $d\Gamma$ um den Phasenpunkt $(\mathbf{q},\mathbf{p})$ aufhalten. Selbstverständlich ist dann

$$Z = \int \dots \int \widehat{\rho}\,(\mathbf{q},\mathbf{p},t)\,d^sq\,d^sp \tag{1.24}$$

die zeitunabhängige Gesamtzahl der Ensemble-Mitglieder. Die **normierte Verteilungsfunktion**,

$$\rho(\mathbf{q},\mathbf{p},t) = \frac{1}{Z}\,\widehat{\rho}\,(\mathbf{q},\mathbf{p},t), \tag{1.25}$$

wird sich bei hinreichend großem Z von Volumenelement zu Volumenelement praktisch kontinuierlich ändern und kann dann als **Wahrscheinlichkeitsdichte** dafür interpretiert werden, zur Zeit t ein Ensemble-Mitglied in der Phase $\boldsymbol{\pi} = (\mathbf{q},\mathbf{p})$ anzutreffen. Mit dieser Überlegung können wir den Mittelwert einer jeden Observablen $F(\mathbf{q},\mathbf{p})$ durch die Verteilungsfunktion $\rho(\mathbf{q},\mathbf{p},t)$ ausdrücken:

$$\langle\, F\,\rangle_t = \int \dots \int dq_1 \dots dp_s\, F(\mathbf{q},\mathbf{p})\,\rho\,(\mathbf{q},\mathbf{p},t). \tag{1.26}$$

Diese Darstellung ähnelt sehr stark der in (1.21), obwohl die Ansätze unterschiedlich sind. Die Formulierung (1.21) stellt ein **Zeitmittel** dar, (1.26) ist dagegen ein **Scharmittel**. Ihre Äquivalenz erscheint nach unseren Vorüberlegungen plausibel, ist aber nicht streng beweisbar, da ihr die Gültigkeit der Quasiergodenhypothese zugrundeliegt.

Auf die Frage, welchen Wert die Eigenschaft F unseres Systems, über das uns nur unvollständige Information vorliegt, besitzt, gibt also die Statistische Physik die Antwort: "$\langle\, F\,\rangle$!". Natürlich können wir nicht davon ausgehen, daß diese Aussage wirklich in jedem Fall exakt ist. Damit sie *hinreichend exakt* ist, werden wir später fordern, daß die

relative, quadratische Schwankung

$$\sqrt{\frac{\langle\, F^2\,\rangle - \langle\, F\,\rangle^2}{\langle\, F\,\rangle^2}} \ll 1 \tag{1.27}$$

wird.

Wir erkennen an (1.26), daß *stationäre* Verteilungen $\left(\frac{\partial \rho}{\partial t} = 0\right)$ für alle nicht explizit zeitabhängigen Observablen zeit**un**abhängige Scharmittelwerte liefern. Es wird im folgenden darauf ankommen, Wege zu finden, um die Dichteverteilungsfunktion $\rho(\mathbf{q}, \mathbf{p}, t)$ für physikalisch relevante Situationen zu bestimmen. Systeme im *thermodynamischen Gleichgewicht* müssen offenbar durch *stationäre* Verteilungen beschrieben werden. Nur diese sind deshalb im folgenden von Interesse.

1.2.3 Liouville-Gleichung

Wir wollen in diesem Abschnitt einige sehr allgemeine Eigenschaften der Dichteverteilungsfunktion $\rho(\mathbf{q}, \mathbf{p}, t)$ ableiten, insbesondere die Gesetzmäßigkeiten, die ihre Zeitabhängigkeit bestimmen. Mit der $2s$-dimensionalen *Phasenraumgeschwindigkeit*

$$\mathbf{v} = (\dot{q}_1, \dot{q}_2, \dots, \dot{q}_s, \dot{p}_1, \dot{p}_2, \dots, \dot{p}_s) \tag{1.28}$$

läßt sich eine *Stromdichte* der von den Ensemble-Systemen besetzten Phasenpunkte definieren:

$$\mathbf{j} = \rho \mathbf{v}. \tag{1.29}$$

Diese Stromdichte ist völlig analog zu der uns vertrauteren *elektrischen Stromdichte* (s. Kap. 2.1.1, Bd. 3) zu verstehen, nur bewegen sich hier nicht elektrische Ladungen durch den realen Ortsraum, sondern Phasenpunkte durch den Phasenraum. Sei nun G ein beliebiges Gebiet im Phasenraum mit der Oberfläche $S(G)$, dann ist

$$\int\limits_{S(G)} d\mathbf{S} \cdot \mathbf{j} \qquad (d\mathbf{S} = dS\,\mathbf{n};\ \mathbf{n}\text{: Oberflächennormale})$$

die Zahl der pro Zeiteinheit durch die Oberfläche S *strömenden* Phasenpunkte. Diese ist natürlich, da es keine Quellen oder Senken für Ensemble-Systeme gibt, gleich der sich pro Zeiteinheit ändernden Zahl der Phasenpunkte im Gebiet G:

$$\int\limits_{S(G)} d\mathbf{S} \cdot \mathbf{j} = -\frac{\partial}{\partial t} \int\limits_{G} d^s q\, d^s p\, \rho(\mathbf{q}, \mathbf{p}, t).$$

Mit Hilfe des Gaußschen Satzes ((1.59), Bd. 3) läßt sich links das *Oberflächen*- in ein *Volumenintegral* verwandeln:

$$\int\limits_{G} d^s q\, d^s p \left[\frac{\partial}{\partial t} \rho(\mathbf{q}, \mathbf{p}, t) + \operatorname{div} \mathbf{j}\right] = 0. \tag{1.30}$$

Die *Divergenz* ist mit dem $2s$-dimensionalen *Gradienten* des Phasenraums,

$$\nabla \equiv \left(\frac{\partial}{\partial q_1}, \dots, \frac{\partial}{\partial q_s}, \frac{\partial}{\partial p_1}, \dots, \frac{\partial}{\partial p_s}\right), \tag{1.31}$$

zu bilden:

$$\operatorname{div} \mathbf{j} = \sum_{j=1}^{s} \left[\frac{\partial}{\partial q_j} (\rho\, \dot{q}_j) + \frac{\partial}{\partial p_j} (\rho\, \dot{p}_j) \right]. \tag{1.32}$$

Die Beziehung (1.30) muß für beliebige Gebiete G des Phasenraums gelten, was den Schluß erzwingt, daß bereits der Integrand verschwinden muß. Die Dichteverteilungsfunktion erfüllt also eine **Kontinuitätsgleichung**,

$$\frac{\partial}{\partial t} \rho(\mathbf{q}, \mathbf{p}, t) + \operatorname{div} \left(\mathbf{v} \cdot \rho(\mathbf{q}, \mathbf{p}, t) \right) = 0, \tag{1.33}$$

die natürlich nichts anderes beinhaltet als die Erhaltung der Gesamtzahl der Ensemble-Systeme. Sie läßt sich mit (1.32) weiter umformen:

$$-\frac{\partial \rho}{\partial t} = \sum_{j=1}^{s} \left(\dot{q}_j \frac{\partial \rho}{\partial q_j} + \dot{p}_j \frac{\partial \rho}{\partial p_j} \right) + \rho \sum_{j=1}^{s} \left(\frac{\partial \dot{q}_j}{\partial q_j} + \frac{\partial \dot{p}_j}{\partial p_j} \right).$$

Alle Ensemble-Systeme werden natürlich durch dieselbe (nicht explizit zeitabhängige) Hamilton-Funktion $H(\mathbf{q}, \mathbf{p})$ beschrieben. Setzt man dann die Hamiltonschen Bewegungsgleichungen (1.13) in die obige Gleichung ein, so erkennt man, daß jeder Term der zweiten Summe gleich Null ist. Übrigbleibt die

Liouville-Gleichung

$$\frac{d\rho}{dt} = \frac{\partial \rho}{\partial t} + \sum_{j=1}^{s} \left(\frac{\partial \rho}{\partial q_j}\, \dot{q}_j + \frac{\partial \rho}{\partial p_j}\, \dot{p}_j \right) = 0. \tag{1.34}$$

Das totale Zeitdifferential der Dichteverteilungsfunktion verschwindet. Es gilt demnach für **alle** Zeiten t:

$$\rho\big(\mathbf{q}(t),\, \mathbf{p}(t), t\big) \equiv \rho\big(\mathbf{q}(0),\, \mathbf{p}(0), 0\big). \tag{1.35}$$

Anschaulich besagt diese Beziehung, daß ein mit der *Ensemble-Strömung* mitbewegter Beobachter in seiner Umgebung stets dieselbe, also eine zeitlich konstante Dichte von Ensemble-Phasenpunkten sieht. Die Ensemble-*Flüssigkeit* bewegt sich im Phasenraum wie eine **inkompressible** Flüssigkeit.

Mit (1.17) läßt sich die Liouville-Gleichung auch kompakt mit Hilfe der Poisson-Klammer formulieren:

$$\frac{\partial \rho}{\partial t} + \{\rho, H\} = 0. \tag{1.36}$$

Eine weitere äquivalente Formulierung ergibt sich mit (1.28) und (1.31):

$$\frac{\partial \rho}{\partial t} + \mathbf{v} \cdot \nabla \rho = 0. \tag{1.37}$$

Es hängt von der jeweiligen Fragestellung ab, welche der drei Formulierungen der Liouville-Gleichung, (1.34), (1.36) oder (1.37), die günstigere ist. So wird für die in Kapitel 2 zu diskutierende Quantenstatistik insbesondere die Darstellung (1.36) interessant, da das *Korrespondenzprinzip* ((3.229), Bd. 5, Tl. 1) eindeutig vorschreibt, wie die Poisson-Klammer in die Quantenmechanik zu übertragen ist.

Die von der Liouville-Gleichung vermittelte Vorstellung der *inkompressiblen Flüssigkeit* läßt sich noch etwas schärfer formulieren:

Liouville-Theorem

G_0 sei ein Gebiet des Phasenraums mit dem Volumen Γ_0, dessen Punkte zur Zeit $t = 0$ von Ensemble-Systemen besetzt sind. Diese bewegen sich im Phasenraum und füllen zur Zeit t das Gebiet G_t mit dem Volumen Γ_t aus. G_t wird im allgemeinen von G_0 verschieden sein, es gilt jedoch für alle Zeiten t:

$$\Gamma_t = \Gamma_0. \tag{1.38}$$

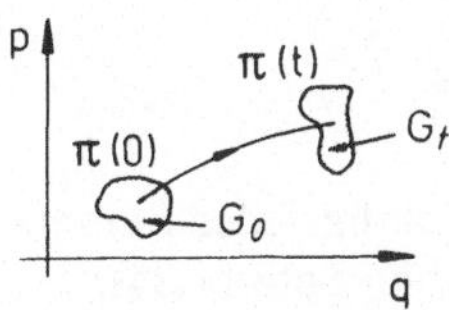

Man beachte, daß sich die Aussage des Theorems auf die *Erhaltung des Phasenraum***volumens** bezieht. Nichts wird ausgesagt über die **Form** des Gebietes G_t im Vergleich zu der von G_0. Da sind beliebige Deformationen zugelassen. Wir führen den strengen Beweis zu (1.38) als Aufgabe 1.2.3, begnügen uns hier mit einer *anschaulichen* Begründung: Ausgangspunkt sei zunächst ein so kleines Gebiet ΔG_0 um $\boldsymbol{\pi}(0) = \big(\mathbf{q}(0), \mathbf{p}(0)\big)$, daß die Dichte ρ im Inneren als praktisch konstant angenommen werden kann. Alle Punkte dieses Gebietes bewegen sich den Hamiltonschen Gleichungen gemäß und erreichen nach der Zeit t das Gebiet ΔG_t um $\boldsymbol{\pi}(t) = \big(\mathbf{q}(t), \mathbf{p}(t)\big)$. Während der Bewegung können sich die Trajektorien der einzelnen Punkte **nicht** schneiden. Insbesondere können die Trajektorien der *Oberflächenpunkte* von ΔG_0 nicht von denen der *inneren* Punkte von ΔG_0 geschnitten werden, und natürlich auch nicht von Trajektorien irgendwelcher Phasenpunkte, die bei $t = 0$ außerhalb von ΔG_0 lagen. ΔG_0 und ΔG_t enthalten also exakt dieselbe Anzahl von Phasenpunkten! Andererseits ist nach (1.35) die Punkt**dichte** für ΔG_0 und ΔG_t dieselbe. Folglich müssen die Volumina $\Delta\Gamma_0$ und $\Delta\Gamma_t$ übereinstimmen. Das gilt dann auch für die Volumina Γ_0, Γ_t endlicher Gebiete G_0, G_t, wenn wir diese zum Beweis in kleine Gebiete ΔG_0, ΔG_t der eben beschriebenen Form zerlegen.

Wie bereits am Ende von Kapitel 1.2.2 erwähnt, spricht man von **stationärer Verteilung** oder **statistischem Gleichgewicht**, wenn über die stets gültige Aussage (1.34) hinaus auch die lokale, zeitliche Dichteänderung verschwindet:

$$\frac{d\rho}{dt} = \frac{\partial \rho}{\partial t} = 0. \tag{1.39}$$

Die Wahrscheinlichkeit, an bestimmten Stellen des Phasenraums Ensemble-Systeme zu finden, ist dann nämlich für alle Zeiten dieselbe. Das ist trivialerweise der Fall, wenn die Ensemble-*Flüssigkeit* homogen über den gesamten Phasenraum *verschmiert* ist, die Dichteverteilungsfunktion ρ dort also überall konstant ist:

$$\frac{\partial \rho}{\partial q_j} = \frac{\partial \rho}{\partial p_j} = 0 \qquad \forall j.$$

Mit (1.34) folgt dann unmittelbar (1.39).

Eine Verteilung ist aber auch dann stationär, wenn ρ nur über ein *Integral der Bewegung* c von $\mathbf{q}$ und $\mathbf{p}$ abhängt:

$$\rho = \rho(c, t); \quad c = c(\mathbf{q}, \mathbf{p}). \tag{1.40}$$

Integral der Bewegung heißt:

$$0 = \frac{dc}{dt} = \sum_{j=1}^{s} \left(\frac{\partial c}{\partial q_j} \dot{q}_j + \frac{\partial c}{\partial p_j} \dot{p}_j \right),$$

wobei natürlich auf der rechten Seite nicht notwendig jeder Summand gleich Null sein muß. Es folgt dann aus dem Liouvilleschen Satz (1.34),

$$0 = \frac{d\rho}{dt} = \left(\frac{\partial \rho}{\partial c}\right)_t \frac{dc}{dt} + \left(\frac{\partial \rho}{\partial t}\right)_c = \left(\frac{\partial \rho}{\partial t}\right)_c,$$

und damit insbesondere:

$$\left(\frac{\partial \rho}{\partial t}\right)_{\mathbf{q},\mathbf{p}} = 0.$$

Eine wichtige Konstante der Bewegung eines isolierten Systems ist die Hamilton-Funktion $H(\mathbf{q}, \mathbf{p}) = E = \text{const}$. Hängt also die Dichteverteilungsfunktion eines Statistischen Ensembles nur über H von $\mathbf{q}$ und $\mathbf{p}$ ab,

$$\rho = \rho\big(H(\mathbf{q}, \mathbf{p})\big), \tag{1.41}$$

so ist die Verteilung *stationär* (s. Aufgabe 1.2.2). Stationäre Verteilungen sind, wie bereits erwähnt, wichtig zur Beschreibung von Systemen im thermodynamischen Gleichgewicht. Alle in den folgenden Kapiteln zu besprechenden, konkreten Dichteverteilungsfunktionen werden deshalb vom Typ (1.41) sein.

1.2.4 Mikrokanonische Gesamtheit

Das Grundproblem der Statistischen Physik besteht nach den Vorüberlegungen der letzten Abschnitte offensichtlich darin, die Dichteverteilungsfunktion $\rho(\mathbf{q}, \mathbf{p}, t)$ eines Statistischen Ensembles zu finden, wobei für die Gleichgewichtsstatistik nur *stationäre* Verteilungen von Interesse sind. Unsere bisherigen Überlegungen betrafen isolierte bzw. besser *quasiisolierte* Systeme, für die

$$E < H(\mathbf{q}, \mathbf{p}) < E + \Delta \qquad (\Delta \ll E) \tag{1.42}$$

gilt. Wir hatten uns bereits in Kapitel 1.1.1 klargemacht, daß für realistische makroskopische Systeme die exakte Energiekonstanz ($H = E$) nicht einzuhalten ist. Es versteht sich dagegen von selbst, daß in einem isolierten System Teilchenzahl und Volumen strikt konstant sind ($N =$ const., $V =$ const.).

Alle *denkbaren* Mikrozustände, die mit (1.42) verträglich sind, kommen dem in Kapitel 1.1.1 vereinbarten Postulat zufolge mit gleicher *a priori*-Wahrscheinlichkeit vor. Andererseits ist nach (1.25) $\rho(\mathbf{q}, \mathbf{p}, t)$ die Wahrscheinlichkeitsdichte dafür, zur Zeit t ein Ensemble-Mitglied in der Phase $\boldsymbol{\pi} = (\mathbf{q}, \mathbf{p})$ anzutreffen. Zusammen mit (1.42) bedeutet dies für die Dichteverteilungsfunktion eines Statistischen Ensembles quasiisolierter Systeme:

$$\rho(\mathbf{q}, \mathbf{p}, t) = \begin{cases} \rho_0 = \text{ const., falls } E < H(\mathbf{q}, \mathbf{p}) < E + \Delta, \\ 0 \text{ sonst.} \end{cases} \tag{1.43}$$

Die Konstante ρ_0 ist durch die Normierung der Verteilung bestimmt. Die Dichtefunktion (1.43) ist nur über die Hamilton-Funktion von Koordinaten und Impulsen abhängig, beschreibt somit nach (1.41) eine *stationäre* Verteilung. Die zugehörigen Scharmittel (1.26) sind also zeitunabhängig. Das ist wichtig, da wir diese ja später mit den Observablen der Gleichgewichtsthermodynamik in Verbindung bringen wollen. Man nennt das durch (1.43) definierte Statistische Ensemble eine

mikrokanonische Gesamtheit.

Diese besetzt *homogen verschmiert* das sogenannte

Phasenvolumen

$$\Gamma(E) = \alpha \iint\limits_{E<H(\mathbf{q},\mathbf{p})<E+\Delta} d^s q \, d^s p. \tag{1.44}$$

Für spätere Überlegungen ist es zweckmäßig, einen Faktor α gleich mit in die Definition einzubeziehen. Insbesondere soll er $\Gamma(E)$ dimensionslos machen. $d^s q \, d^s p$ hat die Dimension [Wirkung]^s. Wir wählen deshalb

$$\alpha = \frac{\alpha^*}{h^s}, \tag{1.45}$$

wobei h das Plancksche Wirkungsquantum ((1.3), Bd. 5, Tl.1) bedeutet. Im Rahmen der klassischen Theorie ist das natürlich mehr oder weniger Spielerei, soll nicht etwa schon auf irgendeine Quanteneigenschaft hinweisen. Bei Systemen aus N Teilchen ohne Zwangsbedingungen, die den Regelfall für die folgenden Betrachtungen darstellen, ist

$$s = 3N. \tag{1.46}$$

Wir halten uns in (1.45) noch eine dimensionslose Konstante α^* offen, die erst später festgelegt werden soll. Mit der Wahl $\alpha^* = 1$ lassen sich im weiteren Verlauf unserer Überlegungen Widersprüche konstruieren, die im Rahmen der Klassischen Statistischen Physik nicht auflösbar erscheinen. Erst die Übernahme gewisser quantenmechanischer Aspekte wird zu einem Ansatz für α^* führen, der das Dilemma beseitigt (*korrekte Boltzmann-Abzählung*, Kap. 1.3.7). Wir wollen α^* jedoch erst dann spezifizieren, wenn es wirklich notwendig wird.

Für die Konstante ρ_0 der mikrokanonischen Gesamtheit (1.43) gilt nun offenbar:

$$\rho_0 = \frac{\alpha}{\Gamma(E)}. \tag{1.47}$$

Manchmal bezeichnet man als **Phasenvolumen** auch das gesamte, von der Hyperfläche $H(\mathbf{q}, \mathbf{p}) = E$ im Phasenraum eingeschlossene Volumen:

$$\varphi(E) = \alpha \iint\limits_{H(\mathbf{q},\mathbf{p}) \le E} d^s q \, d^s p \tag{1.48}$$

Der Vergleich mit (1.44) ergibt den Zusammenhang:

$$\Gamma(E) = \varphi(E + \Delta) - \varphi(E). \tag{1.49}$$

Wir definieren schließlich noch die **Zustandsdichte**:

$$D(E) = \frac{d\varphi(E)}{dE} = \lim_{\Delta \to 0} \frac{1}{\Delta} \Gamma(E). \tag{1.50}$$

Für $\Delta \ll E$, was stets angenommen werden soll, gilt in sehr guter Näherung:

$$\Gamma(E) \approx \Delta \, D(E). \tag{1.51}$$

Für die klassischen Observable $F = F(\mathbf{q}, \mathbf{p})$ lautet nun der *Scharmittelwert* über der *mikrokanonischen Gesamtheit*, wenn man (1.43), (1.44) und (1.47) in (1.26) einsetzt:

$$\langle F \rangle = \frac{\iint\limits_{E<H(\mathbf{q},\mathbf{p})<E+\Delta} d^s q \, d^s p \, F(\mathbf{q}, \mathbf{p})}{\iint\limits_{E<H(\mathbf{q},\mathbf{p})<E+\Delta} d^s q \, d^s p}. \tag{1.52}$$

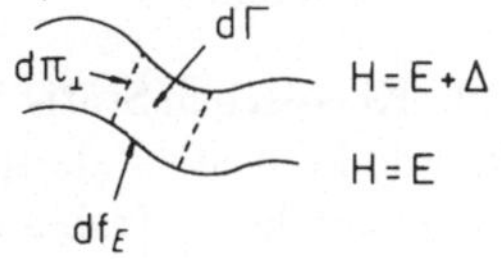

Für manche Zwecke ist es sinnvoll, das von der mikrokanonischen Gesamtheit besetzte Phasenvolumen $\Gamma(E)$ noch auf eine etwas andere Weise als in (1.44) darzustellen. Das von den Hyperflächen $H = E + \Delta$ und $H = E$ eingeschlossene Phasenraumvolumen $\Gamma(E)$ ergibt sich durch Aufsummation der Volumenelemente

$$d\Gamma = df_E \, d\pi_\perp .$$

df_E ist das Flächenelement auf der $H = E$-Fläche und $d\pi_\perp$ der senkrechte Abstand zwischen den beiden Hyperflächen. Der Vektor ∇H steht senkrecht auf der $H = E = \text{const.}$-Fläche. Für die Änderungen H beim Übergang von der einen zur anderen Fläche muß also gelten:

$$\Delta \stackrel{!}{=} |\nabla H| \, d\pi_\perp .$$

Damit läßt sich das Volumenelement $d\Gamma$ darstellen als:

$$d\Gamma = \Delta \frac{df_E}{|\nabla H|}. \tag{1.53}$$

Bei hinreichend kleinem Δ kann demnach das Volumenintegral in (1.44) auch durch ein Flächenintegral ersetzt werden:

$$\Gamma(E) \approx \Delta \, \alpha \int\limits_{H=E} \frac{df_E}{|\nabla H(\mathbf{q}, \mathbf{p})|}. \tag{1.54}$$

Nach (1.51) bedeutet dies für die Zustandsdichte:

$$D(E) = \alpha \int\limits_{H=E} \frac{df_E}{|\nabla H(\mathbf{q}, \mathbf{p})|}. \tag{1.55}$$

Wir haben damit insbesondere eine alternative Darstellung des Scharmittelwertes gefunden, wenn wir (1.53) und (1.55) in (1.52) einsetzen:

$$\langle F \rangle \approx \frac{\alpha}{D(E)} \int\limits_{H(\mathbf{q},\mathbf{p})=E} df_E \, \frac{F(\mathbf{q}, \mathbf{p})}{|\nabla H(\mathbf{q}, \mathbf{p})|}. \tag{1.56}$$

Die Mittelung geschieht in dieser Version über ein Flächenintegral. Das schaut komplizierter aus als (1.52), kann in manchen Fällen aber bequemer in der Anwendung sein. Eine spezielle Phasenraumobservable ist die Hamilton-Funktion. Für den Mittelwert über der mikrokanonischen Gesamtheit folgt aus (1.56):

$$\langle H \rangle \approx E. \tag{1.57}$$

Den Mittelwert $\langle H \rangle$ werden wir im nächsten Kapitel thermodynamisch mit der **inneren Energie** U des betreffenden Systems identifizieren.

Wir haben nunmehr die wichtigsten Grundbegriffe der Klassischen Statistischen Physik zusammengetragen. Der nächste Programmpunkt besteht darin, den Anschluß an die Gleichgewichtsthermodynamik herzustellen. Insbesondere wird es darauf ankommen, die für die Thermodynamik zentralen Begriffe *Entropie* und *Temperatur* statistisch zu begründen, so daß die *Grundrelation der Thermodynamik* ((2.55), Bd. 4), die einer Zusammenfassung der ersten beiden Hauptsätze entspricht, zu einer **beweisbaren** Aussage wird.

1.2.5 Aufgaben

Aufgabe 1.2.1

Zeigen Sie, daß der klassische lineare harmonische Oszillator mit der Hamilton-Funktion

$$H(q,p) = \frac{p^2}{2m} + \frac{1}{2} m\omega^2 q^2$$

die Ergodenhypothese erfüllt. Berechnen Sie zu diesem Zweck die Phasentrajektorie

$$\boldsymbol{\pi}(t) = (q(t), p(t)).$$

Aufgabe 1.2.2

Die Dichteverteilungsfunktion ρ eines Statistischen Ensembles hänge nur über die Hamilton-Funktion $H = H(\mathbf{q}, \mathbf{p})$ von $\mathbf{q}$ und $\mathbf{p}$ ab. Zeigen Sie mit Hilfe der Liouville-Gleichung in der Form (1.37),

$$\frac{\partial \rho}{\partial t} + \mathbf{v} \cdot \nabla \rho = 0,$$

daß es sich um eine stationäre Verteilung handelt.

Aufgabe 1.2.3

G_0 sei ein Gebiet des Phasenraums, das zur Zeit $t = 0$ von den Systemen eines Statistischen Ensembles besetzt ist. G_0 habe das Volumen Γ_0:

$$\Gamma_0 = \int\limits_{G_0} d^s q(0)\, d^s p(0).$$

Das Gebiet G_t, das durch die Bewegung der Punkte aus G_0 nach der Zeit t entsteht, besitzt dann das Volumen:

$$\Gamma_t = \int\limits_{G_t} d^s q(t)\, d^s p(t).$$

Beweisen Sie das Liouville-Theorem (1.38):

$$\Gamma_t = \Gamma_0.$$

Wegen

$$\Gamma_t = \int\limits_{G_0} \det F^{(t,0)}\, d^s q(0)\, d^s p(0)$$

wird es darauf ankommen zu zeigen, daß die Funktionaldeterminante ((1.235), Bd. 1),

$$\det F^{(t,0)} \equiv \frac{\partial(q_1(t), \dots q_s(t), p_1(t), \dots, p_s(t))}{\partial(q_1(0), \dots, q_s(0), p_1(0), \dots, p_s(0))},$$

gleich Eins wird.

Aufgabe 1.2.4

Gegeben sei der klassische lineare harmonische Oszillator

$$H(q,p) = \frac{p^2}{2m} + \frac{1}{2} m\omega^2 q^2.$$

1) Bestimmen Sie die normierte Dichteverteilungsfunktion der mikrokanonischen Gesamtheit.

2) Berechnen Sie damit die Mittelwerte der potentiellen und der kinetischen Energie.

Aufgabe 1.2.5

Ein Teilchen der Masse m bewegt sich *frei* in dem eindimensionalen Intervall $0 \le x \le x_0$ und wird bei $x = 0$ und $x = x_0$ von Wänden elastisch reflektiert.

1) Skizzieren Sie die Trajektorie des Systems im Phasenraum.

2) Berechnen Sie das klassische Phasenvolumen $\varphi(E)$.

Aufgabe 1.2.6

N wechselwirkungsfreie Teilchen der Masse m bewegen sich in einer Ebene in dem Potential

$$V(x,y) = \begin{cases} 0, & \text{falls } 0 \le x \le x_0;\ 0 \le y \le y_0, \\ \infty & \text{sonst.} \end{cases}$$

Berechnen Sie die klassische, normierte Dichteverteilung $\rho(\mathbf{q}, \mathbf{p})$ der mikrokanonischen Gesamtheit.

Aufgabe 1.2.7

Diskutieren Sie Phasenvolumen und Phasentrajektorie

1) eines Teilchens, das bei seiner linearen Bewegung lediglich einer zu seiner Geschwindigkeit proportionalen Reibungskraft unterliegt,

2) eines linearen harmonischen Oszillators mit kleiner Reibung.

Aufgabe 1.2.8

Berechnen Sie das Phasenvolumen $\varphi(E)$ eines relativistischen Teilchens der Energie E, das sich in einem Kasten vom Volumen V bewegt.

1.3 Anschluß an die Thermodynamik

1.3.1 Überlegungen zum thermischen Gleichgewicht

Wir wollen die Elemente der Statistik, wie wir sie im letzten Abschnitt eingeführt haben, nun mit den Fundamentalgrößen der phänomenologischen Thermodynamik in Verbindung bringen. Das ist begrifflich nicht ganz einfach und bedarf deshalb einer gewissen Vorbereitung, zu der wir auf das einfache und exakt lösbare, in Kapitel 1.1.2 eingeführte Modellsystem zurückgreifen wollen. Bei diesem handelt es sich um ein Gas aus N Teilchen in einem *isolierten* Behälter mit dem Volumen V, der in zwei Kammern (I) und (II) (Volumina: V_1, V_2) aufgeteilt ist. Zwischen diesen Kammern können die Teilchen ungehindert hin und her diffundieren, wobei jedoch gewisse Eigenschaften in (I) und (II) unterschiedliche Werte annehmen. Das gelte insbesondere für die Energie, die für ein Teilchen in Kammer (I) gleich ϵ und in Kammer (II) gleich $(-\epsilon)$ sein möge. Die Gesamtenergie des Systems ist dann durch den *Überschuß*

$$y = N_1 - \frac{1}{2} N \qquad (1.58)$$

an Teilchen in Kammer (I) bestimmt ($N = N_1 + N_2$):

$$E = N_1 \epsilon - (N - N_1)\,\epsilon = 2y\,\epsilon. \qquad (1.59)$$

Über die Genauigkeit einer Energiemessung und die Fluktuationen um den *wahrscheinlichsten* Wert haben wir in Kapitel 1.1.2 detailliert nachgedacht.

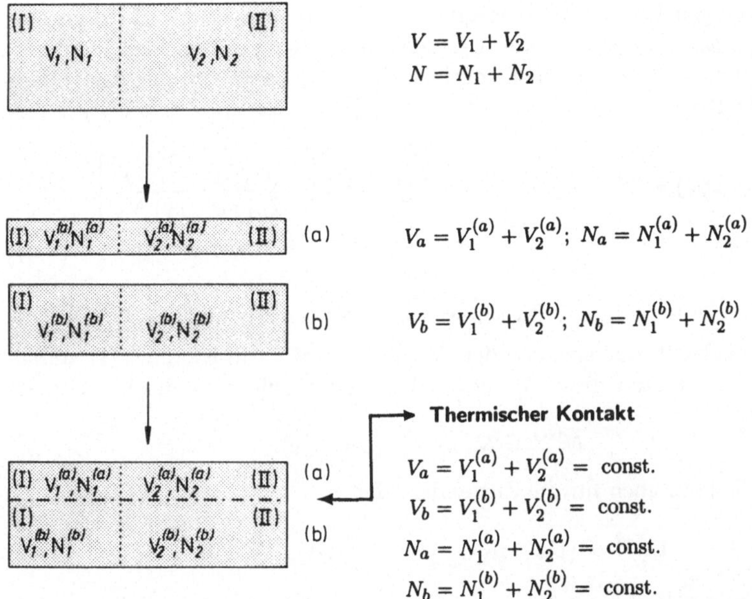

Wir wollen nun dieses *Gedankenexperiment* um einen wesentlichen Aspekt erweitern. Das System soll sich jetzt aus zwei Teilsystemen (a) und (b) der beschriebenen Art zusammensetzen (s. Bild):

$$V_a + V_b = V; \quad N_a + N_b = N.$$

Die Aufteilung in Kammern (I) und (II) erfolge innerhalb der Teilsysteme so, daß die Wahrscheinlichkeit p_1 für ein Teilchen, sich in (I) aufzuhalten (s. (1.2)), für beide Untersysteme dieselbe und gleich der des Gesamtsystems ist:

$$p_1 = \frac{V_1^{(a)}}{V_a} = \frac{V_1^{(b)}}{V_b}$$

$$\iff p_1 = \frac{V_1}{V} = \frac{V_1^{(a)} + V_1^{(b)}}{V_a + V_b}.$$

Die zunächst isolierten Teilsysteme besitzen Energien,

$$E_a = 2y_a\,\epsilon; \quad E_b = 2y_b\,\epsilon,$$

die wie für das Gesamtsystem (1.58) durch die *Teilchenüberschüsse*

$$y_a = N_1^{(a)} - \frac{1}{2}\,N_a, \;\; y_b = N_1^{(b)} - \frac{1}{2}\,N_b \tag{1.60}$$

in den jeweiligen Kammern (I) festgelegt sind. Zu einer durch y_α vorgegebenen Energie E_α besitzt das isolierte α-Teilsystem $\Gamma_{N_\alpha}(y_\alpha)$ verschiedene Mikrozustände. Bei makroskopischen Teilchenzahlen N_α ($\alpha = a, b$) gilt das frühere Ergebnis (1.10):

$$\Gamma_{N_\alpha}(y_\alpha) = 2^{N_\alpha}\, w_{N_\alpha}\left(N_1^{(\alpha)}\right) = \Gamma_\alpha^{\max} \exp\left[-\frac{\left(N_1^{(\alpha)} - \widehat{N}_1^{(\alpha)}\right)^2}{2p_1(1-p_1)N_\alpha}\right]$$

$$\alpha = a, b. \qquad (1.61)$$

2^{N_α} ist die Gesamtzahl der Zustände des Teilsystems α und $w_{N_\alpha}\left(N_1^{(\alpha)}\right)$ die Wahrscheinlichkeit, daß sich von den N_α Teilchen $N_1^{(\alpha)}$ in Kammer (I) aufhalten. Nach (1.9) nimmt diese Wahrscheinlichkeitsverteilung ihren Maximalwert an der Stelle

$$\widehat{N}_1^{(\alpha)} = N_\alpha p_1 \qquad (\alpha = a, b)$$

an. Das gilt dann auch für die Zustandszahlen

$$\Gamma_\alpha^{\max} = \left(\Gamma_{N_\alpha}(y_\alpha)\right)_{\max} = 2^{N_\alpha}\, w_{N_\alpha}\left(\widehat{N}_1^{(\alpha)}\right). \qquad (1.62)$$

Wenn die beiden Teilsysteme (a) und (b) isoliert bleiben, ergibt sich natürlich nichts Neues gegenüber dem, was in Kapitel 1.1.2 diskutiert wurde.

Im nächsten Schritt wird nun aber ein

thermischer Kontakt

zwischen (a) und (b) hergestellt, was besagen soll, daß die Teilsysteme Energie austauschen können, ohne daß sich dabei ihre Teilchenzahlen und Volumina ändern. Der Energieaustausch erfolgt durch Verschieben von Teilchen zwischen den Kammern (I) und (II) innerhalb des jeweiligen Behälters (a) bzw. (b). Die *technische* Realisierung dieses Vorgangs muß hier nicht interessieren, wobei aber insbesondere gewährleistet sein sollte, daß der Energieaustausch so vonstatten geht, daß Wechselwirkungen zwischen den Teilchen aus (a) und denen aus (b) auch weiterhin unberücksichtigt bleiben können. Das Gesamtsystem (*Übersystem*) ist nach wie vor *isoliert*, seine Energie (1.59) also fest vorgegeben, so daß beim *thermischen Kontakt* von (a) und (b) die Randbedingung

$$y = y_a + y_b \qquad (1.63)$$

zu erfüllen ist. Das kann nun aber auf vielfältige Weise geschehen. Wir fragen uns deshalb, was passiert tatsächlich infolge des Kontakts zwischen den beiden Teilsystemen? Wie wird die Energie E des *Übersystems* unter der Randbedingung (1.63) auf die Untersysteme aufgeteilt? Die **wahrscheinlichste** Aufteilung wird die sein, die dem *Übersystem* eine maximale Anzahl von Mikrozuständen gewährleistet. Nach dieser wollen wir zunächst suchen.

Jeder Zustand von (a) läßt sich mit jedem Zustand von (b) zu einem Mikrozustand des *Übersystems* kombinieren. Die Gesamtzahl der mit (1.63) verträglichen Zustände ist somit

$$\Gamma_N(y) = \sum_{y_a=-\frac{1}{2}N_a}^{+\frac{1}{2}N_a} \Gamma_{N_a}(y_a)\,\Gamma_{N_b}(y-y_a), \tag{1.64}$$

wenn wir $N_b > N_a$ voraussetzen. Γ_{N_a} und Γ_{N_b} sind durch (1.61) definiert. Jeder Summand entspricht einer ganz bestimmten Aufteilung der Energie $E = 2y\epsilon$ auf die Teilsysteme (a) und (b). Welcher Summand in (1.64) ist maximal? Um diese Frage zu beantworten, haben wir wie bei einer *ganz normalen* Extremwertaufgabe die erste Ableitung des Summanden nach y_a zu bilden und diese gleich Null zu setzen. Wir benutzen zur besseren Übersicht vorübergehend die Abkürzungen:

$$\begin{aligned}
&\widetilde{p}_1 = p_1\,(1-p_1),\\
&z_\alpha = N_1^{(\alpha)} - \widehat{N}_1^{(\alpha)} = y_\alpha + N_\alpha\left(\frac{1}{2}-p_1\right) \quad (\alpha = a,b),\\
&z = N_1 - \widehat{N}_1 = y + N\left(\frac{1}{2}-p_1\right) = z_a + z_b.
\end{aligned}$$

Dann liest sich (1.61),

$$\Gamma_{N_\alpha}(z_\alpha) = \Gamma_\alpha^{\max}\exp\left(-\frac{z_\alpha^2}{2\widetilde{p}_1 N_\alpha}\right) \quad (\alpha = a,b),$$

und für die Summanden in (1.64) gilt:

$$\Gamma_{N_a}(z_a)\,\Gamma_{N_b}(z-z_a) = \Gamma_a^{\max}\,\Gamma_b^{\max}\exp\left[-\frac{z_a^2}{2\widetilde{p}_1 N_a} - \frac{(z-z_a)^2}{2\widetilde{p}_1 N_b}\right]. \tag{1.65}$$

Bei der Suche nach dem Maximum ist es zweckmäßig, den Logarithmus dieses Ausdrucks abzuleiten, der natürlich an derselben Stelle maximal wird:

$$\ln\bigl(\Gamma_{N_a}(z_a)\,\Gamma_{N_b}(z-z_a)\bigr) = \ln\bigl(\Gamma_a^{\max}\,\Gamma_b^{\max}\bigr) - \frac{z_a^2}{2\widetilde{p}_1 N_a} - \frac{(z-z_a)^2}{2\widetilde{p}_1 N_b}.$$

Die Nullstelle der ersten Ableitung,

$$0 \overset{!}{=} \left.\frac{\partial\ln\bigl(\Gamma_{N_a}(z_a)\,\Gamma_{N_b}(z-z_a)\bigr)}{\partial z_a}\right|_{\hat{z}_a} = -\frac{\hat{z}_a}{\widetilde{p}_1 N_a} + \frac{(z-\hat{z}_a)}{\widetilde{p}_1 N_b},$$

liefert die Extremwertbedingung:

$$\frac{\hat{z}_a}{N_a} = \frac{\hat{z}_b}{N_b} \stackrel{!}{=} \frac{z}{N}.$$

Machen wir die oben vereinbarten Abkürzungen wieder rückgängig, so ergibt sich

$$\frac{\hat{y}_a}{N_a} = \frac{\hat{y}_b}{N_b} = \frac{y}{N}, \tag{1.66}$$

und man erkennt, daß die *wahrscheinlichste Konfiguration* dadurch ausgezeichnet ist, daß der relative *Überschuß* an Kammer (I)-Teilchen für die beiden Teilsysteme (a) und (b) gleich und mit dem des *Übersystems* identisch ist. Wir vergewissern uns noch, daß das Extremum wirklich ein Maximum ist:

$$\frac{\partial^2}{\partial z_a^2} \ln\left[\Gamma_{N_a}(z_a)\,\Gamma_{N_b}(z - z_a)\right] = -\frac{1}{\widetilde{p}_1 N_a} - \frac{1}{\widetilde{p}_1 N_b} < 0.$$

Der *wahrscheinlichste* (maximale) Summand in (1.64) hat also die Gestalt:

$$\left[\Gamma_{N_a}(z_a)\,\Gamma_{N_b}(z - z_a)\right]_{\max} = \Gamma_a^{\max}\,\Gamma_b^{\max} \exp\left[-\frac{1}{2\widetilde{p}_1} \cdot \frac{z^2}{N}\right]. \tag{1.67}$$

Von entscheidender Bedeutung für die Gültigkeit der Statistischen Physik ist nun die Beobachtung, daß die Verteilung der Zustandszahlen, die in (1.64) aufsummiert werden, ähnlich scharf um das Maximum (1.67) herum gebündelt ist, wie wir es schon beim isolierten Einzelsystem (Kap. 1.1.2) erkennen konnten. Dies hat nämlich zur Folge, daß nur wenige Konfigurationen (Summanden in (1.64)) die physikalischen Eigenschaften des *Übersystems* tatsächlich beeinflussen. Um diesen Sachverhalt zu bestätigen, untersuchen wir die Zustandszahlen in der Nähe des Maximums:

$$\Delta z_\alpha = z_\alpha - \hat{z}_\alpha = y_\alpha - \hat{y}_\alpha = \Delta y_\alpha \qquad (\alpha = a, b).$$

Anstelle von (1.65) schreiben wir:

$$\Gamma_{N_a}(z_a)\,\Gamma_{N_b}(z_b) = \Gamma_a^{\max}\,\Gamma_b^{\max} \exp\left[-\frac{1}{2\widetilde{p}_1}\left\{\frac{1}{N_a}\left(\hat{z}_a^2 + 2\hat{z}_a\,\Delta z_a + \Delta z_a^2\right) + \right.\right.$$
$$\left.\left. + \frac{1}{N_b}\left(\hat{z}_b^2 + 2\hat{z}_b\,\Delta z_b + \Delta z_b^2\right)\right\}\right].$$

Wegen $y = y_a + y_b = \hat{y}_a + \hat{y}_b = \text{const.}$ ist $\Delta y_a = -\Delta y_b$ und damit auch $\Delta z_a = -\Delta z_b$. Ferner gilt (1.66):

$$\Gamma_{N_a}(z_a)\,\Gamma_{N_b}(z_b) =$$
$$= \left\{\Gamma_a^{\max}\,\Gamma_b^{\max} \exp\left(-\frac{z^2}{2N\widetilde{p}_1}\right)\right\} \exp\left[-\frac{\Delta z_a^2}{2\widetilde{p}_1}\left(\frac{1}{N_a} + \frac{1}{N_b}\right)\right].$$

Der Term in der geschweiften Klammer ist nach (1.67) der maximale Summand aus (1.64). Ersetzen wir die z-Variablen wieder durch die ursprünglichen y-Variablen, so haben wir mit

$$\Gamma_{N_a}(y_a)\,\Gamma_{N_b}(y-y_a) = \left[\Gamma_{N_a}(y_a)\,\Gamma_{N_b}(y-y_a)\right]_{\max} \exp\left[-\frac{N\,\Delta y_a^2}{2\widetilde{p}_1\,N_a\,N_b}\right] \tag{1.68}$$

eine Darstellung gefunden, die in der Tat verdeutlicht, daß die Zahl der dem isolierten *Übersystem* zur Verfügung stehenden Mikrozustände, die bei thermischem Kontakt seiner beiden Untersysteme (a) und (b) gemäß (1.64) möglich sind, als Funktion von y_a an der Stelle $\hat{y}_a = (N_a/N)y$ ein ausgeprägtes Maximum besitzt. Als Maß für die Breite der Verteilung nehmen wir wie in (1.12) den Abstand zwischen $\hat{y}_a$ und den beiden symmetrisch zum Maximum liegenden y_a-Werten, bei denen die Verteilung (1.68) auf den e-ten Teil ihres Maximalwertes (1.67) abgefallen ist. Dieser Abstand beträgt:

$$|\,\Delta y_a\,|_{-1} = \sqrt{\frac{2}{N}\,N_a\,N_b\,p_1\,(1-p_1)}.$$

Bezogen auf den gesamten Wertebereich von y_a ergibt sich als *relative Breite*:

$$\frac{|\,\Delta y_a\,|_{-1}}{N_a} = \sqrt{\frac{2N_b\,p_1\,(1-p_1)}{N_a\,N}}. \tag{1.69}$$

Mit einem charakteristischen Zahlenbeispiel wie

$$p_1 = \frac{1}{2}; \quad N_a = N_b = \frac{1}{2}\,N = 10^{22}$$

findet man:

$$\frac{|\,\Delta y_a\,|_{-1}}{N_a} = \frac{1}{2}\,10^{-11}.$$

Die Verteilung der Zustandszahlen ist also extrem scharf *gebündelt*. Schon bei einer so geringfügigen relativen Abweichung wie

$$\frac{\Delta y_a}{N_a} = 10^{-10}$$

wäre in unserem Zahlenbeispiel nach (1.68) die Verteilung $\Gamma_{N_a}(y_a)\,\Gamma_{N_b}(y-y_a)$ auf das

e^{-400}fache des Maximalwertes

abgefallen. Welche Schlußfolgerung ergibt sich daraus?

Wenn das makroskopische Teilsystem (a) im Rahmen eines isolierten *Übersystems* mit einem anderen Teilsystem (b) in *thermischen Kontakt* gebracht wird, so stehen ihm mit größenordnungsmäßig $2^{10^{22}}$ unvorstellbar viele Mikrozustände zur Verfügung, und entsprechend hoch ist unsere Unkenntnis über die *Mikrostruktur* dieses Systems. Wenn uns aber nur die makroskopische Eigenschaft *Energie* E_a interessiert, dann können wir mit an Sicherheit grenzender Wahrscheinlichkeit sagen, daß eine Energiemessung ein Ergebnis liefert, das allerhöchstens um 10^{-10} relativ vom *wahrscheinlichsten* Wert abweicht. Der Meßwert

$$\widehat{E}_a = 2\hat{y}_a \, \epsilon = 2y \, \frac{N_a}{N} \, \epsilon \qquad (1.70)$$

kann bis auf einen völlig unbedeutenden relativen Fehler vorhergesagt werden.

Nach diesen *modellhaften* Überlegungen können wir uns nun aber eine erste Vorstellung von dem wichtigen Begriff

thermisches Gleichgewicht

machen. Zwei in *thermischem Kontakt* stehende Teilsysteme befinden sich im *thermischen Gleichgewicht*, sobald das aus ihnen zusammengesetzte, isolierte *Übersystem* in seiner *wahrscheinlichsten Konfiguration* ((1.66), (1.67)) anzutreffen ist. Präparieren wir Teilsystem (a) in irgendeinem Anfangszustand und bringen es dann in *thermischen Kontakt* mit Teilsystem (b), so wird zwischen (a) und (b) so lange Energie ausgetauscht werden, bis nach einer gewissen *Relaxationszeit* das *Übersystem* seine *wahrscheinlichste* Konfiguration erreicht hat. Nach der Quasiergodenhypothese kommt es ja jedem mit seinen Randbedingungen verträglichen Zustand im Laufe der Zeit beliebig nahe. Wie am Schluß von Kapitel 1.1.2 in anderem Zusammenhang vorgeführt, läßt sich auch hier abschätzen, daß es diese *wahrscheinlichste* Konfiguration in einer Zeit, die unser Lebensalter um mehrere Zehnerpotenzen übersteigt, nicht mehr verlassen wird. Es handelt sich also um einen

irreversiblen Übergang ins thermische Gleichgewicht.

Wir hatten in dem einleitenden Kapitel 1.1.1 auf die Schwierigkeit hingewiesen, mikroskopisch *thermisches Gleichgewicht* und den *irreversiblen Übergang* in dasselbe zu begründen, da alle mikroskopischen Bewegungsgleichungen zeitumkehrbar sind. Wir sehen hier am Beispiel unseres Modellsystems, wie die große Zahl der Freiheitsgrade der makroskopischen Systeme neuartige Erklärungsmöglichkeiten eröffnet.

Die in diesem Abschnitt aus einem sehr abstrakten, sehr einfachen Modell abgeleiteten, wesentlichen Aussagen werden von allen exakt rechenbaren Modellen bestätigt. Die Annahme, daß sie sogar allgemein gültig sind, hat bislang zu keinem Widerspruch zwischen Theorie und Experiment geführt.

1.3.2 Entropie und Temperatur

Von den Überlegungen zur phänomenologischen Thermodynamik in Band 4 wissen wir, daß es sich bei der *Entropie* um eine ebenso wichtige wie unanschauliche physikalische Größe handelt. Am *anschaulichsten* ist noch ihre Charakterisierung als *Maß für die Unordnung eines Systems*. Zur statistischen Begründung der Entropie können wir deshalb **nicht** von einem *Plausibilitätsansatz* für diese Fundamentalgröße starten, sondern müssen wesentlich formaler vorgehen. Wir werden die statistische Entropiedefinition ohne weitere Begründung, d.h. ohne Hinweise darauf, wodurch diese Definition eigentlich motiviert wird, an den Anfang stellen, um dann durch Diskussion der Konsequenzen die Überzeugung zu gewinnen, daß es sich dabei in der Tat um dieselbe Größe handelt wie die, die wir in der phänomenologischen Thermodynamik benutzt haben.

Für ein isoliertes System mit N Teilchen im Volumen V (ohne Zwangsbedingungen, deshalb $s = 3N$) definieren wir die **Entropie** als den natürlichen Logarithmus des Phasenvolumens (1.44) der zugehörigen mikrokanonischen Gesamtheit:

$$S(E, V, N) = k_B \ln \Gamma_N(E, V). \tag{1.71}$$

Die Definition (1.44) läßt unmittelbar erkennen, daß das Phasenvolumen außer von der Energie E noch von der Teilchenzahl N und dem Volumen V des betrachteten Systems bestimmt wird. Wir schreiben deshalb hier – genauer als in (1.44) – $\Gamma_N(E, V)$ anstelle von $\Gamma(E)$. Die Konstante k_B wird zweckmäßig mit der universellen **Boltzmann-Konstanten** ((1.6), Bd. 4),

$$k_B = 1,3805 \cdot 10^{-23}\,\mathrm{J/K}, \tag{1.72}$$

identifiziert. Das ist an dieser Stelle jedoch noch ohne jede Bedeutung. Wir erreichen dadurch, daß die später aus (1.71) abzuleitende *statistische Temperatur* mit der absoluten Temperatur der Thermodynamik auch bezüglich der Einheit (Kelvin-, Celsius-Grad) übereinstimmt. Für die nun unmittelbar folgenden Überlegungen ist k_B in (1.71) nur eine zunächst nicht weiter spezifizierte Konstante. – Mehr Probleme könnte ein anderes Detail der Definition (1.71) machen. Das Phasenvolumen $\Gamma_N(E, V)$ der mikrokanonischen Gesamtheit ergibt sich nach (1.44) aus einer Phasenraumintegration über eine Energieschale der Dicke Δ. Die mit (1.71) eingeführte *statistische Entropie* scheint damit von einem weiteren Parameter, nämlich Δ, abhängig zu sein. Das wäre allerdings fatal, da uns zu diesem kein *thermodynamisches Analogon* bekannt ist. Wir werden jedoch zum Schluß dieses Abschnitts zeigen können, daß für das makroskopische System ($N \to \infty$) die Abhängigkeit von Δ *asymptotisch unbedeutend* wird. Das hat, u.a., auch die zunächst etwas *merkwürdig* anmutende Konsequenz, daß die folgenden beiden Darstellungen der *statistischen Entropie* zu (1.71) völlig äquivalent sind:

$$S(E,V,N) = k_B \ln \varphi_N(E,V), \tag{1.73}$$

$$S(E,V,N) = k_B \ln D_N(E,V). \tag{1.74}$$

Dabei sind $\varphi_N(E,V)$ in (1.48) und $D_N(E,V)$ in (1.50) als *Phasenvolumen* bzw. *Zustandsdichte* definiert worden. Die Äquivalenz von (1.71), (1.73) und (1.74) resultiert letztlich aus der *mathematischen Tatsache*, daß in einem (Phasen-) Raum hoher Dimension das Volumen, das von einer geschlossenen Fläche begrenzt wird, fast ausschließlich in einer sehr dünnen Oberflächenschicht liegt (s. Aufgabe 1.3.1). Die genauere Begründung von (1.73) und (1.74) am Ende dieses Kapitels liefert einen weiteren Hinweis darauf, wie die große Zahl von Freiheitsgraden makroskopischer Systeme zu *unerwarteten* Phänomenen führen kann. Was mikroskopisch eindeutig falsch ist, kann *asymptotisch (makroskopisch)* korrekt sein.

Um zu zeigen, daß die *statistische Entropie* (1.71) mit der thermodynamischen Entropie identifiziert werden kann, sind zwei wesentliche Aussagen zu kontrollieren:

1) S ist extensiv (additiv) (Kap. 3.3, Bd. 4),

2) S erfüllt den zweiten Hauptsatz der Thermodynamik: *Bei allen in einem isolierten System noch ablaufenden (irreversiblen) Prozessen nimmt die Entropie nicht ab* ($dS \geq 0$, Kap. 3.7.1, Bd. 4)!

Auf Punkt 2) werden wir im nächsten Kapitel eingehen. Hier wollen wir uns zunächst mit der *Additivität* bzw. *Extensivität* der *statistischen Entropie* (1.71) befassen.

Betrachten wir zunächst zwei **isolierte** Systeme, die jedes für sich eine mikrokanonische Gesamtheit definieren:

$$\begin{aligned} E_1 < H_1(\mathbf{q},\mathbf{p}) < E_1 + \Delta_1, \\ E_2 < H_2(\mathbf{q},\mathbf{p}) < E_2 + \Delta_2. \end{aligned} \tag{1.75}$$

Sie besitzen die Entropien:

$$\begin{aligned} S_1(E_1,V_1,N_1) = k_B \ln \Gamma_{N_1}(E_1,V_1), \\ S_2(E_2,V_2,N_2) = k_B \ln \Gamma_{N_2}(E_2,V_2). \end{aligned} \tag{1.76}$$

Das Phasenvolumen des Gesamtsystems ($N = N_1 + N_2$, $V = V_1 + V_2$),

$$E = E_1 + E_2 < H(\mathbf{q},\mathbf{p}) = H_1(\mathbf{q}_1,\mathbf{p}_1) + H_2(\mathbf{q}_2,\mathbf{p}_2) < E + \Delta, \tag{1.77}$$

ist für den Fall, daß keinerlei Austauschkontakt zwischen den Systemen besteht, nichts anderes als das Produkt der beiden Teil-Phasenvolumina, da jeder *denkbare* Zustand von System 1 mit jedem *denkbaren* Zustand von System 2 zu einem *denkbaren* Zustand des Gesamtsystems zusammengesetzt werden kann:

$$\begin{aligned}
\Gamma_N(E,V) &= \\
&= \frac{\alpha^*}{h^{3N}} \int\limits_{E<H<E+\Delta} \cdots \int d^{3N}q\, d^{3N}p = \\
&= \frac{\alpha^*}{h^{3N}} \int\limits_{\substack{E_1<H_1(\mathbf{q}_1,\mathbf{p}_1)<E_1+\Delta_1 \\ E_2<H_2(\mathbf{q}_2,\mathbf{p}_2)<E_2+\Delta_2}} \cdots \int d^{3N_1}q_1\, d^{3N_1}p_1\, d^{3N_2}q_2\, d^{3N_2}p_2 = \\
&= \frac{\alpha_1^*}{h^{3N_1}} \int\limits_{E_1<H_1<E_1+\Delta_1} \cdots \int d^{3N_1}q_1\, d^{3N_1}p_1 \frac{\alpha_2^*}{h^{3N_2}} \int\limits_{E_2<H_2<E_2+\Delta_2} \cdots \int d^{3N_2}q_2\, d^{3N_2}p_2 = \\
&= \Gamma_{N_1}(E_1,V_1)\,\Gamma_{N_2}(E_2,V_2).
\end{aligned} \tag{1.78}$$

(Die Begründung für $\alpha^* \to \alpha_1^*\,\alpha_2^*$ wird später (Kap. 1.3.7) nachgeholt.) Damit ist die Entropie trivialerweise additiv:

$$S(E,V,N) = S_1(E_1,V_1,N_1) + S_2(E_2,V_2,N_2). \tag{1.79}$$

Was aber passiert, wenn wir *thermischen Kontakt* zwischen den Teilsystemen zulassen? Als einen solchen hatten wir im Zusammenhang mit unserem Modellsystem in Kapitel 1.3.1 einen Kontakt definiert, bei dem die Systeme 1 und 2 Energie austauschen können, während ihre Teilchenzahlen und Volumina konstant bleiben. Es soll ferner *keine nennenswerten* Wechselwirkungen zwischen den Systemen geben, so daß die Hamilton-Funktion des *Übersystems* sich additiv aus denen der Teilsysteme zusammensetzt:

$$H(\mathbf{q},\mathbf{p}) = H(\mathbf{q}_1,\mathbf{q}_2,\mathbf{p}_1,\mathbf{p}_2) = H_1(\mathbf{q}_1,\mathbf{p}_1) + H_2(\mathbf{q}_2,\mathbf{p}_2). \tag{1.80}$$

Natürlich kann es Energieaustausch zwischen Systemen **nicht ohne** Wechselwirkungen geben. Da es uns hier um die Entwicklung der *Statistischen Gleichgewichts-Physik* geht, spielt die Zeit, die das System zum Erreichen des Gleichgewichts benötigt, allerdings keine Rolle. Wir können deshalb annehmen, daß im Rahmen eines *Gedankenexperiments* der Ausgleich durch einige wenige Teilchen bewirkt wird, die sowohl mit denen aus System 1 als auch mit denen aus System 2 wechselwirken. Diese wenigen Teilchen steuern eine so geringfügige Wechselwirkungsenergie bei, daß (1.80) als praktisch exakt angesehen werden kann.

Das isolierte Gesamtsystem definiert im Sinne von (1.77) eine mikrokanonische Gesamtheit. Da zwischen den Teilsystemen nun jedoch Energieaustausch möglich ist, gelten die Bedingungen (1.75) nicht mehr, die schwächere Bedingung (1.77) läßt sich aber auf vielfältige Weise befriedigen.

Zur Vereinfachung der folgenden Überlegungen wollen wir die Energie E in kleine, *atomare* Einheiten ϵ zerlegen und annehmen, daß der Energieaustausch zwischen den beiden in thermischem Kontakt befindlichen Systemen in *Portionen* dieser Einheit ϵ erfolgt:

$$E = n_0\,\epsilon; \quad E_m = m\,\epsilon; \quad 0 \leq m \leq n_0. \tag{1.81}$$

Mit den diskreten Energien der Quantensysteme ist diese Zerlegung natürlich problemlos machbar. Für die kontinuierlichen Energien der klassischen Systeme bedeutet es eine gewisse Simplifizierung. Wenn die Zerlegung jedoch hinreichend fein ist ($\epsilon \to 0$), entsteht ein vernachlässigbarer Fehler, wenn E_m als die mittlere Energie des entsprechenden Intervalls aufgefaßt wird. Wegen $H = E$ muß E nach unten beschränkt sein, und die stets freie Wahl des Energienullpunkts gestattet uns, diesen mit der niedrigsten Energie des Gesamtsystems zu identifizieren. Da die Energie E auf alle möglichen Weisen auf die beiden Teilsysteme aufgeteilt werden kann ($E_1 = E_m$, $E_2 = E - E_m$, $m = 0, \ldots, n_0$), folgt mit derselben Begründung wie zu (1.78):

$$\Gamma_N(E, V) = \sum_{m=0}^{n_0} \Gamma_{N_1}(E_m, V_1)\,\Gamma_{N_2}(E - E_m, V_2). \tag{1.82}$$

Die statistische Entropie des Gesamtsystems lautet somit:

$$S(E, V, N) = k_B \ln \sum_{m=0}^{n_0} \Gamma_{N_1}(E_m, V_1)\,\Gamma_{N_2}(E - E_m, V_2)$$
$$(V = V_1 + V_2;\; N = N_1 + N_2). \tag{1.83}$$

Nun wissen wir von der Diskussion des Modellsystems im vorigen Kapitel, daß die Verteilung $\left[\Gamma_{N_1}(E_m, V_1)\,\Gamma_{N_2}(E - E_m, V_2)\right]$ ein außerordentlich scharfes Maximum bei der *wahrscheinlichsten Konfiguration*, die das *thermische Gleichgewicht* definiert, besitzen wird. (Man überlege sich, daß das *Phasenvolumen* $\Gamma_N(E, V)$ im Fall *diskreter* Zustände mit der Zahl dieser Zustände für $E < H < E + \Delta$ identisch ist!) In (1.82) wird es also einen dominierenden Summanden

$$\Gamma_{N_1}(\widehat{E}_m, V_1)\,\Gamma_{N_2}(E - \widehat{E}_m, V_2)$$

geben, der die Abschätzung

$$\Gamma_{N_1}\left(\widehat{E}_m, V_1\right)\Gamma_{N_2}\left(E-\widehat{E}_m, V_2\right) \le \Gamma_N(E,V) \le$$
$$\le n_0\,\Gamma_{N_1}\left(\widehat{E}_m, V_1\right)\Gamma_{N_2}\left(E-\widehat{E}_m, V_2\right) \tag{1.84}$$

zuläßt. Dies bedeutet für die Entropie:

$$S_1\left(\widehat{E}_m, V_1, N_1\right) + S_2\left(E-\widehat{E}_m, V_2, N_2\right) \le S(E,V,N) \le$$
$$\le k_B \ln n_0 + S_1\left(\widehat{E}_m, V_1, N_1\right) + S_2\left(E-\widehat{E}_m, V_2, N_2\right). \tag{1.85}$$

Nun hatten wir für das Modellsystem in Kapitel 1.3.1 mit (1.61), (1.62) bzw. (1.67) gefunden:

$$\begin{aligned} \ln\Gamma_{N_1}\left(\widehat{E}_m, V_1\right) &\sim N_1, \\ \ln\Gamma_{N_2}\left(E-\widehat{E}_m, V_2\right) &\sim N_2. \end{aligned} \tag{1.86}$$

n_0 ist höchstens von der Größenordnung der Teilchenzahl $N = N_1 + N_2$. Wenn nun wenigstens eine der beiden Teilchenzahlen N_1, N_2 *makroskopisch* ist, also von der Größenordnung 10^{22} zum Beispiel, dann ist $\ln N \approx 22 \ln 10 \approx 50$, also auf jeden Fall gegenüber $\ln\Gamma_{N_1} + \ln\Gamma_{N_2}$ zu vernachlässigen. Die Abschätzung (1.86) gilt für alle streng behandelbaren Modellsysteme und macht damit für den nicht exakt rechenbaren, allgemeinen Fall die Annahme $\ln\left[\left(\Gamma_{N_1}\Gamma_{N_2}\right)_{\max}\right] \gg \ln N$ zumindest plausibel. Das bedeutet aber nach (1.85) die

Extensivität der Entropie

$$S(E,V,N) = S_1\left(\widehat{E}_1, V_1, N_1\right) + S_2\left(\widehat{E}_2, V_2, N_2\right) \qquad (+0(\ln N)) \tag{1.87}$$

für makroskopische Systeme, die in thermischem Kontakt stehen, wenn sich das aus ihnen zusammengesetzte, isolierte *Übersystem* in seiner *wahrscheinlichsten Konfiguration* befindet. Letzteres ist gleichbedeutend mit *thermischem Gleichgewicht* zwischen den Teilsystemen.

Die Ergebnisse dieses Abschnitts lassen sich noch auf einen weiteren wichtigen Aspekt ausdehnen, der uns auf den statistischen Begriff der **Temperatur** führen wird. Wir haben in Kapitel 1.3.1 bei der Diskussion eines Modellsystems erstmals den Begriff des *thermischen Gleichgewichts* benutzt. In einem isolierten System (E, V, N) liegt dieses genau dann vor, wenn für je zwei Untersysteme, die miteinander Energie austauschen können, das Produkt $\Gamma_{N_1}(E_1, V_1)\,\Gamma_{N_2}(E_2, V_2)$ maximal ist, wobei die Randbedingungen $E = E_1 + E_2$, $N = N_1 + N_2$ und $V = V_1 + V_2$ zu erfüllen sind. Das ist, wie wir oben gesehen haben, die Situation, für die die Extensivität der Entropie (1.87) gültig ist. Für feste Teilchenzahlen N_1, N_2 und Volumina V_1, V_2 muß also insbesondere die Energieableitung des Produkts $\Gamma_{N_1}\Gamma_{N_2}$ verschwinden:

$$d(\Gamma_{N_1}\Gamma_{N_2}) = \left(\frac{\partial\Gamma_{N_1}}{\partial E_1}\right)_{N_1,V_1} \Gamma_{N_2}\, dE_1 + \Gamma_{N_1}\left(\frac{\partial\Gamma_{N_2}}{\partial E_2}\right)_{N_2,V_2} dE_2 \stackrel{!}{=} 0.$$

Nach Division durch $\Gamma_{N_1}\Gamma_{N_2}$,

$$\begin{aligned} 0 &= \frac{1}{\Gamma_{N_1}}\left(\frac{\partial\Gamma_{N_1}}{\partial E_1}\right)_{N_1,V_1} dE_1 + \frac{1}{\Gamma_{N_2}}\left(\frac{\partial\Gamma_{N_2}}{\partial E_2}\right)_{N_2,V_2} dE_2 = \\ &= \left(\frac{\partial\ln\Gamma_{N_1}}{\partial E_1}\right)_{N_1,V_1} dE_1 + \left(\frac{\partial\ln\Gamma_{N_2}}{\partial E_2}\right)_{N_2,V_2} dE_2, \end{aligned}$$

und Erfüllen der Nebenbedingung,

$$dE = dE_1 + dE_2 = 0,$$

läßt sich erkennen, daß letztlich die Energieabhängigkeit der Entropie das thermische Gleichgewicht bestimmt:

$$\left(\frac{\partial S_1\,(E_1, V_1, N_1)}{\partial E_1}\right)_{V_1,N_1} (E_1 = \widehat{E}_1) \stackrel{!}{=} \left(\frac{\partial S_2\,(E_2, V_2, N_2)}{\partial E_2}\right)_{V_2,N_2} (E_2 = \widehat{E}_2). \tag{1.88}$$

Wir definieren:

$$\frac{1}{T} \equiv \left(\frac{\partial S\,(E,V,N)}{\partial E}\right)_{V,N} = \frac{k_B}{\Gamma_N(E,V)}\left(\frac{\partial\Gamma_N(E,V)}{\partial E}\right)_{V,N}, \tag{1.89}$$

T : **Temperatur**.

Temperatur entspricht also im Sinne der Statistischen Physik der relativen Änderung des Phasenvolumens einer mikrokanonischen Gesamtheit mit der Energie. Das klingt sehr abstrakt und weit hergeholt. Aufschlußreicher ist da schon die Interpretation der Gleichgewichtsbedingung (1.88). Zwei beliebige Untersysteme eines isolierten Gesamtsystems mit thermischem Kontakt befinden sich *im thermischen Gleichgewicht*, wenn sie gleiche Temperatur besitzen. Die beiden Untersysteme wurden an keiner Stelle der Ableitung in irgendeiner Weise spezifiziert. Wir können deshalb verallgemeinern:

In einem isolierten System herrscht im thermischen Gleichgewicht an allen Orten gleiche Temperatur!

Genau diesen Sachverhalt haben wir aber in der phänomenologischen Thermodynamik als Gleichgewichtsbedingung für isolierte Systeme kennengelernt. Die durch (1.89) eingeführte Größe T ist in der Tat die absolute Temperatur der Thermodynamik. Formal denselben Zusammenhang zwischen Temperatur, Entropie und (innerer) Energie hatten wir auch dort gefunden ((3.5), Bd. 4).

Mit (1.71) hat das Produkt $k_B T$, das in der Statistischen Physik üblicherweise zu

$$k_B T \equiv \frac{1}{\beta} \tag{1.90}$$

abgekürzt wird, die Dimension *Energie*. Die Wahl der *Boltzmann-Konstanten* k_B als Koeffizient in der Definition (1.71) für die Entropie sorgt dafür, daß T die Einheit *(Celsius-, Kelvin-)Grad* erhält.

Wir haben für die Überlegungen, die zu den Aussagen (1.87) und (1.88) geführt haben, die Darstellung (1.71) für die statistische Entropie benutzt. Wir wollen dieses Kapitel mit dem Beweis schließen, daß für die *asymptotisch großen* Systeme der Statistischen Physik die Formulierungen (1.73) und (1.74) zu (1.71) äquivalent sind. Der Beweisgang ist ganz ähnlich dem, mit dem wir die Additivität der Entropie nachgewiesen haben.

Wenn die Hyperfläche $H = E$ geschlossen ist, dann können wir das von ihr eingeschlossene Phasenvolumen (1.48) in *Scheiben* der Dicke Δ zerlegen und abschätzen:

$$\varphi_N(E,V) \leq n_0 \, \Gamma_N(E,V).$$

Die *oberste* Schicht ist $\Gamma_N(E,V)$, die das größte Volumen enthält. n_0 ist die Zahl der *Scheiben*. Da H nach unten beschränkt ist, wird n_0 bei endlichem Δ ebenfalls endlich und höchstens von der Größenordnung N sein. (Man erinnere sich an die Begründung der *Energieunschärfe* Δ in Kapitel 1.1.1). In

$$\ln \varphi_N(E,V) \leq \ln n_0 + \ln \Gamma_N(E,V)$$

kann deshalb bei makroskopischen Systemen ($N \to \infty$) der erste Summand auf der rechten Seite gegenüber dem zu N proportionalen zweiten vernachlässigt werden, was die Äquivalenz von (1.73) und (1.71) beweist. Außerdem gilt nach (1.51):

$$\begin{aligned} k_B \ln \Gamma_N(E,V) &= k_B \ln\big(\Delta \, D_N(E,V)\big) = \\ &= k_B \ln \Delta + k_B \ln D_N(E,V). \end{aligned}$$

Da $\ln \Delta$ von N unabhängig ist, ist hier der erste gegenüber dem zweiten Summanden asymptotisch ($N \to \infty$) vernachlässigbar. Damit ist auch (1.74) gezeigt. Die statistische Entropie ist also **nicht** von Δ abhängig, wie die Definition (1.71) zunächst vermuten ließ.

1.3.3 Zweiter Hauptsatz

Um die *statistische Entropie* (1.71) tatsächlich mit der *thermodynamischen* identifizieren zu können, müssen wir noch die Gültigkeit des *zweiten Hauptsatzes* nachweisen. Da sich unsere bisherigen Definitionen und Schlußfolgerungen ausschließlich auf isolierte Systeme bezogen, bleibt demnach zu verifizieren, **daß bei allen, innerhalb eines isolierten Systems ablaufenden Prozessen die Entropie nicht abnimmt**. Nach den Vorbereitungen des letzten Abschnitts ist der Beweis nicht mehr sehr schwierig.

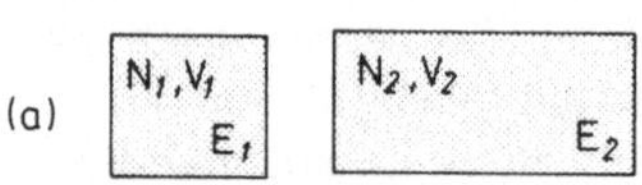

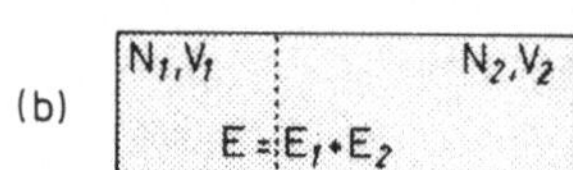

Gegeben seien zwei zunächst isolierte Systeme 1 und 2, deren zugehörige mikrokanonische Gesamtheiten die Phasenvolumina

$$\Gamma_{N_1}(E_1, V_1) \text{ und } \Gamma_{N_2}(E_2, V_2)$$

besetzen. Das dem Gesamtsystem zuzuschreibende Phasenvolumen beträgt dann gemäß (1.78):

$$\Gamma_N^{(a)}(E, V) = \Gamma_{N_1}(E_1, V_1)\,\Gamma_{N_2}(E_2, V_2). \tag{1.91}$$

Dies führt zu der Entropie

$$S^{(a)}(E, V, N) = k_B \ln \Gamma_{N_1}(E_1, V_1) + k_B \ln \Gamma_{N_2}(E_2, V_2).$$

Im nächsten Schritt (b) lassen wir **thermischen Kontakt** und damit **Energiefluktuationen** zwischen den Systemen zu. Der Anfangszustand entspricht (1.91), der Endzustand nach Einstellen des thermischen Gleichgewichts besitzt dagegen ein Phasenvolumen der Art (1.82),

$$\Gamma_N^{(b)}(E, V) = \sum_{\Delta E} \Gamma_{N_1}(E_1 + \Delta E, V_1)\,\Gamma_{N_2}(E_2 - \Delta E, V_2), \tag{1.92}$$

wobei über alle möglichen Energieaustauschwerte ΔE summiert (bzw. integriert) wird. Der Anfangszustand (a) wird in dieser Summe durch einen einzigen, den $\Delta E = 0$-Term, repräsentiert. Sämtliche Summanden sind positiv, womit völlig klar ist, daß das Phasenvolumen $\Gamma_N(E, V)$ und damit auch die Entropie beim Übergang $(a) \to (b)$, der die irreversible Einstellung des thermischen Gleichgewichts bedeutet, nicht abnehmen kann. Wenn die beiden Systeme vorher (a) nicht auf gleicher Temperatur waren, so wird nach unseren Überlegungen zu (1.87) unter den Summanden in (1.92) ein maximaler Term mit $\Delta E \neq 0$ sein, der die anderen stark dominiert und den Gleichgewichtszustand markiert. Dieser wird für die eigentliche Entropiezunahme sorgen. **Die**

Entropie hat also auf jeden Fall die Tendenz zuzunehmen. Dabei ist eigentlich nicht so entscheidend, daß in (1.92) gegenüber (1.91) zusätzliche positiv-definierte Summanden auftreten, sondern daß darunter ein extrem dominanter ist. Natürlich reicht der erste Teil der Aussage zum Beweis der Entropiezunahme völlig aus, nur müssen wir daran denken, daß wir ja als Entropie des Endgleichgewichtszustandes nicht den *exakten* Ausdruck (1.92) verwenden, sondern unter Vernachlässigung von Beiträgen der Größenordnung ($\ln N$) nur den maximalen Summanden. Andernfalls dürften wir auch die Extensivität der Entropie (1.87) nicht annehmen.

Die eigentliche Ursache für die Entropiezunahme ist qualitativ sehr einfach zu verstehen. Im Anfangszustand (a) sind dem Gesamtsystem mit $E_1 < H_1 < E_1 + \Delta_1$ und $E_2 < H_2 < E_2 + \Delta_2$ **zwei** Bedingungen auferlegt, im Endzustand (b) nur noch **eine**: $E_1 + E_2 < H < E_1 + E_2 + \Delta$. Weniger einschränkende Randbedingungen bedeuten aber, daß dem System mehr Zustände zugänglich sind. Es steht ihm also ein größeres Phasenvolumen zur Verfügung, was eine größere Entropie bedeutet. Aus diesem Grund gelten die obigen Überlegungen nicht nur für Energiefluktuationen, sondern auch bei Teilchen- oder Volumenaustausch.

Nachdem wir die Gültigkeit des zweiten Hauptsatzes für die in (1.71) definierte Entropie nachgewiesen haben, können wir auch Aussagen darüber machen, in welcher **Richtung** Energie zwischen den Systemen ausgetauscht wird. Die beiden eben diskutierten Systeme mögen sich vor dem Kontakt auf verschiedenen Temperaturen befinden. Es sei $T_1 > T_2$. Wenn nun der Energieaustausch ohne Teilchen- und Volumenänderungen bei zudem konstanter Gesamtenergie ($\Delta E_1 = -\Delta E_2$) vonstatten geht, dann muß gelten:

$$\begin{aligned} \Delta S &= \left(\frac{\partial S_1}{\partial E_1}\right)_{V_1,N_1} \Delta E_1 + \left(\frac{\partial S_2}{\partial E_2}\right)_{V_2,N_2} \Delta E_2 = \\ &= \left(\frac{1}{T_1} - \frac{1}{T_2}\right) \Delta E_1 \overset{!}{\geq} 0. \end{aligned}$$

Diese Ungleichung ist nur für $\Delta E_1 \leq 0$ erfüllbar. Die Energie von System 1 nimmt also ab. Es ist Energie vom System höherer auf das System tieferer Temperatur übergegangen. Auch dieses deckt sich mit den Aussagen der phänomenologischen Thermodynamik.

Wir haben nun bereits eine Reihe von wichtigen Argumenten zusammengetragen, die dafür sprechen, daß die *statistische Entropie* mit der *thermodynamischen Entropie* identisch ist. Die Beweiskette ist allerdings noch nicht ganz lückenlos. So haben wir zwischen den beiden Untersystemen des isolierten Gesamtsystems bislang nur Energiefluktuation durch thermischen Kontakt zugelassen, Teilchen- oder Volumenaustausch aber ausgeschlossen. Wir konnten damit eine wichtige Aussage der Thermodynamik statistisch begründen, daß nämlich in einem isolierten System im Gleichgewicht an allen Orten gleiche Temperatur herrscht. Die Gleichgewichtsbedingung für isolierte Systeme schließt aber bekanntlich in der Thermodynamik noch zwei weitere Aussagen ((3.72), Bd. 4) ein, die das *chemische Potential* und den *Druck* betreffen. Diese haben etwas mit den bislang nicht berücksichtigten Teilchen- und Volumenfluktuationen zu tun. Das soll in den nächsten Abschnitten untersucht werden.

1.3.4 Chemisches Potential

Wir wollen in der zu Beginn des Kapitels 1.3.3 betrachteten *Versuchsanordnung* zwischen den beiden Teilsystemen 1 und 2 nun auch einen **Teilchenaustauschkontakt** zulassen. Damit ist nur noch die Gesamtteilchenzahl N des isolierten *Übersystems* konstant; N_1 und N_2 sind es dagegen nicht mehr:

$$\begin{aligned} E &= E_1 + E_2 = \text{ const.} \iff dE_1 = -dE_2, \\ N &= N_1 + N_2 = \text{ const.} \iff dN_1 = -dN_2. \end{aligned} \tag{1.93}$$

Der Anfangszustand (a) ist derselbe wie im Beispiel des vorigen Kapitels. Ihm ist das Phasenvolumen (1.91) zugeordnet. Für den Endzustand (b) gilt nun aber anstelle von (1.92):

$$\Gamma_N^{(b)}(E,V) = \sum_{E_1,N_1} \Gamma_{N_1}(E_1,V_1)\,\Gamma_{N_2=N-N_1}(E_2 = E - E_1,\, V_2). \tag{1.94}$$

Dem **Gleichgewichtszustand** entspricht wiederum die Konfiguration $(E_1, N_1;\, E_2, N_2)$, der das maximale Phasenvolumen zur Verfügung steht. Wir bestimmen den maximalen Summanden in (1.94) durch die Bedingung:

$$\begin{aligned} 0 \stackrel{!}{=} d\left(\Gamma_{N_1}\Gamma_{N_2}\right) = &\left[\left(\frac{\partial \Gamma_{N_1}}{\partial N_1}\right)_{E_1,V_1} dN_1 + \left(\frac{\partial \Gamma_{N_1}}{\partial E_1}\right)_{N_1,V_1} dE_1\right]\Gamma_{N_2} + \\ &+ \Gamma_{N_1}\left[\left(\frac{\partial \Gamma_{N_2}}{\partial N_2}\right)_{E_2,V_2} dN_2 + \left(\frac{\partial \Gamma_{N_2}}{\partial E_2}\right)_{N_2,V_2} dE_2\right]. \end{aligned}$$

Wir teilen durch $\Gamma_{N_1}\Gamma_{N_2}$, nutzen die Randbedingungen (1.93) aus und verwenden die Definition (1.71) der Entropie:

$$\begin{aligned} 0 = &\left[\left(\frac{\partial S_1}{\partial N_1}\right)_{E_1,V_1} - \left(\frac{\partial S_2}{\partial N_2}\right)_{E_2,V_2}\right] dN_1 + \\ &+ \left[\left(\frac{\partial S_1}{\partial E_1}\right)_{N_1,V_1} - \left(\frac{\partial S_2}{\partial E_2}\right)_{N_2,V_2}\right] dE_1. \end{aligned}$$

Da N_1 und E_1 unabhängige Variable sind, muß jeder Summand für sich bereits verschwinden. Über den zweiten wird das *alte* Ergebnis (1.88) reproduziert, demzufolge im thermischen Gleichgewicht die beiden in Kontakt stehenden Systeme die gleiche Temperatur aufweisen:

$$\frac{1}{T_1} = \frac{1}{T_2}.$$

Der erste Summand führt dagegen zu einer *neuen* Bedingung:

$$\left(\frac{\partial S_1}{\partial N_1}\right)_{E_1,V_1} \stackrel{!}{=} \left(\frac{\partial S_2}{\partial N_2}\right)_{E_2,V_2}. \tag{1.95}$$

Wir definieren formal wie in der Thermodynamik:

$$\mu = -T\left(\frac{\partial S}{\partial N}\right)_{E,V}\quad ; \textbf{ chemisches Potential.} \tag{1.96}$$

Damit lautet (1.95):

$$\frac{\mu_1}{T_1} = \frac{\mu_2}{T_2}$$

oder wegen $T_1 = T_2$ gleichbedeutend:

$$\mu_1 = \mu_2. \tag{1.97}$$

Wie schon nach (1.88) bezüglich der Temperatur läßt sich diese Aussage verallgemeinern:

In einem isolierten System herrscht im thermischen Gleichgewicht an allen Stellen gleiches chemisches Potential!

Diese Aussage deckt sich mit der entsprechenden der phänomenologischen Thermodynamik; für uns ein weiterer Hinweis darauf, daß die *statistischen* Definitionen von Entropie, Temperatur und chemischem Potential mit den thermodynamischen *Vorstellungen* konsistent sind. Das chemische Potential μ kann nun jedoch, wenn (1.71) und (1.89) in (1.96) eingesetzt werden, *mikroskopisch* über das Phasenvolumen $\Gamma_N(E,V)$ aus der Hamilton-Funktion des Systems berechnet werden:

$$\mu = -\left(\frac{\partial \Gamma_N}{\partial N}\right)_{E,V}\left[\left(\frac{\partial \Gamma_N}{\partial E}\right)_{N,V}\right]^{-1}. \tag{1.98}$$

Nun fehlt uns zur vollständigen Äquivalenz der Gleichgewichtsbedingungen des isolierten Systems in Statistischer Physik und Thermodynamik noch eine (1.97) bzw. (1.88) entsprechende Aussage zum *Druck*. Bei diesem haben wir allerdings nicht mehr die Freiheit, ihn wie T und μ *statistisch zu definieren*. *Druck* ist eine mechanische Größe und damit im Gegensatz zu μ und T durch die Gesetzmäßigkeiten der Klassischen Mechanik bereits unverrückbar vorgegeben. Nach den Regeln der Statistischen Physik werden wir die entsprechende Phasenraumfunktion mit der mikrokanonischen Gesamtheit zu mitteln haben. Wir zeigen im nächsten Abschnitt, daß der *thermodynamische Zusammenhang*

$$p = T\left(\frac{\partial S}{\partial V}\right)_{E,N} \tag{1.99}$$

auch *statistisch korrekt* bleibt. Damit ist gemeint, daß, wenn wir auf der rechten Seite dieser Beziehung die *statistischen* Definitionen für T und S einsetzen, sich die *mechanische* Definition des Drucks ergibt.

1.3.5 Grundrelation der Thermodynamik

Die Hamilton-Funktion eines Systems kann außer von ihren dynamischen Variablen $(\mathbf{q}, \mathbf{p})$ auch noch von sogenannten **äußeren Parametern** abhängen. Darunter versteht man solche Größen, die sich bei der durch die Hamiltonschen Bewegungsgleichungen (1.13) bestimmten dynamischen Bewegung des Systems im Phasenraum nicht ändern, die jedoch *von außen einstellbar* sind und deren Variation natürlich die Systemeigenschaften beeinflußt. Das naheliegendste Beispiel ist das Volumen V eines Gefäßes, in dem sich die N Teilchen eines Gases bewegen:

$$H = H(\mathbf{q}, \mathbf{p}; V). \tag{1.100}$$

Wenn ein Eingriff in das physikalische System ausschließlich über die *äußeren Parameter* erfolgt, nennt man ihn **adiabatisch** (s. Aufgabe 1.3.5). Um zu sehen, wie der *Druck* in die statistische Beschreibung einzubeziehen ist, betrachten wir eine solche adiabatische Zustandsänderung für ein System, das durch eine Hamilton-Funktion vom Typ (1.100) beschrieben wird. In der Klassischen Mechanik stellt der Druck die negative partielle Ableitung von H nach dem äußeren Parameter *Volumen* dar. Das bedeutet für die Statistische Physik,

$$\textbf{Druck} \qquad p = -\langle \frac{\partial H}{\partial V} \rangle, \tag{1.101}$$

wobei die Klammer $\langle \dots \rangle$ gemäß (1.26) Mittelung über die mikrokanonische Gesamtheit bedeutet. Diese Definition ist uns vorgegeben. Wir wollen untersuchen, ob sie zu (1.99) äquivalent ist, ob der Druck also in der Tat durch die *statistischen* Größen S und T ausgedrückt werden kann. Ausgangspunkt sei die Darstellung (1.99), in die wir (1.73) für die Entropie und (1.48) für das Phasenvolumen einsetzen:

$$p = T\left(\frac{\partial S}{\partial V}\right)_{E,N} = \frac{k_B T}{\varphi_N(E,V)} \frac{\partial}{\partial V} \varphi_N(E,V) =$$

$$= \frac{k_B T}{\varphi_N(E,V)} \lim_{\Delta V \to 0} \frac{\alpha}{\Delta V} \left[\iint\limits_{H(\mathbf{q},\mathbf{p};V+\Delta V)\le E} d^{3N}q\, d^{3N}p - \iint\limits_{H(\mathbf{q},\mathbf{p};V)\le E} d^{3N}q\, d^{3N}p \right].$$

Mit

$$H(\mathbf{q},\mathbf{p};\, V+\Delta V) = H(\mathbf{q},\mathbf{p};\, V) + \Delta V \frac{\partial H}{\partial V} + \ldots$$

folgt weiter:

$$p = \frac{k_B T}{\varphi_N(E,V)} \lim_{\Delta V \to 0} \frac{\alpha}{\Delta V} \iint\limits_{E \le H(\mathbf{q},\mathbf{p};V) \le E - \Delta V \frac{\partial H}{\partial V}} d^{3N}q\, d^{3N}p.$$

Für das Volumenintegral auf der rechten Seite benutzen wir die zu (1.54) analoge Formulierung als Flächenintegral:

$$p = \frac{k_B T}{\varphi_N(E,V)} \lim_{\Delta V \to 0} \frac{\alpha}{\Delta V} \int\limits_{H(\mathbf{q},\mathbf{p};V)=E} \frac{df_E}{|\nabla H|} \int\limits_{E}^{E-\Delta V \frac{\partial H}{\partial V}} dE =$$

$$= \frac{k_B T}{\varphi_N(E,V)} \alpha \int\limits_{H(\mathbf{q},\mathbf{p};V)=E} \frac{df_E}{|\nabla H|} \left(-\frac{\partial H}{\partial V}\right) =$$

$$= \frac{k_B T}{\varphi_N(E,V)} D_N(E,V) \langle -\frac{\partial H}{\partial V} \rangle.$$

Im letzten Schritt haben wir die Darstellung (1.56) des mikrokanonischen Scharmittelwertes verwendet. Mit der Zustandsdichte $D_N(E,V)$ nach (1.50) folgt weiter:

$$p = \langle -\frac{\partial H}{\partial V} \rangle \frac{k_B T}{\varphi_N(E)} \left(\frac{\partial \varphi_N(E,V)}{\partial E}\right)_{V,N} =$$

$$= \langle -\frac{\partial H}{\partial V} \rangle T \left(\frac{\partial \left(k_B \ln \varphi_N(E,V)\right)}{\partial E}\right)_{V,N} =$$

$$\stackrel{(1.73)}{=} \langle -\frac{\partial H}{\partial V} \rangle T \left(\frac{\partial S(E,V,N)}{\partial E}\right)_{V,N} =$$

$$\stackrel{(1.89)}{=} \langle -\frac{\partial H}{\partial V} \rangle.$$

Damit ist also in der Tat die *statistische* Definition (1.99) des Drucks auf die mechanische Formulierung (1.101) zurückgeführt. Der Druck p ist nun über (1.99) in die Statistische Physik eingeführt, wobei wir uns soeben von der Widerspruchsfreiheit zu den Vorgaben der Klassischen Mechanik überzeugt haben.

Gleichermaßen wichtig für die Thermodynamik wie für die Statistische Physik des Gleichgewichts ist der Begriff der

quasistatischen Zustandsänderung.

Darunter versteht man in der Statistischen Physik eine stetige und so langsame Variation von E, V und N, daß sich in jedem Moment eine *mikrokanonische Gesamtheit* definieren läßt. Wenn sich diese Größen ändern, dann ist natürlich strenggenommen das System nicht mehr isoliert. Eine solche Änderung kann ja nur durch *Einfluß von außen* zustande kommen. Wie bereits zur Begründung von (1.80) ausgeführt, kommt es aber auf die Zeit, die der Prozeß benötigt, in der Gleichgewichtsstatistik gar nicht an. Der Ablauf läßt sich deswegen so extrem langsam gestalten, daß ein minimaler *Einfluß von außen* ausreicht und in jedem Moment das System als isoliert und im Gleichgewicht gelten kann. Es ist also insbesondere in jedem Moment des Ablaufs der *quasistatischen Zustandsänderung* eine Entropie definierbar. Für eine infinitesimale Änderung derselben muß dann gelten:

$$dS = \left(\frac{\partial S}{\partial E}\right)_{V,N} dE + \left(\frac{\partial S}{\partial V}\right)_{E,N} dV + \left(\frac{\partial S}{\partial N}\right)_{E,V} dN.$$

Mit (1.89), (1.96) und (1.99) ist das aber nichts anderes als der **Erste Hauptsatz der Thermodynamik**,

$$T\,dS = dE + p\,dV - \mu\,dN, \tag{1.102}$$

den wir hier speziell für ein Gas aus N Teilchen im Volumen V **abgeleitet** haben. – Nehmen wir noch die Gültigkeit des Zweiten Hauptsatzes (Kap. 1.3.3) an, so bestätigt sich die **Grundrelation der Thermodynamik**, die einer Zusammenfassung der beiden ersten Hauptsätze entspricht ((2.55). Bd. 4):

$$T\,dS \geq dE + p\,dV - \mu\,dN. \tag{1.103}$$

Der Dritte Hauptsatz ist *quantenmechanischer Natur*. Wir behandeln ihn deshalb erst in Kapitel 2.

Damit haben wir unser Ziel erreicht. Die Grundrelation, und infolgedessen die gesamte makroskopische Thermodynamik, konnte *statistisch begründet* werden. Alle Observablen lassen sich über *Phasenvolumen* und *Hamilton-Funktion* auf mikroskopische Wechselwirkungen zurückführen.

Das **Lösungskonzept** der Statistischen Physik besteht demnach aus den folgenden Teilschritten:

a) Formulierung der **Hamilton-Funktion**

$$H = H(\mathbf{q}, \mathbf{p};\, z)$$
$$z : \textit{äußerer Parameter}, \text{ z.B. } z = V$$

durch Spezifizierung der mikroskopischen Wechselwirkungen.

b) **Phasenvolumen** $\varphi_N(E, V)$ bzw. $\Gamma_N(E, V)$ mit H bestimmen!

c) Ableitung der **Entropie** $S = S(E, V, N)$ aus $\varphi_N(E, V)$ mit (1.73) oder aus $\Gamma_N(E, V)$ mit (1.71)!

d) Festlegung der **Temperatur** T nach (1.89), des **chemischen Potentials** μ nach (1.98) und des **Drucks** p nach (1.99)!

e) Bestimmung der

$$\textbf{inneren Energie:} \qquad U = \langle H \rangle. \tag{1.104}$$

Wegen (1.57), $\langle H \rangle = E$, ergibt sich U durch Auflösen von c) nach E:

$$U = E(S, V, N). \tag{1.105}$$

f) Durch Legendre-Transformation die anderen **thermodynamischen Potentiale** festlegen:

$$\textit{freie Energie}: \quad F(T, V, N) = U - TS, \tag{1.106}$$

$$\textit{Enthalpie}: \quad \widehat{H}(S, p, N) = U + pV, \tag{1.107}$$

$$\textit{freie (Gibbsche) Enthalpie}: \quad G(T, p, N) = U + pV - TS. \tag{1.108}$$

g) Für die weitere Auswertung die bekannten Gesetzmäßigkeiten der phänomenologischen Thermodynamik (Bd. 4) verwenden!

Motivation für die Einführung und Diskussion des Drucks zu Beginn dieses Kapitels war die noch fehlende dritte Gleichgewichtsbedingung für das isolierte System. Wegen g) kann nun aber der Beweis, daß

in einem isolierten System im Gleichgewicht an jedem Ort gleicher Druck herrscht,

wortwörtlich aus der Thermodynamik übernommen werden ((3.71), (3.72), Bd. 4).

1.3.6 Gleichverteilungssatz

Mit der bislang entwickelten Statistischen Physik sind wir bereits in der Lage, über die mikrokanonische Gesamtheit einige wichtige thermodynamische Folgerungen abzuleiten. Das soll in diesem Abschnitt am Beispiel eines *verallgemeinerten Gleichverteilungssatzes* demonstriert werden.

Es soll für ein klassisches System mit der Hamilton-Funktion $H(\mathbf{q}, \mathbf{p})$ der statistische Mittelwert

$$\langle \pi_i \frac{\partial H}{\partial \pi_j} \rangle; \quad \pi_i \in \{\mathbf{q}, \mathbf{p}\}$$

im Rahmen der mikrokanonischen Gesamtheit berechnet werden. Nach (1.52) ist also auszuwerten:

$$\langle \pi_i \frac{\partial H}{\partial \pi_j} \rangle = \frac{\iint\limits_{E<H<E+\Delta} d^s q\, d^s p\, \pi_i \frac{\partial H}{\partial \pi_j}}{\iint\limits_{E<H<E+\Delta} d^s q\, d^s p} =$$

$$= \frac{\alpha\,\Delta}{\Delta\, D(E)} \frac{\partial}{\partial E} \left\{ \iint\limits_{H<E} d^s q\, d^s p\, \pi_i \frac{\partial H}{\partial \pi_j} \right\}. \tag{1.109}$$

Wir formen zunächst die geschweifte Klammer mit Hilfe einer partiellen Integration um:

$$\iint\limits_{H<E} d^s q\, d^s p\, \pi_i \frac{\partial H}{\partial \pi_j} = \iint\limits_{H<E} d^s q\, d^s p\, \pi_i \frac{\partial}{\partial \pi_j} (H - E) =$$

$$= \iint\limits_{H<E} d^s q\, d^s p \frac{\partial}{\partial \pi_j} \left(\pi_i (H - E)\right) - \iint\limits_{H<E} d^s q\, d^s p\, (H - E) \frac{\partial \pi_i}{\partial \pi_j}.$$

Im zweiten Schritt konnten wir die Konstante E in den Integranden einbringen, da wegen $dE/d\pi_j = 0$ ihr Beitrag verschwindet. π_j ist eine der $2s$ Integrationsvariablen $\{q_1, \dots, q_s, p_1, \dots, p_s\}$. Der ausintegrierte erste Summand ist deshalb gleich Null, da die Integrationsgrenzen bei festgehaltenen anderen Variablen $\{\pi_{i,i \neq j}\}$ gerade durch $H(\dots, \pi_j, \dots) = E$ gegeben sind. Der verbleibende zweite Summand wird in (1.109) eingesetzt:

$$\langle \pi_i \frac{\partial H}{\partial \pi_j} \rangle =$$

$$= \delta_{ij} \frac{\alpha}{D(E)} \frac{\partial}{\partial E} \iint\limits_{H<E} d^s q \, d^s p \, (E - H) =$$

$$= \delta_{ij} \frac{\alpha}{D(E)} \left[\left(1 + E \frac{\partial}{\partial E} \right) \iint\limits_{H<E} d^s q \, d^s p - \lim_{\Delta E \to 0} \frac{1}{\Delta E} \iint\limits_{E<H<E+\Delta E} d^s q \, d^s p \, H \right].$$

Der zweite und der dritte Summand heben sich auf:

$$\langle \pi_i \frac{\partial H}{\partial \pi_j} \rangle = \delta_{ij} \frac{\varphi(E)}{D(E)} = \frac{\delta_{ij}}{\frac{1}{\varphi(E)} \frac{\partial}{\partial E} \varphi(E)} =$$

$$= \frac{\delta_{ij}}{\frac{\partial}{\partial E} \ln \varphi(E)} \overset{(1.73)}{=} \frac{\delta_{ij} \, k_B}{\frac{\partial}{\partial E} S(E)}.$$

Setzen wir noch die Definition (1.89) der Temperatur ein, so haben wir den

verallgemeinerten Gleichverteilungssatz

$$\langle \pi_i \frac{\partial H}{\partial \pi_j} \rangle = \delta_{ij} \, k_B T; \quad (\pi_i \in \{\mathbf{q}, \mathbf{p}\}) \tag{1.110}$$

abgeleitet, der mit den Hamiltonschen Bewegungsgleichungen (1.13) auch in der Form

$$\langle p_i \, \dot{q}_i \rangle = -\langle q_i \, \dot{p}_i \rangle = k_B T; \qquad i = 1, 2, \ldots, s \tag{1.111}$$

geschrieben werden kann.

Wertet man (1.110) speziell für ein N-Teilchen-System aus,

$$q_i = x_i; \qquad i = 1, \ldots, 3N: \text{ kartesische Ortskoordinaten,}$$

$$p_i = m_i \, \dot{x}_i; \quad \dot{p}_i = -\frac{\partial \widehat{V}}{\partial x_i}; \quad \widehat{V}: \text{ Potential,}$$

so ergibt sich die Aussage, daß der statistische Mittelwert des *Virials der Kräfte* ((3.33), Bd. 1) proportional zur Anzahl der Freiheitsgrade ($3N$) und proportional zur Temperatur ist:

$$\langle \sum_{i=1}^{3N} x_i \frac{\partial \widehat{V}}{\partial x_i} \rangle = -\langle \sum_{i=1}^{3N} q_i \, \dot{p}_i \rangle = 3N \, k_B T. \tag{1.112}$$

Berechnen wir noch den Mittelwert der kinetischen Energie,

$$\langle \widehat{T} \rangle = \langle \sum_{i=1}^{3N} \frac{m_i}{2} \dot{x}_i^2 \rangle = \frac{1}{2} \sum_{i=1}^{3N} \langle \dot{q}_i \, p_i \rangle = \frac{3N}{2} k_B T, \qquad (1.113)$$

so erhalten wir den **Gleichverteilungssatz der Energie**, der besagt, daß jeder Freiheitsgrad *im Mittel* $\frac{1}{2} k_B T$ zur kinetischen Energie beiträgt. Ganz nebenbei macht das Resultat (1.113) die in (1.89) abstrakt definierte statistische Temperatur erstmals *anschaulich* und meßbar.

Wenn wir schließlich noch (1.112) und (1.113) kombinieren, so erkennen wir den aus der Klassischen Mechanik bekannten **Virialsatz**, ((3.33), Bd. 1), demzufolge der Mittelwert der kinetischen Energie gleich dem halben Virial des Systems ist:

$$\langle \widehat{T} \rangle = \frac{1}{2} \langle \sum_{i=1}^{3N} x_i \frac{\partial \widehat{V}}{\partial x_i} \rangle. \qquad (1.114)$$

Beachten Sie, daß wir diesen Satz in der Klassischen Mechanik (Bd. 2) für die entsprechenden **Zeit**mittelwerte bewiesen haben. Die grundlegende Annahme der Statistischen Physik, *Zeitmittel = Scharmittel*, findet also in diesem speziellen Fall ihre Bestätigung.

1.3.7 Ideales Gas

Wir besprechen als weiteres Beispiel das klassische ideale, d.h. wechselwirkungsfreie Gas, bestehend aus N Atomen ($\hat{=}$ Massenpunkten) im Volumen V. Wir wollen dabei den Lösungsweg so wählen, wie es am Ende von Kapitel 1.3.5 als *Rezept* beschrieben wurde. Der erste Programmpunkt besteht demnach in der Formulierung der Hamilton-Funktion:

$$H = \sum_{i=1}^{3N} \frac{p_i^2}{2m} + \widehat{V}(q_1, \ldots, q_{3N}). \qquad (1.115)$$

Das Potential $\widehat{V}$ soll die *Zwangsbedingung* realisieren, die die Teilchen im Volumen V hält, das wir uns z.B. als Kubus der Kantenlänge L vorstellen können. Die genaue Gestalt des Gefäßes spielt allerdings für das Folgende überhaupt keine Rolle. Wichtig ist, daß die Teilchen an den Wänden *elastisch* reflektiert werden, daß sich ihre kinetische Energie dabei also nicht ändert. Die Wände brauchen dann nicht explizit in die Betrachtungen einbezogen zu werden, sie realisieren lediglich das Potential

$$\widehat{V}(\mathbf{q}) = \begin{cases} 0, & \text{falls alle } |q_i| < \frac{L}{2}, \\ \infty & \text{sonst.} \end{cases} \qquad (1.116)$$

Im nächsten Schritt muß das Phasenvolumen,

$$\varphi_N(E,V) = \alpha \iint\limits_{H<E} dq_1 \dots dq_{3N}\, dp_1 \dots dp_{3N},$$

berechnet werden. Wegen (1.116) können die Ortsintegrationen unmittelbar ausgeführt werden. Sie liefern offensichtlich einen Faktor V^N:

$$\varphi_N(E,V) = \alpha V^N \iint\limits_{H<E} dp_1 \dots dp_{3N}. \tag{1.117}$$

Die Hamilton-Funktion hängt für Teilchen innerhalb des Volumens V nur von den Quadraten der Teilchenimpulse ab. Für alle Kombinationen, die

$$\sqrt{p_1^2 + \dots + p_{3N}^2} < \sqrt{2m\,E}$$

erfüllen, gilt $H < E$. Die entsprechenden Phasenpunkte gehören also zu $\varphi_N(E,V)$. Das verbleibende Vielfachintegral in (1.117) stellt somit eine Kugel im $3N$-dimensionalen Impulsraum mit dem Radius

$$R = \sqrt{p_1^2 + \dots + p_{3N}^2} = \sqrt{2m\,E}$$

dar. Das Volumen einer solchen Kugel haben wir als Aufgabe 1.3.1 berechnet:

$$V_{3N}^{(p)} = C_{3N}\,(2m\,E)^{3N/2}.$$

Wir können o.B.d.A. N als gerade Zahl annehmen. Falls die Teilchenzahl tatsächlich ungerade sein sollte, so addieren (subtrahieren) wir ein Teilchen, ohne dabei wegen $N \approx 10^{22}$ *die Physik* des Systems auch nur im geringsten zu beeinflussen. Für gerades N ist auch $3N$ gerade, und wir übernehmen aus Aufgabe 1.3.1:

$$C_{3N} = \frac{\pi^{3N/2}}{\left(\frac{3N}{2}\right)!}.$$

Damit ist das Phasenvolumen des idealen Gases berechnet:

$$\varphi_N(E,V) = \alpha^* \left(\frac{V}{h^3}\right)^N \frac{\pi^{3N/2}}{\left(\frac{3N}{2}\right)!}\,(2m\,E)^{3N/2}. \tag{1.118}$$

Wir haben noch nach (1.45) $\alpha = \alpha^*/h^{3N}$ eingesetzt.

Mit der Definition (1.73) und der Stirling-Formel

$$\ln\left(\frac{3N}{2}\right)! \approx \frac{3N}{2}\left(\ln\frac{3N}{2} - 1\right),$$

läßt sich nun die **Entropie** des idealen Gases angeben:

$$S(E,V,N) = k_B \ln \alpha^* + N k_B \left\{\ln\left[V\left(\frac{4\pi m}{3h^2}\frac{E}{N}\right)^{3/2}\right] + 3/2\right\}. \qquad (1.119)$$

In dieser Form ist die Entropie nur bis auf den Term $k_B \ln \alpha^*$ bestimmt. Wenn angenommen werden darf, daß es sich dabei um eine wirkliche Konstante handelt, dann würde uns diese Tatsache nicht sehr beunruhigen. Auch in der Thermodynamik (Bd. 4) sind nur Entropie**differenzen** relevant. Man würde dann *aus Bequemlichkeit* $\alpha^* = 1$ setzen. Diese Wahl führt aber zu Widersprüchen. So folgert die phänomenologische Thermodynamik aus der Extensivität der Entropie die sogenannte *Homogenitätsrelation* ((3.39), Bd. 4):

$$S(\lambda E, \lambda V, \lambda N) \stackrel{!}{=} \lambda S(E,V,N); \quad \lambda \in \mathbb{R}. \qquad (1.120)$$

Diese wird von (1.119) mit $\alpha^* = 1$ (oder $\alpha^* = \text{const.}$) verletzt. *Störend* in (1.119) ist der $\ln V$–Term. Die noch unbestimmte Größe α^* muß also etwas mehr darstellen als nur eine unwesentliche Konstante. Versuchen wir zunächst einmal, zusätzliche Information über α^* zu sammeln.

Die Energieableitung der Entropie sollte nach (1.89) auf die Temperatur führen. Mit der Annahme, daß α^* **nicht** von E abhängt, folgt aus (1.119):

$$\frac{1}{T} = \left(\frac{\partial S}{\partial E}\right)_{N,V} = \frac{3}{2}\frac{N k_B}{E}.$$

Das führt mit

$$U = E = \frac{3}{2} N k_B T \qquad (1.121)$$

zu der exakten thermodynamischen Relation für die **innere Energie** des idealen Gases (*kalorische Zustandsgleichung*). Die Annahme der Energie**un**abhängigkeit von α^* scheint also gerechtfertigt zu sein. Sie führt nicht zu Konflikten mit der Thermodynamik. – Untersuchen wir auf dieselbe Weise die Volumenabhängigkeit! Unter der Annahme, daß α^* **nicht** von V abhängt, folgt mit (1.99) aus (1.119) für den Druck:

$$p = T\left(\frac{\partial S}{\partial V}\right)_{E,N} = T N k_B \frac{1}{V}.$$

Das ist aber die korrekte *thermische Zustandsgleichung* des idealen Gases:

$$pV = N\,k_B\,T. \tag{1.122}$$

Wir schließen daraus, daß α^* auch **keine** Funktion von V sein wird. Es bleibt also nur noch eine mögliche Teilchenzahlabhängigkeit. Wie müßte diese aussehen?

Die *Homogenitätsrelation* (1.120) wird wegen des Faktors V im Argument des Logarithmus von (1.119) verletzt, wenn $\alpha^* = 1$ gesetzt wird. Stünde dort die *intensive* Größe V/N anstelle von V, so wäre offenbar alles in Ordnung. Das läßt sich aber durch die Wahl

$$\alpha^* = \frac{1}{N!} \tag{1.123}$$

mit Hilfe der Stirling-Formel $\ln \alpha^* \approx -N\,(\ln N - 1)$ bewerkstelligen. Aus (1.119) wird dann nämlich:

$$S\,(E, V, N) = N\,k_B \left\{ \ln \left[\frac{V}{N} \left(\frac{4\pi\,m}{3h^2} \frac{E}{N} \right)^{3/2} \right] + \frac{5}{2} \right\}. \tag{1.124}$$

Diese Gleichung stellt sich in der Tat als der korrekte Entropieausdruck für das ideale Gas heraus. Nach ihren *Entdeckern* wird sie **Sackur-Tetrode-Gleichung** genannt. Aus ihr folgt durch Auflösen nach E das thermodynamische Potential *innere Energie* $U = E$ als Funktion seiner *natürlichen* Variablen S, V und N:

$$U\,(S, V, N) = N \left(\frac{3h^2}{4\pi\,m} \right) \left(\frac{N}{V} \right)^{2/3} \exp \left(\frac{2S}{3N\,k_B} - \frac{5}{3} \right). \tag{1.125}$$

Man macht sich leicht klar, daß dieses Ergebnis mit dem der phänomenologischen Thermodynamik ((3.40), Bd. 4) übereinstimmt, was als weitere Stütze des Ansatzes (1.123) angesehen werden muß. In der Thermodynamik hatten wir jedoch im Gegensatz zu (1.124) noch eine Entropiekonstante σ freilassen müssen. – Es deutet also einiges daraufhin, daß (1.123) tatsächlich die richtige Wahl für α^* ist. Wir wollen uns aber damit noch nicht zufriedengeben und nach weiteren Argumenten für (1.123) suchen.

Bereits für die phänomenologische Thermodynamik ergab sich bei der *Durchmischung zweier idealer Gase* ein schwerwiegendes Problem, das unter dem Stichwort **Gibbsches Paradoxon** bekannt ist. Wir wollen uns kurz an die Situation erinnern. Ein isoliertes System (Volumen $V = V_1 + V_2$, Teilchenzahl $N = N_1 + N_2$) sei zunächst durch eine Wand in zwei Kammern aufgeteilt, in

N_1, V_1	N_2, V_2
T, p	T, p

denen sich bei gleicher Temperatur T zwei ideale Gase ($V_{1,2}$, $N_{1,2}$) befinden. Die Wand möge beweglich sein, so daß sich in den beiden Kammern auch der gleiche Druck p einstellt. Man interessiert sich nun für die Entropieänderung (**Mischungsentropie**), die sich nach Entfernen der Wand infolge Durchmischung der beiden Gase ergibt. Da die beiden Gase vorher gleichen Druck und gleiche Temperatur besaßen, wird sich an diesen beiden Größen auch nach der Durchmischung nichts geändert haben. Insbesondere gilt wegen (1.122):

$$\frac{N_1}{V_1} = \frac{N_2}{V_2} = \frac{N}{V}. \tag{1.126}$$

Für die Entropieänderung ergibt sich mit Formel (1.119) und $\alpha^* = 1$, wenn wir noch E/N nach (1.121) durch $(3/2)\, k_B T$ ersetzen:

$$\begin{aligned} \Delta S = S_{\text{nachher}} &- S_{\text{vorher}} = \\ &= \sum_{i=1}^{2} \left(S(T, V, N_i) - S(T, V_i, N_i) \right) = \\ &= k_B \left[N_1 \ln \frac{V}{V_1} + N_2 \ln \frac{V}{V_2} \right] \end{aligned} \tag{1.127}$$

(s. (3.54), Bd. 4). Für zwei **verschiedene** Gase ist dieser Ausdruck durchaus korrekt und auch experimentell verifizierbar. Dasselbe Ergebnis liefert im übrigen auch die *Sackur-Tetrode-Gleichung* (1.124).

Nun wird dasselbe Experiment mit zwei **gleichen** Gasen durchgeführt. Die "α^*=1-Formel" (1.119) liefert dann als Mischungsentropie:

$$\begin{aligned} \overline{\Delta S} &= S(T, V, N) - \sum_{i=1}^{2} S(T, V_i, N_i) = \\ &= N k_B \ln V - N_1 k_B \ln V_1 - N_2 k_B \ln V_2 = \\ &= k_B \left[N_1 \ln \frac{V}{V_1} + N_2 \ln \frac{V}{V_2} \right] > 0. \end{aligned}$$

Das ist derselbe Ausdruck wie der, der sich im Fall der Durchmischung verschiedener Gase ergibt (1.127). Diese Tatsache wird als *Gibbsches Paradoxon* bezeichnet. $\overline{\Delta S} > 0$ bei der Durchmischung **gleicher** Gase wäre in der Tat fatal, da dann ja die **Zustandsgröße** *Entropie* von der Vorgeschichte abhängig wäre. Je nachdem, ob der Zustand (N, V, T) durch Herausziehen einer Wand präpariert wurde oder nicht, ergäbe sich eine andere Entropie. Es wären sogar beliebig große Entropien machbar, wenn man nur *vorher* das Gefäß in hinreichend viele Kammern mit gleichem Druck und gleicher Temperatur zerlegt. – Die *richtige* Formel (1.124) für die Entropie kennt dagegen das Gibbsche Paradoxon nicht. Wegen (1.126) folgt:

$$\overline{\Delta S} = S(T,V,N) - \sum_{i=1}^{2} S(T,V_i,N_i) = 0. \tag{1.128}$$

Das ist ein weiterer Hinweis darauf, daß die Wahl (1.123) für α^*, die man auch als **korrekte Boltzmann-Abzählung** bezeichnet, exakt ist.

Mit ihr lautet nun das **"richtige" Phasenvolumen** (1.44) der mikrokanonischen Gesamtheit für ein N-Teilchen-System im Volumen V:

$$\Gamma_N(E,V) = \frac{1}{h^{3N}\,N!} \iint\limits_{E<H(\mathbf{q},\mathbf{p})<E+\Delta} d^{3N}q\, d^{3N}p. \tag{1.129}$$

Wir haben bisher den Faktor $1/N!$ mit Hinweisen darauf gerechtfertigt, daß ohne ihn gewisse Grundeigenschaften der Entropie verletzt würden. Es wäre natürlich wünschenswert, seine physikalische Bedeutung etwas unmittelbarer erkennen zu können. Insbesondere drängt sich die Frage auf, was denn passiert, wenn sich das System aus zwei oder mehreren unterschiedlichen Teilchensorten zusammensetzt. Bleibt es dann bei dem Faktor $1/N!$, wobei $N = \sum\limits_j N_j$ die Gesamtteilchenzahl ist, oder muß etwas anderes, vielleicht $\left[\prod\limits_j N_j!\right]^{-1}$, gewählt werden?

Zur tieferen Begründung der *korrekten Boltzmann-Abzählung* müssen einige quantenmechanische Aspekte mitberücksichtigt werden. Die Quantenmechanik lehrt, daß die physikalischen Eigenschaften von Systemen aus *identischen* Teilchen und solchen aus *unterscheidbaren* Teilchen sehr verschieden sein können (Kap. 8.2, Bd. 5, Tl. 2). Typische Phänomene resultieren allein aus der Tatsache, daß die Vertauschung zweier identischer Teilchen keinen neuen Zustand ergibt. Präziser ausgedrückt: Alle Zustände der aus identischen Teilchen bestehenden Systeme sind (anti)symmetrisch gegenüber Teilchenvertauschungen. Das *Prinzip der Ununterscheidbarkeit* ist der Klassischen Physik eigentlich fremd. Alle *klassischen* Teilchen gelten als unterscheidbar und sind über die Hamiltonschen Bewegungsgleichungen zu jeder beliebigen späteren Zeit identifizierbar. Das bedeutet insbesondere, daß die Vertauschung zweier Teilchen derselben Sorte klassisch einen neuen Zustand ergibt, obwohl die entsprechenden, so auseinander hervorgehenden Zustände makroskopisch durch keine Messung unterschieden werden können. Bei N Teilchen gibt es $N!$ Möglichkeiten für Vertauschungen dieser Art. Jeder Möglichkeit entspricht ein anderer klassischer Zustand. Das Phasenraumvolumen *bläht* sich in diesem Sinne auf; insbesondere auch dann, wenn durch Entfernen von Trennwänden, wie in unserem obigen Beispiel, die Vertauschungsmöglichkeiten zunehmen. Die Frage ist, ob dieses *Aufblähen* des Phasenraums physikalisch sinnvoll ist.

Wir haben bei der Beschäftigung mit der Quantenmechanik (Bd. 5) immer wieder die Klassische Mechanik als einen unter bestimmten Bedingungen korrekten Grenzfall der Quantenmechanik erkennen können. Man könnte deshalb vermuten, daß zumindest in dem hier interessierenden Zusammenhang das quantenmechanische *Prinzip der Ununterscheidbarkeit* identischer Teilchen beim Grenzübergang *Quantenmechanik* $\longrightarrow$ *Klassische Mechanik* **nicht** verlorengeht. Wenn dem aber so ist, dann würde der Faktor $1/N!$ in (1.129) gerade das erwähnte *Aufblähen* des Phasenvolumens als Folge des Vertauschens identischer Teilchen ausgleichen und damit das Phasenraumvolumen der Anzahl wirklich verschiedener Zustände entsprechen lassen. Ferner würde es die oben gestellte Frage beantworten, was denn passiert, wenn sich das Gesamtsystem aus n_0 **verschiedenen** Teilchensorten zusammensetzt. Natürlich ändern nur die Vertauschungen innerhalb ein und derselben Sorte den Zustand nicht. Die entsprechende Verallgemeinerung zu (1.129) lautet also:

$$\Gamma_N(E,V) = \frac{1}{h^{3N} \prod\limits_{j=1}^{n_0} N_j!} \iint\limits_{E<H(\mathbf{q},\mathbf{p})<E+\Delta} d^{3N}q\, d^{3N}p. \tag{1.130}$$

Gleichung (1.129) ist als $n_0 = 1$-Spezialfall hierin enthalten.

Dieselbe Schlußfolgerung, nämlich die Klassische Mechanik als Grenzfall der Quantenmechanik realisiert zu sehen, macht auch die Wahl des Faktors h^{3N} zwingend, wobei h das wohldefinierte Plancksche Wirkungsquantum ist. Diesen Faktor hatten wir in (1.45) ja zunächst nur *aus Dimensionsgründen* eingeführt.

1.3.8 Aufgaben

Aufgabe 1.3.1

1) Zeigen Sie, daß für die Oberfläche $S_N(R)$ einer N-dimensionalen Kugel vom Radius R gilt:

$$S_N(R) = N\,C_N\,R^{N-1}$$

mit

$$C_N = \begin{cases} \dfrac{\pi^{N/2}}{\left(\frac{N}{2}\right)!}, & \text{falls } N \text{ gerade,} \\[2ex] \dfrac{2\,(2\pi)^{(N-1)/2}}{N!!}, & \text{falls } N \text{ ungerade} \end{cases}$$

(*Doppelfakultät*: $N!! = 1 \cdot 3 \cdot 5 \cdots N$).

2) Demonstrieren Sie, daß für große Dimensionen N praktisch das gesamte Volumen der Kugel in einer dünnen Oberflächenschicht komprimiert ist.

Aufgabe 1.3.2

Das Phasenvolumen eines Gases aus N Teilchen im Volumen V sei durch

$$\Gamma_N(E,V) = f(N)\, V^N E^{\frac{3N}{2}}$$

gegeben.

1) Berechnen Sie die kalorische Zustandsgleichung:

$$U = E(T,V,N).$$

2) Berechnen Sie die thermische Zustandsgleichung:

$$p = p(T,V,N).$$

3) Zeigen Sie, daß für eine *adiabatische* Zustandsänderung (S = const., N = const.)

$$p V^{\frac{5}{3}} = \text{const.}$$

gilt.

Aufgabe 1.3.3

Betrachten Sie wie in Aufgabe 1.2.6 ein System von N wechselwirkungsfreien Teilchen der Masse m, die sich in der xy-Ebene in dem Potential

$$V(x,y) = \begin{cases} 0, & \text{falls } 0 \le x \le x_0;\ 0 \le y \le y_0, \\ \infty & \text{sonst} \end{cases}$$

bewegen.

1) Zeigen Sie die Äquivalenz der beiden Darstellungen (1.71) und (1.73) der Entropie für große Teilchenzahlen N:

$$S(E,V,N) = k_B \ln \varphi_N(E,V),$$
$$S(E,V,N) = k_B \ln \Gamma_N(E,V).$$

2) Berechnen Sie die Temperatur T und geben Sie die Entropie S und die freie Energie F in den Variablen T, V und N an. – Wählen Sie dazu für die bei der Definition des Phasenvolumens (1.45) noch nicht festgelegte Größe α^* zu

$$\alpha^* = \frac{1}{N!} \quad \text{(s. (1.129))}.$$

3) Bestimmen Sie das chemische Potential $\mu = \mu(E, V, N)$ und vergleichen Sie das Ergebnis mit der thermodynamischen Relation:

$$\mu = \left(\frac{\partial F}{\partial N}\right)_{T,V} = \mu(T, V, N).$$

Aufgabe 1.3.4

Gegeben sei ein System von N unabhängigen linearen harmonischen Oszillatoren.

1) Berechnen Sie das Phasenvolumen $\varphi_N(E)$.

2) Geben Sie die Entropie $S(E, N)$ an und berechnen Sie die Temperatur $T = T(E, N)$.
(V ist in diesem Beipiel **kein** *äußerer* Parameter!)

Aufgabe 1.3.5

Die Hamilton-Funktion eines isolierten thermodynamischen Systems hänge außer von den kanonischen Variablen $\mathbf{q}$ und $\mathbf{p}$ noch von den *äußeren* Parametern $z_1, z_2, \ldots, z_n$ ab:

$$H = H(\mathbf{q}, \mathbf{p};\, z_1, z_2, \ldots z_n).$$

Zeigen Sie, daß für die Änderung $(dU)_{\text{ad}}$ der inneren Energie $U = \langle H \rangle$ bei einer *rein adiabatischen* Zustandsänderung gilt:

$$(dU)_{\text{ad}} = \sum_{i=1}^{n} \langle \frac{\partial H}{\partial z_i} \rangle dz_i.$$

Aufgabe 1.3.6

1) Berechnen Sie für das in der vorigen Aufgabe beschriebene System die Änderung des Phasenvolumens

$$\varphi(E;\, z_1, z_2, \ldots, z_n) = \alpha \underset{H(\mathbf{q},\mathbf{p};z_1,\ldots,z_n)\leq E}{\int \cdots \int} d^s q\, d^s p$$

bei einer allgemeinen Änderung der Variablen:

$$E \to E + dE; \quad z_i \to z_i + dz_i \quad (i = 1, 2, \ldots, n).$$

2) Zeigen Sie, daß bei einer *rein adiabatischen* Zustandsänderung ($dE = (dU)_{\text{ad}}$) das Phasenvolumen unbeeinflußt bleibt. Man spricht von *adiabatischer Invarianz* des Phasenvolumens.

Aufgabe 1.3.7

Gegeben sei ein System aus N wechselwirkungsfreien Gasatomen im Volumen V (Kubus der Kantenlänge L). Dieses werde durch eine mikrokanonische Gesamtheit beschrieben, wobei unter Vernachlässigung der *Energieverschmierung* Δ für die Dichteverteilungsfunktion

$$\rho(\mathbf{q},\mathbf{p}) \sim \delta\left[(p_1^2+p_2^2+\ldots+p_{3N}^2)-2mE\right] \quad \text{falls alle } |q_i| < \frac{L}{2}$$

angenommen werden darf.

1) Zeigen Sie, daß die Wahrscheinlichkeit, daß ein herausgegriffenes Teilchen eine Geschwindigkeitskomponente im Intervall (v_1, v_1+dv_1) besitzt, durch die *Maxwellsche Geschwindigkeitsverteilung*

$$w(v_1)\,dv_1 = C\exp\left(-\frac{m v_1^2}{2k_B T}\right) dv_1$$

gegeben ist (C=Normierungskonstante).

2) Wie lautet die Wahrscheinlichkeitsverteilung für den Geschwindigkeitsbetrag v eines Teilchens?

3) Welches ist der wahrscheinlichste Geschwindigkeitsbetrag?

4) Berechnen Sie $\langle\mathbf{v}\rangle$, $\langle v\rangle$ und $\sqrt{\langle\mathbf{v}^2\rangle}$.

Aufgabe 1.3.8

Berechnen Sie die Zustandsdichte $D_N(E,V)$ des idealen Gases (N Teilchen im Volumen V). Benutzen Sie die Definition (1.74) der Entropie,

$$S(E,V,N) = k_B \ln D_N(E,V),$$

um über die Zustandsdichte die Temperatur des Gases zu berechnen. Wie unterscheidet sich diese von der mit Hilfe des Phasenvolumens $\varphi_N(E,V)$ berechneten Temperatur (1.121)?

1.4 Kanonische Gesamtheit

In der *mikrokanonischen Gesamtheit* ist der aussondernde Gesichtspunkt für die zum Statistischen Ensemble gehörenden Systeme, daß sie, abgesehen von einer kleinen *Unschärfe* Δ, sämtlich dieselbe Energie haben:

mikrokanonische Gesamtheit:

$$E \approx \text{const.}, \quad V = \text{const.}, \quad N = \text{const.}$$

Diese Gesamtheit ist somit der Beschreibung eines isolierten oder quasiisolierten Systems angemessen. Aus den vorgegebenen Größen E, V und N werden die Entropie und die Grundrelation der Thermodynamik abgeleitet. – Häufig ist die (experimentelle) Ausgangssituation jedoch eine andere, bei der das betrachtete System in thermischem Kontakt mit einem *Wärmebad* steht. *Wärmebad* soll hier genauso verstanden werden wie in der Thermodynamik (Kap. 1.1, Bd. 4), nämlich als ein sehr viel größeres System, dessen Energieinhalt sich durch den Kontakt mit dem Referenzsystem und den damit verbundenen Energiefluktuationen praktisch nicht ändert. Insbesondere definiert es für das Referenzsystem eine konstante Temperatur. Das zugehörige Statistische Ensemble nennt man

kanonische Gesamtheit:

$$T = \text{const.}, \quad V = \text{const.}, \quad N = \text{const.}$$

Die kanonische ist wie die mikrokanonische Gesamtheit durch eine bestimmte *Dichteverteilungsfunktion* $\rho(\mathbf{q}, \mathbf{p})$ charakterisiert. Diese zu begründen wird der erste Programmpunkt dieses Kapitels sein; der zweite wird darin bestehen, die ***statistische Äquivalenz*** von mikrokanonischer und kanonischer Gesamtheit zu demonstrieren. Letzteres ist unerläßlich, da die beiden Gesamtheiten ja völlig verschiedenen physikalischen Ausgangssituationen entsprechen. – Ein drittes, wichtiges *Statistisches Ensemble*, nämlich die sogenannte *großkanonische Gesamtheit,* soll in Kapitel 1.5 besprochen werden.

1.4.1 Zustandssumme

Unser Referenzsystem Σ_1 sei ein kleiner, aber doch *makroskopischer* Teil eines sehr großen, isolierten Systems, für das sich eine mikrokanonische Gesamtheit definieren läßt:

$$E < H(\mathbf{q}, \mathbf{p}) < E + \Delta.$$

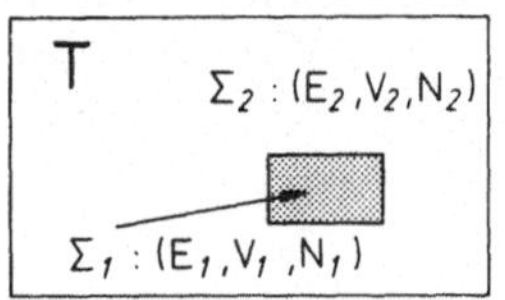

Es befinde sich im thermischen Gleichgewicht. Das bedeutet (Kap. 1.3.2), daß sich an jedem Punkt dieses *Übersystems* dieselbe Temperatur T eingestellt hat, insbesondere also auch in Σ_1. Wir sind im folgenden ausschließlich an den Eigenschaften von Σ_1 interessiert, das sich in *thermischem Kontakt* mit dem sehr viel größeren komplementären Teilsystem Σ_2 befindet. Es kann mit diesem also Energie austauschen **ohne** Teilchen- oder Volumenfluktuationen. Eine entsprechende Situation haben wir zum Beweis der Additivität der Entropie in Kapitel 1.3.2 bereits einmal diskutiert, nur sollen jetzt die in Frage kommenden Systeme Σ_1 und Σ_2 zwar beide makroskopisch, jedoch von unterschiedlicher Größenordung sein.

Der *thermische Kontakt* muß natürlich durch Wechselwirkungen zwischen Σ_1 und Σ_2 bewerkstelligt werden. Wie zur Begründung von (1.82) dargelegt, kann diese Wechselwirkung jedoch als *asymptotisch klein* angenommen werden, da es auf den zeitlichen Ablauf bei der Einstellung des Gleichgewichts gar nicht ankommt, so daß in guter Näherung gilt:

$$H(\mathbf{q},\mathbf{p}) = H(\mathbf{q}_1,\mathbf{q}_2,\mathbf{p}_1,\mathbf{p}_2) \approx H_1(\mathbf{q}_1,\mathbf{p}_1) + H_2(\mathbf{q}_2,\mathbf{p}_2). \tag{1.131}$$

H_1 und H_2 sind die Hamilton-Funktionen von Σ_1 bzw. Σ_2. Da das *Übersystem* isoliert ist, sind die Energien E_1, E_2 der Teilsysteme durch

$$E < E_1 + E_2 < E + \Delta$$

eingeschränkt, was sich allerdings auf vielfältige Weise erfüllen läßt. Der Gleichgewichtszustand ($\widehat{E}_1$, $\widehat{E}_2$) ist, wie in Kapitel 1.3.1 und 1.3.2 ausführlich besprochen, durch die maximale Anzahl an Realisierungsmöglichkeiten gekennzeichnet.

Wir wollen nun ein Statistisches Ensemble aus zu Σ_1 äquivalenten Systemen aufbauen und müssen zu diesem Zweck die entsprechende **Dichteverteilungsfunktion** ableiten. Nach (1.25) hat diese die Bedeutung einer Wahrscheinlichkeitsdichte, was wir zu ihrer Bestimmung ausnutzen wollen. $\bar{\rho}(\mathbf{q},\mathbf{p})$ sei die Dichteverteilungsfunktion der mikrokanonischen Gesamtheit des *Übersystems*. Dann kann

$$\bar{\rho}(\mathbf{q},\mathbf{p}) = \bar{\rho}(\mathbf{q}_1,\mathbf{q}_2,\mathbf{p}_1,\mathbf{p}_2)$$

als die Wahrscheinlichkeitsdichte dafür interpretiert werden, das Teilsystem Σ_1 in der Phase $\pi_1 = (\mathbf{q}_1,\mathbf{p}_1)$ und das komplementäre Teilsystem Σ_2 in der Phase $\pi_2 = (\mathbf{q}_2,\mathbf{p}_2)$ anzutreffen. Daraus ergibt sich die spezielle Wahrscheinlichkeitsdichte für Σ_1 durch *Ausintegrieren* der Σ_2-Möglichkeiten:

$$\begin{aligned}
&\rho_1(\mathbf{q}_1,\mathbf{p}_1) = \\
&= \int\cdots\int d^{3N_2}q_2\, d^{3N_2}p_2\; \bar{\rho}(\mathbf{q}_1,\mathbf{q}_2,\mathbf{p}_1,\mathbf{p}_2) = \\
&= \frac{\alpha}{\Gamma_N(E,V)} \int\cdots\int d^{3N_2}q_2\, d^{3N_2}p_2\; \Theta\left(H(\mathbf{q},\mathbf{p}) - E\right)\Theta\left(E + \Delta - H(\mathbf{q},\mathbf{p})\right).
\end{aligned}$$

Im zweiten Schritt haben wir (1.43) und (1.47) für die mikrokanonische Verteilungsfunktion $\bar{\rho}$ des *Übersystems* eingesetzt. $\Theta(x)$ ist die *Stufenfunktion*:

$$\Theta(x) = \begin{cases} 1, & \text{falls } x > 0, \\ 0, & \text{falls } x < 0. \end{cases} \tag{1.132}$$

Setzen wir $H_1(\mathbf{q}_1, \mathbf{p}_1) = E_1$, so läßt sich weiter umformen:

$$\begin{aligned}
&\rho_1(\mathbf{q}_1, \mathbf{p}_1) = \\
&= \frac{\alpha}{\Gamma_N(E,V)} \int \cdots \int d^{3N_2} q_2\, d^{3N_2} p_2 * \\
&\quad * \Theta\left[H_2(\mathbf{q}_2, \mathbf{p}_2) - (E - E_1)\right] \Theta\big(E - E_1 + \Delta - H_2(\mathbf{q}_2, \mathbf{p}_2)\big) \sim \\
&\sim \frac{\Gamma_{N_2}(E - E_1, V_2)}{\Gamma_N(E,V)}.
\end{aligned} \tag{1.133}$$

Das Reservoir Σ_2 kann im Prinzip beliebig groß gemacht werden ($N_2 \gg N_1$). Ferner wissen wir aufgrund früherer Überlegungen, daß die Verteilung der Konfigurationen $\Gamma_{N_1}(E_1, V_1)\Gamma_{N_2}(E - E_1, V_1)$ ein außerordentlich scharfes Maximum bei der *wahrscheinlichsten Konfiguration* $(\widehat{E}_1, E - \widehat{E}_1)$ haben wird, so daß in Wirklichkeit nur Energien $E_1 \approx \widehat{E}_1$ von Interesse sind. In jedem Fall wird für die *relevanten* Energien E_1

$$E_1 \approx \widehat{E}_1 \ll E - \widehat{E}_1 \approx E$$

gelten. Für den Logarithmus des Phasenvolumens $\Gamma_{N_2}(E - E_1, V_2)$ in (1.133) bietet sich deshalb eine Taylor-Entwicklung an:

$$\begin{aligned}
&k_B \ln \Gamma_{N_2}(E - E_1, V_2) = \\
&= S_2(E_2 = E - E_1, V_2, N_2) = \\
&= S_2(E, V_2, N_2) - E_1 \left(\frac{\partial S_2}{\partial E_2}\right)_{N_2, V_2} (E_2 = E) + 0\left(E_1^2\right).
\end{aligned}$$

Der erste Summand ist bezüglich Σ_1 eine Konstante (S_0), für den zweiten schreiben wir mit (1.89):

$$\left(\frac{\partial S_2}{\partial E_2}\right)_{N_2, V_2} (E_2 = E) = \frac{1}{T}.$$

Eigentlich müßte rechts die Temperatur stehen, die das System Σ_2 bei der Energie E annehmen würde. Wegen $\widehat{E}_2 = E - \widehat{E}_1 \approx E$ ist der Unterschied zur Wärmebadtemperatur T jedoch vernachlässigbar gering:

$$\ln \Gamma_{N_2}(E - E_1, V_2) \approx \frac{S_0}{k_B} - \frac{E_1}{k_B T}.$$

Dies bedeutet, wenn wir noch die in der Statistischen Physik übliche Abkürzung (1.90), ($\beta = 1/k_B T$), verwenden:

$$\Gamma_{N_2}(E - E_1, V_2) \approx e^{S_0/k_B}\, e^{-\beta E_1} = e^{S_0/k_B}\, e^{-\beta H_1(\mathbf{q}_1, \mathbf{p}_1)}.$$

Nach (1.133) haben wir damit für die Dichteverteilungsfunktion unseres Referenzsystems gefunden:

$$\rho_1(\mathbf{q}_1, \mathbf{p}_1) \sim \exp\left(-\beta H_1(\mathbf{q}_1, \mathbf{p}_1)\right).$$

Der Index 1 kann nun weggelassen werden, da er nur zur Unterscheidung von Σ_2 diente. Dieses legt als Wärmebad die Temperatur T fest, geht aber ansonsten nicht mehr in die weiteren Überlegungen ein. Die **kanonische Gesamtheit** als Ensemble von gleichartigen Systemen im thermischen Kontakt mit einem *Bad* der Temperatur T wird also durch die folgende Verteilungsfunktion

$$\rho(\mathbf{q}, \mathbf{p}) = \frac{\exp\left(-\beta H(\mathbf{q}, \mathbf{p})\right)}{\frac{1}{h^{3N} N!} \int \cdots \int d^{3N}q \, d^{3N}p \, \exp\left(-\beta H(\mathbf{q}, \mathbf{p})\right)}, \tag{1.134}$$

beschrieben, die gemäß

$$\frac{1}{h^{3N} N!} \int \cdots \int d^{3N}q \, d^{3N}p \, \rho(\mathbf{q}, \mathbf{p}) = 1$$

auf 1 normiert ist. Der charakteristische Vorfaktor begründet sich in derselben Weise, wie zu (1.129) erläutert. Im Gegensatz zur mikrokanonischen Verteilungsfunktion (1.43) handelt es sich hier um eine im ganzen Phasenraum stetige Funktion, was erhebliche rechentechnische Vorteile mit sich bringt.

Die Dichteverteilungsfunktion $\rho(\mathbf{q}, \mathbf{p})$ der kanonischen Gesamtheit hängt von $\mathbf{q}$ und $\mathbf{p}$ nur über die Hamilton-Funktion ab. Es handelt sich nach (1.41) also um die Verteilungsfunktion einer **stationären** Gesamtheit. Nach (1.26) ist nun der Mittelwert einer Phasenraumobservablen $F(\mathbf{q}, \mathbf{p})$ durch

$$\langle F \rangle = \frac{\int \cdots \int d^{3N}q \, d^{3N}p \, e^{-\beta H(\mathbf{q}, \mathbf{p})} \, F(\mathbf{q}, \mathbf{p})}{\int \cdots \int d^{3N}q \, d^{3N}p \, e^{-\beta H(\mathbf{q}, \mathbf{p})}} \tag{1.135}$$

gegeben, wobei eine mögliche Temperaturabhängigkeit durch β ins Spiel kommt.

Die zentrale Rolle, die in der mikrokanonischen Gesamtheit dem Phasenvolumen $\Gamma_N(E, V)$ zukam ((1.47), (1.71), ...), wird in der kanonischen Gesamtheit von der

Zustandssumme $Z_N(T, V)$

übernommen. In der Klassischen Statistischen Physik müßte man eigentlich von einem Zustands**integral** sprechen, nur für die diskreten Systeme der Quantenmechanik ist es wirklich eine Summe:

$$Z_N(T, V) = \frac{1}{h^{3N} N!} \int \cdots \int d^{3N}q \, d^{3N}p \, e^{-\beta H(\mathbf{q}, \mathbf{p})}. \tag{1.136}$$

Das ist die für Anwendungen wahrscheinlich wichtigste Formel der gesamten Klassischen Statistischen Physik. Wir werden im nächsten Abschnitt sehen, daß alle relevanten Größen der Thermodynamik sich unmittelbar aus $Z_N(T,V)$ berechnen lassen. Sobald $Z_N(T,V)$ bestimmt ist, kann das Problem praktisch schon als gelöst angesehen werden. Der Vorfaktor begründet sich erneut wie der des Phasenvolumens (1.129) in der mikrokanonischen Gesamtheit.

Wenn die Hamilton-Funktion des N-Teilchensystems die *übliche Form*

$$H(\mathbf{q},\mathbf{p}) = \sum_{i=1}^{N} \frac{\mathbf{p}_i^2}{2m} + \widehat{V}(\mathbf{q})$$

aufweist, dann lassen sich die Impulsintegrationen in (1.136) direkt ausführen. Bezeichnen wir mit $p_1, p_2, \dots p_{3N}$ die kartesischen Komponenten der N Teilchenimpulsvektoren $\mathbf{p}_i$, so folgt:

$$\int_{-\infty}^{+\infty} \cdots \int dp_1 \dots dp_{3N} \exp\left[-\frac{\beta}{2m}\left(p_1^2 + \dots + p_{3N}^2\right)\right] =$$

$$= \left[\int_{-\infty}^{+\infty} dp_1 \exp\left(-\frac{\beta}{2m}p_1^2\right)\right]^{3N} = \left[\sqrt{\frac{2m\,\pi}{\beta}}\right]^{3N} = (2\pi\, m\, k_B\, T)^{\frac{3N}{2}}.$$

Mit der sogenannten

thermischen de Broglie-Wellenlänge

$$\lambda(T) = \frac{h}{\sqrt{2\pi\, m\, k_B\, T}}, \tag{1.137}$$

die von der quantenmechanischen de Broglie-Wellenlänge ((2.14), Bd. 5) zu unterscheiden ist, lautet dann die Zustandssumme:

$$Z_N(T,V) = \frac{1}{\lambda^{3N}(T)\, N!} \int_V d^{3N}q\; e^{-\beta \widehat{V}(\mathbf{q})}. \tag{1.138}$$

Wegen ihrer fundamentalen Bedeutung wollen wir noch eine dritte Darstellungsmöglichkeit für die Zustandssumme angeben, die die in (1.50) definierte *Zustandsdichte* $D_N(E,V)$ benutzt:

$$D_N(E,V)\, dE = \frac{1}{h^{3N}\, N!} \int_{E<H(\mathbf{q},\mathbf{p})<E+dE} \cdots \int d^{3N}q\, d^{3N}p. \tag{1.139}$$

Der Vergleich mit (1.136) führt auf:

$$Z_N(T,V) = \int dE\, D_N(E,V)\, e^{-\beta E}. \tag{1.140}$$

$D_N(E,V)dE$ entspricht der Zahl der Zustände im Energieintervall $(E, E + dE)$. Der gesamte Integrand in (1.140) stellt somit die Zahl der bei der Temperatur T von dem kanonischen Ensemble **besetzten** Zustände dieses Energieintervalls dar.

1.4.2 Freie Energie

In der mikrokanonischen Gesamtheit konnte die innere Energie U mit der Energievariablen E gleichgesetzt werden. Genaugenommen handelt es sich dabei allerdings um den Scharmittelwert der Hamilton-Funktion (1.104):

$$U = \langle H \rangle.$$

Diese Definition soll ganz allgemein gelten. Sie führt mit (1.135) und (1.136) zu dem folgenden Zusammenhang mit der Zustandssumme:

$$U = U(T,V,N) = -\frac{\partial}{\partial\beta} \ln Z_N(T,V) = k_B T^2 \frac{\partial}{\partial T} \ln Z_N(T,V). \tag{1.141}$$

Es ist jedoch beileibe nicht von vorneherein klar, daß die über die kanonische Gesamtheit berechnete innere Energie irgendetwas zu tun hat mit der Energie, die *mikrokanonisch* als *innere Energie* angesehen wird. Die Äquivalenz von (1.141) und (1.104) ist keineswegs trivial. Dazu sind die physikalischen Ausgangssituationen der beiden Gesamtheiten einfach zu unterschiedlich. Während nämlich in der mikrokanonischen Gesamtheit alle Ensemble-Systeme bis auf ein kleines Δ dieselbe Energie besitzen, so daß $\langle H \rangle \approx H \approx E$ ist, kommen in der kanonischen Gesamtheit **alle** Energien vor, so daß es sich bei $\langle H \rangle$ um einen *wirklichen* Mittelwert handelt. Nur wenn die Verteilung der Systemenergien bei $\langle H \rangle$ ein ausgeprägtes Maximum besitzt, können wir deshalb erwarten, daß die beiden Beschreibungen (kanonisch, mikrokanonisch) äquivalente Resultate liefern. Wir werden zeigen, daß dieses in der Tat der Fall ist, allerdings auch nur für das *asymptotisch große*, makroskopische System.

Wie im Zusammenhang mit (1.99) besprochen, ist die Definition des Drucks durch die Klassische Mechanik eindeutig vorgegeben. Über (1.101) ergibt sich ein recht einfacher Zusammenhang mit der Zustandssumme:

$$p = -\langle \frac{\partial H}{\partial V} \rangle = \frac{1}{\beta} \frac{\partial}{\partial V} \ln Z_N(T,V). \tag{1.142}$$

Die mikrokanonische Gesamtheit ist durch die Variablen $U = E, V$ und N bestimmt. Das sind, wie wir aus der Thermodynamik wissen ((3.9), Bd. 4), die *natürlichen Variablen* des thermodynamischen Potentials *Entropie* $S = S(U, V, N)$, das deshalb auch die zentrale Rolle in der mikrokanonischen Gesamtheit spielt.

Die innere Energie U (1.141) ist in den *kanonischen* Variablen T, V, N **kein** thermodynamisches Potential. Es handelt sich vielmehr um die *natürlichen Variablen* der **freien Energie** $F(T, V, N)$, die, wie wir sehen werden, für die kanonische Gesamtheit deshalb ähnlich bedeutend ist wie die Entropie für die mikrokanonische Gesamtheit. Um zu zeigen, wie sich die freie Energie aus der Zustandssumme berechnet, erinnern wir uns zunächst an ihre thermodynamische Definition ((3.10), Bd. 4):

$$F(T, V, N) = U(T, V, N) - T\,S(T, V, N). \tag{1.143}$$

Wir benutzen das totale Differential

$$dF = -S\,dT - p\,dV \qquad (N = \text{const.})$$

zur Untersuchung von

$$d(-\beta F) = \frac{F}{k_B T^2} dT + \frac{1}{k_B T}(S\,dT + p\,dV) = \frac{1}{k_B T}\left[\frac{U}{T} dT + p\,dV\right].$$

Daraus wird nach Einsetzen von (1.141) für U und (1.142) für p:

$$d(-\beta F) = \left(\frac{\partial \ln Z_N(T, V)}{\partial T}\right)_{V,N} dT + \left(\frac{\partial \ln Z_N(T, V)}{\partial V}\right)_{T,N} dV.$$

Bis auf eine unbedeutende Konstante ergibt sich somit der folgende wichtige Zusammenhang zwischen freier Energie und Zustandssumme:

$$F(T, V, N) = -k_B T \ln Z_N(T, V). \tag{1.144}$$

Bisweilen schreibt man auch:

$$Z_N(T, V) = \exp\big(-\beta\, F(T, V, N)\big).$$

Ein wichtige Forderung an die freie Energie betrifft ihre **Extensivität**. Diese läßt sich für (1.144) relativ leicht zeigen. Für zwei Teilsysteme im thermischen Gleichgewicht, deren Wechselwirkung sich im Sinne von (1.131) vernachlässigen läßt, schreibt sich die gemeinsame Zustandssumme:

$$Z_N(T, V) = \frac{1}{h^{3N} N_1!\, N_2!} \int \cdots \int d^{3N}q\, d^{3N}p\, e^{-\beta(H_1 + H_2)} \qquad (N = N_1 + N_2).$$

Der Vorfaktor begründet sich wie in (1.130). Die Vertauschung eines Teilchens des einen mit einem Teilchen des anderen Teilsystems ergibt allerdings einen **neuen** Zustand. Deswegen steht im Nenner $N_1!\, N_2!$ statt $N!$:

$$\begin{aligned} Z_N(T,V) &= \frac{1}{h^{3N_1} N_1!} \int \cdots \int d^{3N_1}q\; d^{3N_1}p\; e^{-\beta H_1(\mathbf{q}_1,\mathbf{p}_1)} * \\ &\quad * \frac{1}{h^{3N_2} N_2!} \int \cdots \int d^{3N_2}q\; d^{3N_2}p\; e^{-\beta H_2(\mathbf{q}_2,\mathbf{p}_2)} = \\ &= Z_{N_1}(T,V_1)\, Z_{N_2}(T,V_2). \end{aligned}$$

Damit ist nach (1.144) die Extensivität der *statistischen* freien Energie klar:

$$F(T,V,N) = F_1(T,V_1,N_1) + F_2(T,V_2,N_2). \qquad (1.145)$$

Die noch verbleibende, wesentlich schwierigere Aufgabe besteht darin, die Äquivalenz der aus der mikrokanonischen und der kanonischen Gesamtheit ableitbaren Aussagen der Statistischen Physik zu beweisen. Für die *innere Energie* haben wir das Problem bereits im Zusammenhang mit (1.141) formuliert. Ein weiteres wichtiges Beispiel ist die **Entropie**, die sich im Konzept der kanonischen Gesamtheit aus der Zustandssumme ableiten läßt:

$$S(T,V,N) = -\left(\frac{\partial F}{\partial T}\right)_{V,N} = k_B \left[\frac{\partial}{\partial T}(T \ln Z_N(T,V))\right]_{V,N}. \qquad (1.146)$$

Wir werden in Kapitel 1.4.4 zu zeigen haben, daß die so bestimmte Entropie mit der mikrokanonischen Definition (1.71) bzw. (1.73) konsistent ist.

Mit (1.141), (1.142), (1.144) und (1.146) lassen sich alle thermodynamischen Potentiale letztlich auf die Zustandssumme zurückführen. Die Lösung eines physikalischen Problems im Rahmen der Kanonischen Gesamtheit beginnt deshalb immer mit dem Versuch, mit der Hamilton-Funktion $H(\mathbf{q},\mathbf{p})$ über die Definitionsgleichung (1.136) die Zustandssumme $Z_N(T,V)$ zu bestimmen. Sobald dies gelungen ist, ist das Problem praktisch schon gelöst, da sich die thermodynamischen Potentiale in sehr einfacher Weise aus $Z_N(T,V)$ ableiten lassen. Das war gemeint, als wir weiter oben die Zustandssumme als die wohl wichtigste Größe der gesamten Statistischen Physik bezeichneten.

1.4.3 Fluktuationen

Wir hatten in der Thermodynamik (s. (4.33), Bd. 4) als *thermisches Stabilitätskriterium* die Tatsache bezeichnet, daß die Wärmekapazität C_V nicht negativ sein kann:

$$C_V = T\left(\frac{\partial S}{\partial T}\right)_V \geq 0. \qquad (1.147)$$

Diese Beziehung ist zwar plausibel (*bei isochorer Wärmezufuhr erhöht sich die Temperatur!*), konnte aber im Rahmen der Thermodynamik nicht bewiesen werden. Die Statistische Physik verifiziert (1.147) aufgrund einer Energieschwankungsformel, die uns an dieser Stelle aber vor allem nutzt, die statistische Äquivalenz von mikrokanonischer und kanonischer Gesamtheit zu erkennen:

$$
\begin{aligned}
C_V = \left(\frac{\partial U}{\partial T}\right)_{V,N} &= -\frac{\partial}{\partial T}\frac{\partial}{\partial \beta}\ln Z_N(T,V) = \\
&= k_B\beta^2 \frac{\partial^2}{\partial \beta^2}\ln Z_N = k_B\beta^2 \frac{\partial}{\partial \beta}\left(\frac{1}{Z_N}\frac{\partial Z_N}{\partial \beta}\right) = \\
&= k_B\beta^2\left[\frac{1}{Z_N}\frac{\partial^2 Z_N}{\partial \beta^2} - \frac{1}{Z_N^2}\left(\frac{\partial Z_N}{\partial \beta}\right)^2\right].
\end{aligned}
$$

Einsetzen von (1.135) und (1.136),

$$C_V = k_B\beta^2\left(\langle H^2\rangle - \langle H\rangle^2\right) = k_B\beta^2\langle (H - \langle H\rangle)^2\rangle \geq 0, \tag{1.148}$$

beweist die *thermische Stabilität* (1.147). – Wir können aus dieser wichtigen Formel jedoch noch weitere Information beziehen. Anders als in der mikrokanonischen Gesamtheit sind die Energien der Systeme der kanonischen Gesamtheit um den Mittelwert $U = \langle H\rangle$ herum verteilt. Es kommen im Prinzip **alle** Energien vor. Wie im Zusammenhang mit (1.141) bereits erläutert, ist deshalb eine Äquivalenz der statistischen Beschreibungen mit der mikrokanonischen auf der einen und der kanonischen Gesamtheit auf der anderen Seite nur für den Fall zu erwarten, daß die Verteilung der *kanonischen* Systemenergien beim Mittelwert $\langle H\rangle$ ein ausgeprägtes Maximum besitzt. Das können wir mit der *Schwankungsformel* (1.148) leicht überprüfen. Die *relative quadratische Abweichung* einer Systemenergie vom Mittelwert $\langle H\rangle$ ist in einem kanonischen Ensemble durch

$$(\overline{\Delta E}) = \frac{\sqrt{\langle H^2\rangle - \langle H\rangle^2}}{\langle H\rangle} = \frac{\sqrt{C_V k_B T^2}}{U} \tag{1.149}$$

gegeben. Da man stets von der Annahme

$$C_V \sim N; \qquad U \sim N$$

ausgehen kann (z.B. ideales Gas (1.121): $U = \frac{3}{2}N\,k_BT,\ C_V = \frac{3}{2}N\,k_B$), bedeutet (1.149) eine relative Breite der Energieverteilung um $\langle H\rangle$ von

$$(\overline{\Delta E}) \sim \frac{1}{\sqrt{N}} \xrightarrow[N\to\infty]{} 0,$$

die für makroskopische Systeme ($N \approx 10^{22}$) außerordentlich schmal wird. In der kanonischen Gesamtheit kommen zwar alle Energien vor; es haben aber andererseits bei gegebener Temperatur T offensichtlich *fast alle* Systeme eine Energie, die nur unwesentlich von $U = \langle H \rangle$ abweicht. Für ***asymptotisch große*** Systeme muß die innere Energie U als praktisch scharf angesehen werden. Das ist ein entscheidendes Faktum hinsichtlich der statistischen Äquivalenz von mikrokanonischer und kanonischer Gesamtheit. Im nächsten Abschnitt entwickeln wir die analogen Überlegungen zur Entropie.

1.4.4 Äquivalenz von mikrokanonischer und kanonischer Gesamtheit

Die mikrokanonische und die kanonische Gesamtheit basieren auf zwei völlig verschiedenen Ausgangssituationen. Es ist deshalb keineswegs selbstverständlich, daß sie für die uns interessierenden makroskopischen Systeme zu konsistenten physikalischen Aussagen kommen. Wir wollen uns davon in diesem Kapitel überzeugen, denn damit steht und fällt das gesamte Konzept der Statistischen Physik.

In beiden Gesamtheiten gibt es Vorschriften (Definitionen oder Ableitungen) für die fundamentalen Größen *Temperatur* und *Entropie*. Zur Demonstration der physikalischen Äquivalenz von kanonischer und mikrokanonischer Beschreibung haben wir deshalb insbesondere zu beweisen, daß *Entropie* und *Temperatur* für beide Ensemble exakt dasselbe bedeuten. Nach unseren Vorüberlegungen im letzten Abschnitt zur inneren Energie können wir die beiden Gesamtheiten als äquivalent ansehen, wenn *Temperatur* und *Entropie* der kanonischen Gesamtheit mit den entsprechenden Größen einer mikrokanonischen Gesamtheit zur Energie $E = U = \langle H \rangle$ übereinstimmen:

$$\begin{aligned} T^{MKG}\,(E = U = \langle H \rangle) &\longleftrightarrow T, \\ S^{MKG}\,(E = U = \langle H \rangle, V, N) &\longleftrightarrow S^{KG}\,(T, V, N). \end{aligned} \tag{1.150}$$

Dabei ist zu beachten, daß für das kanonische Ensemble die Temperatur T und für das mikrokanonische Ensemble die Energie E fest vorgegebene Variable sind. Erste Voraussetzung für den Äquivalenzbeweis ist deshalb, daß die **nicht** fest vorgegebenen Energien der Systeme in der kanonischen Gesamtheit so scharf um den Mittelwert $U = \langle H \rangle$ herum konzentriert sind, daß *fast alle* Ensemble-Systeme eine nur unwesentlich von U abweichende Energie aufweisen. Dann ist es erlaubt, die innere Energie U als eine die Gesamtheit charakterisierende Variable aufzufassen. Daß dies im *asympotisch großen* System tatsächlich der Fall ist, haben wir uns im vorigen Kapitel klargemacht. Eine scharf konzentrierte Energieverteilung bedeutet aber auch, daß die Größe

$$D_N(E, V)\, e^{-\beta E} dE,$$

die zu der Wahrscheinlichkeit proportional ist, daß das betrachtete System eine Energie im Intervall $(E, E + dE)$ aufweist, bei $E = U = \langle H \rangle$ ein scharfes Maximum besitzt. Das gilt dann natürlich auch für den Logarithmus dieses Ausdrucks. Wir untersuchen die entsprechende Extremwertbedingung:

$$\begin{aligned} 0 &\overset{!}{=} \frac{\partial}{\partial E} \ln\left(D_N(E,V)\, e^{-\beta E}\right)\Big|_{E=U} = \\ &= \frac{\partial}{\partial E}\left(\ln D_N(E,V) - \beta E\right)\Big|_{E=U} = \\ &= -\beta + \frac{1}{k_B}\left(\frac{\partial}{\partial E} S^{MKG}(E,V,N)\right)_{V,N} (E = U). \end{aligned}$$

Im letzten Schritt haben wir die Definition (1.74) der *mikrokanonischen* Entropie eingesetzt. Die Extrembedingung führt schließlich mit (1.89) auf:

$$\left(\frac{1}{T^{MKG}(E)}\right)(E = U) = \left(\frac{\partial}{\partial E} S^{MKG}(E,V,N)\right)_{V,N} (E = U) = \frac{1}{T}. \quad (1.151)$$

Diese Beziehung stellt eine der beiden Äquivalenzbedingungen (1.150) dar. Die fest vorgegebene Temperatur T der kanonischen Gesamtheit entspricht genau der Temperatur, die sich aus einer mikrokanonischen Gesamtheit zur Energie $E = U = \langle H \rangle$ errechnet, also zu der Energie, die *fast alle* Systeme der kanonischen Gesamtheit besitzen.

Wir schließen eine Taylor-Entwicklung des soeben untersuchten Terms um sein Maximum bei $E = U$ an:

$$\begin{aligned} &\ln\left(D_N(E,V)\, e^{-\beta E}\right) = \ln D_N(E,V) - \beta E = \\ &= \ln\left(D_N(U,V)\, e^{-\beta U}\right) + \frac{1}{2}(E-U)^2 \left(\frac{\partial^2}{\partial E^2} \ln D_N(E,V)\right)_{V,N} (E = U) + \dots \end{aligned}$$

Der zweite Summand läßt sich wie folgt auswerten:

$$\begin{aligned} &\left(\frac{\partial^2}{\partial E^2} \ln D_N(E,V)\right)_{V,N} (E = U) = \\ &= \frac{1}{k_B}\left(\frac{\partial}{\partial E} \frac{1}{T^{MKG}(E)}\right)_{N,V} (E = U) = \\ &= \frac{-1}{k_B\left(T^{MKG}(U)\right)^2} \left(\frac{\partial T^{MKG}(E)}{\partial E}\right)_{V,N} (E = U). \end{aligned}$$

Wegen (1.151) kann man $T^{MKG}(U)$ mit T identifizieren:

$$\left(\frac{\partial}{\partial E} T^{MKG}(E)\right)_{V,N} (E = U) \longrightarrow \left(\frac{\partial T}{\partial U}\right)_{V,N} = \frac{1}{C_V}.$$

Damit bleibt für die obige Entwicklung:

$$\ln\left(D_N(E,V)\,e^{-\beta E}\right) = \ln\left(D_N(U,V)\,e^{-\beta U}\right) - \frac{1}{2}(E-U)^2\,\frac{1}{k_B T^2 C_V} + \ldots$$

Der so abgeschätzte Ausdruck,

$$D_N(E,V)\,e^{-\beta E} \approx D_N(U,V)\,\exp(-\beta\,U)\,\exp\left[-\frac{k_B\beta^2}{2C_V}\,(E-U)^2\right],$$

stellt gerade den Integranden der Zustandssumme (1.140) dar:

$$Z_N(T,V) \approx D_N(U,V)\,\exp(-\beta U)\int dE\,\exp\left[-\frac{k_B\beta^2}{2C_V}\,(E-U)^2\right].$$

Rechts steht ein Standardintegral, wenn wir die Integrationsgrenzen auf $\pm\infty$ festlegen, was wegen der rasch abfallenden Exponentialfunktion stets erlaubt sein wird:

$$Z_N(T,V) \approx D_N(U,V)\,e^{-\beta U}\sqrt{\frac{2\pi\,C_V}{k_B\beta^2}} \qquad (U = \langle\, H\,\rangle). \tag{1.152}$$

Diese sehr nützliche Formel verhilft uns zu einer Abschätzung für die freie Energie (1.144) eines makroskopischen Systems:

$$F(T,V,N) = -\frac{1}{\beta}\,\ln Z_N(T,V) = U - \frac{1}{\beta}\,\ln D_N(U,V) + \frac{1}{2}\,\ln\frac{2\pi\,C_V}{k_B\beta^2}.$$

Für das *asymptotisch große* System kann der letzte Summand ($\ln C_V \sim \ln N$) gegenüber den beiden anderen ($U \sim N$, $\ln D_N \sim N$) vernachlässigt werden. Die freie Energie der kanonischen Gesamtheit,

$$F(T,V,N) = U(T,V,N) - T\,S^{\mathrm{KG}}\,(T,V,N),$$

läßt sich deshalb auch wie folgt schreiben:

$$F(T,V,N) = U - T\,S^{MKG}\,(E=U,V,N). \tag{1.153}$$

Dabei haben wir die Definition (1.74) für S^{MKG} ausgenutzt. Der Vergleich der beiden letzten Gleichungen läßt erkennen, daß für das makroskopische System die *Entropie* der kanonischen mit der der mikrokanonischen Gesamtheit übereinstimmt, wenn man letztere zur Energie $E = U$ definiert, wobei $U = \langle\, H\,\rangle$ das äußerst scharfe Maximum der *kanonischen* Energieverteilung darstellt. Damit ist auch die zweite der beiden Äquivalenzbedingungen (1.150) verifiziert. Es kann jedoch nicht oft genug betont werden, daß diese Äquivalenz nur für *asymptotisch große* Systeme gilt, weil die Vernachlässigung von $\ln N$*-Termen* gegenüber zur Teilchenzahl N proportionalen Termen natürlich nur *asymptotisch korrekt* ist.

Obwohl also die beiden Gesamtheiten zwei gänzlich verschiedenen Ausgangssituationen entsprechen, kommen sie dennoch für makroskopische Systeme zu völlig konsistenten Aussagen. Bei der Behandlung eines konkreten physikalischen Problems können wir uns je nach Zweckmäßigkeit für die eine oder andere entscheiden. Das wird in der Regel die *mathematisch handlichere* kanonische Gesamtheit sein. Die Äquivalenz der beiden Gesamtheiten hängt offenbar ganz entscheidend an der in Kapitel 1.4.3 untersuchten Tatsache, daß die Verteilung der Systemenergien eines kanonischen Ensembles ein außerordentlich scharfes Maximum bei der Energie $E = \langle H \rangle = U$ aufweist, so daß *fast alle* Ensemble-Mitglieder diese Energie besitzen. Obwohl also im Prinzip alle Energien in der kanonischen Gesamtheit vorkommen, besteht dennoch *de facto* zwischen der fest vorgegebenen Temperatur T und der Energie eine eindeutige Beziehung. Aus diesem Grund ist die kanonische Gesamtheit *de facto* äquivalent zu einer mikrokanonischen Gesamtheit mit der Energie $E = \langle H \rangle = U$.

1.4.5 Aufgaben

Aufgabe 1.4.1

Ein klassisches ideales Gas befinde sich in einem unendlich hohen, zylindrischen Behälter. In Richtung der Zylinderachse soll ein homogenes Schwerefeld wirken. Berechnen Sie mit Hilfe der kanonischen Gesamtheit

1) die mittlere kinetische Energie eines Gasteilchens,

2) die mittlere potentielle Energie eines Gasteilchens.

Aufgabe 1.4.2

Ein System von N nicht miteinander wechselwirkenden, zweiatomigen Molekülen sei bei der Temperatur T im Volumen V eingeschlossen. Die Hamilton-Funktion eines einzelnen Moleküls laute:

$$H_0(\mathbf{p}_1, \mathbf{p}_2; \mathbf{r}_1, \mathbf{r}_2) = \frac{1}{2m}(\mathbf{p}_1^2 + \mathbf{p}_2^2) + \frac{1}{2}\alpha \,|\, \mathbf{r}_1 - \mathbf{r}_2 \,|^2 \quad (\alpha > 0).$$

Berechnen Sie

1) die klassische kanonische Zustandssumme,

2) die Zustandsgleichung $f(p, T, V, N) = 0$,

3) die Wärmekapazität C_V,

4) den mittleren quadratischen Moleküldurchmesser $\langle \mathbf{r}^2 \rangle = \langle \,|\, \mathbf{r}_1 - \mathbf{r}_2 \,|^2 \rangle$.

Aufgabe 1.4.3

Gegeben sei ein klassisches ideales Gas aus N gleichen Teilchen im Volumen V.

1) Berechnen Sie mit der kanonischen Gesamtheit die freie Energie $F(T, V, N)$.

2) Bestimmen Sie mit $F(T, V, N)$ die Entropie $S(T, V, N)$ und vergleichen Sie das Ergebnis mit der *mikrokanonisch* abgeleiteten Sackur-Tetrode-Gleichung (1.124).

3) Verifizieren Sie die thermische Zustandsgleichung des idealen Gases.

Aufgabe 1.4.4

Betrachten Sie ein System von N gleichen Teilchen im Volumen V, die über ein abstoßendes Paarpotential der Form

$$\widehat{V}(\mathbf{r}_i, \mathbf{r}_j) = \frac{\alpha}{|\mathbf{r}_i - \mathbf{r}_j|^n}, \quad \alpha > 0, \ n > 3$$

miteinander wechselwirken.

1) Berechnen Sie mit der kanonischen Gesamtheit die Zustandssumme bis auf Ortsintegrale.

2) Zerlegen Sie mit dem Ansatz

$$\exp(-\beta \widehat{V}(|\mathbf{r}_i - \mathbf{r}_j|)) = 1 + f(|\mathbf{r}_i - \mathbf{r}_j|)$$

den Integranden des Ortsintegrals in eine *sinnvolle* Anordnung von Produkten der Funktionen $f(|\mathbf{r}_i - \mathbf{r}_j|)$. Überlegen Sie sich dazu, wie groß die Funktionswerte $f(|\mathbf{r}|)$ werden können.

3) Zeigen Sie, daß sich die kanonische Zustandssumme für große N und großes V als

$$Z_N(T, V) = Z_0(T) \left(1 + \frac{N^2}{V} a_1(T) + \frac{N^4}{V^2} a_2(T) + \dots\right)$$

schreiben läßt, wobei Z_0 die Zustandssumme des *freien* Systems ist, und $a_1(T)$ und $a_2(T)$ durch

$$a_1(T) = \frac{1}{2} \int d^3r\, f(|\mathbf{r}|),$$
$$a_2(T) = (a_1(T))^2$$

gegeben sind.

4) Bestimmen Sie für das angegebene Paarpotential die Entwicklungskoeffizienten $a_1(T)$ und $a_2(T)$.

Aufgabe 1.4.5

Ein thermodynamisches System bestehe aus N Atomen im Volumen V, von denen jedes ein magnetisches Moment $\boldsymbol{\mu}_i$ ($|\boldsymbol{\mu}_i| = \mu$ für $i = 1, 2, \dots N$) trägt. Die Hamilton-Funktion setze sich aus zwei Anteilen zusammen,

$$H(\mathbf{q}, \mathbf{p}) = H_0(\mathbf{q}, \mathbf{p}) + H_1(\mathbf{q}, \mathbf{p}),$$

von denen $H_0(\mathbf{q}, \mathbf{p})$ das System in Abwesenheit eines magnetischen Feldes beschreibt, während $H_1(\mathbf{q}, \mathbf{p})$ den Einfluß des homogenen Feldes $\mathbf{B} = B\,\mathbf{e}_z$ erfaßt.

1) Wie lautet der Feldterm H_1?

2) Berechnen Sie die kanonische Zustandssumme.

3) Bestimmen Sie die Temperatur- und Feldabhängigkeit des mittleren magnetischen Gesamtmoments:

$$\mathbf{m} = \langle \sum_{i=1}^{N} \boldsymbol{\mu}_i \rangle.$$

4) Diskutieren Sie das magnetische Gesamtmoment für die beiden Grenzfälle $\beta\,\mu\,B \gg 1$ und $\beta\,\mu\,B \ll 1$ (*Klassischer Langevin-Paramagnetismus*).

Aufgabe 1.4.6

Gegeben sei ein System von N Teilchen im Volumen V. Beweisen Sie mit Hilfe der kanonischen Gesamtheit den *verallgemeinerten Gleichverteilungssatz* (1.110):

$$\langle \pi_i \frac{\partial H}{\partial \pi_j} \rangle = \delta_{ij}\,k_B T$$

$$\pi_{i,j} \in \{q_1, \dots, q_{3N}, p_1, \dots, p_{3N}\}.$$

π_i, π_j bezeichnen kartesische Komponenten eines der Teilchenimpulse oder Teilchenorte.

Aufgabe 1.4.7

Gegeben sei ein System aus N geladenen Teilchen, z.B. ein aus Ionen und Elektronen bestehender Festkörper. Dieses möge sich in einem Magnetfeld $\mathbf{B}$ befinden. Sein *magnetisches Moment* $\mathbf{m}$ berechnet sich aus der Hamilton-Funktion H gemäß

$$\mathbf{m} = -\nabla_B H.$$

Mit ∇_B ist der Gradient nach dem äußeren Magnetfeld $\mathbf{B}$ gemeint.

1) Drücken Sie das mittlere magnetische Moment $\langle \mathbf{m} \rangle$ durch die kanonische Zustandssumme Z_N aus. Geben Sie Z_N für das N-Teilchensystem (Masse m_i, Ladung $\bar{q}_i$, $i = 1, 2, \dots, N$) im Magnetfeld $\mathbf{B}$ an.

2) Zeigen Sie, daß in jedem Fall, auch für $\mathbf{B} \neq 0$,

$$\langle \mathbf{m} \rangle \equiv 0$$

gilt (*Bohr-van Leeuwen-Theorem*).

Aufgabe 1.4.8

In einem Volumen V befinde sich bei der Temperatur T ein Gas aus N wechselwirkungsfreien Teilchen. Begründen Sie mit Hilfe der kanonischen Gesamtheit die *Maxwellsche Geschwindigkeitsverteilung* (s. auch Aufgabe 1.3.7),

$$w(\mathbf{v})d^3v = \left(\frac{m}{2\pi\, k_BT}\right)^{\frac{3}{2}} \exp\left(-\frac{m\mathbf{v}^2}{2k_BT}\right) d^3v,$$

die angibt, mit welcher Wahrscheinlichkeit ein Gasteilchen eine Geschwindigkeit aus dem *Volumenelement* d^3v um $\mathbf{v}$ besitzt.

Aufgabe 1.4.9

In einem Kasten vom Volumen V befinde sich bei der Temperatur T ein Gas aus N Atomen gleicher Masse m. Die Atome mögen sich zunächst in einem *angeregten* Zustand befinden. Sie emittieren beim Übergang in den Grundzustand Licht, das in z-Richtung mit einem Spektrometer beobachtet wird. Ein ruhendes Atom würde eine einzige scharfe Energie E_0 aussenden. Wegen des *Doppler-Effektes* und der endlichen Temperatur T empfängt der Zähler ein *Energieband* mit einer Intensitätsverteilung $I(E)$. Berechnen Sie

1) die mittlere Energie $\langle E \rangle$ des beobachteten Lichtes,

2) die mittlere quadratische Energieabweichung $(\overline{\Delta E}) = \sqrt{\langle (E - \langle E \rangle)^2 \rangle}$ des beobachteten Lichtes,

3) die Intensitätsverteilung $I(E)$.

Aufgabe 1.4.10

In einem Behälter (Kubus) vom Volumen V ($V = L_x\, L_y\, L_z$) befinde sich bei der Temperatur T ein ideales Gas aus N Atomen. In der Mitte einer Wand des Behälters ist ein sehr kleines Loch der Fläche f angebracht. Außerhalb des Gefäßes sei Vakuum.

1) Wie viele Atome verlassen pro Zeiteinheit den Behälter?

2) Nach welcher Zeit ist der Druck im Inneren auf den $1/e$-ten Teil des Drucks vor Öffnen des Lochs abgefallen?

3) Wie groß ist die mittlere kinetische Energie pro Teilchen im Außenraum relativ zu der im Innern?

Aufgabe 1.4.11

1) Ein ideales Gas aus N Atomen im Volumen V befinde sich bei der Temperatur T in einem äußeren Potential $\widehat{V}$:

$$H(\mathbf{q}, \mathbf{p}) = T(\mathbf{p}) + \widehat{V}(\mathbf{q}) \longrightarrow \sum_{i=1}^{N} \left(\frac{\mathbf{p}_i^2}{2m} + v(\mathbf{r}_i) \right).$$

Berechnen Sie die Ortsabhängigkeit der Teilchendichte $n(\mathbf{r})$ (*Barometrische Höhenformel*). Hinweis:

$$n(\mathbf{r}) = \langle \sum_{i=1}^{N} \delta(\mathbf{r} - \mathbf{r}_i) \rangle; \quad \mathbf{r}_i: \text{ Position des } i\text{-ten Atoms.}$$

2) $\widehat{V}$ sei speziell das Schwerefeld der Erde. Berechnen Sie, wie sich der Gasdruck mit der Höhe über dem Erdboden ändert.

Aufgabe 1.4.12

Gegeben sei ein *relativistisches* ideales Gas aus N Teilchen der Ruhemasse $m = 0$ im Volumen V.

1) Berechnen Sie die kanonische Zustandssumme.

2) Berechnen Sie die innere Energie $U = U(T, V, N)$.

3) Wie lautet die thermische Zustandsgleichung $p = f(T, V, N)$?

4) Berechnen Sie die freie Energie $F = F(T, V, N)$ und überprüfen Sie $p = -\left(\frac{\partial F}{\partial V}\right)_{T,N}$ mit 3).

5) Geben Sie die Enthalpie H an.

6) Leiten Sie die Entropie ab.

7) Berechnen Sie die Wärmekapazitäten C_p, C_V.

1.5 Großkanonische Gesamtheit

Das *kanonische Ensemble* aus Kapitel 1.4 läßt noch eine weitere Verallgemeinerung zu, nämlich auf Systeme, die neben Energie- auch Teilchenfluktuationen unterliegen. Eine veränderliche Teilchenzahl kann durch Austausch des betrachteten Systems mit der *Umgebung* oder aber auch durch *Erzeugung* und *Vernichtung* von Teilchen eines bestimmten Typs bewirkt werden. Man denke nur an die *Magnonen* eines Ferromagneten, die *Phononen* eines Kristallgitters oder die *Photonen* der elektromagnetischen Strahlung.

Erinnern wir uns zunächst noch einmal daran, daß für die **mikrokanonische Gesamtheit** die Variablen **E = U, V** und **N** fest vorgegeben sind. Das sind aber gerade, wie wir aus der Thermodynamik wissen (Kap. 3.1, Bd. 4), die *natürlichen* Zustandsvariablen der **Entropie** $S(E, V, N)$, die deshalb die zentrale thermodynamische Funktion der mikrokanonischen Gesamtheit darstellt. Im Experiment haben wir es allerdings in der Regel nicht mit wirklich isolierten Systemen zu tun, sondern eher mit solchen, die mit einem Wärmebad der Temperatur T in Kontakt stehen. Die Temperatur ist ein relativ *handlicher* Parameter, d.h. experimentell bequem einstellbar. Dies motiviert das Konzept der **kanonischen Gesamtheit**, bei der die Variablen **T, V** und **N** vorgegeben sind. Das sind die *natürlichen* Zustandsvariablen der **freien Energie** $F(T, V, N)$, die in der kanonischen Gesamtheit die zentrale Rolle übernimmt, die die Entropie in der mikrokanonischen Gesamtheit spielt. – Für alle anderen, in der jeweiligen Gesamtheit nicht fest vorgegebenen Zustandsgrößen liefert die Statistische Physik dann lediglich die entsprechenden Mittelwerte.

Nun kann man natürlich argumentieren, daß auch die Teilchenzahl N makroskopischer Systeme wohl kaum exakt bekannt sein dürfte. Ferner gibt es, wie eingangs schon erwähnt, physikalisch wichtige Fälle, in denen sich N bereits bei Variation der Zustandsvariablen, wie z.B. der Temperatur, durch *Erzeugung* bzw. *Vernichtung* von Teilchen ändert. Dieser Tatsache trägt die **großkanonische Gesamtheit** Rechnung. Ihre fest vorgegebenen Variablen sind die **Temperatur T**, das **Volumen V** und das **chemische Potential** $\boldsymbol{\mu}$. Das sind die *natürlichen* Zustandsvariablen des sogenannten **großkanonischen Potentials** $\boldsymbol{\Omega}$ **(T, V,** $\boldsymbol{\mu}$**)**, das wir bislang noch nicht kennengelernt haben. Es ist definiert als die Differenz aus freier Energie F und Gibbscher Enthalpie G:

$$\Omega = F - G = -pV. \tag{1.154}$$

Setzen wir für G die *Gibbs-Duhem-Relation* ((3.35), Bd.4) $G = \mu N$ ein und bilden das totale Differential,

$$d\Omega = dF - \mu\, dN - N\, d\mu = -S\, dT - p\, dV - N\, d\mu, \tag{1.155}$$

so erkennen wir explizit die (T, V, μ)-Abhängigkeit des großkanonischen Potentials. Dieses ersetzt in der großkanonischen Gesamtheit die freie Energie der kanonischen bzw. die Entropie der mikrokanonischen Gesamtheit. Das soll in den folgenden Abschnitten genauer diskutiert und ausgearbeitet werden.

1.5.1 Großkanonische Zustandssumme

Wir hatten in Kapitel 1.4 gesehen, daß alle interessierenden thermodynamischen Eigenschaften durch einfache Rechenprozesse zugänglich werden, sobald die *kanonische Zustandssumme* $Z_N(T, V)$ bekannt ist. Diese läßt sich im Prinzip mit Hilfe der Hamilton-Funktion $H(\mathbf{q}, \mathbf{p})$ exakt berechnen (1.136). Auch für die großkanonische Gesamtheit gibt es eine solche zentrale Rechengröße, die *großkanonische Zustandssumme* $\Xi_\mu(T, V)$. Ihre Ableitung ist sehr ähnlich der von $Z_N(T, V)$ in Kapitel 1.4.1.

Wie dort untersuchen wir ein Referenzsystem Σ_1, bei dem es sich um einen kleinen, aber doch *makroskopischen* Teil eines sehr großen **isolierten** *Übersystems* Σ handeln soll. Anders als in Kapitel 1.4.1 soll $\Sigma_1(E_1, V_1, N_1)$ mit dem umgebenden *Komplementärsystem* $\Sigma_2(E_2, V_2, N_2)$ neben Energie auch Teilchen austauschen können! Das isolierte *Übersystem* $(\Sigma = \Sigma_1 \cup \Sigma_2)$, für das sich eine mikrokanonische Gesamtheit definieren läßt, möge sich im *thermischen Gleichgewicht* befinden. Nach (1.89) und (1.97) bedeutet das, daß an allen Stellen von Σ dieselbe Temperatur T und dasselbe chemische Potential μ vorliegen. Wir nehmen wiederum, wie zu (1.131) genauer begründet, an, daß die zum Einstellen des Gleichgewichts notwendigen Wechselwirkungen zwischen Σ_1 und Σ_2 *asymptotisch klein* sind, so daß sie in die folgenden Überlegungen nicht einbezogen werden müssen.

Bis auf die übliche kleine Energieunbestimmtheit Δ der mikrokanonischen Gesamtheit ist die Energie von Σ_1 durch die von Σ_2 festgelegt. Dasselbe gilt für die Teilchenzahl N_1:

$$E = E_1 + E_2; \qquad N = N_1 + N_2.$$

Natürlich sind diese Randbedingungen (E, N fest vorgegeben) wieder auf mannigfaltige Weise realisierbar. Nach unseren Überlegungen in Kapitel 1.3.1 und 1.3.2 ist der Gleichgewichtszustand,

$$E \longleftrightarrow \widehat{E}_1 + \widehat{E}_2; \quad N \longleftrightarrow \widehat{N}_1 + \widehat{N}_2,$$

durch die maximale Anzahl von Realisierungsmöglichkeiten gekennzeichnet. Das uns interessierende Teilsystem Σ_1 ist sehr viel kleiner als Σ_2, so daß

$$\widehat{E}_1 \ll \widehat{E}_2; \qquad \widehat{N}_1 \ll \widehat{N}_2 \tag{1.156}$$

angenommen werden darf. Gesucht wird ein *Statistisches Ensemble* aus zu Σ_1 äquivalenten Systemen. Dazu benötigen wir die entsprechende Dichteverteilungsfunktion $\rho_{N_1}(\mathbf{q}_1, \mathbf{p}_1)$, bei der natürlich zu beachten ist, daß zu jeder Teilchenzahl N_1 auch ein anderer Phasenraum gehört. Eine Änderung von N_1 bewirkt z.B. unmittelbar eine geänderte Phasenraumdimension. Das deuten wir durch den Index N_1 am Symbol der Dichteverteilungsfunktion an. Wird N_1 zunächst festgehalten, so führt dieselbe Argumentation wie die zu (1.133) zu dem folgenden Ansatz für ρ_{N_1} im N_1-Teilchenphasenraum:

$$\rho_{N_1}(\mathbf{q}_1, \mathbf{p}_1) \sim \Gamma_{N-N_1}(E - E_1, V_2). \tag{1.157}$$

Wegen (1.156) kann das Phasenraumvolumen auf der rechten Seite um $\Gamma_N(E, V_2)$ entwickelt werden, zumindest für die eigentlich interessierenden Teilchenzahlen und Energien in der Nähe des Gleichgewichts. V_2 ist dagegen fest:

$$\begin{aligned} k_B \ln \Gamma_{N-N_1}(E - E_1, V_2) &\equiv S_2(E_2 = E - E_1, V_2, N_2 = N - N_1) = \\ = S_2(E, V_2, N) &- E_1 \left(\frac{\partial S_2}{\partial E_2}\right)_{N_2, V_2} (E_2 = E, N_2 = N) - \\ &- N_1 \left(\frac{\partial S_2}{\partial N_2}\right)_{E_2, V_2} (E_2 = E, N_2 = N) + \dots \end{aligned}$$

Der erste Summand ist bezüglich Σ_1 eine Konstante S_0, für den zweiten und dritten schreiben wir wegen (1.89) bzw. (1.96) unter Ausnutzung von (1.156):

$$\begin{aligned} \left(\frac{\partial S_2}{\partial E_2}\right)_{N_2, V_2} (E, N) &\approx \left(\frac{\partial S_2}{\partial E_2}\right)_{N_2, V_2} (\widehat{E}_2, \widehat{N}_2) = \frac{1}{T}, \\ \left(\frac{\partial S_2}{\partial N_2}\right)_{E_2, V_2} (E, N) &\approx \left(\frac{\partial S_2}{\partial N_2}\right)_{E_2, V_2} (\widehat{E}_2, \widehat{N}_2) = -\frac{\mu}{T}. \end{aligned}$$

Damit ergibt sich:

$$\ln \Gamma_{N-N_1}(E - E_1, V_2) \approx \frac{S_0}{k_B} - \frac{E_1}{k_B T} + \frac{\mu N_1}{k_B T}$$

oder gleichbedeutend:

$$\Gamma_{N-N_1}(E - E_1, V_2) \sim \exp\big(-\beta(E_1 - \mu N_1)\big) = \exp\left[-\beta\big(H_{N_1}(\mathbf{q}_1, \mathbf{p}_1) - \mu N_1\big)\right].$$

Das überträgt sich auf die **Dichteverteilungsfunktion** im N_1- Teilchenphasenraum des Systems Σ_1:

$$\rho_{N_1}(\mathbf{q}_1, \mathbf{p}_1) \sim \exp\left[-\beta\left(H_{N_1}(\mathbf{q}_1, \mathbf{p}_1) - \mu N_1\right)\right]. \tag{1.158}$$

Es handelt sich offenbar um eine *stationäre* Verteilung, da die $(\mathbf{q}, \mathbf{p})$-Abhängigkeit nur über die Hamilton-Funktion H_N ins Spiel kommt (s. (1.43)). Den Koeffizienten in (1.158) legen wir etwas später fest. – Wir können ab jetzt den Index "1" weglassen, der Σ_1 vom *Komplementärsystem* Σ_2 zu unterscheiden half, das seinerseits nur zur Festlegung von T und μ/T diente und in den folgenden Überlegungen keine Rolle mehr spielt.

Wir definieren nun die **großkanonische Zustandssumme** $\Xi_\mu(T,V)$, die für die großkanonische Gesamtheit dieselbe fundamentale Bedeutung besitzt wie $Z_N(T,V)$ für das kanonische Ensemble:

$$\Xi_\mu(T,V) \equiv \sum_{N=0}^{\infty} \frac{1}{h^{3N}N!} \int \cdots \int d^{3N}q\, d^{3N}p\, e^{-\beta(H_N(\mathbf{q},\mathbf{p})-\mu N)} = \\ = \sum_{N=0}^{\infty} z^N Z_N(T,V). \tag{1.159}$$

Man bezeichnet die Abkürzung

$$z = e^{\beta\mu} \tag{1.160}$$

als **Fugazität**. Der Faktor $(h^{3N}N!)^{-1}$ begründet sich so wie im Zusammenhang mit (1.129) erläutert. Bei bekannter Hamilton-Funktion $H_N(\mathbf{q},\mathbf{p})$ ist die großkanonische Zustandssumme Ξ_μ im Prinzip berechenbar. Die Summation über N läuft bis ∞, da das *Übersystem* (Wärmebad und Teilchenreservoir) in unserer vorangegangenen Überlegung beliebig groß sein kann.

Wie $Z_N(T,V)$ (1.140) können wir natürlich auch die großkanonische Zustandssumme durch ein Energieintegral über die Zustandsdichte (1.50) $D_N(E,V)$ ausdrücken:

$$\Xi_\mu(T,V) = \sum_{N=0}^{\infty} \int dE\, D_N(E,V)\, e^{-\beta(E-\mu N)}. \tag{1.161}$$

Da $\rho_N(\mathbf{q},\mathbf{p})$ die Wahrscheinlichkeitsdichte dafür darstellt, das N-Teilchensystem in der Phase $\boldsymbol{\pi} = (\mathbf{q},\mathbf{p})$ anzutreffen, ergibt sich mit (1.158) für den Scharmittelwert einer beliebigen Phasenraumobservablen $F_N(\mathbf{q},\mathbf{p})$:

$$\langle F \rangle = \frac{1}{\Xi_\mu(T,V)} \sum_{N=0}^{\infty} \frac{1}{h^{3N}N!} \int \cdots \int d^{3N}q\, d^{3N}p\, e^{-\beta(H_N(\mathbf{q},\mathbf{p})-\mu N)} F_N(\mathbf{q},\mathbf{p}). \tag{1.162}$$

Vergleicht man dies mit dem entsprechenden Ausdruck (1.135) der kanonischen Gesamtheit $\langle F \rangle_{KG}$, so erkennt man den folgenden Zusammenhang:

$$\langle F \rangle = \frac{\sum\limits_{N=0}^{\infty} z^N Z_N(T,V) \langle F_N \rangle_{KG}}{\sum\limits_{N=0}^{\infty} z^N Z_N(T,V)}. \tag{1.163}$$

Die Darstellung (1.162) entspricht im N-Teilchenphasenraum einer **Dichteverteilungsfunktion** der Form

$$\rho_N(\mathbf{q},\mathbf{p}) = \frac{1}{\Xi_\mu(T,V)} \exp(-\beta(H_N(\mathbf{q},\mathbf{p}) - \mu N)) \tag{1.164}$$

mit der Normierung:

$$\sum_{N=0}^{\infty} \frac{1}{h^{3N} N!} \int \cdots \int d^{3N}q \; d^{3N}p \; \rho_N(\mathbf{q},\mathbf{p}) = 1. \tag{1.165}$$

1.5.2 Anschluß an die Thermodynamik

Die nächste Aufgabe besteht nun darin, die für die Thermodynamik relevanten Zustandsgrößen im Rahmen der *großkanonischen Gesamtheit* darzustellen, d.h. letztlich, durch die großkanonische Zustandssumme auszudrücken.

Wir beginnen mit der **Teilchenzahl**, die in der *kanonischen Gesamtheit* lediglich ein Parameter war, wegen der Teilchenfluktuationen in der *großkanonischen Gesamtheit* jedoch zur Variablen geworden ist. Es erscheint deshalb von vorneherein klar, daß eine physikalische Äquivalenz von *kanonischer* und *großkanonischer Gesamtheit* nur dann zu erwarten ist, wenn *fast alle* Systeme des großkanonischen Ensembles dieselbe Teilchenzahl N besitzen. Die *Teilchenzahlverteilung* sollte deshalb ein sehr scharfes Maximum beim Mittelwert $\langle N \rangle$ aufweisen. Zu dessen Berechnung bietet sich (1.163) an, wobei der *kanonische Mittelwert* $\langle N \rangle_{KG}$ trivialerweise gleich der in einem *kanonischen Ensemble* konstanten Teilchenzahl N ist:

$$\langle N \rangle = \frac{\sum\limits_{N=0}^{\infty} N z^N Z_N(T,V)}{\sum\limits_{N=0}^{\infty} z^N Z_N(T,V)} = \sum_{N=0}^{\infty} N \, w_N(T,V). \tag{1.166}$$

Mit $w_N(T,V)$ sei die Wahrscheinlichkeit bezeichnet, daß das betrachtete System bei der Temperatur T mit N Teilchen im Volumen V anzutreffen ist:

$$w_N(T,V) = \frac{z^N Z_N(T,V)}{\Xi_\mu(T,V)}. \tag{1.167}$$

Der Vergleich von (1.166) mit (1.159) führt zu einer alternativen Darstellung von $\langle N \rangle$:

$$\langle N \rangle = \frac{1}{\beta} \left(\frac{\partial}{\partial \mu} \ln \Xi_\mu(T,V) \right)_{T,V} . \tag{1.168}$$

Diese Beziehung kann, zumindest im Prinzip, dazu benutzt werden, um das chemische Potential μ in den Variablen T, V und $\langle N \rangle$ darzustellen:

$$\mu = \mu(T, V, \langle N \rangle). \tag{1.169}$$

Das wird an späterer Stelle benötigt werden. – Die zweite Version der großkanonischen Zustandssumme in (1.159) macht klar, daß Ξ_μ nur über die Fugazität z vom chemischen Potential abhängt. Wenn man $\Xi_\mu(T,V)$ durch das entsprechende $\Xi_z(T,V)$ ersetzt, also z statt μ als Variable auffaßt,

$$\Xi_\mu(T,V) \xrightarrow[\mu = \frac{1}{\beta} \ln z]{} \Xi_z(T,V), \tag{1.170}$$

dann gilt auch:

$$\langle N \rangle = z \left(\frac{\partial}{\partial z} \ln \Xi_z(T,V) \right)_{T,V} . \tag{1.171}$$

Als nächstes untersuchen wir den **Druck** p, dessen mechanische Definition (1.101) mit (1.162) zu

$$p = -\langle \frac{\partial H}{\partial V} \rangle = \frac{1}{\beta} \left(\frac{\partial}{\partial V} \ln \Xi_\mu(T,V) \right)_{T,\mu} \tag{1.172}$$

wird. Wir werden später, über das *großkanonische Potential* (1.154), noch einen direkteren Weg finden, um p durch die Zustandssumme Ξ_μ auszudrücken.

Die **innere Energie** U ist der Mittelwert der Hamilton-Funktion H, so daß mit (1.162) unmittelbar

$$U = \langle H \rangle = - \left(\frac{\partial}{\partial \beta} \ln \Xi_\mu(T,V) \right)_{\mu,V} + \mu \langle N \rangle \tag{1.173}$$

folgt. Schreiben wir die Zustandssumme gemäß (1.170) als Funktion von T, V und z und setzen in (1.163) für den *kanonischen* Mittelwert $\langle H_N \rangle_{KG}$ Gleichung (1.141) ein, so ergibt sich ein zu (1.141) formal völlig äquivalenter Ausdruck für die innere Energie,

$$U = - \left(\frac{\partial}{\partial \beta} \ln \Xi_z(T,V) \right)_{z,V} , \tag{1.174}$$

wir haben nur auf der rechten Seite die kanonische durch die großkanonische Zustandssumme zu ersetzen. Man beachte jedoch, daß U in (1.141) als $U(T,V,N)$, in (1.173) als $U(T,V,\mu)$ und in (1.174) als $U(T,V,z)$ zu lesen ist.

Wir wollen an dieser Stelle einmal kurz abschweifen und ein paar erste Überlegungen zur *statistischen Äquivalenz* von kanonischer und großkanonischer Gesamtheit diskutieren. Wie bereits erwähnt, ist eine solche sicher nur dann zu erwarten, wenn die Wahrscheinlichkeit (1.167) $w_N(T,V)$ an der Stelle $N = \langle N \rangle$ ein ausgeprägtes Maximum besitzt, so daß man für *praktisch alle* Systeme des Ensembles dieselbe Teilchenzahl $\langle N \rangle$ annehmen kann. Für die großkanonische Zustandssumme (1.159) könnte dann näherungsweise

$$\Xi_z(T,V) \approx z^{\langle N \rangle}\, Z_{\langle N \rangle}(T,V) \tag{1.175}$$

gesetzt werden, so daß mit (1.173) das bekannte Ergebnis (1.141) der kanonischen Gesamtheit für die innere Energie reproduziert würde:

$$U(T,V,\langle N \rangle) \approx -\left(\frac{\partial}{\partial\beta} \ln Z_{\langle N \rangle}(T,V)\right)_{V,\langle N \rangle} . \tag{1.176}$$

Unter den diskutierten Voraussetzungen sind also kanonische und großkanonische Gesamtheit bezüglich U äquivalent, wenn man den Mittelwert $\langle N \rangle$ als die thermodynamische Zustandsvariable *Teilchenzahl* interpretiert.

Die zentrale Rolle, die die Entropie $S(E,V,N)$ in der *mikrokanonischen* und die freie Energie $F(T,V,N)$ in der *kanonischen Gesamtheit* spielen, wird in der großkanonischen Gesamtheit vom sogenannten

großkanonischen Potential $\Omega\,(T, V, \mu)$

übernommen. Für dessen Differential $d\Omega$ gilt nach (1.155) mit $\langle N \rangle$ als *Teilchenzahl*:

$$d\Omega = -S\,dT - p\,dV - \langle N \rangle d\mu. \tag{1.177}$$

Dies ist gleichbedeutend mit

$$\begin{aligned} d\left(\frac{\Omega}{k_BT}\right) &= -\frac{\Omega}{k_BT^2}\,dT - \frac{1}{k_BT}\,(S\,dT + p\,dV + \langle N \rangle d\mu) = \\ &= -\frac{U - \mu\langle N \rangle}{k_BT^2}\,dT - \frac{1}{k_BT}\,(p\,dV + \langle N \rangle d\mu). \end{aligned}$$

Hier setzen wir nun (1.168), (1.172) und (1.173) ein:

$$\begin{aligned} d\left(\frac{\Omega}{k_BT}\right) = &-\left(\frac{\partial}{\partial T} \ln \Xi_\mu(T,V)\right)_{\mu,V} dT - \left(\frac{\partial}{\partial V} \ln \Xi_\mu(T,V)\right)_{\mu,T} dV - \\ &-\left(\frac{\partial}{\partial \mu} \ln \Xi_\mu(T,V)\right)_{T,V} d\mu = -d \ln \Xi_\mu(T,V). \end{aligned}$$

Bis auf eine unbedeutende additive Konstante muß somit gelten:

$$\Omega(T, V, \mu) = -k_B T \ln \Xi_\mu(T, V). \tag{1.178}$$

Häufig wird diese Beziehung auch in der Form

$$\Xi_\mu(T, V) = \exp\big(-\beta\,\Omega(T, V, \mu)\big) \tag{1.179}$$

verwendet. Zwischen dem großkanonischen Potential Ω und der großkanonischen Zustandssumme Ξ_μ besteht also formal derselbe Zusammenhang wie in der kanonischen Gesamtheit zwischen $Z_N(T, V)$ und der freien Energie $F(T, V, N)$. Mit (1.154) läßt sich (1.178) auch wie folgt schreiben:

$$\frac{pV}{k_B T} = \ln \Xi_\mu(T, V). \tag{1.180}$$

Aus der Thermodynamik kennen wir die Maxwell-Relation

$$p = -\frac{\partial F}{\partial V}.$$

F ist die zentrale Größe der *kanonischen*, pV die der *großkanonischen Gesamtheit*. Äquivalenz in den statistischen Beschreibungen bedeutet insbesondere das Erfülltsein dieser Beziehung, wenn p *großkanonisch* und F *kanonisch* bestimmt werden. Um dieses zu überprüfen, formulieren wir zunächst die freie Energie F im Sinne der großkanonischen Gesamtheit, wobei wir wiederum $\langle N \rangle$ als Zustandsvariable *Teilchenzahl* interpretieren:

$$F(T, V, \langle N \rangle) = \mu \langle N \rangle + \Omega(T, V, \mu) = \mu \langle N \rangle - k_B T \ln \Xi_\mu(T, V). \tag{1.181}$$

Damit die rechte Seite wirklich eine Funktion von T, V und $\langle N \rangle$ ist, muß μ gemäß (1.169) eingesetzt werden, d.h. (1.168) muß nach μ aufgelöst werden. Das klingt recht kompliziert, ist es im Grunde genommen auch. Die *natürlichen* Variablen der freien Energie sind eben nicht mit den Variablen (T, V, μ) der großkanonischen Gesamtheit identisch. Wenn wir aber, wie oben zur inneren Energie schon einmal durchgespielt, annehmen können, daß *fast alle* Ensemble-Systeme dieselbe Teilchenzahl $\langle N \rangle$ besitzen, so können wir näherungsweise (1.175) in (1.181) für die Zustandssumme verwenden und finden dann mit

$$F(T, V, \langle N \rangle) \approx -k_B T \ln Z_{\langle N \rangle}(T, V) \tag{1.182}$$

eine Darstellung, die genau der der kanonischen Gesamtheit entspricht.

Tauschen wir in der freien Energie (1.181) mit Hilfe einer passenden *Legendre-Transformation* die Variablen μ und $\langle N \rangle$ aus,

$$F(T, V, \langle N \rangle) = \widehat{F}(T, V, \mu) - \mu \frac{\partial \widehat{F}}{\partial \mu},$$

so erkennen wir, wenn wir noch (1.168) miteinbeziehen, daß die Legendre-Transformierte $\widehat{F}$ mit dem großkanonischen Potential identisch ist:

$$\widehat{F}(T, V, \mu) = -k_B T \ln \Xi_\mu(T, V) = \Omega(T, V, \mu). \tag{1.183}$$

Die partiellen Differentiationen nach den *passiven* Variablen T und V müssen also für F und Ω gleich sein (s.(2.5), Bd. 2), wenn man für μ noch (1.169) einsetzt:

$$\left(\frac{\partial F}{\partial T}\right)_{V,\langle N \rangle} = \left(\frac{\partial \Omega}{\partial T}\right)_{V,\mu=\mu(T,V,\langle N \rangle)}, \tag{1.184}$$

$$\left(\frac{\partial F}{\partial V}\right)_{T,\langle N \rangle} = \left(\frac{\partial \Omega}{\partial V}\right)_{T,\mu=\mu(T,V,\langle N \rangle)}. \tag{1.185}$$

Die zweite Beziehung benutzen wir nun zur Berechnung des **Drucks**. *Großkanonisch* gilt für diesen zunächst nach (1.177):

$$p = p(T, V, \langle N \rangle) = -\left(\frac{\partial \Omega}{\partial V}\right)_{T,\mu=\mu(T,V,\langle N \rangle)} = -\left(\frac{\partial F}{\partial V}\right)_{T,\langle N \rangle}. \tag{1.186}$$

Dürfen wir schließlich noch für die uns interessierenden makroskopischen Systeme näherungsweise (1.182) benutzen, so erhalten wir mit

$$p(T, V, \langle N \rangle) \approx k_B T \left(\frac{\partial}{\partial V} \ln Z_{\langle N \rangle}(T, V)\right)_{T,\langle N \rangle} \tag{1.187}$$

einen Ausdruck, der exakt mit dem *kanonischen* Resultat (1.142) übereinstimmt. Links steht der *großkanonische* Druck, rechts die *kanonische* Zustandssumme. Unter den getroffenen Annahmen zeugt (1.187) also von der Äquivalenz der statistischen Beschreibungen im Rahmen der kanonischen und der großkanonischen Gesamtheit.

Überprüfen wir schließlich noch die **Entropie**:

$$S(T, V, \langle N \rangle) \overset{(1.177)}{=} -\left(\frac{\partial \Omega}{\partial T}\right)_{V,\mu(T,V,\langle N \rangle)} \overset{(1.184)}{=} -\left(\frac{\partial F}{\partial T}\right)_{V,\langle N \rangle} \approx$$

$$\overset{(1.182)}{\approx} k_B \left(\frac{\partial}{\partial T} \ln Z_{\langle N \rangle}(T, V)\right)_{V,\langle N \rangle}. \tag{1.188}$$

Der Vergleich mit dem *kanonischen* Resultat (1.146) bestätigt auch in diesem Fall die statistische Äquivalenz der beiden Gesamtheiten.

Am Beispiel wichtiger thermodynamischer Zustandsgrößen wie der inneren Energie (1.176), der freien Energie (1.182), des Drucks (1.187) und der Entropie (1.188) haben wir in diesem Abschnitt demonstrieren können, daß die Resultate der *großkanonischen Gesamtheit* mit denen der *kanonischen Gesamtheit* übereinstimmen, wenn der großkanonische Mittelwert $\langle N \rangle$ mit der Teilchenzahl N der kanonischen Gesamtheit identifiziert werden kann. Das ist sicher dann der Fall, wenn *fast alle* Systeme des großkanonischen Ensembles dieselbe Teilchenzahl $\langle N \rangle$ aufweisen, so daß trotz der zugelassenen Teilchenfluktuationen $\langle N \rangle$ eine das physikalische System charakterisierende Größe ist. Genau diese Tatsache bleibt noch zu überprüfen. Sie wird sich im nächsten Kapitel in der Tat als richtig erweisen, allerdings auch wiederum nur für makroskopische, *asymptotisch große* Systeme.

1.5.3 Teilchenfluktuationen

Wir hatten in der Thermodynamik (s. (2.71), (4.34), Bd. 4) als *mechanisches Stabilitätskriterium* die Forderung bezeichnet, daß die Kompressibilität nicht negativ sein kann:

$$\kappa_T = -\frac{1}{V}\left(\frac{\partial V}{\partial p}\right)_T \geq 0. \tag{1.189}$$

Es ist natürlich plausibel, daß ein System nur dann stabil sein kann, wenn eine Volumenverminderung ($\Delta V < 0$) eine Druckerhöhung ($\Delta p > 0$) zur Folge hat. Trotzdem ist das Kriterium mit Mitteln der phänomenologischen Thermodynamik nicht beweisbar. Die Statistische Physik verifiziert (1.189) über eine Teilchenzahlschwankungsformel, die uns hier allerdings vor allem helfen wird, die letzte Lücke in unserer Schlußkette zum Beweis der Äquivalenz von kanonischer und großkanonischer Gesamtheit zu schließen.

Wir starten mit dem Ausdruck (1.168) für $\langle N \rangle$ sowie dem Mittelwert des Teilchenzahlquadrats:

$$\langle N^2 \rangle = \frac{\sum\limits_{N=0}^{\infty} N^2 z^N Z_N(T,V)}{\sum\limits_{N=0}^{\infty} z^N Z_N(T,V)} = \frac{1}{\Xi_\mu}\frac{1}{\beta^2}\frac{\partial^2}{\partial \mu^2}\Xi_\mu. \tag{1.190}$$

Damit finden wir:

$$\frac{\partial}{\partial \mu}\ln \Xi_\mu = \frac{1}{\Xi_\mu}\frac{\partial}{\partial \mu}\Xi_\mu = \beta\langle N \rangle,$$

$$\frac{\partial^2}{\partial \mu^2}\ln \Xi_\mu = -\frac{1}{\Xi_\mu^2}\left(\frac{\partial}{\partial \mu}\Xi_\mu\right)^2 + \frac{1}{\Xi_\mu}\frac{\partial^2}{\partial \mu^2}\Xi_\mu = -\beta^2\langle N \rangle^2 + \beta^2\langle N^2 \rangle.$$

Es ergibt sich das wichtige Zwischenergebnis:

$$\langle N^2 \rangle - \langle N \rangle^2 = \frac{1}{\beta^2} \left(\frac{\partial^2}{\partial \mu^2} \ln \Xi_\mu(T,V) \right)_{T,V} = \frac{1}{\beta} \left(\frac{\partial}{\partial \mu} \langle N \rangle \right)_{T,V}. \tag{1.191}$$

Wir wollen diese Formel zunächst einmal für das einfachste thermodynamische System, das **ideale Gas**, auswerten. Als Aufgabe 1.5.1 berechnen wir dessen großkanonische Zustandssumme:

$$\Xi_\mu^{(0)}(T,V) = \exp\left(z_0 \frac{V}{\lambda^3(T)} \right). \tag{1.192}$$

$\lambda(T)$ ist die thermische de Broglie-Wellenlänge (1.137). Die Teilchenzahl $\langle N \rangle_0$ läßt sich leicht mit (1.171) finden:

$$\langle N \rangle_0 = z_0 \frac{V}{\lambda^3(T)} = e^{\beta \mu_0} \frac{V}{\lambda^3(T)} = \frac{pV}{k_B T}. \tag{1.193}$$

Im letzten Schritt haben wir noch (1.180) verwendet und damit die thermische Zustandsgleichung des idealen Gases in der bekannten Form abgeleitet. Die Schwankungsformel (1.191) ist unmittelbar über (1.193) auswertbar:

$$\langle N^2 \rangle_0 - \langle N \rangle_0^2 = \langle N \rangle_0. \tag{1.194}$$

Die *relative mittlere quadratische Schwankung* der Teilchenzahl

$$(\overline{\Delta N})_r \equiv \frac{(\overline{\Delta N})}{\langle N \rangle} = \sqrt{\frac{\langle N^2 \rangle - \langle N \rangle^2}{\langle N \rangle^2}} \tag{1.195}$$

strebt beim idealen Gas für das *asymptotisch große* System gegen Null:

$$(\overline{\Delta N})_r^{(0)} = \frac{1}{\sqrt{\langle N \rangle_0}} \xrightarrow[N \to \infty]{} 0. \tag{1.196}$$

Für den Spezialfall des *idealen Gases* kann also in der Tat angenommen werden, daß *fast alle* Systeme des großkanonischen Ensembles dieselbe *Teilchenzahl* $\langle N \rangle_0$ besitzen, womit die entscheidende Voraussetzung für die Äquivalenz von kanonischer und großkanonischer Gesamtheit erfüllt ist.

Daß diese Aussage nicht nur für das ideale Gas zutrifft, sondern ganz allgemein für alle makroskopischen thermodynamischen Systeme richtig ist, erkennt man, wenn man die rechte Seite von (1.191) durch eine passende Transformation der Zustandsvariablen noch ein wenig umformt. Mit rein thermodynamischen Überlegungen beweisen wir als Aufgabe 1.5.5 die Beziehung:

$$\left(\frac{\partial \langle N \rangle}{\partial \mu} \right)_{T,V} = - \left(\frac{\partial V}{\partial p} \right)_{T,\langle N \rangle} \left[\left(\frac{\partial p}{\partial \mu} \right)_{T,V} \right]^2. \tag{1.197}$$

Der erste Faktor ist im wesentlichen die Kompressibilität (1.189), der zweite läßt sich mit (1.180) und (1.168) auswerten:

$$\left(\frac{\partial p}{\partial \mu}\right)_{T,V} = \frac{k_B T}{V}\left(\frac{\partial}{\partial \mu}\ln \Xi_\mu(T,V)\right)_{T,V} = \frac{\langle N \rangle}{V}.$$

Es ist also

$$\left(\frac{\partial \langle N \rangle}{\partial \mu}\right)_{T,V} = \frac{\kappa_T}{V}\langle N \rangle^2. \tag{1.198}$$

Setzt man dieses Resultat in (1.191) ein,

$$\frac{\kappa_T}{\beta V} = \frac{\langle N^2 \rangle - \langle N \rangle^2}{\langle N \rangle^2} = \frac{\langle (N - \langle N \rangle)^2 \rangle}{\langle N \rangle^2}, \tag{1.199}$$

so ist zunächst einmal die Gültigkeit des Stabilitätskriteriums (1.189) bewiesen. Normieren wir noch κ_T auf die Kompressibilität des idealen Gases,

$$\kappa_T^{(0)} = \frac{1}{p} = \frac{\beta V}{\langle N \rangle},$$

so folgt für die *relative mittlere quadratische Schwankung* der Teilchenzahl:

$$(\overline{\Delta N})_r = \sqrt{\frac{\kappa_T}{\kappa_T^{(0)}}}\,\frac{1}{\sqrt{\langle N \rangle}}. \tag{1.200}$$

Mit Ausnahme von Phasenübergangspunkten ist der erste Faktor stets endlich. Die mittlere Teilchenzahlschwankung wird deshalb für makroskopische Systeme unvorstellbar klein. Das bedeutet, daß *fast alle* Systeme eines großkanonischen Ensembles dieselbe Teilchenzahl $\langle N \rangle$ haben. Damit ist die *statistische Äquivalenz* von kanonischer und großkanonischer Gesamtheit bewiesen.

Nehmen wir die Überlegungen aus Kapitel 1.4.4 hinzu, so steht nun fest, daß für **makroskopische** Systeme alle drei Gesamtheiten (mikrokanonisch, kanonisch, großkanonisch) physikalisch äquivalent sind. Zur Lösung eines konkreten Problems darf man sich deshalb auch nach Zweckmäßigkeitspunkten für die eine oder andere entscheiden. Es soll jedoch noch einmal warnend darauf hingewiesen werden, daß die Widerspruchsfreiheit aller bislang abgeleiteten Formeln und Funktionen wirklich nur für makroskopische Systeme gewährleistet ist. Natürlich lassen sie sich rein formal auch für **kleine** Systeme berechnen. Nur darf dann **nicht** erwartet werden, daß die Gesetzmäßigkeiten der Thermodynamik und der Statistischen Physik ihre Gültigkeit behalten.

1.5.4 Aufgaben

Aufgabe 1.5.1

Ein ideales Gas aus gleichen Teilchen der Masse m befinde sich bei der Temperatur T im Volumen V.

1) Berechnen Sie die klassische großkanonische Zustandssumme $\Xi_\mu(T, V)$.

2) Bestimmen Sie die Zustandsgleichung $p = f(T, V, \langle N \rangle)$.

3) Stellen Sie das chemische Potential als Funktion der Temperatur und des Drucks dar.

4) Zeigen Sie, daß die Wahrscheinlichkeit $w_N(T, V)$, das Gas bei der Temperatur T mit N Teilchen im Volumen V anzutreffen, einer Poisson-Verteilung genügt.

Aufgabe 1.5.2

Beweisen Sie im Rahmen der großkanonischen Gesamtheit die thermodynamische Relation:

$$\left(\frac{\partial F}{\partial \langle N \rangle}\right)_{T,V} = \mu.$$

Aufgabe 1.5.3

Berechnen Sie *großkanonisch* für ein ideales Gas aus gleichen Teilchen der Masse m die Entropie und vergleichen Sie das Ergebnis mit der *mikrokanonisch* abgeleiteten *Sackur-Tetrode-Gleichung* (1.124).

Aufgabe 1.5.4

Ein System (z.B. Gas) befinde sich bei der Temperatur T im Volumen V. Es bestehe aus n verschiedenen Teilchenkomponenten, unterschieden, zum Beispiel, durch die Teilchenmassen $m_1, m_2, \ldots m_n$.

1) Wie lautet als Verallgemeinerung von (1.159) die großkanonische Zustandssumme $\Xi_{\{\mu_l\}}(T, V)$?

2) Zeigen Sie, daß die großkanonische Zustandssumme faktorisiert,

$$\Xi_{\{\mu_l\}}(T, V) = \Xi_{\mu_1}(T, V) \cdots \Xi_{\mu_n}(T.V),$$

wenn Teilchen verschiedener Komponenten nicht miteinander wechselwirken.

3) Berechnen Sie speziell die großkanonische Zustandssumme für ein n-komponentiges ideales Gas.

4) Wie lautet die thermische Zustandsgleichung des idealen Gasgemisches?

Aufgabe 1.5.5

Beweisen Sie die Relation (1.197):

$$\left(\frac{\partial\langle N\rangle}{\partial\mu}\right)_{T,V} = -\left(\frac{\partial V}{\partial p}\right)_{T,\langle N\rangle}\left[\left(\frac{\partial p}{\partial\mu}\right)_{T,V}\right]^2 .$$

Aufgabe 1.5.6

1) Drücken Sie die relative mittlere quadratische Energieschwankung

$$(\overline{\Delta E})_r = \sqrt{\frac{\langle (H - \langle H\rangle)^2\rangle}{\langle H\rangle^2}}$$

durch die großkanonische Zustandssumme $\Xi_z(T, V)$ aus.

2) Wie hängt im Fall des idealen Gases $(\overline{\Delta E})_r$ mit der Teilchenzahl $\langle N\rangle$ zusammen?

1.6 Kontrollfragen

Zu Kapitel 1.1

1) Warum läßt sich *Thermodynamik* nicht als abgeschlossene, vollständige Theorie auffassen?

2) Worin besteht die Zielsetzung der Statistischen Physik?

3) Warum kann die Statistische Physik eigentlich nur für das *asymptotisch große* System gesicherte Aussagen liefern?

4) Was besagt die Hypothese der gleichen *a priori*-Wahrscheinlichkeiten? Auf welche Systeme bezieht sie sich?

5) Läßt sich *thermodynamisches Gleichgewicht* mikroskopisch deuten?

6) Bleibt die Thermodynamik auch für Systeme aus wenigen Teilchen gültig?

7) Was versteht man unter einer *Binomialverteilung*?

8) Wie lautet die *Stirling-Formel*?

Zu Kapitel 1.2

1) Welche Bedeutungen haben die Begriffe *Phasenvektor*, *Phasentrajektorie* und *Phasenraum*?

2) Wie ist das *Zeitmittel* der klassischen Observablen $F(\mathbf{q}, \mathbf{p})$ definiert?

3) Was besagt die Quasiergodenhypothese?

4) Was versteht man unter einem *Statistischen Ensemble*?

5) Was soll mit dem Schlagwort *Zeitmittel* $\stackrel{!}{=}$ *Scharmittel* ausgedrückt werden?

6) Welcher Bezug besteht zwischen der Annahme *Zeitmittel* $\stackrel{!}{=}$ *Scharmittel* und der Quasiergodenhypothese?

7) Wie antwortet die Statistische Physik auf die Frage, welchen Wert die Systemeigenschaft $F(\mathbf{q}, \mathbf{p})$ besitzt?

8) Was ergibt div $\mathbf{v}$, wenn $\mathbf{v} = \dot{\boldsymbol{\pi}}$ die $2s$-dimensionale Phasenraumgeschwindigkeit ist und "div" die Divergenz im Phasenraum meint?

9) Welche Kontinuitätsgleichung erfüllt die Dichteverteilungsfunktion $\rho(\mathbf{q}, \mathbf{p}, t)$ des Statistischen Ensembles? Welcher physikalische Sachverhalt liegt ihr zugrunde?

10) Wie lautet und wie interpretiert sich die Liouville-Gleichung?

11) Wieso bewegen sich die Ensemble-Systeme im Phasenraum wie eine *inkompressible Flüssigkeit*?

12) Das Liouville-Theorem spricht von der Erhaltung des Phasenraumvolumens. Was bedeutet das?

13) Wann nennt man eine Dichteverteilung ρ *stationär*?

14) Wie lautet die Dichteverteilungsfunktion einer mikrokanonischen Gesamtheit?

15) Welcher Systemtyp wird durch das mikrokanonische Ensemble repräsentiert?

16) Wie ist das Phasenvolumen $\Gamma(E)$ bzw. $\varphi(E)$ definiert?

Zu Kapitel 1.3

1) Wie kann man sich modellhaft *thermisches Gleichgewicht* erklären?

2) Inwiefern ist der *irreversible Übergang ins thermische Gleichgewicht* nur für Systeme mit sehr vielen Freiheitsgraden verständlich?

3) Wie definiert die Statistische Physik die Entropie?

4) Wie läßt sich die Äquivalenz der Ausdrücke $\ln \Gamma_N(E, V)$, $\ln \varphi_N(E, V)$ und $\ln D_N(E, V)$ begründen?

5) Welche wesentlichen Eigenschaften müssen für die *statistische Entropie* nachgewiesen werden, damit sie mit der aus der Thermodynamik bekannten Entropie identifiziert werden kann?

6) Inwiefern ist die Entropie zweier in thermischem Kontakt stehender Systeme additiv? Welche Bedingungen müssen erfüllt sein?

7) Wie läßt sich über die Energieabhängigkeit der Entropie die Bedingung für thermisches Gleichgewicht in einem isolierten System formulieren?

8) Wie hängt die *statistische Temperatur* mit dem Phasenvolumen $\Gamma_N(E, V)$ der mikrokanonischen Gesamtheit zusammen?

9) Welcher Zusammenhang besteht zwischen Temperatur, Entropie und Energie im isolierten System?

10) Wie begründet die Statistische Physik für isolierte Systeme den *Zweiten Hauptsatz*?

11) Welcher Zusammenhang besteht zwischen dem chemischen Potential μ, der Entropie S und der Temperatur T?

12) Wie läßt sich das chemische Potential μ aus dem Phasenvolumen $\Gamma_N(E, V)$ berechnen?

13) Wie geht μ in die Gleichgewichtsbedingungen eines isolierten Systems ein?

14) Warum ist für die Statistische Physik der Druck p eine qualitativ andere Größe als μ und T?

15) Wie hängt der Druck eines Gases mit dessen Hamilton-Funktion zusammen?

16) Was versteht man unter einem *äußeren Parameter* der Hamilton-Funktion? Nennen Sie Beispiele.

17) Was versteht man in der Statistischen Physik unter der quasistatischen Zustandsänderung eines isolierten Systems?

18) Formulieren Sie das allgemeine Lösungskonzept der Statistischen Physik.

19) Wie lautet der *verallgemeinerte Gleichverteilungssatz*?

20) Wieviel Energie trägt im Mittel jeder Freiheitsgrad zum *Virial der Kräfte* bei?

21) Was besagt der Virialsatz?

22) Was beinhaltet das *Gibbsche Paradoxon*?

23) Was versteht man unter *korrekter Boltzmann-Abzählung*? Wie läßt sie sich begründen?

24) Wie sieht das Phasenvolumen $\Gamma_N(E, V)$ eines N-Teilchengases aus, das sich aus n_0 verschiedenen Teilchensorten ($\sum\limits_{j=i}^{n_0} N_j = N$) zusammensetzt?

Zu Kapitel 1.4

1) Wie unterscheidet sich die kanonische von der mikrokanonischen Gesamtheit?

2) Welcher physikalischen Situation entspricht die kanonische Gesamtheit?

3) Wie lautet die normierte Dichteverteilungsfunktion $\rho(\mathbf{q}, \mathbf{p})$ der kanonischen Gesamtheit?

4) Ist die kanonische Gesamtheit stationär?

5) Wie berechnet man den Mittelwert einer klassischen Observablen $F(\mathbf{q}, \mathbf{p})$ mit Hilfe der kanonischen Gesamtheit?

6) Wie ist die klassische Zustandssumme definiert?

7) Wie hängt die Zustandssumme mit der thermischen de Broglie-Wellenlänge zusammen?

8) In welcher Weise läßt sich die Zustandssumme als Energieintegral über die Zustandsdichte $D_N(E, V)$ schreiben?

9) Wie hängt die innere Energie U mit der Hamilton-Funktion H zusammen?

10) Wie berechnet sich U aus der Zustandssumme?

11) Warum ist die freie Energie F das für die kanonische Gesamtheit zentrale thermodynamische Potential?

12) Welcher Zusammenhang besteht zwischen freier Energie und kanonischer Zustandssumme?

13) Welche wichtigen Forderungen muß die über die kanonische Gesamtheit definierte freie Energie erfüllen, um mit dem entsprechenden thermodynamischen Potential identifiziert werden zu können?

14) Was versteht man unter *thermischer Stabilität*?

15) Was muß für die Verteilung der Systemenergien einer kanonischen Gesamtheit um den Mittelwert $U = \langle H \rangle$ gefordert werden, um die statistische Äquivalenz mit der mikrokanonischen Gesamtheit zu gewährleisten?

16) Von welcher Größenordnung ist die relative quadratische Schwankung der Energie in der kanonischen Gesamtheit?

17) Warum kann man für Systeme aus wenigen Teilchen nicht erwarten, daß kanonische und mikrokanonische Gesamtheiten identische Resultate liefern?

18) Was muß gezeigt werden, um die Äquivalenz von kanonischer und mikrokanonischer Gesamtheit zu beweisen?

Zu Kapitel 1.5

1) Von welcher Art sind die physikalischen Systeme, die sich zweckmäßig mit der großkanonischen Gesamtheit beschreiben lassen?

2) Wie ist das großkanonische Potential $\Omega(T, V, \mu)$ definiert?

3) Was sind die zentralen thermodynamischen Funktionen der mikrokanonischen, kanonischen und großkanonischen Gesamtheit? Wodurch sind sie ausgezeichnet?

4) Wie hängt die großkanonische Zustandssumme $\Xi_\mu(T, V)$ mit der kanonischen Zustandssumme $Z_N(T, V)$ zusammen?

5) Welche Größe trägt die Bezeichnung *Fugazität*?

6) Wie lautet der Scharmittelwert einer Observablen $F_N(\mathbf{q}, \mathbf{p})$ in der großkanonischen Gesamtheit?

7) Wie läßt sich die mittlere Teilchenzahl $\langle N \rangle$ durch die großkanonische Zustandssumme Ξ_μ ausdrücken?

8) Wie unterscheiden sich in der großkanonischen Gesamtheit die Darstellungen $U(T, V, \mu)$ und $U(T, V, z)$ der inneren Energie?

9) Welcher Zusammenhang besteht zwischen dem großkanonischen Potential $\Omega(T, V, \mu)$ und der großkanonischen Zustandssumme $\Xi_\mu(T, V)$?

10) Was ist die entscheidende Voraussetzung für die *statistische Äquivalenz* von kanonischer und großkanonischer Gesamtheit?

11) In welchem Zusammenhang stehen die *großkanonisch berechnete* freie Energie $F(T, V, \langle N \rangle)$ und die großkanonische Zustandssumme $\Xi_\mu(T, V)$?

12) Was bezeichnet man als *mechanisches Stabilitätskriterium*?

13) Wie sieht die relative mittlere quadratische Schwankung der Teilchenzahl beim idealen Gas aus?

2 QUANTENSTATISTIK

2.1 Grundlagen

Unsere bisherigen, recht ausführlichen Betrachtungen zur Statistischen Physik waren rein *klassischer Natur*. Natürlich würde es uns nicht schwerfallen, Grenzen ihrer Gültigkeit aufzudecken, d.h. Widersprüche zum Experiment aufzuspüren, so wie es uns ja auch mit der Klassischen Mechanik ergangen ist. Letztlich benötigt die korrekte Naturbeschreibung natürlich die *übergeordnete* Quantenmechanik. Wir werden also die *Klassische Statistische Physik* des ersten Kapitels auf eine *Quantenstatistik* umzuschreiben haben. Dabei wird sich herausstellen, daß die grundlegenden Konzepte der Statistik dieselben bleiben, daß sie allerdings auch mit einigen typisch quantenmechanischen Aspekten zu kombinieren sind. Erinnern wir uns noch einmal: **Klassisch** gelingt die vollständige Beschreibung eines physikalischen Systems durch Angabe der *Phase* $\boldsymbol{\pi} = (\mathbf{q}, \mathbf{p})$, die sich den Hamiltonschen Bewegungsgleichungen (1.13) entsprechend zeitabhängig im *Phasenraum* ändert und damit die *Phasentrajektorie* des Systems definiert. Statistische Methoden werden notwendig bei unvollständiger Information über die zur Lösung der Bewegungsgleichungen unverzichtbaren Anfangsbedingungen, was für makroskopische Systeme der Regelfall ist.

Quantenmechanisch liegt eine ganz andere Situation vor, die gewissermaßen durch eine *doppelte Unkenntnis* charakterisiert ist. Da ist zunächst der **spezifisch quantenmechanische Indeterminismus**. Selbst wenn der Systemzustand eigentlich bekannt ist (*reiner Zustand*), sind Meßergebnisse in der Regel nicht exakt vorauszusagen. Die Messung selbst führt zu einer unkontrollierbaren Störung des Systems. Diese Unsicherheit manifestiert sich in der *statistischen Interpretation* der Wellenfunktion (Kap. 2.2.1, Bd. 5, Tl. 1) und in der *Unbestimmtheitsrelation* ((1.5), (3.155), Bd. 5, Tl. 1). Orte q_i und Impulse p_i sind nicht mehr gleichzeitig scharf meßbar. Damit verlieren automatisch auch *Phasenraum* und *Phasentrajektorie* in der Quantenmechanik ihren Sinn; Begriffe, die ja in der Klassischen Statistischen Physik von großer Bedeutung sind. Die zweite Unsicherheit ist dann die **unvollständige Information**, die klassisch wie quantenmechanisch im Fall makroskopischer Systeme statistische Konzepte zur Problemlösung erzwingt. Sie wird im Prinzip in der Quantenstatistik genauso behandelt wie in der Klassischen Statistik. Die Hauptaufgabe wird demnach darin bestehen, die in Kapitel 1 entwickelten Methoden um den oben erwähnten *typisch quantenmechanischen Aspekt* zu erweitern.

2.1.1 Statistischer Operator (Dichtematrix)

Strenggenommen haben wir die soeben formulierte Problematik der *doppelten Unkenntnis*, die von der Quantenstatistik zu bewältigen ist, bereits in der *Quantenmechanik* (Kap. 3.3.4, Bd. 5, Tl. 1) diskutiert. Die simultane Ausführung der beiden qualitativ verschiedenen Mittelungsprozesse gelingt mit Hilfe des *Statistischen Operators*, auch *Dichtematrix* genannt, an dessen Wirkungsweise wir uns mit der folgenden Zusammenstellung erinnern wollen. Die Darstellung soll kurz und knapp ausfallen, Einzelheiten sind im Band 5, Tl. 1 des **Grundkurs: Theoretische Physik** nachzulesen. Allerdings ist der *Statistische Operator* für die Quantenstatistik auch von so zentraler Bedeutung, daß eine gewisse Wiederholung wichtiger Fakten gerechtfertigt sein dürfte.

Die Quantenmechanik unterscheidet zwei Typen von Zuständen, in denen sich physikalische Systeme befinden können, den *reinen* und den *gemischten Zustand*.

1) Reiner Zustand

Dieser wird präpariert durch Messung eines **vollständigen** Satzes kommutierender Observabler, d.h. durch einen zur Identifikation ausreichenden Satz von Meßprozessen. Einem reinen Zustand läßt sich deshalb stets ein Hilbert-Vektor $|\psi\rangle$ zuordnen. Trotzdem sind Resultate von Messungen auch an einem sich in einem solchen reinen Zustand befindlichen System in der Regel nicht mit Sicherheit vorherzusagen.

Sei $\widehat{F}$ eine Observable mit der Eigenwertgleichung:

$$\widehat{F}\,|\,f_n\rangle = f_n\,|\,f_n\rangle; \quad \langle\,f_n\,|\,f_m\rangle = \delta_{nm}.$$

Die Eigenzustände $\{\,|\,f_n\rangle\}$ mögen ein vollständiges, orthonormiertes (VON-) System darstellen. Dann läßt sich jeder Zustand $|\,\psi\rangle$ nach dem *Entwicklungssatz* ((3.27), Bd. 5, Tl. 1) als Linearkombination der $|\,f_n\rangle$ schreiben:

$$|\,\psi\rangle = \sum_n c_n\,|\,f_n\rangle; \quad c_n = \langle\,f_n\,|\,\psi\rangle.$$

(Wir lassen sogenannte *uneigentliche* Dirac-Zustände (Kap. 3.2.4, Bd. 5, Tl. 1), bei denen die Summe durch ein Integral zu ersetzen wäre, hier zunächst außer acht.) Das Betragsquadrat des Koeffizienten $|\,c_n\,|^2$ stellt die Wahrscheinlichkeit dafür dar, bei einer Messung der Observablen $\widehat{F}$ am Systemzustand $|\,\psi\rangle$ den Meßwert f_n zu erhalten. Es ist eine Zahl zwischen 0 und 1, die die erwähnte *quantenmechanische Unsicherheit* der Messung zum Ausdruck bringt. Eine gesicherte Aussage ist nur dann möglich, wenn $|\,\psi\rangle$ als Eigenzustand zu $\widehat{F}$ präpariert ist. Es ist deshalb sinnvoll, einen **Mittelwert** einzuführen, gedacht als *mittlerer Wert* vieler nacheinander durchgeführter Messungen an ein und demselben System unter stets gleichen Bedingungen oder aber auch simultan an vielen gleichartigen Systemen. Letzteres erinnert stark an den für die Statistik fundamentalen Begriff des *Ensembles*, dem wir in der Tat bereits in der

Quantenmechanik in diesem Zusammenhang begegnet sind:

$$\langle \widehat{F} \rangle = \sum_n f_n \,|\, c_n \,|^2 = \sum_n f_n \langle \psi \,|\, f_n \rangle \langle f_n \,|\, \psi \rangle =$$
$$= \sum_n \langle \psi \,|\, \widehat{F} \,|\, f_n \rangle \langle f_n \,|\, \psi \rangle = \langle \psi \,|\, \widehat{F} \,|\, \psi \rangle. \tag{2.1}$$

Im letzten Schritt haben wir die Vollständigkeitsrelation ausgenutzt.

2) Gemischter Zustand

Liegt eine unvollständige Vorinformation über das zu beschreibende System vor, konnte also kein vollständiger Satz kommutierender Observabler gemessen werden, so sagt man, das System befinde sich in einem *gemischten Zustand*. Diese Situation ist typisch für die makroskopischen Systeme; aber nicht nur für die, wenn wir uns an unser Standardbeispiel, den *unpolarisierten Elektronenstrahl*, in Bd. 5, Tl. 1 erinnern. Dem gemischten Zustand kann **kein** Hilbert-Vektor zugeordnet werden. Denkbar sind aber Charakterisierungen der folgenden Art:

Das System befindet sich mit der Wahrscheinlichkkeit p_m in dem reinen Zustand $|\,\psi_m\rangle$; $m = 1, 2, \ldots$:

$$0 \le p_m \le 1 : \quad \sum_m p_m = 1.$$

Wir wissen zwar aufgrund unserer mangelhaften Vorinformation nicht wirklich, in welchem Zustand sich das System befindet, sind aber in der Lage, die Möglichkeiten ein wenig einzuschränken. $|\,\psi_m\rangle$ sei einer der *denkbaren* Zustände des Systems, die wir als orthonormiert voraussetzen wollen:

$$\langle \psi_n \,|\, \psi_m \rangle = \delta_{nm}. \tag{2.2}$$

Die Annahme der Orthogonalität ist bequem, aber nicht notwendig. Wir demonstrieren in Aufgabe 2.1.2, daß die Annahme der Normiertheit eigentlich bereits ausreicht. Die Hauptaufgabe wird später darin bestehen, die Wahrscheinlichkeit p_m festzulegen, mit der sich das System im Zustand $|\,\psi_m\rangle$ befindet.

Wir führen nun eine Messung der Observablen $\widehat{F}$ durch. Wenn das System *mit Sicherheit* im Zustand $|\,\psi_m\rangle$ wäre, würden wir gemäß (2.1) den Mittelwert

$$\langle \psi_m \,|\, \widehat{F} \,|\, \psi_m \rangle$$

erhalten. Wegen unvollständiger Information haben wir diese Sicherheit nicht, sondern sind zu einer zusätzlichen statistischen Mittelung gezwungen:

$$\langle \widehat{F} \rangle = \sum_m p_m \langle \psi_m \,|\, \widehat{F} \,|\, \psi_m \rangle. \tag{2.3}$$

Dieser Mittelwert enthält nun **zwei** unterschiedliche Prozesse, wobei der quantenmechanische *prinzipieller Natur* ist, (2.1), und sich damit in keinem Fall vermeiden läßt. Er kommt durch die Zustände selbst ins Spiel, die durch Meßprozesse beeinflußt werden. Typische Konsequenzen sind die bekannten Interferenzeffekte (Kap. 2.1, Bd. 5, Tl. 1). Die statistische Mittelung (p_m) resultiert aus unvollständiger Information und wäre damit im Prinzip behebbar. Sie ist also nicht von so grundsätzlicher Art und erfolgt über Erwartungswerte (Zahlen!), hat demnach keine Interferenzeffekte zur Folge.

Äquivalent zu (2.3) ist die Darstellung

$$\langle \widehat{F} \rangle = \sum_n f_n w_n.$$

Dabei ist w_n die Wahrscheinlichkeit, bei der Messung von $\widehat{F}$ am *gemischten Zustand* den Eigenwert f_n zu finden. $w_{nm} = |\langle f_n | \psi_m \rangle|^2$ ist die entsprechende Wahrscheinlichkeit für den Fall, daß sich das System mit Sicherheit im reinen Zustand $|\psi_m\rangle$ befindet. Dann gilt offenbar

$$w_n = \sum_m p_m w_{nm}, \tag{2.4}$$

wodurch die *doppelte Natur* der Quantenstatistik noch einmal zum Ausdruck gebracht wird.

Die zentrale Größe der Quantenstatistik, mit der sich die beiden Mittelungsprozesse gewissermaßen simultan erfassen lassen, ist der **Statistische Operator** $\hat{\rho}$:

$$\hat{\rho} = \sum_m p_m |\psi_m\rangle\langle\psi_m|. \tag{2.5}$$

Wir stellen seine wichtigsten Eigenschaften zusammen (s. Kap. 3.3.4, Bd. 5, Tl. 1):

1) **Mittelwerte**

$$\langle \widehat{F} \rangle = \mathrm{Sp}\,(\hat{\rho}\,\widehat{F}). \tag{2.6}$$

Den Begriff der *Spur* (Sp) haben wir in Kapitel 3.2.8 in Band 5, Tl. 1 als Summe der Diagonalelemente einer Matrix kennengelernt. Sie hat unter anderem die nützliche Eigenschaft, von der verwendeten VON-Basis unabhängig zu sein. Das bringt rechentechnische Vorteile mit sich, da man diese dann nach Zweckmäßigkeit auswählen kann. Weitere nützliche Eigenschaften rufen wir uns mit Aufgabe 2.1.1 in Erinnerung. Wegen ihrer fundamentalen Bedeutung wollen wir den Beweis der Beziehung (2.6) noch einmal skizzieren. Es sei $\{|\varphi_i\rangle\}$ ein VON-System:

$$\langle \widehat{F} \rangle = \sum_m p_m \langle \psi_m \,|\, \widehat{F} \,|\, \psi_m \rangle = \sum_{\substack{m\\ i,j}} p_m \langle \psi_m \,|\, \varphi_i \rangle \langle \varphi_i \,|\, \widehat{F} \,|\, \varphi_j \rangle \langle \varphi_j \,|\, \psi_m \rangle =$$

$$= \sum_{i,j} \Big(\sum_m p_m \langle \varphi_j \,|\, \psi_m \rangle \langle \psi_m \,|\, \varphi_i \rangle \Big) \langle \varphi_i \,|\, \widehat{F} \,|\, \varphi_j \rangle =$$

$$= \sum_{i,j} \hat{\rho}_{ji} \widehat{F}_{ij} = \sum_j (\hat{\rho}\, \widehat{F})_{jj} = \mathrm{Sp}\ (\hat{\rho}\, \widehat{F}).$$

2) **Hermitezität:** $\hat{\rho} = \hat{\rho}^+$

Diese Tatsache ist unmittelbar an der Definition (2.5) abzulesen. Der Projektionsoperator $|\, \psi_m \rangle \langle \psi_m \,|$ ist hermitesch ((3.84), Bd. 5, Tl. 1) und p_m reell.

3) **Spur**

$$\mathrm{Sp}\ \hat{\rho} = 1. \tag{2.7}$$

Dies folgt direkt aus (2.6) für $\widehat{F} = \mathbf{1}$.

4) $\hat{\rho}$ **nicht-negativ**

Dies bedeutet, daß der Erwartungswert des Operators $\hat{\rho}$ in jedem beliebigen Zustand $|\, \varphi \rangle$ nicht negativ ist:

$$\langle \varphi \,|\, \hat{\rho} \,|\, \varphi \rangle = \sum_m p_m \,|\, \langle \varphi \,|\, \psi_m \rangle \,|^2 \geq 0.$$

Falls $|\, \varphi \rangle$ normiert ist, kann dieser Erwartungswert auch als Wahrscheinlichkeit interpretiert werden, das durch $\hat{\rho}$ beschriebene System im Zustand $|\, \varphi \rangle$ anzutreffen.

5) **Eigenwerte**

$\hat{\rho}$ besitzt als hermitescher Operator reelle Eigenwerte und zueinander orthogonale Eigenzustände. Da wir die $|\, \psi_m \rangle$ als orthonormal vorausgesetzt haben (2.2), sind sie bereits die Eigenzustände mit den Wahrscheinlichkeiten p_m als zugehörige Eigenwerte. Diese Aussage ist offensichtlich nicht mehr richtig, wenn die $|\, \psi_m \rangle$ zwar normiert, aber nicht orthogonal sind (Aufgabe 2.1.2).

6) **Reiner Zustand**

Auch dieser läßt sich natürlich formal mit Hilfe eines Statistischen Operators behandeln. In (2.5) ist dann eines der p_m gleich 1, die anderen sind sämtlich Null (vollständige Information!). $\hat{\rho}$ ist in diesem Spezialfall also mit dem Projektionsoperator auf den reinen Zustand identisch:

$$\hat{\rho}_\psi \equiv P(\psi) = |\, \psi \rangle \langle \psi \,|\,. \tag{2.8}$$

Sämtliche allgemeinen Eigenschaften des Statistischen Operators bleiben selbstverständlich gültig. Wir überprüfen ($\{\,|\,\varphi_n\,\rangle\}$-VON-System):

$$\mathrm{Sp}\ \hat{\rho}_\psi = \sum_n \langle\, \varphi_n \,|\, \hat{\rho}_\psi \,|\, \varphi_n \,\rangle = \sum_n \langle\, \psi \,|\, \varphi_n \,\rangle\langle\, \varphi_n \,|\, \psi \,\rangle = \langle\, \psi \,|\, \psi \,\rangle = 1 \iff (2.7),$$

$$\mathrm{Sp}\ (\hat{\rho}_\psi \widehat{F}) = \sum_n \langle\, \varphi_n \,|\, \hat{\rho}_\psi \widehat{F} \,|\, \varphi_n \,\rangle = \sum_n \langle\, \psi \,|\, \widehat{F} \,|\, \varphi_n \,\rangle\langle\, \varphi_n \,|\, \psi \,\rangle =$$
$$= \langle\, \psi \,|\, \widehat{F} \,|\, \psi \,\rangle \iff (2.1),(2.6).$$

7) **Operatorquadrat**

Wegen der Orthonormalität der *denkbaren* Zustände $|\,\psi_m\,\rangle$ erhält man aus der Definition (2.5):

$$\hat{\rho}^2 = \sum_m p_m^2 \,|\, \psi_m \,\rangle\langle\, \psi_m \,| \,. \tag{2.9}$$

Dies bedeutet insbesondere:

$$\mathrm{Sp}\ \hat{\rho}^2 = \sum_m p_m^2 . \tag{2.10}$$

Wegen $0 \leq p_m \leq 1$ ist

$$\sum_m p_m^2 \leq \sum_m p_m = 1.$$

Das Gleichheitszeichen gilt für reine Zustände.

8) **Zeitliche Entwicklung**

Die Bewegungsgleichung des Statistischen Operators haben wir als Gleichung (3.167) in Band 5, Tl. 1 für das *Schrödinger-Bild* abgeleitet:

$$i\,\hbar \frac{\partial \hat{\rho}}{\partial t} = [H, \hat{\rho}]_- . \tag{2.11}$$

Sie wird sich im nächsten Abschnitt als das quantenmechanische Analogon zur klassischen *Liouville-Gleichung* (1.36) interpretieren lassen.

Da sich mit Hilfe des Statistischen Operators alle beobachtbaren Eigenschaften eines physikalischen Systems erfassen lassen, können wir andererseits *zwei gemischte Zustände identisch* nennen, wenn ihnen derselbe Statistische Operator zugeordnet ist.

2.1.2 Korrespondenzprinzip

Wir suchen nun nach einer *Zuordnung*, nach einer *Übersetzungsvorschrift* zwischen Quantenstatistik und Klassischer Statistischer Physik. Dazu haben wir uns zunächst Gedanken über den grundlegenden Begriff der *Statistischen Gesamtheit* zu machen. Dieser macht allerdings überhaupt keine Schwierigkeiten, da wir ihn in die Quantenstatistik in voller Analogie zum *klassischen Pendant* (Kap. 1.2.2) einführen können.

Unter einem **Statistischen Ensemble** oder einer **Statistischen Gesamtheit** versteht man eine Schar (*Gemisch*) von *gedachten*, gleichartigen Systemen, die sämtlich exakte Abbilder des realen Systems sind, über das keine vollständige Information vorliegt, das sich also in einem *gemischten* Zustand befindet. Jedes Ensemble-Mitglied besetzt einen der *denkbaren* Zustände $|\psi_m\rangle$ des realen Systems. Wichtig ist, daß das Ensemble eine **inkohärente** Menge von Zuständen einnimmt. Die Systeme der Gesamtheit wechselwirken nicht miteinander, ihre Zustände interferieren nicht.

Diese Definition ist völlig gleichlautend mit der entsprechenden klassischen, womit aber auch klar ist, daß der Statistische Operator $\hat{\rho}$ in direkter Analogie zur klassischen Dichteverteilungsfunktion gesehen werden muß. Das wird insbesondere deutlich, wenn wir einmal die *Scharmittelwerte*, deren Berechnung das vornehmliche Ziel der Statistischen Physik darstellt, gegenüberstellen:

Klassisch ((1.26), (1.52), (1.134), (1.135)):

$$\langle F \rangle = \frac{1}{h^{3N} N!} \int \cdots \int d^s q \, d^s p \, \rho(\mathbf{q}, \mathbf{p}) F(\mathbf{q}, \mathbf{p}),$$

$$1 \stackrel{!}{=} \frac{1}{h^{3N} N!} \int \cdots \int d^s q \, d^s p \, \rho(\mathbf{q}, \mathbf{p}).$$

Quantenmechanisch:

$$\langle \widehat{F} \rangle = \mathrm{Sp}\,(\hat{\rho}\,\widehat{F}),$$

$$1 \stackrel{!}{=} \mathrm{Sp}\,\hat{\rho}.$$

Einen weiteren Hinweis geben die **Bewegungsgleichungen**:

Klassisch (Liouville-Gleichung (1.36)):

$$\frac{\partial \rho}{\partial t} = -\{H, \rho\} \qquad (H: \text{ Hamilton- Funktion}).$$

Quantenmechanisch:

$$\frac{\partial \hat{\rho}}{\partial t} = -\frac{i}{\hbar}[\widehat{H}, \hat{\rho}]_- \qquad (\widehat{H}: \text{ Hamilton-Operator}).$$

Um praktisch sämtliche Ergebnisse der Klassischen Statistischen Physik aus Kapitel 1 für die Quantenstatistik übernehmen zu können, haben wir uns *nur* an das **Korrespondenzprinzip** (Kap. 3.5 (3.228), (3.229), Bd. 5, Tl. 1) zu erinnern. Dieses legt die folgenden Zuordnungen nahe (links: *klassisch*, rechts: *quantenmechanisch*):

1)	Phasenraumfunktion	$\Longleftrightarrow$	Observable (Operator)
	$F(\mathbf{q},\mathbf{p})$		$\widehat{F}$
2)	Dichteverteilungsfunktion	$\Longleftrightarrow$	Statistischer Operator
	$\rho(\mathbf{q},\mathbf{p})$		$\hat{\rho}$
3)	Poisson-Klammer	$\Longleftrightarrow$	Kommutator
	$\{F,G\} =$		$i/\hbar[\widehat{F},\widehat{G}]_- =$
	$= \sum_j \left(\frac{\partial F}{\partial q_j}\frac{\partial G}{\partial p_j} - \frac{\partial G}{\partial q_j}\frac{\partial F}{\partial p_j}\right)$		$= i/\hbar(\widehat{F}\,\widehat{G} - \widehat{G}\,\widehat{F})$
4)	Phasenraumintegration	$\Longleftrightarrow$	Spur
	$\frac{1}{h^{3N}N!}\int\cdots\int d^s q\, d^s p\ldots$		Sp $(\ldots)$ (2.12)
5)		*stationäres* Ensemble	
	$\{\rho, H\} = 0$	$\Longleftrightarrow$	$[\hat{\rho},\widehat{H}]_- = 0.$

Auch in der Quantenstatistik interessieren nur *stationäre* Gesamtheiten, da nur diese zu zeitunabhängigen Scharmittelwerten führen. Für nicht explizit zeitabhängige Observable gilt ((3.211), Bd. 5, Tl. 1):

$$i\hbar\frac{d}{dt}\langle\,\widehat{F}\,\rangle = \langle\,[\widehat{F},\widehat{H}]_-\,\rangle.$$

Unter Ausnutzung der *zyklischen Invarianz* der Spur (s. Aufgabe 2.1.1) formen wir die rechte Seite um:

$$\langle\,[\widehat{F},\widehat{H}]_-\,\rangle = \text{Sp}\,\left(\hat{\rho}(\widehat{F}\,\widehat{H} - \widehat{H}\,\widehat{F})\right) = \text{Sp}\,\left(\widehat{H}\,\hat{\rho}\,\widehat{F} - \hat{\rho}\,\widehat{H}\,\widehat{F}\right) = \text{Sp}\,\left([\widehat{H},\hat{\rho}]_-\widehat{F}\right).$$

Damit folgt also in der Tat:

$$\frac{d}{dt}\langle\,\widehat{F}\,\rangle = 0 \iff [\widehat{H},\hat{\rho}]_- = 0. \qquad (2.13)$$

2.1.3 Aufgaben

Aufgabe 2.1.1

Es seien $\widehat{F}, \widehat{G}, \widehat{H}$ quantenmechanische Operatoren und α, β komplexe Zahlen. Beweisen Sie die folgenden nützlichen Eigenschaften der *Spur*:

1) $\mathrm{Sp}\,\widehat{F}^{+} = (\mathrm{Sp}\,\widehat{F})^{*}$,

2) $\mathrm{Sp}\,(\alpha\,\widehat{F} + \beta\,\widehat{G}) = \alpha\,\mathrm{Sp}\,\widehat{F} + \beta\,\mathrm{Sp}\,\widehat{G}$,

3) $\mathrm{Sp}\,(\widehat{F}^{+}\widehat{F}) \geq 0$,

4) $\mathrm{Sp}\,(\widehat{F}\,\widehat{G}\,\widehat{H}) = \mathrm{Sp}\,(\widehat{H}\,\widehat{F}\,\widehat{G}) = \mathrm{Sp}\,(\widehat{G}\,\widehat{H}\,\widehat{F})$
(zyklische Invarianz der Spur),

5) $\mathrm{Sp}\,(\widehat{U}^{+}\widehat{F}\,\widehat{U}) = \mathrm{Sp}\,\widehat{F}$,
$\widehat{U}$: *unitärer Operator.*

Aufgabe 2.1.2

Beweisen Sie, daß die charakteristischen Eigenschaften des Statistischen Operators,

$$\hat{\rho} = \sum_{m} p_m \,|\, \psi_m \,\rangle\langle\, \psi_m \,|\,,$$

auch dann erhalten bleiben, wenn die Zustände $|\,\psi_m\,\rangle$ zwar normiert, aber nicht orthogonal sind.

2.2 Mikrokanonische Gesamtheit

Wir wollen nun damit beginnen, die in der Klassischen Statistischen Physik des ersten Kapitels kennengelernten *Statistischen Gesamtheiten* in die Quantenstatistik zu übertragen. Die Aufgabe ist als gelöst anzusehen, wenn es uns gelingt, den für die betreffende Gesamtheit zuständigen *Statistischen Operator* anzugeben. Beginnen werden wir auch hier mit der *mikrokanonischen Gesamtheit*, für die der Statistische Operator leicht ableitbar ist, wenn man die Gültigkeit des Postulats *gleicher 'a-priori'-Wahrscheinlichkeiten* (Kap. 1.1.1) akzeptiert. Bei der Detail-Diskussion der mikrokanonischen Gesamtheit werden wir uns allerdings auf die Dinge beschränken, die wirklich neu, also quantenmechanischer Natur sind. Die weiteren Überlegungen, die völlig parallel zur *klassischen Betrachtung* in Kapitel 1 verlaufen, sollen nur angedeutet werden. Es empfiehlt sich jedoch, im Bedarfsfall die entsprechenden Passagen im Kapitel 1 nachzulesen. Das gilt auch für die beiden dann folgenden Kapitel zur kanonischen (Kap. 2.3) und zur großkanonischen Gesamtheit (Kap. 2.4).

Nach Entwicklung der mikrokanonischen Gesamtheit werden wir in der Lage sein, den *Dritten Hauptsatz* zu kommentieren (Kap. 2.2.2), der quantenmechanischer Natur ist und deshalb in Kapitel 1 noch ausgespart werden mußte.

2.2.1 Phasenvolumen

Der aussondernde Gesichtspunkt für die mikrokanonische Gesamtheit ist wie in der Klassischen Statistischen Physik die Tatsache, daß ein

isoliertes System

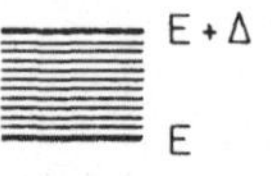

mit quasi-scharfer Energie zwischen E und $E + \Delta$ beschrieben werden soll. Dabei ist Δ eine kleine *Energietoleranz*. Exakte Energiekonstanz ist bei den uns hier interessierenden makroskopischen Systemen **nicht** zu erwarten (s. Bemerkungen in Kapitel 1.1.1). Das System, dessen Hamilton-Operator sicher zeitunabhängig ist, soll sich natürlich im thermischen Gleichgewicht befinden. Die zugehörige *Gesamtheit* muß deshalb auf jeden Fall durch eine **stationäre** Verteilung charakterisiert sein. Dies bedeutet nach (2.13), daß der Statistische Operator $\hat{\rho}$ mit dem Hamilton-Operator kommutiert. Die Quantenmechanik lehrt, daß dann $\hat{\rho}$ und $\widehat{H}$ einen gemeinsamen Satz von Eigenzuständen besitzen müssen. Diese Tatsache hilft uns bei der folgenden Ableitung von $\hat{\rho}$:

Denkbare Zustände des Systems sind solche mit Energien zwischen E und $E+\Delta$. Die Energiedarstellung wird deshalb günstig sein:

$$\begin{aligned} &\widehat{H}\,|\,E_n\,\rangle = E_n\,|\,E_n\,\rangle, \\ &\langle\,E_n\,|\,E_m\,\rangle = \delta_{nm}; \quad \langle\,E_n\,|\,\widehat{H}\,|\,E_m\,\rangle = E_m\delta_{nm}. \end{aligned} \tag{2.14}$$

Auch $\hat{\rho}$ muß in der Energiedarstellung diagonal sein:

$$\langle\,E_n\,|\,\hat{\rho}\,|\,E_m\,\rangle \sim \delta_{nm}.$$

Für (quasi-)isolierte Systeme gilt das fundamentale *Postulat gleicher 'a priori'-Wahrscheinlichkeiten* (Kap. 1.1.1), d.h., alle mit den Randbedingungen verträglichen Zustände sollten mit gleicher Wahrscheinlichkeit auftreten. Dann liegt aber der folgende Ansatz auf der Hand:

$$\begin{aligned} &\hat{\rho}_{MKG} = \sum_m p_m^{MKG}\,|\,E_m\,\rangle\langle\,E_m\,|\,, \\ &p_m^{MKG} = \begin{cases} \text{const.}, & \text{falls } E < E_m < E+\Delta, \\ 0 & \text{sonst.} \end{cases} \end{aligned} \tag{2.15}$$

Die Konstante ist leicht aus der Bedingung Sp $\hat{\rho} = 1$ bestimmbar. Wir definieren zunächst:

$$\Gamma(E) = \mathrm{Sp}\left(\sum_{m}^{E<E_m<E+\Delta} |E_m\rangle\langle E_m|\right). \tag{2.16}$$

Das ist das quantenstatistische Analogon zum klassischen **Phasenvolumen** (1.44). Seine Bedeutung erkennen wir, wenn wir die Spur in der Energiedarstellung auswerten:

$$\Gamma(E) = \sum_{m}^{E<E_m<E+\Delta} 1 = \begin{array}{l}\text{Anzahl der Zustände mit Ener-}\\ \text{gien zwischen } E \text{ und } E+\Delta.\end{array}$$

Im konkreten Fall wird $\Gamma(E)$ natürlich auch noch von anderen Parametern abhängen, wie zum Beispiel N und V. Das werden wir im Bedarfsfall durch entsprechende Indizes kenntlich machen.

Aus Sp $\hat{\rho} = 1$ folgt also für die Gewichte p_m der mikrokanonischen Gesamtheit:

$$p_m^{MKG} = \frac{1}{\Gamma(E)} \qquad \text{für alle } m. \tag{2.17}$$

Mittelwerte von Observablen $\widehat{F}$ berechnen sich dann im Konzept der mikrokanonischen Gesamtheit gemäß:

$$\langle \widehat{F} \rangle = \frac{1}{\Gamma(E)}\,\mathrm{Sp}\left(\sum_{m}^{E<E_m<E+\Delta} |E_m\rangle\langle E_m|\widehat{F}\right). \tag{2.18}$$

Wendet man hierauf das Korrespondenzprinzip des letzten Abschnitts an und vergleicht mit dem klassischen Scharmittel (1.52), so läßt sich die völlige Äquivalenz leicht erkennen. Man beachte, daß in (2.18) über *Zustände* summiert wird, nicht über *Energien*. Im Fall von Entartung sind alle Zustände explizit zu zählen.

Alle weiteren Überlegungen, insbesondere der Anschluß an die Thermodynamik, gestalten sich nun exakt so wie in der Klassischen Statistischen Physik (Kap. 1.3). Die Argumente können wortwörtlich übernommen werden, brauchen deshalb hier nicht vollständig wiederholt zu werden. Als Beispiel sei nur die *innere Energie* U erwähnt:

$$\begin{aligned} U \equiv \langle \widehat{H} \rangle &= \frac{1}{\Gamma(E)}\,\mathrm{Sp}\left(\sum_{m}^{E<E_m<E+\Delta} |E_m\rangle\langle E_m|\widehat{H}\right) = \\ &= \frac{1}{\Gamma(E)} \sum_{m}^{E<E_m<E+\Delta} E_m \approx E. \end{aligned} \tag{2.19}$$

Dies stimmt mit (1.57) überein! – Die *Entropie* stellt auch in der Quantenstatistik die zentrale Größe der mikrokanonischen Gesamtheit dar, da deren Variable $U = E, V, N$ die *natürlichen* Variablen der Entropie sind. Ihre Definition lautet analog zu (1.71):

$$S = k_B \ln \Gamma(E). \tag{2.20}$$

(Genauer: $\Gamma(E) \to \Gamma_N(E, V)$ für ein N-Teilchen-Quantensystem im Volumen V.) Mit der Definition (2.20) wird in der Quantenstatistik ein *Gibbsches Paradoxon* (Kap. 1.3.7) übrigens vermieden. Die korrekte Abzählung der Zustände ist durch (2.16) bereits gewährleistet. – Führt man schließlich noch über

$$D(E) = \lim_{\Delta \to 0} \frac{\Gamma(E)}{\Delta} \tag{2.21}$$

eine *Zustandsdichte* $D(E)$ ein, so ist für makroskopische Systeme die Darstellung

$$S = k_B \ln D(E) \tag{2.22}$$

zu (2.20) äquivalent. Der Beweis entspricht dem zu (1.74). – Bisweilen kann auch das zum klassischen Phasenvolumen $\varphi(E)$ (1.48) passende quantenmechanische Analogon,

$$\varphi(E) = \sum_m^{E_m \le E} 1, \tag{2.23}$$

nützlich sein. Es bestehen wie in der Klassischen Statistischen Physik die Zusammenhänge:

$$\Gamma(E) = \varphi(E + \Delta) - \varphi(E); \quad D(E) = \frac{d}{dE}\varphi(E). \tag{2.24}$$

$\varphi(E)$ ist einfach die Zahl der Eigenzustände des Hamilton-Operators mit Energien kleiner oder gleich E.

2.2.2 Dritter Hauptsatz

Die ersten beiden Hauptsätze der Thermodynamik konnten wir im Rahmen der Klassischen Statistischen Physik begründen. Das haben wir in den Kapiteln 1.3.3 und 1.3.5 durchgeführt und in der *thermodynamischen Grundrelation* (1.103) zusammengefaßt. Die Diskussion des Dritten Hauptsatzes mußten wir zurückstellen, da er quantenmechanischer Natur ist. Er lautet ((3.82), (3.83), Bd. 4):

> *Die Entropie eines thermodynamischen Systems ist am absoluten Nullpunkt ($T = 0$) eine universelle Konstante, die man zu Null wählen kann. Dies gilt unabhängig von den Werten der anderen Zustandsvariablen.*

Die praktischen Konsequenzen (z.B. Unerreichbarkeit des absoluten Nullpunktes) des Dritten Hauptsatzes, der auch *Nernstscher Wärmesatz* genannt wird, haben wir in Kapitel 3.8 von Band 4 besprochen. Wir können nun versuchen, ihn anhand der quantenstatistischen Formulierungen (2.20) bzw. (2.23) der Entropie auch zu begründen.

Besitzt das System ein diskretes Energiespektrum, so gibt es einen energetisch tiefsten Zustand, den *Grundzustand*. Genau diesen wird es für $T \to 0$ annehmen. Ist der Grundzustand g-fach entartet, so folgt aus (2.20) für die Entropie am absoluten Nullpunkt:

$$S(T = 0) = k_B \ln g. \tag{2.25}$$

Bei fehlender Entartung ($g = 1$) ist der Dritte Hauptsatz wegen $\ln 1 = 0$ direkt an dieser Formel ablesbar. Ein Problem ergibt sich jedoch für $g > 1$, wenn der Grundzustand zum Beispiel infolge *innerer Symmetrien* des Hamilton-Operators entartet ist. S wäre dann nicht gleich Null. Anders ausgedrückt: Da das *Nernstsche Wärmetheorem* sich bislang immer als richtig erwiesen hat, könnte man auch schließen, daß solche Symmetrien bei $T = 0$ zum Beispiel durch Phasenübergänge *gebrochen* sind.

Bei Systemen mit quasi-kontinuierlichen Spektren (z.B. makroskopische Festkörper) untersucht man die Entropie besser mit Hilfe der Darstellung (2.22), wonach das $T \to 0$-Verhalten der *Zustandsdichte* $D(E)$ entscheidend wird. Bei allen rechenbaren (!) Fällen stellt sich die Zustandsdichte in der Tat für $T \to 0$ so dar, daß der Dritte Hauptsatz erfüllt ist. So ist für die Gitterdynamik eines Festkörpers bei tiefen Temperaturen die *Debyesche Theorie* anwendbar, mit der man einen Beitrag zur Wärmekapazität in der Form $C_V = \alpha T^3$ berechnet (s. Aufgabe 2.3.7 und Kap. 3.3.7). Die Entropie verschwindet am Nullpunkt also wie T^3. Die Sommerfeldsche Theorie der Metallelektronen (Kap. 3.2) führt zu einem linearen Tieftemperaturverhalten der Wärmekapazität ($C_V = \gamma T$). Auch das ist im Einklang mit dem Dritten Hauptsatz. Dieser wird jedoch verletzt durch das klassische ideale Gas; allerdings handelt es sich bei diesem für $T \to 0$ auch nicht um ein realistisches Modellsystem.

Wir stellen fest, daß auch im Rahmen der Quantenstatistik der Dritte Hauptsatz nicht allgemein und streng beweisbar ist. Es bleibt letztlich doch ein Theorem, basierend auf empirischer Erfahrung, allerdings auch stark gestützt durch quantenstatistisch auswertbare Spezialfälle und Modellsysteme.

2.2.3 Aufgaben

Aufgabe 2.2.1

1) Es sei

$$\hat{\rho}(E) = \frac{1}{\Gamma(E)} \sum_{m}^{E<E_m<E+\Delta} |\, E_m \rangle\langle\, E_m \,|$$

der mikrokanonische Statistische Operator in der Energiedarstellung. Welche Gestalt erhält $\hat{\rho}$, wenn statt der Eigenzustände $|\, E_m \rangle$ des Hamilton-Operators $\widehat{H}$ ein anderes vollständiges Orthonormalsystem zur Darstellung benutzt wird? Ändert sich dabei das quantenmechanische *Phasenvolumen* $\Gamma(E)$?

2) $\widehat{A}$ sei eine Observable, die mit $\widehat{H}$ nicht vertauscht, für deren Eigenzustände $|\, a_n \rangle$ zum Eigenwert a_n aber eine Entwicklung nach den $|\, E_m \rangle$ bekannt sei. Berechnen Sie den mikrokanonischen Mittelwert $\langle \widehat{A} \rangle$!

Aufgabe 2.2.2

Ein System von N an Gitterplätzen lokalisierten $S = \frac{1}{2}$ Spins befinde sich in einem homogenen Magnetfeld $\mathbf{B}$. Jedem Spin ist ein magnetisches Moment μ_B zugeordnet. Die Energie des Systems im Magnetfeld ist dann durch

$$E = -(N_\uparrow - N_\downarrow)\mu_B B = -M\, \mu_B B$$

gegeben, wobei $N_\uparrow(N_\downarrow)$ die Zahl der Spins parallel (antiparallel) zu $\mathbf{B}$ bezeichnet. Berechnen Sie mit der mikrokanonischen Gesamtheit als Funktionen von N und M

1) die Entropie S des Systems,

2) die Temperatur T,

3) die innere Energie U,

4) die Wärmekapazität C_V.

Aufgabe 2.2.3

Gegeben sei ein System von N unterscheidbaren Teilchen. Deren mögliche Energien seien ϵ_r $(r = 1, 2, 3, \dots)$.

1) Berechnen Sie die Entropie $S(E)$ des Systems. Nehmen Sie der Einfachheit halber an, daß alle Besetzungszahlen N_r der Niveaus ϵ_r die Benutzung der Stirling-Formel erlauben!

2) Berechnen Sie die Gleichgewichtsverteilung $\{N_r\}$ der Besetzungszahlen N_r, d.h. die wahrscheinlichste Verteilung, unter den Nebenbedingungen:

$$\text{festes } N = \sum_r N_r,$$

$$\text{festes } E = \sum_r N_r \epsilon_r.$$

Berücksichtigen Sie diese Nebenbedingungen nach der Methode der Lagrangeschen Multiplikatoren (Kap. 1.2.5, Bd. 2).

3) Diskutieren Sie die physikalische Bedeutung der Multiplikatoren!

Aufgabe 2.2.4

Berechnen Sie die Erwartungswerte $\langle \hat{p}_x^2 \rangle$, $\langle \hat{p}_y^2 \rangle$, $\langle \hat{q}_x^2 \rangle$, $\langle \hat{q}_y^2 \rangle$, $\langle \widehat{T} \rangle$ und $\langle \widehat{V} \rangle$ ($\widehat{T}(\widehat{V})$: Operator der kinetischen (potentiellen) Energie) über der mikrokanonischen Gesamtheit für einen zweidimensionalen, quantenmechanischen, harmonischen Oszillator der Masse m und der Frequenz ω.

Aufgabe 2.2.5

Betrachten Sie ein System von N harmonischen Oszillatoren gleicher Masse m und gleicher Frequenz ω. Es besitze die Energie

$$E = \frac{1}{2}N\hbar\omega + N_0\hbar\omega \quad (N_0 \geq 0;\ \text{ganz}).$$

1) Berechnen Sie das quantenmechanische *Phasenvolumen* $\Gamma_N(E)$.

2) Berechnen Sie Entropie S und Temperatur T als Funktionen der Energie E.

3) Geben Sie den Zusammenhang zwischen der Quantenzahl N_0 und der Temperatur T an.

2.3 Kanonische Gesamtheit

Die mikrokanonische Gesamtheit mit ihren Variablen E, V, N ist der Beschreibung von isolierten bzw. quasiisolierten Systemen angepaßt. Dies entspricht eigentlich eher selten der experimentellen Situation. Häufiger ist sicher der Fall eines Systems mit fester Teilchenzahl N und konstantem Volumen V in thermischem Kontakt mit einem Wärmebad der Temperatur T. Wir haben in Kapitel 1.4 im Rahmen der Klassischen Statistischen Physik bereits die *kanonische Gesamtheit* als das zu den Variablen T, V, N gehörende Statistische Ensemble kennengelernt. Bei der Ableitung des Konzepts der *kanonischen* aus dem der *mikrokanonischen Gesamtheit* wurden in Kapitel 1.4.1 eigentlich keine spezifisch klassischen Gesichtspunkte verwendet, so daß wir den entsprechenden *quantenmechanischen Übergang* auf fast identische Weise vollziehen können. Das wird in Kapitel 2.3.1 durchgeführt, wobei allerdings aus eben diesem Grunde nicht alle Einzelheiten in der gleichen Ausführlichkeit wie in Kapitel 1.4.1 präsentiert zu werden brauchen. Wir werden uns vielmehr noch mit zwei weiteren Methoden befassen, die einen *direkten* Zugang zur *kanonischen Zustandssumme* gestatten, ohne Bezug zur *mikrokanonischen Gesamtheit* zu nehmen. Insbesondere werden wir dabei mathematische Verfahren kennenlernen, die sich zur Lösung typischer Probleme der Quantenstatistik bewährt haben.

2.3.1 Kanonische Zustandssumme

Auch in der Quantenstatistik erweist sich die zu (1.136) analoge Zustandssumme als die zentrale Größe, über die sich alle wichtigen Relationen berechnen lassen. Wir wollen ihre Bestimmung in diesem Abschnitt kurz skizzieren. Dazu betrachten wir, wie für die *klassische Schlußkette* in Kapitel 1.4.1, ein Referenzsystem Σ_1 als sehr kleinen, aber makroskopischen Teil eines sehr großen, isolierten Systems Σ, für das sich eine mikrokanonische Gesamtheit angeben läßt. Dieses Gesamt- oder *Übersystem* Σ möge sich im thermischen Gleichgewicht befinden, so daß sich eine Entropie definieren läßt und sich in ganz Σ, also auch in Σ_1, dieselbe Temperatur T eingestellt hat. Das *Komplementärsystem* Σ_2 ($\Sigma = \Sigma_1 \cup \Sigma_2$) bildet für das wesentlich kleinere Σ_1 ein *Wärmebad* der Temperatur T. Zur Einstellung des *thermischen Gleichgewichts* müssen Σ_1 und Σ_2 natürlich Energie austauschen, also miteinander wechselwirken. Wie schon des öfteren angenommen (s. Begründung zu (1.82)), sei der Kontakt allerdings so schwach, daß von einer expliziten Berücksichtigung der Wechselwirkungsenergie in den folgenden Überlegungen abgesehen werden kann.

Das *kanonische Ensemble* soll aus zu Σ_1 physikalisch äquivalenten Systemen bestehen, von denen jedes sich in einem *für* Σ_1 *denkbaren* Zustand $|\psi_m\rangle$ befindet. Zur Ableitung des Statistischen Operators $\hat{\rho}$ benötigen wir nach (2.5) die Wahrscheinlichkeit p_m, mit der Σ_1 nun tatsächlich den Zustand $|\psi_m\rangle$ annimmt. Es soll sich bei $|\psi_m\rangle$ um einen Eigenzustand des Hamilton-Operators $\widehat{H}$ zum Eigenwert E_m handeln. Das Gesamtsystem ist isoliert und hat die Energie E. Es muß also

$$E = E_m + E_2$$

gelten, wenn E_2 die Energie des *Komplementärsystems* Σ_2 ist. Die Zahl der Zustände des Gesamtsystems zur Energie E ist durch

$$\Gamma(E) = \sum_{E_1} \Gamma_1(E_1)\Gamma_2(E - E_1)$$

gegeben, wobei die Summe über **alle** Energien E_1 des kleinen Untersystems Σ_1 läuft. Wenn sich Σ_1 aber in einem definierten Zustand $|\psi_m\rangle$ mit $E_1 = E_m$ befindet, so bleiben dem Gesamtsystem nur noch $\Gamma_2(E - E_m)$ Möglichkeiten. Nach dem auf isolierte Systeme zugeschnittenen *Postulat gleicher 'a priori'-Wahrscheinlichkeiten* (Kap. 1.1.1) kommen alle diese Möglichkeiten mit gleicher Wahrscheinlichkeit vor. Je mehr Zustände des Gesamtsystems zu einem Σ_1-Zustand $|\psi_m\rangle$ möglich sind, desto wahrscheinlicher ist es dann natürlich, daß sich Σ_1 in eben diesem Zustand $|\psi_m\rangle$ tatsächlich befindet:

$$p_m \sim \Gamma_2(E - E_m).$$

Diese Begründung entspricht haargenau der, die wir im klassischen Fall für (1.133) verwendet haben. – Wegen der gewählten Größenordnungsunterschiede zwischen Σ_1 einerseits und Σ, Σ_2 andererseits können wir davon ausgehen, daß stets $E_m \ll E$ sein wird, womit sich eine Taylor-Entwicklung rechtfertigen läßt. Man kann sich klarmachen, daß diese sinnvollerweise nicht direkt am *Phasenvolumen* Γ_2, sondern an seinem Logarithmus vollzogen wird:

$$\ln \Gamma_2(E - E_m) = \ln \Gamma_2(E) - E_m \left(\frac{\partial}{\partial E_2} \ln \Gamma_2(E_2) \right)_{E_2 = E} + \ldots \approx$$

$$\approx \ln \Gamma_2(E) - \frac{E_m}{k_B T} + \ldots$$

Eigentlich sollte rechts mit T die Temperatur gemeint sein, die Σ_2 bei der Energie E und nicht bei der Energie $E - E_m$ im thermodynamischen Gleichgewicht annehmen würde. Wegen $E - E_m \approx E$ wird sie sich jedoch kaum von der Temperatur T des isolierten Gesamtsystems unterscheiden. (Dieselbe Vereinfachung haben wir auch bei der klassischen Ableitung benutzt!) Der erste Summand in dem obigen Ausdruck ist für Σ_1 eine Konstante. Es gilt also:

$$p_m \sim \Gamma_2(E - E_m) \sim \exp(-\beta\, E_m).$$

Das wiederum bedeutet für den **Statistischen Operator**:

$$\hat{\rho} \sim \sum_m e^{-\beta E_m} \,|\, E_m \rangle \langle\, E_m \,| = e^{-\beta \widehat{H}} \sum_m |\, E_m \rangle \langle\, E_m \,|\,.$$

Rechts steht die Identität für Zustände des Σ_1-Hilbert-Raums. Die Proportionalitätskonstante ist durch die Normierungsbedingung (2.7) festgelegt:

$$\hat{\rho} = \frac{e^{-\beta \widehat{H}}}{\mathrm{Sp}\; e^{-\beta \widehat{H}}}. \tag{2.26}$$

Damit ist $\hat{\rho}$ für das kanonische Ensemble vollständig bestimmt. Man vergleiche diesen Ausdruck mit der klassischen, kanonischen Dichteverteilungsfunktion $\rho(\mathbf{q}, \mathbf{p})$ in (1.134) unter Beachtung des Korrespondenzprinzips aus Kapitel 2.1.2, um die völlige Äquivalenz festzustellen.

$\hat{\rho}$ kommutiert offenbar mit dem Hamilton-Operator $\widehat{H}$ und beschreibt somit eine *stationäre Gesamtheit*. Der Nenner in (2.26) stellt die außerordentlich wichtige

Zustandssumme der kanonischen Gesamtheit

$$Z(T) = \mathrm{Sp}\; e^{-\beta \widehat{H}} \tag{2.27}$$

dar. (Handelt es sich um ein N-Teilchen-System im Volumen V, so werden wir später wie im klassischen Fall $Z_N(T,V)$ schreiben.) (2.27) ist die darstellungsunabhängige Formulierung der Zustandssumme, für praktische Zwecke am bedeutendsten ist die Energiedarstellung:

$$Z(T) = \sum_n e^{-\beta E_n}. \tag{2.28}$$

Die Auswertung der Spur in (2.27) im VON-System der Energieeigenzustände $| E_n \rangle$ macht klar, daß in (2.28) über alle **Zustände** summiert wird. Die Exponentialfunktionen $e^{-\beta E_n}$ zu entarteten Zuständen müssen dem Entartungsgrad entsprechend häufig gezählt werden.

Mit (2.26) findet man für den Erwartungswert einer beliebigen Observablen $\widehat{F}$ in der *kanonischen Gesamtheit* einen zu (1.135) äquivalenten Ausdruck:

$$\langle \widehat{F} \rangle = \mathrm{Sp}\,(\hat{\rho}\,\widehat{F}) = \frac{\mathrm{Sp}\,(e^{-\beta \widehat{H}}\,\widehat{F})}{\mathrm{Sp}\;e^{-\beta \widehat{H}}}. \tag{2.29}$$

Damit haben wir sämtliche Fakten, um den Anschluß an die Thermodynamik herzustellen, und auch um die quantenmechanische Äquivalenz von mikrokanonischer und kanonischer Gesamtheit aufzuzeigen. Das wollen wir hier allerdings nicht mehr im Detail durchführen. Die Ableitungen und Begründungen sind **exakt** dieselben wie die *klassischen* in den Kapiteln 1.4.2 bis 1.4.4. So liest man direkt an (2.29) die Darstellung der **inneren Energie** ab (N-Teilchen-System im Volumen V):

$$U = \langle \widehat{H} \rangle = -\frac{\partial}{\partial \beta} \ln Z_N(T,V). \tag{2.30}$$

Die wichtige Schwankungsformel (1.149) gilt klassisch wie quantenmechanisch (s. Aufgabe 2.3.1), nur hat man für die Quantenstatistik natürlich die Hamilton-Funktion durch den Hamilton-Operator zu ersetzen:

$$\sqrt{\frac{\langle \widehat{H}^2 \rangle - \langle \widehat{H} \rangle^2}{\langle \widehat{H} \rangle^2}} = \frac{\sqrt{C_V k_B T^2}}{U} \sim \frac{1}{\sqrt{N}}. \tag{2.31}$$

Mit ihr bestätigt sich, daß im Fall makroskopischer Systeme *praktisch alle* Glieder der kanonischen Gesamtheit dieselbe Energie $E = \langle \widehat{H} \rangle$ haben. Das hatten wir bereits in Kapitel 1.4 als entscheidende Voraussetzung dafür erkannt, daß das kanonische Ensemble *statistisch äquivalent* zu einem mikrokanonischen Ensemble der Energie $E = U = \langle \widehat{H} \rangle$ ist. Die Variablen der kanonischen Gesamtheit (T, V, N) sind die natürlichen Variablen der **freien Energie**,

$$F(T,V,N) = -k_B T \ln Z_N(T,V), \tag{2.32}$$

deren Zusammenhang mit der Zustandssumme sich wie in Kapitel 1.4.2 herleitet. Für *Druck* und *Entropie* gelten die Formeln (1.142) und (1.146), wenn man dort $Z_N(T, V)$ als die quantenmechanische Zustandssumme interpretiert. Die Äquivalenz von *mikrokanonisch* und *kanonisch* eingeführten Größen wie Entropie und Temperatur beweist sich ohne jede Änderung wie in Kapitel 1.4.4.

Setzt sich das zu untersuchende System aus zwei nicht- bzw. nur schwach miteinander wechselwirkenden unterscheidbaren Teilsystemen Σ_a und Σ_b zusammen, so faktorisiert die Zustandssumme, da sich die Eigenzustände des Gesamtsystems als direkte Produkte der Einzel-Eigenzustände schreiben lassen und die Eigenenergien als Summe aus je einer Energie von Σ_a und Σ_b:

$$Z(T) = \sum_{n_a} \sum_{n_b} e^{-\beta(E_{n_a} + E_{n_b})} = Z_a(T) Z_b(T). \tag{2.33}$$

Darin manifestiert sich die Additivität der freien Energie:

$$F(T) = F_a(T) + F_b(T). \tag{2.34}$$

2.3.2 Sattelpunktsmethode

Im vorigen Abschnitt haben wir die kanonische Zustandssumme letztlich aus der mikrokanonischen Gesamtheit abgeleitet. Es gibt einen direkteren Weg, der in Kapitel 2.3.3 als **Darwin-Fowler-Methode** vorgestellt werden soll. Dieser bedient sich eines Verfahrens, das auch in anderen Zusammenhängen der Statistischen Physik eine wichtige Rolle spielt. Es soll deshalb hier zunächst, losgelöst von der eigentlichen Thematik, als allgemeines Lösungsverfahren sowohl der Klassischen Statistischen Physik als auch der Quantenstatistik entwickelt werden. Es handelt sich um die sogenannte *Sattelpunktsmethode*.

Man hat es in der Statistischen Physik sehr häufig mit Integralen der Form

$$I_M = \int_C \exp(M\, g(z)) dz \tag{2.35}$$

zu tun, wobei M eine sehr große Zahl ($M \to \infty$) ist, und

$$g(z) = u(x, y) + i\, v(x, y) \qquad (z = x + i\, y)$$

eine analytische Funktion in einem Gebiet darstellt, in dem der Weg C verläuft. An der Stelle $z = z_0$ möge die erste Ableitung von $g(z)$ verschwinden, so daß Real- und Imaginärteil dort Extremwerte annehmen:

$$\left.\frac{dg(z)}{dz}\right|_{z=z_0=x_0+i\, y_0} = 0. \tag{2.36}$$

Entscheidend wird für das Folgende die Tatsache werden, daß sich der Weg C im Analytizitätsbereich beliebig verschieben läßt, ohne daß sich der Wert des Integrals I_M dabei ändern würde. Wir werden ihn deshalb auch durch z_0 legen können.

Real- und Imaginärteil einer differenzierbaren komplexen Funktion genügen der Laplace-Gleichung im Zweidimensionalen, d.h. den *Cauchy-Riemannschen-Differentialgleichungen* ((4.298), Bd. 3):

$$\frac{\partial^2 u}{\partial x^2} + \frac{\partial^2 u}{\partial y^2} = 0; \qquad \frac{\partial^2 v}{\partial x^2} + \frac{\partial^2 v}{\partial y^2} = 0.$$

Kombiniert man diese mit der Extremwertbedingung (2.36),

$$\left.\frac{\partial u}{\partial x}\right|_{z_0} = \left.\frac{\partial u}{\partial y}\right|_{z_0} = \left.\frac{\partial v}{\partial x}\right|_{z_0} = \left.\frac{\partial v}{\partial y}\right|_{z_0} = 0,$$

so erkennt man, daß Real- und Imaginärteil der Funktion $g(z)$ in z_0 einen **Sattelpunkt** besitzen. Wegen

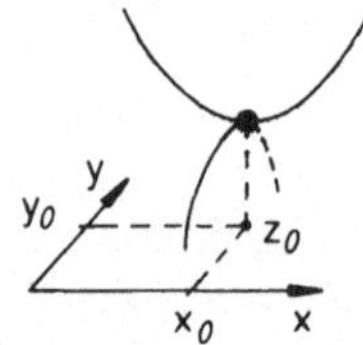

$$\left.\frac{\partial^2 (u,v)}{\partial x^2}\right|_{z_0} = -\left.\frac{\partial^2 (u,v)}{\partial y^2}\right|_{z_0}$$

ist nämlich das Extremum von u bzw. v in z_0 in x-Richtung ein Minimum und in y-Richtung ein Maximum oder umgekehrt. – Natürlich hat nicht nur $g(z)$ in z_0 einen Sattelpunkt, sondern auch der gesamte Integrand in (2.35):

$$J(z) \equiv \exp(M\, g(z)).$$

Wegen

$$J''(z = z_0) = M\, g''(z_0)\, J(z_0)$$

stoßen für $M \to \infty$ im Sattelpunkt z_0 ein extrem scharfes Minimum und ein extrem scharfes Maximum aufeinander. Das läßt für große M spezielle Näherungen zu.

Wir legen den Weg C so, daß der Realteil $u(x, y)$ von $g(z)$ in z_0 ein Maximum besitzt und der Imaginärteil $v(x, y)$ in der Nähe von z_0 nahezu konstant ist, so daß keine allzu starken Oszillationen von $J(z)$ zu befürchten sind. Für großes M hat dieses für den Betrag des Integranden in (2.35) ein äußerst scharfes Maximum zur Folge. Wenn kein weiterer Punkt auf C ein ähnlich ausgeprägtes Maximum bewirkt, wird im wesentlichen nur die unmittelbare Umgebung von z_0 zum Integral beitragen. Wir entwickeln deshalb $g(z)$ bis zur zweiten Ordnung um z_0:

$$g(z) \approx g(z_0) + \frac{1}{2} g''(z_0)(z - z_0)^2$$

und setzen dies in (2.35) ein:

$$I_M \approx \exp(M\,g(z_0)) \int\limits_C \exp\left(\frac{1}{2} M\, g''(z_0)(z-z_0)^2\right) dz.$$

Der Weg C wird so gewählt, daß zumindest in der unmittelbaren Umgebung von z_0

$$y = \sqrt{-g''(z_0)\frac{1}{2}M}\ (z - z_0)$$

reell ist. (Wenn zum Beispiel $z_0 = x_0$ und $g''(x_0)$ beide reell sind, so würde der Weg C parallel zur imaginären Achse durch x_0 zu wählen sein.) Es folgt:

$$I_M \approx \frac{\exp(M\,g(z_0))}{\sqrt{-g''(z_0)\frac{1}{2}M}} \int\limits_{\dots}^{\dots} e^{-y^2} dy.$$

Wegen des rasch abfallenden Integranden können wir in einem weiteren harmlosen Näherungsschritt die Integrationsgrenzen nach $\pm\infty$ ziehen. Das Integral nimmt dann den Wert $\sqrt{\pi}$ an:

$$I_M \approx \sqrt{\frac{2\pi}{-M\,g''(z_0)}}\, e^{Mg(z_0)}. \tag{2.37}$$

Diese sehr nützliche Integralabschätzung ist um so genauer, je größer M ist. Natürlich setzt sie $g''(z_0) \neq 0$ voraus.

Sehr häufig benötigt man in der Statistischen Physik nicht I_M, sondern den Logarithmus von I_M. Dann läßt sich (2.37) für große M weiter vereinfachen, weil die Wurzel lediglich einen Beitrag der Größenordnung $\ln M$ liefert:

$$\ln I_M \approx M\,g(z_0).$$

2.3.3 Darwin-Fowler-Methode

Wegen ihrer fundamentalen Bedeutung für die Quantenstatistik soll die *kanonische Zustandssumme* (2.28) in diesem Kapitel noch einmal auf etwas direkterem Weg als in Kapitel 2.3.1 hergeleitet werden. Wir benutzen dazu ein Verfahren, das auf Darwin und Fowler zurückgeht (R. H. Fowler, *Statistical Mechanics*, Cambridge University Press, Cambridge 1966). Dieses verwendet insbesondere die gerade vorgestellte *Sattelpunktsmethode*. Die folgenden Gedankengänge werden allerdings keine neuen Resultate liefern, sondern lediglich die aus Kapitel 2.3.1 bestätigen.

Wir gehen davon aus, daß dem uns interessierenden, makroskopischen System die Energieniveaus

$$E_0 < E_1 < E_2 < \ldots < E_m < \ldots$$

zur Verfügung stehen. Wegen der stets freien Wahl des Energienullpunktes können wir annehmen, daß sämtliche Energien positiv sind. Ferner wählen wir die Energieeinheit so, daß es sich bei den E_j um **teilerfremde, ganze Zahlen** handelt. Das läßt sich immer erreichen und erleichtert ein wenig die folgenden Überlegungen. Es wird natürlich wiederum darauf ankommen, herauszufinden, mit welchen Wahrscheinlichkeiten das System bei der Temperatur T die jeweiligen Energiezustände besetzt, um damit den Statistischen Operator (2.5) festzulegen.

Wir denken uns zu diesem Zweck eine Gesamtheit von M Systemen, die alle dem eigentlich zu untersuchenden physikalisch völlig äquivalent sind und die sich in irgendeiner Weise über die *denkbaren* Energieniveaus $E_0, E_1, \ldots E_m, \ldots$ verteilen. Diese Systeme seien zwar völlig gleichwertig, aber dennoch unterscheidbar, d.h. in irgendeiner Form numerierbar. Man könnte sich zum Beispiel eine bestimmte, feste räumliche Anordnung vorstellen. Zwischen den Systemen bestehe ein gewisser *thermischer Kontakt*, der aber von uns, wie nun schon des öfteren, als so *schwach* angenommen werden kann, daß Wechselwirkungen zwischen den Systemen vernachlässigbar bleiben. Wir können die Gesamtheit der Systeme dann als ein riesiges isoliertes *Übersystem* auffassen, dessen *Teilchen* gewissermaßen die Einzelsysteme darstellen, die sich mit den *Besetzungszahlen*

$$\{n_m\} = n_0, n_1, \ldots n_m, \ldots$$
$$n_m = 0, 1, 2, 3, \ldots$$

über die zur Verfügung stehenden Energieniveaus verteilen. Das *Übersystem* definiert eine feste Energie $\widehat{E}$ und eine konstante *Teilchenzahl* M (Zahl der Systeme in der Gesamtheit), für die gelten muß:

$$\widehat{E} = \sum_m n_m E_m; \quad M = \sum_m n_m. \tag{2.38}$$

Alle mit diesen Randbedingungen verträglichen Verteilungen $\{n_m\}$ sind 'a priori' gleichwahrscheinlich. *Thermisches Gleichgewicht* des Übersystems ist deshalb durch die *wahrscheinlichste* Verteilung $\{n_m\}$ definiert, d.h. durch die Folge von Besetzungszahlen, der die maximale Zahl an Realisierungsmöglichkeiten zukommt. Die Einzelsysteme sind sämtlich physikalisch äquivalent und numerierbar. Die Zahl der Realisierungsmöglichkeiten für eine bestimmte Verteilung $\{n_m\}$ beträgt dann offenbar:

$$W(\{n_m\}) = \frac{M!}{n_0! n_1! \cdots n_m! \cdots}. \tag{2.39}$$

Die Gesamtzahl der dem *Übersystem* zur Verfügung stehenden Zustände, also dessen quantenmechanisches Phasenvolumen, ist durch

$$\Gamma_M(\widehat{E}) = \sum_{\{n_m\}}^{(2.38)} W(\{n_m\}) \tag{2.40}$$

gegeben. Summiert wird über alle mit den Randbedingungen (2.38) verträglichen Verteilungen $\{n_m\}$. Im thermischen Gleichgewicht herrscht überall im isolierten *Übersystem* dieselbe Temperatur T:

$$\frac{1}{T} = k_B \frac{\partial}{\partial \widehat{E}} \ln \Gamma_M(\widehat{E}). \tag{2.41}$$

Alle Einzelsysteme besitzen also dieselbe Temperatur; gleiches Volumen und gleiche Teilchenzahl ohnehin. Das sind aber gerade die Randbedingungen einer **kanonischen Gesamtheit**.

Die Zahl $W(\{n_m\})$ in (2.40) ist proportional zu der Wahrscheinlichkeit, die mit den Randbedingungen (2.38) verträgliche Folge $\{n_m\}$ tatsächlich vorzufinden. Deshalb gilt für den **Mittelwert** $\langle n_j \rangle$ einer bestimmten Besetzungszahl:

$$\langle n_j \rangle = \frac{\sum\limits_{\{n_m\}}^{(2.38)} n_j W(\{n_m\})}{\sum\limits_{\{n_m\}}^{(2.38)} W(\{n_m\})}. \tag{2.42}$$

Ein Hauptanliegen wird im folgenden darin bestehen, diese Mittelwerte explizit zu berechnen. Wenn wir dann nämlich noch zeigen können, daß die *relative quadratische Schwankung*

$$(\overline{\Delta n_j})_r = \sqrt{\frac{\langle n_j^2 \rangle - \langle n_j \rangle^2}{\langle n_j \rangle^2}}$$

für $M \to \infty$ gegen Null strebt, so bedeutet dies, daß die Streuung der n_j um $\langle n_j \rangle$ verschwindet. Die mittlere Konfiguration $\{\langle n_m \rangle\}$ ist in einem solchen Fall mit der *wahrscheinlichsten* identisch, also mit der, die das *thermische Gleichgewicht* definiert. Für *fast alle* Zustände des *Übersystems* hat dann die Besetzungszahl n_j den Wert $\langle n_j \rangle$. Das wird sich andererseits auch so interpretieren lassen, daß

$$p_j = \lim_{M \to \infty} \frac{\langle n_j \rangle}{M} \tag{2.43}$$

die Wahrscheinlichkeit dafür darstellt, daß sich das eigentlich interessierende Einzelsystem im *denkbaren* Energieeigenzustand $\mid E_j \rangle$ befindet. Das wiederum ist genau die Größe, die wir zum Aufbau des Statistischen Operators $\hat{\rho}$ der betrachteten Gesamtheit benötigen.

Es empfiehlt sich, zunächst das Phasenvolumen $\Gamma_M(\widehat{E})$ zu berechnen. Dazu definieren wir die *Hilfsfunktion*

$$Q_M(z) = \sum_{E=0}^{\infty} z^E \Gamma_M(E). \tag{2.44}$$

Da alle E_m ganze Zahlen sind, ist auch $E = \sum_j n_j E_j$ eine ganze Zahl. Wir setzen (2.39) und (2.40) in (2.44) ein:

$$Q_M(z) = \sum_{E=0}^{\infty} z^E \overset{(2.38)}{\sum_{\{n_m\}}} W(\{n_m\}) = \sum_{E=0}^{\infty} \overset{(2.38)}{\sum_{\{n_m\}}} \frac{M!}{n_0! n_1! \dots} z^{n_0 E_0 + n_1 E_1 + \dots}.$$

Da die E-Summe **alle** nicht-negativen ganzen Zahlen durchläuft und die Summe über $\{n_m\}$ **alle** mit den Randbedingungen (2.38) verträglichen Besetzungszahlenfolgen, kann man $Q_M(z)$ auch wie folgt ausdrücken:

$$Q_M(z) = \sum_{n_0=0}^{\infty} \sum_{n_1=0}^{\infty} \dots \sum_{n_m=0}^{\infty} \dots \frac{M!}{n_0! n_1! \dots} (z^{E_0})^{n_0} (z^{E_1})^{n_1} \dots (z^{E_m})^{n_m} \dots$$
$$\Big(\sum_j n_j = M\Big).$$

Bis auf die Randbedingung $\sum_j n_j = M$ laufen die Summationen über die Besetzungszahlen unabhängig voneinander. Mit dem Multinomialsatz folgt schließlich:

$$Q_M(z) = (z^{E_0} + z^{E_1} + \dots + z^{E_m} + \dots)^M = [q(z)]^M, \tag{2.45}$$

$$q(z) = \sum_j z^{E_j}. \tag{2.46}$$

Nach unserem Ansatz (2.44) ist $\Gamma_M(\widehat{E})$ der Koeffizient zu $z^{\widehat{E}}$ in der Entwicklung von Q_M nach Potenzen von z. In der *Laurent-Entwicklung* ((4.320), Bd. 3) der Funktion

$$\frac{Q_M(z)}{z^{\widehat{E}+1}}$$

stellt $\Gamma_M(\widehat{E})$ demzufolge das *Residuum* dar. Nach dem *Residuensatz* ((4.321), Bd. 3) gilt somit

$$\Gamma_M(\widehat{E}) = \frac{1}{2\pi i} \oint_C dz \frac{[q(z)]^M}{z^{\widehat{E}+1}}, \tag{2.47}$$

wobei C ein in der komplexen Ebene geschlossener Weg (z.B. Kreis) um die Singularität $z = 0$ ist. Mit

$$g(z) = \ln q(z) - \frac{1}{M}(\widehat{E} + 1) \ln z \tag{2.48}$$

hat nun aber $\Gamma_M(\widehat{E})$ exakt die Struktur (2.35):

$$\Gamma_M(\widehat{E}) = \frac{1}{2\pi i} \oint_C \exp\big(M\, g(z)\big) dz. \tag{2.49}$$

Wir werden also zur Auswertung die *Sattelpunktsmethode* verwenden können. Die erste Ableitung von $g(z)$ verschwindet an der Stelle z_0:

$$g'(z)\big|_{z_0} = \frac{q'(z_0)}{q(z_0)} - \frac{1}{M}(\widehat{E} + 1)\frac{1}{z_0} \stackrel{!}{=} 0.$$

Wir können die Zahl 1 in der Klammer getrost gegen die *makroskopische* ganze Zahl $\widehat{E}$ vernachlässigen und haben dann als implizite Bestimmungsgleichung für z_0 ($\widehat{E}, M, \{E_j\}$ sind vorgegeben!):

$$\widehat{E} = M\, \frac{\sum_j E_j z_0^{E_j}}{\sum_j z_0^{E_j}}. \tag{2.50}$$

Auf der reellen Achse strebt $g(z)$ für $x \to \infty$ wegen $q(z)$ und für $x \to 0$ wegen $-\ln z$ gegen unendlich. Dazwischen muß es bei $z_0 = x_0$ ein Minimum geben. Wir fassen den Weg C als einen Kreis um $z = 0$ mit dem Radius x_0 auf, der den **Sattelpunkt** $z_0 = x_0$ also parallel zur imaginären Achse passiert. Längs C liegt dann bei x_0 ein Maximum (!) des Integranden (2.49) vor. Man überprüft ferner leicht, daß auf dem Kreis

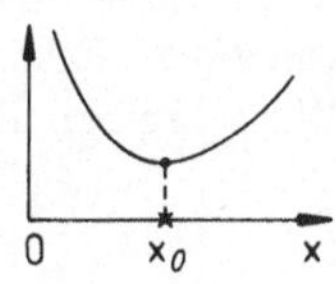

$$C = \{z = x_0 e^{i\varphi};\quad 0 \le \varphi < 2\pi\}$$

keine weiteren Maxima existieren:

$$|e^{M\, g(z)}| \stackrel{(C)}{=} \frac{1}{x_0^{\widehat{E}}} \Big|\sum_j (x_0 e^{i\varphi})^{E_j}\Big|^M.$$

Dieser Ausdruck ist genau dann maximal, wenn **alle** Summanden rechts reell sind. Das ist nur für $\varphi = 0, 2\pi$ der Fall, da die E_j nach Voraussetzung teilerfremd sind. Die Voraussetzungen für die *Sattelpunktsmethode* sind also erfüllt; Formel (2.37) läßt sich deshalb direkt auf (2.49) anwenden:

$$\Gamma_M(\widehat{E}) \approx \frac{1}{2\pi i}\sqrt{\frac{2\pi}{-M\,g''(x_0)}}\;e^{M\,g(x_0)} = \sqrt{\frac{1}{2\pi\,M\,g''(x_0)}}\;e^{M\,g(x_0)}. \qquad (2.51)$$

Man berechnet mit (2.48):

$$g''(z)|_{z=x_0} = \frac{q''(x_0)}{q(x_0)} - \left(\frac{q'(x_0)}{q(x_0)}\right)^2 + \frac{\widehat{E}}{M\,x_0^2} =$$

$$= \frac{\sum\limits_j E_j(E_j-1)x_0^{E_j-2}}{\sum\limits_j x_0^{E_j}} - \frac{\frac{\widehat{E}}{M}\left(\frac{\widehat{E}}{M}-1\right)}{x_0^2} =$$

$$\overset{(2.50)}{=} x_0^{-2}\,\frac{\sum\limits_j\left[E_j^2 - \left(\frac{\widehat{E}}{M}\right)^2\right]x_0^{E_j}}{\sum\limits_j x_0^{E_j}}.$$

$g''(x_0)$ wird sich bis auf den Faktor x_0^{-2} als die mittlere quadratische Schwankung der Energie eines **Einzel**systems in der Gesamtheit herausstellen. In

$$\ln\Gamma_M(\widehat{E}) = -\frac{1}{2}\,\ln 2\pi\,M\,g''(x_0) + M g(x_0)$$

ist deshalb für $M \to \infty$ der erste gegen den zweiten Summanden vernachlässigbar:

$$\ln\Gamma_M(\widehat{E}) \approx M\,g(x_0). \qquad (2.52)$$

Einsetzen in (2.41) gestattet die Bestimmung von x_0:

$$\frac{1}{T} = k_B\frac{\partial}{\partial\widehat{E}}M\,g(x_0) \overset{(2.48)}{\approx} -k_B\,\ln x_0.$$

Dies bedeutet:

$$x_0 = e^{-\beta}; \quad \beta = \frac{1}{k_B T}. \qquad (2.53)$$

Wir können nun die eingangs gestellte Aufgabe angehen und die mittlere Besetzungszahl $\langle\, n_j\,\rangle$ berechnen. Dazu bedienen wir uns eines *Rechentricks*. Wir fügen in die Wahrscheinlichkeiten $W(\{n_m\})$ *"künstlich"* Faktoren $\{\alpha_m\}$ ein, die wir am Schluß der Rechnung gleich 1 setzen. Wir schreiben also anstelle von (2.39):

$$W_\alpha(\{n_m\}) = \frac{M!}{n_0!n_1!\cdots}\alpha_0^{n_0}\alpha_1^{n_1}\cdots$$

Das überträgt sich durch (2.40) auf das Phasenvolumen,

$$\Gamma_M(\widehat{E}) \longrightarrow \Gamma_M^\alpha(\widehat{E}),$$

und über (2.45) auf

$$q(z) \longrightarrow q_\alpha(z) = \sum_j \alpha_j z^{E_j}.$$

Für (2.42) können wir dann schreiben:

$$\langle n_j \rangle = \left(\alpha_j \frac{\partial}{\partial \alpha_j} \ln \Gamma_M^\alpha(\widehat{E}) \right)_{\{\alpha_i\}=1} \overset{(2.52)}{=} \left(M \frac{\partial}{\partial \alpha_j} \ln q_\alpha(x_0) \right)_{\{\alpha_i\}=1} =$$

$$= \left(M \frac{x_0^{E_j}}{q_\alpha(x_0)} \right)_{\{\alpha_i\}=1} .$$

Mit (2.53) ergibt sich somit für die mittlere Besetzungszahl:

$$\langle n_j \rangle = M \frac{e^{-\beta E_j}}{\sum_j e^{-\beta E_j}}. \tag{2.54}$$

Wir überprüfen noch die mittlere quadratische Schwankung der Besetzungszahl:

$$\langle n_j^2 \rangle = \frac{\overset{(2.38)}{\sum\limits_{\{n_m\}}} n_j^2 W(\{n_m\})}{\overset{(2.38)}{\sum\limits_{\{n_m\}}} W(\{n_m\})} = \left[\frac{1}{\Gamma_M^\alpha} \alpha_j \frac{\partial}{\partial \alpha_j} \left(\alpha_j \frac{\partial}{\partial \alpha_j} \Gamma_M^\alpha \right) \right]_{\{\alpha_i\}=1} =$$

$$= \left[\alpha_j \frac{\partial}{\partial \alpha_j} \left(\frac{1}{\Gamma_M^\alpha} \alpha_j \frac{\partial}{\partial \alpha_j} \Gamma_m^\alpha \right) \right]_{\{\alpha_i\}=1} + \left[\alpha_j^2 \left(\frac{1}{\Gamma_M^\alpha} \frac{\partial}{\partial \alpha_j} \Gamma_M^\alpha \right)^2 \right]_{\{\alpha_i\}=1} .$$

Daraus folgt:

$$\langle n_j^2 \rangle - \langle n_j \rangle^2 = \left[\frac{\partial}{\partial \alpha_j} \left(\alpha_j \frac{\partial}{\partial \alpha_j} \ln \Gamma_M^\alpha \right) \right]_{\{\alpha_i\}=1} = \langle n_j \rangle (1 + \ldots).$$

Mit (2.54) läßt sich also die *relative mittlere quadratische Schwankung* zu

$$(\overline{\Delta n_j})_r \approx 0 \left(\frac{1}{\sqrt{M}} \right) \underset{M \to \infty}{\longrightarrow} 0$$

abschätzen. In der Grenze $M \to \infty$ gehören demnach zu *fast allen* Zuständen des *Übersystems* Besetzungszahlen n_j, die mit den Mittelwerten $\langle n_j \rangle$ übereinstimmen. Die Folge der $\langle n_j \rangle$ bestimmt das *thermische Gleichgewicht*. Die Wahrscheinlichkeit p_j, das *reale* Einzelsystem im Energiezustand $| E_j \rangle$ anzutreffen, ist nach (2.43) und (2.54) durch

$$p_j = \frac{e^{-\beta E_j}}{\sum\limits_j e^{-\beta E_j}} \tag{2.55}$$

gegeben. Das ist aber exakt dasselbe Ergebnis, das wir in Kapitel 2.2.1 bereits auf anderem Weg für die kanonische Gesamtheit abgeleitet haben. Damit ist der Statistische Operator $\hat{\rho}$ in der Form (2.26) bestätigt, und alle weiteren Formeln reproduzieren sich. So gilt zum Beispiel für die **innere Energie**

$$U = \sum_j E_j p_j = -\frac{\partial}{\partial \beta} \ln Z, \tag{2.56}$$

wenn wir die **Zustandssumme** Z wie in (2.28) definieren. Die **Entropie** berechnet sich mit (2.48), (2.50) und (2.52) zu:

$$S = \frac{1}{M} k_B \ln \Gamma_M(\widehat{E}) = k_B g(x_0) \approx k_B \ln \sum_j e^{-\beta E_j} + k_B \beta U. \tag{2.57}$$

Dies hat für die **freie Energie**

$$F = U - T\,S = -k_B T \ln Z$$

das wohlbekannte Ergebnis (2.32) der kanonischen Gesamtheit zur Folge.

2.3.4 Methode der Lagrangeschen Multiplaktoren

Die Darwin-Fowler-Methode des letzten Abschnitts schließt aus dem Verschwinden der mittleren quadratischen Schwankung in der Grenze $M \to \infty$, daß die Folge $\{\langle n_m \rangle\}$ der Mittelwerte der *Besetzungszahlen* n_m die *wahrscheinlichste* Verteilung der M Einzelsysteme auf die Energieniveaus $E_0, E_1, \ldots E_m, \ldots$ darstellt und damit *thermisches Gleichgewicht* repräsentiert. Dies bedeutet für das isolierte, aus den M Einzelsystemen zusammengesetzte *Übersystem*, daß die Zahl der Realisierungsmöglichkeiten $W(\{n_m\})$, definiert in (2.39), bei $\{\langle n_m \rangle\}$ ein scharfes Maximum besitzen muß. Von allen Zuständen des *Übersystems*, die mit den Randbedingungen (2.38) verträglich sind, entspricht die überwältigende Mehrheit der Verteilung $\{\langle n_m \rangle\}$. Damit ist die *kanonische Gesamtheit* eindeutig definiert, und wir können mit ihr die bekannten Schlußfolgerungen bezüglich der thermodynamischen Eigenschaften des uns eigentlich interessierenden Einzelsystems ziehen.

Nach diesen Überlegungen hätten wir zur Herleitung der *kanonischen Zustandssumme* aber auch von Anfang an von unseren, an verschiedenen Stellen in Kapitel 1 (z.B. Kap. 1.1.2, Kap. 1.3.1) erworbenen Vorkenntnissen über makroskopische (*asymptotisch große*, $M \to \infty$) Systeme Gebrauch machen können. Diesen zufolge besitzt die Verteilungsfunktion (2.39) ein so ausgeprägtes Maximum, daß man sich zum Beispiel zur Berechnung der Gleichgewichtstemperatur T des *Übersystems* gemäß (2.41) beim Phasenvolumen $\Gamma_M(\widehat{E})$ eigentlich auf diesen einen maximalen Term hätte beschränken können:

$$\frac{1}{T} = k_B \frac{\partial}{\partial \widehat{E}} \ln \Gamma_M(\widehat{E}) \approx k_B \frac{\partial}{\partial \widehat{E}} \ln W_{\max}. \tag{2.58}$$

Wir wollen in diesem Kapitel zeigen, daß die Verteilung $\{n_m^{(0)}\}$, die $W(\{n_m\})$ maximal macht und damit die Gleichgewichtseigenschaften des *Übersystems* bestimmt, in der Tat mit der Folge $\{\langle n_m \rangle\}$ der mittleren Besetzungszahlen identisch ist. Die Bestimmung von $W_{\max}$ führt auf dieselbe *kanonische Zustandssumme* Z wie die, die mit den in Kapitel 2.2.1 und Kapitel 2.2.3 präsentierten Verfahren bestimmt wurde.

Wir benutzen zur Bestimmung von $W_{\max}$ die **Methode der Lagrangeschen Multiplikatoren** (Kap. 1.2.5, 1.2.6, Bd. 2). Da bei der Suche nach dem Maximum des Ausdrucks (2.39) natürlich die Randbedingungen (2.38) eingehalten werden müssen, reicht es nicht aus, schlicht die erste Variation von $W(\{n_m\})$ nach den n_m gleich Null zu setzen. Wegen der Randbedingungen sind die n_m nicht unabhängig voneinander frei variierbar. Das ist erst dann wieder gewährleistet, wenn wir die beiden *Zwangsbedingungen* (2.38) mit Hilfe von zwei *Lagrangeschen Multiplikatoren* λ_1, λ_2 an die zu variierende Größe *ankoppeln* ((1.97), Bd. 2):

$$\delta\left(\ln W(\{n_m^{(0)}\}) - \lambda_1 \sum_m n_m^{(0)} E_m - \lambda_2 \sum_m n_m^{(0)} \right) = 0. \tag{2.59}$$

Es erweist sich als vorteilhaft, nicht W, sondern $\ln W$ zu variieren, da wir dann von der nützlichen *Stirling-Formel* (1.8) Gebrauch machen können. Natürlich wird $\ln W$ an derselben Stelle maximal wie W. Wir nehmen an, daß die Systemzahl M so groß ist, daß selbst die Besetzungszahlen n_m die Anwendungen der *Stirling-Formel* gestatten und als praktisch kontinuierliche Variable angesehen werden können.

Die Variation ist schnell ausgeführt. Mit

$$\ln W(\{n_m\}) \overset{(2.39)}{\approx} M(\ln M - 1) - \sum_m n_m(\ln n_m - 1)$$

wird aus (2.59):

$$\sum_m (\ln n_m^{(0)} + \lambda_1 E_m + \lambda_2)\delta n_m^{(0)} = 0.$$

Sämtliche $n_m^{(0)}$ sind nach *Ankoppeln* der Randbedingungen *frei* variierbar. Wir können deshalb zum Beispiel ein bestimmtes $\delta n_m^{(0)}$ *herauspicken* und ungleich Null setzen, während alle anderen $\delta n_m^{(0)}$ zu Null gewählt werden. Dies bedeutet nichts anderes, als daß jeder Summand in der Summe bereits Null sein muß. Dies wiederum führt unmittelbar auf das Zwischenresultat:

$$n_m^{(0)} = \exp(-\lambda_1 E_m - \lambda_2). \tag{2.60}$$

Für die Multiplikatoren λ_1 und λ_2 liefern die Randbedingungen (2.38) zwei implizite Bestimmungsgleichungen:

$$M = e^{-\lambda_2} \sum_m e^{-\lambda_1 E_m}, \tag{2.61}$$

$$\widehat{E} = e^{-\lambda_2} \sum_m E_m e^{-\lambda_1 E_m}. \tag{2.62}$$

Damit sind λ_1 und λ_2 durch die vorgegebenen Größen M und $\widehat{E}$ festgelegt. Wir können jedoch auch die Beziehung (2.58) ausnutzen und damit die Temperatur T der *kanonischen Gesamtheit* ins Spiel bringen:

$$\begin{aligned} \ln W_{\max} &\approx M \ln M - \sum_m n_m^{(0)} \ln n_m^{(0)} = \\ &= M \ln M + \sum_m n_m^{(0)} (\lambda_1 E_m + \lambda_2) = M \ln M + \lambda_1 \widehat{E} + \lambda_2 M. \end{aligned}$$

Mit (2.58) und (2.61) folgt dann:

$$\lambda_1 = \frac{1}{k_B T} = \beta; \quad e^{-\lambda_2} = \frac{M}{\sum_m e^{-\beta E_m}}.$$

Setzen wir diese Ausdrücke in (2.60) ein, so erkennen wir, daß die Besetzungszahlen $n_m^{(0)}$, die $W(\{n_m\})$ maximal machen, in der Tat mit den Mittelwerten $\langle n_m \rangle$ übereinstimmen, die wir mit der Darwin-Fowler-Methode (2.54) im letzten Kapitel abgeleitet haben:

$$n_m^{(0)} = M \frac{e^{-\beta E_m}}{\sum_m e^{-\beta E_m}} \equiv \langle n_m \rangle. \tag{2.63}$$

Dies bedeutet insbesondere, daß

$$p_m = \frac{n_m^{(0)}}{M} = \frac{e^{-\beta E_m}}{\sum\limits_m e^{-\beta E_m}} \tag{2.64}$$

als die Wahrscheinlichkeit angesehen werden kann, daß sich das Einzelsystem im thermischen Gleichgewicht im Zustand $|\, E_m \rangle$ befindet. Das ist das jetzt zum dritten Mal abgeleitete, die kanonische Gesamtheit definierende Resultat.

2.3.5 Aufgaben

Aufgabe 2.3.1

Es sei $\widehat{H}$ der Hamilton-Operator eines physikalischen Systems aus N Teilchen im Volumen V. Beweisen Sie die Schwankungsformel (2.31),

$$\sqrt{\frac{\langle \widehat{H}^2 \rangle - \langle \widehat{H} \rangle^2}{\langle \widehat{H} \rangle^2}} = \frac{\sqrt{C_V k_B T^2}}{U},$$

durch direkte Berechnung der Erwartungswerte $\langle \widehat{H}^2 \rangle$ und $\langle \widehat{H} \rangle$.

Aufgabe 2.3.2

Berechnen Sie die kanonische Zustandssumme eines Systems aus N unabhängigen, linearen, harmonischen Oszillatoren gleicher Frequenz ω.

Aufgabe 2.3.3

Graphit hat eine stark anisotrope Struktur. Betrachten Sie zur Berechnung der Wärmekapazität das folgende vereinfachte Modell: Jedes der N C-Atome oszilliert harmonisch in den drei Raumrichtungen x, y, z mit den Eigenfrequenzen $\omega_x, \omega_y, \omega_z$. Berechnen Sie

1) die Zustandssumme Z,

2) die innere Energie U,

3) die Wärmekapazität C_V. Vereinfachen Sie den Ausdruck für C_V für den Fall

$$\hbar\omega_x = \hbar\omega_y \gg k_B T; \quad \hbar\omega_z \ll k_B T.$$

Aufgabe 2.3.4

Man betrachte die kanonische Gesamtheit eines Systems aus N wechselwirkungsfreien, räumlich fixierten, d.h. unterscheidbaren Spins $S = \frac{1}{2}$, die sich in einem homogenen äußeren Magnetfeld $\mathbf{B} = B\,\mathbf{e}_z$ befinden. Der Hamilton-Operator ist dann durch

$$\widehat{H} = -\sum_{i=1}^{N} \hat{\boldsymbol{\mu}}_i \cdot \mathbf{B} = -2\mu_B B \sum_{i=1}^{N} \widehat{S}_i^z$$

(μ_B: Bohrsches Magneton) gegeben. Die Eigenzustände,

$$\widehat{H}\,|\,\sigma_1\sigma_2\ldots\sigma_N\,\rangle = -2\mu_B B \sum_{i=1}^{N} \widehat{S}_i^z\,|\,\sigma_1\sigma_2\ldots\sigma_N\,\rangle,$$

erfüllen:

$$\widehat{S}_i^z\,|\,\sigma_1\sigma_2\ldots\sigma_N\,\rangle = \sigma_i\,|\,\sigma_1\sigma_2\ldots\sigma_N\,\rangle; \quad \sigma_i \in \left\{-\frac{1}{2}, +\frac{1}{2}\right\}.$$

Man bestimme damit

1) die möglichen Energieeigenwerte und ihre Entartungsgrade,

2) die Zustandssumme,

3) die freie und die innere Energie,

4) die Entropie,

5) die Wärmekapazität C_B,

6) das mittlere magnetische Gesamtmoment:

$$M = \langle\, 2\mu_B \sum_{i=1}^{N} \widehat{S}_i^z\,\rangle.$$

7) Diskutieren Sie das Ergebnis für hohe und tiefe Temperaturen, d.h. $\beta\,\mu_B\,B \ll 1$ und $\beta\,\mu_B\,B \gg 1$, und vergleichen Sie es mit dem *klassischen* Resultat aus Aufgabe 1.4.5.

8) Erfüllt das System den Dritten Hauptsatz?

Aufgabe 2.3.5

Man betrachte wie in der vorherigen Aufgabe ein System von wechselwirkungsfreien, räumlich fixierten, magnetischen Momenten $\boldsymbol{\mu}_i$ in einem homogenen Magnetfeld $\mathbf{B} = B\,\mathbf{e}_z$. Die Momente $\hat{\boldsymbol{\mu}}_i$ mögen nun jedoch durch einen beliebigen Drehimpuls $\widehat{\mathbf{J}}_i$ bedingt sein. Die Drehimpulsquantenzahlen $J_i \equiv J$ seien für alle Momente gleich. Das System läßt sich dann näherungsweise durch den folgenden Hamilton-Operator beschreiben (*Langevin-Paramagnetismus*):

$$\widehat{H} = -\sum_{i=1}^{N} \hat{\boldsymbol{\mu}}_i \cdot \mathbf{B} = -g_J\,\mu_B \sum_{i=1}^{N} \widehat{\mathbf{J}}_i \cdot \mathbf{B}$$

g_J : Landé-Faktor).

1) Berechnen Sie die kanonische Zustandssumme.

2) Zeigen Sie, daß nun für den Mittelwert des magnetischen Gesamtmoments

$$M = M_0 B_J(\beta g_J \mu_B B)$$

gilt, wobei

$$B_J(x) = \frac{2J+1}{2J} \coth\left(\frac{2J+1}{2J}x\right) - \frac{1}{2J}\coth\left(\frac{x}{2J}\right)$$

die sogenannte *Brillouin-Funktion* darstellt und

$$M_0 = N g_J J \mu_B$$

das *Sättigungsmoment*.

3) Diskutieren Sie M für $J = \frac{1}{2}$, $J \to \infty$, $\beta \mu_B B \gg 1$, $\beta \mu_B B \ll 1$.

Aufgabe 2.3.6

Nach Transformation auf sogenannte *Normalkoordinaten* ((2.152), Bd. 7) kann man die Hamilton-Funktion eines Festkörpers aus N Atomen näherungsweise durch

$$H(\mathbf{q}, \mathbf{p}) = \sum_{j=1}^{3N} \left(\frac{p_j^2}{2m} + \frac{1}{2} m \omega_j^2 q_j^2 \right)$$

ausdrücken, also durch ein System aus $3N$ ungekoppelten, linearen, harmonischen Oszillatoren.

1) Berechnen Sie mit dem klassischen *Gleichverteilungssatz* die innere Energie und die Wärmekapazität des Festkörpers.

2) Mit dem $H(\mathbf{q}, \mathbf{p})$ entsprechenden Hamilton-*Operator* ($\hat{q}_j, \hat{p}_j$: Observable) leite man quantenmechanisch die kanonische Zustandssumme ab und daraus erneut die Wärmekapazität. Benutzen Sie dazu die sogenannte *Einstein-Annahme* $\omega_j \equiv \omega_E \; \forall j$.

3) Diskutieren Sie das Ergebnis 2) für $T \gg \Theta_E$ und $T \ll \Theta_E$, wobei $\Theta_E = \hbar\omega_E / k_B$ die sogenannte *Einstein-Temperatur* ist. Vergleichen Sie mit dem klassischen Resultat aus 1) und überprüfen Sie den Dritten Hauptsatz. Was läßt sich über die Gültigkeit des klassischen Gleichverteilungssatzes aussagen?

Aufgabe 2.3.7

Betrachten Sie wie in Aufgabe 2.3.6 die *Normalschwingungen* eines Festkörpers. Berechnen Sie wiederum die Wärmekapazität, nun aber nicht im *Einstein-Modell* ($\omega_j = \omega_E \; \forall j$), sondern im *Debye-Modell*, das die Frequenzen der ungekoppelten Oszillatoren mit der Zustandsdichte

$$D(\omega) = \begin{cases} \dfrac{9N}{\omega_D^3}\omega^2 & \text{für } \omega \le \omega_D, \\ 0 & \text{sonst.} \end{cases}$$

verteilt. $D(\omega)d\omega$ ist also die Zahl der Oszillatorfrequenzen zwischen ω und $\omega + d\omega$. Die *Debye-Frequenz* ω_D ist durch die Bedingung

$$\int_0^\infty D(\omega)d\omega = 3N \quad \text{(Gesamtzahl der Eigenschwingungen des Kristalls)}$$

festgelegt, wobei N die Zahl der Gitterplätze ist.

Diskutieren Sie die Wärmekapazität bei hohen und tiefen Temperaturen, überprüfen Sie die Gültigkeit des Dritten Hauptsatzes und das klassische *Dulong-Petitsche Gesetz* ($C^{\text{klass}} = 3N\, k_B$).
Nützliche Formel:

$$\int_0^\infty \frac{x^4 e^x}{(e^x - 1)^2} dx = \frac{4}{15}\pi^4.$$

Aufgabe 2.3.8

Molekularer Wasserstoff (H_2) kommt als *Orthowasserstoff* mit parallelen Kernspins der H-Atome und als *Parawasserstoff* mit antiparallelen Kernspins vor. Beide Arten können unter bestimmten Bedingungen miteinander im Gleichgewicht stehen.

In einem allereinfachsten Modell für H_2 ist nur die Rotationsenergie zu berücksichtigen:

$$\widehat{H} = \frac{1}{2J}\,\widehat{\mathbf{L}}^2 \quad (\textit{Hantelmodell}),$$

$$J = \text{Trägheitsmoment},$$

$$\widehat{\mathbf{L}}: \text{ Drehimpulsoperator}; \quad \widehat{\mathbf{L}}^2\,|\,l\,\rangle = \hbar^2 l(l+1)\,|\,l\,\rangle,$$

$$\text{ortho-H}_2: \ l \text{ ungerade},$$

$$\text{para-H}_2: \ l \text{ gerade}.$$

1) Berechnen Sie Zustandssummen, innere Energien und Wärmekapazitäten für die einzelnen Komponenten.

2) Diskutieren Sie die Ergebnisse für hohe und tiefe Temperaturen.

3) Berechnen Sie die Zustandssumme, innere Energie und Wärmekapazität des im thermischen Gleichgewicht befindlichen Gemischs. Wie hängt das Gleichgewichtsverhältnis

$$\alpha(T) = \frac{Z_{\text{ortho}}(T)}{Z_{\text{para}}(T)}$$

von der Temperatur ab? Diskutieren Sie auch hier die Grenzfälle hoher und tiefer Temperaturen. Ist der Dritte Hauptsatz erfüllt?

Aufgabe 2.3.9

Ein System aus N Teilchen befinde sich bei der Temperatur T im Volumen V. $Z_N(T,V)$ sei die kanonische Zustandssumme. Beweisen Sie die folgende Relation:

$$N\left(\frac{\partial \ln Z_N}{\partial N}\right)_{T,V} + V\left(\frac{\partial \ln Z_N}{\partial V}\right)_{T,N} = \ln Z_N.$$

Aufgabe 2.3.10

Leiten Sie mit Hilfe der Sattelpunktsmethode aus der *Gamma-Funktion*

$$\Gamma(N+1) = \int_0^\infty e^{-x} x^N dx = N!$$

die nützliche *Stirling-Formel*

$$N! \approx \sqrt{2\pi N}\, N^N e^{-N}$$

ab.

Aufgabe 2.3.11

$\widehat{H}$ sei der Hamilton-Operator eines physikalischen Systems mit diskretem Eigenwertspektrum:

$$\widehat{H} \,|\, E_n \rangle = E_n \,|\, E_n \rangle,$$
$$\langle E_n \,|\, E_m \rangle = \delta_{nm}.$$

1) Führen Sie *Mittelwerte*

$$\langle E \rangle = \sum_n d_n E_n; \quad \langle F(E) \rangle = \sum_n d_n F(E_n)$$

ein, wobei die Koeffizienten d_n

$$d_n \geq 0; \quad \sum_n d_n = 1$$

erfüllen, sonst aber völlig beliebig sind. Zeigen Sie, daß dann für jede *konvexe* Funktion $F(E)$ ($F''(E) \geq 0$) gilt:

$$\langle F(E) \rangle \geq F(\langle E \rangle).$$

2) $\{ | \varphi_n \rangle \}$ sei nun eine beliebige orthonormierte, nicht notwendig vollständige Folge von quantenmechanischen Zuständen. Zeigen Sie mit Hilfe von 1), daß für die *freie Energie* **F** des Systems die Ungleichung

$$F \leq -k_B T \ln \left[\sum_n \exp(-\beta \langle \varphi_n | \widehat{H} | \varphi_n \rangle) \right]$$

gilt, die ein *Variationsverfahren* zur Bestimmung von F ermöglicht. Wann gilt das Gleichheitszeichen?

2.4 Großkanonische Gesamtheit

Bei der quantenmechanischen Formulierung der *kanonischen Gesamtheit* in Kapitel 2.2.1 hatten wir erkannt, daß alle wichtigen Größen und Beziehungen zwischen diesen mit Hilfe des *Korrespondenzprinzips* (Kap. 2.1.2) direkt aus der Klassischen Statistischen Physik übertragen werden können. Wir konnten bei der Argumentation in Kapitel 2.2 sehr häufig auf die Überlegungen in Kapitel 1.4 verweisen und haben uns zum Beispiel den Beweis der quantenmechanischen Äquivalenz von *mikrokanonischer* und *kanonischer Gesamtheit* sparen können, weil dieser wortwörtlich dem klassischen Vorgehen folgt. Die Situation ist für die *großkanonische Gesamtheit* ganz analog. Auch bei deren Ableitung aus der *mikrokanonischen Gesamtheit* in Kapitel 1.5.1 wurden kaum spezifisch klassische Argumente verwendet, so daß die quantenmechanische Begründung der großkanonischen Gesamtheit mit der klassischen fast deckungsgleich ist. Wir können uns deshalb bei der Besprechung der Zustandssumme auf das Allernotwendigste beschränken, d.h. auf die Details, die quantenmechanischer Natur sind und deshalb in der klassischen Darstellung nicht auftauchen.

2.4.1 Großkanonische Zustandssumme

Die großkanonische Gesamtheit soll auch in der Quantenstatistik Situationen beschreiben, bei denen das zu untersuchende physikalische System sowohl *thermischen* als auch *Teilchenaustauschkontakt* mit der Umgebung aufweist. Durch thermischen Kontakt mit einem *Wärmebad* wird die Temperatur T wie in der kanonischen Gesamtheit fest vorgegeben, während die Energie des Systems zu diesem Zweck fluktuieren kann. Neu ist der *Teilchenaustauschkontakt* mit einem *Teilchenreservoir*, der für ein definiertes chemisches Potential μ sorgt, wohingegen die Zahl N der Teilchen veränderlich ist.

(T, V, μ) : **Zustandsvariable der großkanonischen Gesamtheit.**

Das zugehörige thermodynamische Potential ist das in (1.154) eingeführte

großkanonische Potential:

$$\Omega(T, V, \mu) = F - G = F - \mu \langle N \rangle = -pV,$$
$$d\Omega = -S\,dT - p\,dV - \langle N \rangle d\mu.$$

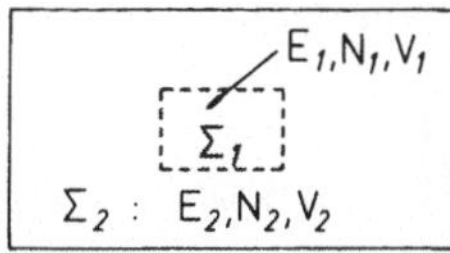

Wir stellen uns das zu untersuchende Referenzsystem Σ_1 als kleinen, aber dennoch makroskopischen Teil eines **isolierten** *Übersystems* $\Sigma = \Sigma_1 \cup \Sigma_2$ vor. Es werde gegen das sehr viel größere *Komplementärsystem* Σ_2 durch *Wände* abgegrenzt, die für Energie und Teilchen durchlässig sind. Die Volumina V_1 und V_2 seien fest. Für das isolierte *Übersystem* Σ mit dem Gesamtvolumen $V = V_1 + V_2$ läßt sich eine mikrokanonische Gesamtheit und damit eine Entropie definieren. Im *thermischen Gleichgewicht* herrscht an allen Stellen von Σ, also auch in Σ_1, gleiche Temperatur T und gleiches chemisches Potential μ. Die zur Einstellung des Gleichgewichts notwendige Wechselwirkung zwischen Σ_1 und Σ_2 sei wiederum vernachlässigbar schwach. Für die *Gleichgewichtswerte* der Energie und der Teilchenzahl muß in jedem Fall

$$\widehat{E}_1 \ll \widehat{E}_2; \quad \widehat{N}_1 \ll \widehat{N}_2$$

angenommen werden.

Das *großkanonische Ensemble* soll aus zu Σ_1 äquivalenten Systemen bestehen, von denen jedes sich in einem *für* Σ_1 *denkbaren* Zustand befindet. Als solche nehmen wir die gemeinsamen Eigenzustände $|\,E_m(N_1)\,\rangle$ des Hamilton-Operators $\widehat{H}_1$ und des Teilchenzahloperators $\widehat{N}_1$:

$$\begin{aligned} \widehat{H}_1\,|\,E_m(N_1)\,\rangle &= E_m(N_1)\,|\,E_m(N_1)\,\rangle, \\ \widehat{N}_1\,|\,E_m(N_1)\,\rangle &= N_1\,|\,E_m(N_1)\,\rangle. \end{aligned} \tag{2.65}$$

Wir setzen also voraus, daß $\widehat{H}_1$ und $\widehat{N}_1$ kommutieren. E und N seien die festen Werte für Energie und Teilchenzahl des *Übersystems* Σ:

$$E = E_2(N_2) + E_m(N_1); \quad N = N_1 + N_2. \tag{2.66}$$

(Von der kleinen, *mikrokanonischen Energieunschärfe* Δ bezüglich Σ sehen wir hier einmal ab.) $E_2(N_2)$ ist die Energie des *Komplementärsystems* Σ_2. Für den **Statistischen Operator** $\hat{\rho}$ der großkanonischen Gesamtheit bietet sich wegen (2.5) der **Ansatz**

$$\hat{\rho} = \sum_{N_1}\sum_m p_m(N_1)\,|\,E_m(N_1)\,\rangle\langle\,E_m(N_1)\,| \tag{2.67}$$

an. Die verbleibende Aufgabe besteht darin, die Wahrscheinlichkeiten $p_m(N_1)$ aufzufinden, mit denen sich Σ_1 tatsächlich in den Zuständen $|\,E_m(N_1)\,\rangle$ befindet. Die Gesamtzahl der Zustände (*Phasenvolumen*), die dem *Übersystem* zur Verfügung stehen, beträgt:

$$\Gamma_N(E,V) = \sum_{N_1}\sum_m \Gamma^{(1)}_{N_1}(E_m(N_1),V_1)\Gamma^{(2)}_{N-N_1}(E - E_m(N_1),V_2).$$

Geben wir den Σ_1-Zustand $|\,E_m(N_1)\,\rangle$ vor, so bleiben noch

$$\Gamma^{(2)}_{N-N_1}(E-E_m(N_1),V_2)$$

mögliche Zustände für Σ_2 und damit auch für Σ. Alle diese Zustände sind *'a priori'* gleich wahrscheinlich. Je mehr es davon gibt, desto größer ist die Wahrscheinlichkeit, daß sich Σ_1 tatsächlich im Zustand $|\,E_m(N_1)\,\rangle$ befindet. Es darf also

$$p_m(N_1)\sim\Gamma^{(2)}_{N-N_1}(E-E_m(N_1),V_2)$$

angenommen werden. Wegen der Größenordnungsunterschiede zwischen Σ_1 und Σ kann, zumindest für die interessierenden Konstellationen in der Nähe des Gleichgewichts, $E_m \ll E$ und $N_1 \ll N$ vorausgesetzt werden. Es bietet sich somit eine Taylor-Entwicklung an, die wir für den Logarithmus des Phasenvolumens durchführen und nach dem linearen Term abbrechen:

$$\ln\Gamma^{(2)}_{N-N_1}(E-E_m,V_2)\approx\frac{1}{k_B}S_2(E,N,V_2)-\frac{E_m(N_1)}{k_B}\left(\frac{\partial S_2}{\partial E_2}\right)_{N_2,V_2}(E,N,V_2)-$$
$$-\frac{N_1}{k_B}\left(\frac{\partial S_2}{\partial N_2}\right)_{E_2,V_2}(E,N,V_2).$$

Der erste Summand ist für Σ_1 eine Konstante, also hier uninteressant. Für die beiden anderen gilt:

$$\left(\frac{\partial S_2}{\partial E_2}\right)_{N_2,V_2}(E,N,V_2)\approx\left(\frac{\partial S_2}{\partial E_2}\right)_{N_2,V_2}(\widehat{E}_2,\widehat{N}_2,V_2)=\frac{1}{T},$$
$$\left(\frac{\partial S_2}{\partial N_2}\right)_{E_2,V_2}(E,N,V_2)\approx\left(\frac{\partial S_2}{\partial N_2}\right)_{E_2,V_2}(\widehat{E}_2,\widehat{N}_2,V_2)=-\frac{\mu}{T}.$$

Damit bleibt:

$$p_m(N_1)\sim\Gamma^{(2)}_{N-N_1}(E-E_m(N_1),V_2)\sim e^{-\beta\left(E_m(N_1)-\mu N_1\right)}. \tag{2.68}$$

Dieses Resultat benutzen wir in (2.67) für den Statistischen Operator:

$$\hat{\rho}\sim\sum_{N_1}\sum_m e^{-\beta\left(E_m(N_1)-\mu N_1\right)}\,|\,E_m(N_1)\,\rangle\langle\,E_m(N_1)\,|=$$
$$=e^{-\beta\left(\widehat{H}_1-\mu\widehat{N}_1\right)}\sum_{N_1}\sum_m|\,E_m(N_1)\,\rangle\langle\,E_m(N_1)\,|\,.$$

Rechts steht die Identität des Σ_1-Hilbert-Raums. Die noch unbestimmte Proportionalitätskonstante ergibt sich aus der Normierungsbedingung (2.7). Der Index 1 kann ab sofort entfallen. Das *Komplementärsystem* Σ_2 spielt in den folgenden Betrachtungen keine Rolle mehr.

Statistischer Operator der großkanonischen Gesamtheit:

$$\hat{\rho} = \frac{e^{-\beta(\widehat{H}-\mu\widehat{N})}}{\mathrm{Sp}\; e^{-\beta(\widehat{H}-\mu\widehat{N})}}. \tag{2.69}$$

$\hat{\rho}$ kommutiert mit $\widehat{H}$, beschreibt also eine *stationäre Gesamtheit*. Der Nenner stellt die *darstellungsunabhängige* Formulierung der

Zustandssumme der großkanonischen Gesamtheit:

$$\Xi_\mu(T,V) = \mathrm{Sp}\; e^{-\beta(\widehat{H}-\mu\widehat{N})} \tag{2.70}$$

dar. In der Energie-Teilchenzahl-Darstellung

$$\Xi_\mu(T,V) = \sum_{N=0}^{\infty}\sum_m \exp\left[-\beta(E_m(N)-\mu N)\right], \tag{2.71}$$

$$\Xi_z(T,V) = \sum_{N=0}^{\infty} z^N Z_N(T,V) \tag{2.72}$$

wird die Äquivalenz zum *klassischen* Ergebnis (1.159) deutlich, wenn man das *Korrespondenzprinzip* (2.12) beachtet. $Z_N(T,V)$ ist die *kanonische* Zustandssumme des N-Teilchensystems (2.28) und

$$z = e^{\beta\mu}$$

die *Fugazität* (1.160). Man beachte, daß es wegen der variablen Teilchenzahl kein direktes klassisches Analogon zu $\hat{\rho}$ gibt. Die klassische Dichteverteilungsfunktion (1.164) kann nur für festes N definiert werden, da verschiedene N verschiedene Phasenräume zur Folge haben.

Mit (2.69) berechnet sich der Mittelwert einer beliebigen Observablen $\widehat{F}$ wie folgt:

$$\langle\, \widehat{F}\,\rangle = \mathrm{Sp}\,(\hat{\rho}\,\widehat{F}) = \frac{\mathrm{Sp}\,\left(e^{-\beta(\widehat{H}-\mu\widehat{N})}\widehat{F}\right)}{\mathrm{Sp}\; e^{-\beta(\widehat{H}-\mu\widehat{N})}}. \tag{2.73}$$

Dies bedeutet in der Energie-Teilchenzahl-Darstellung:

$$\langle\, \widehat{F}\,\rangle = \frac{1}{\Xi_\mu}\sum_{N=0}^{\infty}\sum_m e^{-\beta\left(E_m(N)-\mu N\right)} F_{mm}(N), \tag{2.74}$$

$$F_{mm}(N) = \langle\, E_m(N)\,|\,\widehat{F}\,|\,E_m(N)\,\rangle. \tag{2.75}$$

Ist $\langle \widehat{F}_N \rangle_{KG}$ der entsprechende Mittelwert der kanonischen N-Teilchen-Gesamtheit, so ergibt sich als dritte Variante:

$$\langle \widehat{F} \rangle = \frac{\sum\limits_{N=0}^{\infty} z^N Z_N(T,V) \langle \widehat{F}_N \rangle_{KG}}{\sum\limits_{N=0}^{\infty} z^N Z_N(T,V)}. \tag{2.76}$$

Damit haben wir nun alles zusammen, um den Anschluß der großkanonischen Gesamtheit an die Thermodynamik herzustellen. Wir begnügen uns hier jedoch mehr oder weniger mit einer Formelzusammenstellung. Die Ableitungen sind nämlich **exakt** dieselben wie die *klassischen* in Kapitel 1.5.2.

Die mittlere Teilchenzahl findet man wegen $\langle \widehat{N} \rangle_{KG} = N$ am direktesten mit (2.76):

$$\langle \widehat{N} \rangle = \frac{1}{\beta} \left(\frac{\partial}{\partial \mu} \ln \Xi_\mu(T,V) \right)_{T,V} = \tag{2.77}$$

$$= z \left(\frac{\partial}{\partial z} \ln \Xi_z(T,V) \right)_{T,V}. \tag{2.78}$$

Man unterscheide Ξ_μ (2.71) und Ξ_z (2.72)! (2.77) kann im Prinzip dazu benutzt werden, das chemische Potential μ als Funktion von T, V und $\langle N \rangle$ darzustellen. An (2.78) macht man sich leicht klar, daß, wie im klassischen Fall (1.167),

$$w_N(T,V) = \frac{z^N Z_N(T,V)}{\Xi_z(T,V)} \tag{2.79}$$

als die Wahrscheinlichkeit interpretiert werden kann, das System bei der Temperatur T mit N Teilchen im Volumen V anzutreffen. Die Äquivalenz von kanonischer und großkanonischer Gesamtheit ist sicher nur dann gewährleistet, wenn die Verteilung w_N ein außerordentlich scharfes Maximum bei $N = \langle \widehat{N} \rangle$ aufweist. Daß dies für makroskopische Systeme tatsächlich der Fall ist, liest man an der *Schwankungsformel*

$$(\overline{\Delta N})_r = \sqrt{\frac{\kappa_T}{\beta V}} = \sqrt{\frac{\kappa_T}{\kappa_T^{(0)}}} \frac{1}{\sqrt{\langle \widehat{N} \rangle}} \tag{2.80}$$

ab, deren Beweis zu (1.200) in Kapitel 1.5.3 erbracht wurde. Im Fall *makroskopischer* Teilchenzahlen verschwindet praktisch die relative Schwankung, d.h., *fast alle* Systeme der Gesamtheit besitzen dieselbe Teilchenzahl $\langle \widehat{N} \rangle$. Man kann dann in guter Näherung anstelle von (2.72) auch

$$\Xi_z(T,V) \approx z^{\langle \widehat{N} \rangle} Z_{\langle \widehat{N} \rangle}(T,V) \tag{2.81}$$

verwenden.

Für die **innere Energie** gilt wie in (1.173) und (1.174):

$$U = -\left(\frac{\partial}{\partial\beta}\ln \Xi_\mu(T,V)\right)_{\mu,V} + \mu\langle N\rangle = \tag{2.82}$$

$$= -\left(\frac{\partial}{\partial\beta}\ln \Xi_z(T,V)\right)_{z,V}. \tag{2.83}$$

Die Bedeutung, die die Entropie in der *mikrokanonischen Gesamtheit* besitzt und die freie Energie in der *kanonischen Gesamtheit*, übernimmt in der großkanonischen Gesamtheit das **großkanonische Potential**:

$$\Omega(T,V,\mu) = -k_B T \ln \Xi_\mu(T,V) = -pV, \tag{2.84}$$

$$\Xi_\mu(T,V) = \exp\big(-\beta\,\Omega(T,V,\mu)\big). \tag{2.85}$$

Wir haben in diesem Abschnitt das Konzept der großkanonischen Gesamtheit aus dem der mikrokanonischen abgeleitet. Es gibt noch andere Möglichkeiten. So läßt sich die Zustandssumme $\Xi_\mu(T,V)$ auch mit der *Methode der Lagrangeschen Multiplikatoren*, die wir in Kapitel 2.3.4 zur Berechnung der kanonischen Zustandssumme $Z_N(T,V)$ benutzt haben, ableiten. Die explizite Rechnung soll als Aufgabe 2.4.1 durchgeführt werden.

2.4.2 Aufgaben

Aufgabe 2.4.1

Betrachten Sie ein Statistisches Ensemble aus M physikalisch gleichwertigen Systemen. Jedes habe thermischen Kontakt mit einem Wärmebad der Temperatur T und *Teilchenaustauschkontakt* mit einem *Teilchenreservoir*. $|\,E_m(N)\,\rangle$ sei gleichzeitig Eigenzustand des Hamilton-Operators $\widehat{H}$ und des Teilchenzahloperators $\widehat{N}$ für das Einzelsystem. Fassen Sie die Gesamtheit der Systeme als ein isoliertes *Übersystem* der Energie E_t und der Teilchenzahl N_t auf. Die *Besetzungszahlen* $n_m(N)$ geben die Zahl der Einzelsysteme im Zustand $|\,E_m(N)\,\rangle$ an. Für $M \to \infty$ seien diese so groß, daß im Bedarfsfall die Stirling-Formal angewendet werden darf.

1) Geben Sie die Anzahl der Realisierungsmöglichkeiten

$$W\left(\{n_m(N)\}\right)$$

für eine bestimmte Verteilung $\{n_m(N)\}$ der M Systeme auf die zur Verfügung stehenden Zustände $|\,E_m(N)\,\rangle$ an. Formulieren Sie die Randbedingungen.

2) Berechnen Sie mit der *Methode der Lagrangeschen Multiplikatoren* (Kap. 2.3.4) die Verteilung $\{n_m^{(0)}\}$, die unter den vorliegenden Randbedingungen W maximal macht.

3) Legen Sie die Lagrangeschen Multiplikatoren aus (2) durch die Tatsache fest, daß das Maximum von W außerordentlich scharf ist, so daß für das Phasenvolumen des *Übersystems* näherungsweise

$$\ln \Gamma_{N_t}(E_t) \approx \ln W_{\max}$$

gilt.

4) Verifizieren Sie mit den Ergebnissen aus (1) bis (3) die Darstellung (2.69) des großkanonischen Statistischen Operators $\hat{\rho}$.

Aufgabe 2.4.2

1) Zeigen Sie, daß sich die kanonische Zustandssumme Z_N wie folgt durch die großkanonische Zustandssumme Ξ_z ausdrücken läßt:

$$Z_N = \frac{1}{2\pi\, i} \oint\limits_C \frac{\Xi_z}{z^{N+1}} dz,$$

C: geschlossener Weg in der komplexen Ebene um $z = 0$.

2) Werten Sie das Integral nach der Sattelpunktsmethode aus. Zeigen Sie, daß die Sattelpunktsbedingung

$$N = \langle \widehat{N} \rangle$$

erfordert, und daß die Sattelpunktsnäherung auf

$$F = \Omega + \mu \langle \widehat{N} \rangle$$

führt (F: freie Energie, Ω: großkanonisches Potential).

Aufgabe 2.4.3

Beweisen Sie die folgende Ungleichung:

$$\frac{\partial}{\partial z}\left(z \frac{\partial}{\partial z} \ln \Xi_z\right) \geq 0.$$

2.5 Kontrollfragen

Zu Kapitel 2.1

1) Welcher grundsätzliche Unterschied besteht zwischen den Konzepten der Klassischen Statistischen Physik und der Quantenstatistik?

2) Warum kennt die Quantenmechanik keinen *Phasenraum*?

3) Was versteht man unter einem *gemischten* Zustand?

4) Man sagt, die Quantenstatistik habe es gleichzeitig mit zwei unterschiedlichen Typen von Mittelungsprozessen zu tun. Können Sie diese charakterisieren?

5) Wie ist der Statistische Operator $\hat{\rho}$ definiert?

6) Wie berechnet man mit $\hat{\rho}$ Mittelwerte von Observablen?

7) Welche Eigenschaften von $\hat{\rho}$ kennen Sie?

8) Welche spezielle Gestalt nimmt $\hat{\rho}$ für einen reinen Zustand an?

9) Wie lautet die Bewegungsgleichung des Statistischen Operators?

10) Was versteht die Quantenstatistik unter einer *Statistischen Gesamtheit*? Gibt es wesentliche Unterschiede zum klassischen Begriff?

11) Wann ist eine quantenstatistische Gesamtheit stationär?

Zu Kapitel 2.2

1) Wie sieht das quantenstatistische Analogon zum klassischen Phasenvolumen aus?

2) Welche Gestalt hat der Statistische Operator in der mikrokanonischen Gesamtheit?

3) Wie berechnen sich Mittelwerte von Observablen in der mikrokanonischen Gesamtheit?

4) Kennt die Quantenstatistik ein *Gibbsches Paradoxon*?

5) Welche Bedeutung hat das *quantenstatistische Phasenvolumen* $\Gamma(E)$?

6) Wie lautet für ein System mit diskretem Energiespektrum die Entropie bei $T = 0$?

7) Läßt sich der Dritte Hauptsatz streng beweisen?

8) Erfüllt das klassische ideale Gas den Dritten Hauptsatz?

Zu Kapitel 2.3

1) Wie lautet der Statistische Operator der kanonischen Gesamtheit? Warum handelt es sich um eine stationäre Gesamtheit?

2) Wie hängt die kanonische Zustandssumme mit dem Statistischen Operator $\hat{\rho}$ zusammen?

3) Wie sieht der Erwartungswert $\langle \widehat{F} \rangle$ einer Observablen $\widehat{F}$ in der kanonischen Gesamtheit aus?

4) Welcher Integraltyp kann unter welchen Voraussetzungen erfolgreich mit der Sattelpunktsmethode behandelt werden?

5) Worin besteht die Grundidee der Darwin-Fowler-Methode zur Berechnung der kanonischen Zustandssumme?

6) Gilt die Darwin-Fowler-Methode auch in der Klassischen Statistischen Physik?

7) Wie geht in die Darwin-Fowler-Methode das Postulat der gleichen *'a priori'*-Wahrscheinlichkeit ein?

8) Wie läßt sich mit der *Methode der Lagrangeschen Multiplikatoren* die kanonische Zustandssumme ableiten?

9) Wie hängen die mittleren ($\langle n_m \rangle$) und wie die wahrscheinlichsten ($n_m^{(0)}$) Besetzungszahlen, mit denen die Systeme einer kanonischen Gesamtheit gegebene Energieniveaus E_m, $m = 0, 1, 2, \ldots$, bevölkern, von der Temperatur ab?

Zu Kapitel 2.4

1) In welcher Weise geht in die Ableitung des Statistischen Operators der großkanonischen Gesamtheit das *Postulat der gleichen 'a priori'-Wahrscheinlichkeit* ein?

2) Wie lautet der Statistische Operator $\hat{\rho}$ der großkanonischen Gesamtheit?

3) Woran erkennt man, daß $\hat{\rho}$ eine *stationäre* Gesamtheit beschreibt?

4) Gibt es zu $\hat{\rho}$ in der großkanonischen Gesamtheit ein direktes klassisches Analogon?

5) Wie sieht die darstellungsunabhängige Formulierung der großkanonischen Zustandssumme $\Xi_\mu(T, V)$ aus?

6) Welche Form weist $\Xi_\mu(T, V)$ in der Energie-Teilchenzahldarstellung auf?

7) Welcher Unterschied besteht zwischen $\Xi_\mu(T, V)$ und $\Xi_z(T, V)$?

8) Wie berechnet man in der quantenmechanischen großkanonischen Gesamtheit den Mittelwert einer Observablen $\widehat{F}$?

9) Wie läßt sich der Mittelwert des Teilchenzahloperators durch $\Xi_\mu(T, V)$ und wie durch $\Xi_z(T, V)$ ausdrücken?

10) Welche Formel garantiert für makroskopische Systeme die Äquivalenz von kanonischer und großkanonischer Gesamtheit?

3 QUANTENGASE

Die grundlegenden Konzepte der Klassischen Statistischen Physik und der Quantenstatistik haben wir in den ersten beiden Kapiteln kennengelernt. In diesem und in den folgenden Abschnitten wird es um einige charakteristische Anwendungen dieser Konzepte und um ganz spezielle, ergänzende Fragestellungen gehen. Beginnen wollen wir mit den wichtigen *Quantengasen.*

Die Behandlung von Viel-Teilchen-Systemen erfordert fast immer *Modellannahmen* und spezielle *approximative Lösungstechniken* (s. Bd. 7). Nur für sehr wenige, in der Regel stark idealisierte Systeme lassen sich die Zustandssummen exakt berechnen. Die Probleme, die eine strenge Auswertung verhindern, sind stets den Teilchenwechselwirkungen zuzuschreiben. Deshalb besteht die rigoroseste Modellannahme darin, die Teilchenwirkungen zunächst einmal ganz zu vernachlässigen (*freies System, ideales Gas).* Das schließt zwar einen quantitativen Vergleich der theoretischen Ergebnisse mit dem Experiment im Normalfall aus, hilft dafür aber, mit den fundamentalen Konzepten der Theorie am exakt rechenbaren Beispiel vertraut zu werden. Die Behandlung der *freien Systeme* muß allerdings nicht ausschließlich durch *didaktische Gesichtspunkte* gerechtfertigt werden. Es gibt wichtige physikalische Grenzbereiche, in denen sich reale Systeme *vernünftig* durch die entsprechenden idealen approximieren lassen. So hat das sogenannte *Sommerfeld-Modell* wechselwirkungsfreier Elektronen (*ideales Fermi-Gas*, s. Kap. 3.2) vor einigen Jahrzehnten bahnbrechende Beiträge zum Verständnis der Leitungselektronen eines Metalls liefern können. Ähnliches gilt für das *Phononenbild* des Kristallgitters, das als *ideales Bose-Gas* (s. Kap. 3.3) quantenstatistisch einzustufen ist. Es liegen also hinreichend viele Gründe vor, sich an dieser Stelle mit den **idealen Quantengasen** zu beschäftigen.

Das klassische ideale Gas haben wir bereits in Kapitel 1.3.7 im Rahmen der mikrokanonischen Gesamtheit behandelt. Quantenmechanisch erwarten wir aufgrund der ausführlichen Untersuchungen in Kapitel 8, Band 5.2, daß sich die *statistischen Eigenschaften* von Systemen aus *unterscheidbaren* und solchen aus *ununterscheidbaren* Teilchen stark gegeneinander abheben werden. Bei unterscheidbaren Teilchen werden klassische und quantenmechanische Betrachtungen zu den in üblicher Weise voneinander abweichenden Resultaten kommen; allein bedingt dadurch, daß die Klassische Mechanik nur den Grenzfall der übergeordneten Quantenmechanik darstellt. Wirklich neuartige Phänomene erwarten wir dagegen von den **Quantengasen** aus ununterscheidbaren Teilchen, um die es deshalb in diesem Kapitel ausschließlich gehen soll. Dazu sollten wir uns aber zunächst an einige Tatsachen erinnern, die wir uns über Systeme identischer Teilchen im Rahmen der Quantenmechanik (s. Kap. 8, Bd. 5.2) erarbeitet haben, als wir über die besonderen Gesetzmäßigkeiten bei der Beschreibung solcher Systeme nachgedacht haben.

3.1 Grundlagen

3.1.1 Identische Teilchen

Teilchen werden als *identisch* bezeichnet, wenn sie in **allen** ihren *Teilcheneigenschaften* (Masse, Ladung, Spin, magnetisches Moment, ...) übereinstimmen. Nach dem *Prinzip der Ununterscheidbarkeit* (s. Kap. 8.2.1, Bd. 5, Tl. 2) sind solche Teilchen in der Quantenmechanik prinzipiell durch keine Messung individuell identifizierbar. Sie sind insbesondere nicht *numerierbar.* Auch die Klassische Mechanik *kennt* identische Teilchen. Diese sind jedoch stets unterscheidbar. Wenn wir ihre Impulse und Orte zu einem einzigen Zeitpunkt t_0 haben messen können, so können wir aufgrund der Hamiltonschen Bewegungsgleichungen ihren Weg für alle Zeiten exakt verfolgen. Das *klassische Teilchen* beschreibt im Phasenraum eine wohldefinierte, individuelle *Bahn.* Dieser Begriff verliert in der Quantenmechanik seinen Sinn. Die Ununterscheidbarkeit identischer, *quantenmechanischer Teilchen* hat weitreichende Konsequenzen, die im Detail in Kapitel 8, Band 5,2 diskutiert und begründet wurden. Wir beschränken uns hier auf eine kompakte Zusammenstellung der grundlegenden Fakten.

Das zugehörige Ein-Teilchen-Problem wird als gelöst vorausgesetzt:

$$\widehat{H}_1^{(i)} \mid \varphi_{\alpha_i}^{(i)} \rangle = \epsilon_{\alpha_i} \mid \varphi_{\alpha_i}^{(i)} \rangle. \tag{3.1}$$

Die Eigenzustände $\mid \varphi_{\alpha_i}^{(i)} \rangle$ des Ein-Teilchen-Hamilton-Operators $\widehat{H}_1^{(i)}$ sollen ein vollständiges Orthonormalsystem darstellen. α_i ist ein zur Charakterisierung des Zustands vollständiger Satz von Quantenzahlen (z.B. $\alpha_i \leftrightarrow (n, l, m_l, m_s), (k_x, k_y, k_z, m_s)$). Der obere Index i numeriert formal die Teilchen durch. (3.1) ist also die Eigenwertgleichung des Hamilton-Operators $\widehat{H}_1^{(i)}$ des i-ten Teilchens. Die Numerierung ist aus rechentechnischen Gründen, z.B. zur Unterscheidung von Integrations- und Summationsvariablen, auch für Systeme aus identischen Teilchen unumgänglich, obwohl eigentlich physikalisch unsinnig und dem *Prinzip der Ununterscheidbarkeit* offenkundig widersprechend. Man muß also dafür sorgen, daß diese *unerlaubte Numerierung* keine physikalischen Auswirkungen hat, d.h., physikalisch relevante Größen (Meßgrößen) dürfen von dieser Numerierung nicht abhängig sein. Allein diese Tatsache führt auf eine Reihe sehr spezieller Eigenschaften der Systeme identischer Teilchen.

Bei N **unterscheidbaren** Teilchen ist die Numerierung natürlich sinnvoll und erlaubt. Die Zustände solcher Systeme sind dann sämtlich direkte Produkte der Ein-Teilchen-Zustände,

$$\mid \varphi_N \rangle \equiv \mid \varphi_{\alpha_1} \cdots \varphi_{\alpha_N} \rangle \equiv \mid \varphi_{\alpha_1}^{(1)} \rangle \mid \varphi_{\alpha_2}^{(2)} \rangle \cdots \mid \varphi_{\alpha_N}^{(N)} \rangle, \tag{3.2}$$

oder Linearkombinationen aus diesen. Bilden die $|\varphi_{\alpha_i}\rangle$ eine Basis im Ein-Teilchen-Hilbert-Raum, so tun dies die Produktzustände (3.2) im N-Teilchen-Raum. Andererseits besitzt der N-Teilchen-Zustand $|\varphi_N\rangle$ dieselbe *statistische Interpretation* (s. Kap. 2, Bd. 5, Tl. 1) wie der Ein-Teilchen-Zustand. Systeme unterscheidbarer Teilchen bewirken also keine *neue Physik.*

Im Fall **identischer** Teilchen sorgt das *Prinzip der Ununterscheidbarkeit* für spezielle Symmetrieeigenschaften. Die Vertauschung von je zwei Teilchennummern in (3.2) darf höchstens das Vorzeichen des N-Teilchen-Zustands ändern. Dies erfordert eine passende (Anti-)Symmetrisierung des Zustandsprodukts:

$$\begin{aligned} |\varphi_N^{(\pm)}\rangle &\equiv |\varphi_{\alpha_1}\cdots\varphi_{\alpha_N}\rangle^{(\pm)} \equiv \\ &\equiv \frac{1}{N!}\sum_{\mathcal{P}}(\pm)^p\mathcal{P}\left(|\varphi_{\alpha_1}^{(1)}\rangle|\varphi_{\alpha_2}^{(2)}\rangle\cdots|\varphi_{\alpha_N}^{(N)}\rangle\right). \end{aligned} \tag{3.3}$$

Summiert wird über alle Permutationen des N-Tupels $(1,2,\dots,N)$ der oberen Teilchenindizes. Der Exponent p ist die Zahl der paarweisen Vertauschungen (Transpositionen), die die Permutation $\mathcal{P}$ aufbauen. Die Zustände eines bestimmten Systems identischer Teilchen sind **sämtlich** symmetrisch, vom Typ $|\varphi_N^{(+)}\rangle$, oder **sämtlich** antisymmetrisch, vom Typ $|\varphi_N^{(-)}\rangle$. Der Symmetriecharakter ist zeitlich unveränderlich und durch keine Maßnahme (Operation) zu wechseln. Zustände mit unterschiedlichem Symmetriecharakter sind orthogonal zueinander. Sie sind Elemente zweier verschiedener Hilbert-Räume (s. Kap. 8.2.3, Bd. 5, Tl. 2). Der von W. Pauli quantenfeldtheoretisch bewiesene **Spin-Statistik-Zusammenhang** erklärt, welcher Teilchentyp welchem Raum zuzuordnen ist:

$H_N^{(+)}$: Raum der symmetrischen Zustände $|\varphi_N^{(+)}\rangle$. Identische Teilchen mit **ganzzahligem** Spin $(S = 0, 1, 2, \dots)$. Name:

Bosonen.

Beispiele:
Photonen $(S = 1)$, Phononen $(S = 1)$, Magnonen $(S = 1)$, α-Teilchen $(S = 0), \dots$

$H_N^{(-)}$: Raum der antisymmetrischen Zustände $|\varphi_N^{(-)}\rangle$. Identische Teilchen mit **halbzahligem** Spin $(S = \frac{1}{2}, \frac{3}{2}, \dots)$. Name:

Fermionen.

Beispiele:
Elektronen, Protonen, Neutronen $(S = 1/2)$.

Eine Besonderheit der Fermionensysteme erkennt man an (3.3). Ihre Zustände lassen sich als Determinanten (*Slater-Determinante*) schreiben:

$$|\varphi_N^{(-)}\rangle = \frac{1}{N!}\begin{vmatrix} |\varphi_{\alpha_1}^{(1)}\rangle & |\varphi_{\alpha_1}^{(2)}\rangle & \cdots & |\varphi_{\alpha_1}^{(N)}\rangle \\ \vdots & \vdots & & \vdots \\ |\varphi_{\alpha_N}^{(1)}\rangle & |\varphi_{\alpha_N}^{(2)}\rangle & \cdots & |\varphi_{\alpha_N}^{(N)}\rangle \end{vmatrix}. \tag{3.4}$$

Diese ist Null, sobald zwei Zeilen gleich sind. Das ist der Fall bei zwei identischen Sätzen von Quantenzahlen $\alpha_i = \alpha_j$. Diese Aussage stellt das fundamentale **Pauli-Prinzip** dar:

Zwei identische Fermionen können nie in allen ihren Quantenzahlen übereinstimmen!

Eine solche Beschränkung gibt es für Bosonen nicht.

Eine besonders elegante und übersichtliche Darstellung bietet sich im Fall einer **diskreten** Ein-Teilchen-Basis $\{|\varphi_{\alpha_i}\rangle\}$ an. Offensichtlich sind die N-Teilchen-Zustände durch Angabe der **Besetzungszahlen** n_{α_i} (Häufigkeit, mit der $|\varphi_{\alpha_i}\rangle$ in $|\varphi_N^{(\pm)}\rangle$ vorkommt) vollständig bestimmt. Man hat allerdings einige Regeln zu beachten:

$$\begin{aligned} &|N; n_{\alpha_1} \ldots n_{\alpha_i} \ldots\rangle^{(\pm)} \equiv \\ &\equiv c_\pm \sum_{\mathcal{P}} (\pm)^p \mathcal{P}\{\underbrace{|\varphi_{\alpha_1}^{(1)}\rangle|\varphi_{\alpha_1}^{(2)}\rangle\cdots}_{n_{\alpha_1}} \underbrace{|\varphi_{\alpha_i}^{(p)}\rangle|\varphi_{\alpha_i}^{(p+1)}\rangle\cdots}_{n_{\alpha_i}}\}. \end{aligned} \tag{3.5}$$

In diesen **Fock-Zuständen** sind **alle** Besetzungszahlen der vollständigen Ein-Teilchen-Basis $\{|\varphi_{\alpha_i}\rangle\}$ anzugeben. In $|\varphi_N^{(\pm)}\rangle$ *fehlende* Ein-Teilchen-Zustände sind durch $n_\alpha = 0$ zu kennzeichnen. Die Angabe der Gesamtteilchenzahl N im Zustandssymbol ist wegen $N = \sum_i n_{\alpha_i}$ eigentlich überflüssig, manchmal jedoch hilfreich. Der Faktor

$$c_\pm = \left(N! \prod_i n_{\alpha_i}!\right)^{-1/2}$$

sorgt für passende Normierung der orthogonalen Fock-Zustände:

$${}^{(\pm)}\langle N; \ldots n_{\alpha_i} \ldots | \widehat{N}; \ldots \widehat{n}_{\alpha_i} \ldots\rangle^{(\pm)} = \delta_{N\widehat{N}} \prod_i \delta_{n_{\alpha_i}\widehat{n}_{\alpha_i}}.$$

Für die Besetzungszahlen gilt:

$$\begin{aligned} n_{\alpha_i} &= 0 \text{ oder } 1 && \Longleftrightarrow \text{Fermionen} \\ n_{\alpha_i} &= 0, 1, 2, \ldots && \Longleftrightarrow \text{Bosonen.} \end{aligned}$$

Die Fock-Zustände (3.5) bilden im $H_N^{(\pm)}$ eine vollständige orthonormierte Basis.

Viel-Teilchen-Probleme werden heute meistens im Formalismus der *zweiten Quantisierung* behandelt, mit dem wir uns in Kapitel 8.2, Band 5, Tl. 2 ausführlich beschäftigt haben. Charakteristisch ist die Einführung eines *Erzeugungsoperators* $a_{\alpha_i}^+$, der den Ein-Teilchen-Zustand $|\varphi_{\alpha_i}\rangle$ aus dem *Vakuumzustand* $|0\rangle$ *erzeugt*:

$$|\varphi_{\alpha_i}\rangle = a_{\alpha_i}^+ |0\rangle.$$

Sein adjungierter Operator a_{α_i} bewirkt das Gegenteil. Er heißt deshalb *Vernichtungsoperator:*

$$a_{\alpha_i} |\varphi_{\alpha_i}\rangle = |0\rangle; \quad a_{\alpha_i} |0\rangle = 0.$$

Unter Beachtung von Symmetrie und Normierung gilt für die Wirkung auf einen allgemeinen N-Teilchen-Fock-Zustand:

Bosonen

$$\begin{aligned} a_{\alpha_r}^+ |N; \cdots n_{\alpha_r} \cdots\rangle^{(+)} &= \sqrt{n_{\alpha_r+1}}\, |N+1; \cdots n_{\alpha_r}+1 \cdots\rangle^{(+)}, \\ a_{\alpha_r} |N; \cdots n_{\alpha_r} \cdots\rangle^{(+)} &= \sqrt{n_{\alpha_r}}\, |N-1; \cdots n_{\alpha_r}-1 \cdots\rangle^{(+)}, \\ n_{\alpha_r} &= 0, 1, 2, \ldots \end{aligned} \tag{3.6}$$

Fermionen

$$\begin{aligned} a_{\alpha_r}^+ |N; \cdots n_{\alpha_r} \cdots\rangle^{(-)} &= (-1)^{N_r} \delta_{n_{\alpha_r},0}\, |N+1; \cdots n_{\alpha_r}+1 \cdots\rangle^{(-)}, \\ a_{\alpha_r} |N; \cdots n_{\alpha_r} \cdots\rangle^{(-)} &= (-1)^{N_r} \delta_{n_{\alpha_r},1}\, |N-1; \cdots n_{\alpha_r}-1 \cdots\rangle^{(-)}, \\ n_{\alpha_r} = 0, 1; \quad N_r &= \sum_{j=1}^{r-1} n_{\alpha_j}. \end{aligned} \tag{3.7}$$

Jeder Fock-Zustand läßt sich durch wiederholtes Anwenden passender Erzeugungsoperatoren aus dem Vakuum-Zustand $|0\rangle$ *erzeugen*:

$$|N; \cdots n_{\alpha_r} \cdots\rangle^{(\pm)} = \prod_j \frac{(a_{\alpha_j}^+)^{n_{\alpha_j}}}{\sqrt{n_{\alpha_j}!}} (\pm)^{N_j} |0\rangle. \tag{3.8}$$

Durch Einführung der Operatoren a und a^+ ist man das lästige (Anti-)Symmetrisieren der N-Teilchen-Zustände losgeworden. Das gesamte *Symmetrieproblem* steckt nun in drei **fundamentalen Vertauschungsrelationen:**

$$[a_{\alpha_r}, a_{\alpha_s}]_\pm = [a_{\alpha_r}^+, a_{\alpha_s}^+]_\pm = 0; \quad [a_{\alpha_r}, a_{\alpha_s}^+]_\pm = \delta_{rs}. \tag{3.9}$$

Für Fermionen gilt der Antikommutator $[\dots,\dots]_+$, für Bosonen der Kommutator $[\dots,\dots]_-$.

Um wirklich den Formalismus der zweiten Quantisierung anwenden zu können, muß man selbstverständlich nicht nur Zustände, sondern auch Observable durch Erzeugungs- und Vernichtungsoperatoren darstellen (s. Kap. 8.3.2, Bd. 5, Tl. 2). Die in Frage kommenden Observablen $\widehat{F}_N$ der N-Teilchen-Systeme setzen sich aus Ein- und Zwei-Teilchen-Anteilen zusammen:

$$\widehat{F}_N = \sum_{i=1}^{N} \widehat{F}_1^{(i)} + \frac{1}{2} \sum_{i,j}^{i \neq j} F_2^{(i,j)}.$$

Für den Ein-Teilchen-Anteil findet man ((8.113), Bd. 5, Tl. 2):

$$\sum_{i=1}^{N} \widehat{F}_1^{(i)} \longrightarrow \sum_{\alpha,\beta} (F_1)_{\alpha,\beta}\, a_\alpha^+ a_\beta \tag{3.10}$$

$$(F_1)_{\alpha,\beta} = \langle \varphi_\alpha^{(1)} \,|\, \widehat{F}_1^{(1)} \,|\, \varphi_\beta^{(1)} \rangle.$$

Bei vorgegebener Basis $\{|\varphi_\alpha\rangle\}$ ist das Matrixelement $\langle \varphi_\alpha^{(1)} \,|\, \widehat{F}_1^{(1)} \,|\, \varphi_\beta^{(1)} \rangle$ in der Regel leicht berechenbar. Dies gilt auch für das im Zwei-Teilchen-Anteil benötigte Matrixelement ((8.114), Bd. 5, Tl. 2):

$$\frac{1}{2} \sum_{i,j}^{i \neq j} \widehat{F}_2^{(i,j)} \longrightarrow \frac{1}{2} \sum_{\substack{\alpha\beta \\ \gamma\delta}} (F_2)_{\alpha\beta}^{\gamma\delta} a_\alpha^+ a_\beta^+ a_\delta a_\gamma \tag{3.11}$$

$$(F_2)_{\alpha\beta}^{\gamma\delta} = \langle \varphi_\alpha^{(1)} \,|\, \langle \varphi_\beta^{(2)} \,|\, \widehat{F}_2^{(1,2)} \,|\, \varphi_\gamma^{(1)} \rangle \,|\, \varphi_\delta^{(2)} \rangle.$$

Erinnern wir uns schließlich noch an ein paar spezielle Operatoren, wie z.B. den **Besetzungszahloperator:**

$$\hat{n}_{\alpha_r} = a_{\alpha_r}^+ a_{\alpha_r}. \tag{3.12}$$

Man verifiziert mit (3.6) bzw. (3.7) leicht, daß die Fock-Zustände (3.5) Eigenzustände von $\hat{n}_{\alpha_r}$ sind mit der *Besetzungszahl* n_{α_r} als Eigenwert:

$$\hat{n}_{\alpha_r} \,|\, N; \cdots n_{\alpha_r} \cdots \rangle^{(\pm)} = n_{\alpha_r} \,|\, N; \cdots n_{\alpha_r} \cdots \rangle^{(\pm)}. \tag{3.13}$$

Der **Teilchenzahloperator**

$$\widehat{N} = \sum_r \hat{n}_{\alpha_r} = \sum_r a_{\alpha_r}^+ a_{\alpha_r} \tag{3.14}$$

hat offensichtlich dieselben Eigenzustände mit der *Teilchenzahl* $N = \sum_r n_{\alpha_r}$ als Eigenwert. Die uns in den folgenden Abschnitten interessierenden **idealen Quantengase** sind durch fehlende Wechselwirkungen der Teilchen untereinander charakterisiert. Ihr Hamilton-Operator,

$$\widehat{H} = \sum_{i=1}^{N} \widehat{H}_1^{(i)}; \quad \widehat{H}_1^{(i)} = \frac{1}{2m}\hat{\mathbf{p}}_i^2 + V(\hat{\mathbf{r}}_i), \tag{3.15}$$

besteht deshalb nur aus Ein-Teilchen-Operatoren. Das ist zum einen die kinetische Energie, zum anderen eventuell noch die Wechselwirkung der Teilchen mit einem *externen* Potential V (elektrische Felder, magnetische Felder, periodisches Gitterpotential, ...). In zweiter Quantisierung schreibt sich dieser spezielle Operator, wenn man die Eigenzustände $|\,\epsilon_r\,\rangle$ zu $\widehat{H}_1$ als Ein-Teilchen-Basis verwendet:

$$\widehat{H} = \sum_r \epsilon_r a^+_{\alpha_r} a_{\alpha_r} = \sum_r \epsilon_r \hat{n}_{\alpha_r} \tag{3.16}$$

$$\epsilon_r \delta_{rs} = \langle\,\epsilon_r\,|\,\widehat{H}_1\,|\,\epsilon_s\,\rangle.$$

Auch zu $\widehat{H}$ sind die Fock-Zustände (3.5) Eigenzustände:

$$\widehat{H}\,|\,N;\cdots n_{\alpha_r}\cdots\rangle^{(\pm)} = \left(\sum_r \epsilon_r n_{\alpha_r}\right)|\,N;\cdots n_{\alpha_r}\cdots\rangle^{(\pm)} \tag{3.17}$$

3.1.2 Zustandssummen der idealen Quantengase

Den direktesten Zugang zur statistischen Behandlung der idealen Quantengase liefert die **großkanonische Zustandssumme:**

$$\Xi_\mu(T,V) = \mathrm{Sp}\; e^{-\beta(\widehat{H}-\mu\widehat{N})}.$$

Hier sind $\widehat{H}$ der Hamilton-Operator (3.16) und $\widehat{N}$ der Teilchenzahloperator (3.14). Zur Auswertung der Spur empfehlen sich die Fock-Zustände (3.5), da diese Eigenzustände sowohl zu $\widehat{H}$ als auch zu $\widehat{N}$ sind:

$$\Xi_\mu^{(\pm)}(T,V) = \sum_{N=0}^{\infty} \sum_{\{n_r\}}^{\sum_r n_r = N} \exp[-\beta \sum_r n_r(\epsilon_r - \mu)] =$$

$$= \sum_{N=0}^{\infty} \sum_{\{n_r\}}^{\sum_r n_r = N} \prod_r \exp[-\beta n_r(\epsilon_r - \mu)]. \tag{3.18}$$

Das Zeichen (+) gilt für Bosonen, das Zeichen (−) für Fermionen. Außerdem haben wir der Einfachheit halber n_r für $n_{\alpha r}$ geschrieben. Die Summe über $\{n_r\}$ läuft über alle Kombinationen von Besetzungszahlen, die zu einer vorgegebenen Gesamtteilchenzahl N möglich sind. Diese Summationsbeschränkung wird allerdings durch die Summe über die Gesamtteilchenzahl N aufgehoben:

$$\sum_{N=0}^{\infty} \sum_{\{n_r\}}^{\sum_r n_r = N} \cdots \Longleftrightarrow \sum_{n_1} \sum_{n_2} \cdots \sum_{n_r} \cdots .$$

Die *Summenkombination* in (3.18) kann durch unabhängige Summationen über die einzelnen Besetzungszahlen ersetzt werden. Zum Beweis überlege man sich, daß in der Tat jeder Term der einen Version auch in der jeweils anderen vorkommt. Die Möglichkeit, die in der Zustandssumme erforderlichen Summationsprozesse in der angegebenen Weise abzuändern, ist im übrigen der Grund dafür, warum die großkanonische Behandlung der Quantengase wesentlich einfacher ist als die kanonische. Die kanonische Zustandssumme $Z_N(T,V)$ läßt sich wegen der Teilchenzahlbeschränkung selbst für ideale Gase nicht geschlossen auswerten. – Für (3.18) schreiben wir:

$$\begin{aligned} &\Xi_\mu^{(\pm)}(T,V) = \\ &= \left(\sum_{n_1} e^{-\beta n_1(\epsilon_1-\mu)}\right)\left(\sum_{n_2} e^{-\beta n_2(\epsilon_2-\mu)}\right)\cdots\left(\sum_{n_r} e^{-\beta n_r(\epsilon_r-\mu)}\right)\cdots = \\ &= \prod_r \left(\sum_{n_r} e^{-\beta n_r(\epsilon_r-\mu)}\right). \end{aligned}$$

Für **Bosonen** durchläuft n_r alle nicht-negativen ganzen Zahlen. In der Klammer steht also gerade die geometrische Reihe:

$$\Xi_\mu^{(+)}(T,V) = \prod_r \left[\frac{1}{1-e^{-\beta(\epsilon_r-\mu)}}\right]. \tag{3.19}$$

Für **Fermionen** enthält die Summe über n_r wegen $n_r = 0,1$ nur zwei Terme:

$$\Xi^{(-)}(T,V) = \prod_r \left[1 + e^{-\beta(\epsilon_r-\mu)}\right]. \tag{3.20}$$

Aus beiden Gleichungen für die Zustandssummen der idealen Bose- und Fermi-Gase lassen sich alle gewünschten thermodynamischen Aussagen ableiten. So folgt mit (2.84) für das gesamte *großkanonische Potential:*

$$\Omega^{(+)}(T,V,\mu) = -k_BT\ln\Xi_\mu^{(+)}(T,V) =$$
$$= k_BT\sum_r \ln\left[1 - e^{-\beta(\epsilon_r-\mu)}\right], \tag{3.21}$$

$$\Omega^{(-)}(T,V,\mu) = -k_BT\ln\Xi_\mu^{(-)}(T,V) =$$
$$= -k_BT\sum_r \ln\left[1 + e^{-\beta(\epsilon_r-\mu)}\right]. \tag{3.22}$$

Die Volumenabhängigkeit *versteckt* sich übrigens in den Ein-Teilchen-Energien ϵ_r. Sind die Teilchen der idealen Gase in einem endlichen Volumen V eingesperrt, so bedeutet dies quantenmechanisch, daß sie sich in einem *Potentialtopf* mit unendlich hohen Wänden befinden. Damit werden die ϵ_r von den räumlichen Abmessungen des *Topfs* abhängig (s. z.B. Aufgabe 4.2.1, Bd. 5, Tl. 1).

Um mit (3.21) und (3.22) zu den *thermischen Zustandsgleichungen* der idealen Fermi- und Bose-Gase zu gelangen, muß das chemische Potential μ noch durch den Erwartungswert der Teilchenzahl ersetzt werden. Wir benutzen (2.77):

$$\langle\,\widehat{N}\,\rangle^{(+)} = \frac{1}{\beta}\frac{\partial}{\partial\mu}\ln\Xi_\mu^{(+)}(T,V) = \sum_r \frac{1}{e^{\beta(\epsilon_r-\mu)}-1}, \tag{3.23}$$

$$\langle\,\widehat{N}\,\rangle^{(-)} = \frac{1}{\beta}\frac{\partial}{\partial\mu}\ln\Xi_\mu^{(-)}(T,V) = \sum_r \frac{1}{e^{\beta(\epsilon_r-\mu)}+1}. \tag{3.24}$$

Zumindest im Prinzip lassen sich diese Gleichungen nach μ auflösen:

$$\mu = \mu(T,V,\langle\,\widehat{N}\,\rangle^{(\pm)}). \tag{3.25}$$

Setzt man das Ergebnis in (3.21) bzw. (3.22) ein, so erhält man die **thermische Zustandsgleichung** der idealen Quantengase:

$$pV = k_BT\,\ln\Xi^{(\pm)}_{\mu(T,V,\langle\,\widehat{N}\,\rangle^{(\pm)})}(T,V). \tag{3.26}$$

Die innere Energie berechnen wir mit (2.82):

$$U^{(+)} = -\frac{\partial}{\partial\beta}\ln\Xi_\mu^{(+)}(T,V) + \mu\langle\,\widehat{N}\,\rangle^{(+)} \overset{(3.21)}{=} \sum_r \frac{\epsilon_r-\mu}{e^{\beta(\epsilon_r-\mu)}-1} + \mu\langle\,\widehat{N}\,\rangle^{(+)}.$$

Daraus folgt mit (3.23):

$$U^{(+)} = \sum_r \frac{\epsilon_r}{e^{\beta(\epsilon_r-\mu)}-1}. \tag{3.27}$$

Analog ergibt sich für Fermionen:

$$U^{(-)} = \sum_r \frac{\epsilon_r}{e^{\beta(\epsilon_r - \mu)} + 1}. \tag{3.28}$$

Setzen wir in $U^{(\pm)}$ für μ (3.25) ein, so haben wir die **kalorische Zustandsgleichung** der idealen Quantengase gefunden.

Eine aufschlußreiche Größe, die uns auch in den nächsten Kapiteln noch beschäftigen wird, ist die **mittlere Besetzungszahl** $\langle \hat{n}_r \rangle^{(\pm)}$ des r-ten Ein-Teilchen-Zustands. Zu ihrer Berechnung geht man zweckmäßig von (3.18) aus:

$$\langle \hat{n}_r \rangle^{(\pm)} = \frac{1}{\Xi_\mu^{(\pm)}} \sum_N \sum_{\{n_p\}}^{\sum_p n_p = N} n_r \exp\left[-\beta \sum_p n_p(\epsilon_p - \mu)\right] =$$

$$= -\frac{1}{\beta} \frac{\partial}{\partial \epsilon_r} \ln \Xi_\mu^{(\pm)}(T, V).$$

Dies ergibt mit (3.21) für Bosonen die

Bose-Einstein-Verteilungsfunktion:

$$\langle \hat{n}_r \rangle^{(+)} = \frac{1}{\exp[\beta(\epsilon_r - \mu)] - 1} \tag{3.29}$$

und für Fermionen mit (3.22) die

Fermi-Dirac-Verteilungsfunktion:

$$\langle \hat{n}_r \rangle^{(-)} = \frac{1}{\exp[\beta(\epsilon_r - \mu)] + 1}. \tag{3.30}$$

Für Fermionen kann das chemische Potential μ im Prinzip jeden beliebigen Wert annehmen. Es ist stets

$$0 \le \langle \hat{n}_r \rangle^{(-)} \le 1. \tag{3.31}$$

Einige Besonderheiten treten im Fall von Bosonen auf, auf die wir noch ausführlich eingehen werden, die wir hier aber schon einmal andeuten wollen. Zunächst muß μ auf jeden Fall kleiner als die kleinste Ein-Teilchen-Energie ϵ_0 sein, da sonst gewisse Besetzungszahlen negativ würden, μ muß echt kleiner als ϵ_0 sein, denn $\epsilon_0 = \mu$ würde $\langle \hat{n}_0 \rangle$ divergieren lassen. Das schafft allerdings Probleme für $T \to 0$, da dann **alle** Besetzungszahlen gleich Null wären und somit auch die Gesamtbosonenzahl N. Im Prinzip schließt die Theorie dieses nicht aus, da die großkanonischen Systeme ja an Teilchenreservoire angeschlossen sind, die Teilchenfluktuationen gestatten und $N = 0$ nicht notwendig verbieten.

Wie aber haben wir den Grenzfall $T \to 0$ zu verstehen, wenn die Teilchenzahl N fest vorgegeben ist? Wir befreien uns aus dem Dilemma offenbar nur durch die Annahme, daß für $T \to 0$ das chemische Potential μ des idealen Bose-Gases *gegen* ϵ_0 strebt, und zwar so, daß bei $T = 0$ der niedrigste Ein-Teilchen-Zustand *makroskopisch* besetzt ist:

$$\langle \hat{n}_0 \rangle^{(+)}(T = 0) = N. \tag{3.32}$$

Dieses Phänomen ist als **Bose-Einstein-Kondensation** bekannt. Wir werden ihm, seiner Bedeutung entsprechend, das Kapitel 3.3.3 widmen.

Durch Vergleich von (3.29) und (3.20) mit (3.23) und (3.24) bzw. (3.27) und (3.29) findet man die folgenden, physikalisch plausiblen Zusammenhänge zwischen mittleren Besetzungszahlen und mittlerer Gesamtteilchenzahl bzw. innerer Energie:

$$\langle \widehat{N} \rangle^{(\pm)} = \sum_r \langle \hat{n}_r \rangle^{(\pm)}, \tag{3.33}$$

$$U^{(\pm)} = \sum_r \epsilon_r \langle \hat{n}_r \rangle^{(\pm)}. \tag{3.34}$$

Für sehr große Ein-Teilchen-Energien, $\epsilon_r - \mu \gg k_B T$, gehen Bose-Einstein- und Fermi-Dirac-Verteilungsfunktion in die klassische *Maxwell-Boltzmann-Verteilungsfunktion* über:

$$\langle \hat{n}_r \rangle^{(\pm)} \sim e^{-\beta \epsilon_r} \qquad (\epsilon_r - \mu \gg k_B T). \tag{3.35}$$

In der *klassischen Grenze* verschwinden die Unterschiede zwischen Bosonen und Fermionen.

Es empfiehlt sich nun, die weitere Detaildiskussion getrennt für den *Fermi-* und den *Bose-Fall* zu führen.

3.1.3 Aufgaben

Aufgabe 3.1.1

1) Drücken Sie die *mittlere Besetzungszahl* $\langle \hat{n}_r \rangle$ der idealen Quantengase durch die **kanonische** Zustandssumme $Z_N(T, V)$ aus.

2) Berechnen Sie näherungsweise nach der *Darwin-Fowler-Methode (Sattelpunktsmethode)*

$$\ln Z_N(T, V).$$

3) Legen Sie die physikalische Bedeutung des *Sattelpunktes* durch die thermodynamische Relation

$$\mu = \left(\frac{\partial F}{\partial N}\right)_{T,V}$$

$$(\mu: \text{ chemisches Potential}, F: \text{ freie Energie})$$

fest und bestimmen Sie die expliziten Temperaturabhängigkeiten der mittleren Besetzungszahlen $\langle \hat{n}_r \rangle$. Vergleichen Sie die Ergebnisse mit den *großkanonischen Resultaten* (3.29) und (3.30).

Aufgabe 3.1.2

Bei der Temperatur T besetzen $S = \frac{1}{2}$-Fermionen **endlich** viele Ein-Teilchen-Energieniveaus ϵ_r, $r = 1, 2, \ldots, M$.

1) Wie groß kann der Erwartungswert der Teilchenzahl $\langle \widehat{N} \rangle$ höchstens sein?

2) Formulieren Sie die großkanonische Zustandssumme.

3) Zeigen Sie mit Hilfe der Beziehung

$$F = -k_B T \ln \Xi_\mu + \mu \langle \widehat{N} \rangle,$$

daß sich die thermodynamischen Eigenschaften dieses Systems in derselben Weise ergeben, wenn man $2M - \langle \widehat{N} \rangle$-*Löcher* mit dem chemischen Potential $-\mu$ auf die Energieniveaus $-\epsilon_r$ verteilt.

Aufgabe 3.1.3

Berechnen Sie für die idealen Quantengase die mittleren quadratischen Schwankungen in den Ein-Teilchen-Besetzungszahlen:

$$(\Delta \bar{n}_r)^2 = \frac{\langle \hat{n}_r^2 \rangle - \langle \hat{n}_r \rangle^2}{\langle \hat{n}_r \rangle^2}.$$

Aufgabe 3.1.4

Handelt es sich bei den folgenden Teilchen um Fermionen oder Bosonen:

H_2-Molekül, $^4He^+$-Ion, $^6Li^+$-Ion, ^3He-Atom?

3.2 Ideales Fermi-Gas

Wir wollen uns in diesem Abschnitt zunächst mit dem exakt rechenbaren, *idealen Fermi-Gas* beschäftigen, dessen Eigenschaften stark durch die Wirkung des **Pauli-Prinzips** bestimmt sind. Das gilt insbesondere für das **entartete Fermi-Gas**, das durch

$$\mu \gg k_B T \iff \beta \mu \gg 1 \qquad (3.36)$$

definiert ist. In dieser Grenze kommen besonders stark quantenmechanische Elemente zur Geltung, so daß das *entartete Fermi-Gas* nur noch wenig gemein hat mit dem *klassischen idealen Gas*. Wir wollen uns zunächst mit den allgemeinen Eigenschaften vertraut machen, um dann konkrete Anwendungen zu diskutieren, insbesondere im Hinblick auf den wichtigen Fall der *Metallelektronen*. Der Einfachheit halber, und weil keine Verwechslungen zu befürchten sind, werden wir in diesem Abschnitt den Index (-) an den Funktionen und Größen, die sich auf die Fermi-Systeme beziehen, unterdrücken. Wir werden ihn wieder einführen, sobald die Abgrenzung gegenüber den entsprechenden Größen der Bose-Systeme notwendig wird.

3.2.1 Zustandsgleichungen

Den Zugang zur *thermischen Zustandsgleichung* liefert das großkanonische Potential. Zur Auswertung der Beziehung (3.22) haben wir uns Gedanken über die Summation Σ_r über die Ein-Teilchen-Zustände zu machen. Wir erinnern uns, daß über *Zustände* und nicht über *Energien* summiert wird. Die Eigenfunktionen nicht-wechselwirkender Teilchen sind ebene Wellen. Ein vollständiger Satz von Quantenzahlen besteht deshalb zum Beispiel aus den drei kartesischen Komponenten des Wellenzahlvektors $\mathbf{k}$ und der Spinprojektion m_S des Fermionenspins $\mathbf{S}$. Über diese Quantenzahlen ist in (3.22) zu summieren:

$$r \equiv (\mathbf{k}, m_S).$$

Da der Hamilton-Operator (3.16) keine Spinanteile enthält, werden die Eigenzustände *spinentartet*, d.h. unabhängig von m_S sein ($m_S = -S, -S+1, \ldots S$):

$$\sum_r \cdots \implies (2S+1) \sum_{\mathbf{k}} \cdots$$

Die Fermionen befinden sich in einem Gefäß endlichen Volumens V, das wir uns, ohne die Allgemeingültigkeit der folgenden Überlegungen einzuschränken, als Quader mit Kantenlängen L_x, L_y, L_z vorstellen können. Die Randbedingung, daß an den Wänden die Wellenfunktion verschwinden muß, sorgt für *diskrete* Wellenzahlen $\mathbf{k}$. Dasselbe bewirken *periodische Randbedingungen* ((2.77), Bd. 5, Tl. 1), die etwas bequemer zu handhaben sind und deren Verwendung für das asymptotisch große System gleichermaßen erlaubt ist:

$$k_{x,y,z} = \frac{2\pi}{L_{x,y,z}} n_{x,y,z}; \quad n_{x,y,z} \in \mathbb{Z}.$$

Jedem Zustand steht im k-Raum somit ein mittleres

$$\textit{Rastervolumen } \Delta k = \frac{(2\pi)^3}{L_x L_y L_z} = \frac{(2\pi)^3}{V}$$

zur Verfügung. Im sogenannten *thermodynamischen Limes* ($V \to \infty, N \to \infty$ mit $n = N/V$ = const., s. Kap. 4.5) liegen die möglichen $\mathbf{k}$-Werte quasidicht ($\Delta k \to 0$). Man kann die Summen deshalb durch Integrale ersetzen:

$$\sum_r \ldots \to (2S+1)\frac{1}{\Delta k}\int d^3k \ldots = (2S+1)\frac{V}{(2\pi)^3}\int d^3k \ldots = (2S+1)\frac{V}{h^3}\int d^3p \ldots \tag{3.37}$$

Der letzte Ausdruck erklärt im übrigen das Erscheinen des Faktors $1/h^{3N}$ in der *korrekten Boltzmann-Abzählung* (1.45) der Klassischen Statistischen Physik. Mit (3.37) kann nun das großkanonische Potential (3.22) berechnet werden. Zur konkreten Auswertung müssen wir allerdings noch die Ein-Teilchen-Energien ϵ_r festlegen. Wir wählen den allereinfachsten Fall (kein äußeres Potential!):

$$\epsilon_r \Longrightarrow \epsilon(\mathbf{k}) = \frac{\hbar^2 k^2}{2m}. \tag{3.38}$$

Damit lautet (3.22) bzw. (3.26):

$$-\beta\,\Omega(T,V,\mu) = (2S+1)\frac{V}{(2\pi)^3}4\pi\int_0^\infty dk\,k^2\,\ln\left[1 + z\,\exp\left(-\beta\frac{\hbar^2k^2}{2m}\right)\right].$$

Wir substituieren

$$x = \hbar\,k\sqrt{\frac{\beta}{2m}} \Longrightarrow k^2dk = \left(\frac{2m}{\beta\,\hbar^2}\right)^{3/2} x^2dx$$

und haben dann zu berechnen:

$$-\beta\,\Omega(T,V,\mu) = (2S+1)\frac{4V}{\sqrt{\pi}}\left(\frac{m}{2\pi\,\beta\,\hbar^2}\right)^{3/2}\int_0^\infty dx\,x^2\,\ln(1 + z\,e^{-x^2}).$$

Wir erinnern uns an die Definition (1.137) der *thermischen de Broglie-Wellenlänge*

$$\lambda = \sqrt{\frac{2\pi\,\beta\,\hbar^2}{m}}$$

und schreiben damit:

$$-\beta\,\Omega(T,V,\mu) = \frac{2S+1}{\lambda^3}\,\frac{4V}{\sqrt{\pi}}\int_0^\infty dx\,x^2\ln(1 + z\,e^{-x^2}).$$

Mit der Reihenentwicklung des Logarithmus,

$$\ln(1+y) = \sum_{n=1}^{\infty}(-1)^{n+1}\,\frac{y^n}{n}; \qquad |\,y\,| \le 1, \tag{3.39}$$

läßt sich das Integral weiter auswerten:

$$\int_0^\infty dx\,x^2 \ln\left(1 + z\,e^{-x^2}\right) =$$

$$= \sum_{n=1}^{\infty}(-1)^{n+1}\,\frac{z^n}{n}\int_0^\infty dx\,x^2 e^{-n\,x^2} =$$

$$= \sum_{n=1}^{\infty}(-1)^{n+1}\,\frac{z^n}{n}\left(-\frac{d}{dn}\int_0^\infty dx\,e^{-n\,x^2}\right) =$$

$$= \sum_{n=1}^{\infty}(-1)^{n+1}\,\frac{z^n}{n}\left(-\frac{d}{dn}\,\frac{1}{2}\sqrt{\pi}\,\frac{1}{\sqrt{n}}\right) = \frac{\sqrt{\pi}}{4}\sum_{n=1}^{\infty}(-1)^{n+1}\,\frac{z^n}{n^{5/2}}.$$

Man definiert:

$$f_{5/2}(z) = \frac{4}{\sqrt{\pi}}\int_0^\infty dx\,x^2 \ln\left(1 + z\,e^{-x^2}\right) = \sum_{n=1}^{\infty}(-1)^{n+1}\,\frac{z^n}{n^{5/2}}, \tag{3.40}$$

wobei die Potenz von n den Index 5/2 erklärt. Dies gilt analog für

$$f_{3/2}(z) = z\frac{d}{dz}\,f_{5/2}(z) = \sum_{n=1}^{\infty}(-1)^{n+1}\,\frac{z^n}{n^{3/2}}. \tag{3.41}$$

Mit (3.40) ist das großkanonische Potential des idealen Fermi-Gases, aus dem alle weiteren thermodynamischen Größen ableitbar sind, bestimmt:

$$\beta\,\Omega(T,V,z) = -\frac{2S+1}{\lambda^3}\,V\,f_{5/2}(z). \tag{3.42}$$

Damit folgt wegen $\Omega = -p\,V$ unmittelbar:

$$\beta\,p = \frac{2S+1}{\lambda^3(T)}\,f_{5/2}(z). \tag{3.43}$$

Um schließlich zur *thermischen Zustandsgleichung* zu gelangen, muß auf der rechten Seite noch die Fugazität z durch die *Teilchendichte* $n = \langle\,\widehat{N}\,\rangle/V$ ersetzt werden. Dabei hilft (2.78):

$$\langle\,\widehat{N}\,\rangle = z\left(\frac{\partial}{\partial z}\ln\Xi_z\right)_{T,V} = V\,z\left(\frac{\partial}{\partial z}\beta\,p\right)_{T,V}.$$

Es ergibt sich mit (3.41):

$$n = \frac{\langle \widehat{N} \rangle}{V} = \frac{2S+1}{\lambda^3(T)} f_{3/2}(z). \tag{3.44}$$

Aus den beiden Gleichungen (3.43) und (3.44) läßt sich, zumindest im Prinzip, z eliminieren, und man erhält die **thermische Zustandsgleichung** des idealen Fermi-Gases.

Für die *kalorische Zustandsgleichung* benötigen wir die innere Energie. Eine mögliche Darstellung ist (3.28). In dem vorliegenden Fall ist es jedoch sinnvoller, noch einmal von (2.82) auszugehen:

$$U = -\frac{\partial}{\partial \beta} \ln \Xi_\mu + \mu \langle \widehat{N} \rangle.$$

Wir schreiben den zweiten Summanden mit Hilfe von (3.44) um:

$$\begin{aligned} \mu \langle \widehat{N} \rangle &= \mu V \frac{2S+1}{\lambda^3} z \frac{d}{dz} f_{5/2}(z) = V \frac{2S+1}{\lambda^3} \frac{\partial}{\partial \beta} \left(\frac{\lambda^3}{V(2S+1)} \ln \Xi_\mu \right) = \\ &= \frac{\partial}{\partial \beta} \ln \Xi_\mu + \frac{3}{2} \frac{1}{\beta} \ln \Xi_\mu = \frac{\partial}{\partial \beta} \ln \Xi_\mu + \frac{3}{2} p V. \end{aligned}$$

Damit folgt:

$$U = \frac{3}{2} k_B T V \frac{2S+1}{\lambda^3} f_{5/2}(z) = \frac{3}{2} p V. \tag{3.45}$$

Ersetzen wir noch mit Hilfe von (3.44) z durch eine Funktion von T, V und $\langle \widehat{N} \rangle$, so liegt die **kalorische Zustandsgleichung** des idealen Fermi-Gases vor. Der rechte Teil von (3.45), $U = \frac{3}{2} p V$, ist auch für das klassische ideale Gas gültig. Man beachte jedoch, daß die Beziehung (3.38) für die Ein-Teilchen-Energien vorausgesetzt wurde. Bei *relativistischen Fermionen* zum Beispiel muß (3.45) geändert werden (s. Aufgabe 3.2.9).

3.2.2 Klassischer Grenzfall

Wir wollen für den Grenzfall

$$z \ll 1 \tag{3.46}$$

die Zustandsgleichung des idealen Fermi-Gases explizit berechnen. An der *mittleren Besetzungszahl* (3.30),

$$\langle \hat{n}_r \rangle = \frac{1}{z^{-1} e^{\beta \epsilon_r} + 1} \approx z \, e^{-\beta \epsilon_r},$$

die in diesem Fall in die klassische *Maxwell-Boltzmann-Verteilung* übergeht, erkennt man, daß es sich bei (3.46) um den *klassischen Grenzfall* handeln muß (*nicht-entartetes Fermi-Gas*).

In den Reihenentwicklungen (3.40), (3.41) können wir uns auf die beiden ersten Terme beschränken:

$$f_{5/2}(z) \approx z - \frac{z^2}{2^{5/2}},$$

$$f_{3/2}(z) \approx z - \frac{z^2}{2^{3/2}}.$$

Damit vereinfachen sich (3.43) und (3.44):

$$\beta p \lambda^3 \approx (2S+1)z\left(1 - 2^{-5/2}z\right),$$

$$n \lambda^3 \approx (2S+1)z\left(1 - 2^{-3/2}z\right).$$

Auflösen der Gleichung für die Teilchendichte liefert in allereinfachster Näherung:

$$z^{(0)} \approx n\lambda^3/2S+1.$$

Daran wird klar, daß die Bedingung (3.46) mit

$$n\lambda^3 \ll 1 \tag{3.47}$$

gleichbedeutend ist. *Klassischer Grenzfall* liegt also bei **geringer Teilchendichte** und **kleiner de Broglie-Wellenlänge** vor. Kleines λ bedeutet wegen $\lambda \sim T^{-1/2}$ andererseits hohe Temperaturen. – Treiben wir die Approximation einen Schritt weiter $\left((1-x)^{-1} \approx 1+x;\ x \ll 1\right)$,

$$z^{(1)} \approx z^{(0)}\left(1 + 2^{-3/2}z^{(1)}\right) = z^{(0)}\left(1 - z^{(0)}2^{-3/2}\right)^{-1} \approx z^{(0)}\left(1 + z^{(0)}2^{-3/2}\right),$$

und gehen damit in die Gleichung für den Druck,

$$\beta p \lambda^3 \approx (2S+1)\left[z^{(0)}\left(1 + z^{(0)}2^{-3/2}\right) - 2^{-5/2}\left(z^{(0)}\right)^2\right] =$$

$$= n\lambda^3\left(1 + 2^{-5/2}\frac{n\lambda^3}{2S+1}\right),$$

so bleibt als thermische Zustandsgleichung:

$$pV = \langle \widehat{N} \rangle k_B T\left(1 + \frac{n\lambda^3}{4\sqrt{2}(2S+1)}\right). \tag{3.48}$$

Der erste Term entspricht der Zustandsgleichung des klassischen idealen Gases. Der zweite Summand liefert eine erste quantenmechanische Korrektur. Weitergehende Approximationen würden einer Entwicklung nach höheren Potenzen von $n\,\lambda^3$ folgen. – Analog lassen sich auch alle anderen thermodynamischen Funktionen durch die des klassischen idealen Gases mit kleinen *Quantenkorrekturen* ausdrücken.

3.2.3 Zustandsdichte, Fermi-Funktion

Wir haben im letzten Abschnitt den *klassischen Grenzfall* kleiner Teilchendichten und hoher Temperaturen behandelt. Für Anwendungen, insbesondere in der Festkörperphysik (Metallelektronen!), noch interessanter ist der entgegengesetzte Grenzfall des **entarteten Fermi-Gases**, mit dem wir uns nun beschäftigen wollen. Eine nützliche und wichtige Größe zu dessen Beschreibung ist die *Zustandsdichte* $D(E)$ (2.21), die wir deshalb zunächst explizit für das ideale Fermi-Gas ableiten wollen.

$D(E)\,dE$ ist die Anzahl der Zustände mit Energien zwischen E und $E+dE$, die wir mit Hilfe der Überlegungen zu (3.37) leicht abzählen können:

$$D(E)dE = \frac{2S+1}{\Delta k} \int\limits_{E\le\epsilon(\mathbf{k})\le E+dE} d^3k. \qquad (3.49)$$

Integriert wird über eine Schale im k-Raum, die alle die Zustände enthält, deren Energiewerte zwischen E und $E+dE$ liegen. Für $\epsilon(\mathbf{k})$ benutzen wir die isotrope Energiebeziehung (3.38). Es bleibt deshalb die Spinentartung $(2S+1)$ zu berücksichtigen. Mit dem *Phasenvolumen*

$$\varphi(E) = \int\limits_{\epsilon(\mathbf{k})\le E} d^3k$$

und der Beziehung $\Delta k = (2\pi)^3/V$ für das *Rastervolumen* kann (3.49) wie folgt geschrieben werden:

$$D(E) = (2S+1)\frac{V}{(2\pi)^3}\frac{d}{dE}\varphi(E).$$

Wegen der isotropen Energiebeziehung (3.38) stellt $\varphi(E)$ im k-Raum eine Kugel mit dem Volumen

$$\varphi(E) = \frac{4\pi}{3}k^3\bigg|_{\epsilon(\mathbf{k})=E} = \frac{4\pi}{3}\left(\frac{2m\,E}{\hbar^2}\right)^{3/2}$$

dar. Damit gilt für die

Zustandsdichte der idealen Quantengase:

$$D(E) = \begin{cases} d\sqrt{E}, & \text{falls } E \geq 0, \\ 0 & \text{sonst.} \end{cases} \tag{3.50}$$

$$d = (2S+1)\frac{V}{4\pi^2}\left(\frac{2m}{\hbar^2}\right)^{3/2}. \tag{3.51}$$

Wir haben bisher keine spezifischen Eigenschaften des Fermi-Gases einbringen müssen. (3.50) gilt deshalb auch für Bose-Systeme, falls deren Ein-Teilchen-Energien (3.38) entsprechen. Typisch ist die $\sqrt{E}$-Abhängigkeit der Zustandsdichte.

$D(E)$ gibt Auskunft über die Dichte der zur Verfügung stehenden Energiezustände. Die nächste Information, die wir offensichtlich benötigen, ist die, mit welcher Wahrscheinlichkeit diese Zustände bei der Temperatur T tatsächlich besetzt sind. Das haben wir aber mit (3.30) bereits berechnet. Die mittlere Besetzungszahl $\langle \hat{n}_r \rangle$ ist eine Zahl zwischen 0 und 1, die durch die **Fermi-Dirac-Funktion**

$$f_-(E) = \left[e^{\beta(E-\mu)} + 1\right]^{-1} \tag{3.52}$$

gegeben ist:

$$\langle \hat{n}_r \rangle = f_-(E = \epsilon_r).$$

(Man nennt $f_-(E)$ bisweilen auch kürzer *Fermi-Funktion*.) Damit ist

$D(E)f_-(E)$: Dichte der bei der Temperatur T **besetzten** Zustände.

Für die innere Energie U und die Teilchenzahl $\langle \widehat{N} \rangle$ des idealen Fermi-Gases sind somit die folgenden Integrale zu berechnen:

$$\langle \widehat{N} \rangle = \int_{-\infty}^{+\infty} dE\, f_-(E)D(E), \tag{3.53}$$

$$U = \int_{-\infty}^{+\infty} dE\, E\, f_-(E)D(E). \tag{3.54}$$

Bevor wir diese auswerten, wollen wir uns die *Fermi-Dirac-Funktion* $f_-(E)$ noch etwas genauer anschauen. Wenn $f_-(E)$ die Wahrscheinlichkeit dafür ist, daß ein Zustand der Energie E bei der Temperatur T **besetzt** ist, dann stellt $(1 - f_-(E))$ offensichtlich die Wahrscheinlichkeit dafür dar, daß eben dieser Zustand **unbesetzt** ist. Wegen

$$f_-(\mu+\Delta) = \frac{1}{e^{\beta\Delta}+1} = 1 - \frac{e^{\beta\Delta}}{e^{\beta\Delta}+1} = 1 - \frac{1}{e^{-\beta\Delta}+1} = 1 - f_-(\mu-\Delta) \tag{3.55}$$

ist der Zustand mit der Energie $E = \mu + \Delta$ mit derselben Wahrscheinlichkeit besetzt, wie der mit $E = \mu - \Delta$ unbesetzt. Insbesondere gilt für **alle** Temperaturen:

$$f_-(E = \mu) = \frac{1}{2}. \tag{3.56}$$

Das chemische Potential μ selbst ist temperaturabhängig (s. Kap. 3.2.5). – Bei $T = 0$ ist $f_-(E)$ eine *Stufenfunktion*:

$$f_-^{T=0}(E) = \Theta\big(\mu(T = 0) - E\big). \tag{3.57}$$

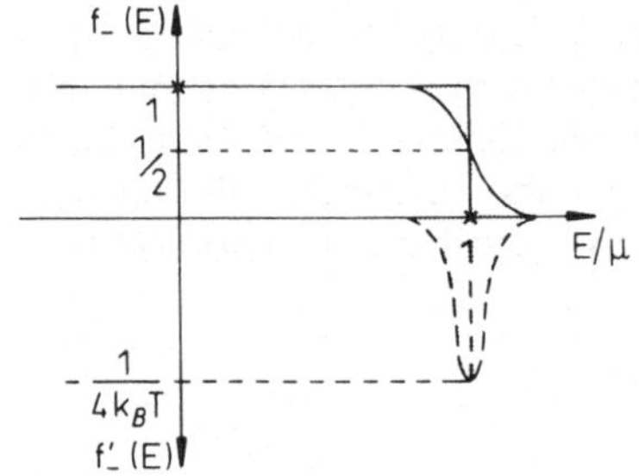

Man bezeichnet

$$\mu(T = 0) = E_F \tag{3.58}$$

als **Fermi-Energie**. Bei endlichen Temperaturen ($T > 0$) *weicht* die Fermi-Dirac-Funktion an der *Fermi-Kante* in einer Breite von etwa $4k_BT$ *auf*, wie man sich mit

$$f'_-(E) = \frac{d}{dE} f_-(E) = -\frac{\beta\, e^{\beta(E-\mu)}}{\left[e^{\beta(E-\mu)} + 1\right]^2} \xrightarrow[E \to \mu]{} -\frac{1}{4k_BT} \tag{3.59}$$

leicht klarmacht. Dieses *Aufweichen* der Fermi-Dirac-Funktion ist für viele elektronische Festkörpereigenschaften von ganz ausschlaggebender Bedeutung, was wir in den folgenden Kapiteln noch an einigen einfachen Beispielen demonstrieren werden. – Eine *Abschätzung für Metallelektronen* ($S = 1/2$),

$$E_F = 1 \ldots 10 \text{ eV},$$

$$k_BT[\text{eV}] = \frac{T[\text{K}]}{11605}; \qquad T_z = 300 \text{ K}$$

$$\Longrightarrow \frac{k_BT_z}{E_F} \lesssim \frac{1}{40}; \quad (z \gg 1), \tag{3.60}$$

zeigt, daß bei *normalen* Temperaturen nur ein sehr kleiner Bereich um die Fermi-Kante herum *aufgeweicht* sein wird. Außerhalb dieser *Schicht* ist

$$\frac{d}{dE} f_-(E) \approx -\beta\, e^{-\beta|E-\mu|} \approx 0.$$

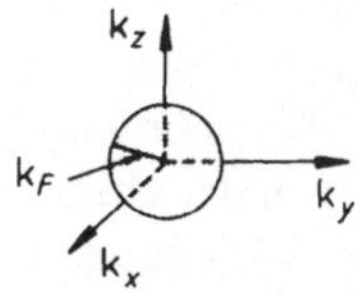

Der *physikalische Hintergrund* für das Verhalten der Fermi-Funktion ist recht einfach zu verstehen. Wegen des Pauli-Prinzips können nie zwei Fermionen denselben Zustand besetzen. Im Grundzustand des Systems ($T = 0$) füllen die Teilchen die untersten Energieniveaus bis zu einer maximalen Energie E_F auf. Setzen wir weiterhin die isotrope Ein-Teilchen-Energiebeziehung (3.38) voraus, so bedeutet das, daß im k-Raum alle Zustände innerhalb einer Kugel (**Fermi-Kugel**) mit dem Radius k_F (**Fermi-Wellenvektor**) mit jeweils $2S+1$ Fermionen besetzt sind, die sich durch die Spinquantenzahl m_S unterscheiden. Die Größen k_F und E_F hängen offenbar von der Teilchenzahl $N = \langle \widehat{N} \rangle$ ab und lassen sich leicht bestimmen, wenn man N als fest vorgegeben ansieht:

$$N \stackrel{!}{=} \frac{1}{\Delta k} \frac{4\pi}{3} k_F^3 (2S+1) = \frac{V}{6\pi^2} k_F^3 (2S+1).$$

Mit der *Teilchendichte* $n = \langle \widehat{N} \rangle / V = N/V$ ergibt sich:

$$k_F = \left(\frac{6\pi^2}{2S+1} n \right)^{1/3}, \tag{3.61}$$

$$E_F = \frac{\hbar^2}{2m} \left(\frac{6\pi^2}{2S+1} n \right)^{2/3}. \tag{3.62}$$

Man berechnet ferner als *mittlere Energie pro Fermion* bei $T = 0$ (s. Aufgabe 3.2.3):

$$\epsilon = \frac{1}{N} U(T=0) = \frac{3}{5} E_F. \tag{3.63}$$

Für Vergleichszwecke ist bisweilen noch die Definition einer *Fermi-Temperatur* T_F,

$$T_F = \frac{E_F}{k_B}, \tag{3.64}$$

ganz sinnvoll. Die folgende Tabelle enthält einige typische Zahlenwerte für Leitungselektronen der einfachen Metalle:

	$n[\text{cm}^{-3}]$	$k_F[\text{cm}^{-1}]$	$E_F[\text{eV}]$	$T_F[\text{K}]$
Li	$4{,}6 \cdot 10^{22}$	$1{,}10 \cdot 10^8$	4,7	$5{,}5 \cdot 10^4$
Na	$2{,}5 \cdot 10^{22}$	$0{,}90 \cdot 10^8$	3,1	$3{,}7 \cdot 10^4$
K	$1{,}34 \cdot 10^{22}$	$0{,}73 \cdot 10^8$	2,1	$2{,}4 \cdot 10^4$
Cn	$8{,}50 \cdot 10^{22}$	$1{,}35 \cdot 10^8$	7,0	$8{,}2 \cdot 10^4$
Ag	$5{,}76 \cdot 10^{22}$	$1{,}19 \cdot 10^8$	5,5	$6{,}4 \cdot 10^4$
Au	$5{,}90 \cdot 10^{22}$	$1{,}20 \cdot 10^8$	5,5	$6{,}4 \cdot 10^4$

Bei endlichen Temperaturen werden die Fermionen versuchen, die thermische Energie zur Anregung in höhere Niveaus zu benutzen. Das wird wegen des Pauli-Prinzips allerdings nur denjenigen gelingen, die einen energetischen Abstand von der Fermi-Kante E_F haben, der höchstens von der Größenordnung k_BT ist. Den anderen stehen keine freien Zustände zur Verfügung, die sie mit der thermischen Energie erreichen könnten. Das erklärt das *Aufweichen* der Fermi-Funktion in einer *dünnen* Schicht um E_F herum.

3.2.4 Sommerfeld-Entwicklung

Bei der Auswertung der thermodynamischen Eigenschaften des *idealen Fermi-Gases* werden wir immer wieder Integralen vom Typ (3.53) für $\langle \widehat{N} \rangle$ oder (3.54) für U begegnen. Dabei macht die Fermi-Dirac-Funktion $f_-(E)$, die im wesentlichen die Temperaturabhängigkeiten bestimmt, gewisse Schwierigkeiten. Für den *klassischen Grenzfall* ($z \ll 1$) konnten wir die exakten Reihenentwicklungen des Kapitels 3.2.1 nach wenigen Termen abbrechen und erhielten damit die Ergebnisse des Abschnitts 3.2.2. Das geht beim *entarteten* Fermi-Gas ($z \gg 1$) nicht mehr. Die zu lösenden Integrale haben sämtlich die Struktur:

$$I(T) = \int_{-\infty}^{+\infty} dE\, g(E) f_-(E). \tag{3.65}$$

Dabei ist $f_-(E)$ die Fermi-Dirac-Funktion, die dafür sorgt, daß dieses Integral von seinem $T = 0$-Wert,

$$I(T = 0) = \int_{-\infty}^{E_F} dE\, g(E), \tag{3.66}$$

durch einen Beitrag abweicht, der ausschließlich durch das Verhalten der Funktion $g(E)$ in der einige k_BT breiten *Fermi-Schicht* um $E = \mu$ herum bestimmt ist. Verhält sich $g(E)$ dort *gutartig*, so werden Reihenentwicklungen vielversprechend. Eine außerordentlich nützliche Entwicklung, weil für die interessierenden Systeme rasch konvergierend, wollen wir in diesem Kapitel als *Einschub* diskutieren. Sie wird uns in den folgenden Abschnitten bei der Untersuchung der *Thermodynamik* des Fermi-Gases von großem Nutzen sein. Wir wollen für die Funktion $g(E)$ drei Voraussetzungen vereinbaren:

1) $g(E) \xrightarrow[E \to -\infty]{} 0$,

2) $g(E)$ bleibt für $E \to +\infty$ endlich oder divergiert höchstens wie eine Potenz von E!

3) $g(E)$ regulär in der *Fermi-Schicht*.

Wir definieren

$$p(E) = \int_{-\infty}^{E} dx\, g(x) \implies g(E) = \frac{d}{dE} p(E)$$

und erhalten dann mit partieller Integration:

$$\int_{-\infty}^{+\infty} dE\, g(E) f_-(E) = p(E) f_-(E)\Big|_{-\infty}^{+\infty} - \int_{-\infty}^{+\infty} dE\, p(E) \frac{\partial f_-(E)}{\partial E}.$$

Der ausintegrierte Anteil verschwindet, da für $E \to +\infty$ $f_-(E)$ schneller verschwindet als jede Potenz von E divergiert. An der unteren Grenze sind $f_-(E) = 1$ und $p(E) = 0$. Es bleibt also als Zwischenergebnis für das Integral in (3.65):

$$I(T) = -\int_{-\infty}^{+\infty} dE\, p(E) \frac{\partial f_-(E)}{\partial E}. \tag{3.67}$$

Wir wissen, daß die Ableitung der Fermi-Dirac-Funktion nur in der schmalen *Fermi-Schicht* merklich von Null verschieden ist. Wir setzen deshalb die Taylor-Entwicklung von $p(E)$ um $E = \mu$,

$$p(E) = p(\mu) + \sum_{n=1}^{\infty} \frac{(E-\mu)^n}{n!} \left(\frac{d^n}{dE^n} p(E) \right)_{E=\mu},$$

in (3.67) ein. Der erste Summand liefert zu $I(T)$ den folgenden Beitrag:

$$I_0(T, \mu) = -p(\mu) \int_{-\infty}^{+\infty} dE \frac{\partial f_-(E)}{\partial E} = p(\mu) = \int_{-\infty}^{\mu} dx\, g(x).$$

Aus der obigen Summe tragen zu (3.67) nur die geraden Potenzen von $(E - \mu)$ bei, da

$$\frac{\partial f_-(E)}{\partial E} = -\beta \frac{e^{\beta(E-\mu)}}{\left[e^{\beta(E-\mu)} + 1\right]^2} = \frac{-\beta}{4 \cosh^2\left(\frac{1}{2}\beta(E-\mu)\right)}$$

eine gerade Funktion von $(E - \mu)$ ist:

$$I(T) = I_0(T, \mu) + \beta \sum_{n=1}^{\infty} \frac{1}{(2n)!} \left(\frac{d^{2n-1}}{dE^{2n-1}} g(E) \right)_{E=\mu} I_{2n}(T, \mu). \tag{3.68}$$

Dabei haben wir abkürzend definiert:

$$I_{2n}(T,\mu) = \int\limits_{-\infty}^{+\infty} dE(E-\mu)^{2n} \frac{e^{\beta(E-\mu)}}{\left[e^{\beta(E-\mu)}+1\right]^2}. \tag{3.69}$$

Dies läßt sich weiter auswerten:

$$I_{2n}(T,\mu) = \frac{1}{\beta^{2n+1}} \int\limits_{-\infty}^{+\infty} dx\, x^{2n} \frac{e^x}{(e^x+1)^2} = \frac{-2}{\beta^{2n+1}} \left(\frac{d}{d\alpha} \int\limits_0^\infty dx \frac{x^{2n-1}}{e^{\alpha x}+1} \right)_{\alpha=1} =$$

$$= \frac{-2}{\beta^{2n+1}} \left(\frac{d}{d\alpha} \alpha^{-2n} \int\limits_0^\infty dy \frac{y^{2n-1}}{e^y+1} \right)_{\alpha=1} = \frac{4n}{\beta^{2n+1}} \left(\int\limits_0^\infty dy \frac{y^{2n-1}}{e^y+1} \right).$$

Das Integral in der Klammer ist ein in der mathematischen Physik wohlbekanntes Standardintegral (z.B. M. Abramowitz, I.A. Stegun: *Handbook of Mathematical Functions*, S. 807, Dover, New York, 1972). Es ist wesentlicher Bestandteil der *Riemannschen ζ-Funktion*:

$$\zeta(n) = \sum_{p=1}^{\infty} \frac{1}{p^n} = \frac{1}{(1-2^{1-n})\Gamma(n)} \int\limits_0^\infty dy \frac{y^{n-1}}{e^y+1}, \tag{3.70}$$

die tabelliert vorliegt:

$$\zeta(2) = \frac{\pi^2}{6}; \quad \zeta(4) = \frac{\pi^4}{90}; \quad \zeta(6) = \frac{\pi^6}{945}; \quad \ldots \tag{3.71}$$

$\Gamma(n)$ ist die *Gamma-Funktion* mit $\Gamma(n) = (n-1)!$, wenn n eine natürliche Zahl ist. Es bleibt somit für das Integral (3.69):

$$I_{2n}(T,\mu) = 2\left(1-2^{1-2n}\right)\beta^{-(2n+1)}(2n)!\,\zeta(2n).$$

Setzen wir dies in (3.68) ein, so ist das Integral (3.65) dargestellt durch seine

Sommerfeld-Entwicklung:

$$I(T) =$$

$$= \int\limits_{-\infty}^{\mu} dE\, g(E) + 2\sum_{n=1}^{\infty} (1-2^{1-2n})\zeta(2n)(k_BT)^{2n} \left[\frac{d^{2n-1}g(E)}{dE^{2n-1}}\right]_{E=\mu}. \tag{3.72}$$

Das sieht allerdings sehr kompliziert aus. Der wahre Wert dieser Entwicklung macht sich deshalb vor allem bei solchen Funktionen $g(E)$ bemerkbar, für die sich

$$\left.\frac{d^n}{dE^n} g(E)\right|_{E=\mu} \approx \frac{g(\mu)}{\mu^n}$$

abschätzen läßt. Dazu zählt zum Beispiel die wichtige Zustandsdichte $D(E)$ des idealen, *entarteten* Fermi-Gases. In solchen Fällen konvergiert die Entwicklung außerordentlich rasch, da das Verhältnis aufeinanderfolgender Reihenglieder von der Größenordnung $(k_B T/\mu)^2$ ist. Für das wichtige Anwendungsbeispiel der Leitungselektronen einfacher Metalle (s. Tabelle, Ende Kap. 3.2.3) ist das Verhältnis bei Raumtemperatur etwa 10^{-4}! In den meisten Fällen von Interesse kommt man deshalb bereits mit den ersten Summanden aus der Entwicklung (3.72) aus:

$$\int_{-\infty}^{+\infty} dE\, g(E) f_-(E) = \int_{-\infty}^{\mu} dE\, g(E) + \frac{\pi^2}{6}(k_B T)^2 g'(\mu) + \\ + \frac{7\pi^4}{360}(k_B T)^4 g'''(\mu) + \ldots \tag{3.73}$$

Mit dieser nützlichen Formel werden wir im nächsten Abschnitt Aussagen über die thermodynamischen Eigenschaften des idealen Fermi-Gases ableiten können.

3.2.5 Thermodynamische Eigenschaften

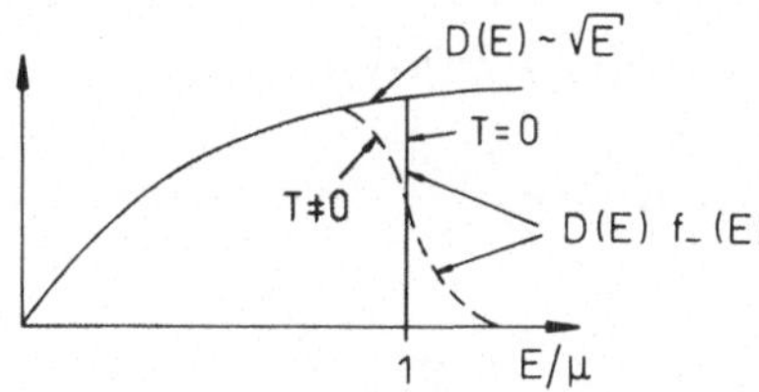

Wir setzen für das Folgende ein ideales Fermi-Gas mit **fester** Teilchenzahl $\langle \widehat{N} \rangle \equiv N$ voraus. Mit dieser wollen wir zunächst die Temperaturabhängigkeit des **chemischen Potentials** μ untersuchen. Nach Formel (3.53) ist N durch das Integral über die Dichte der besetzten Zustände

$$D(E) f_-(E)$$

bestimmt. Die Temperaturabhängigkeit dieses Integrals kann natürlich nur von formaler Art sein. Die Fermionenzahl ist für alle Temperaturen dieselbe. Die Zustandsdichte $D(E)$ (3.50) erfüllt alle Voraussetzungen für die Anwendbarkeit der *Sommerfeld-Entwicklung*. Nach (3.73) gilt somit:

$$N \approx \int_{-\infty}^{\mu} dE\, D(E) + \frac{\pi^2}{6}(k_B T)^2 D'(\mu) + \ldots$$

Im Fall des *entarteten* Fermi-Gases können wir die Entwicklung für alle *vernünftigen* Temperaturen bereits nach dem ersten Korrekturterm abbrechen. Wir setzen $D(E)$ nach (3.50) ein, wobei es sich allerdings empfiehlt, für die Konstante d statt (3.51) den äquivalenten Ausdruck (Aufgabe 3.2.3, Teil 4))

$$d = \frac{3N}{2E_F^{3/2}} \tag{3.74}$$

zu verwenden. N kürzt sich dann nämlich heraus:

$$1 \approx \left(\frac{\mu}{E_F}\right)^{3/2} \left[1 + \frac{\pi^2}{8}\left(\frac{k_B T}{\mu}\right)^2\right].$$

Der zweite Summand ist in typischen Fällen von der Größenordnung 10^{-4}. Mit $(1+x)^{n/m} \approx 1 + \frac{n}{m}x$, falls $x \ll 1$, erhalten wir deshalb:

$$\mu(T) \approx E_F \left[1 - \frac{\pi^2}{12}\left(\frac{k_B T}{E_F}\right)^2\right]. \tag{3.75}$$

Unter normalen Bedingungen ist in *entarteten* Fermi-Gasen die Temperaturabhängigkeit des chemischen Potentials also praktisch vernachlässigbar. $\mu(T)$ wird in der Regel durch die *Fermi-Energie* E_F gut approximiert, nimmt lediglich geringfügig mit steigender Temperatur ab.

Als nächstes berechnen wir die innere Energie des idealen Fermi-Gases, für die mit (3.54) und (3.73) auszuwerten ist:

$$\begin{aligned} U(T) &\approx \int_0^\mu dE\, E\, D(E) + \frac{\pi^2}{6}(k_B T)^2 (\mu\, D'(\mu) + D(\mu)) = \\ &= \frac{2}{5}\, d\, \mu^{5/2} + \frac{\pi^2}{4}(k_B T)^2\, d\, \mu^{1/2} = \\ &= d\, \frac{2}{5}\, E_F^{5/2} \left[\left(\frac{\mu}{E_F}\right)^{5/2} + \frac{5\pi^2}{8}\left(\frac{k_B T}{E_F}\right)^2 \left(\frac{\mu}{E_F}\right)^{1/2}\right]. \end{aligned}$$

Vor der Klammer steht der $T = 0$-Wert der inneren Energie:

$$d\, \frac{2}{5}\, E_F^{5/2} \overset{(3.74)}{=} N \frac{3}{5} E_F \overset{(3.63)}{=} U(T=0).$$

Ferner können wir mit (3.75) abschätzen:

$$\left(\frac{\mu}{E_F}\right)^n \approx 1 - n\,\frac{\pi^2}{12}\left(\frac{k_B T}{E_F}\right)^2.$$

Die innere Energie des idealen Fermi-Gases ändert sich also wie folgt mit der Temperatur:

$$U(T) \approx U(0)\left[1 + \frac{5\pi^2}{12}\left(\frac{k_B T}{E_F}\right)^2\right]. \tag{3.76}$$

Zu den wichtigsten Erfolgen der *frühen* Quantenstatistik gehört das aus (3.76) leicht ableitbare Ergebnis zum Temperaturverhalten der **Wärmekapazität**. Der klassischen Metallphysik war völlig unverständlich, wieso Elektronen ($S = 1/2$-Fermionen) zwar an der elektrischen Leitung teilnehmen, als ob sie quasifrei beweglich wären, aber andererseits so gut wie nichts zur Wärmekapazität beitragen. Klassisch sollten nach dem *Gleichverteilungssatz* (1.113) N quasifreie Elektronen eine innere Energie von $(3/2)N\,k_BT$ aufweisen. Dies bedeutet:

$$C_V^{\text{kl}} \approx \frac{3}{2} N\, k_B \quad \text{(Dulong-Petit)}.$$

Wir wissen, daß dieses Ergebnis für $T \to \infty$ korrekt ist; für moderate und tiefe Temperaturen wird hingegen

$$C_V \leq 10^{-2} C_V^{\text{kl}}; \quad C_V = C_V(T) \xrightarrow[T \to 0]{} 0$$

beobachtet. Die Erklärung liefert das **Pauli-Prinzip**, demzufolge beim Aufheizen des Metalls von $T = 0$ auf $T > 0$ entgegen der klassischen Annahme nur wenige Elektronen tatsächlich die thermische Energie k_BT aufnehmen können. Nur für die Elektronen der dünnen *Fermi-Schicht* liegen freie Zustände *in Reichweite*, in die sie bei thermischer Energieaufnahme wechseln können. Die Anzahl dieser Elektronen kann man zu etwa $N\big(k_BT/E_F\big)$ abschätzen. Die innere Energie des Fermi-Gases ändert sich also ungefähr um $\Delta U(T) = N\big(k_BT/E_F\big)k_BT$. Damit läßt sich die Wärmekapazität mit $C_V \approx \big(N\,k_B^2/E_F\big)T$ angeben. Diese Abschätzung ist gar nicht so schlecht, wie man erkennt, wenn man (3.76) nach der Temperatur ableitet:

$$C_V = \gamma T, \tag{3.77}$$

$$\gamma = \frac{a}{E_F} = b\, D(E_F), \tag{3.78}$$

$$a = \frac{1}{2} N\, \pi^2 k_B^2; \quad b = \frac{1}{3}\pi^2 k_B^2. \tag{3.79}$$

Die Quantenstatistik ist also insbesondere in der Lage, die experimentell beobachtete lineare Temperaturabhängigkeit der Wärmekapazität zu reproduzieren und zu erklären. Das ideale Fermi-Gas erfüllt damit auch den Dritten Hauptsatz der Thermodynamik. Beim Vergleich mit der *klassischen Erwartung*

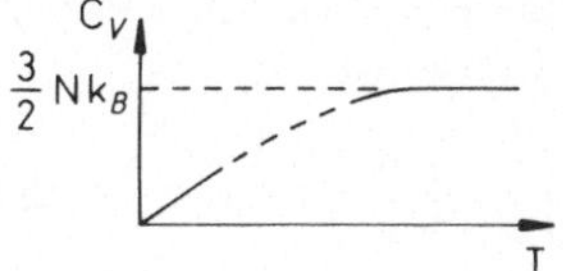

$$\frac{C_V}{C_V^{\text{kl}}} = \frac{\pi^2}{3}\left(\frac{k_BT}{E_F}\right)$$

ergibt sich für Metalle bei Raumtemperatur in der Tat die Größenordnung 10^{-2}.

In einem realen metallischen Festkörper tragen neben den Elektronen auch die *Phononen* des Kristallgitters zur Wärmekapzität bei. Phononen sind Bosonen. Wir werden uns mit ihnen deshalb in Kapitel 3.3 befassen. Bei tiefen Temperaturen liefern sie einen T^3-Beitrag (*Debyesches* T^3*-Gesetz*, Aufgabe 2.3.7) zu C_V. Es gilt dann für einen metallischen Festkörper bei hinreichend tiefen Temperaturen in guter Näherung:

$$C_V^* = \gamma T + \alpha T^3. \tag{3.80}$$

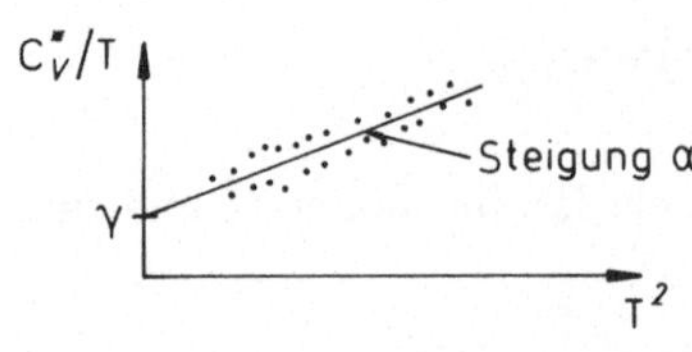

Trägt man die experimentellen Wärmekapazitätswerte in der Form C_V^*/T als Funktion von T^2 auf, so ergibt sich, zumindest für die einfachen Metalle, eine Gerade, deren Achsenabschnitt gleich dem *elektronischen* γ und deren Steigung gleich dem *phononischen* α ist. Die Tabelle enthält einige typische Meßwerte und den Vergleich mit dem theoretischen Wert (3.78). Abweichungen sind natürlich den nicht berücksichtigten Elektron-Elektron- und Elektron-Ion-Wechselwirkungen zuzuschreiben.

	γ[mJ mol^{-1} K^{-2}]	$\gamma_{\text{ex}}/\gamma$
Na	1,38	1,22
K	2,08	1,23
Cu	0,695	1,38
Ag	0,646	1,01
Au	0,729	1,09

Mit (3.45) haben wir die für das ideale Fermi-Gas exakte Beziehung

$$U = \frac{3}{2} p V$$

abgeleitet. Da wir U kennen, (3.76), können wir nun explizit die **thermische Zustandsgleichung** angeben:

$$p V = \frac{2}{5} N E_F \left[1 + \frac{5\pi^2}{12} \left(\frac{k_B T}{E_F} \right)^2 \right]. \tag{3.81}$$

$p V$ ist also nur sehr schwach temperaturabhängig, da die Fermionen wegen des Pauli-Prinzips nur sehr träge auf Temperaturvariationen reagieren. Das Pauli-Prinzip ist auch die alleinige Ursache dafür, daß das Fermi-Gas im Gegensatz zum klassischen idealen Gas einen *Nullpunktsdruck* aufweist:

$$p(T=0) = \frac{2}{5} \frac{N}{V} E_F \overset{(3.62)}{=} \frac{2}{5} \frac{\hbar^2}{2m} \left(\frac{6\pi^2}{2S+1} \right)^{2/3} \left(\frac{N}{V} \right)^{5/3}. \tag{3.82}$$

Das Pauli-Prinzip *erlaubt* nur $(2S + 1)$ Teilchen den Impuls $\mathbf{p} = 0$. Alle anderen Fermionen haben auch bei $T = 0$ endliche Impulse und sorgen damit für den Druck (3.82). Dieser ist durchaus beträchtlich, wie die Zahlenwerte aus Aufgabe 3.2.3, Teil 4) belegen. Denken wir an die Elektronen eines metallischen Festkörpers, so muß dieser Druck offenbar von der hier vernachlässigten Anziehungskraft der positiv geladenen Ionen kompensiert werden, damit die Elektronen den Festkörper nicht verlassen.

Berechnen wir zum Schluß noch die **Entropie** des idealen Fermi-Gases. Wir benutzen dazu die thermodynamische Relation (1.155):

$$S(T, V, \mu) = -\left(\frac{\partial \Omega}{\partial T}\right)_{V,\mu} = \left(\frac{\partial}{\partial T} k_B T \ln \Xi_\mu(T, V)\right)_{V,\mu} =$$

$$\stackrel{(3.22)}{=} \left(\frac{\partial}{\partial T} k_B T \sum_r \ln\left(1 + e^{-\beta(\epsilon_r - \mu)}\right)\right)_{V,\mu} =$$

$$= k_B \sum_r \ln\left(1 + e^{-\beta(\epsilon_r - \mu)}\right) + \frac{1}{T} \sum_r \frac{e^{-\beta(\epsilon_r - \mu)}}{1 + e^{-\beta(\epsilon_r - \mu)}} (\epsilon_r - \mu).$$

Wir können die einzelnen Terme durch die mittleren Besetzungszahlen $\langle \hat{n}_r \rangle$ ausdrücken:

$$\frac{e^{-\beta(\epsilon_r - \mu)}}{1 + e^{-\beta(\epsilon_r - \mu)}} = \langle \hat{n}_r \rangle,$$

$$\frac{1}{1 + e^{-\beta(\epsilon_r - \mu)}} = 1 - \langle \hat{n}_r \rangle,$$

$$-\beta(\epsilon_r - \mu) = \ln\langle \hat{n}_r \rangle - \ln(1 - \langle \hat{n}_r \rangle).$$

Damit bleibt als Entropie:

$$S(T, V, \mu) = -k_B \sum_r \ln(1 - \langle \hat{n}_r \rangle) - k_B \sum_r \langle \hat{n}_r \rangle \left(\ln\langle \hat{n}_r \rangle - \ln(1 - \langle \hat{n}_r \rangle)\right) =$$

$$= -k_B \sum_r \left[(1 - \langle \hat{n}_r \rangle) \ln(1 - \langle \hat{n}_r \rangle) + \langle \hat{n}_r \rangle \ln\langle \hat{n}_r \rangle\right]. \tag{3.83}$$

Da $(1 - \langle \hat{n}_r \rangle)$ die Wahrscheinlichkeit dafür darstellt, daß der entsprechende Ein-Teilchen-Zustand unbesetzt ist, gibt der erste Summand den Beitrag der *Löcher*, der zweite den der *Teilchen* zur Entropie an. Untersuchen wir schließlich noch das Verhalten für $T \to 0$:

$$\epsilon_r > E_F : \langle \hat{n}_r \rangle \xrightarrow[T \to 0]{} 0; \quad \ln(1 - \langle \hat{n}_r \rangle) \xrightarrow[T \to 0]{} 0,$$

$$\epsilon_r < E_F : \langle \hat{n}_r \rangle \xrightarrow[T \to 0]{} 1; \quad \ln\langle \hat{n}_r \rangle \xrightarrow[T \to 0]{} 0.$$

Insgesamt ergibt sich also, wie vom Dritten Hauptsatz gefordert:

$$S \xrightarrow[T \to 0]{} 0.$$

3.2.6 Spinparamagnetismus

Die idealen Quantengase sind durch fehlende Wechselwirkungen der Teilchen untereinander gekennzeichnet. Sie können jedoch eventuell durch äußere (magnetische, elektrische) Felder beeinflußt sein. Wir wollen in diesem und den folgenden Kapiteln einige Effekte untersuchen, die durch *Einschalten* eines Magnetfeldes in einem idealen Fermi-Gas hervorgerufen werden. Experimentell überprüfbar sind diese an den quasifreien Leitungselektronen $\left(S = 1/2\right)$ der Metalle. Von diesen wissen wir aus der *relativistischen Dirac-Theorie* (Kap. 5.3, Bd.5, Tl. 2), daß sie ein mit ihrem Spin $\mathbf{S}$ verknüpftes, permanentes magnetisches Moment $\boldsymbol{\mu}_S$ besitzen ((5.240), Bd. 5, Tl. 2):

$$\boldsymbol{\mu}_S = -2\frac{\mu_B}{\hbar}\mathbf{S}; \quad \mu_B = \frac{e\hbar}{2m}.$$

Dieses wechselwirkt mit dem äußeren Feld $\mathbf{B}_0$, das wir als homogen annehmen wollen:

$$\mathbf{B}_0 = B_0 \mathbf{e}_z.$$

(Wir bezeichnen magnetische Momente von Einzelteilchen mit $\boldsymbol{\mu}$, die von Teilchensystemen mit $\mathbf{m}$.) Im Hamilton-Operator erscheint ein Zusatzterm der Form ((5.239), Bd. 5, Tl. 2):

$$H_m = -\sum_{i=1}^{N} \boldsymbol{\mu}_S^{(i)}\, \mathbf{B}_0 = +2\frac{\mu_B}{\hbar} B_0 \sum_{i=1}^{N} S_i^z.$$

In zweiter Quantisierung lautet dann der gesamte Hamilton-Operator des idealen Fermi-Gases, wenn wir die Kopplung des Magnetfeldes an die Bahnbewegung der Elektronen (Kap. 3.2.7) hier zunächst unberücksichtigt lassen:

$$H = \sum_{\mathbf{k},\sigma} \left(\epsilon(\mathbf{k}) + z_\sigma \mu_B B_0\right) a_{\mathbf{k}\sigma}^{+} a_{\mathbf{k}\sigma} \tag{3.84}$$

$$(z_\uparrow = +1, \ z_\downarrow = -1).$$

Die Ein-Teilchen-Energien der Elektronen mit einem Moment parallel zum Feld werden um $\mu_B B$ abgesenkt, die der Elektronen mit antiparallelem Moment nehmen um denselben Betrag zu. Beachten Sie, daß magnetisches Moment und Spin des Elektrons **entgegengesetzt** orientiert sind. Das wird in der Literatur häufig nicht berücksichtigt. Man findet deshalb bisweilen in der Klammer in (3.84) auch ein Minuszeichen. Das ist für die folgenden Aussagen ohne Bedeutung, streng korrekt ist allerdings nur die Darstellung (3.84).

Unter **Paramagnetismus** versteht man die Reaktion von permanenten magnetischen Momenten auf ein äußeres Magnetfeld

$$\mathbf{B}_0 = \mu_0 \mathbf{H}$$

($\mathbf{B}_0$: magnetische Induktion des Vakuums, $\mathbf{H}$: Magnetfeld, μ_0: Permeabilität des Vakuums). Den Paramagnetismus der Leitungselektronen eines Metalls (*Elektronengas*) wollen wir nun untersuchen. Bei abgeschaltetem Feld werden die Richtungen der magnetischen Momente statistisch verteilt sein, so daß die *Gesamtmagnetisierung* M (magnetisches Gesamtmoment pro Volumen) Null ist. Im Feld $\mathbf{B}_0 \neq 0$ versuchen sich die magnetischen Momente parallel zu diesem zu orientieren, da dadurch die innere Energie $U = \langle \widehat{H} \rangle$ abnimmt. Dem steht die Unordnungstendenz der Entropie entgegen. Die sich bei der Temperatur T einstellende Gesamtmagnetisierung entspricht deshalb einem *optimalen Kompromiß*, der die *freie Energie* $F = U - TS$ minimiert. Von der **Suszeptibilität**

$$\chi = \frac{1}{V}\left(\frac{\partial m}{\partial H}\right)_T = \left(\frac{\partial M}{\partial H}\right)_T \tag{3.85}$$

sollte man also erwarten, daß sie positiv und stark temperaturabhängig ist. Die lange Zeit unerklärliche experimentelle Beobachtung bestätigt diese Erwartung jedoch nicht. Verglichen mit der Suszeptiblität lokalisierter Momente (*Langevin-Paramagnetismus*) ist die der Leitungselektronen sehr klein und praktisch temperatur**un**abhängig. Neben der bereits erwähnten Deutung des linearen Tieftemperaturverhaltens der Wärmekapazität bestand ein weiterer großer Erfolg der *frühen* Quantenstatistik darin, dieses Verhalten der Suszeptibilität erklären zu können. Die Ursache ist wiederum das *Pauli-Prinzip*. Man spricht deshalb auch von **Pauli-Paramagnetismus**. Wir wollen zunächst mit ein paar einfachen Überlegungen das physikalisch Wesentliche herausarbeiten. Eine strengere, mathematisch allerdings auch viel aufwendigere Ableitung wird dann in den nächsten Kapiteln folgen.

Wir zerlegen die Zustandsdichte $D(E)$ der Leitungselektronen in zwei *Spinanteile*:

$$D(E) = D_\uparrow(E) + D_\downarrow(E), \tag{3.86}$$

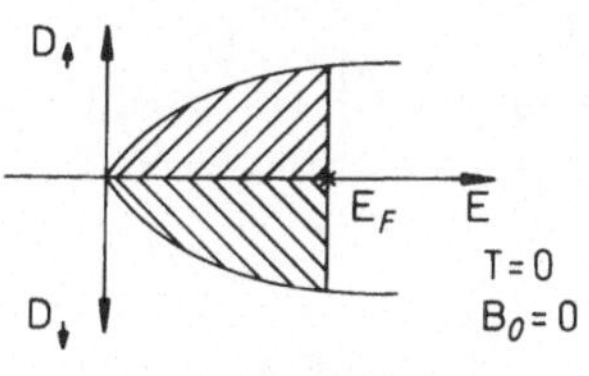

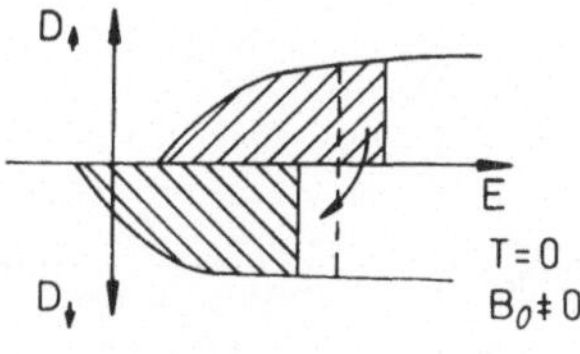

$D_\uparrow$ für Elektronen mit feldparallelem Spin ($m_S = +1/2$), $D_\downarrow$ für solche mit antiparallelem Spin ($m_S = -1/2$). Bei abgeschaltetem Feld, $B_0 = 0$, fallen die beiden Anteile natürlich zusammen,

$$D_\uparrow(E) = D_\downarrow(E) = \frac{1}{2}D(E),$$

so daß das System gleich viele $\uparrow$- wie $\downarrow$-Elektronen enthält. Das resultierende magnetische Gesamtmoment,

$$m = \mu_B(N_\downarrow - N_\uparrow), \tag{3.87}$$

ist somit gleich Null. – Bei eingeschaltetem Feld ändern sich die Ein-Teilchen-Energien,

$$\epsilon(\mathbf{k}) \Longrightarrow \eta_\sigma(\mathbf{k}) = \epsilon(\mathbf{k}) + z_\sigma \mu_B B_0, \tag{3.88}$$

werden insbesondere spinabhängig. Die Zustandsdichten $D_\uparrow$ und $D_\downarrow$ sind starr gegeneinander verschoben (Aufgabe 3.2.11):

$$D_\sigma(E) = \frac{1}{2} D\big(E - z_\sigma \mu_B B_0\big). \tag{3.89}$$

Zum Aufbau eines **gemeinsamen** chemischen Potentials μ werden $\uparrow$-Elektronen *überfließen*. Für $B_0 \neq 0$ erwarten wir demnach $N_\downarrow > N_\uparrow$ und damit ein von Null verschiedenes Gesamtmoment m. Es gilt also, die Elektronenzahlen $N_{\uparrow,\downarrow}$ zu bestimmen:

$$N_\sigma = \int\limits_{-\infty}^{+\infty} dE\, f_-(E) D_\sigma(E) = \frac{1}{2} \int\limits_{z_\sigma \mu_B B_0}^{+\infty} dE\, f_-(E) D\big(E - z_\sigma \mu_B B_0\big) =$$

$$= \frac{1}{2} \int\limits_0^\infty dy\, f_-\big(y + z_\sigma \mu_B B_0\big) D(y).$$

Wir setzen ein *entartetes* Elektronengas voraus und können deshalb annehmen, daß überall dort, wo die Fermi-Funktion f_- deutlich von ihren konstanten Werten 0 bzw. 1 abweicht, $\mu_B B_0$ sehr klein gegenüber y sein wird. Man beachte hierzu, daß

$$\mu_B = 0{,}579 \cdot 10^{-4} \frac{\text{eV}}{T} \tag{3.90}$$

ist. Starke Magnetfelder liegen in der Größenordnung von 10 Tesla, d.h. $\mu_B B_0$ wird kaum größer als 10^{-2} bis 10^{-3} eV sein. – Wir können also eine Taylor-Entwicklung von $f_-\big(y + z_\sigma \mu_B B_0\big)$ um $f_-(y)$ getrost nach dem linearen Term abbrechen:

$$N_\sigma \approx \frac{1}{2} \int\limits_0^\infty dy \left(f_-(y) + z_\sigma \mu_B B_0 \frac{\partial f_-}{\partial y} \right) D(y).$$

Damit berechnet sich die Magnetisierung zu

$$M = \frac{\mu_B}{V}(N_\downarrow - N_\uparrow) = -\frac{\mu_B^2}{V} B_0 \int\limits_0^\infty dy \frac{\partial f_-}{\partial y} D(y),$$

und für die *Pauli-Suszeptibilität* χ_p folgt:

$$\chi_p = -\frac{1}{V} \mu_0 \mu_B^2 \int\limits_0^\infty dy \frac{\partial f_-}{\partial y} D(y). \tag{3.91}$$

Das bringen wir durch partielle Integration, wobei der ausintegrierte Teil verschwindet, in eine Form,

$$\chi_p = \frac{1}{V}\mu_0\mu_B^2 \int_0^\infty dy\, f_-(y)D'(y),$$

die die Anwendung der *Sommerfeld-Entwicklung* (3.73) gestattet:

$$\chi_p(T) \approx \frac{1}{V}\mu_0\mu_B^2 \left[\int_0^\mu dy\, D'(y) + \frac{\pi^2}{6}(k_BT)^2 D''(\mu)\right] =$$

$$= \frac{1}{V}\mu_0\mu_B^2 d\left[\sqrt{\mu} - \frac{\pi^2}{24}(k_BT)^2\mu^{-3/2}\right].$$

Wir benutzen schließlich noch (3.74) und (3.75):

$$\chi_p(T) = \frac{3}{2}\frac{N}{V}\mu_0\frac{\mu_B^2}{E_F}\left[1 - \frac{\pi^2}{12}\left(\frac{k_BT}{E_F}\right)^2\right]. \tag{3.92}$$

Die Suszeptibilität des *Pauli-Paramagnetismus* der Leitungselektronen ist also entgegen der *klassischen Erwartung* nur sehr schwach temperaturabhängig und wird für *normale Temperaturen* sehr gut durch ihren $T = 0$-Wert

$$\chi_p(0) = \frac{3}{2}\frac{N}{V}\mu_0\frac{\mu_B^2}{E_F} = \frac{1}{V}\mu_0\mu_B^2 D(E_F) \tag{3.93}$$

approximiert. Die Begründung liefert wie im Fall der Wärmekapazität C_V das *Pauli-Prinzip*, das nur die Elektronen der dünnen *Fermi-Schicht* thermische Energie aufnehmen läßt. Das Pauli-Prinzip ist auch für die winzige Größenordnung ($\sim 10^{-6}$) verantwortlich, da nur Elektronen, die nicht weiter als etwa $\mu_B B_0$ von der Fermi-Kante entfernt sind, auf das Feld überhaupt reagieren können.

3.2.7 Landau-Niveaus

Bei der im vorangehenden Kapitel durchgeführten Berechnung des *Pauli-Spinparamagnetismus* haben wir uns eine doch recht grobe Vereinfachung erlaubt, die in der Annahme bestand, daß das Magnetfeld nur an den Spin des Elektrons koppelt, nicht jedoch an dessen Bahnbewegung. Diese Vorgehensweise wird eigentlich nur vom Ergebnis her gerechtfertigt. Die strengere Behandlung des Problems, die jetzt durchgeführt werden soll, offenbart, daß die *Pauli-Suszeptibilität* χ_p in der Tat ein additiver Bestandteil des vollständigeren Resultats ist. Die exakte isotherme Suszeptibilität des **freien Elektronengases** setzt sich aber aus drei Termen zusammen:

$$\chi_T = \left(\frac{\partial M}{\partial H}\right)_T = \chi_L + \chi_p + \chi_{\text{osz}}. \tag{3.94}$$

Die Kopplung des Feldes an den Spin führt, wie in Kapitel 3.2.6 explizit gezeigt, zu **Paramagnetismus**. Die *Pauli-Suszeptibilität* χ_p ist positiv. Die Kopplung an die Bahnbewegung ergibt **Diamagnetismus**, die sogenannte *Landau-Suszeptibilität* χ_L ist negativ. (Zu den Begriffen *Dia-*, *Paramagnetismus* s. Kapitel 3.4.2, Band 3.) Die beiden Phänomene lassen sich jedoch nicht trennen. Es treten Interferenzterme auf, die je nach Feldstärke paramagnetisches oder diamagnetisches Verhalten zeigen. χ_{osz} oszilliert als Funktion des Feldes $\mathbf{B}_0 = \mu_0 H$ und führt zum **de Haas-van Alphen-Effekt**.

Als Aufgabe 1.4.7 haben wir das **Bohr-van Leeuwen-Theorem** bewiesen, das besagt, daß es *streng klassisch* keinen Dia- und keinen Paramagnetismus geben kann. Mit quantenmechanischen Überlegungen (z.T. bereits als Aufgabe 4.4.15 in Band 5, Tl. 1 durchgeführt) können wir jedoch zeigen, daß das Magnetfeld zu einer *Quantelung* der Elektronenbahnbewegung führt, was letztlich den *Diamagnetismus* begründet. Die *Richtungsquantelung* des Elektronenspins bewirkt den *Paramagnetismus*.

Wir betrachten ein *freies Elektronengas* aus N Teilchen im Volumen $V = L_x L_y L_z$, auf das ein homogenes Magnetfeld, $\mathbf{B}_0 = B_0 \mathbf{e}_z = \mu_0 H \, \mathbf{e}_z$, in z-Richtung aufgeschaltet ist. Wir fragen uns, welche Ein-Teilchen-Energien dem System zur Verfügung stehen. Da die Elektronen nicht wechselwirken, können wir unsere Betrachtungen vorerst auf ein einzelnes Elektron beschränken. Dessen Energieeigenzustände werden in Orts- und Spinanteile separieren. Wir kümmern uns zunächst nur um die Bahnbewegung. Nach ((2.39), Bd. 2) gilt für die klassische Hamilton-Funktion:

$$H = \frac{1}{2m}\big(\mathbf{p} + e\,\mathbf{A}(\mathbf{r})\big)^2.$$

Durch den Ansatz

$$\mathbf{A}(\mathbf{r}) = (0, B_0 x, 0)$$

für das *Vektorpotential* ist die *Coulomb-Eichung*,

$$\operatorname{div} \mathbf{A} = 0,$$

realisiert und

$$\operatorname{rot} \mathbf{A} = \mathbf{B}_0 = B_0 e_z$$

gewährleistet. Der Übergang in die Quantenmechanik geschieht wie üblich durch Ersetzung der dynamischen, klassischen Variablen durch quantenmechanische Operatoren (*Observable*). Im Hamilton-Operator

$$\widehat{H} = \frac{1}{2m}\big(\hat{\mathbf{p}} + e\,\widehat{\mathbf{A}}\big)^2 \tag{3.95}$$

vertauschen wegen der Coulomb-Eichung die Operatoren des Impulses und des ortsabhängigen Vektorpotentials (Beweis?),

$$[\hat{\mathbf{p}}, \widehat{\mathbf{A}}]_- = 0, \tag{3.96}$$

so daß $\widehat{H}$ wie folgt geschrieben werden kann:

$$\begin{aligned}\widehat{H} &= \frac{1}{2m}\left(\hat{\mathbf{p}}^2 + e^2\widehat{\mathbf{A}}^2 + 2e\,\widehat{\mathbf{A}}\cdot\hat{\mathbf{p}}\right) = \\ &= \frac{1}{2m}\left(\hat{p}_x^2 + \hat{p}_z^2 + \left(\hat{p}_y^2 + e^2 B_0^2 \hat{x}^2 + 2e\,B_0 \hat{x}\,\hat{p}_y\right)\right) = \\ &= \frac{1}{2m}\left(\hat{p}_x^2 + \hat{p}_z^2 + \left(\hat{p}_y + e\,B_0\hat{x}\right)^2\right).\end{aligned} \tag{3.97}$$

Zur Lösung der zeitunabhängigen Schrödinger-Gleichung gehen wir in die Ortsdarstellung und wählen als Ansatz für die Wellenfunktion:

$$\psi(\mathbf{r}) = e^{i\,k_z z} e^{i\,k_y y} u(x).$$

Es bleibt dann als Eigenwertproblem:

$$\left[-\frac{\hbar^2}{2m}\frac{d^2}{dx^2} + \frac{1}{2m}\left(\hbar k_y + e\,B_0 x\right)^2\right] u(x) = \left(E - \frac{\hbar^2 k_z^2}{2m}\right) u(x).$$

Mit der Definition der **Zyklotronfrequenz**,

$$\omega_c = \frac{e\,B_0}{m} \iff \hbar\omega_c = 2\mu_B B_0, \tag{3.98}$$

und der Substitution,

$$q = x + \frac{\hbar k_y}{e\,B_0},$$

ergibt sich die **Eigenwertgleichung des linearen harmonischen Oszillators:**

$$\begin{aligned}\left(-\frac{\hbar^2}{2m}\frac{d^2}{dq^2} + \frac{1}{2}m\,\omega_c^2 q^2\right) u(q) &= \widehat{E}\,u(q), \\ \widehat{E} &= E - \frac{\hbar^2 k_z^2}{2m}.\end{aligned} \tag{3.99}$$

Die Lösung ist uns bekannt. Die Eigenfunktionen sind Hermite-Polynome mit den Eigenenergien $\widehat{E}_n = \hbar\omega_c\,(n + 1/2)$, $n = 0, 1, 2, \ldots$ Dem Elektron im Magnetfeld stehen also die *gequantelten* Energien

$$\begin{aligned}E_n(k_z) &= \hbar\omega_c\left(n + \frac{1}{2}\right) + \frac{\hbar^2 k_z^2}{2m} \\ n &= 0, 1, 2, \ldots\end{aligned} \tag{3.100}$$

zur Verfügung. Man nennt diese Energie **Landau-Niveaus**. Die Lösung beschreibt eine quantisierte Bewegung der Elektronen in der Ebene senkrecht zum Feld und eine völlig ungestörte Bewegung in Feldrichtung. Bei Berücksichtigung des Elektronenspins kommt noch der aus (3.88) bekannte Zusatzterm hinzu:

$$E_{n\sigma}(k_z) = \hbar\omega_c\left(n + \frac{1}{2}\right) + \frac{\hbar^2 k_z^2}{2m} + z_\sigma \mu_B B_0$$
$$n = 0, 1, 2, \ldots \tag{3.101}$$

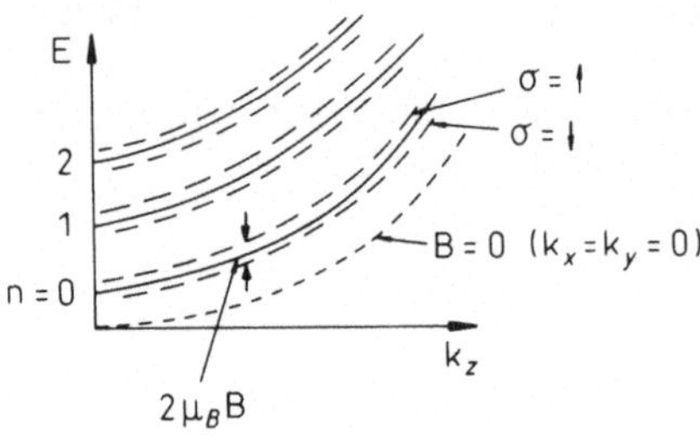

Der Ortsanteil der Eigenwellenfunktion hat die Struktur

$$\psi(\mathbf{r}) = e^{i\,k_z z} e^{i\,k_y y} u_n(q).$$

Die Eigenenergien $E_{n\sigma}(k_z)$ sind also noch bezüglich k_y entartet. Der Entartungsgrad g_y läßt sich bei periodischen Randbedingungen

$$k_{x,y,z} = \frac{2\pi}{L_{x,y,z}} n_{x,y,z} \qquad n_{x,y,z} \in \mathbb{Z}$$

leicht berechnen. Wir haben nur den Abstand zwischen maximalem und minimalem k_y durch den *Raster* $2\pi/L_y$ zu dividieren:

$$g_y = \frac{L_y}{2\pi}\left(k_y^{\max} - k_y^{\min}\right).$$

Das Teilchen befindet sich in einem Kasten mit den Kantenlängen L_x, L_y, L_z. Dies bedeutet insbesondere

$$-\frac{L_x}{2} \le x \le +\frac{L_x}{2}$$

oder

$$q - \frac{L_x}{2} \le \frac{\hbar k_y}{e\,B_0} \le q + \frac{L_x}{2}.$$

Es ist demnach $k_y^{\max} - k_y^{\min} = \frac{1}{\hbar} L_x\, e\, B_0$. **Jedes** Landau-Niveau ist somit gemäß

$$g_y(B_0) = \frac{e\,L_x L_y}{2\pi\,\hbar} B_0 \tag{3.102}$$

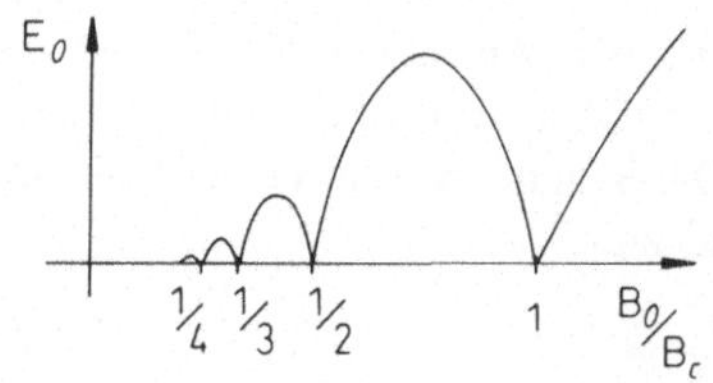

entartet. Der Entartungsgrad ist von der *Landau-Quantenzahl* n unabhängig, dafür aber eine lineare Funktion des Magnetfeldes. Um die Konsequenzen zu verstehen, betrachten wir einmal vorübergehend der Einfachheit halber ein *zweidimensionales System aus N spinlosen Elektronen.* Das Feld liege in z-Richtung; die Bewegung der Elektronen sei auf die xy-Ebene beschränkt. Bei sehr hohem Feld ist $g_y(B_0) > N$. Alle Elektronen haben in dem $n = 0$-Landau-Niveau Platz. Bei weiterer Feldsteigerung wird die Gesamtenergie E_0 wegen ω_c linear zunehmen. Bei abnehmendem Feld wird dagegen ein kritischer Wert B_c für

$$N \stackrel{!}{=} g_y(B_c)$$

erreicht, da dann Elektronen auf das $n = 1$-Niveau wechseln müssen. Dadurch wird die Energie mit abnehmendem Feld zunächst zunehmen. Für $B_0 < \frac{1}{2}B_c$ wird das $n = 2$-Niveau bevölkert usw. Es ergeben sich charakteristische Oszillationen der Energie, die sich auch in vielen anderen physikalischen Größen niederschlagen, wie zum Beispiel in der Magnetisierung bzw. der Suszeptiblität. Dies werden wir in den nächsten Abschnitten noch genauer untersuchen.

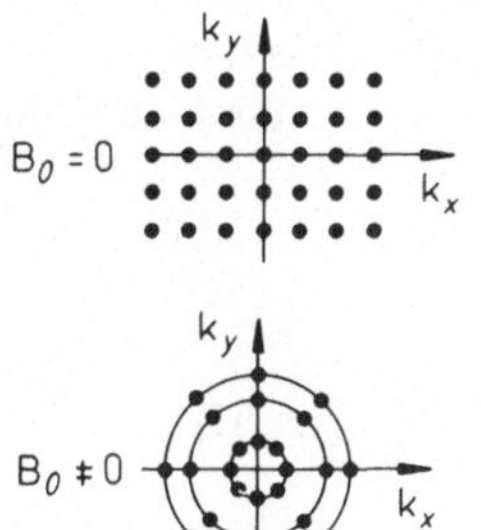

Beim Einschalten des Magnetfeldes ändert sich die Zahl der Zustände nicht. Andererseits gilt die Zuordnung

$$\frac{\hbar^2}{2m}\left(k_x^2 + k_y^2\right) \Longleftrightarrow$$

$$(B_0 = 0)$$

$$\Longleftrightarrow \hbar w_c\left(n + \tfrac{1}{2}\right) + z_\sigma \mu_B B_0$$

$$(B_0 \neq 0).$$

Die ohne Feld im (dreidimensionalen) **k**-Raum regelmäßig gerasterten k-Werte kondensieren im Feld auf Zylinderoberflächen, deren Achsen mit der Feldrichtung übereinstimmen. Für die Stirnfläche des n-ten Landau-Zylinders gilt:

$$S_{n\sigma} \equiv \pi\left(k_x^2 + k_y^2\right) = \pi(2n + 1 + z_\sigma)\frac{e}{\hbar}B_0. \tag{3.103}$$

Der Radius des Zylinders wächst also proprotional zu $\sqrt{B_0}$. In der Ringfläche zwischen zwei benachbarten Landau-Zylindern gleichen Spins würden sich **ohne** Feld

$$2\,\frac{S_{n+1\sigma} - S_{n\sigma}}{\dfrac{4\pi^2}{L_x L_y}} = \frac{L_x L_y}{\pi\hbar} e\,B_0 = 2g_y(B_0)$$

Zustände befinden (Faktor 2 wegen Spinentartung!). Auf einem *Landau-Kreis* in der xy-Ebene liegen also gerade so viele Zustände, wie ohne Feld in dem entsprechenden Ringgebiet anzutreffen sind. Die Ringfläche nimmt in gleichem Maße wie der Entartungsgrad g_y mit dem Feld zu.

Wir können anstelle von (3.103) etwas allgemeiner

$$S_{n\sigma} = 2\pi(n + \varphi_\sigma)\frac{e}{\hbar}B_0 \tag{3.104}$$

schreiben, wobei im Fall freier Elektronen $\varphi_\sigma = \frac{1}{2}(1+z_\sigma)$ ist. Lassen wir φ_σ unbestimmt, so besitzt die Formel für die Stirnfläche des *Landau-Zylinders* einen größeren Anwendungsbereich. – Wenn bei einer Feldänderung jedes Elektron des N-Teilchen-Systems in seinem Landau-Niveau bliebe, dann würde wegen $\hbar\omega_c \sim B_0$ die Grundzustandsenergie ($T = 0$) linear mit B_0 anwachsen. Da sich aber der Entartungsgrad $g_y(B_0)$ mit B_0 ändert, werden in Wirklichkeit bei Feldsteigerung Elektronen von äußeren auf innere Zylinder wechseln und auf den Zylindern von größerem zu kleinerem $|k_z|$ sich verschieben können. Dadurch wird die Grundzustandsenergie auf einem kleinstmöglichen Wert gehalten. Beim Verlassen des *Fermi-Körpers* entleert sich der *Landau-Zylinder*. Der n-te Zylinder rutscht genau dann aus dem *Fermi-Körper*, wenn die Stirnfläche gerade mit dessen maximaler Querschnittsfläche A_0 senkrecht zum Feld übereinstimmt:

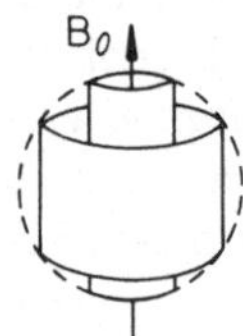

$$S_{n\sigma} = 2\pi(n + \varphi_\sigma)\frac{e}{\hbar}B_c^{(n)} \stackrel{!}{=} A_0.$$

Der nächste Zylinder entleert sich bei dem kritischen Feld $B_c^{(n-1)}$:

$$S_{n-1\sigma} = 2\pi(n - 1 + \varphi_\sigma)\frac{e}{\hbar}B_c^{(n-1)} \stackrel{!}{=} A_0.$$

Dies ergibt eine von der Landau-Quantenzahl n **unabhängige Periode**:

$$\Delta\left(\frac{1}{B_0}\right) = \frac{1}{B_c^{(n)}} - \frac{1}{B_c^{(n-1)}} = \frac{e}{\hbar}\frac{2\pi}{A_0}. \tag{3.105}$$

Gewisse physikalische Größen, wie zum Beispiel die Suszeptibilität χ_{osz}, zeigen ein mit dieser Periode oszillierendes Verhalten als Funktion des Feldes. Messung dieser Periode liefert damit A_0, die extremale Querschnittsfläche des **Fermi-Körpers** senkrecht zum Feld. Durch Variation der Feldrichtung läßt sich dadurch ein Bild von der Gestalt der Fermi-Fläche gewinnen. Darin liegt die praktische Bedeutung des **de Haas-van Alphen-Effekts** (Kap. 3.2.10).

Im Spezialfall *freier Elektonen* ist

$$A_0 = \pi\, k_F^2 = \pi \frac{E_F}{\mu_B} \frac{e}{\hbar}$$

und damit:

$$\Delta\left(\frac{1}{B_0}\right) = \frac{2\mu_B}{E_F}. \tag{3.106}$$

3.2.8 Großkanonisches Potential freier Elektronen im Magnetfeld

Mit (3.101) und (3.102) kennen wir die Ein-Teilchen-Energien und ihre Entartungsgrade für ein System aus N nicht-wechselwirkenden Elektronen im Magnetfeld H bzw. $B_0 = \mu_0 H$. Wir sind also im Prinzip nun in der Lage, Zustandssummen zu berechnen. Unser eigentliches Ziel ist die Ableitung der Magnetisierung bzw. der Suszeptibilität. Dazu benutzen wir das großkanonische Potential $\Omega(T, B_0, \mu)$, wobei wir in dem Ausdruck (1.155) für das Differential $d\Omega$ die *Volumenarbeit* $-p\,dV$ durch die *Magnetisierungsarbeit* zu ersetzen haben. Unglücklicherweise ist die Definition derselben nicht ganz eindeutig. Um nämlich das System *aufzumagnetisieren*, ist ein äußeres Magnetfeld vonnöten, von dem man nicht weiß, ob man es in der thermodynamischen Energiebilanz (Erster Hauptsatz) mitberücksichtigen soll oder nicht. Da B_0 *nur Werkzeug* zur Realisierung des magnetischen Moments m ist, erscheint es natürlich, die reine Feldenergie wieder abzuziehen. Das haben wir so in Kapitel 1.5 von Band 4 gemacht und fanden als *Magnetisierungsarbeit*:

$$\delta W_{(1)} = B_0 dm \qquad ((1.37), \text{Bd. } 4).$$

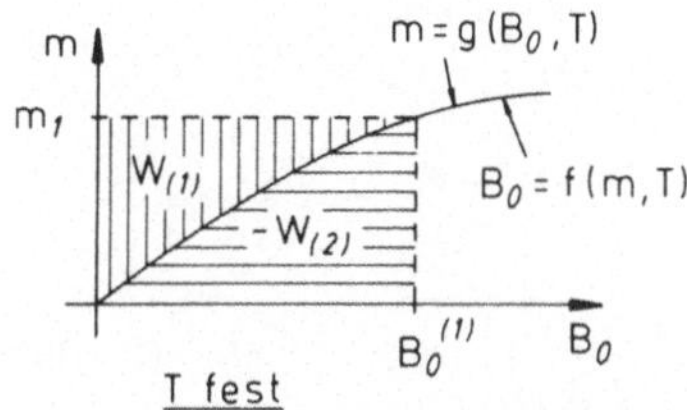

Es ist dann

$$W_{(1)} = \int_0^{m_1} B_0 dm$$

die Arbeit, die notwendig ist, um das System *im Feld Null* von 0 auf m_1 zu magnetisieren ($B_0 = f(m, T)$, s. Bild). In dieser Formulierung gelingt die Analogie zur *Volumenarbeit* am elegantesten:

$$\begin{aligned} p &\longleftrightarrow B_0 \qquad \text{(intensiv)}, \\ V &\longleftrightarrow -m \qquad \text{(extensiv)}. \end{aligned}$$

Es gibt eine alternative Definition:

$$\delta W_{(2)} = -m\, dB_0,$$

mit der

$$W_{(2)} = -\int_0^{B_0^{(1)}} m \, dB_0$$

die Arbeit darstellt, die aufgebracht werden muß, um das System aus dem feldfreien Raum in das Feld $B_0^{(1)}$ zu bringen. $W_{(1)}$ und $W_{(2)}$ unterscheiden sich gerade um die potentielle Energie $-m_1 B_0^{(1)}$ des magnetischen Moments m_1 im Feld $B_0^{(1)}$ (s. (3.52), Bd. 3). Diese potentielle Energie wird in der Definition von $W_{(1)}$ nicht mitgezählt (s. Rechteck im Bild).

Wir müssen hier natürlich die Definition verwenden, die mit unserer Festlegung der *inneren Energie* U als Erwartungswert $\langle \widehat{H} \rangle$ des Hamilton-Operators verträglich ist. Das ist $W_{(2)}$,

$$W_{(2)} = \langle \widehat{H}(B_0) - \widehat{H}(0) \rangle,$$

wie bereits an der Definition der quantenmechanischen Observable $\widehat{\mathbf{m}}$ als Gradient des Hamilton-Operators nach dem Feld B_0 deutlich wird (s. Kap. 5.2.1 und (5.125), Bd. 5, Tl. 2). Damit gilt für das *großkanonische Potential* (Das Volumen V ist nicht mehr als thermodynamische Variable zu betrachten!):

$$d\Omega = -S\,dT - m\,dB_0 - N\,d\mu. \tag{3.107}$$

Für den Scharmittelwert des magnetischen Moments bleibt somit zu berechnen:

$$m = -\left(\frac{\partial \Omega}{\partial B_0}\right)_{T,\mu}. \tag{3.108}$$

Das bedeutet nach (3.22):

$$\begin{aligned} m &= k_B T \left(\frac{\partial}{\partial B_0} \ln \Xi_\mu(T, B_0)\right)_{T,\mu} = \\ &= k_B T \left[\frac{\partial}{\partial B_0} \sum_r \ln\left(1 + e^{-\beta(\epsilon_r - \mu)}\right)\right]_{T,\mu}. \end{aligned} \tag{3.109}$$

Die ϵ_r entsprechen den Landau-Niveaus $E_{n\sigma}(k_z)$. Damit ist die Aufgabenstellung klar. Wir haben zunächst das großkanonische Potential $\Omega(T, B_0, \mu)$ zu bestimmen.

Es seien

$$\begin{aligned} \varphi_\sigma(E) &= \text{ Anzahl der } \sigma\text{-Zustände mit } E_{n\sigma} \le E, \\ D_\sigma(E) &= \frac{d\varphi_\sigma}{dE} \ : \ \sigma\text{-Zustandsdichte.} \end{aligned}$$

Wegen des Terms $\hbar^2 k_z^2/2m$ liegen die Landau-Niveaus im asymptotisch großen System (*thermodynamischer Limes*) beliebig dicht. Summen lassen sich deshalb durch Integrale darstellen:

$$\Omega(T, B_0, \mu) = -k_B T \sum_\sigma \int\limits_{\dots}^{\infty} \ln\left(1 + e^{-\beta(E-\mu)}\right) D_\sigma(E) dE.$$

Die untere Integrationsgrenze ist durch $\varphi_\sigma(E) = 0$ gegeben, braucht jetzt jedoch noch nicht spezifiziert zu werden. Mit partieller Integration folgt weiter:

$$\Omega(T, B_0, \mu) = -k_B T \sum_\sigma \varphi_\sigma(E) \ln\left[1 + e^{-\beta(E-\mu)}\right]\Bigg|_{\dots}^{\infty} -$$
$$- \sum_\sigma \int\limits_{\dots}^{\infty} dE\, \varphi_\sigma(E) \frac{e^{-\beta(E-\mu)}}{1 + e^{-\beta(E-\mu)}}.$$

Der ausintegrierte Teil verschwindet, an der unteren Grenze wegen $\varphi_\sigma(E)$, an der oberen wegen des Logarithmus. Im Integranden erkennen wir die Fermi-Funktion $f_-(E)$:

$$\Omega(T, B_0, \mu) = -\sum_\sigma \int\limits_{\dots}^{\infty} dE\, \varphi_\sigma(E) f_-(E). \tag{3.110}$$

Es bleibt als Hauptaufgabe die Bestimmung des *Phasenvolumens* $\varphi_\sigma(E)$. Überlegen wir uns zunächst, wie viele Energieeigenwerte $E_{n\sigma}(k_z) \leq E$ zu einer festen Landau-Quantenzahl n existieren. Wegen (3.101) müssen diese Energien

$$k_z^2 \leq \frac{2m}{\hbar^2}\left[E - \hbar\omega_c\left(n + \frac{1}{2}\right) - z_\sigma \mu_B B_0\right]$$

erfüllen. Es gibt also ein maximales und ein minimales k_z. Die Differenz, dividiert durch den Raster $2\pi/L_z$, liefert die Anzahl der Energien:

$$\frac{k_z^{\max} - k_z^{\min}}{\frac{2\pi}{L_z}} = \frac{L_z}{\hbar\pi}\sqrt{2m\left[E - \hbar\omega_c\left(n + \frac{1}{2}\right) - z_\sigma \mu_B B_0\right]}.$$

Für $\varphi_\sigma(E)$ müssen wir alle **Zustände** zählen, also auch den Entartungsgrad (3.102) ins Spiel bringen:

$$\varphi_\sigma(E) = \frac{\sqrt{2m}\, V}{2\pi^2\hbar^2}\, e\, B_0 \sum_{n=0}^{n_0} \sqrt{E - \hbar\omega_c\left(n + \frac{1}{2}\right) - z_\sigma \mu_B B_0}. \tag{3.111}$$

Die maximale Quantenzahl n_0 ist die, für die der Radikand gerade noch positiv ist. Wir schreiben zur Abkürzung:

$$\epsilon = \frac{E}{\hbar\omega_c}; \quad \mu_0 = \frac{\mu}{\hbar\omega_c}; \quad b = \beta\,\hbar\omega_c,$$

$$\hat{f}_-(\epsilon) = \left\{1 + \exp\left[b(\epsilon - \mu_0)\right]\right\}^{-1}. \tag{3.112}$$

Damit lautet (3.110):

$$\Omega(T, B_0, \mu) = -\frac{3}{2}\alpha \sum_\sigma \int_{\cdots}^{\infty} d\epsilon\, \hat{f}_-(\epsilon) \sum_{n=0}^{n_0} \sqrt{\epsilon - n - \frac{1}{2}(1 + z_\sigma)},$$

$$\alpha = \frac{8}{3} V \frac{\left(\mu_B m\, B_0\right)^{5/2}}{m\,\pi^2\hbar^3}. \tag{3.113}$$

Bei einer neuerlichen, partiellen Integration verschwindet wiederum der ausintegrierte Teil:

$$\Omega(T, B_0, \mu) = \alpha \sum_\sigma \int_{-\infty}^{+\infty} d\eta\, \hat{f}'_-\left(\eta + \frac{1}{2}z_\sigma\right) \sum_{n=0}^{n_0} \left(\eta - n - \frac{1}{2}\right)^{3/2}. \tag{3.114}$$

Wir haben $\eta = \epsilon - \frac{1}{2}z_\sigma$ substituiert und konnten wegen des δ-Funktionscharakters von $\hat{f}'_-$ die untere Integrationsgrenze zu $-\infty$ wählen.

Im nächsten Schritt untersuchen wir die Summe im Integranden von (3.114):

$$\Sigma(\eta) \equiv \sum_{n=0}^{n_0} \left(\eta - n - \frac{1}{2}\right)^{3/2} =$$

$$= \int_0^\eta dx (\eta - x)^{3/2} \sum_{n=-\infty}^{+\infty} \delta\left[x - \left(n + \frac{1}{2}\right)\right].$$

Hier haben wir ausgenutzt, daß $\eta \geq n + 1/2$ und $n \leq n_0$ sein müssen. Die Summe in der letzten Zeile läßt sich als Fourier-Reihe schreiben (s. Aufgabe 3.2.13):

$$\sum_{n=-\infty}^{+\infty} \delta\left[x - \left(n + \frac{1}{2}\right)\right] = \sum_{p=-\infty}^{+\infty} (-1)^p\, e^{i\,2p\,\pi\,x}.$$

Damit gilt dann:

$$\Sigma(\eta) = \sum_{p=-\infty}^{+\infty} (-1)^p\, I_p(\eta),$$

$$I_p(\eta) = \int_0^\eta dx (\eta - x)^{3/2} e^{i\,2p\,\pi\,x}.$$

Der $p = 0$-Term ist natürlich einfach auszuwerten:

$$I_0(\eta) = \frac{2}{5}\eta^{5/2}.$$

Für die $p \neq 0$-Integrale ist die Substitution $u = \sqrt{\eta - x}$ zweckmäßig. Man erhält dann nach zweimaliger partieller Integration:

$$I_{p \neq 0}(\eta) = \frac{i}{2p\pi}\eta^{3/2} + \frac{3}{8p^2\pi^2}\eta^{1/2} - \frac{3}{8p^2\pi^2}e^{i\,2p\pi\eta}\int_0^{\sqrt{\eta}} du\, e^{-i\,2p\pi u^2}.$$

Setzen wir dieses Ergebnis in $\Sigma(\eta)$ ein, so fällt der erste Term bei der Summation über p weg. Beim zweiten Summanden können wir

$$\sum_{p=-\infty}^{+\infty} \frac{(-1)^p}{p^2} = -\frac{\pi^2}{6} \tag{3.115}$$

verwenden:

$$\Sigma(\eta) = \frac{2}{5}\eta^{5/2} - \frac{1}{16}\eta^{1/2} - \frac{3}{8\pi^2}\sum_{\substack{p=-\infty \\ (p\neq 0)}}^{+\infty} \frac{(-1)^p}{p^2} e^{i\,2p\pi\eta}\int_0^{\sqrt{\eta}} du\, e^{-i\,2p\pi u^2}. \tag{3.116}$$

Dieses Ergebnis verwenden wir in dem Ausdruck (3.114) des großkanonischen Potentials. Die ersten beiden Terme sind einfach auszuwerten. Wir nehmen sie deshalb vorweg:

$$\begin{aligned}\Omega_0 &= \alpha \sum_\sigma \int_{-\infty}^{+\infty} d\eta\, \hat{f}'_-\left(\eta + \frac{1}{2}z_\sigma\right)\left(\frac{2}{5}\eta^{5/2} - \frac{1}{16}\eta^{1/2}\right) = \\ &= \alpha \sum_\sigma \int_{-\infty}^{+\infty} d\epsilon\, \hat{f}'_-(\epsilon)\left[\frac{2}{5}\left(\epsilon - \frac{1}{2}z_\sigma\right)^{5/2} - \frac{1}{16}\left(\epsilon - \frac{1}{2}z_\sigma\right)^{1/2}\right].\end{aligned}$$

Der Integrand ist wegen $\hat{f}'_-$ nur für $\epsilon \approx \mu_0$ wesentlich von Null verschieden. Ferner ist bei normalen metallischen Elektronendichten (μ: einige eV) und *normalen* magnetischen Feldern ($\hbar\omega_c$: einige 10^{-3} eV) von $\mu_0 \gg 1$ auszugehen. Wir können also die Klammern wie üblich entwickeln:

$$\begin{aligned}\left(\mu_0 - \frac{1}{2}z_\sigma\right)^n &= \mu_0^n\left(1 - \frac{1}{2}z_\sigma\frac{1}{\mu_0}\right)^n = \\ &= \mu_0^n\left[1 - n\frac{z_\sigma}{2\mu_0} + \frac{n(n-1)}{2!}\left(\frac{z_\sigma}{2\mu_0}\right)^2 - \dots\right].\end{aligned}$$

Die linearen Terme fallen wegen z_σ durch die Spinsummation heraus. Es bleibt somit:

$$\Omega_0(T, B_0, \mu) \approx -\alpha \left[\frac{4}{5}\mu_0^{5/2} + \frac{1}{8}\mu_0^{1/2}\left(3z_\sigma^2 - 1\right)\right]. \tag{3.117}$$

Dabei haben wir näherungsweise

$$\hat{f}'_-(\epsilon) \approx -\delta(\epsilon - \mu_0) \tag{3.118}$$

gesetzt. Das Teilergebnis (3.117) für das großkanonische Potential ist für den *Landau-Diamagnetismus* und den *Pauli-Spinparamagnetismus* verantwortlich, während der noch zu berechnende oszillierende Restterm in (3.116) zum *de Haas-van-Alphen-Effekt* führt. Wir haben bewußt in (3.117) den Term $\left(3z_\sigma^2 - 1\right)$, der natürlich gleich 2 ist, so stehen lassen, um später Spin- und Bahnanteile voneinander unterscheiden zu können. Alle Anteile des Elektronenspins sind mit dem Vorzeichenfaktor z_σ ($z_\uparrow = 1$, $z_\downarrow = -1$) versehen.

Bevor wir (3.117) weiter auswerten, wollen wir noch den Beitrag des oszillierenden Summanden in (3.116) zum großkanonischen Potential bestimmen. Das erfordert allerdings etwas mehr Aufwand.

Das Integral in (3.116) ist vom Typ eines *Fehlerintegrals*:

$$I(\eta) = \int_0^{\sqrt{\eta}} du\, e^{-i\,2p\,\pi\,u^2} = \frac{1}{2\sqrt{2i\,p}}\,\frac{2}{\sqrt{\pi}} \int_0^{\sqrt{2\pi\,i\,p\,\eta}} dx\, e^{-x^2}.$$

Wir benötigen $I(\eta)$ im Integranden von (3.114), der wegen $\hat{f}'_-$ nur für $\eta \approx \mu_0 \gg 1$ von Null verschieden ist. Für solche Werte von η kann man die Fehlerfunktion in eine rasch konvergierende Reihe entwickeln (M. Abramowitz, T. A. Stegun: *Handbook of Mathematical Functions*, Dover, New York, 1972; Formeln: 7.1.1, 7.1.2, 7.1.14): Für unsere Zwecke hier läßt sie sich sogar gleich 1 setzen:

$$I(\eta) \approx \frac{1}{2\sqrt{2i\,p}} = \frac{1}{2\sqrt{2\,|p|}} \exp\left(-i\frac{\pi}{4}\,\frac{p}{|p|}\right).$$

Damit kann der dritte Summand in (3.116) wie folgt approximiert werden:

$$\Sigma_{\text{osz}}(\eta) \approx -\frac{3}{8\sqrt{2}\,\pi^2} \sum_{p=1}^{\infty} \frac{(-1)^p}{p^{5/2}} \cos\left(2p\,\pi\,\eta - \frac{\pi}{4}\right).$$

Das muß in (3.114) eingesetzt werden. Nachdem wir dort die Substitution $\eta = \epsilon - (1/2)z_\sigma$ wieder rückgängig gemacht und die Spinsummation ausgeführt haben, bleibt für den oszillatorischen Teil des großkanonischen Potentials zu berechnen:

$$\Omega_{\text{osz}}(T, B_0, \mu) = -\frac{3\alpha}{4\sqrt{2}\,\pi^2} \sum_{p=1}^{\infty} \frac{(-1)^p}{p^{5/2}} \cos(z_\sigma p\,\pi) *$$

$$* \int\limits_{-\infty}^{+\infty} d\epsilon\, \hat{f}'_-(\epsilon) \cos\left(2p\,\pi\,\epsilon - \frac{\pi}{4}\right).$$

In dem verbleibenden Integral können wir nun allerdings nicht (3.118) für $\hat{f}'_-$ verwenden, da wegen der Kosinus-Funktion der Integrand im interessierenden Integrationsbereich sehr stark oszilliert. Glücklicherweise läßt sich das Integral mit Hilfe des Residuensatzes auch exakt lösen. Wir führen die explizite Ableitung als Aufgabe 3.2.14 durch und zitieren hier nur das Resultat:

$$\int\limits_{-\infty}^{+\infty} d\epsilon\, \hat{f}'_-(\epsilon) \cos\left(2p\,\pi\,\epsilon - \frac{\pi}{4}\right) = -\frac{2\pi^2 p}{b} \frac{\cos\left(\frac{\pi}{4} - 2p\,\pi\,\mu_0\right)}{\sinh\left(2\pi^2 \frac{p}{b}\right)}.$$

Damit ist Ω_{osz} vollständig bestimmt:

$$\Omega_{\text{osz}}(T, B_0, \mu) = \frac{3\alpha}{2\sqrt{2}\,b} \sum_{p=1}^{\infty} \frac{(-1)^p}{p^{3/2}} \cos(z_\sigma p\,\pi) \frac{\cos\left(\frac{\pi}{4} - 2p\,\pi\,\mu_0\right)}{\sinh\left(2\pi^2 \frac{p}{b}\right)}. \tag{3.119}$$

Es sei noch einmal darauf hingewiesen, daß der an sich überflüssige Vorzeichenfaktor $z_\sigma (= \pm 1)$ im Argument der ersten Kosinus-Funktion nur als *Indikator* für Beiträge des Elektronenspins beibehalten wird. Die verbleibende Aufgabe besteht nun lediglich noch darin, in den Teilergebnissen (3.117) und (3.119) die Abkürzungen (3.112), (3.113) wieder rückgängig zu machen:

$$\Omega(T, B_0, \mu) = \Omega_0(T, B_0, \mu) + \Omega_{\text{osz}}(T, B_0, \mu), \tag{3.120}$$

$$\Omega_0(T, B_0, \mu) = -N \left(\frac{\mu}{E_F}\right)^{3/2} \left[\frac{2}{5}\mu + \frac{(\mu_B B_0)^2}{4\mu} (3z_\sigma^2 - 1)\right], \tag{3.121}$$

$$\Omega_{\text{osz}}(T, B_0, \mu) = \frac{3}{2} k_B T\, N \left(\frac{\mu_B B_0}{E_F}\right)^{3/2} \sum_{p=1}^{\infty} \frac{(-1)^p}{p^{3/2}} \cos(z_\sigma p\,\pi) *$$

$$* \frac{\cos\left[\frac{\pi}{4} - p\frac{\pi\,\mu}{\mu_B B_0}\right]}{\sinh\left(p\frac{\pi^2 k_B T}{\mu_B B_0}\right)}. \tag{3.122}$$

Wir haben hier noch für E_F (3.62) verwendet. Damit ist das großkanonische Potential vollständig als Funktion von T, B_0, und μ bestimmt. Mit Hilfe von (3.94) und (3.108) lassen sich nun im nächsten Schritt Magnetisierung und Suszeptibilität des freien Elektronengases berechnen. Wir erkennen, daß trotz des sehr einfachen Ausgangsmodells (freie (!) Teilchen) die Ableitungen einen nicht unerheblichen Aufwand erfordern.

3.2.9 Landau-Diamagnetismus

Wir hatten in Kapitel 3.2.6 gesehen, daß die Kopplung des Elektronenspins an das homogene Magnetfeld zu *paramagnetischen Effekten* führt. Paramagnetismus ist durch eine **positive** Suszeptibilität gekennzeichnet. Auch mit der *gequantelten* Bahnbewegung sind magnetische Momente verknüpft. Mit den Ergebnissen des letzten Abschnitts werden wir nun zeigen können, daß diese induzierten Momente zu *Diamagnetismus* Anlaß geben, sich also antiparallel zu dem sie erzeugenden Feld einstellen. Kennzeichen ist eine **negative** Suszeptibilität.

Zur Berechnung der Magnetisierung haben wir nach Formel (3.108) das großkanonische Potential Ω nach dem Feld B_0 abzuleiten,

$$M(T, B_0) = -\frac{1}{V}\left(\frac{\partial\Omega}{\partial B_0}\right)_{T,\mu},$$

wobei μ durch T, B_0 und die (feste) Teilchenzahl N ausgedrückt werden muß. Beginnen wir mit dem letzten Punkt. Das chemische Potential bestimmen wir aus der thermodynamischen Beziehung

$$N = -\left(\frac{\partial\Omega}{\partial\mu}\right)_{T,B_0}.$$

Die partielle Ableitung ist an (3.120) schnell ausgeführt und führt mit den Abkürzungen

$$\alpha(B_0) = \frac{(\mu_B B_0)^2}{8\mu^{1/2}E_F^{3/2}}; \quad \gamma(T, B_0) = \pi\left(\frac{k_B T}{E_F}\right)\left(\frac{\mu_B B_0}{E_F}\right)^{1/2} \tag{3.123}$$

auf die Gleichung:

$$\left(\frac{\mu}{E_F}\right)^{3/2} = 1 - \alpha(B_0)(3z_\sigma^2 - 1) + \\ + \frac{3}{2}\gamma(T, B_0)\sum_{p=1}^{\infty}\frac{(-1)^p}{p^{1/2}}\cos(z_\sigma p\,\pi)\frac{\sin\left(\frac{\pi}{4} - p\frac{\pi\mu}{\mu_B B_0}\right)}{\sinh\left(\frac{\pi^2 k_B T}{\mu_B B_0}\right)}.$$

Für ein *entartetes Elektronengas* ($E_F = 1 \dots 10$ eV) sind die Faktoren α und γ für *normale* Temperaturen und Felder sehr viel kleiner als 1, wie man sich mit

$$\mu_B = 0{,}579 \cdot 10^{-4}\,\frac{\text{eV}}{T}; \quad k_B \approx 0{,}862 \cdot 10^{-4}\,\frac{\text{eV}}{K} \tag{3.124}$$

leicht klarmacht. Dies bedeutet aber, daß μ sich nur sehr wenig von E_F unterscheiden wird. Wir können also auf der rechten Seite der obigen Gleichung in gut vertretbarer Näherung μ durch E_F ersetzen und die schon mehrfach benutzte Approximation $(1-x)^n \approx 1 - n\,x$ verwenden:

$$\mu \approx E_F \Bigg[1 - \frac{2}{3}\alpha(B_0)(3z_\sigma^2 - 1) + \\ + \gamma(T, B_0) \sum_{p=1}^{\infty} \frac{(-1)^p}{p^{1/2}} \cos(z_\sigma p\,\pi)\, \frac{\sin\left(\frac{\pi}{4} - p\frac{\pi E_F}{\mu_B B_0}\right)}{\sinh\left(p\frac{\pi^2 k_B T}{\mu_B B_0}\right)} \Bigg]. \tag{3.125}$$

Beim Vergleich dieses Ausdrucks mit (3.75) bezüglich der Temperaturabhängigkeit muß beachtet werden, daß wir an einigen Stellen der Rechnung (z.B. in (3.118)) die Fermi-Funktion durch eine δ-Funktion angenähert haben. Die endliche Breite von f'_- um μ herum sorgt aber gerade für den charakteristischen Korrekturterm $\frac{\pi^2}{12}\left(\frac{k_B T}{E_F}\right)^2$ in (3.75). Für den *oszillierenden*, dritten Summanden in der eckigen Klammer wurde von dieser Vereinfachung allerdings kein Gebrauch gemacht.

In jedem Fall können wir an (3.125) ablesen, daß zur Berechnung der Magnetisierung mit hinreichender Genauigkeit $\mu \approx E_F$ angenommen werden darf. – Wir leiten nun zunächst die aus dem *nicht-oszillierenden* Anteil des großkanonischen Potentials (3.121) resultierende Magnetisierung ab:

$$M_0(T, B_0) = -\frac{1}{V}\left(\frac{\partial \Omega}{\partial B_0}\right)_{T,\,\mu = E_F} = \frac{1}{2}\frac{N}{V}\frac{\mu_B^2}{E_F}(3z_\sigma^2 - 1)B_0. \tag{3.126}$$

Die **Suszeptibilität** der Leitungselektronen, die in erster Näherung sowohl temperatur- als auch feld**un**abhängig ist,

$$\chi_0 = \mu_0 \left(\frac{\partial M}{\partial B_0}\right)_T = \frac{3}{2}\frac{N}{V}\mu_0 \frac{\mu_B^2}{E_F}\left(z_\sigma^2 - \frac{1}{3}\right), \tag{3.127}$$

besitzt offensichtlich sowohl eine diamagnetische als auch ein paramagnetische Komponente:

$$\chi_0 = \chi_p + \chi_L. \tag{3.128}$$

Wir erinnern uns, daß wir den *Vorzeichenfaktor* z_σ nur als *Indikator für Spinanteile* in den Formeln belassen haben. (Natürlich ist $z_\sigma^2 = +1$.) Dieser Spinanteil,

$$\chi_p = \frac{3}{2}\frac{N}{V}\mu_0\frac{\mu_B^2}{E_F} > 0, \tag{3.129}$$

wird als **Pauli-Spinparamagnetismus** bezeichnet und wurde von uns mit (3.93) bereits in Kapitel 3.2.6 auf einfachere und physikalisch etwas durchsichtigere Weise abgeleitet.

Der zweite Anteil,

$$\chi_L = -\frac{1}{2}\frac{N}{V}\mu_0\frac{\mu_B^2}{E_F} < 0, \tag{3.130}$$

ist eine diamagnetische Komponente und wird als **Landau-Diamagnetismus** bezeichnet. Dieser entsteht durch die Einstellung der vom Magnetfeld induzierten gequantelten Bahnmomente. Im freien Elektronengas gilt also:

$$\chi_L = -\frac{1}{3}\chi_p. \tag{3.131}$$

Das freie Elektronengas ist natürlich ein stark *überidealisiertes* Modell der Leitungselektronen eines Metalls. So wird zum Beispiel der Einfluß des Kristallgitters völlig außer acht gelassen. Für einfache Strukturen läßt sich dieser in erster Näherung durch eine *effektive Masse* m^* der Elektronen ins Spiel bringen. Dabei geht m^* nur in die Bahnbewegung der Elektronen ein, nicht jedoch in die Spinwechselwirkung mit dem äußeren Feld (s. Aufgabe 3.2.16). Dies bedeutet für die *Landau-Energien* (3.101):

$$E_{n\sigma}(k_z) = 2\mu_B^* B_0\left(n + \frac{1}{2}\right) + \frac{\hbar^2 k_z^2}{2m^*} + z_\sigma \mu_B B_0, \tag{3.132}$$

$$\mu_B = \frac{e\hbar}{2m}; \quad \mu_B^* = \frac{e\hbar}{2m^*}.$$

Mit dieser Unterscheidung zwischen m und m^* ändern sich die Resultate (3.121) und (3.122) für das großkanonische Potential dahingehend, daß überall in den beiden Formeln μ_B durch μ_B^* und z_σ durch m^*/m zu ersetzen sind. Was die Suszeptibilitäten (3.129) und (3.130) anbetrifft, so bleibt die *Pauli-Komponente* χ_p als reiner Spinanteil unverändert, während in χ_L μ_B^{*2} statt μ_B^2 erscheint. Anstelle von (3.131) gilt dann für das Verhältnis der beiden Komponenten:

$$\chi_L = -\frac{1}{3}\left(\frac{m}{m^*}\right)^2 \chi_p. \tag{3.133}$$

Bei vielen Metallen weicht m^* deutlich von m ab, so daß bisweilen auch die diamagnetische Landau-Komponente überwiegt. In der Regel sind jedoch $|\chi_L|$ und χ_p von derselben Größenordnung.

Die Messung der Suszeptibilität eines Metalls ergibt stets die **Gesamt**-Suszeptibilität, die sich aus χ_L, χ_p und χ_{osz} sowie einem Beitrag der Ionenrümpfe zusammensetzt, den man als *Larmor-Suszeptiblität* χ_{Larmor} bezeichnet. Eine separate Bestimmung von χ_L oder χ_p ist deshalb nicht ganz einfach.

3.2.10 De Haas-van Alphen-Effekt

Unter dem *de Haas-van Alphen-Effekt* versteht man Oszillationen der magnetischen Suszeptiblität mit dem äußeren Magnetfeld B_0, oder besser mit $1/B_0$. Man beobachtet diese Oszillationen auch in anderen physikalischen Größen wie der elektrischen und thermischen Leitfähigkeit, der Magnetostriktion und dem Hall-Effekt. Die physikalische Ursache der Oszillationen haben wir bereits in Kapitel 3.2.7 diskutiert. Ihre Manifestation in der Suszeptibilität resultiert natürlich aus dem noch nicht ausgewerteten Anteil (3.122) des großkanonischen Potentials. Drei Terme in (3.122) sind feldabhängig. Die *Magnetisierung*,

$$M_{\text{osz}}(T, B_0) = -\frac{1}{V}\left(\frac{\partial\Omega_{\text{osz}}}{\partial B_0}\right)_{T,\mu} = M_1 + M_2 + M_3, \tag{3.134}$$

setzt sich deshalb nach der Produktregel der Differentiation aus drei Summanden zusammen. Wie im vorangegangenen Kapitel begründet, können wir in dem uns hier interessierenden Tieftemperaturbereich $\mu \approx E_F$ annehmen. Mit den Abkürzungen

$$a(T, B_0) = \frac{3}{2}\left(\frac{k_B T}{E_F}\right)\left(\frac{\mu_B B_0}{E_F}\right)^{1/2}, \tag{3.135}$$

$$b(T, B_0) = \pi^2\left(\frac{k_B T}{\mu_B B_0}\right), \tag{3.136}$$

$$c(B_0) = \pi\left(\frac{E_F}{\mu_B B_0}\right) \tag{3.137}$$

lauten dann die drei Magnetisierungsanteile:

$$M_1 = -\frac{3}{2} a\, \mu_B \frac{N}{V}\sum_{p=1}^{\infty}\frac{(-1)^p}{p^{3/2}}\cos(z_\sigma p\,\pi)\frac{\cos\left(\frac{\pi}{4} - p\,c\right)}{\sinh(p\,b)}, \tag{3.138}$$

$$M_2 = a\,c\,\mu_B \frac{N}{V}\sum_{p=1}^{\infty}\frac{(-1)^p}{p^{1/2}}\cos(z_\sigma p\,\pi)\frac{\sin\left(\frac{\pi}{4} - p\,c\right)}{\sinh(p\,\beta)}, \tag{3.139}$$

$$M_3 = -a\,b\,\mu_B \frac{N}{V}\sum_{p=1}^{\infty}\frac{(-1)^p}{p^{1/2}}\cos(z_\sigma p\,\pi)\frac{\cos\left(\frac{\pi}{4} - p\,c\right)}{\sinh(p\,\beta)}\coth(p\,\beta). \tag{3.140}$$

Nochmaliges Differenzieren liefert dann die Suszeptibilität

$$\chi_{\text{osz}} = \mu_0 \left(\frac{\partial M_{\text{osz}}}{\partial B_0} \right)_T . \tag{3.141}$$

Es resultiert ein recht komplizierter Ausdruck (s. Aufgabe 3.2.17). Wenn wir einmal annehmen, daß die Summen in (3.138) bis (3.140) sämtlich von derselben Größenordnung sind, dann bestimmen die Vorfaktoren deren Bedeutung. Diese sind aber für ein *entartetes* Elektronengas und *normale* Temperaturen und Felder von unterschiedlicher Größenordnung (3.124):

$$c(B_0) \gg b(T, B_0) \gg a(T, B_0).$$

Wenn wir in M_2 den Sinus nach dem Feld differenzieren, ergibt sich ein Beitrag proportional zu c^2. Dieser wird *unter normalen Umständen* dominieren:

$$\chi_{\text{osz}} \approx \mu_0 \frac{N}{V} \frac{3}{2} \pi^2 \frac{k_B T}{B_0^2} \left(\frac{E_F}{\mu_B B_0} \right)^{1/2} * \\ * \sum_{p=1}^{\infty} (-1)^p p^{1/2} \cos(z_\sigma p \pi) \frac{\cos\left(\frac{\pi}{4} - p\pi \frac{E_F}{\mu_B B_0} \right)}{\sinh\left(p\pi^2 \frac{k_B T}{\mu_B B_0} \right)} . \tag{3.142}$$

Der Faktor $\cos(z_\sigma p \pi)$ geht auf den Spin des Elektrons zurück. Die anderen Terme sind samt und sonders der Bahnbewegung zuzuschreiben. Bahn- und Spinanteile der Suszeptibilität des Elektronengases verhalten sich also nicht einfach additiv, können deshalb auch nicht gesondert behandelt werden. Das war in Kapitel 3.2.6 gemeint, als wir davon sprachen, daß die dortige Annahme, daß das Magnetfeld nur an den Elektronenspin koppelt, nur *vom Ergebnis her* gerechtfertigt wird. Wir konnten so den physikalischen Ursprung des *Pauli-Spinparamagnetismus* befreit von allem *mathematischen Ballast* besser demonstrieren.

Kennzeichen des de Haas- van Alphen-Effekts sind die χ-Oszillationen mit der Periode

$$\Delta \left(\frac{1}{B_0} \right) = p^{-1} \frac{2\mu_B}{E_F} , \tag{3.143}$$

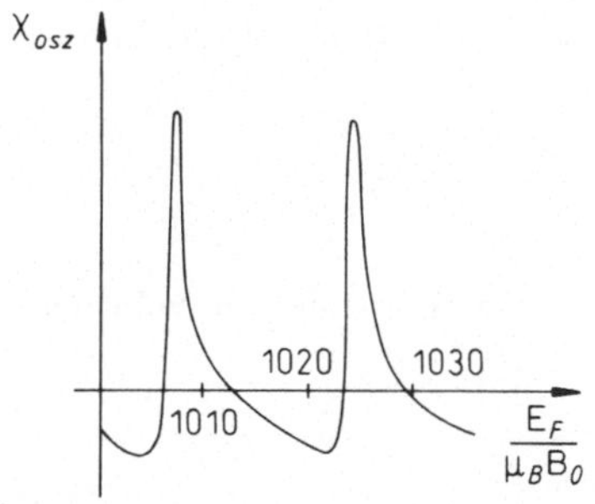

die durch den Kosinus-Term in χ_{osz} hervorgerufen werden. Das Bild zeigt ein typisches Beispiel für $T = 1\,K$ und einer Elektronendichte $r_s = 4$ (r_s ist in Aufgabe 3.2.3 definiert). Die Periode $\Delta\,(1/B_0)$ ist temperatur**un**abhängig. Die *Grundschwingung* $p = 1$ stimmt mit (3.106) überein. Die Oszillationen sind natürlich um so besser erkennbar, je größer die Periode Δ ist. Das ist der Fall bei kleinem E_F, d.h. nach (3.62) bei möglichst kleiner Elektronendichte (möglichst großes r_s). Man beachte jedoch, daß wir an mehreren Stellen der Ableitung von χ_{osz} ein *entartetes* Elektronengas vorausgesetzt haben.

Die Amplitude der Oszillationen wird ganz wesentlich durch den hyperbolischen Sinus im Nenner von (3.142) bestimmt. Er sorgt dafür, daß sie zu sehr kleinen Feldern hin wie

$$\exp\left(-p\,\pi^2 \frac{k_B T}{\mu_B B_0}\right)$$

abnimmt. Ferner trägt der hyperbolische Sinus dazu bei, daß die Summe in (3.142) sehr rasch konvergiert, so daß man sich häufig allein auf den $p = 1$-Term beschränken kann.

3.2.11 Aufgaben

Aufgabe 3.2.1

Die Teilchendichte n eines idealen Fermi-Gases sei fest vorgegeben. Zeigen Sie, daß für $T \to +\infty$ das chemische Potential μ gegen $-\infty$ streben muß.

Aufgabe 3.2.2

Bei der Behandlung von hochenergetischen Fermionen sind relativistische Effekte zu berücksichtigen. Die Ein-Teilchen-Energien lauten dann:

$$\epsilon(\mathbf{p}) = \sqrt{c^2 p^2 + m^2 c^4}.$$

Zeigen Sie, daß für die mittlere Teilchenzahl $\langle \widehat{N} \rangle$ und die innere Energie U des idealen relativistischen Fermi-Gases gilt:

$$\langle \widehat{N} \rangle = (2S+1)\,\frac{m^3 c^3}{2\pi^2 \hbar^3}\, V \int\limits_0^\infty \frac{\sinh^2 \alpha \cosh \alpha}{\exp(-\beta\,\mu + \beta\, m\, c^2 \cosh \alpha) + 1}\, d\alpha,$$

$$U = (2S+1)\,\frac{m^4 c^5}{2\pi^2 \hbar^3}\, V \int\limits_0^\infty \frac{\sinh^2 \alpha \cosh^2 \alpha}{\exp(-\beta\,\mu + \beta\, m\, c^2 \cosh \alpha) + 1}\, d\alpha.$$

(Das chemische Potential μ enthält die Ruheenergie $m c^2$!) Werten Sie die Integrale für den Fall tiefer Temperaturen aus.

Aufgabe 3.2.3

Betrachten Sie ein System von N nicht-wechselwirkenden Elektronen im Volumen V $\left(\epsilon(\mathbf{k}) = \hbar^2 \mathbf{k}^2 / 2m\right)$.

1) Zeigen Sie, daß für die innere Energie

$$U(T = 0) = N \frac{3}{5} E_F$$

gilt.

2) Berechnen Sie die Fermi-Energie E_F für

$$N = 6 \cdot 10^{23}, \; V = 25 \text{ cm}^3, \; m = 9{,}1 \cdot 10^{-28} \text{g}.$$

3) Drücken Sie die innere Energie $U(T = 0)$ aus Teil 1) durch den dimensionslosen Dichteparameter r_s aus:

$$\frac{V}{N} = \frac{4\pi}{3} (a_B r_s)^3; \quad a_B = \frac{4\pi \, \epsilon_0 \hbar^2}{m \, e^2} \qquad \textit{Bohrscher Radius.}$$

Benutzen Sie als Energieeinheit:

$$1 \text{ ryd} = \frac{1}{4\pi \, \epsilon_0} \frac{e^2}{2 a_B}.$$

4) Wie hängt die Konstante d in der Zustandsdichte (3.51) mit der Fermi-Energie E_F zusammen?

5) Berechnen Sie den *Nullpunktsdruck* $p(T = 0)$ des Fermi-Gases.

Aufgabe 3.2.4

Man betrachte einen reinen Halbleiter mit einer Bandlücke E_g zwischen Valenz- und Leitungsband. Leitungselektronen und Löcher sollen sich wie freie Fermionen mit den effektiven Massen m_e und m_L verhalten. Der Energienullpunkt falle mit der Oberkante des bei $T = 0$ gefüllten Valenzbandes zusammen. Nehmen Sie für die folgenden Aufgabenstellungen an, daß die Ungleichungen

$$E_g \gg k_B T; \quad \mu \gg k_B T; \quad E_g - \mu \gg k_B T$$

erfüllt sind, was bei vielen Halbleitern noch bei hohen Temperaturen (300 K) der Fall ist.

1) Zeigen Sie, daß im hier betrachteten Bereich der Eigenleitung folgende Relation für die Elektronendichte n_e im Leitungsband und die Löcherdichte n_L im Valenzband gilt:

$$n_e = n_L = 2\left(\frac{\sqrt{m_e m_L} k_B T}{2\pi \hbar^2}\right)^{3/2} \exp\left(-\frac{E_g}{2k_B T}\right).$$

2) Zeigen Sie außerdem, daß das chemische Potential μ durch

$$\mu = \frac{1}{2}E_g + \frac{3}{4}k_B T \ln \frac{m_L}{m_e}$$

gegeben ist.

Aufgabe 3.2.5

Berechnen Sie die Zustandsdichten des ein- und des zweidimensionalen idealen Fermi-Gases.

Aufgabe 3.2.6

Berechnen Sie das Tieftemperaturverhalten des chemischen Potentials eines eindimensionalen idealen Fermi-Gases.

Aufgabe 3.2.7

Leiten Sie das Tieftemperaturverhalten der freien Energie des (dreidimensionalen) idealen Fermi-Gases bis zu Termen der Größenordnung $(k_B T/E_F)^2$ ab.

Aufgabe 3.2.8

Die innerhalb eines Metalls quasifreien Leitungselektronen haben dort eine geringere potentielle Energie als im Außenraum, können dieses deshalb bei $T = 0$ nicht verlassen. Der energetische Abstand W_A zwischen dem Außenraumpotential V_0 und der Fermi-Energie E_F im Inneren des Metalls wird *Austrittsarbeit* genannt. Bei endlichen Temperaturen werden einige Elektronen, die Zustände im hochenergetischen Ausläufer der Fermi-Dirac-Verteilungsfunktion besetzen, das Metall verlassen können. Das Metall befinde sich in einem geschlossenen Behälter. Der nicht ausgefüllte Teil sei bei $T = 0$ Vakuum.

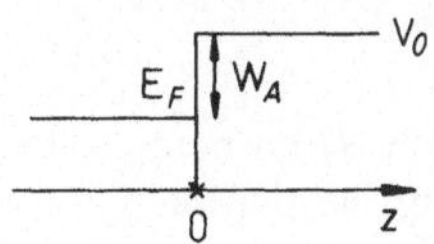

1) Geben Sie die Zustandsdichte der Elektronen im Außenraum an. Wie lauten dort die mittleren Besetzungszahlen $\langle \hat{n}^{(a)}_{\mathbf{k}\sigma} \rangle$? ($\sigma = \uparrow$ oder $\downarrow$ für die beiden möglichen Spinprojektionen.)

2) Bestimmen Sie die Elektronendichte n_a außerhalb des Metalls bei der Temperatur T ($\longrightarrow$ *Dampfdruck* der Metallelektronen).

3) Nehmen Sie an, daß das Metall den Halbraum $z < 0$ besetzt. Berechnen Sie die Emissionsstromdichte:

$$j_z = \frac{1}{V} \sum_{\mathbf{k},\sigma}^{k_z \geq 0} \frac{\hbar k_z}{m} \langle \hat{n}_{\mathbf{k}\sigma}^{(a)} \rangle .$$

Es sollte sich die bekannte *Richardson-Formel* ((1.47), Bd. 5, Tl. 1) ergeben.

Aufgabe 3.2.9

Gegeben sei ein System von N nicht wechselwirkenden, extrem relativistischen Fermionen im Volumen V mit den Ein-Teilchen-Energien:

$$\sqrt{c^2 \mathbf{p}^2 + m^2 c^4} \longrightarrow c p = c \hbar k = \epsilon(k).$$

1) Berechnen Sie die Zustandsdichte $D(E)$ des Fermi-Gases.

2) Nicht-relativistisch gilt (3.45) für den Zusammenhang zwischen Druck und innerer Energie. Zeigen Sie, daß im Fall extrem relativistischer Fermionen stattdessen

$$U = 3 p V$$

gefunden wird.

3) Berechnen Sie den *Nullpunktsdruck*.

Aufgabe 3.2.10

Berechnen Sie für das extrem relativistische, *entartete* Fermi-Gas die Temperaturabhängigkeiten

1) des chemischen Potentials μ,

2) der inneren Energie U,

3) der Wärmekapazität.

Vergleichen Sie mit den nicht-relativistischen Ergebnissen.

Aufgabe 3.2.11

Berechnen Sie die Zustandsdichte freier Fermionen (Spin S) im homogenen Magnetfeld $\mathbf{B} = B\,\mathbf{e}_z$ unter der Voraussetzung, daß das Feld nur an den Spin koppelt.

Aufgabe 3.2.12

Berechnen Sie für ein *entartetes* System freier Fermionen im homogenen Magnetfeld $\mathbf{B}_0 = B_0 e_z$ die Feld- und Temperaturabhängigkeit des chemischen Potentials μ bis zu Termen der Größenordnung $(k_B T / E_F)^2$ bzw. $(\mu_B B_0 / E_F)^2$. Setzen Sie dabei vereinfachend voraus, daß das Feld nur an den Spin koppelt.

Aufgabe 3.2.13

Zeigen Sie, daß sich

$$f(x) = \sum_{n=-\infty}^{+\infty} \delta\left[x - \left(n + \frac{1}{2}\right)\right]$$

wie folgt als Fourier-Reihe schreiben läßt:

$$f(x) = \sum_{p=-\infty}^{+\infty} (-1)^p \, e^{i\,2\pi\,p\,x}.$$

Aufgabe 3.2.14

Zur Berechnung des oszillatorischen Anteils des großkanonischen Potentials freier Elektronen im Magnetfeld benötigt man das Integral (s. (3.119)):

$$I_p = \int_{-\infty}^{+\infty} d\epsilon \, \hat{f}'_{-}(\epsilon) \cos\left(2\pi\,p\,\epsilon - \frac{\pi}{4}\right),$$

wobei $\hat{f}'_{-}$ die Ableitung der Fermi-Funktion ist:

$$\hat{f}'_{-}(\epsilon) = \frac{d}{d\epsilon}\left\{1 + \exp\left[b(\epsilon - \mu_0)\right]\right\}^{-1}.$$

Berechnen Sie I_p mit Hilfe des Residuensatzes.

Aufgabe 3.2.15

Betrachten Sie ein System von N nicht miteinander wechselwirkenden, *spinlosen* Elektronen in einem homogenen Feld $\mathbf{B}_0 = B_0 \mathbf{e}_z$.

1) Berechnen Sie die kanonische Zustandssumme Z_1 eines einzelnen Elektrons.

2) Die Temperatur sei so hoch, daß auf das N-Elektronensystem näherungsweise *Boltzmann-Statistik* angewendet werden kann. Dies bedeutet insbesondere für die kanonische Zustandssumme:

$$Z_N = \frac{Z_1^N}{N!}.$$

Berechnen Sie das mittlere magnetische Moment m.

Aufgabe 3.2.16

Berechnen Sie für ein **nicht**-entartetes Elektronengas, auf das sich wie in der vorangegangenen Aufgabe *Boltzmann-Statistik* anwenden läßt, die magnetische *Nullfeld-Suszeptibilität*:

$$\chi(T) = \frac{\mu_0}{V}\left(\frac{\partial m}{\partial B_0}\right)_T (B_0 \to 0).$$

Nehmen Sie zur Unterscheidung von Bahn- und Spinanteilen an, daß die Bahnbewegung des Elektrons mit einer von m verschiedenen *effektiven Masse* m^* erfolgt.

Aufgabe 3.2.17

Berechnen Sie explizit den *oszillatorischen Anteil* der Suszeptibilität eines freien Elektronengases im homogenen Magnetfeld $\mathbf{B}_0 = B_0 \mathbf{e}_z$.

3.3 Ideales Bose-Gas

Nach dem *idealen Fermi-Gas* sollen nun die Eigenschaften des Systems aus N nicht miteinander wechselwirkenden Bosonen (Spin S) im Volumen V untersucht werden. Wir wissen aus Kapitel 3.1, daß trotz fehlender Wechselwirkungen die kanonische Zustandssumme des N-Teilchen-Systems nicht einfach faktorisiert, wie es in der klassischen *Boltzmann-Statistik* der Fall wäre. Die aus dem *Prinzip der Ununterscheidbarkeit* folgende Symmetriebedingung für Viel-Bosonen-Zustände hat sehr weitreichende Konsequenzen. Das erkennen wir bereits an den allgemeinen Zustandsgleichungen (Kap. 3.3.1), die wir zunächst in voller Analogie zu denen des *idealen Fermi-Gases* (Kap. 3.2.1) diskutieren werden. Bei der Untersuchung des *klassischen Grenzfalles* $z \ll 1$ (Kap. 3.3.2) stoßen wir auf Korrekturterme zur klassischen, idealen Gasgleichung, die eine formale Ähnlichkeit mit denen haben, die in einem realen Gas aus einer anziehenden Wechselwirkung zwischen den Teilchen resultieren. – Die spektakulärste Konsequenz der quantenmechanischen Symmetriebedingung ist die *Bose-Einstein-Kondensation* (Kap. 3.3.3), die alle Erscheinungsformen eines Phasenübergangs erster Ordnung trägt, und das in einem System **nicht**-wechselwirkender Teilchen. – Wichtige Anwendungsbeispiele für die Theorie dieses Kapitels sind das *Photonen-* und das *Phononengas* (Kap. 3.3.6, 3.3.7).

3.3.1 Zustandsgleichungen

Ausgangspunkt für die Ableitung der *thermischen* und der *kalorischen* Zustandsgleichung des idealen Bose-Gases ist das großkanonische Potential (3.21). (Wir lassen den Index (+) zur Kennzeichnung von Bosonen-Größen und -Funktionen weg, da es in diesem Kapitel ausschließlich um solche geht.) Gedacht ist im folgenden an nicht-relativistische Bosonen mit einem Spin S und denselben isotropen Ein-Teilchen-Energien

$$\epsilon(\mathbf{k}) = \epsilon(k) = \frac{\hbar^2 k^2}{2m}, \tag{3.144}$$

die wir auch für das ideale Fermi-Gas in Kapitel 3.2 benutzt haben. Man beachte, daß einige Details der anstehenden Resultate von dieser Wahl für $\epsilon(\mathbf{k})$ beeinflußt sein werden. Für das Photonen- und das Phononengas zum Beispiel werden wir (3.144) durch andere Ausdrücke zu ersetzen haben. – Die kleinste Ein-Teilchen-Energie (3.144) ist Null. Wie im Anschluß an (3.31) bereits begründet, muß das chemische Potential dann

$$-\infty < \mu < 0 \tag{3.145}$$

erfüllen. – Das Bose-Gas befinde sich in einem Quader vom Volumen $V = L_x L_y L_z$ mit *periodischen Randbedingungen* für die Wellenfunktion. Im asymptotisch großen System ($N \to \infty$, $V \to \infty$, $N/V \to n =$ endlich) können wir dann wie in (3.37) Summen durch Integrale ersetzen. Ferner besitzt das ideale Bose-Gas exakt dieselbe *Zustandsdichte* (3.50) wie das in Kapitel 3.2 diskutierte ideale Fermi-Gas.

Bei der Ersetzung von Summen durch Integrale, zum Beispiel im großkanonischen Potential, kann es beim Bose-Gas eine Schwierigkeit geben, nämlich dann, wenn sich das chemische Potential μ dem Wert 0 zu stark nähert. Nach (3.29) gilt unter der Voraussetzung $-\beta\,\mu \ll 1$ für die Besetzung des energetisch tiefsten Ein-Teilchen-Niveaus ($\epsilon(\mathbf{0}) = 0$):

$$\langle\, \hat{n}_{0\,m_s} \rangle = \frac{1}{e^{-\beta\,\mu} - 1} = \frac{1}{1 - \beta\,\mu + \ldots - 1} \approx -\frac{1}{\beta\,\mu}.$$

$\langle\, \hat{n}_{0\,m_s} \rangle$ kann also beliebig große, makroskopische Werte annehmen. Andererseits verschwindet die Zustandsdichte $D(E) \sim \sqrt{E}$ bei der Energie Null. Da besteht offenkundig eine ernsthafte Fehlerquelle. Ersetzen wir nämlich die Summe $\sum_r \ldots$ zum Beispiel durch $\int dE\, D(E) \ldots$, so bekommt der Grundzustand das Gewicht Null, wird also, obwohl eventuell makroskopisch besetzt, gar nicht berücksichtigt. Wegen des *Pauli-Prinzips* ($0 \leq \langle\, \hat{n}_r \rangle \leq 1$) tritt dieses Problem in Fermi-Systemen **nicht** auf. Wir lösen es für das Bose-System dadurch, daß wir die Beiträge des Grundzustands gesondert herausziehen. Dies bedeutet für das großkanonische Potential (3.21):

$$\beta\,\Omega(T, V, z) = (2S+1)\frac{V}{(2\pi)^3}\, 4\pi \int\limits_0^\infty dk\, k^2\, \ln\!\left(1 - z\, e^{-\beta\,\epsilon(\mathbf{k})}\right) + (2S+1)\, \ln(1 - z). \tag{3.146}$$

Der Faktor $(2S + 1)$ resultiert aus der Spinentartung.

Bevor wir (3.146) auswerten, sollten wir uns vergewissern, daß das *Herausziehen* des Grundzustandsbeitrags wirklich ausreicht. Bei periodischen Randbedingungen gilt für die Ein-Teilchen-Energien ($L_x = L_y = L_z = L$):

$$\epsilon(\mathbf{k}) \;\longrightarrow\; \frac{\hbar^2}{2m}\,\frac{4\pi^2}{L^2}\left(n_x^2 + n_y^2 + n_y^2\right); \quad n_{x,y,z} \in \mathbb{Z}.$$

Im asymptotisch großen System rückt die niedrigste angeregte Energie

$$\epsilon_1 = \frac{\hbar^2}{2m}\frac{4\pi^2}{L^2} \qquad (L^2 = V^{2/3})$$

beliebig nahe an die Grundzustandsenergie Null heran. Es ist also durchaus nicht selbstverständlich, daß wir in (3.146) nur den Grundzustandsbeitrag *herauszupicken* haben. Wir überprüfen deshalb den Beitrag des ersten angeregten Zustands. In dem hier interessierenden Bereich gilt

$$\langle \hat{n}_{0\,m_s} \rangle \approx -\frac{1}{\beta\,\mu} = \gamma\, N,$$

wobei γ eine Zahl von der Größenordnung 1 ist. Ferner läßt sich abschätzen:

$$\langle \hat{n}_{1\,m_s} \rangle = \frac{1}{e^{\beta(\epsilon_1-\mu)} - 1} \approx \frac{1}{\beta\,\epsilon_1 - \beta\,\mu},$$

$$\beta\,\epsilon_1 = \frac{\hbar^2}{2m}\,\beta\,\frac{4\pi^2}{V^{2/3}} = \left(\frac{\hbar^2}{2m}\,4\pi^2 n^{2/3}\beta\right)\frac{1}{N^{2/3}} =$$

$$= \left(\pi\,\lambda^2 n^{2/3}\right)\frac{1}{N^{2/3}} \equiv \alpha\frac{1}{N^{2/3}}.$$

Die Teilchenzahldichte n ist nach Voraussetzung endlich. Quantenphänomene werden relevant, wenn die de Broglie-Wellenlänge λ in die Größenordnung des mittleren Teilchenabstandes $\left(\sim (V/N)^{1/3} = n^{-1/3}\right)$ kommt. Die Zahl α wird also in unserem Fall hier ebenfalls von der Größenordnung 1 sein. Dies bedeutet:

$$\frac{\langle \hat{n}_{1\,m_s} \rangle}{\langle \hat{n}_{0\,m_s} \rangle} \approx \frac{1}{\alpha\,\gamma\,N^{1/3} + 1} \approx N^{-1/3}. \tag{3.147}$$

In dem Gebiet, in dem das *Herausziehen* der beiden Terme für das großkanonische Potential (3.146) von Bedeutung sein könnte, ist demnach $\langle \hat{n}_{1\,m_s} \rangle$ um einen riesigen Faktor ($\sim 10^{-7}$) kleiner als $\langle \hat{n}_{0\,m_s} \rangle$, fällt also überhaupt nicht ins Gewicht. Das gilt erst recht für die Beiträge der noch höher angeregten Zustände. Das ist ein wichtiger Punkt, auf den wir in Kapitel 3.3.3 noch einmal zurückkommen werden. Gleichung (3.146) ist also der korrekte Ansatz für das großkanonische Potential des idealen Bose-Gases.

Das weitere Vorgehen ist nun völlig analog dem für das Fermi-Gas in Kapitel 3.2.1. Mit der auch dort benutzten Substitution,

$$x = \hbar\,k\sqrt{\frac{\beta}{2m}},$$

und der Definition (1.137) für die *thermische de Broglie-Wellenlänge* λ, geht (3.146) über in

$$\beta\,\Omega(T,V,z) = \frac{2S+1}{\lambda^3}\,\frac{4V}{\sqrt{\pi}}\int\limits_0^\infty dx\,x^2 \ln\left(1 - z\,e^{-x^2}\right) + (2S+1)\,\ln(1-z).$$

Mit Hilfe der Reihenentwicklung des Logarithmus,

$$\ln(1-y) = -\sum_{n=1}^{\infty}\frac{y^n}{n} \qquad (\,|\,y\,| < 1),$$

werten wir das verbleibende Integral aus:

$$\int\limits_0^\infty dx\,x^2 \ln\left(1 - z\,e^{-x^2}\right) = -\frac{\sqrt{\pi}}{4}\sum_{n=1}^{\infty}\frac{z^n}{n^{5/2}}.$$

Der Rechengang ist mit dem im Anschluß an (3.39) durchgeführten praktisch identisch. Wir definieren:

$$g_{5/2}(z) = -\frac{4}{\sqrt{\pi}}\int\limits_0^\infty dx\,x^2 \ln\left(1 - z\,e^{-x^2}\right) = \sum_{n=1}^{\infty}\frac{z^n}{n^{5/2}}, \tag{3.148}$$

$$g_{3/2}(z) = z\frac{d}{dz}g_{5/2}(z) = \sum_{n=1}^{\infty}\frac{z^n}{n^{3/2}} \tag{3.149}$$

(vgl. (3.40, (3.41)). Damit lautet das großkanonische Potential des idealen Bose-Gases:

$$\beta\,\Omega(T,V,z) = -\frac{2S+1}{\lambda^3}\,V\,g_{5/2}(z) + (2S+1)\,\ln(1-z). \tag{3.150}$$

Bis auf den additiven Zusatzterm ist das formal dieselbe Beziehung wie (3.42) für Fermionen, lediglich die Funktion $f_{5/2}(z)$ wurde durch $g_{5/2}(z)$ ersetzt. Für den Druck p folgt aus (3.150) wegen $\Omega = -p\,V$ unmittelbar:

$$\beta\,p = \frac{2S+1}{\lambda^3}g_{5/2}(z) - \frac{2S+1}{V}\,\ln(1-z). \tag{3.151}$$

Das ist noch nicht die *thermische Zustandsgleichung*. Es muß die Fugazität z noch durch die Teilchendichte n ausgedrückt werden. Dazu benutzen wir (2.78):

$$n = \frac{\langle\,\widehat{N}\,\rangle}{V} = z\left(\frac{\partial}{\partial z}\beta\,p\right)_{T,V} = \frac{2S+1}{\lambda^3}g_{3/2}(z) + \frac{2S+1}{V}\,\frac{z}{1-z}. \tag{3.152}$$

Die Kombination der beiden Beziehungen (3.151) und (3.152) führt zur **thermischen Zustandsgleichung**. Der letzte Summand in (3.152) stellt den Anteil des Grundzustands an der Teilchendichte dar,

$$\frac{1}{V}\langle \hat{n}_{0\,m_s} \rangle = \frac{1}{V}\frac{1}{z^{-1}-1} = \frac{1}{V}\frac{z}{1-z} \equiv \frac{n_0}{2S+1}$$

$$(m_s = -S, -S+1, \dots, +S), \tag{3.153}$$

und kann, wie erwähnt, makroskopisch groß werden. Dieses Phänomen wird als *Bose-Einstein-Kondensation* bezeichnet, dessen eingehende Untersuchung in Kapitel 3.3.3 vorgenommen wird.

Zur *kalorischen Zustandsgleichung* kommen wir über die innere Energie U (2.83):

$$U = -\left(\frac{\partial}{\partial\beta}\ln \Xi_z(T,V)\right)_{z,V} = \left(\frac{\partial}{\partial\beta}\beta\,\Omega(T,V,z)\right)_{z,V}.$$

Setzen wir (3.150) ein, so folgt:

$$U = \frac{3}{2}k_B T\,V\frac{2S+1}{\lambda^3}g_{5/2}(z). \tag{3.154}$$

Die innere Energie des idealen Bose-Gases hat damit formal dieselbe Gestalt wie die des idealen Fermi-Gases in (3.45). Eliminieren wir aus den Gleichungen (3.152) und (3.154) die Fugazität z, so ergibt sich die **kalorische Zustandsgleichung** des idealen Bose-Gases.

Kombination von (3.151) mit (3.154) liefert für U und $p\,V$ den Zusammenhang,

$$U = \frac{3}{2}p\,V + \frac{3}{2}k_B T\,(2S+1)\ln(1-z), \tag{3.155}$$

der sich durch den zweiten Summanden von dem des klassischen idealen Gases und des idealen Fermi-Gases (3.45) unterscheidet.

3.3.2 Klassischer Grenzfall

Wir wollen auch für das ideale Bose-Gas zunächst den Grenzfall $z \ll 1$ untersuchen, für den wegen

$$\langle \hat{n}_r \rangle = \frac{1}{z^{-1}e^{\beta\epsilon_r}-1} \approx z\,e^{-\beta\epsilon_r} \ll 1$$

alle Niveaus nur sehr schwach besetzt sind. Die Wahrscheinlichkeit von Doppelbesetzungen ist praktisch Null. Es ist deshalb nicht verwunderlich, daß sich in dieser Grenze die Unterschiede von Bose-, Fermi- und Boltzmann-Statistik *verwaschen*. In den Reihenentwicklungen (3.148) und (3.149) kann man sich auf die ersten beiden Terme beschränken:

$$g_{5/2}(z) \approx z + \frac{z^2}{2^{5/2}}; \quad g_{3/2}(z) \approx z + \frac{z^2}{2^{3/2}}.$$

Damit folgt in allererster Näherung für die Teilchendichte (3.152):

$$n\,\lambda^3 \approx (2S+1)z^{(0)}\left(1+\frac{\lambda^3}{V}\right),$$

$$z^{(0)} \approx \frac{n\,\lambda^3}{(2S+1)\left(1+\frac{\lambda^3}{V}\right)}.$$

Wie beim idealen Fermi-Gas (3.47) liegt der *klassische Grenzfall* $z \ll 1$ also bei

$$n\,\lambda^3 \ll 1$$

vor, d.h. bei **kleiner Teilchendichte** und kleiner de Broglie-Wellenlänge, wobei letzteres **hohe Temperatur** bedeutet. Wenn aber $n\,\lambda^3 \ll 1$ ist , dann gilt erst recht: $\lambda^3/V \ll 1$. Damit ist auch der *Korrekturterm* in (3.152) selbstverständlich vernachlässigbar. Für $z \ll 1$ wäre ja auch das *Herausziehen* des Grundzustandsbeitrages gar nicht nötig gewesen. Dieses haben wir im letzten Abschnitt nur für die problematische Grenze $\mu \to 0$ bzw. $z \to 1$ motiviert, in der der Grundzustand makroskopisch besetzt sein kann. – Wir können also schreiben:

$$z^{(0)} \approx \frac{n\,\lambda^3}{2S+1}.$$

Dasselbe Resultat hatten wir in Kapitel 3.2.2 für Fermionen gefunden. Um zur nächsthöheren Korrektur zu gelangen, benutzen wir dieses Ergebnis noch einmal in dem Ausdruck (3.152) für die Teilchendichte:

$$z^{(0)} \approx \frac{n\,\lambda^3}{2S+1} \approx z^{(1)}\left(1+\frac{z^{(1)}}{2^{3/2}}\right).$$

Dies ergibt:

$$z^{(1)} \approx z^{(0)}\left(1-\frac{z^{(0)}}{2^{3/2}}\right).$$

Setzen wird dieses nun in die Beziehung (3.151) für den Druck des idealen Bose-Gases ein, so erhalten wir eine Zustandsgleichung:

$$p\,V = \langle\,\widehat{N}\,\rangle k_B T\left[1-\frac{n\,\lambda^3}{4\sqrt{2}(2S+1)}\right], \tag{3.156}$$

die sich von dem Analogon (3.48) des Fermi-Gases nur durch das Vorzeichen vor der *Quantenkorrektur* unterscheidet. – Wenn man zum Vergleich die Zustandsgleichung **realer** Gase inspiziert, so kommt man durch Berücksichtigung der Teilchenwechselwirkungen zu formal ähnlichen Korrekturen zur idealen Gasgleichung (s. *van der Waals - Gas*, (1.14) in Bd. 4). Man erkennt dann, daß die durch das *Prinzip der Ununterscheidbarkeit* an N-Teilchen-Zustände gestellten Symmetriebedingungen (3.3) sich beim idealen Fermi-Gas wie eine Abstoßung, beim idealen Bose-Gas wie eine Anziehung zwischen den Teilchen auswirken. Zahlenmäßig sind die *Quantenkorrekturen* in (3.48) und (3.156) allerdings noch viel kleiner als die üblichen, aus der Wechselwirkung resultierenden Korrekturterme.

3.3.3 Bose-Einstein-Kondensation

Wesentlich interessanter als der im vorigen Abschnitt diskutierte *klassische Grenzfall* $z \ll 1$ ($n\,\lambda^3 \ll 1$) ist der Bereich hoher Teilchendichten und tiefer Temperaturen, in dem wirklich gravierende Unterschiede zum idealen Fermi-Gas und zum klassischen idealen Gas auftreten. Man spricht bei solchen Randbedingungen, die quantenmechanische Aspekte besonders stark wirksam werden lassen, von einem *entarteten* Bose-Gas.

Damit die Gleichung (3.151) für den Druck des idealen Bose-Gases als *thermische Zustandsgleichung* verstanden werden kann, müssen wir mit Hilfe der Beziehung (3.152) die Fugazität z eliminieren, d.h. als Funktion von Temperatur T und Teilchendichte n darstellen. Dabei wird die Funktion $g_{3/2}(z)$ eine wichtige Rolle spielen, wobei allerdings wegen $-\infty < \mu \leq 0$ nur der Bereich $0 < z < 1$ interessiert. Die Funktionen

$$g_\alpha(z) = \sum_{n=1}^{\infty} \frac{z^n}{n^\alpha} \tag{3.157}$$

sind miteinander durch

$$g_{\alpha-1}(z) = z\,\frac{d}{dz}\,g_\alpha(z) \tag{3.158}$$

verknüpft und stellen im Intervall $0 \leq z \leq 1$ positive, monoton wachsende Funktionen dar. Für $z = 1$ sind sie mit der *Riemannschen ζ-Funktion* (3.70) identisch:

$$g_{5/2}(1) = \zeta\left(\frac{5}{2}\right) = 1{,}342; \qquad g_{3/2}(1) = \zeta\left(\frac{3}{2}\right) = 2{,}612. \tag{3.159}$$

$g_{1/2}(z)$ divergiert für $z = 1$. Demnach ist $g_{3/2}(z)$ für $z = 1$ zwar endlich, besitzt dort aber eine vertikale Tangente.

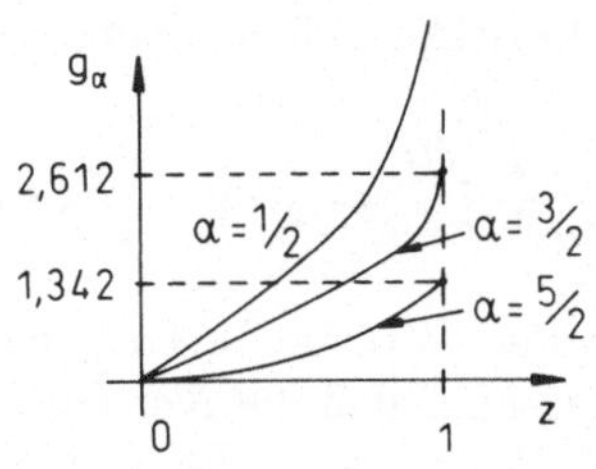

Wir schreiben nun (3.152) in der Form

$$n_0 = n - \frac{2S+1}{\lambda^3}\, g_{3/2}(z), \tag{3.160}$$

wobei n_0 nach (3.153) die Teilchendichte des $(2S+1)$-fach entarteten, tiefsten Ein-Teilchen-Energieniveaus $\epsilon(\mathbf{k}=0)=0$ ist. Da $g_{3/2}(z)$ für $0 < z \leq 1$ auf das Zahlenintervall [0, 2,612] beschränkt ist, sind Temperaturen T und Teilchendichten n denkbar, für die

$$n > \frac{2S+1}{\lambda^3}\, g_{3/2}(1)$$

gilt. Dann ist aber $n_0 > 0$, d.h., ein endlicher (*makroskopischer*) Anteil der Bosonen besetzt das Grundzustandsniveau. Nach unseren Vorüberlegungen in Kapitel 3.3.1 muß in einem solchen Fall $|\beta\,\mu|$ sehr dicht bei Null liegen. Dieses Phänomen wird

Bose-Einstein-Kondensation

genannt. An sich wäre an dieser *makroskopischen* Grundzustandsbesetzung nichts Besonderes, wenn sie bei Temperaturen einsetzen würde, für die

$$k_B\, T < \epsilon_1 - \epsilon(\mathbf{k}=0) = \epsilon_1$$

gilt, wobei ϵ_1 das erste *angeregte* Niveau ist. Mit den Überlegungen nach Gleichung (3.146) läßt sich dieses für makroskopische Systeme zu $T < 10^{-20}$ K etwa abschätzen. Die Zustände eines Bose-Systems unterliegen keiner Besetzungsbeschränkung, wie sie das Pauli-Prinzip den Fermi-Systemen auferlegt. Bei $T=0$ sollten in der Tat **alle** Teilchen des idealen Bose-Gases das niedrigste Energieniveau bevölkern. Das Spektakuläre an der *Bose-Einstein-Kondensation* ist jedoch, daß die Besetzung des Grundzustands schon bei wesentlich höheren Temperaturen einsetzt.

Der Übergang ins **Kondensationsgebiet** wird durch die Bedingung

$$n\,\lambda^3 \stackrel{!}{=} (2S+1)\, g_{3/2}(1) \tag{3.161}$$

reguliert. Dadurch wird bei fester Teilchendichte,

$$\lambda_c^3 = \frac{2S+1}{n}\, g_{3/2}(1) = \left(\frac{2\pi\hbar^2}{m\, k_B\, T_C}\right)^{3/2},$$

eine **kritische Temperatur** T_C definiert:

$$k_B\, T_C(n) = \frac{2\pi\hbar^2}{m}\left(\frac{n}{(2S+1)\, g_{3/2}(1)}\right)^{2/3} \tag{3.162}$$

Bei fester Temperatur T bestimmt (3.161) eine **kritische Teilchendichte** n_C:

$$n_C(T) = \frac{2S+1}{\lambda^3}\, g_{3/2}(1) = (2S+1)\left(\frac{m\, k_B T}{2\pi \hbar^2}\right)^{3/2} g_{3/2}(1) \qquad (3.163)$$

Da n umgekehrt proportional zur dritten Potenz des mittleren Teilchenabstandes ist, wird aus den beiden letzten Beziehungen klar, daß die *Kondensation* dann einsetzt, wenn die *thermische de Broglie-Wellenlänge* λ in die Größenordnung des mittleren Teilchenabstandes kommt.

Vergleicht man die kritische Temperatur T_C des idealen Bose-Gases mit der in (3.64) definierten *Fermi-Temperatur* T_F des idealen Fermi-Gases, so findet man für $S = 1/2$–Fermionen der Masse m_f und für $S = 0$–Bosonen der Masse m_b bei gleicher Teilchendichte:

$$\frac{T_F}{T_C} = \frac{1}{4\pi}\left(3\pi^2\, g_{3/2}(1)\right)^{2/3} \frac{m_b}{m_f} \approx 1,45\, \frac{m_b}{m_f}.$$

Bei gleichen Massen wären die beiden Temperaturen von derselben Größenordnung. Für die *Prototypen* Leitungselektronen und ^{4}He-Atome ist allerdings das Massenverhältnis $m_b/m_f \approx 8 \cdot 10^3$. Da Fermi-Temperaturen in der Regel *einige* 10^4 K betragen, liegt T_C aber immer noch bei *einigen Kelvin.* Nimmt man die Masse des ^{4}He-Atoms und die empirische Dichte von flüssigem ^{4}He, so ergibt sich aus (3.162):

$$T_C \approx 3{,}13 \text{ K} \qquad \left(^4\text{He}\right). \qquad (3.164)$$

Auf jeden Fall ist T_C noch zu groß, um den Übergang der Bosonen in den Grundzustand *normal* erklären zu können. Er hat vielmehr den Charakter eines echten **Phasenübergangs**, wovon wir uns im folgenden überzeugen wollen.

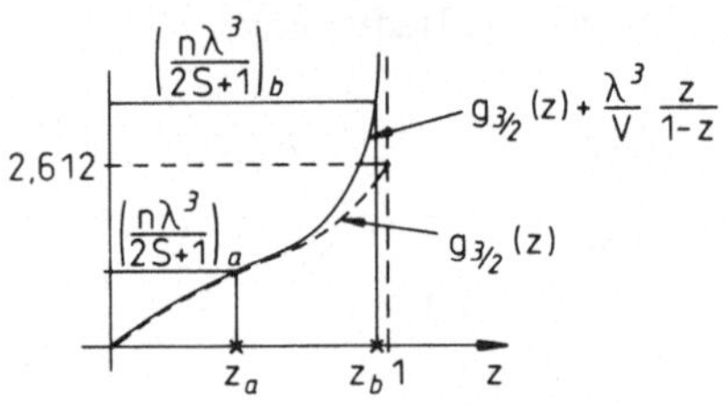

Dazu müssen wir uns zunächst eine Vorstellung darüber verschaffen, wie die Fugazität z als Funktion von T und n aussieht. Trägt man für festes T und n die Größe $g_{3/2}(z) + \lambda^3 z/[V(1-z)]$ als Funktion von z auf, so liefert der Schnittpunkt mit der Konstanten $n\,\lambda^3/(2S+1)$ nach (3.152) gerade die zu dem vorgegebenen T und n gehörige Fugazität z. Das ist in dem Bild für ein großes, aber endliches Volumen V schematisch dargestellt. Wir können uns so Schritt für Schritt *graphisch* z als Funktion von T und n, aber festem V, verschaffen. Die Lösung z_b stammt aus dem *Kondensationsgebiet*, da

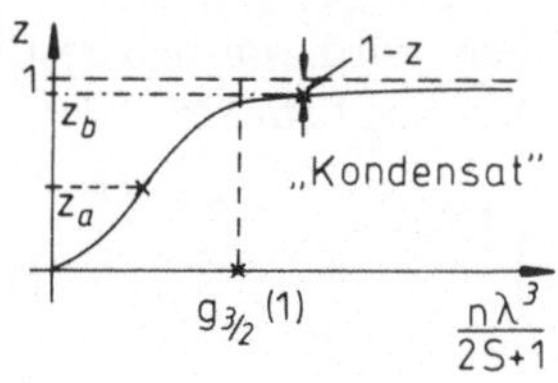

$$\left(\frac{n\,\lambda^3}{2S+1}\right)_b > g_{3/2}(1)$$

ist. Gehen wir nun in den *thermodynamischen Limes* ($N \to \infty$, $V \to \infty$, $n \to$ endlich; s. Kap. 4.5), so muß trotz $V \to \infty$ der *Korrekturterm* $\lambda^3 z/[V(1-z)]$ endlich bleiben, um $\left(n\,\lambda^3/(2S+1)\right)_b$ zu realisieren. Dies bedeutet aber, daß sich im *Kondensationsgebiet* $(1-z)$ beim Grenzübergang $V \to \infty$ wie $1/V$ verhalten muß. Wir können somit für sehr große V ($V \to \infty$) approximativ schreiben:

$$z = \begin{cases} \text{Lösung zu: } \dfrac{n\,\lambda^3}{2S+1} = g_{3/2}(z), & \text{falls } \dfrac{n\,\lambda^3}{2S+1} < g_{3/2}(1), \\ 1, & \text{falls } \dfrac{n\,\lambda^3}{2S+1} \geq g_{3/2}(1). \end{cases} \tag{3.165}$$

Außerhalb des *Kondensationsgebietes* (obere Zeile in (3.165)) ist wegen $V \to \infty$ der Korrekturterm $\lambda^3 z/[V(1-z)]$ unbedeutend. Dieses Ergebnis können wir nun in (3.160) verwenden, um Aussagen über die Besetzung des Grundzustands zu gewinnen:

$$\frac{n_0}{n} \approx 0, \text{ falls } \frac{n\,\lambda^3}{2S+1} < g_{3/2}(1), \tag{3.166}$$

$$\frac{n_0}{n} \approx 1 - \frac{2S+1}{n\,\lambda^3}\, g_{3/2}(1) = 1 - \frac{\lambda_C^3}{\lambda^3} =$$

$$= 1 - \left(\frac{T}{T_C}\right)^{3/2}, \text{ falls } \frac{n\,\lambda^3}{2S+1} \geq g_{3/2}(1). \tag{3.167}$$

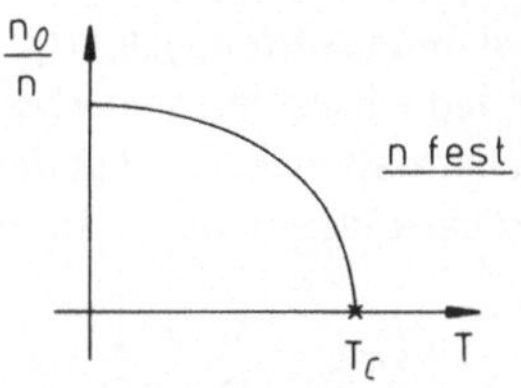

Dieses Verhalten erinnert nun aber sehr stark an einen **Phasenübergang** und das bemerkenswerterweise in einem System von nicht miteinander wechselwirkenden Teilchen. Für $0 < T < T_C$ läßt sich ein Gemisch von zwei Phasen annehmen. Die eine Phase (*Kondensat*) wird von dem makroskopischen Anteil N_0 der insgesamt N Bosonen gebildet, die das tiefste Energieniveau $\epsilon(\mathbf{k}=0)=0$ besetzen:

$$N_0 = N\left[1 - \left(\frac{T}{T_C}\right)^{3/2}\right]. \tag{3.168}$$

Die andere Phase, die wir *gasförmig* nennen wollen, wird von den restlichen Teilchen gebildet, die sich in angeregten ($\mathbf{k} \neq 0$)-Niveaus befinden:

$$N_1 = N - N_0 = N \left(\frac{T}{T_C}\right)^{3/2} . \qquad (3.169)$$

Die Abschätzung (3.147) macht zudem klar, daß sich diese N_1 Bosonen *asymptotisch dünn* über die angeregten Zustände verteilen, d.h., die Besetzungszahl eines einzelnen Niveaus ist praktisch Null. Für $T > T_C$ gilt das auch für das ($\mathbf{k} = 0$)-Niveau (3.166). Für $T = 0$ sind **alle** Teilchen im energetisch tiefsten Zustand. Genau dieses Phänomen (3.168) wird als *Bose-Einstein-Kondensation* bezeichnet. Wir werden im nächsten Abschnitt die Analogie zum Phasenübergang noch weiter vertiefen können.

3.3.4 Isothermen des idealen Bose-Gases

Die Idee des *Phasengemischs* im *Kondensationsgebiet* weist eine starke Analogie zum Gas-Flüssigkeits-Phasenübergang auf. Ferner führt die abrupte Änderung von n_0 bei T_C zu Diskontinuitäten in den thermodynamischen Größen. Wir werden sehen, daß aus diesem Grund die thermodynamischen Potentiale des idealen Bose-Gases oberhalb und unterhalb des Übergangspunktes (T_C, n_C) durch zwei **verschiedene** analytische Ausdrücke dargestellt werden. Auch das ist typisch für einen Phasenübergang, wie in Kapitel 4 gezeigt werden wird.

Wir untersuchen die **thermische Zustandsgleichung** des idealen Bose-Gases für das asymptotisch große System ($N \to \infty$, $V \to \infty$, $n \to$ endlich). Ausgangspunkt ist Gleichung (3.151), in der der zweite Term auf der rechten Seite für $V \to \infty$ verschwindet:

$$\frac{2S+1}{V} \ln(1-z) \underset{V\to\infty}{\longrightarrow} 0. \qquad (3.170)$$

Für $z < 1$, also $n < n_C$, ist das trivial, für das *Kondensationsgebiet* $n \geq n_C$ wegen $z \to 1$ dagegen keineswegs. Wir hatten uns jedoch im letzten Abschnitt bei der *graphischen Lösung* für $z(T, n)$ klargemacht, daß sich im *Kondensationsgebiet* $(1 - z)$ wie $1/V$ verhält. Der obige Ausdruck strebt also wie $\ln V/V$ für $V \to \infty$ gegen Null.

Mit (3.151) und (3.165) gilt somit für den Druck des idealen Bose-Gases:

$$\beta p = \begin{cases} \dfrac{2S+1}{\lambda^3}\, g_{5/2}(z) & \text{für } n < n_C, \\[2ex] \dfrac{2S+1}{\lambda^3}\, g_{5/2}(1) & \text{für } n > n_C. \end{cases} \qquad (3.171)$$

Im *Kondensationsgebiet* ist der Druck also von dem Volumen bzw. der Teilchendichte unabhängig und lediglich eine Funktion der Temperatur. Das ist aber nicht anders beim Phasenübergang zwischen Gas und Flüssigkeit. Die *Phasengrenzkurve* im $p - (1/n)$-Diagramm erhalten wir durch Elimination der Temperatur aus den beiden *kritischen* Gleichungen:

$$p_C(T) = k_B T \frac{2S+1}{\lambda^3} g_{5/2}(1), \tag{3.172}$$

(*Dampfdruck*),

$$n_C(T) = \frac{2S+1}{\lambda^3} g_{3/2}(1). \tag{3.173}$$

Mit

$$C_0 = \frac{2\pi\hbar^2}{m} \frac{(2S+1)\, g_{5/2}(1)}{\left[(2S+1)\, g_{3/2}(1)\right]^{5/3}} \tag{3.174}$$

gilt offenbar:

$$p_C = C_0\, n_C^{5/3}. \tag{3.175}$$

Die

Isothermen des idealen Bose-Gases

weisen damit in der Tat eine starke Ähnlichkeit mit denen des Gas-Flüssigkeits-Systems auf.

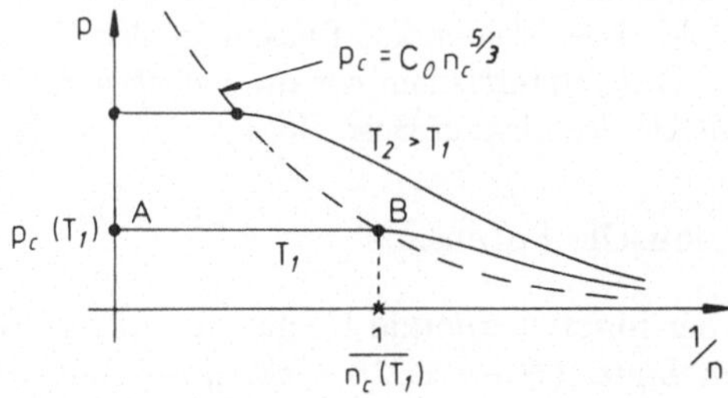

Im *Zwei-Phasen-Gebiet* zwischen A und B liegt ein Gemisch aus einer *gasförmigen* Phase der Zusammensetzung B und einem *Kondensat* der Zusammensetzung A vor. Das *Kondensat* besitzt die Dichte ∞ bzw. das *spezifische Volumen* (Volumen pro Teilchen) $v = 1/n = 0$. Das *Gas* hat im Übergangsgebiet die Dichte n_C.

Im Bereich $1/n > 1/n_C$ liegt nur *Gas* vor. Da z nach unserer *graphischen Lösung* im vorigen Kapitel in der *Gas-Phase* mit kleiner werdender Teilchendichte n bei fester Temperatur monoton abnimmt und somit auch $g_{5/2}(z)$, ergibt sich nach (3.171) eine stetige Abnahme des Drucks mit wachsendem spezifischen Volumen $v = 1/n$.

Da die *Bose-Einstein-Kondensation* also offenbar die charakteristischen Merkmale eines Phasenübergangs erster Ordnung aufweist, sollte sich auch ein Analogon zur **Clausius-Clapeyron-Gleichung** ((4.19), Bd. 4) finden lassen:

$$\frac{dp_C}{dT} = \frac{\Delta Q}{T\,\Delta v}. \tag{3.176}$$

Leiten wir den *Dampfdruck* (3.172) nach der Temperatur ab, so ergibt sich:

$$\frac{dp_C}{dT} = \frac{5}{2}\,k_B\,\frac{2S+1}{\lambda^3}\,g_{5/2}(1) \overset{(3.173)}{=} \frac{5}{2}\,k_B\,\frac{g_{5/2}(1)}{g_{3/2}(1)}\,n_C.$$

Nun gilt für die Differenz der spezifischen Volumina der beiden koexistierenden Phasen:

$$\Delta v = v_C - 0 = v_C = \frac{1}{n_C}.$$

Damit ist also die *Clausius-Clapeyron-Gleichung* (3.176) formal erfüllt, wenn wir als *latente Umwandlungswärme* pro Teilchen definieren:

$$\Delta Q = \frac{5}{2}\,k_B\,T\,\frac{g_{5/2}(1)}{g_{3/2}(1)}. \tag{3.177}$$

Die Analogie der Bose-Einstein-Kondensation zum Phasenübergang erster Ordnung wird vollständig, wenn wir die Umwandlungswärme noch durch die Entropiedifferenz ΔS der koexistierenden Phasen in der Form $N\,\Delta Q = T\,\Delta S$ ausdrücken können. Dazu untersuchen wir im nächsten Abschnitt die thermodynamischen Potentiale des idealen Bose-Gases.

3.3.5 Thermodynamische Potentiale

Wir beginnen mit der **inneren Energie** U, die wir für das ideale Bose-Gas im *thermodynamischen Limes* ($N \to \infty$, $V \to \infty$, $n \to$ endlich) angeben wollen. Da U, wie auch alle anderen thermodynamischen Potentiale, eine extensive Zustandsgröße ist, macht dann natürlich nur die Berechnung der *inneren Energie pro Teilchen* einen Sinn. Die Teilchenzahl sei fest ($N \equiv \langle \widehat{N} \rangle$). Wegen

$$\frac{U}{N} = \frac{1}{n}\,\frac{U}{V}$$

verschwindet für $V \to \infty$, wie mit (3.170) bewiesen, der zweite Summand in (3.155). Wir können also zur Berechnung der inneren Energie direkt das Ergebnis (3.171) für den Druck p verwenden:

$$\frac{1}{N}U = \frac{1}{n}\frac{3}{2}p = \begin{cases} \dfrac{3}{2}\dfrac{k_B T}{n\lambda^3}(2S+1)\,g_{5/2}(z) & \text{für } n < n_C, \\ \dfrac{3}{2}\dfrac{k_B T}{n\lambda^3}(2S+1)\,g_{5/2}(1) & \text{für } n > n_C. \end{cases} \tag{3.178}$$

Die Fugazität z auf der rechten Seite der Gleichung ist durch (3.165) als Funktion von T und n festgelegt. Dies gilt auch für alle nachfolgenden Ausdrücke.

Für die **freie Energie** haben wir

$$\frac{1}{N}F = -k_B T\,\frac{1}{N}\ln\Xi + \mu = -\frac{pV}{N} + k_B T\ln z$$

zu berechnen, was mit (3.171) jedoch unmittelbar zu erreichen ist:

$$\frac{1}{N}F = -k_B T \begin{cases} \dfrac{2S+1}{n\lambda^3}\,g_{5/2}(z) - \ln z & \text{für } n < n_C, \\ \dfrac{2S+1}{n\lambda^3}\,g_{5/2}(1) & \text{für } n > n_C. \end{cases} \tag{3.179}$$

Im Hinblick auf die *Clausius-Clapeyron-Gleichung* (3.176) oder die *latente Umwandlungswärme* (3.177) der Bose-Einstein-Kondensation ist die **Entropie** $\widehat{S}$ von besonderem Interesse. Mit

$$\frac{\widehat{S}}{N k_B} = \frac{U-F}{N k_B T}$$

folgt aus den obigen Ergebnissen für U und F:

$$\frac{\widehat{S}}{N k_B} = \begin{cases} \dfrac{5}{2}\dfrac{2S+1}{n\lambda^3}\,g_{5/2}(z) - \ln z & \text{für } n < n_C, \\ \dfrac{5}{2}\dfrac{2S+1}{n\lambda^3}\,g_{5/2}(1) & \text{für } n > n_C. \end{cases} \tag{3.180}$$

Im *Zwei-Phasen-Gebiet* führt λ^{-3} zu einer Temperaturabhängigkeit der Form:

$$\frac{\widehat{S}}{N k_B} \sim T^{3/2} \qquad (n > n_C). \tag{3.181}$$

Damit ist insbesondere der Dritte Hauptsatz erfüllt. Bei $T = 0$ liegt nur *Kondensat* vor. Dieses hat deshalb offenbar keine Entropie. Wir können also davon ausgehen, daß bei **jeder** Temperatur $0 \leq T \leq T_C$ die Entropie nur aus der *Gasphase* stammt. Das hat für die Entropiedifferenz

$$\frac{1}{N}\,\Delta S = \frac{1}{N}\,S(T,n_C) = \frac{5}{2}\,k_B\,\frac{2S+1}{n_C\,\lambda^3}\,g_{5/2}(1) \overset{(3.173)}{=} \frac{5}{2}\,k_B\,\frac{g_{5/2}(1)}{g_{3/2}(1)} \tag{3.182}$$

zur Folge. Der Vergleich mit (3.177) liefert dann aber

$$N\,\Delta Q = T\,\Delta S \tag{3.183}$$

und bestätigt damit unsere Einstufung der Bose-Einstein-Kondensation als Phasenübergang erster Ordnung.

Wir berechnen schließlich noch die **Wärmekapazität** C_V. Dazu haben wir die Entropie nach der Temperatur abzuleiten. Das ist einfach im *Kondensationsgebiet* $n > n_C$, weil nach (3.180) die Temperaturabhängigkeit nur in der de Broglie-Wellenlänge λ steckt:

$$\frac{C_V}{N\,k_B} = \frac{T}{N\,k_B}\left(\frac{\partial \widehat{S}}{\partial T}\right)_V = \frac{15}{4}\,\frac{2S+1}{n\,\lambda^3}\,g_{5/2}(1) \qquad (n > n_C). \tag{3.184}$$

Die Wärmekapazität verhält sich hier also wie $T^{3/2}$. Für $n < n_C$ ist zu beachten, daß auch die Fugazität z temperaturabhängig ist. Aus

$$\widehat{S} = \widehat{S}(T, V, z(T, V))$$

folgt:

$$\left(\frac{\partial \widehat{S}}{\partial T}\right)_V = \left(\frac{\partial \widehat{S}}{\partial T}\right)_{V,z} + \left(\frac{\partial \widehat{S}}{\partial z}\right)_{T,V}\left(\frac{\partial z}{\partial T}\right)_V.$$

Wegen (3.165) können wir anstelle von (3.180) schreiben:

$$\frac{\widehat{S}}{N\,k_B} = \frac{5}{2}\,\frac{g_{5/2}(z)}{g_{3/2}(z)} - \ln z \qquad (n < n_C). \tag{3.185}$$

Damit gilt:

$$\frac{C_V}{N\,k_B} = \frac{T}{N\,k_B}\left(\frac{\partial \widehat{S}}{\partial z}\right)_{T,V}\left(\frac{\partial z}{\partial T}\right)_V.$$

Wir leiten in (3.165),

$$n\,\lambda^3 = (2S+1)\,g_{3/2}(z),$$

beide Seiten partiell nach der Temperatur ab,

$$-\frac{3}{2}\frac{n\,\lambda^3}{T} = (2S+1)\left(\frac{d}{dz}\,g_{3/2}(z)\right)\left(\frac{\partial z}{\partial T}\right)_V,$$

und erhalten dann mit (3.158):

$$\left(\frac{\partial z}{\partial T}\right)_V = -\frac{3}{2}\frac{z}{T}\frac{g_{3/2}(z)}{g_{1/2}(z)}.$$

Ebenfalls mit (3.158) ergibt sich aus (3.185):

$$\frac{1}{k_B N}\left(\frac{\partial \widehat{S}}{\partial z}\right)_{T,V} = \frac{1}{z}\left[-\frac{5}{2}\frac{g_{5/2}(z)\,g_{1/2}(z)}{g^2_{3/2}(z)} + \frac{3}{2}\right].$$

Damit lautet die Wärmekapazität pro Teilchen:

$$\frac{C_V}{N\,k_B} = \frac{15}{4}\frac{g_{5/2}(z)}{g_{3/2}(z)} - \frac{9}{4}\frac{g_{3/2}(z)}{g_{1/2}(z)} \qquad (n < n_C). \tag{3.186}$$

Auf der rechten Seite ist die Fugazität wiederum als Lösung $z(T,n)$ aus (3.165) zu verstehen. Bei gegebenem n ist $T \to T_C$ mit $z \to 1$ gleichzusetzen. Für $z \to 1$ wird der zweite Summand in (3.186) wegen der Divergenz von $g_{1/2}$ Null. Bei der kritischen Temperatur T_C gilt also:

$$\left(\frac{C_V}{N\,k_B}\right)_{T_C} = \frac{15}{4}\frac{\zeta\left(\frac{5}{2}\right)}{\zeta\left(\frac{3}{2}\right)}. \tag{3.187}$$

In der Lösung zu Aufgabe 3.3.1 wird gezeigt, daß für $T \to \infty$ das chemische Potential gegen $-\infty$ strebt, und zwar so stark, daß sogar $\beta\,\mu \to -\infty$ gilt. Für $T \to \infty$ strebt die Fugazität z also gegen Null. In den Funktionen $g_\alpha(z)$ $(\alpha = \frac{1}{2}, \frac{3}{2}, \frac{5}{2}, \cdots)$, definiert in (3.157), dominiert dann der erste Summand:

$$\frac{g_\alpha(z)}{g_\beta(z)} \underset{z\to 0}{\longrightarrow} \frac{z}{z} = 1.$$

Nach (3.186) ergibt sich somit, nicht unerwartet, für $T \to \infty$ der klassische Grenzwert der Wärmekapazität:

$$\left(\frac{C_V}{N\,k_B}\right)_{T\to\infty} = \frac{3}{2}. \tag{3.188}$$

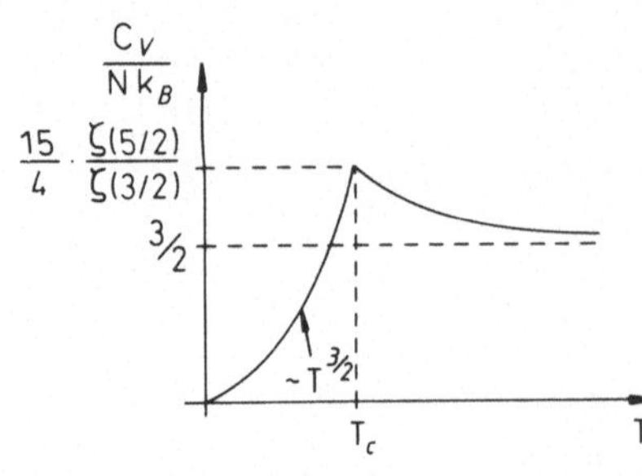

Mit (3.184), (3.187) und (3.188) kennen wie jetzt den qualitativen Temperaturverlauf der Wärmekapazität schon recht genau: Es drängt sich abschließend nun natürlich die Frage auf, ob die spektakuläre Bose-Einstein-Kondensation des idealen Bose-Gases auch experimentell beobachtet werden kann. Zunächst ist die Annahme eines wechselwirkungsfreien Systems natürlich eine so starke Idealisierung, daß eine quantitative Übereinstimmung von Theorie und Experiment nicht erwartet werden kann, zumal wenn man bedenkt, daß für $T \to 0$ kein System im gasförmigen Zustand existiert. Das einzige System, das sich für tiefe Temperaturen wenigstens in etwa wie ein ideales Bose-Gas verhalten könnte, wäre flüssiges ^{4}He. Dieses zeigt bei 2,18 K in der Tat einen Phasenübergang, der *λ-Übergang* genannt wird, da der Temperaturverlauf der Wärmekapazität bei T_C Ähnlichkeit mit dem griechischen Buchstaben λ hat. Genaugenommen weist C_V dort eine logarithmische Divergenz auf. Handelt es sich bei diesem Übergang um eine durch Teilchenwechselwirkungen modifizierte Bose-Einstein-Kondensation? Dafür spricht die Abschätzung (3.164) für T_C, die mit 3,13 K dem experimentellen Wert doch sehr nahe kommt. Dafür spricht auch, daß die sogenannte *Zwei-Phasen-Theorie* des ^{4}He für $T < T_C$ die Phänomene sehr gut beschreibt. Diese nimmt eine Koexistenz zweier Phasen an, einer *superfluiden* Phase, die dem *Bose-Einstein-Kondensat* (Atome im Grundzustand) entspräche, und einer *normalen* Phase, die den Atomen in angeregten Zuständen zugeordnet wäre. Ferner galt lange Zeit als starkes Argument für die Interpretation des λ-Übergangs als Bose-Einstein-Kondensation, daß Superfluidität nur für ^{4}He, nicht aber für das Fermi-System ^{3}He beobachtet wurde. Inzwischen weiß man jedoch, daß bei sehr tiefen Temperaturen auch ^{3}He *superfluid* wird. Ferner handelt es sich beim λ-Übergang **nicht** um einen Phasenübergang **erster** Ordnung, so daß es sich zumindest nicht um eine *reine* Bose-Einstein-Kondensation handeln kann. Das Problem muß als bislang noch nicht gelöst angesehen werden.

3.3.6 Photonen

Bei der bisherigen Behandlung des idealen Bose-Gases sind wir stets davon ausgegangen, daß die Teilchenzahl N unabhängig von den Variablen *Temperatur* und *Volumen* beliebig vorgegeben werden kann. In der großkanonischen Gesamtheit wird sie durch das chemische Potential μ (*Lagrangescher Parameter!*) reguliert. Dies ist bei einigen wichtigen Bose-Systemen aber nicht gewährleistet, in denen Teilchen in unbeschränkter Zahl erzeugt und vernichtet werden können. Dazu zählen die *Photonen* der elektromagnetischen Strahlung, die

Phononen des Kristallgitters und die *Magnonen* des Ferromagneten. Die Photonen besprechen wir in diesem Abschnitt, die Phononen im nächsten, während die Magnonen ausführlich in Kapitel 2.4 von Band 7 diskutiert werden. Allen diesen Systemen ist gemein, daß sich im Gleichgewicht genau die Bosonenzahl einstellen wird, für die die freie Energie $F(T, V, N)$ minimal wird:

$$\left(\frac{\partial F}{\partial N}\right)_{T,V} \stackrel{!}{=} 0.$$

Die linke Seite stellt aber gerade die Definition des *chemischen Potentials* μ dar. Also gilt für Photonen, Phononen und Magnonen gleichermaßen:

$$\mu = 0. \tag{3.189}$$

Konzentrieren wir uns zunächst auf das **Photonengas**.

In dem einleitenden Kapitel 1.2 zu Band 5, Tl. 1 hatten wir als *Geburtsstunde* der *Quantenmechanik* die Plancksche Behandlung der *Wärmestrahlung* bezeichnet. Dabei geht es um die spektrale Energieverteilung der elektromagnetischen Strahlung im Innern eines Hohlraums (Kastens) vom Volumen V, dessen Wände auf der festen Temperatur T gehalten werden. Die Atome der Hohlraumwände emittieren und absorbieren elektromagnetische Strahlung, wodurch sich thermisches Gleichgewicht zwischen dem elektromagnetischen Feld im Innern des Hohlraums und dessen Wänden einstellt. Plancks bahnbrechende Idee bestand darin, die elektromagnetische Energie als **nicht** unbeschränkt teilbar anzusehen, sondern zusammengesetzt aus einer gewissen Anzahl endlich großer Teile (*Quanten*). Diese Vorstellung führt zum Begriff des **Photons**.

Klassisch wird das Strahlungsfeld im Innern des Kastens (Vakuum!) durch die *homogene Wellengleichung* ((4.128), Bd. 3)

$$\Delta\psi = \frac{1}{c^2}\frac{\partial^2\psi}{\partial t^2}$$

bestimmt, wobei ψ irgendeine Komponente der elektrischen Feldstärke $\mathbf{E}$, der magnetischen Induktion $\mathbf{B}$ oder des Vektorpotentials $\mathbf{A}$ sowie das elektrostatische Potential φ sein kann. Entwickelt man die Lösung nach ebenen Wellen,

$$\psi(\mathbf{r}, t) \longrightarrow \psi(\mathbf{k}, t)\, e^{i\,\mathbf{k}\,\mathbf{r}},$$

so wird aus der Wellengleichung die Bewegungsgleichung

$$\ddot{\psi}\,(\mathbf{k}, t) + (k^2\, c^2)\,\psi(\mathbf{k}, t) = 0$$

eines linearen harmonischen Oszillators der Frequenz $\omega = c\,|\mathbf{k}|$. Man kann deshalb die Hamilton-Funktion des elektromagnetischen Feldes als Summe solcher linearer elektromagnetischer Oszillatoren schreiben. Nach Quantisierung ist das Strahlungsfeld damit äquivalent zu einer Ansammlung *quantenmechanischer* harmonischer Oszillatoren, für die ein **diskretes** Eigenwertspektrum typisch ist (Kap. 4.4, Bd. 5, Tl. 1):

$$E_n(\mathbf{k}) = \hbar c\,|\mathbf{k}|\left(n + \frac{1}{2}\right) \qquad n = 0,\, 1,\, 2,\, \ldots \tag{3.190}$$

Die Vorstellung ist nun die, daß die Oszillatorenergie $E_n(\mathbf{k})$ von n **Photonen** bewirkt wird, von denen jedes die

$$\textbf{Energie:} \quad E = \hbar\omega = \hbar c\,|\mathbf{k}| = c\,|\mathbf{p}| \tag{3.191}$$

beisteuert. Aus der relativistischen Teilchenenergiebeziehung ((2.63), Bd. 4) folgt dann, daß die

$$\textbf{Ruhemasse}\text{ des Photons:} \quad m_0 = 0 \tag{3.192}$$

sein muß. Es bewegt sich mit *Lichtgeschwindigkeit* $v = c$ und dem Impuls $\hbar k = E/c$. *Strahlung* resultiert aus Übergängen zwischen den Oszillatorniveaus, d.h. letztlich aus Änderungen der Photonenzahlen. Photonen werden dabei *erzeugt* bzw. *vernichtet.* In diesem Sinne sind die Eingangsbemerkungen zu (3.189) zu verstehen. Die *Nullpunktsenergie* ($n = 0$ in (3.190)) spielt im *Photonenbild* der elektromagnetischen Strahlung offenbar keine Rolle, deren exakte Beschreibung im übrigen im Rahmen der *Quantenelektrodynamik* durchzuführen ist. Für unsere Zwecke hier reichen jedoch obige einfache Überlegungen völlig aus. Weitergehende relativistische Betrachtungen zeigen, daß der

$$\textbf{Photonenspin:} \quad S = 1 \tag{3.193}$$

bei einem Teilchen der Ruhemasse Null nur zwei Einstellungen aufweisen kann, nämlich parallel oder antiparallel, aber nicht senkrecht zur Impulsrichtung $\hbar\,\mathbf{k}$. Das entspricht **zwei** unabhängigen Polarisationsrichtungen der elektromagnetischen Welle. Ein bestimmter Spinzustand kann mit einer rechts- bzw. linkszirkular polarisierten elektromagnetischen Welle ((4.150), Bd. 3) identifiziert werden. – Die Zuordnung *Photon* $\Longleftrightarrow$ *elektromagnetisches Feld* stellt eine wichtige Realisierung des *Teilchen-Welle-Dualismus* der Quantentheorie dar.

Der mit *Wärmestrahlung* ausgefüllte Hohlraum sei hinreichend groß, so daß wir davon ausgehen können, daß die thermodynamischen Eigenschaften des Strahlungsfeldes von der genauen Gestalt desselben unabhängig sind. Wir dürfen also von *bequemen* Randbedingungen ausgehen. Der Hohlraum sei ein Kubus mit der Kantenlänge L ($V = L^3$). *Periodische Randbedingungen* führen dann zu der schon mehrfach ausgenutzten Diskretisierung der Wellenzahlen:

$$\mathbf{k} = \frac{2\pi}{L}(n_x, n_y, n_z); \qquad n_{x,y,z} \in \mathbb{Z}.$$

Im *Rastervolumen*

$$\Delta k = \frac{(2\pi)^3}{V}$$

des k-Raums befindet sich dann genau ein k-Zustand, der wegen der beiden unabhängigen Polarisationsrichtungen allerdings zweifach entartet ist. Aufgrund der isotropen Energiebeziehung (3.191) läßt sich das *Phasenvolumen* $\varphi(E)$ sehr einfach berechnen:

$$\frac{2}{\Delta k}\varphi(E) = 2\,\frac{\frac{4\pi}{3}\,k^3}{\Delta k}\bigg|_{k=E/\hbar c} = \frac{V}{3\pi^2}\,k^3\bigg|_{k=E/\hbar c} = \frac{V}{3\pi^2\,(\hbar c)^3}\,E^3.$$

Ableitung nach E ergibt die *Zustandsdichte* $D(E)$:

$$D(E) = \begin{cases} \dfrac{V}{\pi^2\,(\hbar c)^3}\,E^2 & \text{für } E \geq 0, \\ 0 & \text{für } E < 0. \end{cases} \tag{3.194}$$

Nach (3.191) gibt es nur positive Photonenenergien. Die Energieabhängigkeit der Zustandsdichte ist hier eine andere als die in (3.50). Einzige Ursache dafür sind die unterschiedlichen k-Abhängigkeiten der Ein-Teilchen-Energien in (3.38) und (3.191).

Wir bestimmen als nächstes das **großkanonische Potential** des Photonengases. Nach (3.21) ist zu berechnen:

$$\Omega(T,V) = 2\,k_B\,T\sum_{\mathbf{k}}\ln\left[1 - \exp\left(-\beta\,\hbar\,c\,k\right)\right] =$$

$$= \frac{2\,k_B\,T}{\Delta k}\int d^3k\,\ln\left[1 - \exp\left(-\beta\,\hbar\,c\,k\right)\right] = k_B\,T\,\frac{V}{\pi^2}\,J(\beta).$$

Der Faktor 2 rührt von den beiden entarteten Spineinstellungen (Polarisationsrichtungen) her. Das verbleibende Integral $J(\beta)$ formen wir zunächst durch partielle Integration um:

$$J(\beta) = \int\limits_0^\infty dk\,k^2\,\ln\left[1 - \exp\left(-\beta\,\hbar\,c\,k\right)\right] =$$

$$= \frac{1}{3}\,k^3\,\ln\left[1 - \exp\left(-\beta\,\hbar\,c\,k\right)\right]\bigg|_0^\infty - \frac{1}{3}\int\limits_0^\infty dk\,k^3\,\frac{\beta\,\hbar\,c\,\exp\left(-\beta\,\hbar\,c\,k\right)}{1 - \exp\left(-\beta\,\hbar\,c\,k\right)}.$$

Der ausintegrierte Anteil verschwindet (warum?), und es bleibt mit der Substitution $y = \beta \hbar c k$:

$$J(\beta) = -\frac{1}{3(\beta \hbar c)^3} \int_0^\infty dy \, \frac{y^3}{e^y - 1}.$$

Dieses Integral ist von dem in Aufgabe 3.3.2 untersuchten Typ:

$$\int_0^\infty dx \, \frac{x^{\alpha-1}}{e^x - 1} = \Gamma(\alpha)\,\zeta(\alpha) \tag{3.195}$$

($\Gamma(\alpha)$: Gamma-Funktion; $\zeta(\alpha)$: Riemannsche ζ-Funktion.) Mit $\zeta(4) = \pi^4/90$ gilt demnach für $J(\beta)$:

$$J(\beta) = -\frac{\pi^4}{45(\beta \hbar c)^3}.$$

Dies ergibt die folgende Temperatur- und Volumenabhängigkeit des großkanonischen Potentials:

$$\Omega(T, V) = -\frac{\pi^2 V}{45(\hbar c)^3} (k_B T)^4. \tag{3.196}$$

Der **Druck des Photonengases** (*Strahlungsdruck*) $p = -(1/V)\,\Omega$ ist somit allein eine Funktion der Temperatur:

$$p = \frac{1}{3} \alpha T^4 = p(T). \tag{3.197}$$

Hier haben wir zur Abkürzung die *Stefan-Boltzmann-Konstante*,

$$\alpha = \frac{\pi^2 k_B^4}{15(\hbar c)^3} \approx 7{,}578 \cdot 10^{-16} \frac{\mathrm{J}}{\mathrm{m}^3\,\mathrm{K}^4}, \tag{3.198}$$

eingeführt.

Wegen $\mu = 0$ und der *Gibbs-Duhem-Relation* $G = \mu N$ ist beim Photonengas das großkanonische Potential Ω mit der freien Energie F identisch. Für die **Entropie** gilt:

$$S(T, V) = -\left(\frac{\partial \Omega}{\partial T}\right)_V = \frac{4}{3} \alpha V T^3. \tag{3.199}$$

Die bei der Temperatur T im Gleichgewicht vorliegende **mittlere Photonenzahl** bestimmen wir über (3.23) mit Hilfe der Zustandsdichte (3.194):

$$\langle \widehat{N} \rangle = \int_{-\infty}^{+\infty} dE \, D(E)\, f_+(E).$$

$f_+(E)$ ist die *Bose-Funktion* (s. (3.29)), das Gegenstück zur *Fermi-Funktion* (3.52):

$$f_+(E) = \frac{1}{e^{\beta(E-\mu)} - 1}. \tag{3.200}$$

Mit (3.194) sowie $\mu = 0$ erhalten wir wieder ein Integral vom Typ (3.195):

$$\begin{aligned}\langle \widehat{N} \rangle &= \frac{V}{\pi^2 (\hbar c)^3} \int_0^{+\infty} dE \frac{E^2}{e^{\beta E} - 1} = \frac{V}{\pi^2 (\beta \hbar c)^3} \int_0^{+\infty} dx \frac{x^2}{e^x - 1} = \\ &= \frac{V}{\pi^2} \left(\frac{k_B T}{\hbar c} \right)^3 \Gamma(3) \zeta(3).\end{aligned} \tag{3.201}$$

Setzt man die Konstanten ein ($\zeta(3) = 1,202$), so gilt:

$$\langle \widehat{N} \rangle \approx 2,032 \cdot 10^7 \cdot V T^3 \, [\mathrm{K}^3 \, \mathrm{m}^3]. \tag{3.202}$$

Die mittlere Photonenzahl wird also Null für $T \to 0$.

Die **innere Energie** berechnet sich ganz analog zu (3.201):

$$\begin{aligned}U(T, V) &= \int_{-\infty}^{+\infty} dE \, E \, D(E) \, f_+(E) = \frac{V (k_B T)^4}{\pi^2 (\hbar c)^3} \int_{-\infty}^{+\infty} dx \frac{x^3}{e^x - 1} = \\ &= \frac{V (k_B T)^4}{\pi^2 (\hbar c)^3} \Gamma(4) \zeta(4).\end{aligned}$$

Die T^4-Abhängigkeit wird als **Stefan-Boltzmann-Gesetz** ((1.12), Bd. 5, Teil 1) bezeichnet,

$$U(T, V) = \alpha V T^4, \tag{3.203}$$

das sich auch klassisch herleiten läßt ((2.64), Bd. 4), wobei allerdings der Koeffizient α unbestimmt bleibt. Mit (3.196) und (3.199) können wir die Probe machen:

$$U = F + T S \overset{!}{=} \Omega + T S.$$

Die **Energiedichte** des Photonengases ist wie der Druck eine reine Funktion der Temperatur:

$$\epsilon = \frac{U}{V} = \alpha T^4 = \epsilon(T). \tag{3.204}$$

Mit (3.197) ergibt sich ein einfacher Zusammenhang zwischen Druck und Energiedichte,

$$p(T) = \frac{1}{3} \epsilon(T), \tag{3.205}$$

an den wir in Band 4 eine Reihe thermodynamischer Überlegungen und Auswertungen angeschlossen haben ((2.8), Bd. 4). Der Koeffizient 1/3 steht übrigens nicht im Widerspruch zum früheren Ergebnis (3.155), sondern erklärt sich aus den unterschiedlichen Ein-Teilchen-Energien ($\epsilon(\mathbf{k}) \sim k$ für (3.205); $\epsilon(\mathbf{k}) \sim k^2$ für (3.155)).

Definiert man schließlich noch über

$$U = V \int_0^\infty \hat{\epsilon}(\omega, T)\, d\omega$$

die **spektrale Energiedichte** $\hat{\epsilon}(\omega, T)$ der elektromagnetischen Strahlung im Hohlraum, so führt der Vergleich mit dem obigen Ausdruck für U,

$$\hat{\epsilon}(\omega, T)\, d\omega = \frac{1}{V}\, \hbar^2\, \omega\, d\omega\, D(E = \hbar\,\omega)\, f_+(E = \hbar\,\omega),$$

auf die berühmte **Plancksche Strahlungsformel:**

$$\hat{\epsilon}(\omega, T)\, d\omega = \frac{\hbar\,\omega^3}{\pi^2\, c^3}\, \frac{d\omega}{\exp(\beta\,\hbar\,\omega) - 1}. \tag{3.206}$$

Diese geht für kleine Frequenzen,

$$\hbar\,\omega \ll k_B\, T,$$

wegen

$$\left[\exp(\beta\,\hbar\,\omega) - 1\right]^{-1} \approx \frac{k_B\, T}{\hbar\,\omega}$$

in die *klassische Rayleigh-Jeans-Formel* ((1.20) in Bd. 5, Tl. 1),

$$\hat{\epsilon}(\omega, T)\, d\omega \approx \frac{\omega^2}{\pi^2\, c^3}\, k_B\, T\, d\omega, \tag{3.207}$$

und für große Frequenzen,

$$\hbar\,\omega \gg k_B\, T,$$

in die *Wiensche Strahlungsformel* ((1.14), Bd. 5, Tl. 1) über:

$$\hat{\epsilon}(\omega, T)\, d\omega \approx \frac{\hbar\,\omega^3}{\pi^2\, c^3}\, \exp(-\beta\,\hbar\,\omega)\, d\omega. \tag{3.208}$$

3.3.7 Phononen

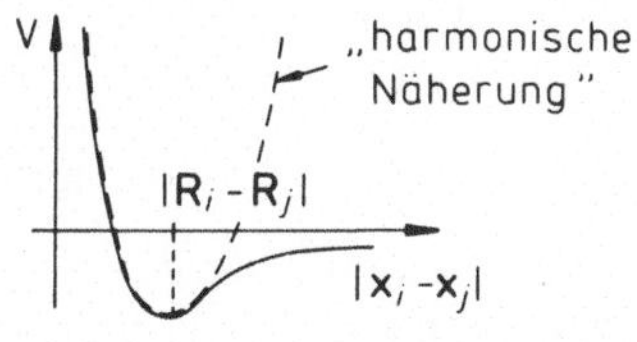

Die N Atome eines kristallinen Festkörpers führen Schwingungen um ihre *Gleichgewichtspositionen* $\mathbf{R}_i$ $(i = 1, 2, \ldots, N)$ aus, die ihrerseits durch die minimale potentielle Energie des Systems definiert sind. Diese Schwingungen, die letztlich durch die rücktreibenden *Bindungskräfte* zwischen den Atomen bedingt sind, tragen maßgeblich zu den thermodynamischen Eigenschaften des Festkörpers bei. Als kollektive Oszillationen der Gitterbausteine (*Gitterschwingungen*) sind sie genauso wie elektromagnetische Wellen *gequantelt.* Die Quantisierungseinheit heißt **Phonon**. Obwohl der Festkörper nicht die geringste Ähnlichkeit mit einem *Gas* im herkömmlichen Sinn aufweist, läßt sich doch wie bei den elektromagnetischen Wellen durch passende Transformation zeigen, daß in guter (Tieftemperatur-)Näherung die thermodynamischen Eigenschaften des Kristallgitters zu denen eines idealen Bose-Gases äquivalent sind. Diese Transformationen wollen wir hier nicht nur andeuten, sondern explizit durchführen. Sie sind für die *Statistische Physik* selbst natürlich nicht von so entscheidender Bedeutung, könnten deshalb also auch übersprungen werden, wenn man ohne weitere Begründung (3.235) als Modell-Hamilton-Operator der Gitterdynamik akzeptiert.

Der Festkörper sei aus einem einzigen Element aufgebaut, so daß die Atome ein sogenanntes *Bravais-Gitter* mit einatomiger Basis bilden. Der allgemeinere Fall mehrerer Atome pro Elementarzelle wird in Kapitel 2.2 von Band 7 behandelt. Es seien

$$\begin{aligned} \{\mathbf{R}_i\}&: \text{ Gleichgewichtspositionen der } N \text{ Atome,} \\ \mathbf{X}_i(t)&: \text{ momentane Position des } i\text{-ten Atoms,} \\ \mathbf{u}_i(t) = \mathbf{X}_i(t) - \mathbf{R}_i&: \text{ Auslenkung des } i\text{-ten Atoms aus der Ruhelage.} \end{aligned}$$

Für die *kinetische Energie* der Gitterionen gilt:

$$T = \frac{1}{2} M \sum_{i,\alpha} \dot{u}_{i,\alpha}^2 (t); \qquad \alpha = x, y, z. \tag{3.209}$$

Die *potentielle Energie* ist eine Funktion der momentanen Atomposition $V(\{\mathbf{X}_i\})$. Das Minimum $V_0 = V(\{\mathbf{R}_i\})$ wird als *Bindungsenergie* bezeichnet. Wir entwickeln V um V_0:

$$V(\{\mathbf{X}_i\}) = V_0 + \sum_{i\alpha} \varphi_{i\alpha} u_{i\alpha} + \frac{1}{2} \sum_{\substack{i,j \\ \alpha,\beta}} \varphi_{i\alpha}^{j\beta} u_{i\alpha} u_{j\beta} + 0\left(u^3\right). \tag{3.210}$$

Bei nicht zu hohen Temperaturen werden die Atome nur wenig aus ihren Gleichgewichtspositionen ausgelenkt. Man wird dann die Entwicklung nach dem ersten nicht-trivialen Term abbrechen können. Das ist wegen

$$\varphi_{i\,\alpha} = \left.\frac{\partial V}{\partial X_{i\,\alpha}}\right|_{\{\mathbf{R}_i\}} = 0 \tag{3.211}$$

(*Gleichgewichtsbedingung*) der quadratische Term. Man spricht in diesem Fall von der **harmonischen Näherung**. Die höheren Entwicklungssummanden in (3.210) werden *anharmonische Terme* genannt. Die *harmonische Näherung* entspricht im obigen Bild der Ersetzung des Wechselwirkungspotentials durch eine (*Oszillator*-)Parabel, was in der Nähe des Potentialminimums sicher eine gute Approximation darstellt. Die $3N \times 3N$ - *Matrix der atomaren Konstanten*,

$$\varphi_{i\,\alpha}^{j\,\beta} \equiv \left.\frac{\partial^2 V}{\partial X_{j\,\beta}\,\partial X_{i\,\alpha}}\right|_{\{\mathbf{R}_i\}}, \tag{3.212}$$

bestimmt im Rahmen der *harmonischen Näherung* die physikalischen Eigenschaften des Kristallgitters. Dabei bedeutet

$$-\varphi_{i\,\alpha}^{j\,\beta} \cdot \dot{u}_{j\,\beta}$$

die Kraft in α-Richtung, die auf das i-te Atom (Ion) ausgeübt wird, wenn das j-te Atom (Ion) in β-Richtung um $u_{j\,\beta}$ ausgelenkt ist, während die anderen Teilchen sich fest in ihren Gleichgewichtspositionen befinden. – Aufgrund der Vernachlässigung *höherer* Terme in (3.210) ergibt sich ein **lineares** Kraftgesetz:

$$M\,\ddot{u}_{i\,\alpha} = -\frac{\partial V}{\partial u_{i\,\alpha}} = -\sum_{j\,\beta} \varphi_{i\,\alpha}^{j\,\beta}\, u_{j\,\beta}. \tag{3.213}$$

Verschiebt man den gesamten Kristall, d.h. jedes Atom um den gleichen Betrag $\Delta\mathbf{x}$, so bedeutet dies keine Kraftwirkung und hat nach (3.213)

$$\sum_{j\,\beta} \varphi_{i\,\alpha}^{j\,\beta} = 0$$

zur Folge. Eine weitere, offensichtliche Symmetrierelation der Kraftmatrix ist

$$\varphi_{i\,\alpha}^{j\,\beta} = \varphi_{j\,\beta}^{i\,\alpha},$$

und bei vorliegender Translationssymmetrie gilt zusätzlich:

$$\varphi_{i\,\alpha}^{j\,\beta} = \varphi_{i-j\,\alpha}^{0\,\beta}.$$

Setzen wir eine solche Translationssymmetrie voraus, so bietet sich für die Bewegungsgleichung (3.213) der folgende Lösungsansatz an:

$$u_{i\alpha} = \sum_{\mathbf{q}} c_\alpha(\mathbf{q})\, e^{i(\mathbf{q}\mathbf{R}_i - \omega t)}. \tag{3.214}$$

Mit der Orthogonalitätsrelation

$$\delta_{ij} = \frac{1}{N} \sum_{\mathbf{q}} e^{i\mathbf{q}(\mathbf{R}_i - \mathbf{R}_j)}$$

reduziert sich das System der $3N$ Bewegungsgleichungen (3.213) auf die *Eigenwertgleichung*

$$\omega^2 c_\alpha(\mathbf{q}) = \sum_\beta K_{\alpha\beta}(\mathbf{q})\, c_\beta(\mathbf{q}) \tag{3.215}$$

der transformierten 3×3 - Kraftmatrix:

$$K_{\alpha\beta}(\mathbf{q}) \equiv \frac{1}{M\,N} \sum_{i,j} \varphi_{i\,\alpha}^{j\,\beta}\, e^{-i\mathbf{q}(\mathbf{R}_i - \mathbf{R}_j)}. \tag{3.216}$$

Diese ist reell und symmetrisch, besitzt somit reelle Eigenwerte ω^2. Die *Eigenfrequenzen*

$$\omega = \omega_r(\mathbf{q}); \qquad r = 1, 2, 3 \tag{3.217}$$

sind deshalb ebenfalls reell oder rein imaginär, wobei natürlich nur die (positiv) reellen physikalisch interessant sind. Man bezeichnet $\omega_r(\mathbf{q})$ als *Dispersionszweig.* Wir erwähnen am Rande, daß bei einem *komplizierteren* Festkörper mit p Atomen in der Elementarzelle insgesamt $3\,p$ Dispersionszweige gefunden werden, davon drei sogenannte *akustische Zweige*, die durch $\omega(\mathbf{q} = 0) = 0$ ausgezeichnet sind, und $3\,(p-1)$ *optische Zweige* mit $\omega(\mathbf{q} = 0) \neq 0$. Für unsere Zwecke hier reicht die Beschränkung auf $p = 1$ aus, was optische Zweige ausschließt.

Reziproke Gittervektoren $\mathbf{G}$ sind durch

$$e^{i\,\mathbf{G}\mathbf{R}_i} = 1 \qquad \forall i$$

definiert. Die Kraftmatrix (3.216) ändert sich deshalb nicht, wenn wir zur Wellenzahl $\mathbf{q}$ einen beliebigen reziproken Gittervektor hinzuaddieren. Dies hat

$$\omega_r(\mathbf{q} + \mathbf{G}) = \omega_r(\mathbf{q}) \qquad \forall i$$

zur Folge und erlaubt, den Wellenzahlbereich auf die *erste Brillouin-Zone* zu beschränken. Der Leser, der mit Begriffen wie *reziproke Gittervektoren*, *Brillouin-Zone*, ... nicht vertraut ist, sei auf die Lehrbuchliteratur zur Festkörperphysik verwiesen. Sie sind im Kontext der hier zu besprechenden *Statistischen Physik* nicht von Bedeutung. Wir werden deshalb im folgenden stets davon ausgehen, daß alle Wellenzahlen der ersten Brillouin-Zone zuzurechnen sind.

Die zu den *Eigenfrequenzen* (3.217) gehörenden *Eigenfunktionen*

$$c_\alpha(\mathbf{q}) \longrightarrow \epsilon_{r\alpha}(\mathbf{q})$$

werden stets eine Orthonormierung erlauben:

$$\sum_\alpha \epsilon^*_{r\alpha}(\mathbf{q})\, \epsilon_{r'\alpha}(\mathbf{q}) = \delta_{r\,r'}. \tag{3.218}$$

Die allgemeine Lösung der Bewegungsgleichung (3.213) wird eine Linearkombination der speziellen Lösungen $\epsilon_{r\alpha}(\mathbf{q})$ sein:

$$u_{i\,\alpha}(t) = \frac{1}{\sqrt{N}} \sum_{r=1}^{3} \sum_{\mathbf{q}} Q_r(\mathbf{q},t)\, \epsilon_{r\alpha}(\mathbf{q})\, e^{i\,\mathbf{q}\,\mathbf{R}_i}. \tag{3.219}$$

Wir haben den Zeitfaktor $e^{-i\,\omega_r\,t}$ mit in die sogenannten **Normalkoordinaten** $Q_r(\mathbf{q},t)$ einbezogen. Für diese finden wir mit (3.218) und

$$\frac{1}{N} \sum_i e^{i\,(\mathbf{q}-\mathbf{q}')\,\mathbf{R}_i} = \delta_{\mathbf{q}\,\mathbf{q}'}$$

nach Umkehrung von (3.219):

$$Q_r(\mathbf{q},t) = \frac{1}{\sqrt{N}} \sum_{i,\alpha} u_{i\,\alpha}(t)\, \epsilon^*_{r\,\alpha}(\mathbf{q})\, e^{-i\,\mathbf{q}\,\mathbf{R}_i}. \tag{3.220}$$

Man erkennt an (3.213) bis (3.216), daß die Normalkoordinaten die **Bewegungsgleichung des harmonischen Oszillators** erfüllen:

$$\ddot{Q}_r(\mathbf{q},t) + \omega_r^2(\mathbf{q})\, Q_r(\mathbf{q},t) = 0. \tag{3.221}$$

Aus der Tatsache, daß die Verschiebungen $u_{i\,\alpha}(t)$ reell sein müssen, können wir noch

$$Q^*_r(\mathbf{q},t) = Q_r(-\mathbf{q},t); \qquad \epsilon^*_{r\,\alpha}(\mathbf{q}) = \epsilon_{r\,\alpha}(-\mathbf{q}) \tag{3.222}$$

folgern, so daß kinetische und potentielle Energie des Gitters in den Normalkoordinaten die folgenden einfachen Formen annehmen (Ableitung als Aufgabe 3.3.10):

$$T = \frac{1}{2} M \sum_{\mathbf{q},r} \dot{Q}^*_r(\mathbf{q},t)\, \dot{Q}_r(\mathbf{q},t), \tag{3.223}$$

$$V = \frac{1}{2} M \sum_{\mathbf{q},r} \omega_r^2(\mathbf{q})\, Q_r(\mathbf{q},t)\, Q^*_r(\mathbf{q},t) + V_0. \tag{3.224}$$

Aus der *Lagrange-Funktion* $L = T - V$ leiten wir den zu der Normalkoordinate $Q_r(\mathbf{q}, t)$ *harmonisch konjugierten Impuls* $P_r(\mathbf{q}, t)$ ab ((1.52), Bd. 2):

$$P_r(\mathbf{q}, t) = \frac{\partial L}{\partial \dot{Q}_r} = M \dot{Q}_r^*(\mathbf{q}, t). \tag{3.225}$$

Man beachte, daß wegen (3.222) der Term $\dot{Q}_r$ zweimal in der Summe in (3.223) vorkommt, wodurch der Faktor $\frac{1}{2}$ kompensiert wird.

Die **Hamilton-Funktion** des Kristallgitters

$$H = \sum_{\mathbf{q}, r} \left[\frac{1}{2M} P_r(\mathbf{q}, t) \, P_r^*(\mathbf{q}, t) + \frac{1}{2} M \, \omega_r^2(\mathbf{q}) \, Q_r(\mathbf{q}, t) \, Q_r^*(\mathbf{q}, t) \right] \tag{3.226}$$

zerfällt im Rahmen der *harmonischen Näherung* bemerkenswerterweise in eine Summe von Hamilton-Funktionen von $3N$ **unabhängigen linearen harmonischen Oszillatoren**. Die unbedeutende Konstante V_0 wird ab jetzt gleich Null gesetzt.

Im nächsten Schritt haben wir nach dem *Korrespondenzprinzip* (Kap. 3.5, Bd. 5, Tl. 1) die dynamischen klassischen Variablen in quantenmechanische Observable (Operatoren) zu überführen:

$$\textit{Auslenkung } u_{i\,\alpha} \longrightarrow \hat{u}_{i\,\alpha},$$
$$\textit{mechanischer Impuls } M \, \dot{u}_{1\,\alpha} \longrightarrow \hat{p}_{i\,\alpha}.$$

Für Impuls- und Ortsobservable gelten die folgenden Kommutatorrelationen:

$$\begin{aligned} \left[\hat{u}_{i\,\alpha}, \hat{u}_{j\,\beta}\right]_- &= \left[\hat{p}_{i\,\alpha}, \hat{p}_{j\,\beta}\right]_- = 0, \\ \left[\hat{p}_{i\,\alpha}, \hat{u}_{j\,\beta}\right]_- &= \frac{\hbar}{i} \delta_{i\,j} \, \delta_{\alpha\,\beta}. \end{aligned} \tag{3.227}$$

Wir zeigen mit Aufgabe 3.3.11, wie sich diese Beziehungen auf die *quantisierten* Normalkoordinaten und ihre kanonisch konjugierten Impulse übertragen:

$$\begin{aligned} \left[\widehat{Q}_r(\mathbf{q}), \widehat{Q}_{r'}(\mathbf{q}')\right]_- &= \left[\widehat{P}_r(\mathbf{q}), \widehat{P}_{r'}(\mathbf{q}')\right]_- = 0, \\ \left[\widehat{P}_r(\mathbf{q}), \widehat{Q}_{r'}(\mathbf{q}')\right]_- &= \frac{\hbar}{i} \delta_{r\,r'} \, \delta_{\mathbf{q}\,\mathbf{q}'}. \end{aligned} \tag{3.228}$$

Das weitere Vorgehen erfolgt nun genauso wie beim *harmonischen Oszillator* in Kapitel 4.4 von Band 5, Teil 1. Wir definieren *Erzeugungs- und Vernichtungsoperatoren* $b_{\mathbf{q}\,r}^+$, $b_{\mathbf{q}\,r}$ ((4.127), (4.128), Bd. 5, Tl. 1):

$$\widehat{Q}_r(\mathbf{q}) = \sqrt{\frac{\hbar}{2\,\omega_r(\mathbf{q})\,M}} \left(b_{\mathbf{q}\,r} + b_{-\mathbf{q}\,r}^+ \right) = \widehat{Q}_r^+(-\mathbf{q}), \tag{3.229}$$

$$\widehat{P}_r(\mathbf{q}) = -i \sqrt{\frac{1}{2} M \, \hbar \, \omega_r(\mathbf{q})} \left(b_{\mathbf{q}\,r} - b_{-\mathbf{q}\,r}^+ \right) = \widehat{P}_r^+(-\mathbf{q}). \tag{3.230}$$

Die Umkehrung lautet:

$$b_{\mathbf{q}r} = \frac{1}{\sqrt{2\hbar}} \left(\sqrt{M\,\omega_r\,(\mathbf{q})}\,\widehat{Q}_r(\mathbf{q}) + \frac{i}{\sqrt{M\,\omega_r(\mathbf{q})}}\,\widehat{P}_r(\mathbf{q}) \right), \tag{3.231}$$

$$b^+_{\mathbf{q}r} = \frac{1}{\sqrt{2\hbar}} \left(\sqrt{M\,\omega_r\,(\mathbf{q})}\,\widehat{Q}_r(-\mathbf{q}) - \frac{i}{\sqrt{M\,\omega_r(\mathbf{q})}}\,\widehat{P}_r(-\mathbf{q}) \right). \tag{3.232}$$

Mit Hilfe von (3.228) erkennt man, daß es sich um Bose-Operatoren handelt:

$$\left[b_{\mathbf{q}r}, b_{\mathbf{q}'r'}\right]_- = \left[b^+_{\mathbf{q}r}, b^+_{\mathbf{q}'r'}\right]_- = 0, \tag{3.233}$$

$$\left[b_{\mathbf{q}r}, b^+_{\mathbf{q}'r'}\right]_- = \delta_{\mathbf{q}\mathbf{q}'}\,\delta_{rr'}. \tag{3.234}$$

Der sich aus (3.226) und (3.229) bis (3.234) ergebende **Hamilton-Operator**,

$$H = \sum_{\mathbf{q},r} \hbar\,\omega_r(\mathbf{q}) \left(b^+_{\mathbf{q}r} b_{\mathbf{q}r} + \frac{1}{2} \right), \tag{3.235}$$

entspricht dem von $3\,N$ ungekoppelten linearen harmonischen Oszillatoren. Die Interpretation ist der beim Photonengas (Kap. 3.3.6) sehr ähnlich:

$b^+_{\mathbf{q}r}$: Erzeugungsoperator eines *Phonons*,

$b_{\mathbf{q}r}$: Vernichtungsoperator eines *Phonons*,

$\hbar\,\omega_r(\mathbf{q})$: Energie eines *Phonons*.

Phononen sind Bosonen! Die Physik der Gitterschwingungen ist im Rahmen der *harmonischen Näherung* der eines idealen Bose-Gases äquivalent. Sie ist bestimmt durch die Verteilung $\{n_{\mathbf{q}r}\}$ der Phononenbesetzungszahlen. *Phononen* können im Prinzip in beliebiger Anzahl erzeugt werden. Deshalb ist auch für sie, wie für *Photonen*, das chemische Potential Null (s. (3.189)).

Wir wollen noch eine Bemerkung zur Zeitabhängigkeit der *quantisierten Normalkoordinaten*

$$\widehat{Q}_r(\mathbf{q}, t) = \widehat{Q}_r(\mathbf{q})\,e^{-i\,\omega_r(\mathbf{q})\,t}$$

anhängen. Diese überträgt sich auf $b_{\mathbf{q}r}$:

$$b_{\mathbf{q}r}(t) = b_{\mathbf{q}r}\,e^{-i\,\omega_r(\mathbf{q})\,t}. \tag{3.236}$$

Das ist nun gleichbedeutend mit der *Heisenberg-Darstellung* ((3.193), Bd. 5, Tl. 1),

$$b_{\mathbf{q}r}(t) = \exp\left(\frac{i}{\hbar}\,H\,t\right) b_{\mathbf{q}r}\,\exp\left(-\frac{i}{\hbar}\,H\,t\right),$$

bzw. mit der daraus folgenden Bewegungsgleichung:

$$i\hbar \frac{\partial}{\partial t} b_{\mathbf{q}r}(t) = [b_{\mathbf{q}r}, H]_-(t) \overset{(3.235)}{=} \hbar\omega_r(\mathbf{q})\, b_{\mathbf{q}r}(t).$$

Integration liefert mit $b_{\mathbf{q}r}(0) = b_{\mathbf{q}r}$ in der Tat (3.236). Die Transformation der *Gitterdynamik* auf das freie *Phononengas* scheint also in jeder Hinsicht konsistent zu sein.

Wir wollen uns nun um die thermodynamischen Eigenschaften des *Phononengases* kümmern. Der Schwingungszustand eines Kristallgitters ist also durch die Phononenverteilung über die Dispersionszweige $\hbar\omega_r(\mathbf{q})$ festgelegt. Das Spektrum dieser Dispersionszweige hängt letztlich natürlich von der speziellen Gitterstruktur ab, ist also von Festkörper zu Festkörper verschieden. Wenn wir, z.B. wie im letzten Kapitel für das Photonengas, daran denken, gemäß (3.21) das *großkanonische Potential*,

$$\begin{aligned}\Omega(T,V) &= k_B T \sum_{\mathbf{q},r} \ln\left[1 - \exp\left(-\beta\hbar\omega_r(\mathbf{q})\right)\right] = \\ &= k_B T \int dE\, D(E)\, \ln\left(1 - e^{-\beta E}\right), \qquad (3.237)\end{aligned}$$

zu berechnen, so müssen wir offensichtlich die *Zustandsdichte* $D(E)$ des Phononengases kennen, die wie die Ein-Teilchen-Energien $\hbar\omega_r(\mathbf{q})$ für verschiedene Gittertypen unterschiedlich sein wird. Um zu allgemeinen Aussagen zu kommen – nur solche sind für uns interessant –, werden wir deshalb einige Vereinfachungen in Kauf nehmen müssen.

Die harmonische Näherung ist vom Konzept her eine Tieftemperaturnäherung. Für tiefe Temperaturen sind jedoch vor allem thermische Anregungen von Oszillationen kleiner Frequenzen bedeutend. Dies entspricht **langwelligen** Eigenschwingungen (*Schallwellen*). Für diese ist dann die atomistische Struktur des Festkörpers nicht mehr so ausschlaggebend, wodurch sich Approximationen anbieten. Der Festkörper kann als elastisches Kontinuum angesehen werden. In dem Ausdruck

$$D_r(E)dE = \frac{1}{\Delta^3 q} \int\limits_{\substack{\text{Schale}\\(\hbar\omega_r,\hbar\omega_r+dE)}} d^3q \qquad (3.238)$$

für die Zustandsdichte zum r-ten Dispersionszweig ist $\Delta^3 q$ das durch die bereits mehrfach verwendeten *periodischen Randbedingungen* festgelegte *Rastervolumen* $\left(\Delta^3 q = (2\pi)^3/V\right)$ des $\mathbf{q}$-Raums, in dem sich genau ein Zustand befindet. Bezeichnen wir mit

$$\mathbf{v}_g^{(r)}(E) = \frac{1}{\hbar}\nabla_{\mathbf{q}} E \qquad (E = \hbar\omega_r(\mathbf{q}))$$

die *Gruppengeschwindigkeit* ((2.44), Bd. 5, Tl. 1), gilt für den Abstand dE der beiden Flächen $E = \text{const.}$ und $E + dE = \text{const.}$ im $\mathbf{q}$-Raum:

$$dE = |d\mathbf{q} \cdot \nabla_{\mathbf{q}} E| = dq_{\perp}\, |\nabla_{\mathbf{q}} E| = \hbar\, v_g^{(r)}(E)\, dq_{\perp}.$$

Wenn df_E das Element der Fläche $E = \text{const.}$ bezeichnet, so folgt für das Volumenelement der Schale, über die in (3.238) integriert werden soll:

$$d^3q = df_E\, dq_{\perp} = \frac{1}{\hbar\, v_g(E)}\, df_E\, dE.$$

Damit ergibt sich die folgende, zu (3.238) alternative Darstellung der Zustandsdichte:

$$D_r(E) = \frac{V}{(2\pi)^3} \int\limits_{E=\text{const.}} \frac{df_E}{\hbar\, v_g^{(r)}(E)}. \tag{3.239}$$

Das

Debye-Modell

benutzt zwei vereinfachende Annahmen:

1) Die Wellenzahlsummation über die erste Brillouin-Zone wird durch eine entsprechende über eine Kugel gleichen Volumens ersetzt. *Gleiches Volumen* bedeutet, daß die Kugel dieselbe Anzahl von Zuständen enthält wie die Brillouin-Zone. Diese umfaßt genau N Zustände, wobei N die Anzahl der Atome ist, aus denen sich der Festkörper zusammensetzt.

2) Die Gruppengeschwindigkeiten (*Schallgeschwindigkeiten*) werden als isotrop angenommen,

   $$\mathbf{v}_g^{(r)}\,(E = \hbar\,\omega_r(\mathbf{q})) = v_g^{(r)}\, \frac{\mathbf{q}}{q},$$

   was mit

   $$\hbar\,\omega_r(\mathbf{q}) = \hbar\, v_g^{(r)}\, q \tag{3.240}$$

   gleichbedeutend ist.

Mit diesen beiden Annahmen läßt sich (3.239) leicht auswerten:

$$D_r(E) = \frac{V}{(2\,\pi)^3}\, \frac{1}{\hbar\, v_g^{(r)}}\, 4\,\pi\, q^2(E) = \frac{V}{2\,\pi^2}\, \frac{1}{\left(\hbar\, v_g^{(r)}\right)^3}\, E^2.$$

Die drei Möglichkeiten $r = 1, 2, 3$ entsprechen drei unabhängigen Polarisationsrichtungen der Gitterwellen, die man üblicherweise als longitudinal und transversal zur Wellenausbreitungsrichtung $\mathbf{q}/q$ wählt. Die beiden transversalen Dispersionen sind in der Regel entartet:

$$v_g^{(r)} \begin{array}{l} \nearrow v_l: \quad r = 1, \\ \searrow v_t: \quad r = 2, 3. \end{array}$$

Pro Dispersionszweig durchläuft $\mathbf{q}$ die N Zustände der ersten Brillouin-Zone. Insgesamt gibt es also $3N$ Zustände. Da $D_r(E) \sim E^2$ ist, muß es demnach eine obere Grenzenergie $E_D = \hbar\,\omega_D$ geben. Mit der Abkürzung

$$\frac{3}{\hat{v}^3} = \frac{1}{v_l^3} + \frac{2}{v_t^3} \tag{3.241}$$

ist die folgende Bedingung zu erfüllen,

$$3N = \int_0^{\hbar\omega_D} \left(D_l(E) + 2\,D_t(E)\right) dE = \frac{3V}{2\pi^2\,\hbar^3\,\hat{v}^3}\,\frac{1}{3}\,(\hbar\,\omega_D)^3,$$

wodurch die *Grenzfrequenz* ω_D festgelegt ist:

$$\textbf{Debye-Frequenz:} \qquad \omega_D = \left(6\,\pi^2\,\hat{v}^3\,\frac{N}{V}\right)^{1/3}. \tag{3.242}$$

Damit läßt sich die Zustandsdichte des Phononengases im Rahmen des *Debye-Modells* endgültig wie folgt schreiben:

$$D(E) = \begin{cases} \dfrac{9N}{\hbar\,\omega_D^3}\,E^2 & \text{für } 0 \le E \le \hbar\,\omega_D, \\ 0 & \text{sonst.} \end{cases} \tag{3.243}$$

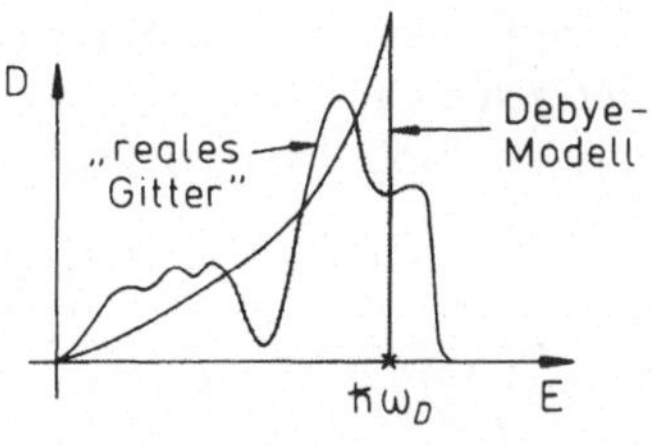

Die einzige gitterspezifische Größe ist die Debye-Frequenz ω_D. Das Debye-Modell ist damit sicher zu einfach, um jedes Detail in den physikalischen Eigenschaften eines speziellen Festkörpers zu reproduzieren. Allerdings hat die quantenstatistische Auswertung des Debye-Modells bezüglich einiger allgemeiner Festkörpereigenschaften spektakuläre Erfolge aufzuweisen. So folgert der *klassische Gleichverteilungssatz* (1.113) für die Mittelwerte von kinetischer und potentieller Energie eines durch die Hamilton-Funktion (3.226) beschriebenen Systems:

$$\langle\, T \,\rangle = \langle\, V \,\rangle = \frac{3}{2}\,N\,k_B\,T.$$

Dies bedeutet eine *innere Energie* $U = 3\,N\,k_B\,T$ und damit eine temperaturunabhängige Wärmekapazität

$$C_V^{kl} = 3\,N\,k_B.$$

Das entspricht bei hohen Temperaturen in der Tat der experimentellen Beobachtung, steht aber bei tiefen Temperaturen in krassem Widerspruch zu diesen. Es ist ein ähnlich herausragender Erfolg der Quantenstatistik wie die Deutung des linearen Tieftemperaturverhaltens des elektronischen Anteils an der Wärmekapazität ((3.77): $C_V = \gamma\,T$), über die Vorstellung des Phononengases den T^3-*Anteil* des Kristallgitters erkären zu können. Das soll im folgenden nachvollzogen werden.

Wir benutzen (3.237) zur Berechnung des großkanonischen Potentials $\Omega(T,V)$ des Phononengases, das wegen $\mu = 0$ mit der freien Energie $F(T,V)$ identisch ist. Einsetzen der *Debyeschen* Zustandsdichte (3.243) führt zunächst auf:

$$\Omega(T,V) = \frac{9\,N}{(\hbar\,\omega_D)^3}\,k_B\,T \int\limits_0^{\hbar\omega_D} dE\,E^2\,\ln\left(1 - e^{-\beta\,E}\right) =$$

$$= \frac{9\,N}{(\hbar\,\omega_D)^3}\,(k_B\,T)^4 \int\limits_0^{\beta\,\hbar\,\omega_D} dx\,x^2\,\ln\left(1 - e^{-x}\right).$$

Zur Abkürzung definiert man die **Debye-Temperatur** T_D:

$$k_B\,T_D \equiv \hbar\,\omega_D. \tag{3.244}$$

Sowohl in $\Omega(T,V)$ als auch in den noch zu besprechenden anderen thermodynamischen Potentialen tauchen zwei typische Integrale auf,

$$\widehat{D}(y) = \int\limits_0^y dx\,\frac{x^3}{e^x - 1}, \tag{3.245}$$

$$J(y) = \int\limits_0^y dx\,x^2\,\ln\left(1 - e^{-x}\right) = \frac{1}{3}\left[y^3\,\ln\left(1 - e^{-y}\right) - \widehat{D}(y)\right], \tag{3.246}$$

die nicht geschlossen ausintegriert werden können, sich aber in den Grenzen $y \gg 1$ und $y \ll 1$ weiter abschätzen lassen:

$$y \gg 1: \quad \widehat{D}(y) \approx \int_0^\infty dx \frac{x^3}{e^x - 1} \overset{(3.195)}{=} \Gamma(4)\,\zeta(4) = \frac{\pi^4}{15}, \tag{3.247}$$

$$y \ll 1: \quad \widehat{D}(y) \approx \int_0^y dx \frac{x^2}{1 + \frac{1}{2}x + \frac{1}{6}x^2} \approx$$

$$\approx \int_0^y dx\, x^2 \left[1 - \left(\frac{1}{2}x + \frac{1}{6}x^2\right) + \left(\frac{1}{2}x + \frac{1}{6}x^2\right)^2\right] \approx$$

$$\approx \frac{1}{3}y^3 - \frac{1}{8}y^4 + \frac{1}{60}y^5 + 0\,(y^6). \tag{3.248}$$

Das **großkanonische Potential** des Phononengases hat also die folgende Gestalt:

$$\Omega(T,V) = \frac{9\,N}{(\hbar\,\omega_D)^3}\,(k_B\,T)^4\,J\left(\frac{T_D}{T}\right). \tag{3.249}$$

Durch Ableitung nach der Temperatur erhalten wir daraus die **Entropie**:

$$S(T,V) = -\left(\frac{\partial\Omega}{\partial T}\right)_V =$$

$$= -\frac{9\,N\,k_B}{(\hbar\,\omega_D)^3}\,(k_B\,T)^3\left[J\left(\frac{T_D}{T}\right) - \widehat{D}\left(\frac{T_D}{T}\right)\right]. \tag{3.250}$$

Ohne die (unbedeutende) Nullpunktsenergie der $3\,N$ unabhängigen Oszillatoren des Modell-Hamilton-Operators (3.235) ergibt sich als **innere Energie** des Phononengases:

$$U(T,V) = F + T\,S = \Omega + T\,S = \frac{9\,N}{(\hbar\,\omega_D)^3}\,(k_B\,T)^4\,\widehat{D}\left(\frac{T_D}{T}\right). \tag{3.251}$$

Bleibt schließlich noch die **Wärmekapazität**, die wir bereits einmal als Aufgabe 2.3.8 im Rahmen der *kanonischen Gesamtheit* diskutiert haben:

$$C_V = T\left(\frac{\partial S}{\partial T}\right)_V = 9\,N\,k_B\left(\frac{T}{T_D}\right)^3 \int_0^{T_D/T} dx \frac{x^4\,e^x}{(e^x - 1)^2}. \tag{3.252}$$

Es erscheint sinnvoll, die innere Energie und die Wärmekapazität in den Grenzbereichen sehr hoher und sehr tiefer Temperaturen zu untersuchen. Beginnen wir mit dem Tieftemperaturbereich:

$$T \ll T_D: \quad \widehat{D}\left(\frac{T_D}{T}\right) \approx \widehat{D}(\infty) \overset{(3.247)}{=} \frac{\pi^4}{15}.$$

Es folgt für die innere Energie in dieser Grenze:

$$U(T,V) \approx \frac{3}{5}\,\pi^4\,N\,k_B\,T\left(\frac{T}{T_D}\right)^3 . \tag{3.253}$$

Damit haben wir für die Wärmekapazität das berühmte, *klassisch unverständliche* **Debyesche T^3-Gesetz** abgeleitet:

$$C_V = \frac{12\,\pi^4}{5}\,N\,k_B\left(\frac{T}{T_D}\right)^3 . \tag{3.254}$$

Dieses Ergebnis muß, wie bereits erwähnt, als spektakulärer Erfolg der Quantenstatistik angesehen werden, da es den Tieftemperaturverlauf im wesentlichen richtig beschreibt. Kleinere Abweichungen vom experimentellen Befund sind der doch recht grob approximierten Zustandsdichte (3.243) zuzuschreiben. Insbesondere ist der Dritte Hauptsatz der Thermodynamik erfüllt.

Für den Grenzfall hoher Temperaturen $T \gg T_D$ können wir die Entwicklung (3.248) benutzen:

$$\widehat{D}\left(\frac{T_D}{T}\right) \approx \frac{1}{3}\left(\frac{T_D}{T}\right)^3 - \frac{1}{8}\left(\frac{T_D}{T}\right)^4 + \frac{1}{60}\left(\frac{T_D}{T}\right)^5 .$$

In (3.251) eingesetzt ergibt sich dann der folgende Ausdruck für die innere Energie,

$$U(T,V) \approx 3\,N\,k_B\,T\left[1 - \frac{3}{8}\,\frac{T_D}{T} + \frac{1}{20}\left(\frac{T_D}{T}\right)^2\right], \tag{3.255}$$

und für die Wärmekapazität:

$$C_V = 3\,N\,k_B\left[1 - \frac{1}{20}\left(\frac{T_D}{T}\right)^2 + \cdots\right]. \tag{3.256}$$

Für hinreichend hohe Temperaturen wird das klassische Resultat $C_V^{kl} = 3\,N\,k_B$ reproduziert.

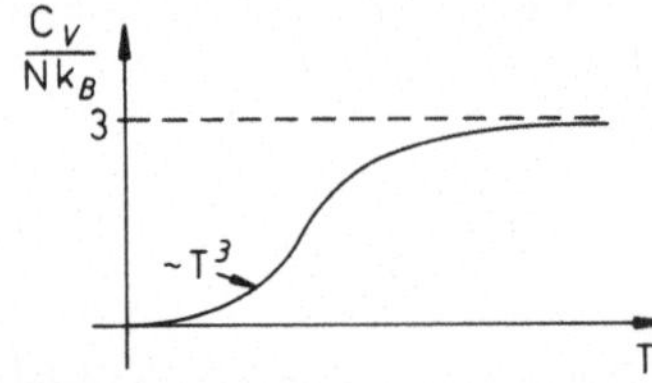

Andererseits wird natürlich für hohe Temperaturen die den Ergebnissen dieses Abschnitts zugrundeliegende *harmonische Näherung* (3.210) fragwürdig. Die Amplituden der Oszillationen der Atome um ihre Gleichgewichtslagen werden zu groß. Der Festkörper dehnt sich aus, um schließlich sogar zu schmelzen. Damit bricht das Bild vom *freien* Phononengas zusammen. Eine erste Verbesserungsmöglichkeit könnte darin bestehen, *Wechselwirkungen* zwischen den Phononen einzuführen, was allerdings eine in der Regel nicht mehr strenge Lösbarkeit des Modells zur Folge hat. Wir wollen diesen Gedankengang hier nicht weiter verfolgen.

3.3.8 Aufgaben

Aufgabe 3.3.1

Die Teilchendichte n eines idealen Bose-Gases sei fest vorgegeben. Zeigen Sie, daß für $T \to +\infty$ das chemische Potential μ gegen $-\infty$ streben muß.

Aufgabe 3.3.2

Bei der Behandlung des idealen Bose-Gases hat man es häufig mit den Funktionen

$$g_\alpha(z) = \sum_{n=1}^{\infty} \frac{z^n}{n^\alpha}$$

zu tun. Verifizieren Sie die folgende Darstellung,

$$g_\alpha(z) = \frac{1}{\Gamma(\alpha)} \int_0^\infty \frac{x^{\alpha-1}}{z^{-1}\,e^x - 1}\,dx,$$

wobei mit $\Gamma(\alpha)$ die *Gamma-Funktion*,

$$\Gamma(\alpha) = \int_0^\infty t^{\alpha-1}\,e^{-t}\,dt,$$

gemeint ist.

Aufgabe 3.3.3

Betrachten Sie ein ideales Quantengas aus Bosonen der Ruhemasse Null:

$$\epsilon(\mathbf{k}) \longrightarrow \hbar c k.$$

1) Berechnen Sie das großkanonische Potential

$$\Omega = \Omega(T, V, z).$$

2) Bestimmen Sie den Druck p, die Teilchendichte n und die innere Energie U als Funktionen von T, V und z.

3) Zeigen Sie, daß im *thermodynamischen Limes* ($N \to \infty, V \to \infty, n \to$ endlich)

$$U = 3\,p\,V$$

gilt.

4) Bestimmen Sie die kritische Temperatur T_C und die kritische Dichte n_C der Bose-Einstein-Kondensation.

5) Wie hängt im *Kondensationsgebiet* ($z = 1$) die Zahl N_0 der Bosonen im Grundzustand von der Temperatur ab?

6) Leiten Sie die *Phasengrenzkurve* $p_C = f(n_C)$ des p-$(1/n)$-Diagramms ab.

Aufgabe 3.3.4

Gegeben sei ein **zwei**dimensionales ideales Bose-Gas (Teilchenzahl N, *"Volumen"* $V = L^2$) mit Ein-Teilchen-Energien

$$\epsilon(\mathbf{k}) = \frac{\hbar^2 k^2}{2m}$$

1) Berechnen Sie das großkanonische Potential.

2) Stellen Sie die Teilchendichte n als Funktion von T, V und z dar.

3) Begründen Sie, warum es keine Bose-Einstein-Kondensation geben kann.

Aufgabe 3.3.5

Gegeben sei ein **nicht**-entartetes ideales Bose-Gas (*klassische Grenze*, $z \ll 1$) mit den Ein-Teilchen-Energien

$$\epsilon(\mathbf{k}) = \frac{\hbar^2 k^2}{2m}.$$

und fester Teilchenzahl N. Zeigen Sie, daß sich die thermische Zustandsgleichung als *Virialentwicklung*

$$p\,V = N\,k_B\,T\left(1 - \frac{1}{2^{5/2}}\,z^{(0)} + \left(\frac{1}{8} - \frac{2}{3^{5/2}}\right)\left(z^{(0)}\right)^2 + \dots\right),$$

$$z^{(0)} = \frac{n\,\lambda^3}{2S+1}$$

schreiben läßt (vgl. (3.156)).

Aufgabe 3.3.6

Schreiben Sie die thermische Zustandsgleichung eines nicht-entarteten idealen Bose-Gases aus N Teilchen mit der Ruhemasse Null (s. Aufgabe 3.3.3) und dem Volumen V als *Virialentwicklung* nach der Teilchendichte

$$p\,V = N\,k_B\,T\left(1 + \gamma_1\,z^{(0)} + \gamma_2\left(z^{(0)}\right)^2 + \dots\right),$$

$$z^{(0)} = \frac{\pi^2\,(\beta\,\hbar\,c)^3}{2S+1}\,n.$$

Bestimmen Sie die Koeffizienten γ_1 und γ_2.

Aufgabe 3.3.7

Gegeben sei ein **zwei**dimensionales ideales Quantengas aus Bosonen der Ruhemasse Null:

$$\epsilon(\mathbf{k}) = \hbar c k.$$

1) Berechnen Sie das großkanonische Potential $\Omega(T, V, z)$.

2) Stellen Sie die Teilchendichte n als Funktion von T, V und z dar.

3) Untersuchen Sie, ob es eine Bose-Einstein-Kondensation geben kann. Vergleichen Sie mit Teil 3) von Aufgabe 3.3.4.

Aufgabe 3.3.8

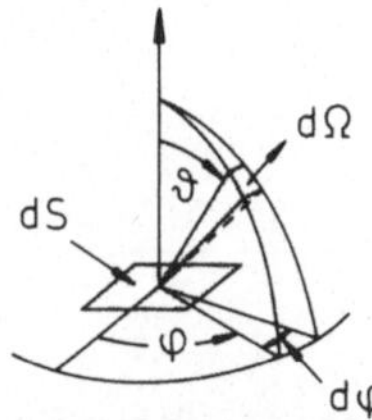

Elektromagnetische Wellen innerhalb eines großen Kastens vom Volumen V sollen sich bei der Temperatur T im thermischen Gleichgewicht mit den Wänden befinden. In einer Kastenwand befindet sich ein Loch der Fläche dS, das so klein sein möge, daß das Gleichgewicht im Innern nicht gestört wird. Berechnen Sie die spektrale Intensität $I_\lambda(T, \vartheta)$, d.h. die Energie, die pro Zeit- und Flächeneinheit von elektromagnetischen Wellen mit Wellenlängen zwischen λ und $\lambda + d\lambda$ in einen Raumwinkel $d\Omega$, der einen Winkel ϑ mit den Flächennormalen von dS bildet, aus dem Kasten transportiert wird.

Aufgabe 3.3.9

1) Zeigen Sie, daß die spektrale Energiedichte $\hat{\epsilon}(\omega, T)$ der elektromagnetischen Hohlraumstrahlung ein Maximum aufweist, das durch die transzendente Gleichung

$$(3 - x)\, e^x = 3$$

bestimmt ist mit $x = \beta \hbar \omega$.

2) Wie verhalten sich die Frequenzen ω_1 und ω_2 zueinander, bei denen die spektralen Energiedichten zweier Hohlräume der Temperaturen T_1 und T_2 maximal werden (*Wiensches Verschiebungsgesetz*)?

Aufgabe 3.3.10

Zeigen Sie, daß sich kinetische und potentielle Energie eines Kristallgitters wie folgt durch *Normalkoordinaten* $Q_r(\mathbf{q}, t)$ ausdrücken lassen:

$$T = \frac{1}{2} M \sum_{\mathbf{q},r} \dot{Q}_r^*(\mathbf{q}, t)\, \dot{Q}_r(\mathbf{q}, t),$$

$$V = V_0 + \frac{1}{2} M \sum_{\mathbf{q},r} \omega_r^2(\mathbf{q})\, Q_r(\mathbf{q}, t)\, Q_r^*(\mathbf{q}, t).$$

Benutzen Sie dazu die Transformationsformeln (3.219) und (3.220).

Aufgabe 3.3.11

Beweisen Sie die fundamentalen Kommutatorrelationen der Normalkoordinaten $\widehat{Q}_r(\mathbf{q}, t)$ und ihrer kanonisch konjugierten Impulse $\widehat{P}_r(\mathbf{q}, t)$:

$$\left[\widehat{Q}_r(\mathbf{q}, t), \widehat{Q}_{r'}(\mathbf{q}', t)\right]_- = \left[\widehat{P}_r(\mathbf{q}, t), \widehat{P}_{r'}(\mathbf{q}', t)\right]_- = 0,$$

$$\left[\widehat{P}_r(\mathbf{q}, t), \widehat{Q}_{r'}(\mathbf{q}', t)\right]_- = \frac{\hbar}{i}\,\delta_{r\,r'}\,\delta_{\mathbf{q}\,\mathbf{q}'}.$$

3.4 Kontrollfragen

Zu Kapitel 3.1

1) Was sind identische Teilchen?

2) Was besagt das *Prinzip der Ununterscheidbarkeit*?

3) Wie sieht im Fall identischer Teilchen ein allgemeiner N-Teilchen-Zustand aus?

4) Was besagt der Spin-Statistik-Zusammenhang?

5) Was sind *Bosonen*, was sind *Fermionen*?

6) Wie erkennt man an der für Fermionen gültigen *Slater-Determinante* das *Pauli-Prinzip*?

7) Was versteht man unter einem *Fock-Zustand*?

8) Welche Besetzungszahlen n_α der Ein-Teilchen-Zustände $|\varphi_\alpha\rangle$ stehen Bosonen, welche Fermionen zur Verfügung?

9) Wie lauten die *fundamentalen Vertauschungsrelationen* der Erzeugungs- und Vernichtungsoperatoren für Bosonen und Fermionen?

10) Wie sind *Besetzungszahl-* und *Teilchenzahloperator* definiert?

11) Wie lautet der Hamilton-Operator der idealen Quantengase in zweiter Quantisierung? Welche Eigenzustände besitzt er?

12) Warum unterscheiden sich die großkanonischen Zustandssummen von Bosonen und Fermionen?

13) Wie sehen die *mittleren Besetzungszahlen* $\langle \hat{n}_r \rangle^{(\pm)}$ der Ein-Teilchen-Zustände für Bosonen und Fermionen aus?

14) Welche Werte kann das chemische Potential μ für Fermionen, welche für Bosonen annehmen?

15) Welche Probleme ergeben sich bei $T = 0$ für die mittlere Bosonenbesetzungszahl?

16) Wie hängt die innere Energie des idealen Bose- (Fermi-)Gases mit der mittleren Besetzungszahl zusammen?

Zu Kapitel 3.2

1) Nach welcher Vorschrift und unter welchen Voraussetzungen lassen sich Summen über Ein-Teilchen-Energien $\left(\sum_r \ldots\right)$ in Integrale verwandeln?

2) Wie sind die Funktionen $f_{5/2}(z)$, $f_{3/2}(z)$ definiert? Welcher Zusammenhang besteht zwischen ihnen?

3) Aus welchen Beziehungen für den Druck p und die Teilchendichte n berechnet sich die thermische Zustandsgleichung des idealen Fermi-Gases?

4) Wie lautet die kalorische Zustandsgleichung des idealen Fermi-Gases?

5) Welcher Zusammenhang besteht zwischen U und pV? Wie sieht der entsprechende für das klassische ideale Gas aus?

6) Was versteht man unter einem *entarteten* bzw. *nicht-entarteten* Fermi-Gas?

7) Wann ist der *klassische Grenzfall* realisiert?

8) Wie lautet die thermische Zustandsgleichung des idealen Fermi-Gases in der klassischen Grenze?

9) Welche charakteristische Energieabhängigkeit weist die Zustandsdichte $D(E)$ der idealen Quantengase auf ($\epsilon(k) \sim k^2$)?

10) Wie lautet die Wahrscheinlichkeit, daß bei der Temperatur T in einem idealen Fermi-Gas ein Zustand der Energie E besetzt ist?

11) Welche Größe gibt die Dichte der bei der Temperatur T von einem idealen Fermi-Gas besetzten Zustände an?

12) Welche Gestalt hat die Fermi-Dirac-Funktion $f_-(E)$ bei $T = 0$? Was passiert bei $T > 0$?

13) Welcher Zusammenhang besteht zwischen Fermi-Energie E_F und chemischem Potential μ?

14) Wie hängen Fermi-Wellenvektor k_F und Fermi-Energie E_F mit der Teilchendichte n zusammen?

15) Von welcher Größenordnung ist die Fermi-Temperatur einfacher Metalle?

16) Welche Integraltypen lassen sich vorteilhaft mit der Sommerfeld-Entwicklung auswerten?

17) Von welcher Form und Größenordnung ist die erste Temperaturkorrektur für das chemische Potential μ eines idealen Fermi-Gases (Metallelektronen!) gegenüber dem $T = 0$-Wert E_F?

18) Wie ändert sich die innere Energie des Fermi-Gases mit der Temperatur?

19) Welches charakteristische Tieftemperaturverhalten weist die Wärmekapazität C_V auf? Wie läßt sich dieses physikalisch deuten?

20) Wie hängt der Koeffizient γ der Wärmekapazität C_V mit der Zustandsdichte des Fermi-Gases zusammen?

21) Wie erklärt sich der *Nullpunktsdruck* des idealen Fermi-Gases?

22) Welche Gestalt hat die Entropie des Fermi-Gases? Welchen Beitrag liefern *Löcher* (unbesetzte Ein-Teilchen-Zustände), welchen Beitrag *Teilchen*?

23) Warum sollte die Suszeptibilität eines Systems aus Teilchen mit permanenten magnetischen Momenten eigentlich eine deutliche Temperaturabhängigkeit aufweisen? Was wird in dieser Hinsicht für die quasifreien Leitungselektronen beobachtet?

24) Wie ändert sich die Zustandsdichte des idealen Fermi-Gases im Magnetfeld, wenn dieses nur an den Spin koppelt?

25) Von welcher Größenordnung ist die Energie $\mu_B B$, wenn das Feld B etwa 10 Tesla beträgt?

26) Wie hängt die *Pauli-Suszeptibilität* $\chi_P(T = 0)$ von der Zustandsdichte $D(E_F)$ an der Fermi-Kante ab?

27) Warum ist $\chi_P(T)$ nur sehr schwach temperaturabhängig und vergleichsweise sehr klein?

28) Aus welchen drei Bestandteilen setzt sich die isotherme Suszeptibilität des freien Elektronengases zusammen?

29) Wie ist die *Zyklotronfrequenz* ω_c definiert?

30) Auf welche bekannte Eigenwertgleichung läßt sich die zeitunabhängige Schrödinger-Gleichung eines Elektrons im homogenen Magnetfeld zurückführen?

31) Was versteht man unter *Landau-Niveaus*?

32) Welche *Quantisierung* erfährt die Bewegung eines Elektrons im homogenen Magnetfeld?

33) Welche typische Abhängigkeit zeigt der Entartungsgrad der Landau-Niveaus? Ist er von der *Landau-Quantenzahl* n abhängig?

34) Wie ordnen sich die Zustände innerhalb der Fermi-Kugel nach Einschalten eines homogenen Magnetfeldes in z-Richtung an?

35) Welche Meßmöglichkeit eröffnet der *de Haas-van Alphen-Effekt*?

36) Für die *Magnetisierungsarbeit* eines thermodynamischen Systems schreibt man $B_0\, dm$ oder $-m\, dB_0$. Können Sie diese Diskrepanz kommentieren?

37) Welcher thermodynamische Zusammenhang besteht zwischen *Magnetisierung* und *großkanonischem Potential*?

38) Wie entsteht der *Landau-Diamagnetismus*?

39) In welcher Relation stehen die Suszeptibilitäten des Pauli-Spinparamagnetismus und des Landau-Diamagnetismus zueinander?

40) Was ist das Kennzeichen des *de Haas-van Alphen-Effekts*?

41) Welche charakteristischen Abhängigkeiten zeigen Periode und Amplitude der Oszillation der isothermen Suszeptibilität des freien Elektronengases?

Zu Kapitel 3.3

1) Welcher Wertebereich steht dem chemischen Potential des idealen Bose-Gases zur Verfügung, wenn die kleinste Ein-Teilchen-Energie mit dem Energienullpunkt zusammenfällt?

2) Welche Schwierigkeit kann sich beim idealen Bose-Gas ergeben, wenn man für makroskopische Systeme in den thermodynamischen Relationen Summen durch Integrale ersetzen will? Wie wird das Problem gelöst? Warum ist uns dieses Problem beim idealen Fermi-Gas nicht begegnet?

3) Worin unterscheidet sich das großkanonische Potential des idealen Bose-Gases von dem des idealen Fermi-Gases?

4) Wie sind die Funktionen $g_{5/2}(z)$, $g_{3/2}(z)$ definiert?

5) Welcher Zusammenhang besteht zwischen der Besetzung des tiefsten Energieniveaus und der Bose-Einstein-Kondensation?

6) Welcher Zusammenhang besteht zwischen U und pV beim idealen Bose-Gas? Ist er mit dem des klassischen idealen Gases und dem des idealen Fermi-Gases formal identisch?

7) Wie kann man sich erklären, daß für $z \ll 1$ die Unterschiede zwischen Bose-, Fermi- und klassischer Boltzmann-Statistik unbedeutend werden?

8) Für welche Teilchendichten und Temperaturen ist der *klassische Grenzfall* des idealen Bose-Gases realisiert?

9) Wie lautet die thermische Zustandsgleichung des idealen Bose-Gases in der *klassischen Grenze*? Wie unterscheidet sich diese von der des idealen Fermi-Gases?

10) Wann spricht man von einem *entarteten* Bose-Gas?

11) Welche Bedingung bestimmt den Beginn der Bose-Einstein-Kondensation?

12) Welchen Wert nimmt die Fugazität z im *Kondensationsgebiet* für $V \to \infty$ an?

13) Welche Temperaturabhängigkeit weist die Zahl N der im tiefsten Energieniveau *kondensierten* Bosonen auf?

14) Man sagt, daß unterhalb der kritischen Temperatur T_C das ideale Bose-Gas als Gemisch von zwei Phasen vorliege. Was ist damit gemeint?

15) Welchen qualitativen Verlauf haben die Isothermen des p-$(1/n)$-Diagramms für das ideale Bose-Gas?

16) Wie hängt der Druck des idealen Bose-Gases im *Kondensationsgebiet* von der Teilchendichte ab?

17) Welche *Dichten* besitzen das *Kondensat* und die *gasförmige Phase* im *Kondensationsgebiet*, in dem sie miteinander im Gleichgewicht stehen?

18) Wie verhält sich die Entropie des idealen Bose-Gases am absoluten Nullpunkt? Ist der Dritte Hauptsatz, so wie beim klassischen idealen Gas, verletzt?

19) Welchen qualitativen Verlauf zeigt die Wärmekapazität des idealen Bose-Gases als Funktion der Temperatur?

20) Welchen Wert nimmt die Wärmekapazität bei der kritischen Temperatur T_C an? Wie verhält sie sich für $T \to \infty$?

21) Wie verhält sich das chemische Potential μ für $T \to \infty$? Gegen welchen Grenzwert strebt die Fugazität für $T \to \infty$?

22) Warum ist das chemische Potential μ von Photonen, Phononen und Magnonen gleichermaßen Null?

23) Welche charakteristischen Eigenschaften besitzt das Photon?

24) Welche Einstellmöglichkeiten besitzt der Photonenspin?

25) Welche Energieabhängigkeit besitzt die Zustandsdichte des Photonengases?

26) Welche Temperaturabhängigkeit besitzt der Druck des Photonengases?

27) Wie hängt die mittlere Photonenzahl von der Temperatur ab? Was gilt für $T \to 0$?

28) Was besagt das Stefan-Boltzmann-Gesetz für das Photonengas?

29) Welcher Zusammenhang besteht zwischen Druck und Energiedichte der elektromagnetischen Strahlung?

30) Auf welche physikalische Größe bezieht sich die Plancksche Strahlungsformel?

31) Was versteht man in Verbindung mit den Gitterschwingungen eines Festkörpers unter der *harmonischen Näherung*?

32) Was sind *Dispersionszweige*?

33) Welche Struktur hat die (klassische) Hamilton-Funktion des Kristallgitters in der harmonischen Näherung nach Transformation auf *Normalkoordinaten*?

34) Was ist ein Phonon?

35) Woran erkennt man, daß Phononen Bosonen sind?

36) Wodurch ist der Schwingungszustand eines Kristallgitters festgelegt?

37) Für welchen Temperaturbereich sollte die *harmonische Näherung* vertrauenswürdig sein?

38) Von welchen vereinfachenden Annahmen geht das Debye-Modell aus?

39) Wodurch ist die *Debye-Frequenz* ω_D bestimmt?

40) Welche Energieabhängigkeit besitzt die Zustandsdichte des Phononengases im Debye-Modell?

41) Was muß *klassisch* als Wärmekapazität des Phononengases erwartet werden?

42) Was versteht man unter der *Debye-Temperatur* T_D?

43) Welche Temperaturabhängigkeit besitzt die innere Energie des Phononengases in den Bereichen $T \gg T_D$ und $T \ll T_D$?

44) Wie verhält sich die Wärmekapazität des Phononengases für tiefe Temperaturen? Ist der Dritte Hauptsatz erfüllt?

45) Welchen Wert nimmt die Wärmekapazität für hohe Temperaturen an?

4 PHASENÜBERGÄNGE

Die Frage nach den Ursachen und den Mechanismen der *Phasenübergänge* zählt zu den ältesten Problemen der Physik. Seit Begründung der Naturphilosophie dachten Wissenschaftler darüber nach, warum es die vier verschiedenen Elemente *Feuer, Wasser, Erde, Luft* gibt und unter welchen Bedingungen sich diese *Erscheinungsformen der Materie* ineinander umwandeln können. Wir haben uns mit der Theorie der Phasenübergänge, die nach wie vor hochaktuell ist und ein wichtiges Anwendungsgebiet der *Statistischen Physik* darstellt, bereits in Band 4 dieses **Grundkurs: Theoretische Physik** beschäftigt, soweit dieses im Rahmen der klassischen phänomenologischen Thermodynamik möglich war. In knapper Form werden wir in dem einleitenden Kapitel 4.1 die wichtigsten Resultate und Begriffe noch einmal zusammenstellen und einige für das Folgende wichtige Ergänzungen formulieren, um uns dann in Kapitel 4.2 etwas eingehender mit den *kritischen Phänomenen* zu befassen, die im Zusammenhang mit sogenannten *Phasenübergängen zweiter Ordnung* beobachtet werden.

Vielleicht kann man als *Geburtsstunde* der neuzeitlichen Theorie der Phasenübergänge die Publikation der Dissertationsschrift von J. D. van der Waals (1873) bezeichnen, die eine erste qualitative Deutung dieses Phänomens am Beispiel des realen Gases beinhaltete. P. Weiß (1907) gelang bereits vor der Entwicklung der Quantenmechanik eine *Modellierung* des Phasenübergangs in einem Ferromagneten, obwohl es sich beim Ferromagnetismus eigentlich um ein rein quantenmechanisches Phänomen handelt (*Bohr-van Leeuwen-Theorem*, Aufgabe 1.4.7, Abschnitt 2)). Der *Weißsche Ferromagnet* erweist sich als thermodynamisch äquivalent zum *van der Waals-Gas*. Man zählt beide zu den sogenannten **klassischen Theorien** des Phasenübergangs. Dazu gehören auch die *Ornstein-Zernike-Theorie*, mit der sich das Phänomen der *kritischen Opaleszenz* in der Lichtstreuung verstehen läßt, sowie die allgemeine *Landau-Theorie*. Diese *klassischen Theorien* sollen allesamt in Kapitel 4.3 besprochen werden.

Das erste nicht-triviale Modell eines Ferromagneten unter Berücksichtigung mikroskopischer Wechselwirkungen wird E. Ising zugeschrieben und nach ihm benannt. Es ist durch die Hamilton-Funktion,

$$\widetilde{H} = -J \sum_{i,j} S_i S_j - \mu B_0 \sum_i S_i \tag{4.1}$$

$$(B_0 = \mu_0 H; \quad H: \text{Magnetfeld})$$

definiert, für die wir hier ausnahmsweise zur Unterscheidung vom Magnetfeld H die Bezeichnung $\widetilde{H}$ verwenden. Mit $\widetilde{H}$ ist die Modellvorstellung von an Gitterplätzen eines Festkörpers lokalisierten, miteinander wechselwirkenden magnetischen Momenten μ_i verknüpft. Diese werden durch klassische, eindimensionale *Spins* S_i $(\mu_i = \mu S_i)$ mit zwei antiparallelen Einstellmöglichkeiten

($S_i = \pm 1 \quad \forall i$) simuliert. Die Wechselwirkung wird durch J vermittelt und soll nur zwischen nächstbenachbarten Spins stattfinden. Es gibt wohl kein anderes theoretisches Modell, das in der Vergangenheit so intensiv untersucht wurde, wie dieses **Ising-Modell**. Ising selbst hatte als Doktorand die Aufgabe herauszufinden, ob über die mikroskopische Wechselwirkung J ein *spontane*, d.h. nicht durch ein äußeres Magnetfeld H erzwungene Ordnung der Spins, wie sie für Ferromagnete typisch ist, erklärt werden kann. Ising löste das eindimensionale $d = 1$-Modell exakt (Z. Phys. **31**, 253 (1925)), fand aber **keinen** Phasenübergang, wie es die Weißsche Theorie eigentlich hätte vermuten lassen, die für alle Gitterdimensionen d einen solchen liefert. Das $d = 2$-Modell konnte er dagegen nicht lösen. Die Tatsache, daß das zweidimensionale Ising-Modell im Gegensatz zum eindimensionalen tatsächlich einen Phasenübergang aufweist, ist erst sehr viel später demonstriert worden, nämlich von R. Peierls (1936: Existenzbeweis für einen Phasenübergang für $d \geq 2$), H. A. Kramers und G. H. Wannier (1941: T_C-Bestimmung im $d = 2$-Modell) sowie insbesondere L. Onsager (1944: freie Energie des $d = 2$-Modells, 1948: Magnetisierungskurve, kritischer Exponent $\beta = \frac{1}{8}$) und C. N. Yang (1952: erste publizierte Herleitung der spontanen Magnetisierung im $d = 2$-Modell). Die vollständige Lösung des dreidimensionalen Modells liegt auch heute noch nicht vor, jedoch sind die bekannten Approximationen inzwischen so überzeugend, daß von der noch ausstehenden, analytisch exakten Lösung kaum zusätzliche Information zu erwarten ist. Dieses für die Theorie des Phasenübergangs so wichtige Ising-Modell soll in Kapitel 4.4 behandelt werden.

An verschiedenen Stellen der vergangenen Kapitel sind wir bereits auf die Bedeutung des **thermodynamischen Limes** gestoßen. Wir haben, zum Beispiel, gelernt, daß nur für das *asymptotisch große* System erwartet werden kann, daß mikroskopische, kanonische und großkanonische Gesamtheit zu äquivalenten physikalischen Aussagen kommen. Auf der anderen Seite ist es natürlich nicht trivial, daß relevante Größen, wie die kanonische oder großkanonische Zustandssumme, in der Grenze $N \to \infty$, $V \to \infty$ überhaupt existieren. Es sollen deshalb in Kapitel 4.5 die Konsequenzen des thermodynamischen Limes detailliert untersucht werden. Das wird insbesondere für die von T. D. Lee und C. N. Yang (1952) entwickelte, mikroskopisch korrekte Beschreibung des Phasenübergangs wichtig, mit der wir uns zum Abschluß in Kapitel 4.6 befassen wollen. Der Phasenübergang *verrät* sich durch gewisse *Unregelmäßigkeiten,* d.h. Nichtanalytizitäten, in den thermodynamischen Potentialen am Übergangspunkt, die wiederum mathematisch nur für das unendlich große System erkennbar sind.

4.1 Begriffe

Wir wollen zunächst in geraffter Form einige Ergebnisse zusammenstellen, die wir im Rahmen der phänomenologischen Thermodynamik (Bd. 4) abgeleitet haben.

4.1.1 Phasen

Fundamental ist der Begriff der *Phase*, mit dem man eine mögliche *Zustandsform* eines makroskopischen Systems im thermischen Gleichgewicht bezeichnet. Ein und derselbe *Stoff* kann je nach äußeren Bedingungen in ganz unterschiedlichen Phasen existieren, die sich dadurch gegeneinander abgrenzen, daß gewisse makroskopische Observable in ihnen unterschiedliche Werte annehmen. Unterscheidende Merkmale sind zum Beispiel:

1) *Dichte:* Gas, Flüssigkeit, Festkörper;

2) *Magnetisierung:* Paramagnet, Ferromagnet, Antiferromagnet;

3) *Elektrisches Dipolmoment:* Paraelektrikum, Ferroelektrikum;

4) *Elektrische Leitfähigkeit:* Isolator, Metall, Supraleiter;

5) *Kristallstruktur:* z.B. α-Fe (kubisch raumzentriert (b.c.c.)), γ-Fe (kubisch flächenzentriert (f.c.c.)).

In vielen Systemen gibt es für gewisse Variable wie die Temperatur T, den Druck p, das Magnetfeld $\mathbf{H}$, ... sogenannte **kritische Bereiche**, in denen Änderungen dieser Variablen Übergänge von der einen in die andere Phase bewirken. Um solche soll es im folgenden gehen.

Erinnern wir uns zunächst an den allgemeinen Fall eines aus α *Komponenten* $(j = 1, 2, \ldots, \alpha)$ zusammengesetzten Systems, das in π *Phasen* $(\nu = 1, 2, \ldots, \pi)$ existieren kann. Bei den verschiedenen Komponenten möge es sich z.B. um unterschiedliche Teilchensorten handeln. Ist das System *isoliert*, so laufen, wie wir wissen, sämtliche noch möglichen Prozesse stets so ab, daß die Entropie dabei nicht abnimmt. Im Gleichgewicht ist $dS = 0$. Aus dieser Tatsache haben wir in Kapitel 4.1.1 (Bd. 4) ableiten können, daß alle koexistierenden Phasen dieselbe Temperatur T und denselben Druck p sowie pro Komponente dasselbe chemische Potential μ_j besitzen.

Handelt es sich dagegen um ein *geschlossenes* System ($N = const.$) mit $T = const.$ und $p = const.$, so ist im Gleichgewicht die freie Enthalpie G minimal, $dG = 0$. Daraus läßt sich folgern, daß alle Phasen einer bestimmten Komponente dasselbe chemische Potential besitzen müssen ($\mu_{j\nu} \equiv \mu_j \quad \forall \nu$; (4.11), Bd. 4). Eine weitere wichtige Schlußfolgerung betrifft die Zahl f der Freiheitsgrade, d.h. die Zahl der unabhängigen Variablen, auf die die **Gibbsche Phasenregel** ((4.15), Bd. 4),

$$f = 2 + \alpha - \pi, \tag{4.2}$$

zutrifft. Man mache sich die Bedeutung dieser Regel noch einmal an dem bekannten Beispiel des H_2O-Phasendiagramms ($\alpha = 1$) klar. Im *Tripelpunkt* (p_0, T_0) stehen drei Phasen ($\pi = 3$) miteinander im Gleichgewicht. Dies bedeutet $f = 0$. Es gibt selbstverständlich für den Tripelpunkt keine unabhän-

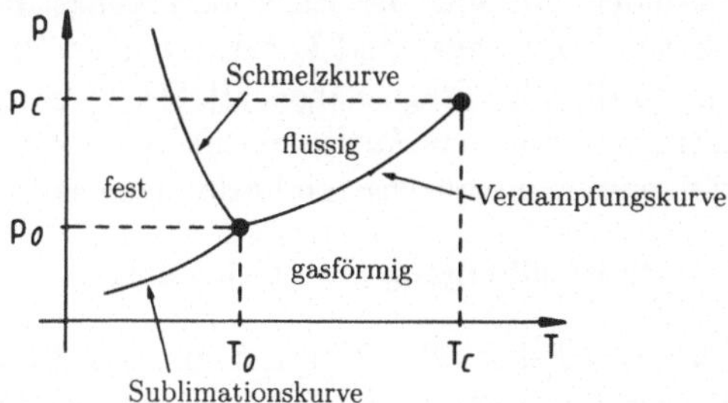

gig einstellbare Variable. Auf der Verdampfungs- (Sublimations-, Schmelz-)Kurve befinden sich zwei Phasen ($\pi = 2$) im Gleichgewicht, so daß $f = 1$ folgt. Es läßt sich demnach noch eine Variable frei wählen, z.B. die Temperatur; alles andere liegt dann fest.

Auf der Verdampfungskurve sind die freien Enthalpien der Flüssigkeit (G_f) und des Dampfes (G_g) gleich. Sie ändern sich also längs der Kurve in identischer Weise: $dG_f = dG_g$. Daraus leitet sich die **Clausius-Clapeyron-Gleichung** ((4.19), Bd. 4) ab:

$$\frac{dp}{dT} = \frac{\Delta Q}{T\,(v_g - v_f)}. \tag{4.3}$$

$\Delta Q = T\,(s_g - s_f)$ ist die *latente Umwandlungswärme* pro Teilchen, die zur Überwindung der Kohäsionskräfte benötigt wird. v_g (v_f) und s_g (s_f) sind das Volumen und die Entropie pro Teilchen in der Gas- (Flüssigkeits-) Phase. Es handelt sich in beiden Fällen um erste partielle Ableitungen der freien Enthalpie. Diese müssen, damit (4.3) Sinn macht, offensichtlich für die beiden Phasen *Gas* und *Flüssigkeit* verschieden sein. Beim Überschreiten der Koexistenzlinie verhält sich die freie Enthalpie selbst stetig, während ihre ersten Ableitungen Diskontinuitäten aufweisen. Das sind die Charakteristika eines *Phasenübergangs erster Ordnung.*

4.1.2 Phasenübergang erster Ordnung

Man beobachtet im Experiment verschiedene Typen von Phasenübergängen. Deren älteste Klassifikation stammt von Ehrenfest (1933), die dem Phasenübergang eine *Ordnung* zuschreibt. Ein

Phasenübergang n-ter Ordnung

ist danach dadurch ausgezeichnet, daß die $(n-1)$ ersten partiellen Ableitungen der freien Enthalpie G nach ihren *natürlichen* Variablen (T und p für das *fluide System*, T und $B_0 = \mu_0 H$ für den *Magneten*) am *Übergangspunkt* stetig sind, wohingegen mindestens eine der n-ten Ableitungen dort eine Unstetigkeit aufweist. Mit wachsender Ordnung des Phasenübergangs dürften allerdings die Unterschiede der am Übergangspunkt koexistierenden Phasen immer unbedeutender werden, so daß die Frage naheliegt, bis zu welcher Ordnung es überhaupt Sinn macht, von zwei *verschiedenen* Phasen zu sprechen. Von praktischem Interesse können nur die niedrigsten Ordnungen sein. Den

Phasenübergang erster Ordnung

haben wir bereits kurz andiskutiert. Für ihn gilt die *Clausius-Clapeyron-Gleichung* (4.3). Wir wollen uns an dieser Stelle kurz die *geometrische Interpretation* des Phasenübergangs erster Ordnung aus Kapitel 4.2.1 in Band 4 in Erinnerung rufen, und zwar zunächst für das fluide System. Ausgangspunkt ist der mit Hilfe der *Stabilitätsbedingungen* $c_p \geq 0$, $\kappa_T \geq 0$ für Wärmekapazität und Kompressibilität leicht beweisbare Satz (Kap. 4.2.1, Bd. 4), daß die freie Enthalpie $G(T,p)$ in beiden Variablen T und p **konkav** ist. Dabei nennt man eine Funktion $f(x)$ *konkav in* x, wenn für alle λ mit $0 \leq \lambda \leq 1$ und beliebige Punktepaare x_1, x_2 $(x_1 > x_2)$ gilt:

$$f(\lambda\, x_1 + (1-\lambda)\, x_2) \geq \lambda\, f(x_1) + (1-\lambda)\, f(x_2).$$

Man nennt dagegen $f(x)$ *konvex*, wenn $-f(x)$ konkav ist, d.h., wenn sich in der obigen Beziehung das Ungleichheitszeichen umdreht. Bei einer konkaven (konvexen) Funktion $f(x)$ verläuft die Sehne, die die Punkte $f(x_1)$ und $f(x_2)$ miteinander verbindet, im Bereich $x_1 \leq x \leq x_2$ stets unterhalb (oberhalb) oder auf der Kurve $f(x)$. Ist $f(x)$ sogar zweimal differenzierbar, dann folgt Konkavität (Konvexität) aus $f''(x) \leq 0 \quad (\geq 0)$ für alle x.

Für die freie Enthalpie $G(T,P)$ ergibt sich am Umwandlungspunkt qualitativ das skizzierte Bild. Das Potential selbst ist stetig, wohingegen die ersten

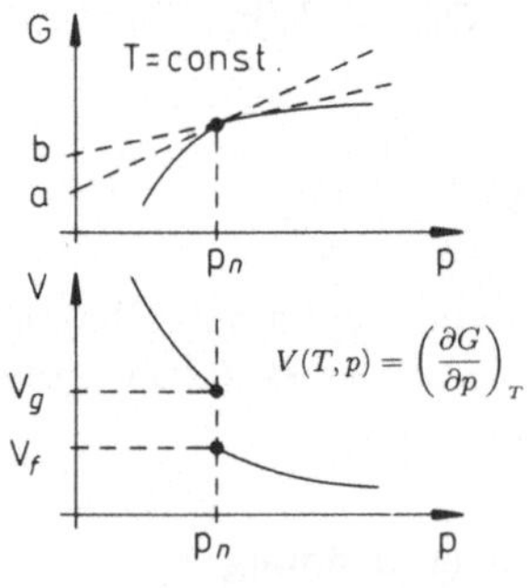

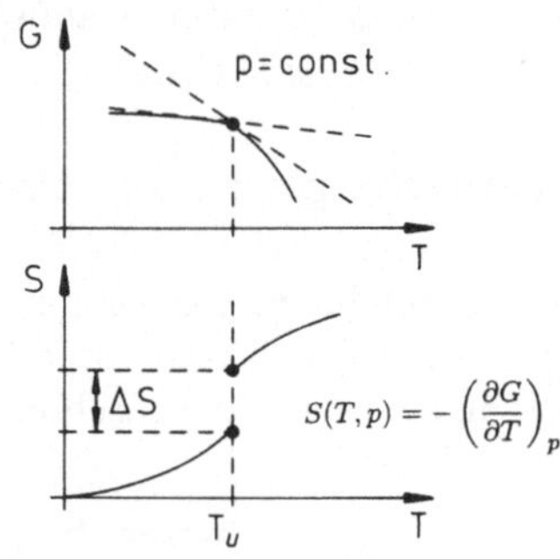

Ableitungen Unstetigkeitssprünge aufweisen. Der Sprung ΔS der Entropie definiert die *Umwandlungswärme* $\Delta Q = T_U \Delta S$. Die *freie Energie* $F(T,V)$ ist als Funktion von T **konkav** und als Funktion von V **konvex**. Als Funktion von T bei festem Volumen V verhält sie sich qualitativ ganz ähnlich wie die freie Enthalpie G bei festem p. Bei $T = T_U$ zeigt auch $S(T,V) = -(\partial F/\partial T)_V$ eine Diskontinuität. Die Volumenabhängigkeit der freien Energie läßt dagegen den Phasenübergang erster Ordnung durch ein lineares Teilstück im Bereich $V_f \leq V \leq V_g$ erkennen. Es gilt dort:

$$F(T,V) = -p_U V + G(T, p_U).$$

Dem entspricht im pV-Diagramm ein horizontales Teilstück der Isothermen.

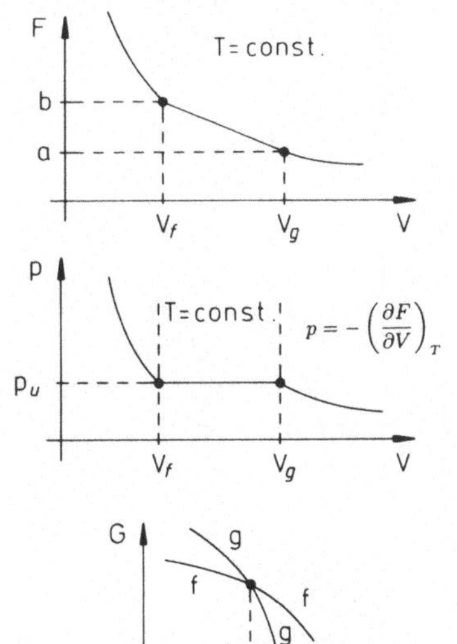

Typisch für Phasenübergänge erster Ordnung ist die experimentell belegte Existenz von **metastabilen** Phasen (z.B. *überhitzte* Flüssigkeit, *übersättigter* Dampf,..). Diese legen die Vorstellung nahe, daß thermodynamische Potentiale wie $G(T,p)$ für jede Phase durch einen eigenständigen analytischen Ausdruck dargestellt werden, der sich in die jeweils andere Phase fortsetzen läßt. Bei gegebenem Druck p schneiden sich die beiden Enthalpiekurven in $T = T_U$ (g: gasförmig, f: flüssig).

Die Phase mit kleinerem G ist stabil. Die resultierende *stabile* G-Kurve besitzt dann einen *Knick* bei $T = T_U$, ist dort also noch stetig, aber mit unstetiger erster Ableitung.

Für das magnetische System lassen sich ganz analoge Überlegungen anstellen, wenn man die magnetische Induktion $B_0 = \mu_0 H$ in Analogie zum Druck p und das magnetische Moment m zum Volumen V setzt. Im Detail sind jedoch kleinere Unterschiede zu beachten. Das Phasendiagramm zeigt bereits eine Besonderheit. Im magnetischen System kann nur im Nullfeld und für $T < T_C$ (T_C: *kritische Temperatur*) ein Phasenübergang stattfinden, der dann von erster Ordnung ist. Das magnetische Moment ändert beim Überschreiten (Weg (a)) der Phasengrenze, die mit der Strecke $0 \leq T \leq T_C$ der T-Achse identisch ist, das Vorzeichen. Die thermodynamischen Potentiale $G(T, B_0)$ und $F(T,m)$ sind aufgrund der positiv-definiten Wärmekapazitäten als Funktion

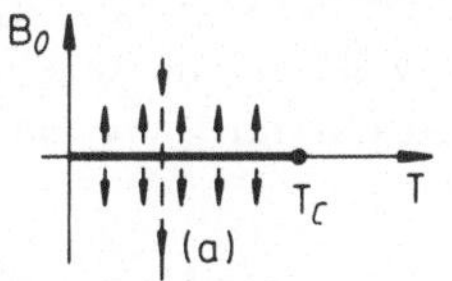

von T wie im fluiden System beide konkav. Da die Suszeptibilität χ_T, das *magnetische Analogon* zur Kompressibilität κ_T des fluiden Systems, jedoch auch negativ sein kann (Diamagnetismus!), ist die Aussage bezüglich der B_0- bzw. m-Abhängigkeiten nicht ganz eindeutig. Schließt man aber Diamagnetismus aus den Überlegungen aus, so läßt sich feststellen, daß $G(T, B_0)$ als Funktion von B_0 konkav und $F(T, m)$ als Funktion von m konvex sind. Damit läßt sich auch für das magnetische System der Phasenübergang erster Ordnung qualitativ leicht skizzieren.

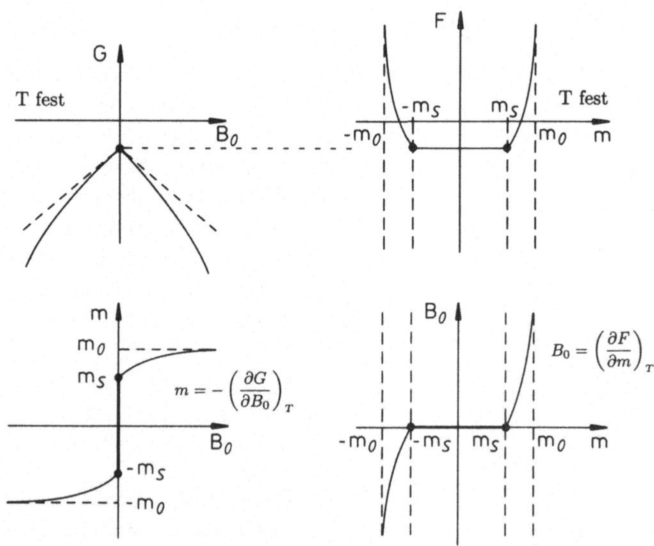

Wegen $B_0 = 0$ am Phasenübergangspunkt ist das lineare Teilstück der freien Energie im *Übergangsbereich* horizontal. Das magnetische Moment m ist eine ungerade Funktion des Feldes. Beim Umpolen des Feldes klappt das magnetische Moment in die entgegengesetzte Richtung. Das ist wiederum auch nur dann möglich, wenn F als Funktion von m gerade ist. Der Phasenübergang erster Ordnung manifestiert sich in dem Unstetigkeitssprung des Moments bei $B_0 = 0$. Mit wachsendem Feld nimmt das Moment stetig zu und nähert sich asymptotisch dem *Sättigungswert* $\pm m_0$. Die freie Enthalpie $G(T, B_0)$ wird deshalb für große Felder eine lineare Funktion von B_0, während die freie Energie $F(T, m)$ als Funktion von m bei $\pm m_0$ divergiert und für $|m| \geq m_0$ natürlich nicht definiert ist.

4.1.3 Phasenübergang zweiter Ordnung

Der Phasenübergang erster Ordnung wird durch das Ehrenfest-Schema korrekt beschrieben, wohingegen bei denen von zweiter und höherer Ordnung Zweifel und Kritik angebracht sind. Im *strengen Ehrenfestschen Sinn* müßten bei einem Phasenübergang zweiter Ordnung die folgenden Bedingungen erfüllt sein:

1) $G(T,p)$ stetig am Umwandlungspunkt;

2) $S(T,p)$, $V(T,p)$ stetig am Umwandlungspunkt;

3) C_p, κ_T unstetig am Umwandlungspunkt;

4) *Phasengrenzkurve* festgelegt durch die

Ehrenfest-Gleichungen:

$$\frac{dp}{dT} = \frac{1}{TV}\,\frac{C_p^{(1)} - C_p^{(2)}}{\beta^{(1)} - \beta^{(2)}} = \frac{\beta^{(1)} - \beta^{(2)}}{\kappa_T^{(1)} - \kappa_T^{(2)}}. \tag{4.4}$$

Die Indizes (1) und (2) beziehen sich auf die beiden, an der *Phasengrenze* im Gleichgewicht stehenden Phasen. Mit β ist hier der isobare thermische Ausdehnungskoeffizient $\left(\beta = \frac{1}{V}\left(\frac{\partial V}{\partial T}\right)_p\right)$ gemeint und nicht etwa die reziproke Temperatur. Die Ableitung der Ehrenfest-Gleichungen haben wir im Zusammenhang mit Gleichung (4.41) in Band 4 durchgeführt. Dabei wird der obige Punkt (2) ausgenutzt, d.h. genauer die Tatsache, daß längs der Koexistenzlinie $dS^{(1)} = dS^{(2)}$ und $dV^{(1)} = dV^{(2)}$ sein müssen.

Die Ehrenfest-Definition eines Phasenübergangs zweiter Ordnung ist lange Zeit akzeptiert worden, da zunächst kein Gegenbeispiel bekannt war und da sie von den *klassischen Theorien* (Kap. 4.3) strikt bestätigt wird. Eine prominente experimentelle Realisierung liefert der Supraleiter. Die unterhalb der kritischen Temperatur T_C vorliegende *supraleitende Phase* kann durch ein Magnetfeld zerstört werden. Für $B \geq B_C = \mu_0 H_C$ wird das entsprechende Metall wieder normalleitend. Wird bei einer Temperatur $T < T_C$ die Koexistenzlinie überschritten (Weg (a)), so vollzieht sich eindeutig ein Phasenübergang erster Ordnung. Sogar die schon erwähnten metastabilen Phasen lassen sich beobachten. Bei extrem reinem Aluminium hat man die normalleitende Phase bis zu $\approx \frac{1}{20} B_C$ herunter erhalten können (*Unterkühlung*). Findet dagegen der Übergang im Nullfeld statt (Weg (b)), so ist er im *strengen Ehrenfestschen Sinne* von zweiter Ordnung. Die Wärmekapazität $C_{H=0}$ vollzieht einen endlichen Sprung bei T_C.

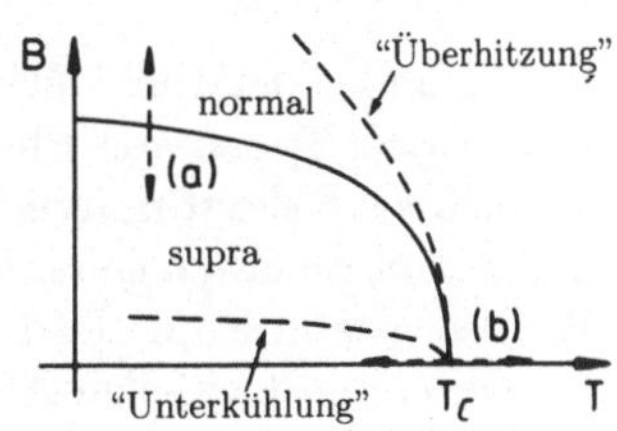

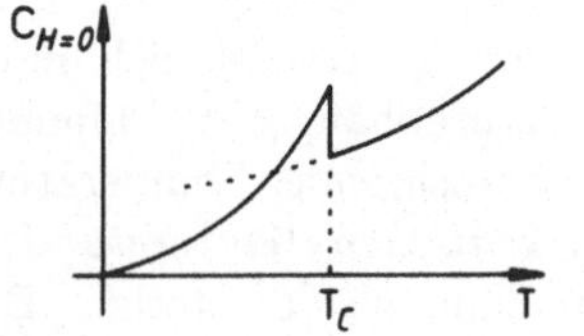

Die heutige Kritik an der Ehrenfest-Klassifikation ist recht vielfältig. Im Experiment sind die Phasenübergänge, die nicht von erster Ordnung sind, außer beim Supraleiter eher durch Singularitäten als durch endliche Sprünge in den Wärmekapazitäten und Kompressibilitäten (Suszeptibilitäten) ausgezeichnet. Natürlich ist strenggenommen im Experiment eine Singularität nicht von einem *sehr großen Sprung* zu unterscheiden. Die Anzeichen deuten aber doch sehr stark auf wirkliche Divergenzen hin. Die exakte *Onsager-Lösung* des $d = 2$-Ising-Modells (Kap. 4.4) führt auf eine *logarithmische* C_V-Singularität, die ebenfalls nicht in das Schema paßt. Die Kritik, daß die Ehrenfest-Klassifikation **zu eng** ist, ist also sicher berechtigt.

Zu einer gewissen Verwirrung können auch die *metastabilen Phasen* führen, die ja die Vorstellung von **zwei** Enthalpiekurven nahelegen, eine eigenständige für jede der am Übergang beteiligten Phasen, was bei den Phasenübergängen erster Ordnung ja auch sinnvoll zu sein scheint. Wenn das nun aber andererseits auch für die von zweiter Ordnung zuträfe, so ergäben sich erhebliche Widersprüche. Konkavität und stetige Differenzierbarkeit der *stabilen* Enthalpiekurve verbieten nämlich einen Schnittpunkt von G_1 und G_2. Also müssen sich die beiden Kurven bei T_U *aneinanderschmiegen.* Dann ist aber gar kein Phasenübergang erkennbar, die Phase (1) wäre vielmehr überall stabil. Dieser Widerspruch kann nur dadurch aufgelöst werden, daß bei der obigen Argumentation eine falsche Analogie zwischen Phasenübergängen erster und zweiter Ordnung zugrundegelegt wird. In der Tat sind *metastabile Phasen*, die ja der Grund für die Annahme von zwei unabhängigen Enthalpiekurven sind, auch nur bei Übergängen erster Ordnung realisiert. Das ist sehr eindrucksvoll beim Supraleiter zu beobachten (s. Bild auf S. 247, oberes Bild).

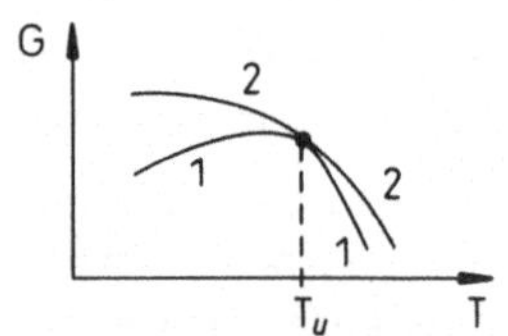

Das *Ehrenfest-Schema* hat sich aus den erwähnten Gründen letztlich nicht durchsetzen können. Man unterscheidet heute nur noch zwei Typen von Phasenübergängen, nämlich die von *erster Ordnung*, die auch als **diskontinuierlich** bezeichnet werden, und solche von *zweiter Ordnung*, die **kontinuierlich** genannt werden. Die Phasenübergänge erster Ordnung bleiben so, wie in Kapitel 4.1.2 definiert. Sie sind an bestimmten Unstetigkeiten in den ersten partiellen Ableitungen thermodynamischer Potentiale zu erkennen, zum Beispiel am *Volumensprung* $\Delta V = V_g - V_f$ (s. Bild S. 244) oder am *spontanen* magnetischen Gesamtmoment m_S (s. Bild S. 246). Die *Größe* dieser Sprünge erweist sich nun aber als temperaturabhängig. Sie nimmt in der Regel mit wachsender Temperatur ab, um bei der *kritischen Temperatur* T_C zu verschwinden. Die ersten Ableitungen werden dann wieder stetig. Es

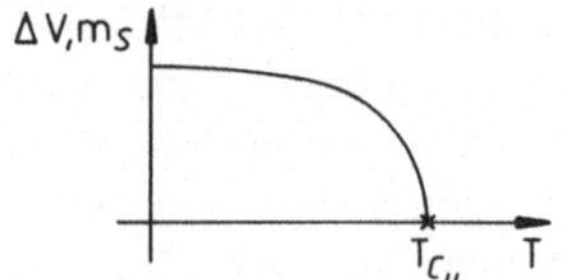

tritt zum Beispiel im fluiden System keine latente Umwandlungswärme mehr auf. Stellt sich jedoch heraus, daß mindestens eine der zweiten partiellen Ableitungen in T_C *nicht-analytisch* ist, so liegt ein *Phasenübergang zweiter Ordnung* vor. Experimentell beobachten läßt sich dieser an den *Response-Funktionen:*

Wärmekapazität:

$$C_{V(m)} = T\left(\frac{\partial S}{\partial T}\right)_{V(m)} = -T\left(\frac{\partial^2 F}{\partial T^2}\right)_{V(m)},$$

$$C_{p(H)} = T\left(\frac{\partial S}{\partial T}\right)_{p(H)} = -T\left(\frac{\partial^2 G}{\partial T^2}\right)_{p(H)}.$$

Kompressibilität:

$$\kappa_T = -\frac{1}{V}\left(\frac{\partial V}{\partial p}\right)_T = -\frac{1}{V}\left(\frac{\partial^2 G}{\partial p^2}\right)_T.$$

Suszeptibilität:

$$\chi_T = \frac{1}{V}\left(\frac{\partial m}{\partial H}\right)_T = -\frac{1}{V}\left(\frac{\partial^2 G}{\partial H^2}\right)_T$$

(H: Magnetfeld.)

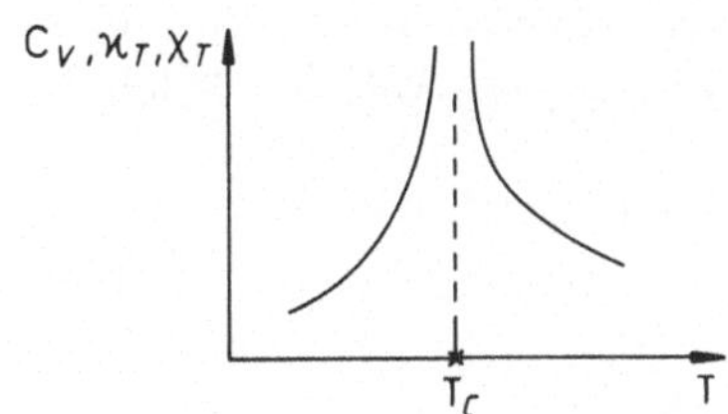

Bei den *Nicht-Analytizitäten* kann es sich um endliche Diskontinuitäten (s. Supraleiter) oder um wirkliche Divergenzen handeln. Daß man die Übergänge zweiter Ordnung auch als *kontinuierlich* bezeichnet, erklärt sich aus der Stetigkeit der ersten Ableitungen.

4.1.4 Ordnungsparameter

Neben den *Nicht-Analytizitäten* sind als weitere typische Merkmale der kontinuierlichen Phasenübergänge die sogenannten **Ordnungsparameter** zu nennen. Darunter versteht man makroskopische Variable, die nur für eine der beiden am Übergang beteiligten Phasen sinnvoll definierbar sind. Die Bezeichnung drückt aus, daß diese Variablen etwas mit dem Wechsel des Ordnungszustandes zu tun haben. In einem thermodynamischen Viel-Teilchen-System stehen nämlich stets zwei gegenläufige Tendenzen im Wettstreit, was man sich leicht an der *freien Energie* $F = U - TS$ klarmacht. Diese muß im Gleichgewicht ein Minimum annehmen. Eine möglichst kleine innere Energie U ist demnach *günstig*, was in der Regel als Folge der Teilchenwechselwirkungen durch hohe Ordnung im System erreicht wird. Bei dem durch die Hamilton-Funktion (4.1) beschriebenen Ising-Modell zum Beispiel macht offenbar für positive Koppelkonstanten $J > 0$ eine kollektive Ausrichtung sämtlicher *Spins* parallel zum äußeren Magnetfeld die innere Energie $U = \langle \underset{\sim}{H} \rangle$ minimal. *Günstig* wäre aber auch eine möglichst große Entropie S. Dieses impliziert nun aber eine möglichst hohe Unordnung im System. Die beiden gegenläufigen Tendenzen erfordern einen Kompromiß, der sicher von der Temperatur T abhängen wird. Bei hohen Temperaturen dominiert die Unordnungs-, bei tiefen die Ordnungstendenz. Falls es dadurch zu einem Phasenübergang kommt, wird die Tieftemperatur- gegenüber der Hochtemperaturphase durch einen höheren Ordnungszustand ausgezeichnet sein.

Wir geben einige Beispiele für *Ordnungsparameter* an:

1) **Gas-Flüssigkeit**

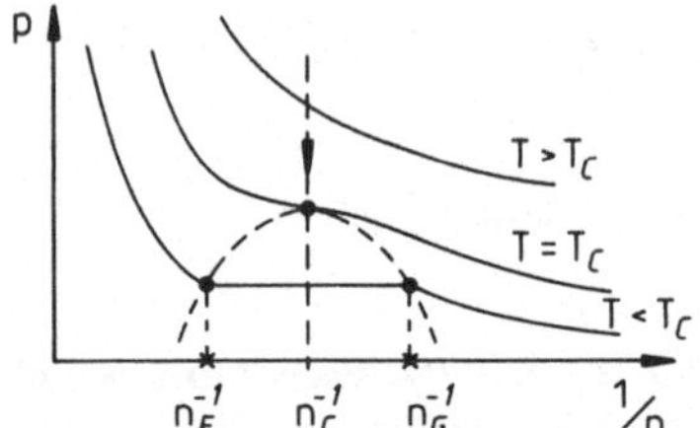

Kühlt man längs des skizzierten Weges bei der kritischen Teilchendichte $n_C = N/V_C$ ab, so zerfällt unterhalb T_C das zuvor homogene System in zwei Phasen, Flüssigkeit und Gas, mit unterschiedlichen Teilchendichten $n_{F,G} = N_{F,G}/V_{F,G}$. Damit wird eine neue Variable definiert,

$$\Delta n = n_F - n_G, \tag{4.5}$$

die in der Hochtemperaturphase ($T > T_C$) bedeutungslos ist. Δn ist der *Ordnungsparameter* des Gas-Flüssigkeit-Systems.

2) **Ferromagnet**

Unterhalb der Curie-Temperatur ($T < T_C$) besitzt der Ferromagnet ein *spontanes*, also nicht durch ein äußeres Feld erzwungenes magnetisches Moment m_S. Ordnungsparameter des Phasenübergangs Ferro-Paramagnet ist deshalb die *spontane Magnetisierung* $M_S = m_S/V$, also das auf das Volumen bezogene *spontane* magnetische Moment.

3) **Mischkristall**

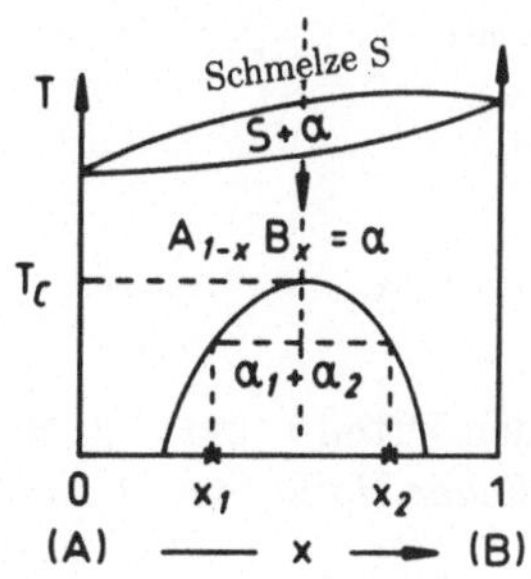

Unterhalb der kritischen Temperatur T_C zerfällt der aus den beiden Komponenten A und B aufgebaute Mischkristall $A_{1-x}B_x$ in zwei verschiedene Mischkristalle α_1 und α_2 mit unterschiedlichen Konzentrationen x_1 und x_2 der Komponente B. Die Konzentrationsdifferenz

$$\Delta x = x_2 - x_1 \tag{4.6}$$

ist der *Ordnungsparameter* des Mischkristalls.

4) **Supraleiter**

Der *supraleitende* Zustand zeichnet sich durch eine Energielücke Δ im Ein-Elektronen-Anregungsspektrum aus (Aufgabe 3.3.2, Bd. 7):

$$E(\mathbf{k}) = \sqrt{(\epsilon(\mathbf{k}) - \mu)^2 + \Delta^2}. \tag{4.7}$$

$\epsilon(\mathbf{k})$ sind die Ein-Teilchen-Energien des *normalleitenden* Zustands; μ ist das chemische Potential. Der *Lückenparameter* Δ erweist sich als temperaturabhängig. Die mikroskopische *BCS-Theorie* (**B**ardeen, **C**ooper, **S**hrieffer) liefert die implizite Bestimmungsgleichung

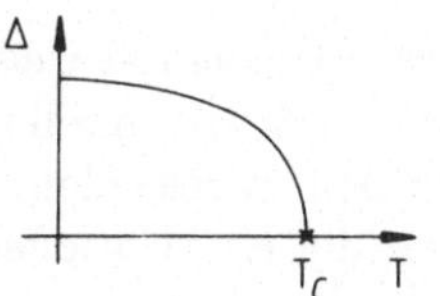

$$\Delta = \frac{1}{2}\Delta V \sum_{\mathbf{k}} \frac{\tanh\left(\frac{1}{2}\beta\sqrt{(\epsilon(\mathbf{k}) - \mu)^2 + \Delta^2}\right)}{\sqrt{(\epsilon(\mathbf{k}) - \mu)^2 + \Delta^2}}. \tag{4.8}$$

Oberhalb einer gewissen kritischen Temperatur T_C gibt es keine Lösung $\Delta \neq 0$; das System verhält sich *normalleitend*. Der Lückenparameter Δ ist also nur in der *supraleitenden* Tieftemperaturphase ($T < T_C$) von Null verschieden und damit ein geeigneter *Ordnungsparameter*.

4.1.5 Kritische Fluktuationen

Einen tiefen Einblick in das Verhalten thermodynamischer Systeme in ihren *kritischen Bereichen*, also in den Bereichen, in denen Phasenübergänge auftreten, liefert die

Korrelationsfunktion der physikalischen Größe X

$$g(\mathbf{r},\mathbf{r}') = \langle\, x(\mathbf{r})\, x(\mathbf{r}')\,\rangle - \langle\, x(\mathbf{r})\,\rangle \langle\, x(\mathbf{r}')\,\rangle. \tag{4.9}$$

Dabei ist $x(\mathbf{r})$ die *Dichte* der Größe X:

$$X = \int d^3r\, x(\mathbf{r}).$$

$g(\mathbf{r},\mathbf{r}')$ stellt ein Maß für die *Korrelation* zwischen den Orten $\mathbf{r}$ und $\mathbf{r}'$ in Bezug auf die physikalische Eigenschaft X dar. Bei *räumlicher Homogenität* muß

$$g(\mathbf{r},\mathbf{r}') = g(|\mathbf{r}-\mathbf{r}'|)$$

gelten. Existieren *keine Korrelationen* zwischen den Orten $\mathbf{r}$ und $\mathbf{r}'$, so faktorisiert der erste Term in (4.9), $\langle\, n(\mathbf{r})\, n(\mathbf{r}')\,\rangle \rightarrow \langle\, n(\mathbf{r})\,\rangle \langle\, n(\mathbf{r}')\,\rangle$, und $g(\mathbf{r},\mathbf{r}')$ wird Null. Wir nennen zwei Beispiele:

1) **Dichte-Korrelation, Paarkorrelation**

$$\begin{aligned} x(\mathbf{r}) &= n(\mathbf{r}) \qquad (\textit{Teilchendichte}) \\ X &= N \qquad (\textit{Teilchenzahl}) \\ g(\mathbf{r},\mathbf{r}') &= \langle\, n(\mathbf{r})\, n(\mathbf{r}')\,\rangle - \langle\, n(\mathbf{r})\,\rangle \langle\, n(\mathbf{r}')\,\rangle. \end{aligned} \tag{4.10}$$

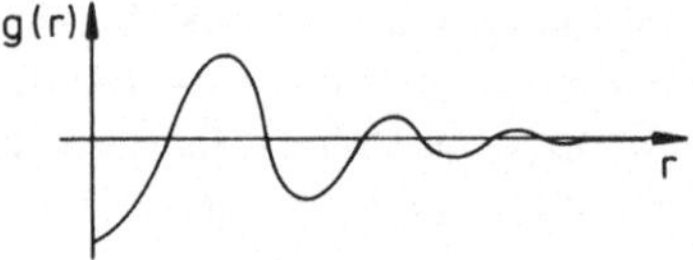

Bei räumlicher Homogenität weist g üblicherweise ein gedämpft oszillatorisches Verhalten auf. Mit wachsendem Abstand $|\mathbf{r}-\mathbf{r}'|$ werden die Korrelationen immer schwächer:

$$\langle\, n(\mathbf{r})\, n(\mathbf{r}')\,\rangle \xrightarrow[|\mathbf{r}-\mathbf{r}'|\to\infty]{} \left(\frac{N}{V}\right)^2.$$

Sehr weit voneinander entfernte Teilchen "wissen nichts voneinander".

2) **Spin-Korrelation**

Bezugssystem sei das Ising-Modell (4.1):

$$X = m = \mu \sum_i S_i : \text{magnetisches Gesamtmoment,}$$

$$x(\mathbf{r}) \longleftrightarrow S_i : \text{Ising-Spin.}$$

In der Definition (4.9) ist $x(\mathbf{r})$ nun eine diskrete Funktion des Ortes:

$$g_{ij} = \langle S_i S_j \rangle - \langle S_i \rangle \langle S_j \rangle. \tag{4.11}$$

Wir werden uns später klarmachen, daß in den *kritischen Bereichen* die Korrelationsfunktion $g(\mathbf{r}, \mathbf{r}')$ näherungsweise die Gestalt

$$g(\mathbf{r}, \mathbf{r}') = c_0 \frac{\exp\left(-\dfrac{|\mathbf{r}-\mathbf{r}'|}{\xi(T)}\right)}{|\mathbf{r}-\mathbf{r}'|} \tag{4.12}$$

annimmt (*Ornstein-Zernike-Verhalten*, s. Kap. 4.3.9), wodurch eine weitere wichtige Größe, die

Korrelationslänge $\xi(T)$,

eingeführt wird. Sie ist ein Maß für die *Reichweite* der Korrelation.

Wir wollen nun am Beispiel des Ising-Modells (4.1) einen Zusammenhang zwischen der Korrelationsfunktion (4.11) und der isothermen Suszeptibilität,

$$\chi_T = \frac{1}{V}\left(\frac{\partial m}{\partial H}\right)_T = \frac{\mu_0}{V}\left(\frac{\partial m}{\partial B_0}\right)_T, \tag{4.13}$$

herleiten. Mit der kanonischen Zustandssumme,

$$Z(T, B_0) = \sum_{\{S_i\}} \exp\Big[-\beta\Big(-J\sum_{i,j} S_i S_j - \mu B_0 \sum_i S_i\Big)\Big], \tag{4.14}$$

schreibt sich das mittlere magnetische Moment m des Ising-Spinsystems:

$$\begin{aligned} m &= \frac{1}{Z}\sum_{\{S_i\}}\Big[\Big(\mu\sum_i S_i\Big)\exp\Big(\beta J\sum_{i,j} S_i S_j + \beta\mu B_0\sum_i S_i\Big)\Big] = \\ &= \frac{1}{\beta}\left(\frac{\partial}{\partial B_0}\ln Z(T, B_0)\right)_T. \end{aligned} \tag{4.15}$$

Summiert wird in den Ausdrücken (4.14) und (4.15) über alle möglichen Spinkonfigurationen. Durch Einsetzen von (4.15) in (4.13) und Ausführen der Differentiationen nach dem Feld findet man leicht den erwähnten Zusammenhang zwischen Suszeptibilität χ_T und Spinkorrelation g_{ij} (4.11), der als **Fluktuations-Dissipations-Theorem** bezeichnet wird:

$$\chi_T = \beta\mu^2\frac{\mu_0}{V}\sum_{i,j} g_{ij}. \tag{4.16}$$

Wegen

$$-1 \leq \langle S_i S_j \rangle \leq +1 \iff -2 \leq g_{ij} \leq +2$$

ist jeder Summand in (4.16) endlich. Andererseits wird in Experimenten an magnetischen Systemen beobachtet, daß bei Phasenübergängen zweiter Ordnung die Suszeptibilität χ_T bei Annäherung an den kritischen Punkt divergiert:

$$\chi_T \xrightarrow[T \to T_C]{} \infty.$$

Dieses Verhalten läßt sich aber mit (4.16) nur unter zwei Bedingungen nachvollziehen:

1) Die Zahl der Summanden in der Doppelsumme muß unendlich groß sein!

Das ist ein erneuter Hinweis darauf, daß die Statistische Physik nur für das *asymptotisch große* System korrekt sein kann. Wir finden damit ein weiteres Motiv, uns mit dem *thermodynamischen Limes* ($N \to \infty$, $V \to \infty$, $N/V = n$ endlich) in Kapitel 4.5 etwas detaillierter zu beschäftigen.

2) Die *Reichweite* der Korrelation muß divergieren, damit unendlich viele Terme der Summe von Null verschieden sind.

Damit sind wir auf ein bedeutendes Charakteristikum der Phasenübergänge zweiter Ordnung gestoßen. Die über (4.12) eingeführte *Korrelationslänge* divergiert im kritischen Bereich:

$$\xi(T) \xrightarrow[T \to T_C]{} \infty. \tag{4.17}$$

Dies führt auf den Begriff der

kritischen Fluktuationen,

von denen man spricht, wenn $\xi(T)$ von makroskopischer Größenordnung ist. Um einen gewissen Eindruck zu gewinnen, betrachte man die folgenden typischen Zahlenwerte:

$$\left|\frac{T - T_C}{T_C}\right| \approx 10^{-2}\,(10^{-3},\, 10^{-4}) \iff \xi \approx 100\,(500,\, 2000)\,\text{Å}.$$

Im Bereich *kritischer Fluktuationen* ist die *Korrelationslänge* ξ wesentlich größer als die effektive Reichweite üblicher Teilchenwechselwirkungen, die in der Regel wenige Atomabstände beträgt. Dies hat die bemerkenswerte Konsequenz, daß physikalische Eigenschaften nicht so sehr durch die spezielle Form der Teilchenwechselwirkungen bestimmt werden als vielmehr durch die *Ausdehnung* ξ der kohärenten Schwankung dieser Eigenschaft um ihren Mittelwert. Das führt zu verblüffend *universellem* Verhalten physikalischer Größen in der Nähe des kritischen Punktes. Ganz verschiedene Eigenschaften ganz unterschiedlicher Systeme unterliegen in der Nähe der kritischen Temperatur T_C, die von System zu System auch noch um Größenordnungen variieren kann, völlig analogen Gesetzmäßigkeiten. Man spricht von **kritischen Phänomenen**. Ihre Universalität erklärt das heftige Interesse an diesen Phänomenen, obwohl sie sich nur im Bereich der *kritischen Fluktuationen*, also in einem sehr schmalen Temperaturbereich, abspielen.

Da die Korrelationslänge ξ bei Phasenübergängen erster Ordnung endlich bleibt, werden *kritische Phänomene* nur bei Phasenübergängen zweiter Ordnung beobachtet.

4.2 Kritische Phänomene

4.2.1 Kritische Exponenten

In den *kritischen Bereichen* der Phasenübergänge zweiter Ordnung läßt sich das Verhalten vieler physikalischer Größen jeweils durch eine ganz bestimmte Zahl, den *kritischen Exponenten*, charakterisieren. Man beobachtet zum Beispiel häufig, daß eine physikalische Eigenschaft F von der *reduzierten* Temperatur,

$$\epsilon = \frac{T - T_C}{T_C}, \tag{4.18}$$

in der folgenden Form abhängt:

$$F(\epsilon) = a\,\epsilon^{\varphi}\,(1 + b\,\epsilon^{x} + \dots); \qquad x > 0.$$

Für $\epsilon \to 0$, d.h. $T \to T_C$, verschwinden alle Terme in der Klammer bis auf die 1, so daß $F(\epsilon)$ in der unmittelbaren Nähe von T_C einem **Potenzgesetz** genügt. Das drückt man durch die Kurzschreibweise

$$F(\epsilon) \sim \epsilon^{\varphi} \tag{4.19}$$

aus und liest: *$F(\epsilon)$ verhält sich im kritischen Bereich wie ϵ^{φ}*. Die Zahl φ ist damit letztlich für das Temperaturverhalten im kritischen Bereich bestimmend. Sie wird *kritischer Exponent* genannt.

Das Potenzgesetzverhalten ist typisch und, wie gesagt, recht häufig. Es gibt jedoch auch Abweichungen. So werden wir sehen, daß die Wärmekapazität des Ising-Modells logarithmisch divergiert. Die Annahme eines Potenzgesetzverhaltens ist also zu eng. Man verallgemeinert deshalb:

Kritischer Exponent:

$$\varphi = \lim_{\epsilon \xrightarrow{>} 0} \frac{\ln |F(\epsilon)|}{\ln \epsilon}, \tag{4.20}$$

$$\varphi' = \lim_{\epsilon \xrightarrow{<} 0} \frac{\ln |F(\epsilon)|}{\ln(-\epsilon)}. \tag{4.21}$$

Durch φ und φ' wird zunächst noch unterschieden, *von welcher Seite* man sich dem kritischen Punkt nähert. Es muß nicht notwendig $\varphi = \varphi'$ sein. Das Potenzgesetzverhalten ist in den Definitionen (4.20) und (4.21) enthalten. Es sind allerdings auch andere Situationen zugelassen. Beispiele dazu werden wir noch kennenlernen. Die symbolische Kurzschrift (4.19) wird aber auch in den Fällen verwendet, die keinem wahren Potenzgesetz entsprechen.

Es gibt einen endlichen Satz von kritischen Exponenten, von dem wir einen Teil bereits in Kapitel 4.2.3 von Band 4 eingeführt haben. Wir werden diesen noch einmal kurz zusammenstellen und um ein paar wichtige Exponenten erweitern, die uns mit den Voraussetzungen von Band 4 noch nicht zugänglich waren.

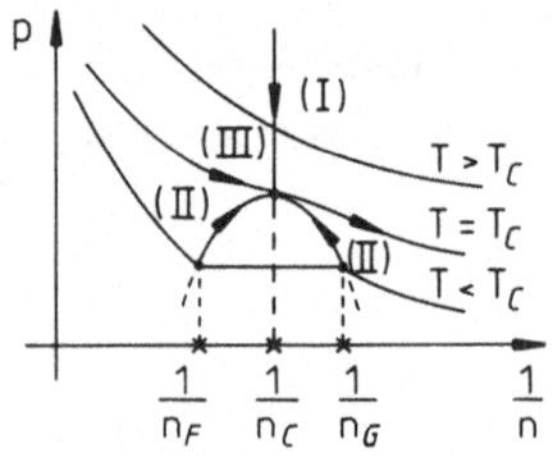

Zur Definition eines kritischen Exponenten ist die genaue Angabe des Weges notwendig, auf dem die Zustandsänderung durchgeführt werden soll. Beim Gas-Flüssigkeits-System (*reales Gas*) kommen die drei skizzierten Wege I, II und III in Betracht. Beim Magneten wird die Zustandsänderung in der Regel im Nullfeld durchzuführen sein.

1) **Wärmekapazitäten**: α, α'

Beim realen Gas gilt:

$$C_V \sim \begin{cases} (-\epsilon)^{-\alpha'} : & \text{Weg II, } T \xrightarrow{<} T_C, \; n = n_{G,F}, \\ \epsilon^{-\alpha} : & \text{Weg I, } T \xrightarrow{>} T_C, \; n = n_C. \end{cases} \tag{4.22}$$

C_V muß also für $T < T_C$ bei sich ändernder, stetig auf n_C zustrebender Teilchendichte gemessen werden. Wegen $n = n_{G,F}(T)$ ist diese im Gleichgewicht auf dem Weg II eindeutig mit der Temperatur verknüpft.

Für den Magneten legt man fest:

$$C_H \sim \begin{cases} (-\epsilon)^{-\alpha'} : & T < T_C, \; B_0 = \mu_0 H = 0, \\ \epsilon^{-\alpha} : & T > T_C, \; B_0 = \mu_0 H = 0. \end{cases} \tag{4.23}$$

2) **Ordnungsparameter**: β

Reales Gas:

$$\Delta n \sim (-\epsilon)^{\beta}: \qquad \text{Weg II.} \tag{4.24}$$

Magnet:

$$M_S \sim (-\epsilon)^{\beta}: \qquad B_0 = \mu_0 H = 0. \tag{4.25}$$

Der Strich am kritischen Exponenten β wird weggelassen, obwohl die Zustandsänderung mit $T \overset{<}{\to} T_C$ erfolgt. Die Unterscheidung von β und β' erübrigt sich beim Ordnungsparameter, da derselbe nur in der Tieftemperaturphase definiert ist.

3) **Kompressibilitäten, Suszeptibilitäten**: γ, γ'

Reales Gas:

$$\kappa_T \sim \begin{cases} (-\epsilon)^{-\gamma'}: & \text{Weg II,} \\ \epsilon^{-\gamma}: & \text{Weg I.} \end{cases} \tag{4.26}$$

Magnet:

$$\chi_T \sim \begin{cases} (-\epsilon)^{-\gamma'}: & T \overset{<}{\to} T_C,\ B_0 = \mu_0 H = 0, \\ \epsilon^{-\gamma}: & T \overset{>}{\to} T_C,\ B_0 = \mu_0 H = 0. \end{cases} \tag{4.27}$$

4) **Kritische Isotherme**: δ

Reales Gas:

$$p - p_C \sim (\rho - \rho_C)^{\delta}: \qquad \text{Weg III, } T = T_C. \tag{4.28}$$

Magnet:

$$B_0 \sim M^{\delta}: \qquad T = T_C. \tag{4.29}$$

(5) **Korrelationslänge**: ν, ν', η

Die Korrelationslänge $\xi(T)$ ist durch (4.12) eingeführt. Sie divergiert bei Annäherung an den kritischen Punkt:

Reales Gas:

$$\xi \sim \begin{cases} (-\epsilon)^{-\nu'}: & \text{Weg II,} \\ \epsilon^{-\nu}: & \text{Weg I.} \end{cases} \tag{4.30}$$

Magnet:

$$\xi \sim \begin{cases} (-\epsilon)^{-\nu'}: & T \overset{<}{\to} T_C,\ B_0 = \mu_0 H = 0, \\ \epsilon^{-\nu}: & T \overset{>}{\to} T_C,\ B_0 = \mu_0 H = 0. \end{cases} \tag{4.31}$$

Über den folgenden Ansatz für die Korrelationsfunktion $g(\mathbf{r}, \mathbf{r}')$ bei der kritischen Temperatur T_C führt man noch einen weiteren *kritischen Exponenten* ein:

$$g(\mathbf{r}, \mathbf{r}') \approx \frac{1}{|\mathbf{r} - \mathbf{r}'|^{d-2+\eta}} \begin{cases} T = T_C, \; p = p_C: & \text{reales Gas,} \\ T = T_C, \; B_0 = 0: & \text{Magnet.} \end{cases} \tag{4.32}$$

d ist die Gitterdimension. Da nach (4.31) $\xi = \infty$ für $T = T_C$, sollte nach (4.12) $\eta = 3 - d$ sein. Die Einführung von η wäre damit überflüssig. Der in der Tat *etwas unanschauliche* Exponent η drückt aus, wie die Korrelationsfunktion eines realen Systems bei $T = T_C$ von der einfachen Formel (4.12) (*Ornstein-Zernike-Verhalten*, Kap. 4.3.9) abweicht.

Die in den obigen Beziehungen für die kritischen Exponenten gewählten griechischen Buchstaben sind Konvention. Sie sollten, zur Vermeidung von Mißverständnissen, auch nicht durch andere ersetzt werden. Es handelt sich durchweg um nicht-negative Zahlen.

Warum beschäftigt man sich überhaupt mit *kritischen Exponenten*, wo diese doch nur in einem sehr engen Temperaturbereich relevant sind? Zunächst einmal sind sie meßbar. Nach den Definitionen (4.20) und (4.21) sollte die Auftragung von $\ln|F(\epsilon)|$ gegen $\ln(\pm\epsilon)$ für hinreichend kleine ϵ eine Gerade mit der Steigung φ ergeben.

Von einem grundsätzlichen Standpunkt aus gesehen ist aber vor allem die **Universalität** physikalischer Eigenschaften beim Phasenübergang faszinierend, die sich in dem *Konzept der kritischen Exponenten* manifestiert:

Universalitätshypothese

(R. B. Griffiths: Phys. Rev. Lett. **24**, 1949 (1970)).

Die kritischen Exponenten sind *fast universell,* d.h. für praktisch alle thermodynamischen Systeme gleich. Sie hängen nur ab von

1) der **Dimension** d des Systems,

2) der **Reichweite** der Teilchen-Wechselwirkung,

3) der **Spindimensionalität** n.

Die Punkte 2) und 3) sollten noch etwas erläutert werden. Zur Klassifikation der *Reichweite* einer Teilchen-Wechselwirkung nehmen wir an, daß diese mit dem Abstand r der Wechselwirkungspartner wie

$$r^{-(d+2+x)}$$

abfällt. Ist $x > 0$, so bezeichnet man die Wechselwirkung als **kurzreichweitig**. Wegen der divergierenden Korrelationslänge ξ spielen Details der Teilchenwechselwirkung dann keine Rolle. Es stellt sich wirklich universelles Verhalten ein. Muß dagegen $x < (d/2) - 2 < 0$ angenommen werden, so gilt die Wechselwirkung als **langreichweitig**. In diesem Fall werden die in Kapitel 4.3 zu besprechenden *Klassischen Theorien* korrekt, mit einem speziellen Satz von kritischen Exponenten. – Komplizierteres Verhalten liegt bei **mittelreichweitigen** Wechselwirkungen vor ($\frac{d}{2} - 2 < x < 0$). Die Exponenten können dann auch von x abhängen.

Die *Spindimensionalität* n wird bei magnetischen Systemen wichtig, die man häufig als wechselwirkende Spinsysteme,

$$H = -\sum_{i,j} J_{i,j}\, \mathbf{S}_i\, \mathbf{S}_j, \tag{4.33}$$

modellmäßig beschreibt. Unter n versteht man dann die Zahl der relevanten Komponenten der Spinvektoren $\mathbf{S}_i$:

$n = 1$: Ising-Modell (4.1),

$n = 2$: XY-Modell (zweidimensionale Spinvektoren),

$n = 3$: Heisenberg-Modell (dreidimensionale Spinvektoren).

Wir geben in der folgenden Tabelle ein paar typische Zahlenwerte für kritische Exponenten an:

	α	α'	β	γ	γ'	δ	ν	ν'	η	
Reales Gas	0 (log)	0 (log)	0,35	1,37 ±0,2	1,0 ±0,3	4,4 ±0,4	0,64	0,64	$\gtrsim 0$	Exp.
Magnet	0 (log)	0 (log)	0,34	1,33 ±0,03	1,33 ±0,03	$\geq 4,2$	0,65 ±0,03	0,65 ±0,03	$\gtrsim 0$	Exp.
Klass. Theor.	0 (dis)	0 (dis)	0,5	1	1	3	0,25	0,25	0	
$d = 2$-Ising-Modell	0 (log)	0 (log)	0,125	1,75	1,75	15	1	1	0,25	Exakte Theor.
$d = 3$-Ising-Modell	0,11	0,11	0,325	1,24	1,24	$\approx 4,82$	0,63	0,63	$\approx 0,03$	Approx.
$d = 3$-Heisenb.-Modell	?	?	0,365	1,39	1,39	4,80	0,705	0,705	0,034	Approx.

Der kritische Exponent 0 ist nicht eindeutig. Er kann eine logarithmische Singularität oder auch eine endliche Diskontinuität in der betreffenden physikalischen Eigenschaft charakterisieren. Dies ist in der Tabelle entsprechend angedeutet.

Man beachte, daß es sich bei den aufgelisteten Zahlenwerten der experimentell bestimmten Exponenten um *typische Werte* handelt. Die publizierten Werte variieren auch heute noch etwas, je nachdem mit welcher Meßmethode sie bestimmt wurden. So findet man in der Literatur für den Ordnungsparameter-Exponent β statt $0,34$ auch $0,36$ oder $0,37$. Am unsichersten sind die Werte für α und μ.

Die theoretischen Resultate zum $d = 3$-Ising- und $d = 3$-Heisenberg-Modell entstammen unumgänglichen, inzwischen aber doch recht glaubwürdigen Approximationen. Die Angaben zu den *Klassischen Theorien* sind mathematisch streng ableitbar (Kap 4.3). Das gilt auch für α, α' und β des $d = 2$-Ising-Modells.

Die gerechneten Exponenten zum $d = 2$- und $d = 3$-Ising-Modell ($n = 1$) sowie zum $d = 3$-Heisenberg-Modell ($n = 3$) zeigen sehr deutlich die Abhängigkeit von der Gitterdimension d und der Spindimension n.

Die Universalitätshypothese hat sich bewährt und gilt nach der Entwicklung der *nobelpreisgewürdigten* Renormierungstheorie von K. Wilson praktisch als bewiesen.

Interessanterweise sind die verschiedenen kritischen Exponenten nicht völlig unabhängig voneinander. Es gibt thermodynamisch exakte Beziehungen (*Ungleichungen*) zwischen ihnen, von denen wir die wichtigsten bereits in Kapitel 4.2.4 von Band 4 abgeleitet haben:

Rushbrooke-Ungleichung:

$$\alpha' + 2\,\beta + \gamma' \geq 2, \tag{4.34}$$

Griffiths-Ungleichung:

$$\alpha' + \beta\,(1 + \delta) \geq 2, \tag{4.35}$$

Widom-Ungleichung:

$$\gamma' \geq \beta\,(\delta - 1). \tag{4.36}$$

Es gibt deutliche Hinweise darauf, daß diese Exponenten-Ungleichungen sogar als Gleichungen zu lesen sind. Der obigen Tabelle entnimmt man, daß dies auf jeden Fall für die *Klassischen Theorien* und das $d = 2$-Ising-Modell gilt. Weitere Bestätigung werden wir den im nächsten Abschnitt zu besprechenden Skalengesetzen entnehmen können.

4.2.2 Skalengesetze

Wir wollen in diesem Abschnitt mit einer Überlegung zum Ising-Modell (4.1) plausibel machen, warum die thermodynamisch exakten Exponenten-Ungleichungen (4.34) und (4.36) vermutlich sogar als Gleichungen aufzufassen sind. Man nennt sie dann aus noch zu erläuternden Gründen **Skalengesetze**. Die erwähnte Überlegung geht auf ein heuristisches Argument von L. P. Kadanoff zurück (*Kadanoff-Konstruktion*), das zwar konkret am Ising-Modell erläutert wird, allerdings wesentlich allgemeiner gültig sein sollte. Der entscheidende Aspekt ist nämlich das Divergieren der Korrelationslänge $\xi(T)$ am kritischen Punkt T_C. Die räumliche Ausdehnung der *Fluktuationen*, d.h. der kohärenten Schwankungen physikalischer Größen um ihre Mittelwerte, wird dann beliebig groß, so daß spezielle Details der Teilchenwechselwirkungen keine Rolle spielen. Daß die Kadanoffsche Idee in der Tat das Wesentliche trifft, wird quantitativ durch die *Renormierungstheorie* von Wilson begründet, auf die wir in diesem **Grundkurs: Theoretische Physik** allerdings nicht näher eingehen können.

Das Ergebnis der *Kadanoff-Konstruktion* besagt, daß der *kritische Anteil* der *freien Enthalpie* $G(T, B_0)$ eine *verallgemeinert homogene Funktion* darstellt. Dies bedeutet, daß es zwei feste Zahlen a_ϵ und a_B gibt, mit denen für alle $\lambda \in \mathbb{R}$ folgt:

$$G\left(\lambda^{a_\epsilon}\epsilon, \lambda^{a_B} B_0\right) = \lambda\, G(\epsilon, B_0). \tag{4.37}$$

Bevor wir aus dieser **Skalenhypothese**, auch **Homogenitätspostulat** genannt, Folgerungen ziehen, wollen wir sie am Beispiel des Ising-Modells plausibel machen. Die Zahlen a_ϵ und a_B werden dabei nicht genauer spezifiziert werden, so daß man aus (4.37) keine konkreten Zahlenwerte für kritische Exponenten ableiten kann. Man wird aber Verknüpfungen zwischen verschiedenen Exponenten (*Skalengesetze*) herstellen können.

Die Hamilton-Funktion H erscheint über die (groß)kanonische Zustandssumme in den thermodynamischen Potentialen ausschließlich in der Form βH. Wir untersuchen deshalb für das Ising-Spinsystem anstelle von (4.1) gleich die Kombination:

$$\beta H = -j \sum_{i,j} S_i S_j - b \sum_i S_i, \tag{4.38}$$

$$j = \frac{J}{k_B T}; \qquad b = \frac{\mu B_0}{k_B T}. \tag{4.39}$$

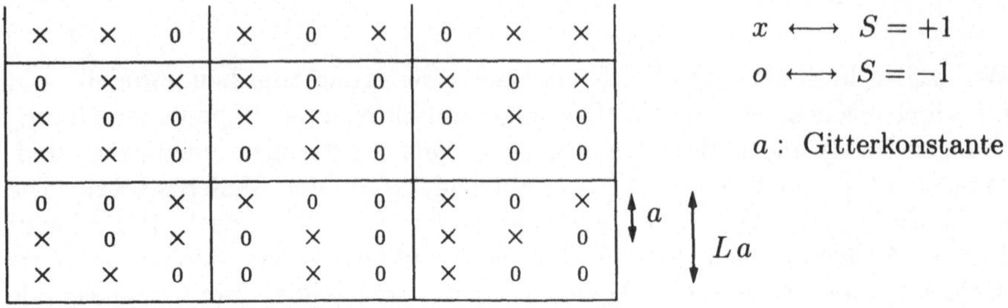

×	×	0	×	0	×	0	×	×
0	×	×	×	0	0	×	0	×
×	0	0	×	×	0	0	×	0
×	×	0	0	×	0	×	0	0
0	0	×	×	0	0	×	0	×
×	0	×	0	×	0	×	×	0
×	×	0	0	×	0	×	0	0

$x \longleftrightarrow S = +1$

$o \longleftrightarrow S = -1$

a : Gitterkonstante

a $\quad$ $L\,a$

Der erste Schritt besteht darin, das Spingitter in Elementarzellen *(Blöcke)* einzuteilen, in denen sich jeweils Ld Einzelspins befinden. Mit d ist wiederum die Gitterdimension gemeint. Den Ld Spins der Elementarzelle läßt sich nun ein gemeinsamer **Blockspin** zuordnen. Da im kritischen Bereich die Korrelationslänge ξ über alle Grenzen wächst, kann der **Skalentransformationsfaktor** L stets so gewählt werden, daß

$$a \ll L\,a \ll \xi \tag{4.40}$$

gilt. In einem Cluster von korrelierten, d.h. vorwiegend parallelen Spins, befinden sich dann viele *Blöcke* der Kantenlänge $L\,a$. Wir vereinbaren die Notation:

$$\begin{aligned} &\textit{Block } \alpha \qquad (\alpha = 1, 2, \dots, A), \\ &\textit{Blockspin } \; \widehat{S}_\alpha = \sum_{i \in \alpha} S_i . \end{aligned} \tag{4.41}$$

Für *normale* Ising-Spins ist nur $S_i = \pm 1$ möglich. Liegt ein Block vollständig im Innern eines Clusters korrelierter Spins, dann hat auch der Blockspin nur zwei Einstellmöglichkeiten:

$$\widehat{S} \approx \pm L^d . \tag{4.42}$$

Leichte Abweichungen wird es für die Blöcke am Clusterrand geben. Außerdem haben die korrelierten Spins im Cluster zwar eine Vorzugsrichtung, einzelne Spins können aber durchaus noch *aus der Reihe tanzen.* Deshalb haben wir in (4.42) das *Ungefährzeichen* gesetzt. Für $T \to T_C$ ($\epsilon \to 0$) kann man sich wegen $\xi \to \infty$ das Ising-System offenbar in gleicher Weise aus Clustern korrelierter Einzelspins zusammengesetzt denken wie aus Clustern korrelierter Blockspins. In Verbindung mit (4.42) muß das dann bedeuten, daß Blockspins untereinander und mit dem äußeren Magnetfeld in völlig analoger Weise wechselwirken wie die Einzelspins: **Blockspins verhalten sich im kritischen Bereich wie Ising-Spins!** Wir können deshalb auch erwarten, daß das nicht-analytische

Verhalten thermodynamischer Potentiale am kritischen Punkt in beiden *Bildern* gleichermaßen korrekt beschrieben wird. Die Zustandssummen sollten thermodynamisch völlig äquivalent sein. Der (4.38) entsprechende Ausdruck wird im *Blockspinsystem* eine ganz ähnliche Struktur besitzen, allerdings sicher mit veränderten Koppelkonstanten:

$$\widehat{\beta H} = -\hat{\jmath} \sum_{\alpha,\beta} \widehat{S}_\alpha \widehat{S}_\beta - \hat{b} \sum_\alpha \widehat{S}_\alpha. \tag{4.43}$$

Eben wegen der veränderten Koppelkonstanten ($\jmath \rightarrow \hat{\jmath}$) wird der *kritische Bereich* im *Einzelspinbild* und im *Blockspinbild* verschieden sein. Das gilt natürlich auch für die *reduzierte Temperatur:*

$$\epsilon \longrightarrow \hat{\epsilon}.$$

Die *thermodynamische Äquivalenz* der Block- und Einzelspin-Zustandssummen überträgt sich auf die thermodynamischen Potentiale. Im kritischen Bereich wird die freie Enthalpie pro Einzelspin in den Variablen ϵ und b dasselbe *kritische Verhalten* aufweisen wie die freie Enthalpie pro Blockspin in den Variablen $\hat{\epsilon}$ und $\hat{b}$:

$$g_{\mathrm{Block}}(\hat{\epsilon}, \hat{b}) \iff g_{\mathrm{Einzelspin}}(\epsilon, b).$$

Wir können deshalb die Indizes *Block* und *Einzelspin* auch gleich wieder weglassen. Beide g's haben dieselbe funktionale Gestalt. Wenn wir uns dann aber noch an die Extensivität des thermodynamischen Potentials erinnern, so können wir die freie Enthalpie pro Block auf zwei verschiedene Weisen darstellen, was zu der Gleichung

$$g(\hat{\epsilon}, \hat{b}) = L^d \, g(\epsilon, b) \tag{4.44}$$

führt. Diese Beziehung ist natürlich nur für den Teil des Potentials richtig, der das *kritische Verhalten* verursacht, nicht notwendig auch für den am kritischen Punkt regulären Anteil. Letzterer kann in den beiden Bildern durchaus verschieden sein, ist aber für die uns hier interessierenden *kritischen Phänomene* auch ohne jede Bedeutung.

Es bleibt nun noch der Zusammenhang zwischen (ϵ, b) und $(\hat{\epsilon}, \hat{b})$ aufzuspüren. Natürlich müssen die kritischen Punkte identisch sein:

$$(\epsilon = 0, b = 0) \iff (\hat{\epsilon} = 0, \hat{b} = 0). \tag{4.45}$$

Für den *Feldterm* sollte im *kritischen Bereich*

$$-\hat{b} \sum_\alpha \widehat{S}_\alpha \overset{!}{\sim} -b \sum_i S_i = -b \sum_\alpha \sum_{j \in \alpha} S_j$$

gelten und damit $\hat{b} \sim b$ sein. Da die Transformation durch L bestimmt ist, machen wir den Ansatz

$$\hat{b} = f(L)\, b \tag{4.46}$$

mit einer zunächst noch unbekannten Funktion f. Da in beiden Systemen dasselbe *kritische Verhalten*, mit insbesondere denselben kritischen Exponenten, erwartet wird, muß analog

$$\hat{\epsilon} = p(L)\, \epsilon \tag{4.47}$$

angenommen werden. Damit ist auch (4.45) erfüllt. Die *Äquivalenzbeziehung* (4.44) lautet nun:

$$g(p(L)\, \epsilon, f(L)\, b) = L^d\, g(\epsilon, b). \tag{4.48}$$

Obwohl dies zur Bestätigung des Homogenitätspostulats (4.37) bereits völlig ausreicht, wollen wir p und f noch etwas genauer festlegen. Dazu schalten wir zwei Skalentransformationen hintereinander:

$$\begin{aligned}(L\,M)^d\, g(\epsilon, b) &= g\big(p(L)\, p(M)\, \epsilon, f(L)\, f(M)\, b\big) = \\ &\stackrel{!}{=} g\big(p(L\,M)\, \epsilon, f(L\,M)\, b\big).\end{aligned}$$

Aus dieser Beziehung folgt:

$$p(L\,M) = p(L)\, p(M); \qquad f(L\,M) = f(L)\, f(M).$$

Wir setzen f und p als differenzierbar voraus:

$$\frac{\partial}{\partial L} p(L\,M) = M\, p'(L\,M) = \frac{\partial}{\partial L}(p(L)\, p(M)) = p(M)\, p'(L).$$

Mit

$$p'(L = 1) = y$$

ergibt sich dann:

$$p(M) = M^y.$$

Die völlig analoge Überlegung für $f(L)$ liefert:

$$f(L) = L^x.$$

Wir können also anstelle von (4.48) schreiben:

$$g(L^y\, \epsilon, L^x\, b) = L^d\, g(\epsilon, b).$$

Dabei sind x und y noch unbestimmte Zahlen. Mit $\lambda = L^d$ folgt schließlich:

$$g\left(\lambda^{y/d}\, \epsilon, \lambda^{x/d}\, b\right) = \lambda\, g(\epsilon, b). \tag{4.49}$$

Bis auf die Einschränkung

$$1 \ll L \ll \frac{\xi}{a} \xrightarrow[T \to T_C]{} \infty$$

ist L und damit auch λ beliebig wählbar. Wenn man von dieser Einschränkung absieht, stellt $g(\epsilon, b)$ demnach in der Tat eine *verallgemeinert homogene Funktion* vom Typ (4.37) dar:

$$a_\epsilon = \frac{y}{d}; \qquad a_B = \frac{x}{d}. \tag{4.50}$$

Daß hier mit $b = \beta\,\mu\,B_0$ anstelle von B_0 argumentiert wurde, verfälscht die Aussagen bezüglich der kritischen Exponenten nicht. Diese sind für Zustandsänderungen erklärt, die sämtlich im Nullfeld oder aber längs der kritischen Isothermen (Exponent δ!) durchgeführt werden (s. (4.22) bis (4.32)). $B_0 = 0$ zieht $b = 0$ nach sich, während auf der kritischen Isothermen der Vorfaktor $\beta_C\,\mu = \mu / k_B T_C$ trivial wird.

Wir wollen nun im nächsten Schritt zeigen, wie sich die Zahlen x und y in (4.49) durch kritische Exponenten ausdrücken lassen. Dazu differenzieren wir (4.49) nach dem Feld b,

$$\lambda^{x/d}\left[\frac{\partial}{\partial\left(\lambda^{x/d} b\right)}\, g\left(\lambda^{y/d}\,\epsilon, \lambda^{x/d}\,b\right)\right]_\epsilon = \lambda\left[\frac{\partial}{\partial b}\left(g(\epsilon, b)\right)\right]_\epsilon ,$$

und erhalten dann über die thermodynamische Relation,

$$\left(\frac{\partial G}{\partial B_0}\right)_T = -m(T, B_0) = -V\,M(T, B_0),$$

eine hilfreiche Beziehung für die Magnetisierung M in den Variablen ϵ und b:

$$\lambda^{x/d}\,M\left(\lambda^{y/d}\,\epsilon, \lambda^{x/d}\,b\right) = \lambda\,M(\epsilon, b). \tag{4.51}$$

Die für die kritischen Exponenten relevanten Zustandsänderungen erfolgen im Nullfeld ($b = 0$), so daß M zur *spontanen* Magnetisierung M_S wird,

$$\lambda^{x/d}\,M_S\left(\lambda^{y/d}\,\epsilon, 0\right) = \lambda\,M_S(\epsilon, 0), \tag{4.52}$$

oder werden auf der kritischen Isothermen ($\epsilon = 0$) durchgeführt:

$$\lambda^{x/d}\,M\left(0, \lambda^{x/d}\,b\right) = \lambda\,M(0, b). \tag{4.53}$$

Diese Beziehungen gelten für beliebige λ. Wählt man speziell in (4.53)

$$\lambda = b^{-d/x},$$

so bleibt:

$$b^{-1} M(0,1) = b^{-d/x} M(0,b).$$

$M(0,1)$ ist eine konstante Zahl, so daß man auch schreiben kann:

$$b \sim [M(0,b)]^{x/(d-x)}. \tag{4.54}$$

Das Zeichen $\sim$ ist hier, wie in (4.19) erläutert, als "*verhält sich im kritischen Bereich wie*" zu verstehen. Deswegen ergibt der Vergleich von (4.54) mit (4.29) einen Zusammenhang zwischen dem kritischen Exponenten δ und der Zahl x:

$$\delta = \frac{x}{d-x}. \tag{4.55}$$

Wählt man in (4.52)

$$\lambda = (-\epsilon)^{-d/y},$$

so führt eine ganz analoge Überlegung auf

$$M_S(\epsilon, 0) \sim (-\epsilon)^{(d-x)/y}. \tag{4.56}$$

Der Vergleich mit (4.25) ergibt dann für den kritischen Exponenten des Ordnungsparameters:

$$\beta = \frac{d-x}{y}. \tag{4.57}$$

Durch (4.55) und (4.57) sind x und y bereits festgelegt:

$$x = d\,\frac{\delta}{1+\delta}; \qquad y = \frac{d}{\beta}\,\frac{1}{1+\delta}. \tag{4.58}$$

Wenn wir nun noch weitere kritische Exponenten durch x und y ausdrücken können, so wird das letztlich zu Relationen zwischen den Exponenten führen.

Für die isotherme Suszeptibilität

$$\chi_T = \mu_0 \left(\frac{\partial M}{\partial B_0}\right)_T$$

haben wir (4.51) noch einmal nach dem Feld abzuleiten:

$$\lambda^{2x/d}\left[\frac{\partial}{\partial\left(\lambda^{x/d} b\right)}\, M\left(\lambda^{y/d}\epsilon, \lambda^{x/d} b\right)\right]_\epsilon = \lambda \left(\frac{\partial}{\partial b} M(\epsilon, b)\right)_\epsilon.$$

Daraus ergibt sich für die Suszeptibilität im Nullfeld:

$$\lambda^{2x/d}\,\chi_T\left(\lambda^{y/d}\,\epsilon, 0\right) = \lambda\,\chi_T(\epsilon, 0). \tag{4.59}$$

Setzen wir hier nun

$$\lambda = (\pm\epsilon)^{-d/y},$$

so folgt:

$$\chi_T(\epsilon, 0) \sim (\pm\epsilon)^{-(2x-d)/y}. \tag{4.60}$$

Dies bedeutet nach (4.27) ein Zusammenhang von x und y mit dem kritischen Exponenten γ bzw. γ':

$$\gamma = \gamma' = \frac{2x - d}{y}. \tag{4.61}$$

Um schließlich noch die kritischen Exponenten der Wärmekapazität,

$$C_H = -T\left(\frac{\partial^2 G}{\partial T^2}\right)_{B_0},$$

festzulegen, müssen wir die *Homogenitätsrelation* (4.49) zweimal nach ϵ ableiten:

$$\lambda^{2y/d}\left[\frac{\partial^2}{\partial\left(\lambda^{y/d}\,\epsilon\right)^2}\,g\left(\lambda^{y/d}\,\epsilon, \lambda^{x/d}\,b\right)\right]_b = \lambda\left(\frac{\partial^2}{\partial\epsilon^2}\,g(\epsilon, b)\right)_b.$$

Das kritische Verhalten der Nullfeld-Wärmekapazität ergibt sich dann aus der Beziehung:

$$\lambda^{2y/d}\,C_H\left(\lambda^{y/d}\,\epsilon, 0)\right) = \lambda\,C_H(\epsilon, 0). \tag{4.62}$$

Setzen wir

$$\lambda = (\pm\epsilon)^{-d/y},$$

so folgt:

$$C_H(\epsilon, 0) \sim (\pm\epsilon)^{-(2-d/y)}. \tag{4.63}$$

Der Vergleich mit (4.23) führt auf

$$\alpha = \alpha' = \frac{2y - d}{y}. \tag{4.64}$$

Wir haben damit alle kritischen Exponenten durch x und y ausdrücken können. Dies bedeutet andererseits, daß die Messung von zwei Exponenten alle anderen bereits eindeutig festlegt; vorausgesetzt, die durch die *Kadanoff-Konstruktion* plausibel gemachte *Skalenhypothese* (*Homogenitätspostulat*; (4.49)) ist tatsächlich exakt. Eine wichtige Konsequenz besteht in der Aussage, daß die kritischen Exponenten unabhängig davon sind, ob man sich *von unten* ($T < T_C$) oder *von oben* ($T > T_C$) dem kritischen Punkt nähert. ($\alpha = \alpha'$, $\gamma = \gamma'$). Eine weitere wichtige Konsequenz betrifft die thermodynamisch exakten Exponenten-Ungleichungen (4.34) bis (4.36). Man verifiziert leicht mit (4.55), (4.57), (4.61) und (4.64), daß sie als **Gleichungen** zu lesen sind:

$$\alpha + 2\beta + \gamma = 2, \tag{4.65}$$

$$\alpha + \beta(1+\delta) = 2, \tag{4.66}$$

$$\gamma = \beta(\delta - 1). \tag{4.67}$$

Zusammen mit $\alpha = \alpha'$ und $\gamma = \gamma'$ werden diese Gleichungen als **Skalengesetze** bezeichnet. Weitere Skalengesetze, die mit den kritischen Exponenten ν, ν' und η verknüpft sind, werden wir im nächsten Abschnitt kennenlernen.

4.2.3 Korrelationsfunktion

Wir wollen nun zeigen, daß die in Gleichung (4.9) definierte *Korrelationsfunktion* ebenfalls eine *verallgemeinert homogene Funktion* ist. Das wird zu Aussagen über die kritischen Exponenten ν, ν' und η führen, wobei es sogar gelingen wird, diese mit den Exponenten α, β, γ und δ zu verknüpfen, also den Größen, die das kritische Verhalten gewisser Ableitungen der thermodynamischen Potentiale regulieren. Die Plausibilitätsüberlegung bezieht sich wie im letzten Abschnitt auf das Ising-Modell:

$$g(r,\epsilon) = \langle S_i S_j \rangle - \langle S \rangle^2. \tag{4.68}$$

Wir setzen ein räumlich homogenes System voraus, so daß die Korrelation g (nicht mit der freien Enthalpie verwechseln!) nur vom Abstand

$$r = \frac{|\mathbf{R}_i - \mathbf{R}_j|}{a}$$

abhängen wird. Wir wählen diesen dimensionslos, da es selbstverständlich nicht auf den absoluten Abstand ankommt, sondern nur auf die Zahl der wechselwirkenden Spins zwischen den beiden Aufpunkten. Die räumliche Homogenität manifestiert sich auch darin, daß der Mittelwert, $\langle S_i \rangle = \langle S \rangle \quad \forall i$, nicht von dem speziellen Gitterplatz abhängt.

Mit derselben Begründung wie vor (4.44) nutzen wir auch hier die *plausible* Annahme aus, daß die Korrelationsfunktion im *Blockspinbild*,

$$g(\hat{r},\hat{\epsilon}) = \langle \widehat{S}_\alpha \widehat{S}_\beta \rangle - \langle \widehat{S} \rangle^2, \tag{4.69}$$

in den *skalierten* Variablen $\hat{r}$ und $\hat{\epsilon}$ dieselbe funktionale Gestalt haben sollte wie die im *Einzelspinbild* (4.68) in den Variablen r und ϵ. Den Zusammenhang zwischen den reduzierten Temperaturen ϵ und $\hat{\epsilon}$ kennen wir bereits aus dem letzten Kapitel:

$$\hat{\epsilon} = L^y \, \epsilon; \qquad y = \frac{d}{\beta} \frac{1}{1+\delta}. \tag{4.70}$$

Für $\hat{r}$ gilt einfach:

$$\hat{r} = \frac{|\widehat{\mathbf{R}}_\alpha - \widehat{\mathbf{R}}_\beta|}{L\,a} = \frac{r}{L}. \tag{4.71}$$

Dabei ist für die rechte Seite der Gleichung vorausgesetzt, daß i und j äquivalente Positionen in den Blocks α und β kennzeichnen.

Etwas anders als im letzten Abschnitt normieren wir durch

$$L^{-d} \sum_{i\in\alpha} S_i \equiv p\,\widehat{S}_\alpha \qquad (\widehat{S}_\alpha = \pm 1) \tag{4.72}$$

den **Blockspin** $\widehat{S}_\alpha$ exakt auf 1, was durch den Faktor p geregelt wird. p selbst sollte von der Größenordnung 1 sein.

Im kritischen Bereich ($\xi \to \infty$) wird in guter Näherung der Mittelwert $\langle\, S_i\, S_j \,\rangle$ für alle $i \in \alpha$ und alle $j \in \beta$ gleich sein. Dies bedeutet:

$$\langle\, S_i\, S_j \,\rangle = L^{-2d} \sum_{i\in\alpha} \sum_{j\in\beta} \langle\, S_i\, S_j \,\rangle = p^2 \,\langle\, \widehat{S}_\alpha\, \widehat{S}_\beta \,\rangle.$$

Aus demselben Grund gilt:

$$\langle\, S_i \,\rangle = L^{-d} \sum_{i\in\alpha} \langle\, S_i \,\rangle = p \,\langle\, \widehat{S}_\alpha \,\rangle.$$

Dies ergibt den folgenden Zusammenhang zwischen den Korrelationsfunktionen in den beiden Bildern:

$$g(r, \epsilon) = p^2 \, g(\hat{r}, \hat{\epsilon}). \tag{4.73}$$

Über die Zahl p können wir etwas mit Hilfe des Feldterms in der Ising-Hamilton-Funktion,

$$\hat{b} \sum_\alpha \widehat{S}_\alpha \stackrel{!}{=} b \sum_\alpha \sum_{i\in\alpha} S_i = b\, L^d \sum_\alpha \left(p\, \widehat{S}_\alpha \right),$$

in Erfahrung bringen:

$$\hat{b} = \left(p\, L^d \right) b.$$

Kombinieren wir dies mit dem früheren Ergebnis $\hat{b} = L^x\, b$ (4.46), so ergibt sich:

$$p = L^{x-d}. \tag{4.74}$$

Damit nimmt (4.73) die folgende Gestalt an:

$$g(r,\epsilon) = L^{2(x-d)}\, g\left(\frac{r}{L}, L^y\,\epsilon\right). \tag{4.75}$$

Ersetzen wir noch

$$L \to \lambda^{-1/(2(x-d))},$$

so erkennen wir, daß in der Tat der *kritische Anteil* der Korrelationsfunktion eine *verallgemeinert homogene Funktion* darstellt:

$$g\left(\lambda^{\alpha_r} r, \lambda^{\alpha_\epsilon}\,\epsilon\right) = \lambda\, g(r,\epsilon),$$
$$\alpha_r = \frac{1}{2(x-d)}; \qquad \alpha_\epsilon = -\frac{y}{2(x-d)}. \tag{4.76}$$

Nach (4.12), (4.31) und (4.32) gilt im kritischen Bereich:

$$g(r,\epsilon) \sim \frac{\exp\left(-r/\xi(\epsilon)\right)}{r^{d-2+\eta}}; \qquad \xi(\epsilon) \sim (\pm\epsilon)^{\nu^{(\prime)}}. \tag{4.77}$$

Das wollen wir ausnutzen, um mit Hilfe von (4.76) *Skalengesetze* für die kritischen Exponenten ν, ν' und η aufzuspüren.

Wir setzen zunächst für $\epsilon = 0$ ($\Longleftrightarrow T = T_C$) in (4.76):

$$\lambda = r^{-2(x-d)}.$$

Das führt zu:

$$g(r,0) = r^{2(x-d)}\, g(1,0).$$

$g(1,0)$ ist eine hier unbedeutende Zahl, so daß der Vergleich mit (4.77)

$$d - 2 + \eta = -2\,(x-d) \tag{4.78}$$

ergibt. Wählen wir stattdessen

$$\lambda = (\pm\epsilon)^{2(x-d)/y},$$

so folgt aus (4.76):

$$g(r,\epsilon) = (\pm\epsilon)^{-2(x-d)/y}\, g\left(r(\pm\epsilon)^{1/y}, \pm 1\right).$$

Das setzen wir in (4.77) ein:

$$\frac{\exp\left(-\dfrac{r}{\xi(\epsilon)}\right)}{r^{d-2+\eta}} \sim (\pm\epsilon)^{-2(x-d)/y}\, \frac{\exp\left(-\dfrac{r\,(\pm\epsilon)^{1/y}}{\xi(\pm 1)}\right)}{r^{d-2+\eta}\,(\pm\epsilon)^{(d-2+\eta)/y}}.$$

Mit (4.78) folgt hieraus:

$$\xi(\epsilon) \sim \xi(\pm 1)\,(\pm\epsilon)^{1/y}. \tag{4.79}$$

Nach (4.31) bedeutet dies:

$$\nu = \nu' = 1/y. \tag{4.80}$$

Die aus der Eigenschaft (4.76) der Korrelationsfunktion abgeleiteten Ergebnisse (4.78) und (4.80) führen mit unseren früheren Ergebnissen (4.58) für x und y zu einer Reihe neuer **Skalengesetze**. So erhält man unmittelbar aus (4.64) mit (4.80):

$$\alpha = \alpha' = 2 - d\,\nu = 2 - d\,\nu'. \tag{4.81}$$

Kombiniert man (4.58), (4.66), (4.78) und (4.81), so findet man leicht:

$$d - 2 + \eta = \frac{2\,d\,\beta}{2-\alpha} = \frac{2\,d}{1+\delta} = \frac{2\,\beta}{\nu}. \tag{4.82}$$

Aus (4.65) folgt mit (4.81) und (4.82):

$$\gamma = (2-\eta)\,\nu, \tag{4.83}$$

$$d\,\frac{\delta-1}{\delta+1} = \frac{d\,\gamma}{2\,\beta+\gamma} = 2-\eta. \tag{4.84}$$

Zu dem letzten Skalengesetz existieren die thermodynamisch exakten **Buckingham-Gunton-Ungleichungen**:

$$\frac{d\,\gamma'}{2\,\beta+\gamma'} \geq 2-\eta; \qquad d\,\frac{\delta-1}{\delta+1} \geq 2-\eta. \tag{4.85}$$

Von besonderer Bedeutung sind die Skalengesetze, die die Gitterdimension d enthalten (*"hyperscaling"*). Es ist ein Manko der im nächsten Abschnitt zu besprechenden *Klassischen Theorien*, daß ihre kritischen Exponenten unabhängig von d sind. Nur für $d = 4$ erfüllen die *Klassischen Theorien* auch das *"hyperscaling"*. Die Vielzahl der Skalengesetze bietet eine Reihe von Testmöglichkeiten für die *Skalenhypothese*. So findet man, zum Beispiel, für das Produkt $d\,\nu$ mehrere äquivalente, durch Modellrechnungen oder durch das Experiment überprüfbare Relationen:

$d\nu = 2 - \alpha$	2	2
$= 2 - \alpha'$	2	2
$= \gamma + 2\beta$	2	2
$= \gamma' + 2\beta$	2	2
$= \beta(\delta + 1)$	2	2
$= d\nu'$	2	1,5
$= \frac{d\gamma}{2-\eta}$	2	1,5
$= \frac{d\gamma'}{2-\eta}$	2	1,5
$= d\nu$	2	1,5
↑	↑	↑
Skalengesetze	$d = 2$-Ising-Modell	$d = 3$-Klassische Theorien

Vom exakt rechenbaren $d = 2$-Ising-Modell werden die Skalengesetze voll bestätigt. Sie wurden hier mit Hilfe der *Kadanoff-Konstruktion* abgeleitet, die allerdings aufgrund der diversen Annahmen lediglich *plausibel* und keineswegs exakt genannt werden kann. Gesichert sind die Skalengesetze eigentlich nur dann, wenn die freie Enthalpie und die Korrelationsfunktion in der Tat verallgemeinert homogene Funktionen sind.

4.3 Klassische Theorien

4.3.1 Landau-Theorie

Probleme der Statistischen Physik können als *gelöst* angesehen werden, sobald ein relevantes thermodynamisches Potential, wie zum Beispiel die freie Enthalpie $G(T,p)$, vollständig bestimmt werden konnte. Mathematisch streng gelingt das allerdings in den seltensten Fällen. Das verblüffend universelle Verhalten physikalischer Größen in der Nähe von Phasenübergangspunkten läßt jedoch hoffen, daß das *Problem: Phasenübergang* möglicherweise, zumindest im *kritischen Bereich*, ganz allgemein behandelbar ist. Der erste Versuch einer solchen allgemeinen Beschreibung stammt von L. D. Landau (1937). Die Idee besteht darin, das Verhalten der freien Enthalpie G im *kritischen Bereich* als Funktional des in Kapitel 4.1.4 eingeführten **Ordnungsparameters** φ oder seiner *Dichte* $\psi(\mathbf{r})$ darzustellen:

$$\varphi = \int d^3r\, \psi(\mathbf{r}) \begin{cases} = 0 & \text{für } T > T_C, \\ \neq 0 & \text{für } T < T_C. \end{cases} \tag{4.86}$$

Man denke zum Beispiel an den Ferromagneten, bei dem φ das magnetische Moment $\mathbf{m}$ und $\psi(\mathbf{r})$ die lokale Magnetisierung $\mathbf{M}(\mathbf{r})$ bedeuten. Die Beobachtung, daß ψ für $T \lesssim T_C$ stetig gegen Null strebt, legt für den *kritischen Bereich* so etwas wie eine Potenzreihenentwicklung nahe:

$$G(T;\varphi) = \int d^3r\, g(T;\psi(\mathbf{r})) = \int d^3r \big[g_0(\mathbf{r}) - \pi(\mathbf{r})\psi(\mathbf{r}) + \\ + a(T)\psi^2(\mathbf{r}) + b(T)\psi^4(\mathbf{r}) + c(T)\big(\nabla\psi(\mathbf{r})\big)^2\big]. \tag{4.87}$$

φ (bzw. ψ) ist natürlich nicht so wie die Temperatur T als thermodynamische Variable aufzufassen, sondern muß letztlich über thermische Gleichgewichtsbedingungen festgelegt werden. Bei vorgegebener Temperatur wird der Gleichgewichtswert von φ der sein, bei dem $G(T;\varphi)$ minimal wird. – Die zweite thermodynamische Variable neben T, zum Beispiel der Druck p, interessiert für das Folgende nicht, kann deshalb in (4.87) unterdrückt werden.

Die Entwicklung (4.87) ist natürlich nicht *a priori* klar, sondern stellt zunächst eine mehr oder minder willkürliche Annahme der Theorie dar. Sie erscheint auch durchaus nicht unproblematisch. Schließlich bewirkt der Phasenübergang im thermodynamischen Potential einen singulären Punkt. Das kann sich auf die Entwicklungskoeffizienten übertragen. Die Größe der einzelnen Terme in (4.87) muß deshalb nicht ausschließlich durch die Potenz von ψ bestimmt sein. Bei der Benutzung von (4.87) wird implizit angenommen, daß sich die Koeffizienten a, b, c am Phasenübergangspunkt *harmlos* verhalten.

In (4.87) bezeichnet $\pi(\mathbf{r})$ die zur Ordnungsparameterdichte $\psi(\mathbf{r})$ *konjugierte Kraft*, wie zum Beispiel die magnetische Induktion $\mathbf{B}_0(\mathbf{r})$ zur Magnetisierung $\mathbf{M}(\mathbf{r})$ beim Ferromagneten. $g_0(\mathbf{r})$ ist die Enthalpiedichte bei verschwindendem Ordnungsparameter ($T > T_C$). Die Entwicklung (4.87) enthält aus Symmetriegründen nur gerade Potenzen von $\psi(\mathbf{r})$, da sich $G(T;\varphi)$ bei einem gleichzeitigen Vorzeichenwechsel von ψ und π nicht ändern sollte (s. Ferromagnet). Aus demselben Grund kommen auch nur rotationsinvariante Kombinationen des Gradienten von ψ in Frage.

Alle Aussagen der *Landau-Theorie* sind Konsequenzen der Entwicklung (4.87), die universell, also unabhängig vom Material ist. Wir wollen zunächst mit dem wichtigen Spezialfall beginnen, daß die Ordnungsparameterdichte ψ und die konjugierte Kraft π ortsunabhängig sind. Dann vereinfacht sich (4.87) zu:

$$G(T;\varphi) = G(T;\varphi = 0) - \pi\,\varphi + \frac{1}{V}a(T)\varphi^2 + \frac{1}{V^3}\,b(T)\varphi^4. \tag{4.88}$$

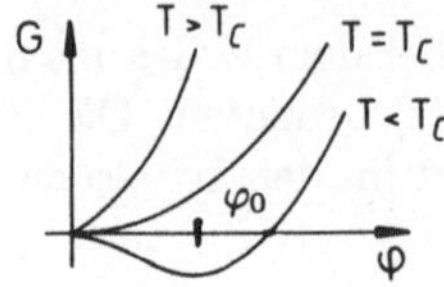

Bei verschwindender Kraft ($\pi = 0$) muß der Gleichgewichtswert von φ für $T > T_C$ gleich Null und für $T < T_C$ ungleich Null sein. In der Tat ist für $T > T_C$ die Extremwertbedingung der freien Enthalpie,

$$\left(\frac{\partial G}{\partial \varphi}\right)_T \stackrel{!}{=} 0 = \frac{2}{V} a(T)\varphi + \frac{4}{V^3} b(T)\varphi^3,$$

durch $\varphi = 0$ erfüllt, wohingegen die Minimumforderung,

$$\left(\frac{\partial^2 G}{\partial \varphi^2}\right)_T (\varphi = 0) = \frac{2}{V} a(T) \stackrel{!}{>} 0,$$

nur mit

$$a(T) > 0 \text{ für } T > T_C$$

realisiert werden kann. Über $b(T)$ ist für $T > T_C$ zunächst keine Aussage möglich.

In der Tieftemperaturphase ($T < T_C$) lautet wegen $\varphi_0 \neq 0$ die Extremwertbedingung

$$a(T) + \frac{2}{V^2} b(T)\varphi_0^2 = 0, \tag{4.89}$$

die durch

$$\varphi_0 = \pm\sqrt{-V^2 \frac{a(T)}{2b(T)}} \tag{4.90}$$

befriedigt wird. Das Extremum ist ein Minimum, wenn zusätzlich

$$a(T) + \frac{6}{V^2} b(T)\varphi_0^2 > 0 \tag{4.91}$$

erfüllt ist. Zieht man (4.89) von (4.91) ab, so bleibt zu fordern:

$$b(T) > 0 \text{ für } T < T_C. \tag{4.92}$$

Wegen (4.89) hat das aber auch

$$a(T) < 0 \text{ für } T < T_C$$

zur Folge. Der Koeffizient $a(T)$ wechselt also bei $T = T_C$ das Vorzeichen, was den Ansatz

$$a(T) = a_0(T - T_C), \; a_0 > 0 \tag{4.93}$$

nahelegt. Hierin steckt natürlich erneut eine gewisse Willkür, da zum Beispiel auch jede andere ungerade Potenz von $(T - T_C)$ den Vorzeichenwechsel garantieren würde. Wir werden jedoch später demonstrieren können, daß höhere Potenzen von $(T - T_C)$ anderweitig zu Widersprüchen führen.

Bei der kritischen Temperatur T_C wird der Ordnungsparameter $\varphi_0 = 0$, so daß für $T = T_C$ die ersten drei Ableitungen von G nach φ verschwinden. Die Minimumbedingung muß sich somit auf die vierte Ableitung beziehen:

$$\left(\frac{\partial^4 G}{\partial \varphi^4}\right)_{T=T_C} (\varphi = \varphi_0 = 0) \overset{!}{>} 0.$$

An ihr lesen wir

$$b(T_C) > 0 \tag{4.94}$$

ab. Wegen (4.92) und aus Stetigkeitsgründen wird man deshalb für den gesamten, sehr schmalen *kritischen Bereich*

$$b(T) \approx b(T_C) \equiv b > 0 \tag{4.95}$$

annehmen können.

Wir haben (4.93) und (4.95) für ein System mit ortsunabhängigen ψ und π begründet. Wegen der Universalität des *Landau-Ansatzes* (4.87) sollten die Strukturen der beiden Gleichungen jedoch allgemeingültig sein. Lediglich die konkreten Zahlenwerte für die Konstanten a_0, b und T_C werden materialspezifisch sein.

4.3.2 Räumliche Fluktuationen

Bevor wir explizit die kritischen Exponenten der Landau-Theorie berechnen, wollen wir uns noch mit der wichtigen **Korrelationsfunktion** des Ordnungsparameters befassen, für die nach (4.9) gelten muß:

$$\begin{aligned} g(\mathbf{r}, \mathbf{r}') &= \langle \psi(\mathbf{r})\psi(\mathbf{r}') \rangle - \langle \psi(\mathbf{r}) \rangle \langle \psi(\mathbf{r}') \rangle = \\ &= \langle \left(\psi(\mathbf{r}) - \langle \psi(\mathbf{r}) \rangle\right) \left(\psi(\mathbf{r}') - \langle \psi(\mathbf{r}') \rangle\right) \rangle. \end{aligned} \tag{4.96}$$

Sie beschreibt den Zusammenhang zwischen den Abweichungen der Ordnungsparameterdichte von ihrem Mittelwert an den Orten $\mathbf{r}$ und $\mathbf{r}'$. Wir verwenden den Hamilton-Operator in der folgenden Form,

$$H = H_0 - \int d^3r' \pi(\mathbf{r}')\psi(\mathbf{r}'), \tag{4.97}$$

wobei H_0 den *kraftfreien* Operator meint. Wir interessieren uns zunächst für die *Antwort* $\delta\langle\,\psi(\mathbf{r})\,\rangle$ der Ordnungsparameterdichte auf eine Variation $\delta\pi(\mathbf{r}')$ der *konjugierten Kraft*. Den Mittelwert $\langle\,\psi(\mathbf{r})\,\rangle$ berechnen wir in der kanonischen Gesamtheit:

$$\begin{aligned}\langle\,\psi(\mathbf{r})\,\rangle &= \frac{1}{Z}\,\mathrm{Sp}\,\Big[\psi(\mathbf{r})e^{-\beta H}\Big], \\ Z &= \mathrm{Sp}\,\Big(e^{-\beta H}\Big).\end{aligned} \tag{4.98}$$

Für die Variation

$$\begin{aligned}\delta\langle\,\psi(\mathbf{r})\,\rangle &= \frac{1}{Z}\,\mathrm{Sp}\,\Big[\psi(\mathbf{r})\,(-\beta\,\delta H)e^{-\beta H}\Big] - \\ &\quad - \frac{1}{Z^2}\,\mathrm{Sp}\,\Big[(-\beta\,\delta H)e^{-\beta H}\Big]\,\mathrm{Sp}\,\Big[\psi(\mathbf{r})e^{-\beta H}\Big] = \\ &= -\beta\big\{\langle\,\psi(\mathbf{r})\delta H\,\rangle - \langle\,\delta H\,\rangle\langle\,\psi(\mathbf{r})\,\rangle\big\}\end{aligned}$$

ergibt sich mit

$$\delta H = -\int d^3r'\,\psi(\mathbf{r}')\,\delta\pi(\mathbf{r}')$$

eine Verknüpfung zwischen der *Antwort* des Ordnungsparameters auf *äußere Störungen* und den inneren Fluktuationen des Systems:

$$\delta\langle\,\psi(\mathbf{r})\,\rangle = \beta\int d^3r' g(\mathbf{r},\mathbf{r}')\,\delta\pi(\mathbf{r}'). \tag{4.99}$$

Das ist nichts anderes als das gegenüber (4.16) verallgemeinerte

Fluktuations-Dissipations-Theorem.

Im homogenen Fall ($\delta\langle\,\psi\,\rangle$ und $\delta\pi$ ortsunabhängig!) folgt aus (4.99) der (4.16) entsprechende Zusammenhang zwischen Suszeptibilität (k: Konstante),

$$\chi_T = k\left(\frac{\partial\varphi_0}{\partial\pi}\right)_T = k\,V\left(\frac{\partial\psi_0}{\partial\pi}\right)_T,$$

und Korrelationsfunktion:

$$\chi_T = k\,V\,\beta\int d^3r' g(\mathbf{r},\mathbf{r}'). \tag{4.100}$$

Hier haben wir vorausgesetzt, daß *wahrscheinlichste* und *mittlere* Ordnungsparameterdichte übereinstimmen:

$$\psi_0 \overset{!}{\equiv} \langle\,\psi\,\rangle. \tag{4.101}$$

(4.101) ist im allgemeinen sicher richtig, wird aber gerade im Bereich starker Fluktuationen fragwürdig und muß deshalb später noch kommentiert werden.

Die weitere Diskussion soll wieder an dem gegenüber (4.100) allgemeineren Ausdruck (4.99) des Fluktuations-Dissipations-Theorems erfolgen. Der wahrscheinlichste Wert (Gleichgewichtswert) des Ordnungsparameters ist derjenige, der $G(T;\varphi)$ minimiert. Die erste Variation der freien Enthalpie nach ψ muß demnach bei ψ_0 verschwinden:

$$0 \stackrel{!}{=} \int d^3r \left[-\pi(\mathbf{r}) + 2a(T)\psi_0(\mathbf{r}) + 4b(T)\psi_0^3(\mathbf{r}) - 2c(T)\,\Delta\,\psi_0(\mathbf{r})\right]\delta\psi(\mathbf{r}). \quad (4.102)$$

Vielleicht sollte das Entstehen des letzten Terms in der Klammer noch etwas erläutert werden. Mit der *Variationsrechnung* haben wir uns in Kapitel 1.3.2 von Band 2 vertraut gemacht. Allen zur *Konkurrenzschar* zugelassenen Funktionen $\psi(\mathbf{r})$ ist gemein, daß sie auf der Oberfläche des Integrationsvolumens übereinstimmen, ihre Variation dort also verschwindet. Nach (4.87) benötigen wir zu δG dann unter anderem den folgenden Beitrag:

$$\delta \int\limits_V d^3r \left(\nabla\psi(\mathbf{r})\right)^2 = 2\int\limits_V d^3r\, \nabla\psi(\mathbf{r})\,\delta\nabla\psi(\mathbf{r}) =$$
$$= 2\int\limits_V d^3r \left[\,\mathrm{div}\,(\nabla\psi\,\delta\psi) - \delta\psi\,\Delta\psi\right].$$

Wir haben hier $\delta(\nabla\psi) = \nabla(\delta\psi)$ ausgenutzt. Der erste Summand in der Klammer verschwindet,

$$\int\limits_V d^3r\ \mathrm{div}\,(\nabla\psi\,\delta\psi) = \int\limits_{\partial V} d\mathbf{f}\cdot\nabla\psi\,\delta\psi = 0,$$

da $\delta\psi$ auf der Oberfläche ∂V von V Null ist. Die Variation des letzten Terms in (4.87) liefert dann

$$\delta\int\limits_V d^3r\, c(T)\left(\nabla\psi(\mathbf{r})\right)^2 = \int\limits_V d^3r\left(-2c(T)\Delta\psi\right)\delta\psi(\mathbf{r}),$$

womit (4.102) erklärt ist. – Da $\delta\psi$ bis auf die bereits ausgenutzte Randbedingung beliebig gewählt werden kann, muß über (4.102) hinaus sogar

$$\pi(\mathbf{r}) = 2a(T)\psi_0(\mathbf{r}) + 4b(T)\psi_0^3(\mathbf{r}) - 2c(T)\Delta\psi_0(\mathbf{r}) \quad (4.103)$$

gelten. Wenn wir nun noch (4.101) in (4.103) akzeptieren, also die wahrscheinlichste mit der mittleren Ordnungsparameterdichte identifizieren, und dann (4.103) nach der Kraft π variieren, so bleibt nach Ausnutzen des Fluktuations-Dissipations-Theorems:

$$\delta\pi(\mathbf{r}) = \int d^3r' \delta(\mathbf{r}-\mathbf{r}')\delta\pi(\mathbf{r}') =$$
$$= \beta\big(2a(T) + 12b(T)\langle\,\psi(\mathbf{r})\,\rangle^2 - 2c(T)\Delta_r\big) \int d^3r' g(\mathbf{r},\mathbf{r}')\delta\pi(\mathbf{r}').$$

Da auch $\delta\pi$ beliebig gewählt werden kann, resultiert schließlich die folgende Bestimmungsgleichung für die Korrelationsfunktion $g(\mathbf{r},\mathbf{r}')$:

$$\big(2a(T) + 12b(T)\langle\,\psi(\mathbf{r})\,\rangle^2 - 2c(T)\Delta_r\big) g(\mathbf{r},\mathbf{r}') = k_B T\, \delta(\mathbf{r}-\mathbf{r}'). \qquad (4.104)$$

Diese wird sich nur mit vereinfachenden Annahmen bezüglich $\langle\,\psi(\mathbf{r})\,\rangle$ integrieren lassen. $\psi(\mathbf{r})$ sei nahezu homogen, also nur schwach ortsabhängig. Ferner interessiert uns $g(\mathbf{r},\mathbf{r}')$ nur bezüglich seines kritischen Verhaltens, d.h. nach (4.31) für den Fall $\pi \to 0$. Dann können wir aber näherungsweise (4.90) benutzen,

$$\begin{aligned} T > T_C &: \langle\,\psi(\mathbf{r})\,\rangle^2 \longrightarrow 0, \\ T < T_C &: \langle\,\psi(\mathbf{r})\,\rangle^2 \longrightarrow -\frac{a(T)}{2b(T)}, \end{aligned} \qquad (4.105)$$

und (4.104) vereinfacht sich zu

$$\big(\alpha_1 - \alpha_2\Delta_r\big) g(\mathbf{r},\mathbf{r}') = k_B T\, \delta(\mathbf{r}-\mathbf{r}'), \qquad (4.106)$$

wobei $(\alpha_1,\alpha_2) = (2a, 2c)$ für $T > T_C$ und $(\alpha_1,\alpha_2) = (-4a, 2c)$ für $T < T_C$ zu setzen ist. Nach Fourier-Transformation,

$$g(\mathbf{r},\mathbf{r}') = \frac{1}{(2\pi)^3} \int d^3k\, g(\mathbf{k}) e^{i\mathbf{k}\cdot(\mathbf{r}-\mathbf{r}')},$$
$$\delta(\mathbf{r}-\mathbf{r}') = \frac{1}{(2\pi)^3} \int d^3k\, e^{i\mathbf{k}\cdot(\mathbf{r}-\mathbf{r}')},$$

wird aus (4.106) die algebraische Gleichung:

$$g(\mathbf{k}) = \frac{k_B T}{\big(\alpha_1 + \alpha_2 k^2\big)} = g(k).$$

Rücktransformation mit trivialer Winkelintegration führt auf:

$$g(\mathbf{r},\mathbf{r}') = g(\mathbf{r}-\mathbf{r}') =$$
$$= \frac{k_B T}{8\pi^2 \alpha_2 i\, r} \int_{\frown} dk \left(\frac{1}{k + i\sqrt{\frac{\alpha_1}{\alpha_2}}} + \frac{1}{k - i\sqrt{\frac{\alpha_1}{\alpha_2}}} \right) e^{ikr}.$$

Nur der zweite Summand besitzt einen Pol in der oberen Halbebene. Nach dem *Residuensatz* ((4.322), Bd. 3) folgt deshalb

$$g(\mathbf{r},\mathbf{r}') = \frac{k_B T}{8\pi\, c(T)} \frac{\exp\left(-\frac{|\mathbf{r}-\mathbf{r}'|}{\xi(T)}\right)}{|\mathbf{r}-\mathbf{r}'|} \tag{4.107}$$

als Lösung für die Korrelationsfunktion des Ordnungsparameters in einem **drei**dimensionalen System. Dabei gilt für die **Korrelationslänge** ξ:

$$\begin{aligned} T > T_C : \xi(T) &= \sqrt{\frac{c(T)}{a(T)}}, \\ T < T_C : \xi(T) &= \sqrt{\frac{-c(T)}{2a(T)}}. \end{aligned} \tag{4.108}$$

4.3.3 Kritische Exponenten

Der *Landau-Ansatz* (4.87) ist wesentlich spezieller als die *Skalenhypothese* (4.37). Im Gegensatz zu dieser kann deshalb die *Landau-Theorie* konkrete numerische Werte für die kritischen Exponenten angeben.

Die Temperaturabhängigkeit des Ordnungsparameters im kritischen Bereich läßt sich an (4.90) ablesen, wenn man (4.93) und (4.95) einsetzt:

$$\varphi_0 = \pm V \sqrt{\frac{a_0}{2b}}\, |T - T_C|^{1/2} \quad (T < T_C).$$

Damit ist der kritische Exponent des Ordnungsparameters direkt angebbar:

$$\beta = \frac{1}{2}. \tag{4.109}$$

Für die Wärmekapazität,

$$C_{\pi=0} = -T \left(\frac{\partial^2 G}{\partial T^2}\right)_{\pi=0},$$

ist die Temperaturabhängigkeit der freien Enthalpie entscheidend, die wir für das homogene System ($\psi(\mathbf{r}) \equiv \psi$, $\varphi = V\psi$) durch Einsetzen von (4.90) in (4.88) finden:

$$\begin{aligned} T > T_C:\ G(T) &= G(T, \varphi = 0), \\ T < T_C:\ G(T) &\overset{(\pi=0)}{=} G(T; \varphi = 0) + \frac{1}{V} a(T)\varphi_0^2 + \frac{1}{V^3} b\varphi_0^4 = \\ &\overset{(4.90)}{=} G(T; \varphi = 0) - V\,\frac{a^2(T)}{4b}. \end{aligned}$$

Daraus folgt mit (4.93):

$$C_{\pi=0}\big(T = T_C^{(-)}\big) = C_{\pi=0}\big(T = T_C^{(+)}\big) + T_C V \frac{a_0^2}{2b}. \tag{4.110}$$

Die Wärmekapazität macht also bei T_C einen endlichen Sprung. Das entspricht nach (4.20) und (4.21) einem kritischen Exponenten:

$$\alpha = \alpha' = 0. \tag{4.111}$$

Man beachte, daß die Wahl einer höheren, ungeraden Potenz von $T - T_C$ in (4.93) zwar den Vorzeichenwechsel von $a(T)$ bei T_C gewährleistet, andererseits aber auch $C_{\pi=0}\big(T_C^{(-)}\big) = C_{\pi=0}\big(T_C^{(+)}\big)$ bedingt. Die Wärmekapazität würde dann bei T_C keinerlei Besonderheiten zeigen. Das schließt $a(T) \sim (T - T_C)^{2n+1}$ mit $n \geq 1$ aus.

Zur Herleitung des Exponenten δ nutzen wir die Extremalbedingung

$$\left(\frac{\partial G}{\partial \varphi}\right)_T = 0 = -\pi + \frac{2}{V} a(T)\varphi + \frac{4}{V^3} b(T)\varphi^3 \tag{4.112}$$

für den Fall nicht-verschwindender *konjugierter* Kraft π aus. Da die Koeffizienten $a(T)$, $b(T)$ in (4.88) von π unabhängig sein sollten, kann $a(T_C) = 0$ nach (4.93) und $b(T) = b(T_C) \equiv b$ nach (4.95) angenommen werden. Auf der kritischen Isothermen $T = T_C$ gilt somit:

$$\pi = \frac{4}{V^3} b\varphi^3 \quad (T = T_C).$$

Daran lesen wir

$$\delta = 3 \tag{4.113}$$

ab (s. (4.28) bzw. (4.29)).

Für die (verallgemeinerte) isotherme Suszeptibilität, definiert vor Gleichung (4.100), leitet man die Extremalbedingung (4.112) nach π ab:

$$1 = \frac{2a}{k V}\chi_T + \frac{12b}{k V^3}\varphi_0^2\chi_T.$$

Nähern wir uns in der Tieftemperaturphase der kritischen Temperatur T_C $(T \to T_C^{(-)})$, so ist für φ_0 (4.90) einzusetzen:

$$1 = -\frac{4a(T)}{k V}\chi_T.$$

Dies bedeutet wegen (4.93):

$$\chi_T = \frac{k\,V}{4a_0}\,|\,T - T_C\,|^{-1} \quad (T \underset{\to}{\leq} T_C). \tag{4.114}$$

Nähert man sich in der Hochtemperaturphase dem kritischen Punkt, so ist $\varphi_0 = 0$ zu setzen:

$$\chi_T = \frac{k\,V}{2a_0}\,|\,T - T_C\,|^{-1} \quad (T \underset{\to}{\geq} T_C). \tag{4.115}$$

Die kritischen Exponenten γ, γ' sind damit im Rahmen der *Landau-Theorie* bestimmt:

$$\gamma = \gamma' = 1. \tag{4.116}$$

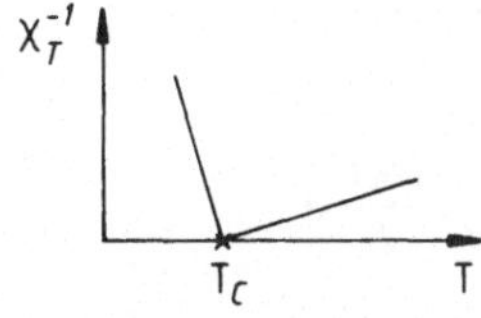

Das Verhältnis der sogenannten *kritischen Amplituden* in (4.114) und (4.115) liefert den für alle *klassischen Theorien* typischen Wert von $C'/C = 1/2$.

Die *restlichen* kritischen Exponenten ν, ν' und η sind über die Korrelationsfunktion (4.107) abzuleiten. Wenn man, ohne es allerdings genauer begründen zu können, davon ausgeht, daß der Koeffizient $c(T)$ in der *Landau-Entwicklung* (4.87) gar nicht oder *nur unkritisch* von der Temperatur abhängt ($c(T) \approx c(T_C)$ im kritischen Bereich), so gilt für die **Korrelationslänge** $\xi(T)$, wenn man (4.93) in (4.108) einsetzt:

$$\begin{aligned} \xi(T) &\approx \sqrt{\frac{c(T_C)}{a_0}}\,|\,T - T_C\,|^{-1/2} \text{ für } T > T_C, \\ \xi(T) &\approx \sqrt{\frac{c(T_C)}{2a_0}}\,|\,T - T_C\,|^{-1/2} \text{ für } T < T_C. \end{aligned} \tag{4.117}$$

Die Landau-Theorie bestätigt damit das Divergieren der Korrelationslänge bei Annäherung an den kritischen Punkt, und der Vergleich mit (4.31) liefert als kritische Exponenten:

$$\nu = \nu' = \frac{1}{2}. \tag{4.118}$$

Wegen der divergierenden Korrelationslänge vereinfacht sich (4.107) für $T = T_C$ zu:

$$g(\mathbf{r}, \mathbf{r}') = \frac{k_B T_C}{8\pi\, c(T_C)}\, \frac{1}{|\,\mathbf{r} - \mathbf{r}'\,|} \quad (T = T_C).$$

(4.107) ist für ein dreidimensionales System ($d = 3$) gerechnet worden. Die Definition (4.32) des Exponenten η legt dann für die Landau-Theorie

$$\eta = 0 \tag{4.119}$$

fest.

Die in diesem Abschnitt mit der Landau-Theorie abgeleiteten kritischen Exponenten hatten wir bereits in der Tabelle auf S. 259 aufgelistet.

4.3.4 Gültigkeitsbereich der Landau-Theorie

Nach den Überlegungen der letzten drei Unterkapitel bleibt zu konstatieren, daß die Landausche Theorie des Phasenübergangs in nicht unerheblicher Weise auf unbewiesene Annahmen angewiesen ist. Dementsprechend unsicher sind natürlich die konkreten Aussagen. Wir sollten uns deshalb ein paar Gedanken zum Gültigkeitsbereich der Theorie machen. Betrachten wir zunächst noch einmal das *Fluktuations-Dissipations-Theorem* (4.99), in das wir für die Korrelationsfunktion $g(\mathbf{r}, \mathbf{r}')$ den Ausdruck (4.107) einsetzen:

$$\int d^3r' g(\mathbf{r}, \mathbf{r}') = \frac{k_B T}{2c} \int_0^\infty dx\, x\, e^{-x/\xi} = \frac{k_B T}{2c} \xi^2 .$$

Für das unendlich große System ($V \to \infty$) besteht also ein einfacher Zusammenhang zwischen der Suszeptibilität χ_T und der Korrelationslänge $\xi(T)$:

$$\chi_T = \frac{1}{2c} \xi^2(T) \sim |T - T_C|^{-1} . \tag{4.120}$$

Die Ergebnisse (4.116) für γ, γ' und (4.118) für ν, ν' sind offensichtlich konsistent.

Wie bereits in Kapitel 4.1.5 diskutiert, ist das Divergieren der Suszeptibilität bei $T = T_C$ unmittelbar mit der Existenz *kritischer Fluktuationen* verknüpft, die sich in der Langreichweitigkeit von $g(\mathbf{r}, \mathbf{r}')$ manifestieren. Hier scheint sich nun aber die Landau-Theorie selbst zu widerlegen, weil große Fluktuationen des Ordnungsparameters im kritischen Bereich den grundlegenden Ansatz (4.87) in Frage stellen. Man beachte, daß die Fluktuationen nur über das *Fluktuations-Dissipations-Theorem* (4.99) in die Landau-Theorie Eingang gefunden haben (s. Ableitung von (4.104)). Im Ansatz (4.87) tauchen sie nicht auf, denn dann müßte dieser neben Termen der Form $\psi^2(\mathbf{r})$ auch solche vom Typ $\psi(\mathbf{r})\psi(\mathbf{r}')$ enthalten. Ferner ist bei starken Fluktuationen auch die Gültigkeit von (4.101) nicht mehr gewährleistet. Die wahrscheinlichste Ordnungsparameterdichte, die $\delta G = 0$ realisiert, muß nicht notwendig mit dem Mittelwert $\langle \psi \rangle$ identisch sein.

Die Landau-Theorie kann also nur so lange gültig sein, wie die Fluktuationen klein gegenüber dem thermischen Mittelwert des Ordnungsparameters sind:

$$\langle (\psi - \langle \psi \rangle)^2 \rangle \overset{!}{\ll} \langle \psi \rangle^2 . \tag{4.121}$$

Dies sollte insbesondere für alle Abstände $|\mathbf{r} - \mathbf{r}'|$ innerhalb der Korrelationslänge ξ erfüllt sein. Nun läßt sich abschätzen,

$$\chi_T = \beta \int d^3r\, g(\mathbf{r}) \approx \beta\, \xi^d g(\mathbf{r}_0),$$

mit $0 < r_0 \leq \xi$. Kombiniert man diesen Ausdruck mit (4.121) und nutzt (4.90), (4.93), (4.95) und (4.120) aus,

$$\frac{k_B T}{(2c)^{d/2}} \chi_T^{1-d/2} \ll \frac{a_0}{2b}\,|T - T_C|,$$

so folgt für den kritischen Bereich ($T \lesssim T_C$) das sogenannte **Ginzburg-Kriterium** für den Gültigkeitsbereich der Landau-Theorie:

$$\frac{2b}{c^{d/2}} k_B T_C\, |2a_0(T - T_C)|^{(d/2)-2} \ll 1. \qquad (4.122)$$

Für $d > 4$ ist das Kriterium erfüllbar, für $d < 4$ stets verletzt. Es ist deshalb nicht verwunderlich, daß die kritischen Exponenten der Landau-Theorie recht erheblich von den experimentell für ein-, zwei- und dreidimensionale Systeme gefundenen Werten abweichen. Eine Ausnahme bildet der Supraleiter, für den der Vorfaktor in (4.122) sehr klein ist, so daß das Kriterium auch für $d = 3$ bis dicht an T_C heran befriedigt werden kann. – Wir hatten im Zusammenhang mit der Tabelle auf S. 272 bereits darauf hingewiesen, daß für $d = 4$ die klassische Landau-Theorie auch die Skalengesetze erfüllt, die die Dimension d enthalten (*"hyperscaling"*).

Wir wollen in den nächsten Kapiteln einige einfache Modellsysteme präsentieren, die als konkrete, mikroskopische Realisierungen der Landau-Theorie aufzufassen sind.

4.3.5 Modell eines Paramagneten

Unter *Paramagnetismus* versteht man die Reaktion von permanenten magnetischen Momenten auf ein äußeres Magnetfeld $\mathbf{B}_0 = \mu_0 \mathbf{H}$. Bei diesen permanenten Momenten kann es sich zum Beispiel um die der itineranten Leitungselektronen in einem metallischen Festkörper handeln. Den entsprechenden *Pauli-Spinparamagnetismus* haben wir in Kapitel 3.6 ausführlich besprochen. Hier soll es um den Paramagnetismus von Isolatoren (*Langevin-Paramagnetismus*) gehen. Diesem liegt die Vorstellung zugrunde, daß permanente magnetische Momente an bestimmten Gitterplätzen eines Festkörpers unbeweglich lokalisiert sind. Sie resultieren aus unvollständig gefüllten atomaren Elektronenschalen, zum Beispiel aus der 3*d*-Schale der *Übergangsmetalle*, der 4*f*-Schale der *Seltenen Erden* oder der 5*f*-Schale der *Aktiniden*. Zunächst nehmen wir an, daß zwischen diesen Momenten *keine nennenswerten* Wechselwirkungen vorliegen. Im äußeren Magnetfeld $\mathbf{B}_0$ versuchen sich die Momente (Vektoren!) parallel zu diesem einzustellen, da dadurch die innere Energie U des Systems abnimmt. Dem entgegen wirkt die Temperatur T, die die Entropie S durch möglichst große *Unordnung* zu maximieren versucht. Die Gesamtmagnetisierung bestimmt sich dann aus der Forderung, daß die freie Energie $F = U - TS$ minimal wird. Die Magnetisierung wird deshalb eine Funktion der Temperatur T und des Feldes B_0 sein.

Der eben beschriebene Paramagnet wird durch den folgenden Hamilton-Operator charakterisiert:

$$H_0 = -\sum_{i=1}^{N} \boldsymbol{\mu}_i \cdot \mathbf{B}_0. \tag{4.123}$$

$\boldsymbol{\mu}_i$ ist der Operator des magnetischen Moments am i-ten Gitterplatz:

$$\boldsymbol{\mu}_i = -\frac{1}{\hbar} g_J \mu_B \mathbf{J}_i. \tag{4.124}$$

$\mathbf{J}_i$ ist der Gesamtdrehimpulsoperator des i-ten Teilchens, g_J der Landé-Faktor und μ_B das Bohrsche Magneton. $\mathbf{B}_0$ sei ein homogenes Magnetfeld:

$$H_0 = \frac{1}{\hbar} g_J \mu_B \sum_{i=1}^{N} \mathbf{J}_i \cdot \mathbf{B}_0. \tag{4.125}$$

Die quantenmechanische Richtungsquantelung erlaubt $\mathbf{J}_i$ nur $(2J+1)$ verschiedene Einstellungen relativ zum Feld:

$$\begin{aligned} \mathbf{J}_i \cdot \mathbf{B}_0 &= \hbar m_i B_0, \\ m_i &= -J, -J+1, \dots, +J. \end{aligned}$$

H_0 besitzt somit $(2J+1)^N$ Eigenzustände. Die kanonische Zustandssumme läßt sich dann wie folgt formulieren:

$$\begin{aligned} Z_N(T, B_0) &= \operatorname{Sp} e^{-\beta H_0} = \\ &= \sum_{m_1=-J}^{+J} \cdots \sum_{m_N=-J}^{+J} \exp\left(-\beta b \sum_{i=1}^{N} m_i\right), \\ b &\equiv g_J \mu_B B_0. \end{aligned}$$

Wegen fehlender Wechselwirkungen sind das N unabhängige Summationen, die sich leicht exakt durchführen lassen:

$$
\begin{aligned}
Z_N(T, B_0) &= \prod_{i=1}^{N} \left(\sum_{m_i=-J}^{+J} e^{(-\beta b m_i)} \right) = \\
&= \left[e^{\beta b J} \left(1 + e^{-\beta b} + e^{-2\beta b} + \cdots + e^{-2\beta b J} \right) \right]^N = \\
&= \left[e^{\beta b J} \frac{1 - e^{-\beta b (2J+1)}}{1 - e^{-\beta b}} \right]^N = \left[\frac{e^{\beta b (J+\frac{1}{2})} - e^{-\beta b (J+\frac{1}{2})}}{e^{\frac{1}{2}\beta b} - e^{-\frac{1}{2}\beta b}} \right]^N .
\end{aligned}
$$

Damit ist die Zustandssumme bereits vollständig bestimmt:

$$
Z_N(T, B_0) = \left\{ \frac{\sinh\left[\beta b \left(J + \frac{1}{2}\right)\right]}{\sinh\left(\frac{1}{2}\beta b\right)} \right\}^N \tag{4.126}
$$

Die Magnetisierung besitzt nur eine von Null verschiedene Komponente in Feldrichtung:

$$
\begin{aligned}
M(T, B_0) &= -g_J \mu_B \frac{1}{V} \sum_{i=1}^{N} \langle m_i \rangle = \frac{g_J \mu_B}{V \beta Z_N} \frac{d}{db} Z_N = \\
&= \frac{1}{V \beta} \, g_J \mu_B \frac{d}{db} \ln Z_N .
\end{aligned}
$$

Nach einfachen Umformungen ergibt sich:

$$
M(T, B_0) = M_0 B_J\left(\beta \, g_J \mu_B J \, B_0\right) . \tag{4.127}
$$

Dabei sind

$$
M_0 = \frac{N}{V} g_J \mu_B J \tag{4.128}
$$

die *Sättigungsmagnetisierung* und

$$
B_J(x) = \frac{2J+1}{2J} \coth\left(\frac{2J+1}{2J} x\right) - \frac{1}{2J} \coth\left(\frac{1}{2J} x\right) \tag{4.129}
$$

die sogenannte *Brillouin-Funktion.* Wir wollen einige der wichtigsten Eigenschaften dieser für die *Theorie des Magnetismus* bedeutungsvollen Funktion auflisten:

1) $J = \frac{1}{2}$

Für diesen Spezialfall ($L = 0$, $J = S = 1/2$) vereinfacht sich die Brillouin-Funktion zu:

$$B_{1/2}(x) = \tanh x. \tag{4.130}$$

2) $J \to \infty$

In diesem sogenannten *klassischen Grenzfall* ist $B_J(x)$ mit der *Langevin-Funktion* $L(x)$ identisch, die bei einer klassischen Behandlung des Paramagneten in Erscheinung tritt ((1.23), Bd. 4), bei der insbesondere die *Richtungsquantelung* des Drehimpulses unberücksichtigt bleibt:

$$B_\infty(x) = \coth x - \frac{1}{x} \equiv L(x). \tag{4.131}$$

3) *Kleines Argument*

Benutzt man die Reihenentwicklung des hyperbolischen Kotangens,

$$\coth x = \frac{1}{x} + \frac{1}{3}x - \frac{1}{45}x^3 + 0(x^5),$$

in der Definitionsgleichung (4.129), so ergibt sich:

$$B_J(x) = \frac{J+1}{3J}x - \frac{J+1}{3J}\frac{2J^2+2J+1}{30\,J^2}x^3 + \dots \tag{4.132}$$

Dies hat insbesondere

$$B_J(0) = 0 \tag{4.133}$$

zur Folge. Nach (4.127) verschwindet also die Magnetisierung für $B_0 = 0$ oder $T \to \infty$. Es gibt somit keine *spontane* Magnetisierung, wie sie für den *Ferromagneten* unterhalb der *Curie-Temperatur* T_C charakteristisch ist.

4) *Symmetrie*

Wegen $\coth(-x) = -\coth x$ ist auch:

$$B_J(-x) = -B_J(x). \tag{4.134}$$

Auf (4.127) bezogen bedeutet dies, daß sich beim *Umpolen* des äußeren Feldes ($B_0 \to -B_0$) auch die Magnetisierung umdreht.

5) *Sättigung*

Wegen $\coth x \to 1$ für $x \to \infty$ strebt die Brillouin-Funktion asymptotisch gegen einen endlichen Grenzwert:

$$B_J(x) \xrightarrow[x \to \infty]{} 1. \tag{4.135}$$

Physikalisch besagt dieses, daß die Magnetisierung (4.127) durch ein starkes Feld ($B_0 \to \infty$) in die *Sättigung* getrieben wird. Wenn alle magnetischen Momente parallel ausgerichtet sind, hat M seinen Maximalwert M_0 erreicht und kann auch bei weiterer Feldsteigerung nicht mehr zunehmen.

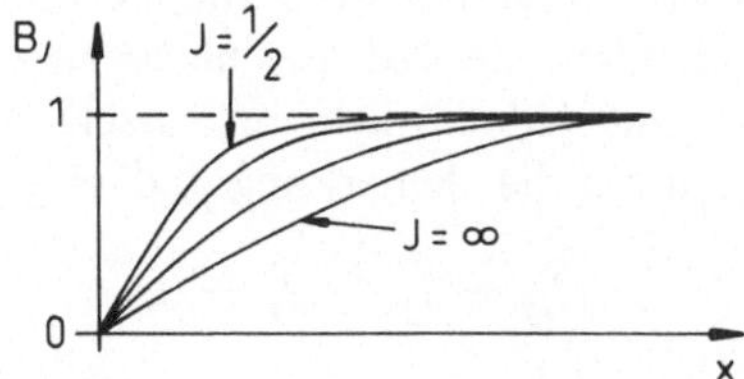

Interessant ist schließlich noch das **Hochtemperaturverhalten** ($\beta \mu_B B_0 \gg 1$) der Magnetisierung, für das mit (4.132) approximativ gilt:

$$\begin{aligned} M(T, B_0) &\approx \frac{C}{\mu_0 T} B_0, \\ C &= \frac{N}{V} (g_J \mu_B)^2 \mu_0 \frac{J(J+1)}{3k_B} \\ &\quad (\textit{Curie-Konstante}). \end{aligned} \tag{4.136}$$

Die Suszeptibilität des Paramagneten,

$$\chi = \mu_0 \left(\frac{\partial M}{\partial B_0} \right)_T = \frac{C}{T}, \tag{4.137}$$

zeigt für hohe Temperaturen eine charakteristische ($1/T$)-Abhängigkeit, die man das **Curie-Gesetz** nennt.

4.3.6 Molekularfeldnäherung des Heisenberg-Modells

Gleichung (4.133) verdeutlicht, daß ohne Teilchenwechselwirkungen keine *spontane* Magnetisierung auftreten kann. Der Paramagnet zeigt deshalb keinen Phasenübergang. Zur Beschreibung des Phänomens *Ferromagnetismus* muß das Modell (4.125) entsprechend erweitert werden. In einfachster Form läßt sich die Wechselwirkung zwischen den lokalisierten Momenten als Skalarprodukt zwischen den beteiligten Drehimpulsoperatoren schreiben. Dies entspricht dem viel-diskutierten

Heisenberg-Modell:

$$H = -\sum_{i,j} \widehat{J}_{ij}\, \mathbf{J}_i \cdot \mathbf{J}_j + \frac{1}{\hbar} g_J \mu_B \sum_i \mathbf{J}_i \cdot \mathbf{B}_0, \tag{4.138}$$

von dem man inzwischen weiß, daß es in vielen Fällen zu sehr realistischen Aussagen über magnetische Eigenschaften von Isolatoren kommt. Der Operator (4.138) und insbesondere die **Austauschintegrale** $\widehat{J}_{ij}$ sind mikroskopisch begründbar, worauf wir hier jedoch nicht im einzelnen eingehen wollen. Wir beschränken uns lediglich auf die Bemerkung, daß es sich bei den $\widehat{J}_{ij}$,

$$\widehat{J}_{ij} = \widehat{J}_{ji}; \quad \widehat{J}_{ii} = 0, \tag{4.139}$$

um die Kopplungskonstanten einer nur quantenmechanisch begründbaren *Austauschwechselwirkung* handelt. Seine besten Realisierungen findet das Heisenberg-Modell in *magnetischen Isolatoren* wie

EuO, EuS, $CdCr_2Se_4$, $HgCr_2Se_4$, ...	(d=3),
K_2CuF_4, $CrBr_3$, ...	(d=2),
$CsCuCl_3$ ...	(d=1).

Aber auch magnetische Metalle wie Gadolinium, bei denen der Magnetismus ebenfalls durch lokalisierte Momente bewirkt wird, werden erfolgreich durch dieses Modell beschrieben, solange man sich nur für ihre rein magnetischen Eigenschaften interessiert. Trotz seiner an sich recht einfachen Struktur konnte das Heisenberg-Modell bislang nur für einige wenige Spezialfälle exakt gelöst werden. Im allgemeinen lassen sich Approximationen nicht vermeiden. Wir wollen hier die denkbar einfachste Näherung, die sogenannte *Molekularfeldnäherung*, durchführen, da diese sich als äquivalent zur *Landau-Theorie* erweist.

Zunächst bringen wir den Modell-Hamilton-Operator (4.138) unter Ausnutzung von (4.139) in eine etwas andere Form:

$$\widehat{H} = -\sum_{i,j} \widehat{J}_{ij} \left(J_i^+ J_j^- + J_i^z J_j^z \right) + \frac{1}{\hbar} g_J \mu_B B_0 \sum_i J_i^z. \tag{4.140}$$

Das homogene Feld $\mathbf{B}_0$ definiere die z-Richtung ($\mathbf{B}_0 = B_0\mathbf{e}_z$). Die *Molekularfeldnäherung* besteht nun in einer Linearisierung der Operatorprodukte. In dem folgenden, noch exakten Ausdruck für das Produkt zweier Operatoren $\widehat{A}$ und $\widehat{B}$,

$$\widehat{A} \cdot \widehat{B} = (\widehat{A} - \langle \widehat{A} \rangle)(\widehat{B} - \langle \widehat{B} \rangle) + \widehat{A}\langle \widehat{B} \rangle + \langle \widehat{A} \rangle \widehat{B} - \langle \widehat{A} \rangle \langle \widehat{B} \rangle,$$

vernachlässigt sie mit dem ersten Summanden die *Fluktuationen* der Operatoren $\widehat{A}$, $\widehat{B}$ um ihre Mittelwerte:

$$\widehat{A}\widehat{B} \xrightarrow{\text{MFN}} \widehat{A}\langle \widehat{B} \rangle + \langle \widehat{A} \rangle \widehat{B} - \langle \widehat{A} \rangle \langle \widehat{B} \rangle. \tag{4.141}$$

Wendet man diese Näherung auf die Operatorprodukte in (4.140) an, so werden gerade die *Drehimpulsaustauschterme* unterdrückt,

$$J_i^+ J_j^- \xrightarrow{\text{MFN}} 0, \tag{4.142}$$

da aus Drehimpulserhaltungsgründen

$$\langle J_i^+ \rangle = \langle J_i^- \rangle = 0 \qquad \forall i$$

sein muß. Es bleibt somit:

$$\widehat{H} \to -\sum_{i,j} \widehat{J}_{ij} \left(J_i^z \langle J_j^z \rangle + \langle J_i^z \rangle J_j^z \right) + \frac{1}{\hbar} g_J \mu_B B_0 \sum_i J_i^z + D(T, B_0).$$

$D(T, B_0)$ ist eine temperatur- und feldabhängige Zahl, also kein Operator,

$$D(T, B_0) = \sum_{i,j} \widehat{J}_{ij} \langle J_i^z \rangle \langle J_j^z \rangle,$$

die für unsere Zwecke hier vernachlässigt werden kann. Sie würde später bei der Berechnung der Magnetisierung ohnehin herausfallen. – Wir konzentrieren uns im folgenden auf den **homogenen Ferromagneten**, für den Translationssymmetrie in der Form

$$\langle J_i^z \rangle \equiv \langle J^z \rangle \qquad \forall i$$

vorausgesetzt werden kann. Definiert man noch

$$\widehat{J}_0 = \sum_i \widehat{J}_{ij} = \sum_j \widehat{J}_{ij}, \tag{4.143}$$

so lautet der Heisenberg-Hamilton-Operator (4.138) bzw. (4.140) in der *Molekularfeldnäherung*:

$$H_{MFN} = \frac{1}{\hbar} g_J \mu_B (B_0 + B_A) \sum_{i=1}^{N} J_i^z. \tag{4.144}$$

B_A ist ein *effektives Feld*, das man *Austauschfeld* nennt:

$$B_A = -2\langle J^z \rangle \widehat{J}_0 \frac{\hbar}{g_J \mu_B}.$$

Es erweist sich als proportional zur Magnetisierung,

$$M = -\frac{N}{V} g_J \mu_B \frac{1}{\hbar} \langle J^z \rangle,$$

und zwar wie folgt:

$$B_A = \mu_0 \lambda M,$$
$$\lambda = \frac{V}{N} \frac{2\widehat{J}_0 \hbar^2}{\mu_0 (g_J \mu_B)^2}. \qquad (4.145)$$

Die Molekularfeldversion (4.144) des Heisenberg-Hamilton-Operators (4.138) hat offensichtlich dieselbe Struktur wie der Hamilton-Operator (4.125) eines Paramagneten. Aus dem Viel-Teilchen- ist somit ein Ein-Teilchen-Problem geworden. Der Einfluß der Teilchenwechselwirkungen wird in erster Näherung durch ein *effektives* Magnetfeld simuliert, das *selbstkonsistent* berechnet werden muß, da es seinerseits von der Magnetisierung des Systems abhängt. Wir können allerdings alle Ergebnisse des letzten Abschnitts sinnentsprechend übernehmen. So ergibt sich für die Magnetisierung ein Ausdruck der Form (4.127):

$$M(T, B_0) = M_0 B_J\big(\beta\, g_J \mu_B J (B_0 + B_A)\big). \qquad (4.146)$$

Uns interessiert nur die *spontane* Magnetisierung, da nur im Nullfeld ein Phasenübergang zu erwarten ist:

$$M_S(T) \equiv M(T, 0) = M_0 B_J\big(\beta\, g_J \mu_0 \mu_B J\, \lambda\, M_S\big). \qquad (4.147)$$

Das ist eine implizite Bestimmungsgleichung für M_S. Wegen (4.133) ist $M_S = 0$ (Paramagnetismus!) stets eine Lösung. Die Frage stellt sich, ob und unter welchen Bedingungen eine weitere Lösung $M_S \neq 0$ existiert. Das läßt sich auf anschauliche Weise *graphisch diskutieren* (s. *Weiß-Ferromagnet*, Kap. 1.4.4 in Bd. 4), indem man die linke und die rechte Seite von (4.147) als Funktion

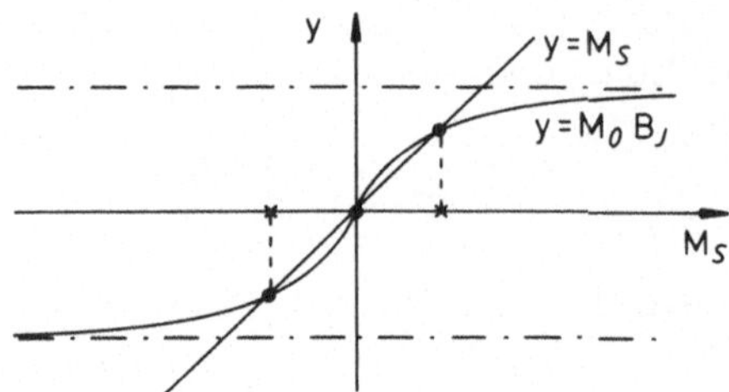

von M_S aufträgt und nach Schnittpunkten sucht. Es gibt offensichtlich genau dann eine $M_S \neq 0$-Lösung, wenn die Anfangssteigung der rechten Seite der

Gleichung (4.147) größer als 1 ist:

$$\frac{d}{dM_S} M_0 B_J \left(\beta\, g_J \mu_0 \mu_B J\, \lambda\, M_S\right)\big|_{M_S=0} =$$
$$\overset{(4.133)}{=} \frac{J+1}{3J} M_0 \left(\beta\, g_J \mu_0 \mu_B J\, \lambda\right) =$$
$$\overset{(4.128)}{=} \frac{N}{V} \frac{(J+1)}{3} \beta \left(g_J \mu_B\right)^2 \mu_0 J\, \lambda = C\, \frac{\lambda}{T}.$$

C ist die in (4.136) definierte Curie-Konstante. Die Steigung von $M_0 B_J$ nimmt zu mit abnehmender Temperatur. Für alle $T < T_C$ gibt es eine nicht-triviale Lösung für die *spontane* Magnetisierung, wobei sich die **Curie-Temperatur** T_C aus der Forderung

$$C \frac{\lambda}{T_C} \overset{!}{=} 1 \iff T_C = \lambda C \tag{4.148}$$

bestimmt. Man kann sich leicht klarmachen, daß, wenn eine Lösung $M_S \neq 0$ existiert, diese auch stabil gegenüber der stets vorliegenden $M_S = 0$-Lösung ist. Demzufolge tritt bei der Temperatur $T = T_C$ in der Tat ein Phasenübergang auf:

$T < T_C$: Ferromagnetismus $(M_S \neq 0)$,
$T > T_C$: Paramagnetismus $(M_S = 0)$.

Es muß allerdings als ein Manko der Molekularfeldnäherung angesehen werden, daß sie diesen Phasenübergang **unabhängig** von der Gitterdimension d prophezeit, sobald nur $\widehat{J}_0$ und damit λ größer als Null sind. Dieses Ergebnis steht im krassen Widerspruch zum Experiment und zu einigen **exakten** Modellrechnungen, ist aber typisch für alle *klassischen Theorien*, wie zum Beispiel auch für die Landau-Theorie.

Wir wollen schließlich noch ein charakteristisches Resultat der Molekularfeldnäherung ableiten, das die Suszeptibilität χ_T in der paramagnetischen Phase $(T > T_C)$ für $B_0 \underset{\to}{>} 0$ betrifft. Es gilt dann auf jeden Fall

$$\beta\, g_J \mu_B J (B_0 + B_A) \ll 1, \tag{4.149}$$

so daß die Magnetisierung (4.146) mit Hilfe der Entwicklung (4.132) für die Brillouin-Funktion vereinfacht werden kann:

$$M(T, B_0) \approx \left(\frac{N}{V} g_J \mu_B J\right) \frac{J+1}{3J} \beta\, g_J \mu_B J (B_0 + B_A) =$$
$$\overset{(4.136)}{\underset{(4.148)}{=}} \frac{C}{\mu_0 T} B_0 + \frac{T_C}{T} M(T, B_0),$$
$$M(T, B_0) = \frac{C}{T - T_C} \frac{1}{\mu_0} B_0. \tag{4.150}$$

Der sich daraus ergebende Ausdruck für die Suszeptibilität,

$$\chi_T = \mu_0 \left(\frac{\partial M}{\partial B_0}\right)_{T, B_0 \overset{>}{\to} 0} = \frac{C}{T - T_C}, \tag{4.151}$$

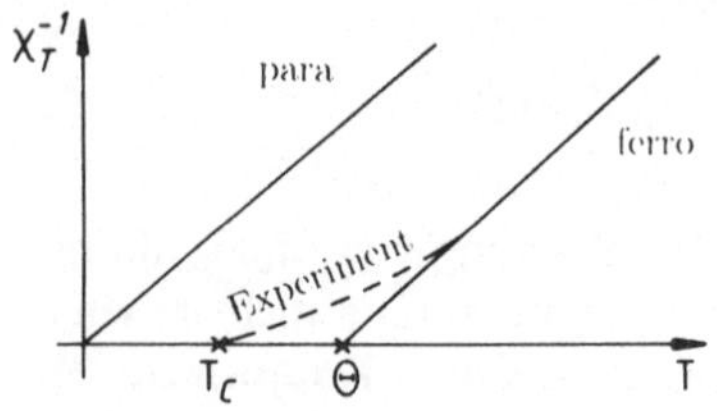

wird **Curie-Weiß-Gesetz** genannt. Dieses ist zumindest für hohe Temperaturen experimentell sehr gut bestätigt. Die inverse Suszeptibilität zeigt in jedem Fall ein lineares Hochtemperaturverhalten. Die Extrapolation auf die T-Achse definiert die

paramagnetische Curie-Temperatur Θ.

In der Molekularfeldnäherung ist Θ mit T_C identisch. Experimentell ist Θ stets etwas größer als T_C. Nach (4.137) kann man den Paramagneten als Grenzfall des Ferromagneten mit $T_C = 0$ auffassen.

Wir wollen die Entwicklung in (4.150) noch um einen Schritt weiter treiben, dabei aber nun voraussetzen, daß sich das magnetische System im *kritischen Bereich* ($T \lesssim T_C, B_0 \gtrsim 0, M \approx M_S$) befindet:

$$M_S \approx M_0 \left[\frac{J+1}{3J} \beta\, g_J \mu_B J (B_0 + B_A) - \right.$$
$$\left. - \frac{J+1}{3J} \frac{2J^2 + 2J + 1}{30\, J^2} \left(\beta\, g_J \mu_B J (B_0 + B_A)\right)^3 \right].$$

B_0 kann immer so gewählt werden, daß

$$B_0 \ll B_A = \lambda\, \mu_0 M_S$$

angenommen werden darf. Wir können also in der letzten Klammer B_0 gegen B_A vernachlässigen:

$$M_S \overset{(4.136)}{\approx} \frac{C}{\mu_0 T} B_0 + \frac{T_C}{T} M_S -$$
$$- \frac{2J^2 + 2J + 1}{30\, J^2} \frac{C}{\mu_0 T} \left(\beta\, g_J \mu_B J\right)^2 \left(\mu_0 \lambda\, M_S\right)^3.$$

Dies läßt sich auch wie folgt schreiben:

$$B_0 \approx m_S \left(\frac{2}{V} a(T) + \frac{4b(T)}{V^3} m_S^2\right). \tag{4.152}$$

Dabei ist $m_S = V\,M_S$ das *spontane* magnetische Moment. Ferner wurden die folgenden Abkürzungen benutzt:

$$a(T) = a_0(T - T_C); \quad a_0 = \frac{\mu_0}{2C}, \tag{4.153}$$

$$b(T) = \frac{2J^2 + 2J + 1}{120\,J^2}\left(\frac{g_J\mu_B J}{k_B T}\right)^2 \left(\frac{\mu_0 T_C}{C}\right)^3. \tag{4.154}$$

Im *kritischen Bereich* kann $b(T) \approx b(T_C) = b > 0$ gesetzt werden.

$m_S = V\,M_S$ entspricht dem *Ordnungsparameter* φ der Landau-Theorie; B_0 ist die zu m_S *konjugierte Kraft* π. Gleichung (4.152) ist damit das exakte Pendant zur Bestimmungsgleichung (4.112) für den Ordnungsparameter in der Landau-Theorie. Damit ist die Äquivalenz der Molekularfeldnäherung des Heisenberg-Modells (4.144) zur Landau-Theorie gezeigt. Wir haben am Beispiel des Ferromagneten eine mikroskopische Realisierung der allgemeineren Landau-Theorie demonstrieren können. Dabei wurde vor allem der Typ der Näherung deutlich, der in einer Vernachlässigung von Fluktuationen besteht (4.141).

Wegen der Äquivalenz von (4.112) und (4.152) können wir ohne weitere Rechnung die **kritischen Exponenten** des Ferromagneten in der Molekularfeldnäherung mit denen der Landau-Theorie identifizieren:

$$\beta = \frac{1}{2}, \; \delta = 3, \; \gamma = \gamma' = 1, \; \alpha = \alpha' = 0. \tag{4.155}$$

$\gamma = 1$ wurde explizit mit (4.151) gezeigt. Die Landau-Theorie liefert für die Suszeptibilität in der paramagnetischen Phase den Ausdruck (4.115), wobei die Konstante k zu μ_0/V zu wählen ist (vgl. die χ_T -Definitionen (4.100) und (4.151)). Dies bedeutet:

$$\chi_T = \frac{\mu_0}{2a_0}\frac{1}{T - T_C}.$$

Setzt man hier (4.153) für a_0 ein, so ergibt sich exakt das *Curie-Weiß-Gesetz* (4.151). Das bestätigt noch einmal die Äquivalenz der beiden Theorien.

Es sei dem Leser als Übung empfohlen, die anderen kritischen Exponenten des Ferromagneten in (4.155) explizit nachzurechnen.

4.3.7 Van der Waals-Gas

Wir haben in der Einleitung zu diesem Kapitel die van der Waalssche Dissertationsschrift zum realen Gas (Gas-Flüssigkeit) als die Geburtsstunde der *neuzeitlichen* Theorie der Phasenübergänge bezeichnet. Deswegen sollten wir uns noch ein paar Gedanken über die Einordnung dieser Theorie in den Kontext der Betrachtungen dieses Kapitels machen. Das van der Waals-Modell war bereits Gegenstand ausführlicher Überlegungen in Band 4 dieses **Grundkurs: Theoretische Physik**, die wir hier nicht wiederholen wollen. Es geht uns jetzt vielmehr darum, die thermodynamische Äquivalenz des Modells zu der gerade besprochenen Molekularfeldnäherung des Heisenberg-Ferromagneten und damit auch zu der allgemeineren Landau-Theorie aufzudecken. Das Typische der Molekularfeldnäherung besteht darin, die mikroskopischen Teilchenwechselwirkungen zu ersetzen durch ein effektives, unendlich reichweitiges Magnetfeld, in dem sich die lokalisierten Momente dann unabhängig voneinander zu orientieren haben. Dadurch wird das eigentliche Viel-Teilchen- zu einem Ein-Teilchen-Problem und somit lösbar. Wir wollen nun zeigen, daß sich auch die *van der Waalssche Zustandsgleichung* ((1.14), Bd. 4) aus der Vorstellung eines *Molekularfeldes* ableiten läßt.

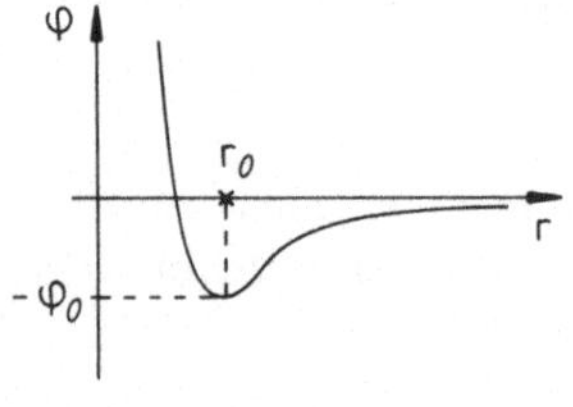

Wir denken an ein **reales Gas**, dessen Eigenschaften durch Zwei-Teilchen-Wechselwirkungen geprägt sind. Ein typisches Wechselwirkungspotential φ, wie zum Beispiel das von Lennard und Jones,

$$\varphi(r) = \varphi_0 \left\{ \left(\frac{r_0}{r}\right)^{12} - 2\left(\frac{r_0}{r}\right)^6 \right\},$$

besitzt einen abstoßenden *"hard core"*-Bereich, ein Minimum im anziehenden Teil, um dann doch sehr rasch mit dem Abstand r der Wechselwirkungspartner auf Null abzufallen. In einer groben Näherung soll nun die Gesamtheit **aller** Teilchenwechselwirkungen durch ein mittleres, unendlich reichweitiges Potentialfeld $\overline{\varphi}$ ersetzt werden. Das einzelne Teilchen bewegt sich also in einem homogenen, von allen anderen Teilchen gebildeten mittleren Feld,

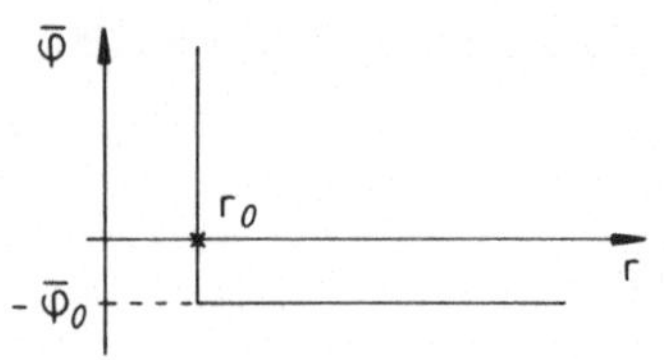

$$\overline{\varphi}(r) = \begin{cases} \infty & \text{falls } r < r_0, \\ -\overline{\varphi}_0 & \text{falls } r > r_0, \end{cases} \tag{4.156}$$

wobei natürlich ein *"hard core"* zu berücksichtigen bleibt, da sich die *klassischen* Teilchen aufgrund ihres endlichen Volumens nicht beliebig nahe kommen können. Der *"hard core"* entspricht im magnetischen System die Anordnung der Spins auf dem Gitter.

Wenn aber das effektive Feld von allen anderen Teilchen gebildet wird, dann sollte die Konstante $\overline{\varphi}_0$ auch proportional zur Teilchendichte N/V sein:

$$\overline{\varphi}_0 = \frac{a}{N_A^2}\frac{N}{V} = \frac{a\,n^2}{N\,V}. \tag{4.157}$$

a ist ein unbekannter Koeffizient, N_A die *Avogadro-Zahl* ((1.8), Bd. 4) und $n = N/N_A$ die Zahl der Mole in dem betrachteten Gas. Die klassische Zustandssumme Z_N wird wegen der fehlenden Teilchenwechselwirkungen faktorisieren,

$$Z_N \sim \left\{\int d^3p \int d^3r \exp\left[-\beta\left(\frac{\mathbf{p}^2}{2m} + \overline{\varphi}(r)\right)\right]\right\}^N,$$

wobei uns nur der Ortsanteil interessiert, der sich mit (4.156) leicht berechnen läßt:

$$Z_N \sim \left[(V - n\,b)e^{\beta\overline{\varphi}_0}\right]^N.$$

Hier ist mit

$$V_{\min} = n\,b$$

die Gesamtheit aller *"hard core"*-Volumina gemeint. b ist also das **Eigenvolumen** aller Teilchen eines Mols. Wir können nun den Druck des Gases angeben:

$$\begin{aligned} p &= -\left(\frac{\partial F}{\partial V}\right)_T = k_BT\left(\frac{\partial}{\partial V}\ln Z_N\right)_T = \\ &= N\,k_BT\,\frac{1 + (V - n\,b)\beta\,\partial\overline{\varphi}_0/\partial V}{V - n\,b} = N\,k_BT\left(\frac{1}{V - n\,b} - \beta\frac{a\,n^2}{N\,V^2}\right). \end{aligned}$$

Das ist aber gerade die **van der Waalssche Zustandsgleichung** ((1.14), Bd. 4):

$$\left(p + \frac{a\,n^2}{V^2}\right)(V - n\,b) = N\,k_BT = n\,R\,T. \tag{4.158}$$

Damit ist gezeigt, daß das van der Waals-Modell in der Tat einer Molekularfeldnäherung entspricht und deshalb den *Klassischen Theorien* zugerechnet werden muß. Die kritischen Exponenten des van der Waals-Gases haben wir als Aufgabe 4.3.8 in Band 4 gerechnet. Sie sind mit denen der *Landau-Theorie* (Kap. 4.3.3) identisch.

4.3.8 Paarkorrelation und Strukturfaktor

Wir wollen in diesem Abschnitt ein weiteres Beispiel für eine *Klassische Theorie*, nämlich die *Ornstein-Zernike-Theorie*, vorbereiten. Sie bezieht sich auf das Gas-Flüssigkeits-System und dabei speziell auf die *Dichte-Korrelationsfunktion* $g(\mathbf{r}, \mathbf{r}')$, auch *Paarkorrelation* genannt, die wir bereits mit (4.10) und (4.96) kennengelernt haben. Wir wissen also schon, daß sie im Zusammenhang mit kritischen Phänomenen eine ganz entscheidende Rolle spielt:

$$\begin{aligned} g(\mathbf{r}, \mathbf{r}') &= \langle\,(n(\mathbf{r}) - \langle\,n(\mathbf{r})\,\rangle)\,(n(\mathbf{r}') - \langle\,n(\mathbf{r}')\,\rangle)\,\rangle = \\ &= \langle\,n(\mathbf{r}) \cdot n(\mathbf{r}')\,\rangle - n^2. \end{aligned} \tag{4.159}$$

$n(\mathbf{r})$ ist die mikroskopische *Teilchendichte*:

$$n(\mathbf{r}) = \sum_{i=1}^{N} \delta(\mathbf{r} - \mathbf{R}_i). \tag{4.160}$$

$\langle n(\mathbf{r})n(\mathbf{r}') \rangle$ kann als *bedingte* Wahrscheinlichkeit aufgefaßt werden, ein Teilchen am Ort $\mathbf{r}$ anzutreffen, wenn mit Sicherheit sich ein anderes bei $\mathbf{r}'$ befindet. Die Paarkorrelation selbst stellt ein Maß für die Korrelation zwischen den Abweichungen der Teilchendichte $n(\mathbf{r})$ von ihrem Mittelwert $\langle n(\mathbf{r}) \rangle$ an den Orten $\mathbf{r}$ und $\mathbf{r}'$ dar. – Wir wollen ein homogenes System voraussetzen:

$$\langle n(\mathbf{r}) \rangle = n = \frac{\langle N \rangle}{V}; \quad g(\mathbf{r}, \mathbf{r}') = g(|\mathbf{r} - \mathbf{r}'|). \tag{4.161}$$

Die genaue Gestalt von $g(\mathbf{r}, \mathbf{r}')$ hängt natürlich vom Typ der Teilchenwechselwirkung ab. Stets gilt jedoch:

$$\langle n(\mathbf{r})n(\mathbf{r}') \rangle \xrightarrow[|\mathbf{r} - \mathbf{r}'| \to \infty]{} n^2,$$

$$g(\mathbf{r}, \mathbf{r}') \xrightarrow[|\mathbf{r} - \mathbf{r}'| \to \infty]{} 0.$$

Für unendlich große Abstände $|\mathbf{r} - \mathbf{r}'|$ sind die Ereignisse bei $\mathbf{r}$ und $\mathbf{r}'$ nicht mehr korreliert, d.h. unabhängig voneinander.

Die *Paarkorrelation* läßt sich mit der Kompressibilität κ_T des *fluiden Systems* in Verbindung bringen. Letztere hatten wir in Gleichung (1.200) mit den Teilchenfluktuationen verknüpfen können:

$$\frac{\kappa_T}{\kappa_T^{(0)}} = \frac{\langle N^2 \rangle - \langle N \rangle^2}{\langle N \rangle} = \frac{\langle (N - \langle N \rangle)^2 \rangle}{\langle N \rangle}.$$

Dabei ist $\kappa_T^{(0)} = \beta V / \langle N \rangle = 1/p$ die Kompressibilität des idealen Gases. Wir haben diese Formel früher benutzt, um die Äquivalenz der statistischen Beschreibungen (kanonisch-großkanonisch) zu beweisen. Hier interessiert uns ein anderer Zusammenhang:

$$\begin{aligned}\langle (N - \langle N \rangle)^2 \rangle &= \int d^3r \int d^3r' \langle (n(\mathbf{r}) - \langle n(\mathbf{r}) \rangle)(n(\mathbf{r}') - \langle n(\mathbf{r}') \rangle) \rangle = \\ &= \int d^3r \int d^3r' g(|\mathbf{r} - \mathbf{r}'|) = V \int d^3r\, g(r).\end{aligned}$$

Dies führt zum Analogon des *Fluktuations-Dissipations-Theorem* (4.16) für das fluide System:

$$\frac{\kappa_T}{\kappa_T^{(0)}} = \frac{1}{n} \int_V d^3r\, g(r). \tag{4.162}$$

Divergierendes κ_T für $T \to T_C$ ist nur bei divergierender Reichweite der Korrelation denkbar, wie wir uns ja bereits im Zusammenhang mit (4.16) am Beispiel des Ising-Spinsystems klargemacht hatten.

Die räumliche Fourier-Transformierte der Paarkorrelation ist der **statische Strukturfaktor**:

$$S(\mathbf{q}) = \int d^3r \, e^{-i\,\mathbf{q}\cdot\mathbf{r}} g(r). \tag{4.163}$$

Dieser ist dem Experiment direkt zugänglich, und zwar über die Streuung von Strahlung (Röntgen, Neutronen, Licht) an der Flüssigkeit oder dem Gas. Bezeichnen wir mit $\mathbf{k}_0$ ($\mathbf{k}_s$) den Wellenvektor der einfallenden (gestreuten) Strahlung und mit $\hbar\mathbf{q}$ den Impulsübertrag bei **quasielastischer Streuung**,

$$|\,\mathbf{k}_0\,| \approx |\,\mathbf{k}_s\,| = k,$$

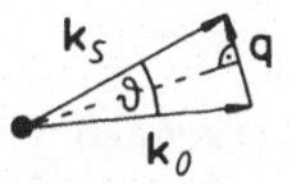

dann gilt bei einem *Streuwinkel* ϑ:

$$|\,\mathbf{q}\,| = 2k \sin\frac{\vartheta}{2}. \tag{4.164}$$

Sei $I(\mathbf{q})$ die Intensität der um $\mathbf{q}$ gestreuten Strahlung und $f_i(\mathbf{q})$ die *Streuamplitude* für die entsprechende Streuung am i-ten Teilchen. Die *Streufähigkeit* ist für die N gleichartigen Teilchen natürlich jeweils dieselbe. Die Streuamplituden können sich also nur um einen Phasenfaktor unterscheiden:

$$f_i(\mathbf{q}) = f_j(\mathbf{q}) e^{-i\,\mathbf{q}\cdot(\mathbf{R}_i - \mathbf{R}_j)}.$$

Für die *Streuintensität* gilt dann ((9.14), Bd. 5, Tl. 2):

$$I(\mathbf{q}) \sim \left\langle \left| \sum_i f_i(\mathbf{q}) \right|^2 \right\rangle = \left\langle \sum_{i,j} f_i(\mathbf{q}) f_j^*(\mathbf{q}) \right\rangle =$$
$$= |\,f_0(\mathbf{q})\,|^2 \left\langle \sum_{i,j} e^{-i\,\mathbf{q}(\mathbf{R}_i - \mathbf{R}_j)} \right\rangle.$$

Bei fehlenden Teilchenkorrelationen würde gelten:

$$I_0(\mathbf{q}) \sim \langle N \rangle \, |\,f_0(\mathbf{q})\,|^2.$$

Das Zwischenergebnis

$$\frac{I(\mathbf{q})}{I_0(\mathbf{q})} = \frac{1}{\langle N \rangle} \left\langle \sum_{i,j} e^{-i\,\mathbf{q}\cdot(\mathbf{R}_i - \mathbf{R}_j)} \right\rangle$$

läßt sich weiter umformen:

$$\frac{I(\mathbf{q})}{I_0(\mathbf{q})} = \frac{1}{\langle N \rangle} \int d^3r \int d^3r' \, e^{-i\mathbf{q}\cdot(\mathbf{r}-\mathbf{r}')} *$$

$$* \left\langle \left(\sum_i \delta(\mathbf{r} - \mathbf{R}_i) \right) \left(\sum_j \delta(\mathbf{r}' - \mathbf{R}_j) \right) \right\rangle =$$

$$= \frac{1}{\langle N \rangle} \int d^3r \int d^3r' \, e^{-i\mathbf{q}\cdot(\mathbf{r}-\mathbf{r}')} \langle n(\mathbf{r}) n(\mathbf{r}') \rangle =$$

$$\overset{(4.159)}{=} \frac{1}{n} \int d^3r \, e^{-i\mathbf{q}\cdot\mathbf{r}} g(r) + n \int d^3r \, e^{-i\mathbf{q}\cdot\mathbf{r}}$$

Der zweite Summand betrifft nur die unabgelenkte Strahlung,

$$n \int d^3r \, e^{-i\mathbf{q}\cdot\mathbf{r}} = \langle N \rangle \delta(\mathbf{q}),$$

und wird deshalb in der Regel weggelassen. Mit (4.163) erkennen wir jetzt den Zusammenhang zwischen Streuintensität und statischem Strukturfaktor:

$$\frac{I(\mathbf{q})}{I_0(\mathbf{q})} = \frac{1}{n} S(\mathbf{q}). \tag{4.165}$$

$S(\mathbf{q})$ beschreibt also, wie die Intensität $I(\mathbf{q})$ der um $\mathbf{q}$ gestreuten Strahlung von der Intensität abweicht, die sich bei fehlenden Teilchenkorrelationen ergeben würde. Der Strukturfaktor stellt damit ein Maß für den Einfluß von Teilchenkorrelationen dar.

Kombiniert man (4.165) mit (4.162),

$$\lim_{\mathbf{q}\to 0} \frac{I(\mathbf{q})}{I_0(\mathbf{q})} = \frac{\kappa_T}{\kappa_T^{(0)}}, \tag{4.166}$$

so sieht man, daß die *Kritikalität* der Kompressibilität ein enormes Anwachsen der Streuintensität für kleine Ablenkungen zur Folge hat. Dieses Phänomen ist experimentell als sogenannte *kritische Opaleszenz* beobachtbar.

4.3.9 Ornstein-Zernike-Theorie

Das kritische Verhalten der Korrelationsfunktion $g(\mathbf{r})$ soll nun untersucht werden. Nach (4.12) und (4.32) ist zu erwarten:

$$g(\mathbf{r}) \sim \frac{\exp\left(-\frac{r}{\xi(T)}\right)}{r^{d-2+\eta}}.$$

Die Temperaturabhängigkeit der *Korrelationslänge*,

$$\xi(T) \sim \begin{cases} (-\epsilon)^{-\nu'}, & \text{falls } T \lesssim T_C, \\ \epsilon^{-\nu}, & \text{falls } T \gtrsim T_C, \end{cases}$$

definiert die kritischen Exponenten ν und ν'. Wir sind im folgenden an einer Bestimmung der nur relativ schwer zugänglichen Exponenten ν, ν' und η für das fluide System interessiert. Dazu formen wir die Paarkorrelation noch etwas um:

$$g(\mathbf{r}-\mathbf{r}') = \langle\, n(\mathbf{r})n(\mathbf{r}')\,\rangle - n^2 = \langle \sum_{i,j} \delta(\mathbf{r}-\mathbf{R}_i)\,\delta(\mathbf{r}'-\mathbf{R}_j)\,\rangle - n^2 =$$

$$= \delta(\mathbf{r}-\mathbf{r}')\langle \sum_i \delta(\mathbf{r}-\mathbf{R}_i)\,\rangle + \langle \sum_{i,j}^{i\neq j} \delta(\mathbf{r}-\mathbf{R}_i)\delta(\mathbf{r}'-\mathbf{R}_j)\,\rangle - n^2.$$

Im letzten Schritt haben wir die *Selbstkorrelationsfunktion* ($i = j$) herausgezogen. Wir definieren,

$$\Gamma(\mathbf{r}-\mathbf{r}') = \frac{1}{n^2}\langle \sum_{i,j}^{i\neq j} \delta(\mathbf{r}-\mathbf{R}_i)\delta(\mathbf{r}'-\mathbf{R}_j)\,\rangle - 1, \qquad (4.167)$$

und erhalten dann:

$$g(\mathbf{r}-\mathbf{r}') = n\,\delta(\mathbf{r}-\mathbf{r}') + n^2\Gamma(\mathbf{r}-\mathbf{r}'). \qquad (4.168)$$

Die Kritikalität von g überträgt sich auf Γ. Für spätere Reihenentwicklungen empfiehlt es sich deshalb, die **direkte Korrelationsfunktion** $D(\mathbf{r}-\mathbf{r}')$ einzuführen:

$$\Gamma(\mathbf{r}-\mathbf{r}') = D(\mathbf{r}-\mathbf{r}') + n\int d^3r''\, D(\mathbf{r}-\mathbf{r}'')\,\Gamma(\mathbf{r}''-\mathbf{r}'). \qquad (4.169)$$

Der Grund für die Einführung von D wird klar, wenn man diese sogenannte **Ornstein-Zernike-Integralgleichung** mit Hilfe des Faltungstheorems ((4.188), Bd. 3) fouriertransformiert:

$$\Gamma(\mathbf{q}) = \int d^3r\,\Gamma(\mathbf{r})e^{-i\,\mathbf{q}\cdot\mathbf{r}} = D(\mathbf{q}) + n\,D(\mathbf{q})\Gamma(\mathbf{q}).$$

Dies bedeutet:

$$D(\mathbf{q}) = \frac{\Gamma(\mathbf{q})}{1+n\,\Gamma(\mathbf{q})}. \qquad (4.170)$$

Für $T \to \infty$ verschwindet die Korrelation Γ ($\Gamma(\mathbf{q}) \to 0$), so daß $D(\mathbf{q}) \approx \Gamma(\mathbf{q})$ gesetzt werden kann. Für $T \to T_C$ divergiert Γ ($\Gamma(\mathbf{q}=0) \to \infty$), aber D bleibt endlich ($D(\mathbf{q}=0) \approx 1/n$). Im Gegensatz zu den anderen Korrelationen wird also D nicht kritisch, so daß man annehmen kann, daß sich diese Funktion für alle Temperaturen, also auch für $T = T_C$, um $q = 0$ in eine Taylor-Reihe entwickeln läßt:

$$D(\mathbf{q}) = D(0) + \sum_{\alpha=1}^{\infty} c_\alpha q^\alpha. \tag{4.171}$$

In diese Formulierung geht noch die Annahme ein, daß ein *isotropes System* vorliegt, so daß keine Winkelabhängigkeiten zu berücksichtigen sind. Wegen $D(\mathbf{r}) = D(r)$ und damit

$$c_\alpha = \frac{1}{\alpha!}\left\{\frac{\partial^\alpha}{\partial q^\alpha} D(\mathbf{q})\right\}_{\mathbf{q}=0} = \frac{1}{\alpha!}\left\{\frac{\partial^\alpha}{\partial q^\alpha} 2\pi \int\limits_{-1}^{+1} dx \int\limits_0^\infty dr\, e^{-iqrx} r^2 D(r)\right\}_{\mathbf{q}=0} =$$

$$= 2\pi \frac{(-i)^\alpha}{\alpha!} \int\limits_{-1}^{+1} dx\, x^\alpha \int\limits_0^\infty dr\, r^{\alpha+2} D(r)$$

sind alle Koeffizienten c_α mit ungeradem α Null:

$$D(\mathbf{q}) = D(q) = D(0) + \sum_{\alpha=1}^{\infty} c_{2\alpha} q^{2\alpha}.$$

Interessant ist der Bereich kleiner Wellenzahlüberträge. Die **Ornstein-Zernike-Näherung** besteht deshalb darin, die Entwicklung für $D(\mathbf{q})$ nach dem ersten nicht-verschwindenden Term abzubrechen:

$$D(\mathbf{q}) \approx D(0) + c_2 q^2. \tag{4.172}$$

Damit berechnen wir den *statischen Strukturfaktor*, für den mit (4.163), (4.168) und (4.170) gilt:

$$S(\mathbf{q}) = n + n^2\,\Gamma(\mathbf{q}) = \frac{n}{1 - n\,D(\mathbf{q})}.$$

Mit der Abkürzung

$$\xi^2 = \frac{-n\,c_2}{1 - n\,D(0)} \tag{4.173}$$

und der Ornstein-Zernike-Näherung (4.172) findet man:

$$S(\mathbf{q}) \approx -\frac{1}{c_2}\,\frac{1}{\xi^{-2} + q^2} \stackrel{(4.165)}{=} n\frac{I(\mathbf{q})}{I_0(\mathbf{q})}. \tag{4.174}$$

Die gestreute Intensität hat bei $q = 0$ also einen *Lorentz-Peak*, dessen Halbwertsbreite offensichtlich durch ξ^{-1} gegeben ist. Daß die in (4.173) definierte Größe ξ etwas mit der *Korrelationslänge* zu tun hat, erkennt man nach Rücktransformation in den dreidimensionalen ($d = 3$) Ortsraum:

$$g(r) = -\frac{2\pi^2}{c_2} \frac{\exp\left(-\frac{r}{\xi}\right)}{r}. \tag{4.175}$$

Damit hat die Paarkorrelation in der Ornstein-Zernike-Näherung exakt die Gestalt (4.12). Umgekehrt schreibt man jedem System, dessen Korrelationsfunktion die Struktur (4.175) besitzt, ein **Ornstein-Zernike-Verhalten** zu. Man beachte, daß bei der Transformation von (4.174) auf (4.175) über **alle** Wellenzahlen $\mathbf{q}$ integriert wird, wodurch die *Ornstein-Zernike-Näherung* (4.172) etwas fragwürdig wird.

Der Vergleich von (4.175) mit (4.32) legt den kritischen Exponenten η fest ($d = 3$):

$$\eta = 0. \tag{4.176}$$

Dieses Ergebnis ist genaugenommen nicht anders zu erwarten, da der Exponent η letztlich ja gerade die *Abweichung* vom *Ornstein-Zernike-Verhalten* charakterisieren soll.

Zur Festlegung der Exponenten ν und ν' benutzen wir (4.174) und (4.166):

$$\xi^2 = -c_2 S(0) = -n\, c_2 \frac{\kappa_T}{\kappa_T^{(0)}}.$$

ξ^2 wird also auf dieselbe Weise kritisch wie die Kompressibilität, so daß folgerichtig

$$\nu^{(\prime)} = \frac{1}{2}\gamma^{(\prime)} \tag{4.177}$$

sein muß. (4.176) und (4.177) entsprechen den Aussagen (4.116), (4.118) und (4.119) der *übergeordneten* Landau-Theorie.

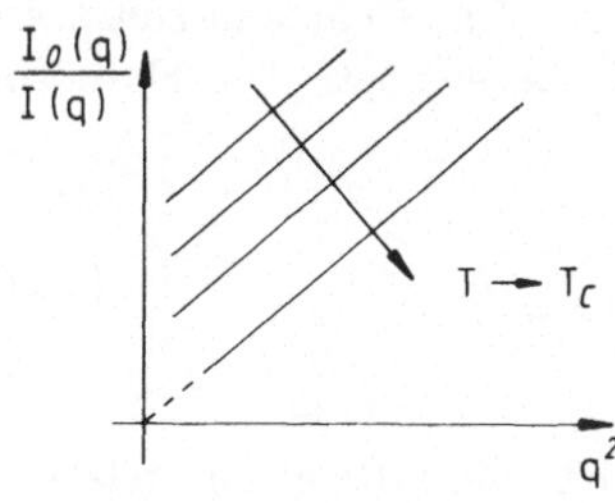

Die Korrelationslänge ξ ist experimentell über die gestreute Lichtintensität $I(q)$ beobachtbar. Wegen (4.174) sollte die Auftragung von $I_0(q)/I(q)$ als Funktion von q^2 eine Gerade mit der Steigung $-n\, c_2(T)$ und einem Achsenabschnitt $-n\, c_2/\xi^2$ ergeben. Letzterer geht für $T \to T_C$ gegen Null. – Diese Vorhersagen der Ornstein-Zernike-Theorie werden qualitativ sehr gut vom Experiment bestätigt.

4.4 Ising-Modell

Mit dem Hamilton-Operator (4.138) haben wir das **Heisenberg-Modell** kennengelernt, von dem man heute weiß, daß es eine recht realistische Beschreibung von Ferro- oder Antiferromagneten liefern kann, deren *spontane* Magnetisierung aus streng **lokalisierten** magnetischen Momenten resultiert (Eu0, EuS, EuTe, Gd,...). Das Heisenberg-Modell läßt weitere Spezialisierungen zu, wenn man das Produkt der Drehimpulsoperatoren $\mathbf{J}_i \cdot \mathbf{J}_j$ in gewichtete Komponenten zerlegt:

$$\begin{aligned} \mathbf{J}_i \cdot \mathbf{J}_j &\to \alpha\, J_i^x J_j^x + \beta\, J_i^y J_j^y + \gamma\, J_i^z J_j^z, \\ \alpha = \beta = \gamma = 1 &: \text{ Heisenberg-Modell}, \\ \alpha = \beta = 1;\ \gamma = 0 &: \text{ } XY\text{-Modell}, \\ \alpha = \beta = 0;\ \gamma = 1 &: \text{ Ising-Modell}. \end{aligned}$$

Wir wollen uns in diesem Kapitel mit dem in den vorangegangenen Abschnitten bereits mehrfach erwähnten *Ising-Modell* beschäftigen. Dessen Bedeutung liegt nach wie vor darin begründet, daß es bis heute das einzige halbwegs realistische Modell eines Viel-Teilchen-Systems darstellt, das einen Phasenübergang zeigt und in gewissen Grenzen mathematisch streng behandelt werden kann.

Die Modellvorstellung wurde bereits im Zusammenhang mit Gleichung (4.1) kurz erläutert. An jedem von N Gitterpunkten, die ein d-dimensionales periodisches Gitter ($d = 1, 2, 3$) bilden, befindet sich ein permanentes magnetisches Moment,

$$\mu_i = \mu\, S_i, \qquad S_i = \pm 1 \\ i = 1, 2, \ldots, N, \tag{4.178}$$

das nur zwei Einstellmöglichkeiten relativ zu einer ausgezeichneten Richtung einnehmen kann. Das wird durch die *klassische* Spinvariable $S_i = \pm 1$ reguliert. Die lokalisierten Momente wechselwirken miteinander; ansonsten wäre natürlich auch kein Phasenübergang zu erwarten. Die *Kopplungskonstanten* seien, etwas allgemeiner als in (4.1), mit J_{ij}/μ^2 bezeichnet. Die **Hamilton-Funktion des Ising-Modells** lautet dann:

$$H = -\sum_{i,j} J_{ij} S_i S_j - \mu\, B_0 \sum_i S_i. \tag{4.179}$$

Die magnetische Induktion $\mathbf{B}_0 = (0, 0, B_0)$ definiert die z-Richtung, relativ zu der sich die Momente parallel oder antiparallel einstellen.

Die Bedeutung des Ising-Modells beruht nicht zuletzt auf der für Viel-Teilchen-Modelle atypischen Fülle an exakten Resultaten. So läßt sich das eindimensionale ($d = 1$) Modell mit und ohne Feld B_0 exakt durchrechnen (Kap. 4.4.1, 4.4.2), falls die Wechselwirkungen J_{ij} sich auf nächste Nachbarn beschränken. Das $d = 2$-Modell ist ebenfalls für Nächste-Nachbar-Wechselwirkungen mathematisch streng behandelbar (Kap. 4.4.4), allerdings nur für $B_0 = 0$. Die exakte Lösung für das dreidimensionale ($d = 3$) Ising-System liegt bislang nicht vor. Es gibt jedoch sogenannte *Extrapolationsmethoden*, deren Resultate als quasiexakt einzustufen sind.

Die Anwendungsmöglichkeiten des Ising-Modells sind recht vielfältiger Natur. Zunächst einmal ist es, der ursprünglichen Zielsetzung entsprechend, ein einfaches **Modell für magnetische Isolatoren**. Die Beschränkung auf die z-Komponente der Spinvektoren ist allerdings nur bei magnetischen Systemen mit stark uniaxialer Symmetrie sinnvoll, bei denen die permanenten Momente auf eine bestimmte Raumrichtung fixiert sind ($DyPO_4$, $CoCs_3Cl$, ...). Im Bereich des Magnetismus wird das Ising-Modell deshalb heute eher selten eingesetzt. Es hat sich vielmehr zum allgemeinen **Demonstrationsmodell der Statistischen Physik** entwickelt. Als das wohl einfachste mikroskopische Modell, das einen Phasenübergang zweiter Ordnung für $d \geq 2$ vollzieht, steht es im Mittelpunkt vieler Überlegungen und Untersuchungen zur allgemeinen Theorie der *Phasenübergänge und kritischen Phänomene*.

4.4.1 Das eindimensionale Ising-Modell ($B_0 = 0$)

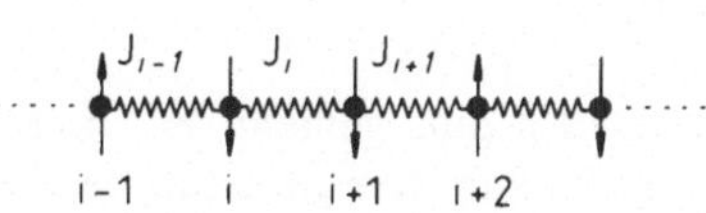

Wir interessieren uns dafür, ob das $d = 1$-Ising-Spinsystem einen Phasenübergang aufweist, d.h., ob es eine kritische Temperatur T_C gibt, unterhalb der sich die Spins *spontan* ordnen. Es sei deshalb zunächst kein äußeres Feld aufgeschaltet. Die Wechselwirkung beschränke sich auf unmittelbar benachbarte Spins: $J_{i\,i+1} \to J_i$.

$$H = -\sum_{i=1}^{N-1} J_i S_i S_{i+1}. \tag{4.180}$$

Mit der Hamilton-Funktion berechnen wir die klassische, kanonische Zustandssumme. Da in dieser H nur in der Form $\exp(-\beta H)$ erscheint, erweist sich die Abkürzung

$$j_i = \frac{J_i}{k_B T} = \beta J_i \tag{4.181}$$

als sinnvoll. Jeder *Ising-Spin* S_i hat zwei Einstellmöglichkeiten. Es gibt damit insgesamt 2^N verschiedene Spinanordnungen und dementsprechend 2^N verschiedene Zustände des Systems, über die in der Zustandssumme summiert werden muß:

$$Z_N = Z_N(j_1, j_2, \dots, j_{N-1}) = \sum_{S_1} \sum_{S_2} \dots \sum_{S_N} \exp\Big(\sum_{i=1}^{N-1} j_i S_i S_{i+1}\Big).$$

Wir bestimmen Z_N über eine *Rekursionsformel*, zu deren Ableitung wir die Kette um einen Ising-Spin erweitern:

$$Z_{N+1} = \sum_{S_1} \dots \sum_{S_N} \exp\Big(\sum_{i=1}^{N-1} j_i S_i S_{i+1}\Big) \sum_{S_{N+1}} \exp\left(j_N S_N S_{N+1}\right).$$

Der Faktor rechts läßt sich leicht berechnen:

$$\sum_{S_{N+1}}^{\pm 1} \exp\big(j_N S_N S_{N+1}\big) = 2\cosh(j_N S_N) = 2\cosh(j_N).$$

Damit haben wir bereits die erwähnte Rekursionsformel gefunden,

$$Z_{N+1} = 2 Z_N \cosh(j_N),$$

aus der sich

$$Z_{N+1} = Z_1\, 2^N \prod_{i=1}^{N} \cosh(j_i)$$

ableitet, wenn mit Z_1 die Zustandssumme des Einzelspins gemeint ist. Letzterer besitzt zwei Eigenzustände $(|\uparrow\rangle, |\downarrow\rangle)$, jeweils zur Energie Null, da der Einzelspin keine Wechselwirkungsmöglichkeiten besitzt:

$$Z_1 = \sum_{S_1} e^0 = 2. \tag{4.182}$$

Damit ist die Zustandssumme des N-Spin-Ising-Systems auf dem eindimensionalen Gitter bestimmt:

$$Z_N(T) = 2^N \prod_{i=1}^{N-1} \cosh(\beta\, J_i). \tag{4.183}$$

Diese vereinfacht sich noch für den üblichen Spezialfall $J_i \equiv J \;\forall i$ zu:

$$Z_N(T) = 2^N \cosh^{N-1}(\beta\, J). \tag{4.184}$$

Mit Hilfe der Zustandssumme berechnen wir im nächsten Schritt die *Spinkorrelationsfunktion* (4.11):

$$\begin{aligned}
\langle S_i S_{i+j} \rangle &= \frac{1}{Z_N} \sum_{\{S_i\}} (S_i S_{i+j}) \exp\Big[\sum_{m=1}^{N-1} j_m S_m S_{m+1}\Big] = \\
&= \frac{1}{Z_N} \sum_{\{S_i\}} (S_i \underbrace{S_{i+1})(S_{i+1}}_{+1} \underbrace{S_{i+2})\cdot}_{+1} \ldots \underbrace{\cdot(S_{i+j-1}}_{+1} S_{i+j} exp[\ldots] = \\
&= \frac{1}{Z_N} \left(\frac{\partial}{\partial j_i} \frac{\partial}{\partial j_{i+1}} \cdots \frac{\partial}{\partial j_{i+j-1}}\right) Z_N = \\
&= \frac{\cosh j_1 \cdots \sinh j_i \cdots \sinh j_{i+j-1} \cdots \cosh j_{N-1}}{\cosh j_1 \cdots \cosh j_i \cdots \cosh j_{i+j-1} \cdots \cosh j_{N-1}}.
\end{aligned}$$

Für $\langle S_i S_{i+j} \rangle$ haben wir damit gefunden:

$$\langle S_i S_{i+j} \rangle = \prod_{k=1}^{j} \tanh(\beta J_{i+k-1}). \tag{4.185}$$

Trotz der extrem kurzreichweitigen Wechselwirkung (nächste Nachbarn!) ergeben sich dennoch langreichweitige Korrelationen zwischen den Ising-Spins. Für den üblichen Spezialfall $J_i \equiv J \ \forall i$ wird die Spinkorrelation unabhängig von i und hängt dann nur noch vom *Abstand* j zwischen den beiden Spins ab:

$$\langle S_i S_{i+j} \rangle \equiv \tanh^j(\beta J). \tag{4.186}$$

Wir sind nun in der Lage, die **spontane Magnetisierung** der Ising-Kette auszurechnen und damit die Möglichkeit eines Phasenübergangs zu untersuchen. Bei *homogenen Wechselwirkungen* $J_i = J \ \forall i$ ist der Mittelwert $\langle S_i \rangle \equiv \langle S \rangle$ für alle i gleich, möglicherweise bis auf die Endpunkte der Kette. Die spontane Magnetisierung,

$$M_S(T) = \mu \langle S \rangle,$$

verschaffen wir uns durch die Tatsache, daß im unendlich großen System

$$\langle S_i S_{i+j} \rangle \xrightarrow[j \to \infty]{} \langle S_i \rangle \langle S_{i+j} \rangle = \langle S \rangle^2$$

gelten muß:

$$M_S^2(T) = \mu^2 \lim_{j \to \infty} \langle S_i S_{i+j} \rangle. \tag{4.187}$$

Da stets $|\tanh x| < 1$ für $x \neq \pm\infty$ gilt, folgt nach Einsetzen von (4.186) in (4.187):

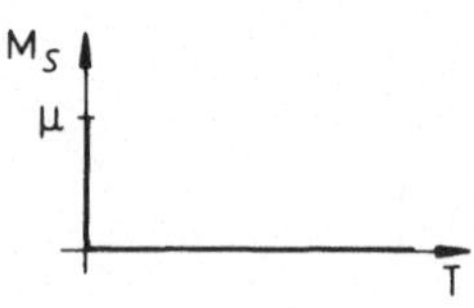

$$M_S(T) = \begin{cases} 0 & \text{für } T > 0, \\ \mu & \text{für } T = 0. \end{cases} \tag{4.188}$$

Bei endlicher Temperatur ist im eindimensionalen Ising-System keine spontane Magnetisierung möglich. **Es gibt demnach keinen Phasenübergang!**

4.4.2 Transfer-Matrix-Methode

Es soll nun das eindimensionale Ising-Modell im äußerem Magnetfeld ($B_0 \neq 0$) untersucht werden. Zur Berechnung der Zustandssumme benutzen wir die *Transfer-Matrix-Methode*, die Onsager 1944 zur Lösung des zweidimensionalen Ising-Modells eingeführt hat. Da wir letzteres in Kapitel 4.4.4 mit Hilfe einer graphischen Methode untersuchen wollen, soll die Transfer-Matrix-Methode hier am eindimensionalen Modell demonstriert werden. Wir beschränken uns wiederum auf Nächste-Nachbar-Wechselwirkungen, die zudem von vorneherein für alle Spinpaare gleich sein sollen:

$$\beta H = -j \sum_{i=1}^{N} S_i S_{i+1} - b \sum_{i=1}^{N} S_i$$

$$j = \beta J; \; b = \beta \mu B_0. \tag{4.189}$$

Wir benutzen nun *periodische Randbedingungen*, indem wir die lineare Spinkette zu einem Ring schließen:

$$S_{N+1} = S_1 .$$

Wir haben uns bereits früher klargemacht, daß solche speziellen Randbedingungen im *thermodynamischen Limes* $N \to \infty$ (s. Kap. 4.5) keine Einschränkung bedeuten, für das endliche System aber natürlich schon gewisse Auswirkungen haben können.

Zur Berechnung der kanonischen Zustandssumme führen wir nun die **Transferfunktion** ein:

$$T_{i,i+1} = \exp\left[j\, S_i S_{i+1} + \frac{1}{2} b (S_i + S_{i+1}) \right] . \tag{4.190}$$

Wegen der vereinbarten periodischen Randbedingungen läßt sich mit dieser schreiben:

$$e^{-\beta H} = T_{1,2}\, T_{2,3} \cdots T_{N,1} .$$

Offensichtlich gibt es für $T_{i,i+1}$ vier verschiedene Spinkombinationen ($S_i = \pm 1$, $S_{i+1} = \pm 1$), über die sich die Elemente der **Transfermatrix** berechnen:

$$\widehat{T} \equiv \begin{pmatrix} e^{j+b} & e^{-j} \\ e^{-j} & e^{j-b} \end{pmatrix}. \qquad (4.191)$$

Mit den Spinzuständen,

$$|\, S_i = +1 \,\rangle \equiv \begin{pmatrix} 1 \\ 0 \end{pmatrix}; \quad |\, S_i = -1 \,\rangle \equiv \begin{pmatrix} 0 \\ 1 \end{pmatrix},$$

ergibt sich der Zusammenhang,

$$\langle\, S_i \,|\, \widehat{T} \,|\, S_{i+1} \,\rangle = T_{i,i+1}, \qquad (4.192)$$

der uns hilft, die Zustandssumme zu formulieren:

$$\begin{aligned} Z_N(T, B_0) &= \sum_{S_1} \sum_{S_2} \cdots \sum_{S_N} T_{1,2}\, T_{2,3} \cdots T_{N,1} = \\ &= \sum_{S_1} \cdots \sum_{S_N} \langle\, S_1 \,|\, \widehat{T} \,|\, S_2 \,\rangle \langle\, S_2 \,|\, \widehat{T} \,|\, S_3 \,\rangle \cdots \langle\, S_N \,|\, \widehat{T} \,|\, S_1 \,\rangle = \\ &= \sum_{S_1} \langle\, S_1 \,|\, \widehat{T}^N \,|\, S_1 \,\rangle = \operatorname{Sp} \widehat{T}^N. \end{aligned}$$

Hier wurde die Vollständigkeit der Spinzustände ausgenutzt. Die *Spur* ist unabhängig von der zur Darstellung der Matrix benutzten Basis. In ihrer *Eigenbasis* ist $\widehat{T}$ diagonal:

$$Z_N(T, B_0) = \operatorname{Sp} \widehat{T}^N = E_+^N + E_-^N. \qquad (4.193)$$

E_+ und E_- sind die beiden Eigenwerte der 2×2-Matrix (4.191), die sich aus

$$\det \,|\, \widehat{T} - E\, \mathbf{1} \,| \stackrel{!}{=} 0$$

bestimmen:

$$E_\pm = e^j \left[\cosh b \pm \sqrt{\cosh^2 b - 2e^{-2j} \sinh(2j)} \right]. \qquad (4.194)$$

Wegen $E_+ > E_-$ spielt für das asymptotisch große System (thermodynamischer Limes) nur E_+ eine Rolle:

$$Z_N(T, B_0) = E_+^N \left[1 + \left(\frac{E_-}{E_+} \right)^N \right] \xrightarrow[N \gg 1]{} E_+^N. \qquad (4.195)$$

Bei abgeschaltetem Feld ($B_0 = 0$) vereinfachen sich die Eigenwerte $E_\pm$ zu

$$E_\pm \xrightarrow[B_0=0]{} e^j \left[1 \pm \sqrt{1 - e^{-2j}(e^{2j} - e^{-2j})}\right] = e^j \pm e^{-j}.$$

Dies bedeutet für die Zustandssumme:

$$\begin{aligned} Z_N(T,0) =& 2^N \cosh^N(\beta J)\left[1 + \tanh^N(\beta J)\right] \\ \xrightarrow[N \gg 1]{} & 2^N \cosh^N(\beta J) \qquad (T \neq 0). \end{aligned} \tag{4.196}$$

Der Vergleich mit (4.184) bestätigt die Äquivalenz der Resultate für den Ring und die offene Kette im Fall des asymptotisch großen Systems. Bei endlicher Anzahl von Spins machen sich die speziellen Randbedingungen jedoch durchaus bemerkbar.

4.4.3 Thermodynamik des $d = 1$-Ising-Modells

Wir wollen zunächst die **thermische Zustandsgleichung** des eindimensionalen *Ising-Magneten* ableiten. Das geschieht über das magnetische Moment bzw. die Magnetisierung:

$$M(T, B_0) = \frac{1}{Z_N} \sum_{\{s\}} \left(\mu \sum_i S_i\right) e^{-\beta H} = \frac{1}{\beta} \left(\frac{\partial}{\partial B_0} \ln Z_N(T, B_0)\right)_T .$$

Mit (4.195) folgt:

$$M(T, B_0) = \frac{N}{\beta} \frac{1}{E_+} \frac{\partial E_+}{\partial B_0}.$$

Das ist leicht ausgewertet:

$$M(T, B_0) = N\mu \frac{\sinh(\beta \mu B_0)}{\sqrt{\cosh^2(\beta \mu B_0) - 2e^{-2\beta J} \sinh(2\beta J)}}. \tag{4.197}$$

Für alle endlichen Temperaturen verschwindet das Moment (die Magnetisierung) beim *Abschalten* des Feldes ($B_0 = 0$). Wie bereits in (4.188) festgestellt, gibt es keine *spontane* Magnetisierung. Das $d = 1$-Ising-Modell ist für alle $T \neq 0$ paramagnetisch. – Für sehr große Felder B_0 geht die Magnetisierung in die *Sättigung*:

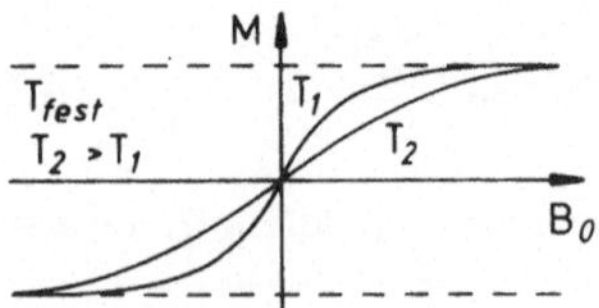

$$M(T, B_0) \approx N\mu \tanh(\beta \mu B_0) \to N\mu.$$

Die M-B_0-Isothermen ähneln sehr stark denen des idealen $S = 1/2$-Paramagneten aus Kapitel 4.3.5.

Die **freie Energie** F des feldfreien ($B_0 = 0$), eindimensionalen Ising-Modells läßt sich direkt an (4.196) ablesen:

$$F(T) = -k_B T \ln Z_N(T, 0) = -N\, k_B T \ln[2\cosh(\beta\, J)]. \qquad (4.198)$$

Mit ihr berechnen wir die **Entropie** S:

$$S = -\frac{\partial F}{\partial T} = N\, k_B \{\ln[2\cosh(\beta\, J)] - \beta\, J \tanh(\beta\, J)\}. \qquad (4.199)$$

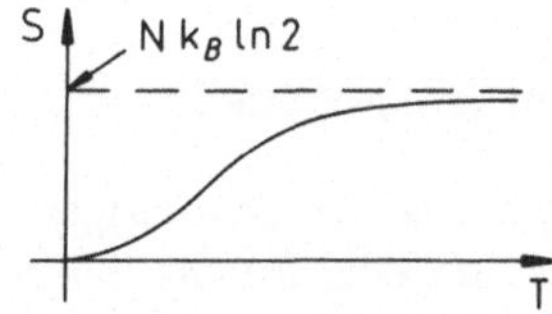

Sie erfüllt den Dritten Hauptsatz:

$$S \xrightarrow[T \to 0]{} N\, k_B \{\beta\, J - \beta\, J\} = 0.$$

Für sehr hohe Temperaturen ergibt sich eine thermische Äquivalenz aller 2^N Spinzustände. Dies bedeutet:

$$S \xrightarrow[T \to \infty]{} k_B \ln 2^N = N\, k_B \ln 2.$$

Aus der Entropie leiten wir die **Wärmekapazität** ab:

$$C_{B_0=0} = T \left(\frac{\partial S}{\partial T}\right)_{B_0=0} = k_B \frac{\beta^2 J^2}{\cosh^2(\beta\, J)}. \qquad (4.200)$$

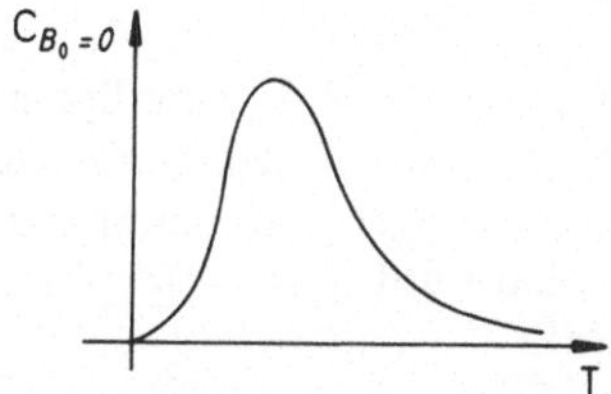

$C_{B_0=0} \to 0$ für $T \to 0$ ist ein weiterer Hinweis darauf, daß der Dritte Hauptsatz erfüllt ist.

Zur Berechnung der isothermen Suszeptibilität χ_T gehen wir zweckmäßig vom *Fluktuations-Dissipations-Theorem* (4.16) aus, das wir dort ja speziell für das Ising-Spinsystem hergeleitet haben:

$$\chi_T(B_0 = 0) = \beta\, \mu^2 \mu_0 \sum_{i,j} (\langle S_i S_j \rangle - \langle S_i \rangle \langle S_j \rangle) =$$

$$\stackrel{(4.186)}{=} \beta\, \mu^2 \mu_0 \sum_j \tanh^j(\beta\, J).$$

Wegen $B_0 = 0$ verschwinden die Erwartungswerte $\langle S_i \rangle$ und $\langle S_j \rangle$. Die verbleibende Summe ist gerade die *geometrische Reihe*:

$$\chi_T(B_0 = 0) = \frac{\beta \mu^2 \mu_0}{1 - \tanh(\beta J)}. \tag{4.201}$$

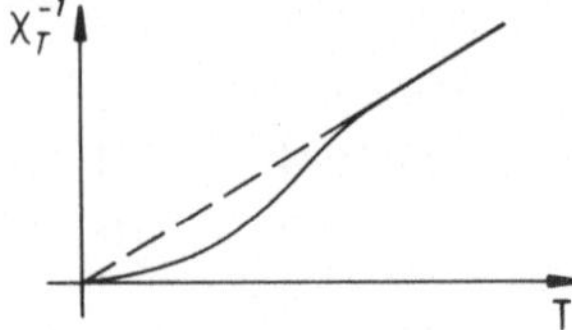

Die Suszeptibilität erfüllt für hohe Temperaturen das *Curie-Gesetz* (4.137) des Paramagneten und divergiert für $T \to 0$.

4.4.4 Zustandssumme des zweidimensionalen Ising-Modells

Die Auswertung des $d = 2$-Modells gestaltet sich ungleich schwieriger als die des eindimensionalen Systems. Da es sich aber um eine für die Theorie der Phasenübergänge typische Problemstellung handelt, wollen wir die Ableitungen sehr detailliert durchführen. Wir folgen dabei einer Methode, die von M. L. Glasser (Am. J. Phys. **38**, 1033 (1970)) vorgeschlagen wurde.

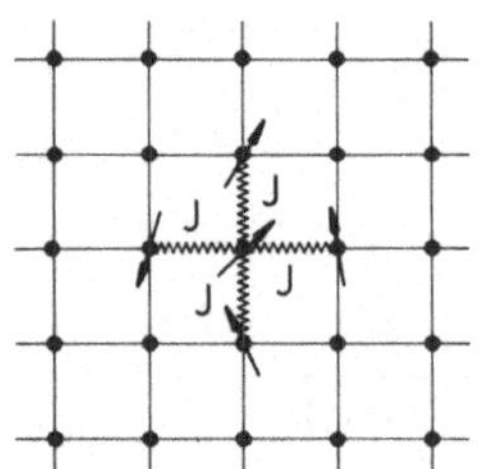

Ausgangspunkt ist wiederum die Hamilton-Funktion (4.179), wobei allerdings nur isotrope *Nächste-Nachbar-Wechselwirkungen* berücksichtigt werden sollen. Ein äußeres Feld sei **nicht** aufgeschaltet ($B_0 = 0$):

$$H = -J \sum_{(i,j)} S_i S_j. \tag{4.202}$$

Die Rechnung wird zunächst für ein **endliches** System von N Ising-Spins auf einem quadratischen Gitter durchgeführt. Der Übergang in den *thermodynamischen Limes* wird erst am Ende der Rechnung vollzogen. Summiert wird in (4.202) über alle Paare (i, j) von nächsten Nachbarn auf dem Gitter. Ziel ist die Berechnung der **kanonischen Zustandssumme**:

$$Z_N(T) = \sum_{\{S_i\}} \exp(-\beta H). \tag{4.203}$$

Die Summation erfaßt alle 2^N Spinkonfigurationen.

Wir beginnen mit einer passenden **Hochtemperaturentwicklung** der Zustandssumme. Die Spinvariable S_i kann nur die Werte $+1$ oder -1 annehmen. Deswegen gilt für beliebige $n \in \mathbb{Z}$:

$$(S_i S_j)^{2n} = 1; \quad (S_i S_j)^{2n+1} = S_i S_j.$$

Benutzt man dies in der Reihenentwicklung der Exponentialfunktion, so folgt unmittelbar:

$$e^{\beta J S_i S_j} = \cosh(\beta J) + (S_i S_j)\sinh(\beta J) = \cosh(\beta J)\big[1 + v(S_i S_j)\big].$$

Mit v haben wir eine für Hochtemperaturentwicklungen günstige Variable eingeführt:

$$v = \tanh(\beta J). \tag{4.204}$$

Im quadratischen Gitter hat jeder Ising-Spin vier nächste Nachbarn. Läßt man Randeffekte außer acht, da später ohnehin zum unendlich großen System übergegangen wird, dann werden $2N$ verschiedene Paare nächster Nachbarn gezählt. Damit läßt sich unschwer das folgende erste Zwischenergebnis für die kanonische Zustandssumme nachvollziehen:

$$\begin{aligned} Z_N(T) &= \sum_{\{S_i\}} \prod_{(i,j)} e^{\beta J S_i S_j} = \\ &= \cosh^{2N}(\beta J) \sum_{\{S_i\}} \Big[1 + v \sum_{\nu=1}^{2N} S_{i_\nu} S_{j_\nu} + \\ &\quad + v^2 \sum_{\substack{\nu,\mu=1 \\ \nu \neq \mu}}^{2N} \left(S_{i_\nu} S_{j_\nu}\right)\left(S_{i_\mu} S_{j_\mu}\right) + \dots\Big]. \end{aligned} \tag{4.205}$$

Im nächsten Schritt werden die Spinprodukte graphisch durch **Diagramme** dargestellt. Die *Wechselwirkung* v entspricht einer durchgezogenen Linie zwischen den zugehörigen Gitterpunkten:

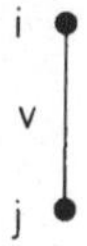

i — v — j $\iff v(S_i S_j)$

Jede Linie trägt den Faktor v und verbindet zwei nächste Nachbarn. Die Punkte heißen **Vertizes**. Jedem Vertex läßt sich eine

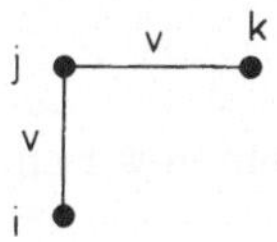

i — v — j — v — k $\iff v^2(S_i S_j)(S_j S_k)$

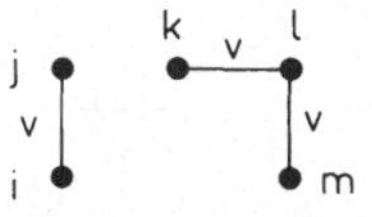

i — v — j; k — v — l — v — m $\iff v^3(S_i S_j)(S_k S_l)(S_l S_m)$

Ordnung zuschreiben, definiert als die Zahl der an ihn gekoppelten Wechselwirkungslinien. Demnach gibt es die Ordnungen 1 bis 4.

In einem typischen Spinprodukt aus (4.205),

$$\sum_{\{S_i\}} (S_{i_1} S_{j_1}) \cdots (S_{i_l} S_{j_l}),$$

wird über alle 2^N Spinkonfigurationen summiert. Kommt nur ein Spin S_i^* in dem Produkt mit ungerader Potenz (1 oder 3) vor, so verschwindet der gesamte Ausdruck, da es dann zu jedem Summanden in $\{S_i\}$ einen anderen gibt, der sich von jenem nur dadurch unterscheidet, daß $S_i^* = \pm 1$ durch $-S_i^*$ zu ersetzen ist. Diese Terme kompensieren sich somit. Wenn aber alle Spins in dem obigen Produkt geradzahlig häufig (zwei- oder viermal) erscheinen, so liefert das gesamte Produkt den Wert $+1$ und nach Summation über alle Spinkonfigurationen den Beitrag 2^N. Damit läßt sich aber offenbar anstelle von (4.205) schreiben:

$$Z_N(T) = 2^N \cosh^{2N}(\beta J) \sum_{l=0}^{\infty} g_l v^l. \tag{4.206}$$

Dabei ist g_l die Zahl der Diagramme aus l Linien mit ausschließlich geraden Vertizes ($g_0 \equiv 1$). Nur geschlossene Linienzüge besitzen lauter gerade Vertizes. Damit ist $l = 4$ die niedrigste, von Null verschiedene Potenz von v in (4.206).

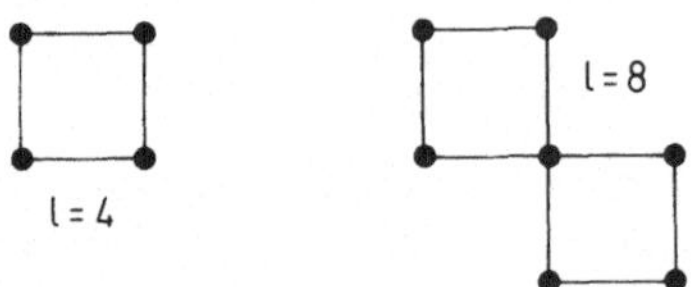

Die verbleibende Aufgabe besteht darin, g_l festzulegen. Dazu führen wir zunächst zwei neue Begriffe ein:

Knoten: Vertex vierter Ordnung

Schlaufe: geschlossener Linienzug **ohne** Knoten

Um später Mehrdeutigkeiten zu vermeiden, vereinbaren wir eine Vorschrift zur **Auflösung von Knoten**:

Wie skizziert wird jeder Knoten auf drei Arten *aufgelöst*. Die dritte Variante werden wir **Selbstüberschneidung** (SÜ) nennen. Jedes Diagramm mit k Knoten zerfällt durch diese Vorschrift in 3^k **Familien von Schlaufen**. Wir geben ein Beispiel für $k = 1$ an:

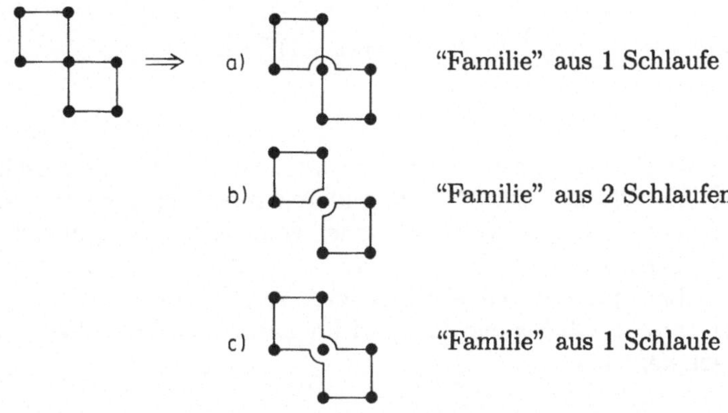

Das Auflösen der Knoten führt natürlich zu einer starken Vervielfachung der Diagramme, was durch Einführung von Gewichtsfaktoren η für *Schlaufen* bzw. *Familien* wieder wettgemacht wird:

$$\eta \text{ (Schlaufe)} = (-1)^{\text{Anzahl der SÜ}},$$

$$\eta \text{ (Familie)} = (-1)^{\text{Anzahl der SÜ in der Familie}}.$$

Im skizzierten Beispiel ist $\eta(a) = -1$, $\eta(b) = +1$, $\eta(c) = +1$. Die Summe der η's ist also gleich 1! Das läßt sich verallgemeinern:

g_l = Summe der Gewichte **aller** Familien von Schlaufen aus insgesamt l Linien.

Das macht man sich wie folgt klar:

1) Ein Diagramm **ohne** Knoten besteht aus einer einzelnen Schlaufe oder einer Familie von Schlaufen ohne SÜ, wird also mit Gewicht $\eta = (-1)^0 = +1$ gezählt.

2) Bei einem Diagramm mit k Knoten haben wir $\binom{k}{j}$ Möglichkeiten, davon j auszuwählen, die nach der Auflösung eine SÜ haben sollen. Für jeden der $(k - j)$ Knoten, die nach der Auflösung ohne SÜ sind, gibt es zwei Möglichkeiten. Damit gibt es insgesamt $2^{k-j}\binom{k}{j}$ Möglichkeiten, um aus einem Diagramm mit k Knoten eine Schlaufenfamilie mit j Selbstüberschneidungen zu konstruieren. Jede dieser Familien trägt dazu das Gewicht $(-1)^j$.

– Das Gesamtgewicht aller aus einem Diagramm mit k Knoten konstruierbaren Familien von Schlaufen beträgt dann:

$$\sum_{j=0}^{k} \binom{k}{j} 2^{k-j}(-1)^j = (2-1)^k = 1.$$

Nach Auflösung der Knoten gemäß obiger Vorschrift hat sich zwar die Anzahl der Diagramme vervielfacht. Die Gewichtsfaktoren sorgen aber dafür, daß alle aus einem gegebenen Diagramm entstehenden Familien von Schlaufen das Gesamtgewicht $+1$ liefern. Die Größe g_l, die zu (4.206) als die Zahl der Diagramme aus l Linien mit ausschließlich geraden Vertizes eingeführt wurde, kann also in der Tat auch als Summe der Gewichte aller Schlaufenfamilien aus l Linien aufgefaßt werden.

Wir definieren im nächsten Schritt:

$$D_l = \text{Summe der Gewichte aller Schlaufen als } l \text{ Linien.}$$

Da jede Familie sich aus einer oder mehreren Schlaufen zusammensetzt, läßt sich g_l durch D_l ausdrücken:

$$g_l = \sum_{n=1}^{\infty} \frac{1}{n!} \sum_{\substack{l_1,\dots,l_n \\ \sum l_i = l}} D_{l_1} D_{l_2} \cdots D_{l_n}; \qquad l \neq 0 \tag{4.207}$$

($g_0 = 1$). Das Produkt $D_{l_1} D_{l_2} \cdots D_{l_n}$ erfaßt alle möglichen Zerlegungen einer Familie aus l Linien in Schlaufen, wobei natürlich die Nebenbedingung $\sum l_i = l$ erfüllt sein muß. Summanden in (4.207), die sich nur durch die Reihenfolge der Faktoren (D_{l_i}) unterscheiden, beschreiben dieselbe Familie, dürfen also eigentlich auch nur einmal gezählt werden. Dies reguliert der Faktor $(1/n)$! Die Summation über n in (4.207) kann formal bis Unendlich laufen, da für $l_i < 4$ $D_{l_i} = 0$ wird, weil es keine Schlaufen aus weniger als vier Linien gibt.

Es bleibt jedoch noch ein Problem im Zusammenhang mit der Darstellung (4.207) zu klären. Da die l_i-Summationen völlig unabhängig voneinander, zumindest bis auf die Nebenbedingung $\sum l_i = l$, durchzuführen sind, werden auch *Doppelbelegungen* einzelner Linien auftreten. Diese gehören zu nichtexistenten

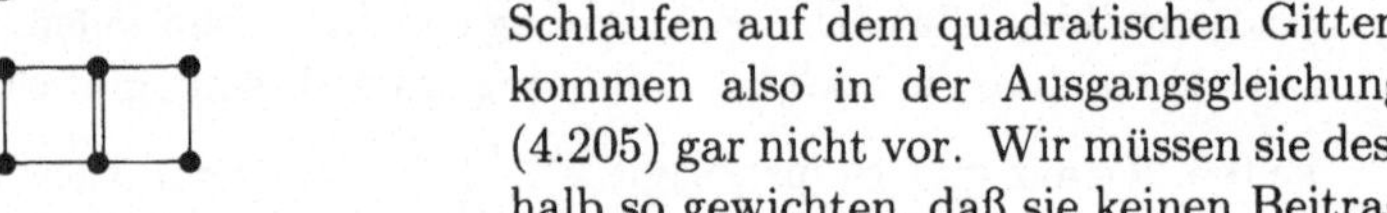

Schlaufen auf dem quadratischen Gitter, kommen also in der Ausgangsgleichung (4.205) gar nicht vor. Wir müssen sie deshalb so gewichten, daß sie keinen Beitrag liefern. Sie aus (4.207) herauszunehmen, wäre zu kompliziert. Wir vereinbaren, eine *Doppelbelegung* wie skizziert aufzulösen, d.h. zweifach zu zählen:

Bei der zweiten Version wird eine *Selbstüberschneidung* produziert, bei der ersten dagegen nicht. Die Gewichte der beiden Diagrammtypen heben sich also gerade auf. Wir können deshalb *Doppelbelegungen* in (4.207) formal mitzählen. So entstehen zum Beispiel aus dem obigen *verbotenen* Diagramm die folgenden Beiträge:

D_4 D_4 $\qquad \eta = (+1)(+1) = 1$ $\qquad\qquad$ D_8 $\qquad \eta = -1$

Mit dieser Vorschrift kann nun (4.207) benutzt werden, um ein weiteres Zwischenergebnis für die kanonische Zustandssumme anzugeben. Wir benötigen in (4.206):

$$g_l v^l \overset{(4.207)}{=} \sum_{n=1}^{\infty} \frac{1}{n!} \sum_{\substack{l_1,\cdots,l_n \\ \sum l_i = l}} \left(D_{l_1} v^{l_1}\right) \cdots \left(D_{l_n} v^{l_n}\right) \qquad l \neq 0.$$

Wenn wir diesen Ausdruck über alle l von 1 bis ∞ summieren, dann werden sämtliche l_i-Summationen unabhängig voneinander. Die Nebenbedingung $\sum l_i = l$ wird bedeutungslos:

$$\sum_{l=0}^{\infty} g_l v^l = 1 + \sum_{n=1}^{\infty} \frac{1}{n!} \Big[\sum_{l^*=1}^{\infty} D_{l^*} v^{l^*}\Big]^n = \exp\Big[\sum_{l=1}^{\infty} D_l v^l\Big].$$

Wir können nun (4.206) ersetzen durch das neue Zwischenergebnis:

$$Z_N(T) = 2^N \cosh^{2N}(\beta J) \exp\Big[\sum_{l=1}^{\infty} D_l v^l\Big]. \tag{4.208}$$

Es bleibt also, mit D_l das Gewicht aller Schlaufen aufzummieren, die man aus l Linien bilden kann.

Die verbleibende Aufgabe besteht in der Abzählung der Selbstüberschneidungen innerhalb einer Schlaufe. Dies läßt sich in eleganter Weise durch Einführung **gerichteter Wege** bewerkstelligen. Dazu stellen wir das zweidimensionale Ising-Gitter in der komplexen Zahlenebene,

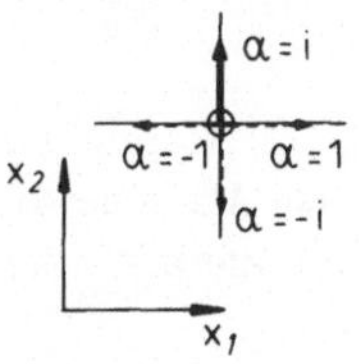

$$z = x_1 + i\, x_2,$$

mit ganzzahligen Real- und Imaginärteilen für die einzelnen Gitterpunkte dar.

Ein **Einzelschritt** $p = (z, \alpha)$ ist definiert durch seinen Ausgangspunkt z und seine

$$\textit{Richtung}\ \alpha = 1, i-1, -i,$$

so daß $z + \alpha$ den Endpunkt darstellt. Ein *Weg von z nach z' in m Schritten* ist eine Folge von m Einzelschritten,

$$p_0 = (z_0, \alpha_0), p_1, p_2, \dots, p_{m-1}, p_m = (z_m, \alpha_m),$$

mit

$$z_0 = z; \quad z_{i+1} = z_i + \alpha_i; \quad z_m = z'.$$

Um Umkehrpunkte zu vermeiden, fordern wir schließlich noch:

$$\alpha_{i+1} \neq -\alpha_i.$$

Zur Festlegung von D_l benötigen wir das *Gewicht* einer Schlaufe. Dieses werden wir in Verbindung bringen können mit dem folgenden **Gewicht des Weges**:

$$\eta\,(\text{Weg}) = \exp\left[\frac{i}{2}\left(\arg\frac{\alpha_1}{\alpha_0} + \dots + \arg\frac{\alpha_m}{\alpha_{m-1}}\right)\right]. \tag{4.209}$$

Wegen $\alpha_{i+1}/\alpha_i = 1, \pm i$ kann

$$\arg\frac{\alpha_{i+1}}{\alpha_i} = 0, \pm\frac{\pi}{2}$$

sein. Es handelt sich dabei um die Richtungsänderung zwischen dem i-ten und $(i+1)$-ten *Einzelschritt*. $\arg\,(\alpha_{i+1}/\alpha_i) = \pm\pi$ scheidet aus, da direkte Umkehrschritte ausgeschlossen sein sollen.

Wir führen nun die Matrix M_m ein, deren Elemente wie folgt definiert sind:

$\langle p \,|\, M_m \,|\, p' \rangle =$ Summe der Gewichte aller Wege von p nach p' in m Einzelschritten.

Das Matrixelement soll Null sein, falls p' von p aus nicht in m Schritten erreichbar ist. Für $m = m_1 + m_2$ gilt natürlich auch:

$$\langle p \,|\, M_m \,|\, p' \rangle = \sum_{p''} \langle p \,|\, M_{m_1} \,|\, p'' \rangle \langle p'' \,|\, M_{m_2} \,|\, p' \rangle$$

$$\Longleftrightarrow \quad M_m = M_{m_1} M_{m_2}.$$

Die Zerlegung läßt sich fortsetzen:

$$M_m = M_1^m.$$

Da es bei N Gitterplätzen und vier Möglichkeiten für α (Randeffekte außer acht gelassen) $4N$ verschiedene Einzelschritte p gibt, ist M_1 eine $4N \times 4N$-Matrix, allerdings mit einer Menge Nullen, und zwar für die p, p', die nicht in einem Einzelschritt überbrückbar sind.

Die Matrix M_l hat einen direkten Bezug zu der uns eigentlich interessierenden Größe D_l:

$$D_l = -\frac{1}{2l} \sum_p \langle p \,|\, M_l \,|\, p \rangle = -\frac{1}{2l} \, \mathrm{Sp}\, M_1^l. \tag{4.210}$$

Die Gültigkeit dieser Beziehung sieht man wie folgt ein: Zunächst einmal bezieht sich D_l auf *Schlaufen*, d.h. auf geschlossene Wege, so daß nur die Diagonalelemente $p = p'$ eine Rolle spielen. In der Summe über p kann jeder der l Schlaufenpunkte Anfangspunkt sein. Ferner läßt sich die Schlaufe in zwei Richtungen durchlaufen. Diese Mehrdeutigkeit wird durch den Faktor $1/2l$ korrigiert. Nun ist außerdem bei einem geschlossenen Weg der gesamte Drehwinkel stets ein ganzzahliges Vielfaches von 2π. Dies bedeutet auf jeden Fall

$$\eta \text{ (Weg) } = \pm 1.$$

Diese Aussage kann man aber noch etwas genauer fassen. Bei keiner oder bei einer geraden Anzahl von *Selbstüberschneidungen* ist der Drehwinkel $\pm 2\pi$, bei einer ungeraden Anzahl ist er Null. Zur Erläuterung mögen die skizzierten Beispiele dienen (φ: gesamter Drehwinkel):

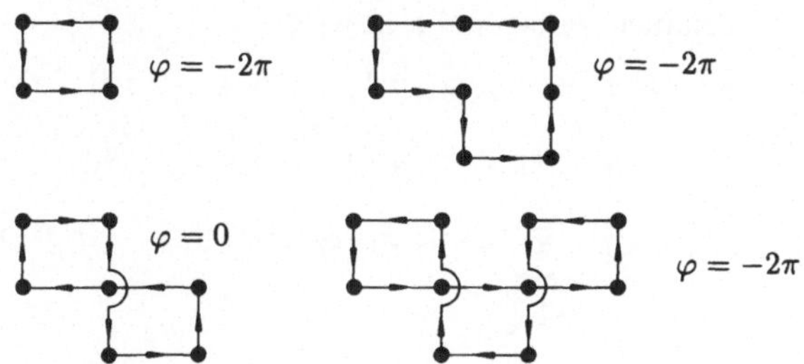

Gemäß (4.209) ist demnach

$$\eta \text{ (Weg) } = -\eta \text{ (Schlaufe)},$$

womit sich das Minuszeichen in (4.210) erklärt. Wenn die Eigenwerte $m_1, m_2, \ldots, m_{4N}$ der Matrix M_1 bekannt sind, dann läßt sich schreiben:

$$\mathrm{Sp}\, M_1^l = \sum_{j=1}^{4N} (m_j)^l.$$

Für (4.208) brauchen wir:

$$\sum_{l=1}^{\infty} D_l v^l = -\frac{1}{2} \sum_{j=1}^{4N} \sum_{l=1}^{\infty} \frac{(m_j v)^l}{l} = \frac{1}{2} \sum_{j=1}^{4N} \ln(1 - v\, m_j) =$$

$$= \ln\Big[\prod_{j=1}^{4N} (1 - v\, m_j)^{1/2}\Big] = \ln\big[\det\,(1 - v\, M_1)\big]^{1/2}.$$

Wir haben damit ein weiteres Zwischenergebnis für die Zustandssumme gefunden:

$$Z_N(T) = 2^N \cosh^{2N}(\beta J)\big[\det\,(1 - v\,M_1)\big]^{1/2}. \tag{4.211}$$

Zur Vermeidung von Randpunkten führen wir nun *periodische Randbedingungen* ein, was erst jetzt erlaubt ist, da sonst die Abzählung falsch geworden wäre. Ein Weg, der vom linken bis zum rechten Rand des ebenen Gitters verläuft, würde auf dem durch periodische Randbedingungen entstehenden Torus ebenfalls eine Schlaufe.

Die Elemente der Matrix M_1 lauten:

$$\langle\, p \,|\, M_1 \,|\, p' \,\rangle = \exp\left[\frac{i}{2}\,\arg\,\frac{\alpha'}{\alpha}\right](1 - \delta_{\alpha,-\alpha'})\delta_{z+\alpha,z'}. \tag{4.212}$$

Der erste Term erklärt sich aus (4.209) als Gewicht des Einzelschritts, der zweite verhindert Umkehrpunkte und der dritte sorgt dafür, daß der Schritt von z in Richtung α nach z' erfolgt. Durch die periodischen Randbedingungen ist Translationssymmetrie gewährleistet. Das Matrixelement (4.212) wird bei gegebenem α, α' nur vom Abstand $z - z'$ abhängen. Es empfiehlt sich deshalb eine Fourier-Transformation, da die transformierte Matrix $\widehat{M_1}$ in der zu z konjugierten Variablen q diagonal sein wird:

$$N = N_1 N_2 : z = x_1 + i\,x_2,\; x_i = 1, \ldots, N_i \qquad i = 1, 2,$$

$$q = q_1 + i\,q_2; \qquad q_i = \frac{2\pi}{N_i}(1, 2, \ldots, N_i),$$

$$\langle\, q\,\alpha \,|\, \widehat{M_1} \,|\, q'\alpha' \,\rangle = \frac{1}{N^2} \sum_{\substack{x_1 x_2 \\ \bar{x}_1 \bar{x}_2}} e^{-i(q_1 x_1 + q_2 x_2)} \langle\, z\,\alpha \,|\, M_1 \,|\, z'\alpha' \,\rangle e^{i\left(q_1' \bar{x}_1 + q_2' \bar{x}_2\right)} =$$

$$= e^{\frac{i}{2}\,\arg\,\frac{\alpha'}{\alpha}}\,(1 - \delta_{\alpha-\alpha'})\,\frac{1}{N^2} \sum_{\substack{x_1 x_2 \\ \bar{x}_1 \bar{x}_2}} \delta_{x_1 + \,\mathrm{Re}\,\alpha, \bar{x}_1} *$$

$$* \,\delta_{x_2 + \,\mathrm{Im}\,\alpha, \bar{x}_2} e^{i\left(q_1' \bar{x}_1 + q_2' \bar{x}_2 - q_1 x_1 - q_2 x_2\right)} =$$

$$= e^{\frac{i}{2}\,\arg\,\frac{\alpha'}{\alpha}}\,(1 - \delta_{\alpha-\alpha'})\,\frac{1}{N^2} \sum_{x_1 x_2} e^{i(q_1' - q_1)x)1} *$$

$$* \,e^{i(q_2' - q_2)x_2}\, e^{i\left(q_1'\,\mathrm{Re}\,\alpha + q_2'\,\mathrm{Im}\,\alpha\right)} =$$

$$= e^{i\left(q_1\,\mathrm{Re}\,\alpha + q_2\,\mathrm{Im}\,\alpha\right)}\, e^{\frac{i}{2}\arg\,\frac{\alpha'}{\alpha}}\,(1 - \delta_{\alpha-\alpha'})\delta_{q_1 q_1'}\,\delta_{q_2 q_2'}.$$

Die Matrix $\widehat{M_1}$ besteht aus 4×4-Blöcken längs der Diagonalen und sonst lauter Nullen:

$$\langle\, q\,\alpha \,|\, \widehat{M_1} \,|\, q'\alpha' \,\rangle = \delta_{qq'} \langle\, \alpha \,|\, m(q) \,|\, \alpha' \,\rangle, \tag{4.213}$$

$$\langle\, \alpha \,|\, m(q) \,|\, \alpha' \,\rangle = e^{i(q_1\,\mathrm{Re}\,\alpha + q_2\,\mathrm{Im}\,\alpha)}\, e^{\frac{i}{2}\,\arg\,\frac{\alpha'}{\alpha}}(1 - \delta\alpha - \alpha').$$

Mit α in der Folge $+1, i, -1, -i$ als Zeilenindex und α' entsprechend als Spaltenindex sowie den Abkürzungen,

$$\lambda = e^{i\pi/4}, \quad Q_1 = e^{i\,q_1}, \quad Q_2 = e^{i\,q_2},$$

lautet die Matrix $m(q)$:

$$m(q) \equiv \begin{pmatrix} Q_1 & \lambda Q_1 & 0 & \lambda^* Q_1 \\ \lambda^* Q_2 & Q_2 & \lambda Q_2 & 0 \\ 0 & \lambda^* Q_1^* & Q_1^* & \lambda Q_1^* \\ \lambda Q_2^* & 0 & \lambda^* Q_2^* & Q_2^* \end{pmatrix}. \tag{4.214}$$

Für die Zustandssumme (4.211) wird die Determinante

$$\det\,(1 - v\,M_1) = \det\,(1 - v\,\widehat{M_1}) = \prod_q \det\,\big(1 - v\,m(q)\big)$$

benötigt:

$$Z_N(T) = 2^N \cosh^{2N}(\beta\,J)\Big[\prod_q \det\,\big(1 - v\,m(q)\big)\Big]^{1/2}. \tag{4.215}$$

Damit sind wir am Ziel, denn die Determinante der 4×4-Matrix ist recht einfach zu bestimmen:

$$Z_N(T) = 2^N \cosh^{2N}(\beta\,J)\Big[\prod_{q_1, q_2} \big\{(1+v^2)^2 - 2v(1-v^2)(\cos q_1 + \cos q_2)\big\}\Big]^{1/2}. \tag{4.216}$$

4.4.5 Der Phasenübergang

Ein möglicher Phasenübergang wird sich in irgendeiner *Unregelmäßigkeit* eines passenden thermodynamischen Potentials bemerkbar machen. Wir berechnen deshalb nun aus der kanonischen Zustandssumme (4.216) die freie Energie. Wegen des zu vollziehenden Übergangs in den thermodynamischen Limes ist natürlich nur die freie Energie pro Spin interessant:

$$\begin{aligned} f(T) &= \\ &= \lim_{N\to\infty} \frac{1}{N}\big(-k_B T\,\ln Z_N(T)\big) = -k_B T\Big\{\ln 2 + 2\ln\cosh(\beta\,J) + \\ &\quad + \lim_{N\to\infty} \frac{1}{2N} \sum_{q_1, q_2} \ln\big[(1+v^2)^2 - 2v(1-v^2)(\cos q_1 + \cos q_2)\big]\Big\}. \end{aligned} \tag{4.217}$$

Die Doppelsumme kann in ein Doppelintegral verwandelt werden. Da pro *Rastervolumen* $2\pi/N_i$ im *q-Raum* genau ein q_i-Wert liegt ($i = 1,2; N_1N_2 = N$), lautet die Übersetzungsvorschrift:

$$\sum_{q_1,q_2} \cdots \to \frac{N}{4\pi^2} \iint_0^{2\pi} dq_1 dq_2 \ldots$$

Benutzt man dann noch

$$\ln\cosh(\beta J) = \ln\frac{1}{\sqrt{1-v^2}} = \frac{1}{4}\ln(1-v^2)^{-2} =$$
$$= \frac{1}{16\pi^2}\iint_0^{2\pi} dq_1 dq_2 \ln(1-v^2)^{-2},$$
$$\left(\frac{1+v^2}{1-v^2}\right)^2 = \cosh^2(2\beta J) = \big(1-\sinh(2\beta J)\big)^2 + 2\sinh(2\beta J),$$
$$\frac{2v}{1-v^2} = 2\sinh(\beta J)\cosh(\beta J) = \sinh(2\beta J),$$

so ergibt sich der folgende Ausdruck für die freie Energie:

$$f(T) =$$
$$= -k_BT\Big\{\ln 2 + \frac{1}{8\pi^2}\iint_0^{2\pi} dq_1 dq_2 *$$
$$* \ln\Big[\big(1-\sinh(2\beta J)\big)^2 + \sinh(2\beta J)\big(2-\cos q_1 - \cos q_2\big)\Big]\Big\}. \tag{4.218}$$

Die freie Energie bleibt auch beim eventuellen Phasenübergang stetig, nicht jedoch die Ableitungen. Leider läßt sich das Doppelintegral nicht weiter analytisch behandeln. Etwas *Ungewöhnliches* zu erwarten ist eigentlich nur für den Fall, daß das Argument des Logarithmus verschwindet. Dazu müssen aber beide Summanden Null werden, insbesondere muß

$$1 \stackrel{!}{=} \sinh\frac{2J}{k_BT_C} \tag{4.219}$$

erfüllt sein, wodurch die kritische Temperatur festgelegt wäre:

$$\frac{J}{k_BT_C} = \frac{1}{2}\ln(1+\sqrt{2}) = 0{,}4407. \tag{4.220}$$

Daß es sich bei T_C tatsächlich um einen **Phasenübergang zweiter Ordnung** handelt, wollen wir uns durch eine Integralabschätzung in (4.218) klarmachen. Dazu benutzen wir die folgende Taylor-Entwicklung um $T = T_C$:

$$\begin{aligned}\sinh(2\beta\, J) &= \sinh(2\beta_C J) + (T - T_C)\cosh(2\beta_C J)\left(-\frac{2J}{k_B T_C^2}\right) + \ldots = \\ &= 1 - \frac{T - T_C}{T_C}(2\beta_C J \cosh(2\beta_C J)) + \ldots = \\ &= 1 - a\,\epsilon + \ldots\end{aligned}$$

Die Konstante a ist von der Größenordnung 1:

$$a \equiv 2\beta_C J \cosh(2\beta_C J) = 0{,}8814\,\frac{2+\sqrt{2}}{1+\sqrt{2}} = 1,2465.$$

Nach (4.218) sollte also die freie Energie in der Nähe von T_C die Gestalt

$$\begin{aligned}f(T) \approx -k_B T\Big\{\ln 2 + \frac{1}{8\pi^2}\iint\limits_0^{2\pi} dq_1 dq_2 * \\ * \ln\left[a^2\epsilon^2 + (1 - a\,\epsilon)(2 - \cos q_1 - \cos q_2)\right]\Big\}\end{aligned}$$

annehmen. Kritisch kann nur das Doppelintegral werden:

$$I(\epsilon) \equiv \iint\limits_0^{2\pi} dq_1 dq_2\, \ln\left[a^2\epsilon^2 + (1 - a\,\epsilon)(2 - \cos q_1 - \cos q_2)\right].$$

Die erste Ableitung

$$\frac{dI}{d\epsilon} = \iint\limits_0^{2\pi} dq_1 dq_2 \frac{2a^2\epsilon - a(2 - \cos q_1 - \cos q_2)}{a^2\epsilon^2 + (1 - a\,\epsilon)(2 - \cos q_1 - \cos q_2)} \xrightarrow[\epsilon \to 0]{} -a\,4\pi^2$$

zeigt für $T \to T_C$ ($\epsilon \to 0$) keinerlei Besonderheit. Der Phasenübergang, wenn er denn existiert, ist auf jeden Fall nicht von erster Ordnung. Die zweite Ableitung

$$\begin{aligned}\left.\frac{d^2 I}{d\epsilon^2}\right|_{\epsilon\to 0} &= \iint\limits_0^{2\pi} dq_1 dq_2 \frac{a^2(\cos q_1 + \cos q_2)}{2 - \cos q_1 - \cos q_2} = \\ &= -a^2\, 4\pi^2 + 2a^2 \iint\limits_0^{2\pi} \frac{dq_1 dq_2}{2 - \cos q_1 - \cos q_2}\end{aligned}$$

zeigt dagegen eine **logarithmische Divergenz**. Das macht man sich am einfachsten klar, wenn man das Integral in der Nähe der unteren Integrationsgrenze untersucht,

$$2 - \cos q_1 - \cos q_2 \approx -\frac{1}{2}\left(q_1^2 + q_2^2\right),$$

und ebene Polarkoordinaten einführt:

$$q_1 = q\cos\varphi,\ q_2 = q\sin\varphi: \quad dq_1 dq_2 = q\,dq\,d\varphi.$$

Dann läßt sich abschätzen:

$$\iint\limits_0^{2\pi} \frac{dq_1 dq_2}{2 - \cos q_1 - \cos q_2} \longrightarrow \int\limits_0^{\cdots} q\,dq \frac{1}{q^2} = \ln q \Big|_0^{\cdots}.$$

Die zweite Ableitung von I nach ϵ divergiert also in der Tat für $\epsilon \to 0$ $(T \to T_C)$ logarithmisch. Das überträgt sich auf die zweite Ableitung der freien Energie nach der Temperatur und damit auf die Wärmekapazität:

$$C_{H=0} = -T\frac{d^2 f}{dT^2}.$$

Das zweidimensionale Ising-Modell vollzieht bei der durch (4.220) definierten kritischen Temperatur T einen **Phasenübergang zweiter Ordnung**. Dem logarithmischen Divergieren der Wärmekapazität entspricht ein *kritischer Exponent*:

$$\alpha = 0. \tag{4.221}$$

Der Temperaturverlauf der spontanen Magnetisierung $M_S(T)$ rechtfertigt letztlich die Annahme eines Phasenübergangs bei $T = T_C$:

$$M_S(T) = \begin{cases} \left(1 - \sinh^{-4}(2\beta J)\right)^{1/8} & : T < T_C, \\ 0 & : T > T_C. \end{cases} \tag{4.222}$$

Normalerweise würde man die *spontane* Magnetisierung durch Ableitung der freien Energie nach dem Feld mit anschließendem Grenzübergang $B_0 \to 0$ gewinnen. Da jedoch für das $d = 2$-Modell die freie Energie im Feld $(B_0 \neq 0)$ noch nicht berechnet werden konnte, muß man $M_S(T)$ über die Beziehung (4.187) bestimmen. Eine solche Rechnung wurde erstmals von C. N. Yang (1952) durchgeführt, nachdem bereits 1944 L. Onsager das Ergebnis (4.222) als Diskussionsbeitrag kundgetan hatte, ohne allerdings je seine Herleitung zu publizieren. An (4.222) liest man den kritischen Exponenten des Ordnungsparameters des zweidimensionalen Ising-Modells ab:

$$\beta = \frac{1}{8}. \tag{4.223}$$

4.5 Thermodynamischer Limes

4.5.1 Problematik

An verschiedenen Stellen der bisherigen Abhandlungen sind wir bereits auf die Notwendigkeit gestoßen, die jeweiligen Betrachtungen auf das *unendlich große System* zu extrapolieren. Dieses hat für ein N-Teilchensystem im Volumen V nach der folgenden Vorschrift zu geschehen:

$$\left.\begin{array}{l} N \to \infty \\ V \to \infty \end{array}\right\} \quad n = \frac{N}{V} \to \text{const.} \tag{4.224}$$

Die Teilchendichte n bleibt bei dem Prozeß endlich und konstant. Man nennt diesen Grenzübergang *thermodynamischer Limes*. Er ist unter anderem notwendig für

1) die Gültigkeit der üblichen thermodynamischen Beziehungen (Zustandsgleichungen, intensive/extensive Größen),

2) die Äquivalenz der verschiedenen statistischen Beschreibungen,

3) das Auftreten von Phasenübergängen.

Thermodynamische Potentiale eines makroskopischen Systems gelten als *extensive* Größen ($\sim V, \sim N$). Wenn man nun bei konstanter Temperatur T und konstanter Teilchendichte n das System in makroskopische Teilsysteme zerlegt, so besagt die *Extensivität*, daß die Gesamtenergie gleich der Summe der Teilsystemenergien ist. Das kann streng natürlich nur dann zutreffen, wenn die Wechselwirkungen zwischen Teilchen verschiedener Teilsysteme vernachlässigt werden können, also im *thermodynamischen Limes*. – Wir haben diesen Limes genaugenommen schon sehr häufig benutzt, ohne es explizit zu erwähnen. Bei der Diskussion von Zustandsgleichungen realer Gase haben wir zum Beispiel mehr oder weniger unbewußt vorausgesetzt, daß der Gasdruck nicht von der genauen Gestalt des Behälters abhängt, sondern nur von der Temperatur und der Dichte des Gases. Auch das ist sicher nur im *thermodynamischen Limes* richtig, wenn Oberflächeneffekte keine Rolle spielen (Gegenbeispiel: H_2O-Tröpfchen).

Wir wissen aus den vorangegangenen Kapiteln, daß nur im *thermodynamischen Limes* mikrokanonische, kanonische und großkanonische Gesamtheit streng dieselben Ergebnisse liefern.

Will man einen *Phasenübergang* mit den Mitteln der *Statistischen Physik* erkennen, so muß die Zustandssumme gewisse *Nicht-Analytizitäten* aufweisen. Wir werden uns im nächsten Kapitel klarmachen, daß Zustandssummen **endlicher** Systeme im gesamten physikalischen Bereich analytisch sind. In diesem Zusammenhang sei auch an das *Fluktuations-Dissipations-Theorem* (4.16) erinnert, das nur im *thermodynamischen Limes* ein Divergieren der Suszeptibilität χ_T für $T \to T_C$ zuläßt.

Mit dem *thermodynamischen Limes* sind nun aber auch einige nicht-triviale Fragen und Probleme verknüpft, die am Beispiel eines

klassischen, kontinuierlichen Systems

skizziert werden sollen. Es mögen sich N Teilchen im Volumen V befinden mit den Teilchenkoordinaten,

$$\mathbf{r} = \{\mathbf{r}_1, \mathbf{r}_2, \dots, \mathbf{r}_N\}; \quad \mathbf{p} = \{\mathbf{p}_1, \mathbf{p}_2, \dots, \mathbf{p}_N\},$$

und der Hamilton-Funktion:

$$H = \sum_{i=1}^{N} \frac{\mathbf{p}_i^2}{2m} + \frac{1}{2} \sum_{i,j}^{i \neq j} \varphi(\mathbf{r}_i - \mathbf{r}_j) = T(\mathbf{p}) + U(\mathbf{r}). \tag{4.225}$$

Für die *kanonische Zustandssumme* gilt nach (1.138):

$$\begin{aligned} Z_N(T,V) &= \frac{1}{h^{3N} N!} \int d^{3N}p \int d^{3N}r \, e^{-\beta H(\mathbf{p},\mathbf{r})} = \\ &= \frac{1}{\lambda^{3N} N!} \int_V d^{3N}r \, e^{-\beta U(\mathbf{r})}. \end{aligned} \tag{4.226}$$

Dabei ist $\lambda(T)$ die thermische de Broglie-Wellenlänge (1.137). Im **endlichen** System kann die *freie Energie pro Teilchen* f_N,

$$f_N(T,V) = -k_B T \frac{1}{N} \ln Z_N(T,V),$$

durchaus noch von der Teilchenzahl N abhängen. Die Umkehrung lautet:

$$Z_N(T,V) = \exp\big(-N \beta f_N(T,V)\big).$$

In der großkanonischen Zustandssumme (1.159),

$$\Xi_z(T,V) = \sum_{N=0}^{\infty} z^N Z_N(T,V) = \exp\big(\beta V p_V(T,z)\big), \tag{4.227}$$

ist der Druck $p_V(T,z)$ ebenfalls der eines endlichen Systems.

Im *thermodynamischen Limes* ergeben sich die *Grenzwertfunktionen*:

$$f(T,v) = \lim_{\substack{N\to\infty \\ V\to\infty \\ V/N\to v}} f_N(T,V), \tag{4.228}$$

$$p(T,z) = \lim_{V\to\infty} p_V(T,z). \tag{4.229}$$

Von diesen müssen wir zunächst einmal wissen, ob sie überhaupt existieren. Das ist durchaus nicht selbstverständlich, wie wir im nächsten Unterabschnitt erfahren werden. Zum zweiten müssen sie die *Stabilitätskriterien* ($C_V \geq 0$, $\kappa_T \geq 0$) erfüllen und die Äquivalenz von kanonischer und großkanonischer Statistik gewährleisten. Das heißt zum Beispiel, daß die *kanonisch* bestimmte freie Energie f und der *großkanonisch* abgeleitete Druck über die thermodynamische Relation

$$\left(\frac{\partial f}{\partial v}\right)_T = -p \tag{4.230}$$

miteinander verknüpft sein müssen.

Wir werden im nächsten Abschnitt zunächst die Bedingungen für die Existenz der Grenzwerte (4.228), (4.229) herausarbeiten.

4.5.2 "Katastrophische" Potentiale

Katastrophisch nennt man Wechselwirkungspotentiale, für die sich selbst bei endlichem Volumen V keine großkanonische Zustandssumme Ξ definieren läßt, so daß die im Anschluß an (4.229) formulierten Forderungen an den thermodynamischen Limes von vorneherein nicht erfüllbar sind.

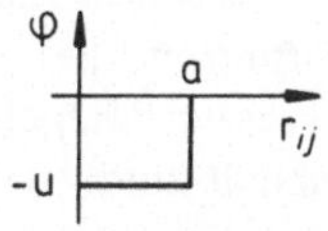

Wir beginnen mit einem Beispiel: Das Wechselwirkungspotential φ in der Hamilton-Funktion (4.225) sei konstant gleich $-u$ für Teilchenabstände $r_{ij} \leq a$ und sonst Null. Wir können dann für ein Kugelvolumen V_0 mit dem Radius $r_0 \leq a$ leicht die Zustandssumme hinschreiben:

$$Z_N(T,V_0) = \frac{1}{N!}\left(\frac{V_0}{\lambda^3}\right)^N \exp\left(\frac{1}{2}\beta\, u\, N(N-1)\right).$$

$\frac{1}{2}N(N-1)$ ist die Anzahl der Paarwechselwirkungen bei N Teilchen. Der Integrand in der Definition (4.226) von Z_N ist positiv definit. Mit $V > V_0$ folgt deshalb

$$Z_N(T,V) \geq Z_N(T,V_0)$$

und für die großkanonische Zustandssumme sogar:

$$\Xi_z(T,V) \geq \sum_{N=0}^{\infty} \frac{z^N}{N!} \left(\frac{V_0}{\lambda^3}\right)^N \exp\left(\frac{1}{2}\beta\, u\, N(N-1)\right) = \infty.$$

Die Divergenz resultiert aus dem N^2-Term im Argument der Exponentialfunktion. Ξ_z divergiert für alle $V \geq V_0$ und $z \neq 0$. Damit ist $\varphi(\mathbf{r})$ ein **Katastrophenpotential**!

Diese Aussage läßt sich verallgemeinern:

Satz:

$\varphi(\mathbf{r})$ sei ein Wechselwirkungspotential mit den folgenden Eigenschaften:

1) $\varphi(\mathbf{r})$ stetig (also auch $\varphi(0)$ endlich!).

2) Es gibt mindestens eine Konfiguration

$$\mathbf{r}_1, \ldots, \mathbf{r}_n \qquad (n \text{ beliebig}),$$

für die

$$\sum_{i,j}^{1\ldots n} \varphi(\mathbf{r}_i - \mathbf{r}_j) < 0 \tag{4.231}$$

ist. (In der Summe sind die Diagonalterme $\varphi(0)$ enthalten!)

Dann divergiert die großkanonische Zustandssumme $\Xi_z(T,V)$ für hinreichend große V und alle $z \neq 0$. $\varphi(\mathbf{r})$ ist somit "katastrophisch".

Beweis:

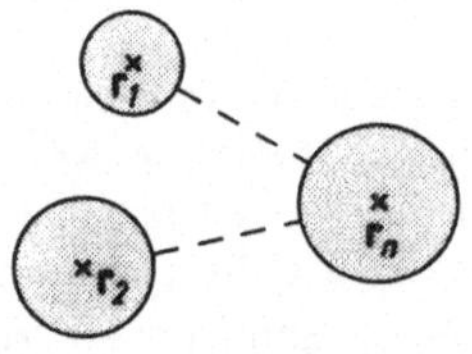

Es existiere eine solche Konfiguration $\mathbf{r}_1, \ldots, \mathbf{r}_n$. Wir betrachten dann einmal eine *spezielle Situation*, bei der jeweils k Teilchen in gewissen Umgebungen der $\mathbf{r}_1, \ldots, \mathbf{r}_n$ angesiedelt sind:

$$N = k\, n.$$

In der *vollen* Definition der Zustandssumme Z_N wird über **alle** denkbaren Anordnungen integriert, die samt und sonders positive Beiträge liefern. Der skizzierte Sonderfall führt deshalb lediglich zu einer unteren Schranke für Z_N. Die potentielle Energie $U(\mathbf{r})$ läßt sich für diesen Spezialfall wie folgt abschätzen:

$$\frac{1}{2}k(k-1)n\,\varphi(0) + \frac{1}{2}k^2 \sum_{i,j}^{i\neq j} \varphi(\mathbf{r}_i - \mathbf{r}_j) \approx \frac{k^2}{2} \sum_{i,j}^{1\ldots n} \varphi(\mathbf{r}_i - \mathbf{r}_j) < 0.$$

Der erste Summand stellt die Wechselwirkungen innerhalb der Cluster dar und nutzt die Stetigkeit von φ aus. Der zweite Summand enthält die Wechselwirkungen von Teilchen aus verschiedenen Clustern. Die rechte Seite ist wegen 2) negativ und wegen 1) endlich. In jedem Fall gilt:

$$U(\mathbf{r}) \approx -k^2 b = -N^2 \frac{b}{n^2}; \quad b > 0.$$

Im Teilvolumen V_0, bestehend aus den n Clustern, gilt also:

$$Z_N(T, V_0) \approx \frac{1}{N!} \left(\frac{V_0}{\lambda^3} \right)^N \exp\left(\beta b \frac{N^2}{n^2} \right),$$

$$Z_N(T, V) \geq Z_N(T, V_0), \text{ falls } V \geq V_0.$$

Wegen des Quadrats der Teilchenzahl in der Exponentialfunktion divergiert wie im obigen Beispiel die großkanonische Zustandssumme Ξ_z für jedes $z \neq 0$! Damit ist die Behauptung bewiesen.

Katastrophisches Verhalten scheint sich also offenbar immer dann einzustellen, wenn sich beliebig viele Teilchen in einem beschränkten Gebiet zusammenziehen lassen. *Physikalische* Potentiale sollten so etwas wie einen abstoßenden *"hard core"* besitzen.

Beispiel:

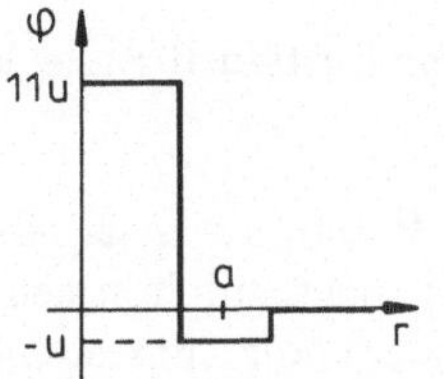

In dem skizzierten Potentialverlauf denke man sich die Ecken etwas *abgerundet*, so daß φ stetig ist. Dann könnte φ das Potential eines Festkörpers mit Wechselwirkungen nur zwischen nächsten Nachbarn simulieren. Die Konfiguration $\mathbf{r}_1, \ldots, \mathbf{r}_N$ möge einem Teilstück eines kubisch flächenzentrierten Gitters entsprechen. Jedes Gitteratom hat dann 12 nächste Nachbarn im Abstand a:

$$\sum_{i,j}^{1 \ldots n} \varphi(\mathbf{r}_i - \mathbf{r}_j) = n\,\varphi(0) + 12\,n\,\varphi(a) = 11\,n\,u - 12\,n\,u < 0.$$

Nach dem eben bewiesenen Satz ist also auch dieses $\varphi(r)$ *katastrophisch*. Die Abstoßung im Nullpunkt ist noch zu schwach.

4.5.3 "Stabile" Potentiale

Für ein **stetiges** $\varphi(r)$ – damit auch $\varphi(0)$ endlich – muß in Anlehnung an den im letzten Abschnitt bewiesenen Satz gelten, um die Konvergenz der großkanonischen Zustandssumme zu gewährleisten:

$$\frac{1}{2}\sum_{i,j}^{1\ldots n}\varphi(\mathbf{r}_i-\mathbf{r}_j)\geq 0 \qquad \forall n \text{ und } \forall \mathbf{r}_1,\ldots,\mathbf{r}_n. \tag{4.232}$$

Diese Forderung erweist sich als hinreichende Bedingung für ein *physikalisch brauchbares* Potential. Man erkennt nämlich, wenn man die Diagonalterme auf die rechte Seite der Ungleichung bringt,

$$U(\mathbf{r})=\frac{1}{2}\sum_{i,j}^{i\neq j}\varphi(\mathbf{r}_i-\mathbf{r}_j)\geq -\frac{1}{2}N\,\varphi(0),$$

daß es eine endliche Konstante B gibt, mit der die potentielle Energie wie folgt abgeschätzt werden kann:

$$U(\mathbf{r}_1,\ldots,\mathbf{r}_N)\geq -N\,B \qquad \forall N,\ \forall \mathbf{r}_1,\ldots,\mathbf{r}_N. \tag{4.233}$$

Das ist die **Grundbedingung für stabile Potentiale**. Die kanonische Zustandssumme besitzt dann eine obere Schranke,

$$Z_N(T,V)\leq\frac{1}{N!}\left(\frac{V}{\lambda^3}e^{\beta B}\right)^N,$$

so daß die großkanonische Zustandssumme auf jeden Fall konvergiert:

$$\Xi_z(T,V)\leq\sum_{N=0}^{\infty}\frac{1}{N!}\left(z\frac{V}{\lambda^3}e^{\beta B}\right)^N=\exp\left(z\frac{V}{\lambda^3}e^{\beta B}\right)<\infty.$$

$\Xi_z(T,V)$ ist in einem solchen Fall für das endliche System für alle Werte der Fugazität z und der Temperatur T wohldefiniert.

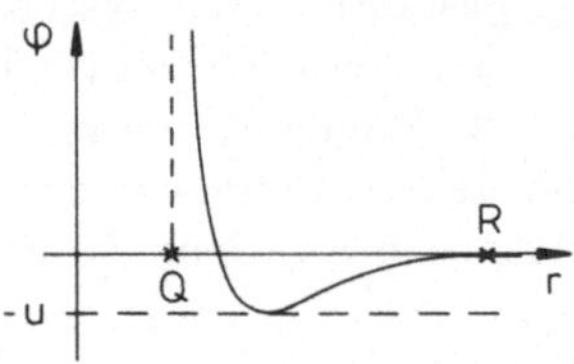

Für stetige Potentiale φ ist die Bedingung (4.232) nicht nur hinreichend, sondern auch notwendig, um *stabil* zu sein. Es gibt jedoch auch unstetige, stabile Potentiale, zum Beispiel solche mit einem *"hard core"* und einer effektiv endlichen Reichweite R. Jedes (klassische) Teilchen kann dann nur mit einer Maximalzahl n anderer Teilchen wechselwirken. Diese entspricht der Anzahl der Teilchen (*Kugeln vom Radius a*), die in das Volumen $\frac{4\pi}{3}R^3$ hineinpassen. Für alle $\mathbf{r}_1,\ldots,\mathbf{r}_N$ gilt somit:

$$U(\mathbf{r}_1,\ldots,\mathbf{r}_N)\geq -N\,n\,u. \tag{4.234}$$

Das *"hard core"*-Potential ist also stabil!

4.5.4 Kanonische Gesamtheit

Ab jetzt beschränken wir unsere Betrachtungen auf wechselwirkende Teilchensysteme, die die folgenden Bedingungen erfüllen:

1) $\varphi(\mathbf{r})$ stabil,

2) $\varphi(\mathbf{r}) \leq 0$ für $r \geq R$.

R sei dabei irgendeine typische, mikroskopische Länge. Für nicht-stabile Potentiale ist keine Statistische Physik möglich. Aber selbst bei stabilem $\varphi(\mathbf{r})$ müssen wir uns fragen, ob in jedem Fall der *thermodynamische Limes* existiert. Diese Frage soll zunächst für die kanonische Gesamtheit untersucht werden. Dabei interessiert vor allem die freie Energie pro Teilchen. Existiert die Grenzwertfunktion (4.228)?

$$f(T,v) = \lim_{\substack{V\to\infty \\ N\to\infty \\ V/N\to v}} f_N(T,V).$$

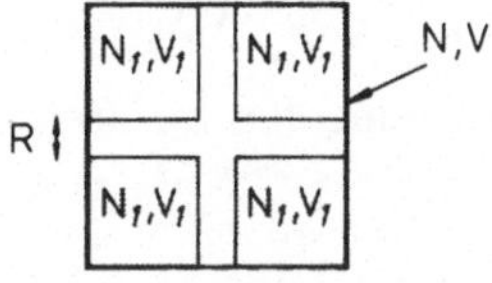

Um dies zu untersuchen, konstruieren wir uns zunächst eine *passende* Folge $V \to \infty$. Das Ausgangsvolumen V sei ein Würfel, in dem sich N Teilchen befinden. Die Zustandssumme ist dann von der Form (4.226). Im nächsten Schritt werden die N Teichen zu gleichen Teilen N_1 auf 8 kleinere Würfel $V_1 (N = 8N_1)$ verteilt, die sich in den Ecken des Ausgangswürfels befinden. Zwischen den *Unterwürfeln* liegen nicht ausgefüllte *Korridore* der Breite R. Wenn wir in (4.226) ausschließlich über die Unterwürfel integrieren, so erhalten wir eine untere Schranke für Z_N, da wegen $8V_1 < V$ der positive Integrand über ein kleineres Volumen integriert wird. Ferner wird durch die Forderung N_1 = const. in jedem Würfel V_1 der Konfigurationsraum weiter eingeschränkt. Schließlich unterdrücken wir noch die Wechselwirkungen zwischen Teilchen aus verschiedenen Würfeln. Wegen Bedingung 2) gilt für diese $\varphi(\mathbf{r}) \leq 0$, da $r \geq R$ ist. Also ist die Exponentialfunktion exp $(-\beta\,\varphi(\mathbf{r}))$ größer als 1. Ihre Vernachlässigung macht die Abschätzung der Zustandssumme Z_N *nach unten* noch sicherer. Wenn aber keine Wechselwirkungen zwischen den *Unterwürfeln* existieren, dann faktorisiert ihre Zustandssumme. Man beachte, daß die *korrekte Boltzmann-Abzählung* (1.129) wegen der fehlenden Kontakte zwischen den Unterwürfeln $(N_1!)^{-8}$ anstatt $(N!)^{-1}$ als Faktor vor dem Zustandssummenintegral in (4.226) erfordert. (Nur die Vertauschung zweier Teilchen aus demselben Unterwürfel liefert keinen neuen Zustand; s. Begründung nach (1.129).) Wir erhalten demnach die Abschätzung:

$$Z_{N=8N_1}(T,V) > \left(Z_{N_1}(T,V_1)\right)^8.$$

Dies bedeutet auch

$$\exp\left(-\beta N f_N(T,V)\right) > exp\left(-8\beta N_1 f_{N_1}(T,V_1)\right),$$

so daß die freie Energie pro Teilchen bei der Unterteilung anwächst:

$$f_N(T,V) < f_{N_1}(T,V_1).$$

Die *Stabilität* des Wechselwirkungspotentials $\varphi(\mathbf{r})$ hat nach (4.233)

$$U(\mathbf{r}_1,\ldots,\mathbf{r}_N) \geq -N B \qquad (B \text{ endlich})$$

und damit

$$Z_N(T,V) \leq \frac{1}{N!}\left(\frac{V}{\lambda^3}e^{\beta B}\right)^N$$

zur Folge. N sei so groß, daß die *Stirling-Formel* $\left(\ln N! \approx N(\ln N - 1)\right)$ anwendbar ist:

$$-\beta N f_N(T,V) = \ln Z_N(T,V) \leq N(\beta B + 1) + N \ln\left(\frac{V}{\lambda^3 N}\right).$$

Insgesamt haben wir damit die folgende Abschätzung für die freie Energie gefunden:

$$-B - k_B T\left[1 + \ln\left(\frac{V}{\lambda^3 N}\right)\right] \leq f_N(T,V) < f_{N_1}(T,V_1).$$

Wenn wir nun den **thermodynamischen Limes** als Sequenz von Würfeln in der oben beschriebenen *Schachtelung* verstehen,

$$N \to \infty,\ V \to \infty,\ V/N \to v \qquad (\text{endlich}),$$

so stellt sich die freie Energie $f_N(T,V)$ als eine nach unten beschränkte, monoton fallende Funktion dar. Damit ist bewiesen, daß die **Grenzwertfunktion** $f(T,v)$ (4.228) für alle Potentiale, die die beiden eingangs formulierten Bedingungen erfüllen, **existiert**!

Dem Leser sei es zur Übung überlassen, zu zeigen, daß die geschilderte *Würfelsequenz* das Verhältnis V/N tatsächlich gegen ein endliches Teilchenvolumen v streben läßt. – Der Existenzbeweis für $f(T,v)$ wurde hier nur für die spezielle Würfelschachtelung durchgeführt. Er enthält allerdings bereits alles Wesentliche. Auf die Verallgemeinerung auf beliebige Volumina beim Grenzübergang $V \to \infty$ soll deshalb hier verzichtet werden.

Wir müssen uns aber noch mit den **Stabilitätskriterien der kanonischen Gesamtheit** befassen:

$$C_V \geq 0; \quad \kappa_T = -\frac{1}{v}\left(\frac{\partial v}{\partial p}\right)_T \geq 0. \tag{4.235}$$

Das die Wärmekapazität betreffende Kriterium wurde mit (1.148) bereits für jedes endliche System bewiesen. Die zweite Bedingung ist mit

$$\left(\frac{\partial p}{\partial v}\right)_T = -\left(\frac{\partial^2 f}{\partial v^2}\right)_T \leq 0 \tag{4.236}$$

identisch und besagt, daß f als Funktion von v **konvex** sein muß. Dies wiederum bedeutet, daß für alle $0 \leq \lambda \leq 1$ gelten sollte:

$$f\big(\lambda v_1 + (1-\lambda)v_2\big) \leq \lambda f(v_1) + (1-\lambda) f(v_2). \tag{4.237}$$

Zum Beweis modifizieren wir den obigen Gedankengang dahingehend, daß wir zwar dieselbe Würfelschachtelung vornehmen, jedoch vier der Würfel mit $\widehat{N}_1$ Teilchen und die anderen vier mit $\widehat{N}_2$ Teilchen füllen:

$$N = 4\widehat{N}_1 + 4\widehat{N}_2.$$

Dann führen dieselben Überlegungen wie oben zu der Abschätzung

$$Z_N(T,V) \geq \Big(Z_{\widehat{N}_1}(T,V_1)\Big)^4 \Big(Z_{\widehat{N}_2}(T,V_1)\Big)^4,$$

und gleichbedeutend damit zu:

$$f_N(T,V) \leq \frac{4\widehat{N}_1}{N} f_{\widehat{N}_1}(T,V_1) + \frac{4\widehat{N}_2}{N} f_{\widehat{N}_2}(T,V_1).$$

Im *thermodynamischen Limes*,

$$\frac{V_1}{\widehat{N}_1} \longrightarrow v_1; \quad \frac{V_1}{\widehat{N}_2} \longrightarrow v_2,$$

$$\frac{4\widehat{N}_1}{N} = \frac{\frac{\widehat{N}_1}{V_1}}{\frac{\widehat{N}_1}{V_1} + \frac{\widehat{N}_2}{V_1}} \longrightarrow \frac{\frac{1}{v_1}}{\frac{1}{v_1} + \frac{1}{v_2}} = \frac{v_2}{v_1 + v_2},$$

$$\frac{4\widehat{N}_2}{N} \longrightarrow \frac{v_1}{v_1 + v_2},$$

folgt somit für die freie Energie pro Teilchen:

$$\lim_{\substack{V\to\infty\\ N\to\infty\\ V/N\to v}} f_N(T,V) \equiv f(T,v) \leq \frac{v_2}{v_1+v_2} f(T,v_1) + \frac{v_1}{v_1+v_2} f(T,v_2).$$

Als aufeinanderfolgende Glieder der Würfelschachtelung haben V/N und $V_1/\frac{1}{2}(\widehat{N}_1+\widehat{N}_2)$ natürlich denselben Grenzwert v. Andererseits gilt aber auch:

$$\frac{V_1}{\frac{1}{2}(\widehat{N}_1+\widehat{N}_2)} \longrightarrow \frac{2}{\frac{1}{v_1}+\frac{1}{v_2}} = \frac{2v_1v_2}{v_1+v_2}.$$

Damit lautet die obige Ungleichung:

$$f\left(T, \frac{2v_1v_2}{v_1+v_2}\right) \leq \frac{v_2}{v_1+v_2} f(T,v_1) + \frac{v_1}{v_1+v_2} f(T,v_2).$$

Setzt man

$$\lambda = \frac{v_2}{v_1+v_2},$$

so ergibt sich exakt (4.237). Die *Grenzwertfunktion* $f(T,v)$ ist also in der Tat als Funktion von v konvex. Die Stabilitätskriterien (4.235) sind damit erfüllt.

4.5.5 Großkanonische Gesamtheit

Bezüglich des Wechselwirkungspotentials treffen wir dieselben Voraussetzungen wie zu Beginn von Kapitel 4.5.4. Für den Übergang in den *thermodynamischen Limes* benutzen wir ferner dieselbe Volumenschachtelung, allerdings nun mit **variablen** Teilchenzahlen in den Würfeln. Da nach wie vor *Korridore* der Breite R ausgespart und Wechselwirkungen zwischen Teilchen verschiedener Würfel vernachlässigt werden, gilt die folgende Ungleichung:

$$Z_N(T,V) > \sum_{N_1,\dots,N_8}^{\Sigma_i N_i = N} Z_{N_1}(T,V_1)\cdots Z_{N_8}(T,V_1).$$

Wir multiplizieren diesen Ausdruck mit z^N und summieren über alle Teilchenzahlen von 0 bis ∞. Durch diese Summation wird die Nebenbedingung $\Sigma_i N_i = N$ redundant:

$$\sum_{N=0}^{\infty} z^N Z_N(T,V) > \sum_{N_1,\dots,N_8=0}^{\infty} z^{N_1+N_2+\dots+N_8} Z_{N_1}(T,V_1)\cdots Z_{N_8}(T,V_1) =$$

$$= \Big[\sum_{N_1=0}^{\infty} z^{N_1} Z_{N_1}(T,V_1)\Big]^8.$$

Hierfür können wir auch schreiben:

$$\Xi_z(T,V) = \exp\big(\beta V p_V(T,z)\big) > \big(\Xi_z(T,V_1)\big)^8 = \exp\big(8\beta V_1 p_{V_1}(T,z)\big). \quad (4.238)$$

Im Sinne der Würfelschachtelung läßt sich aus diesem Ergebnis für den Druck die Ungleichung

$$p_{V_{n+1}}(T,z) > \frac{8V_n}{V_{n+1}} p_{V_n}(T,z) \tag{4.239}$$

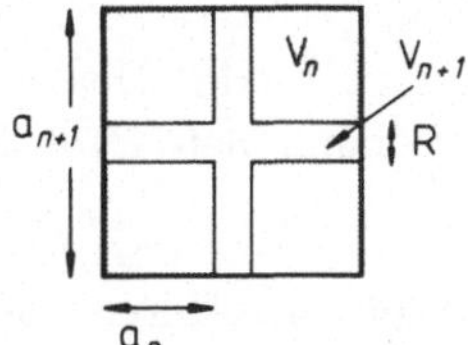

ablesen. V_n ist das Volumen des Würfels im n-ten Schritt der Schachtelung. Man entnimmt dem Bild:

$$a_{n+1} = 2a_n + R.$$

Dies bedeutet:

$$\frac{8V_n}{V_{n+1}} = \frac{1}{\left(1+\frac{R}{2a_n}\right)^3} \xrightarrow[n\to\infty]{} 1. \tag{4.240}$$

Das Ungleichheitszeichen in (4.238) resultiert im wesentlichen aus den nicht berücksichtigten Wechselwirkungen zwischen Teilchen aus verschiedenen Würfeln. Deren prozentualer Anteil an der Gesamtzahl der Wechselwirkungen ist aber in jedem Schritt praktisch derselbe, so daß wegen (4.240) bei hinreichend großem n anstelle von (4.239) sogar

$$p_{V_{N+1}}(T,z) > p_{V_n}(T,z)$$

gelten muß. Andererseits hatten wir ganz allgemein für stabile Potentiale

$$\Xi_z(T,V) \leq \exp\left(z\frac{V}{\lambda^3}e^{\beta B}\right)$$

gefunden, wobei B irgendeine endliche Konstante ist. Dies hat für den Druck

$$p_V(T,z) = \frac{1}{V\beta}\ln \Xi_z(T,V) \leq \frac{1}{\beta}\frac{z}{\lambda^3}e^{\beta B}$$

zur Folge. Die rechte Seite der Ungleichung bleibt vom Grenzübergang $V \to \infty$ unbetroffen, so daß $p_V(T,z)$ eine nach oben beschränkte, monoton wachsende Funktion ist. Die *Grenzwertfunktion*

$$p(T,z) = \lim_{V\to\infty} p_V(T,z) \tag{4.241}$$

existiert also.

Die Stabilitätskriterien der großkanonischen Gesamtheit sind aufgrund von Schwankungsformeln bereits für endliche Systeme erfüllt. So haben wir zum Beispiel mit (1.199) $\kappa_T \geq 0$ bewiesen.

4.6 Mikroskopische Theorie des Phasenübergangs

Wenn wir zum Abschluß dieses Kapitels zusammenfassen sollten, was denn nun wirklich einen Phasenübergang ausmacht, so böte sich die folgende qualitative Definition an:

Phasenübergang $\Longleftrightarrow$ Singularität, Nicht-Analytizität oder Diskontinuität einer *relevanten* thermodynamischen Funktion, die ansonsten analytisch ist.

Eine *Theorie der Phasenübergänge* besteht deshalb in einer Untersuchung, ob thermodynamische Funktionen stückweise analytisch sind, und in einer Diskussion der Natur etwaiger Singularitäten. Die *vollständige* Theorie muß in der Lage sein, makroskopische Phänomene wie Kondensation, spontane Magnetisierung, ... als Folge mikroskopischer (atomarer) Wechselwirkungen zu deuten. Wir wollen in diesem letzten Kapitel einen Vorschlag von C. N. Yang und T. D. Lee (Phys. Rev. **87**, 404 (1952)) diskutieren, der akzeptabel erscheint; von dem man aber nicht weiß, ob er den einzigen Zugang zum Phänomen *Phasenübergang* darstellt und ob er wirklich das gesamte, sehr komplexe Problem abdeckt.

4.6.1 Endliche Systeme

Wir konzentrieren unsere Überlegungen auf ein

klassisches System aus N Teilchen im Volumen V

mit der Hamilton-Funktion:

$$H = T(\mathbf{p}) + U(\mathbf{r}) = \sum_{i=1}^{N} \frac{\mathbf{p}_i^2}{2m} + \frac{1}{2} \sum_{i,j}^{i \neq j} \varphi(\mathbf{r}_i - \mathbf{r}_j).$$

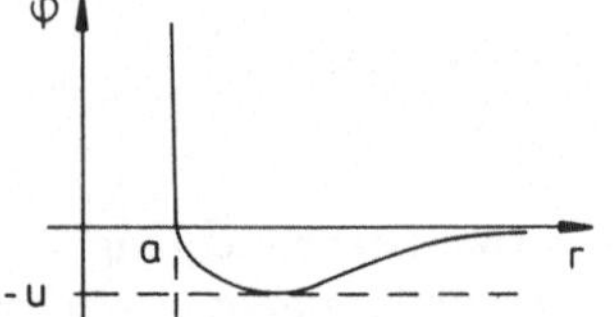

$\varphi(r)$ sei eine Paarwechselwirkung mit *"hard core"*. Es handelt sich also auf jeden Fall um ein *stabiles* Potential. Die großkanonische Zustandssumme existiert und konvergiert für alle Werte der Fugazität $z = \exp(\beta\,\mu)$:

$$\Xi_z(T,V) = 1 + \sum_{N=1}^{\infty} z^N Z_N(T,V). \tag{4.242}$$

Für den Druck des Systems hatten wir in (1.180)

$$p = \frac{1}{V\beta} \ln \Xi_z(T,V) \tag{4.243}$$

gefunden, während das *spezifische Volumen* $v = V/\langle N \rangle$ in (1.168) berechnet wurde:

$$\frac{1}{v} = \frac{1}{V} z \frac{\partial}{\partial z} \ln \Xi_z(T,V) = \beta z \frac{\partial}{\partial z} p. \tag{4.244}$$

Aus den beiden letzten Gleichungen muß z elimiert werden, um zur **Zustandsgleichung**

$$p = p(T, v)$$

zu gelangen. Wann zeigt diese ein ungewöhnliches Verhalten, das auf einen *Phasenübergang* hindeuten könnte? Die Zustandssumme selbst konvergiert für alle z, ist insbesondere endlich. Dann kann aber nur bei den Nullstellen von Ξ_z etwas passieren, bei denen der Logarithmus divergiert ($\ln \Xi_z \to -\infty$). Demzufolge konstatieren wir:

Nullstellen von $\Xi_z(T,V)$ $\Longleftrightarrow$ Phasenübergang.

Wo liegen diese und wie finden wir sie? Da $\varphi(r)$ ein *"hard core"*-Potential ist, können wir uns die (klassischen) Teilchen als *harte Kugeln* vorstellen. Das bedeutet aber, daß es eine maximale Teilchenzahl $N^*(V)$ gibt, die in das (endliche) Volumen V hineinpaßt. Für $N > N^*$ wird $U(r) = \infty$ und damit

$$Z_N(T,V) \equiv 0, \quad \text{falls } N > N^*(V).$$

Die großkanonische Zustandssumme ist also ein Polynom in z vom Grad N^*:

$$\Xi_z(T,V) = 1 + z\, Z_1(T,V) + z^2\, Z_2(T,V) + \ldots + z^{N^*} Z_{N^*}(T,V). \tag{4.245}$$

Nun ist aber die kanonische Zustandssumme Z_N positiv definit, d.h., alle Koeffizienten des Polynoms sind positiv. Wir stellen deshalb fest:

$\Xi_z(T,V)$ *hat* **keine** *reelle, positive Nullstelle, solange V endlich ist.*

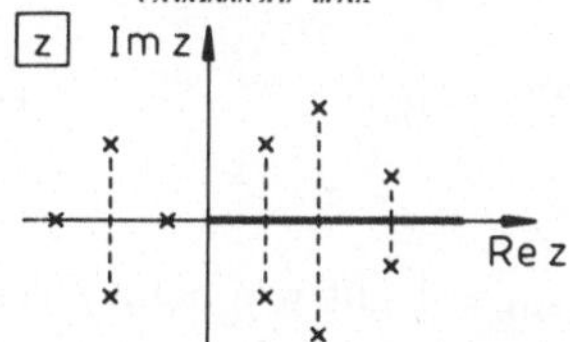

Die N^* Nullstellen des Polynoms sind entweder *negativ reell* oder aber *paarweise konjugiert komplex*. Im *physikalischen Gebiet*

$$0 \le z = e^{\beta\mu} < \infty$$

gibt es keine Nullstelle. Dies zwingt uns zu der Aussage

In einem endlichen System gibt es keinen Phasenübergang.

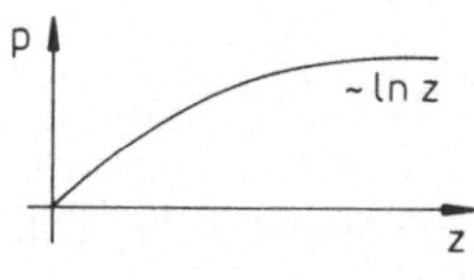

Um dies noch weiter zu untermauern, konstruieren wir die *Zustandsgleichung eines endlichen Systems.* Der Druck p ist nach (4.243) im *physikalischen Gebiet* $0 \le z < \infty$ positiv und monoton wachsend mit z, da Ξ_z ein Polynom in z mit lauter positiven Koeffizienten darstellt. Wegen $\Xi_{z=0} \equiv 1$ ist $p(z=0)=0$. Für große z dominiert die höchste Potenz des Polynoms,

$$\Xi_z(T,V) \underset{z\to\infty}{\longrightarrow} z^{N^*} Z_{N^*}(T,V),$$

so daß sich nach (4.243) der Druck p zu

$$p \to \frac{1}{V\beta}\left[N^* \ln z + \ln Z_{N^*}\right] \underset{z\to\infty}{\longrightarrow} \frac{N^*}{V\beta} \ln z$$

abschätzen läßt. Für das *spezifische Volumen* v bleibt nach (4.244)

$$\frac{1}{v} = \frac{1}{V} z \frac{1}{\Xi_z} \frac{\partial}{\partial z} \Xi_z$$

auszuwerten. Der Nenner besitzt keine Nullstellen im *physikalischen Gebiet*. Damit ist auch $1/v$ analytisch in einem Gebiet, das die reelle positive Achse enthält. – Wir untersuchen die Ableitung von $1/v$ nach z:

$$\begin{aligned}
\frac{\partial}{\partial z}\frac{1}{v} &= \frac{1}{V}\left[\frac{1}{\Xi_z}\sum_N N\, z^{N-1} Z_N - z\frac{1}{\Xi_z^2}\left(\frac{\partial}{\partial z}\Xi_z\right)^2 + \frac{z}{\Xi_z}\frac{\partial^2}{\partial z^2}\Xi_z\right] = \\
&= \frac{1}{V}\left[\frac{\langle N\rangle}{z} - z\frac{1}{z^2}\langle N\rangle^2 + \frac{1}{z}\langle N(N-1)\rangle\right] = \\
&= \frac{1}{Vz}\left[\langle N^2\rangle - \langle N\rangle^2\right].
\end{aligned}$$

Offensichtlich ist auch $1/v$ eine monoton wachsende Funktion von z:

$$z\frac{\partial}{\partial z}\frac{1}{v} = \frac{1}{V}\langle (N - \langle N\rangle)^2\rangle \geq 0. \tag{4.246}$$

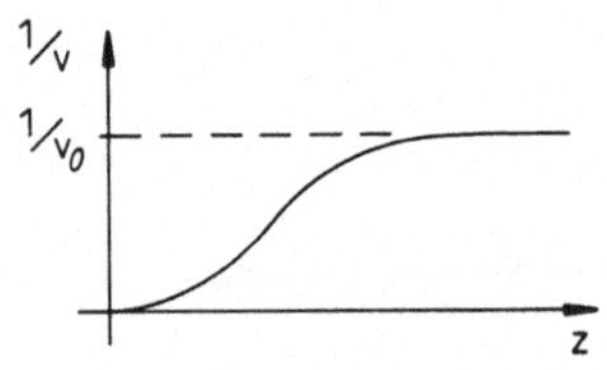

Wegen $\Xi_{z=0} \equiv 1$ gilt wie beim Druck p:

$$\frac{1}{v}(z=0) = 0.$$

Asymptotisch ergibt sich:

$$\frac{1}{v} = \beta z \frac{\partial}{\partial z} p \underset{z\to\infty}{\longrightarrow} \beta z \frac{\partial}{\partial z}\left(\frac{N^*}{V\beta}\ln z\right) = \frac{N^*}{V} = \frac{1}{v_0}.$$

v_0 ist das minimale spezifische Volumen, das kleinstmögliche Volumen pro Teilchen.

Wir haben festgestellt, daß $p(z)$ und $v^{-1}(z)$ beide in einer Umgebung der positiven, reellen Achse analytisch und monoton wachsend sind. Deshalb existieren auch die jeweiligen Umkehrfunktionen, zum Beispiel $z = z(v^{-1})$. Ohne sie explizit zu bestimmen, wissen wir, daß $z(v^{-1})$ eine monoton wachsende Funktion von v^{-1} im Intervall $0 \leq v^{-1} \leq v_0^{-1}$ ist. Somit ist z als Funktion von v im Bereich $v_0 \leq v < \infty$ monoton fallend. Dieses überträgt sich auf den Druck bzw. die Zustandsgleichung des Systems: $p(v)$ *ist stetig und monoton fallend für* $v_0 \leq v < \infty$. Die Zustandsgleichung zeigt keinerlei Besonderheiten. Anzeichen eines Phasenübergangs sind nicht zu erkennen.

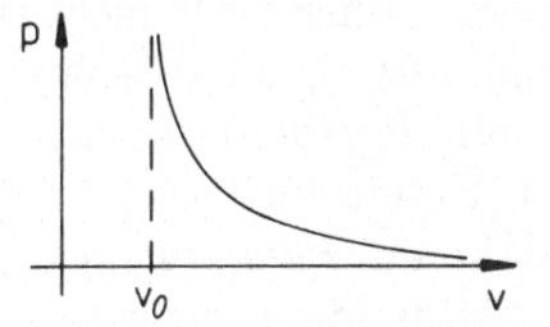

Wir formulieren ein **Fazit**:

1) Es ist nicht leicht, für ein endliches V, sei es noch so groß, einen Phasenübergang zu erkennen, wenn man die Zustandsgleichung nicht explizit zur Verfügung hat:

   Phasenübergang $\Longleftrightarrow$ Grenzeigenschaft.

   Diese Tatsache drängte sich bereits bei der Diskussion des *Fluktuations-Dissipations-Theorems* (4.16) auf, dort allerdings nur im Zusammenhang mit Phasenübergängen zweiter Ordnung.

2) Will man einen Phasenübergang erkennen, so hat man das betreffende System im

   thermodynamischen Limes

   zu untersuchen, was die nicht-triviale Frage aufwirft, ob dieser für p und v überhaupt existiert:

$$p(T,z) = \lim_{V\to\infty} p_V(T,z), \tag{4.247}$$

$$\frac{1}{v}(T,z) = \beta \lim_{V\to\infty} z\frac{\partial}{\partial z} p_V(T,z). \tag{4.248}$$

Nach Kapitel 4.5 hängt die Antwort von der Gestalt des Wechselwirkungspotentials ab. Keine Schwierigkeiten ergeben sich für klassische Systeme mit *"hard core"*-Potentialen.

3)

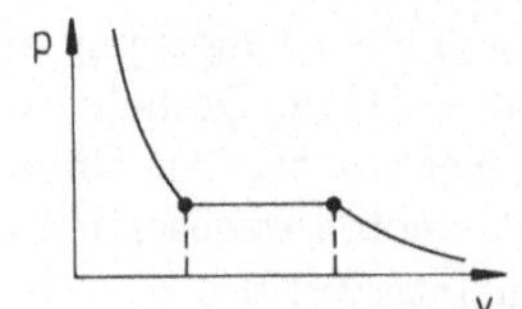

Wenn im Experiment, zum Beispiel am horizontalen Teilstück der $p-v$-Isothermen, ein Phasenübergang erster Ordnung *erkannt* wird, so kann dennoch p im Übergangsgebiet bei endlichem V nicht streng konstant sein, da p eine analytische Funktion von v ist. Es könnte aber die Ableitung $\partial p/\partial v$ in diesem Gebiet so extrem klein sein, daß makroskopisch der Unterschied zu $p = \text{const.}$ nicht erkennbar ist. Das Experiment würde dann auf *Phasenübergang* entscheiden, während es für die Theorie keine einfache Möglichkeit gäbe, das an der Zustandssumme zu erkennen. Dazu wäre eine explizite Berechnung von $p = p(v)$ notwendig!

4.6.2 Die Sätze von Yang und Lee

Was kann sich im *thermodynamischen Limes* gegenüber dem endlichen System ändern?

1) Die Zahl der Nullstellen nimmt zu, da der Grad $N^*(V)$ des Polynoms Ξ_z gegen unendlich strebt.
2) Die Positionen der Nullstellen in der komplexen z-Ebene ändern sich.
3) Zunächst isolierte Nullstellen können sich zu kontinuierlichen Verteilungen zusammenlagern.
4) **Einzelne Punkte der reellen z-Achse können zu Häufigkeitspunkten der Nullstellenmenge von Ξ_z werden.**

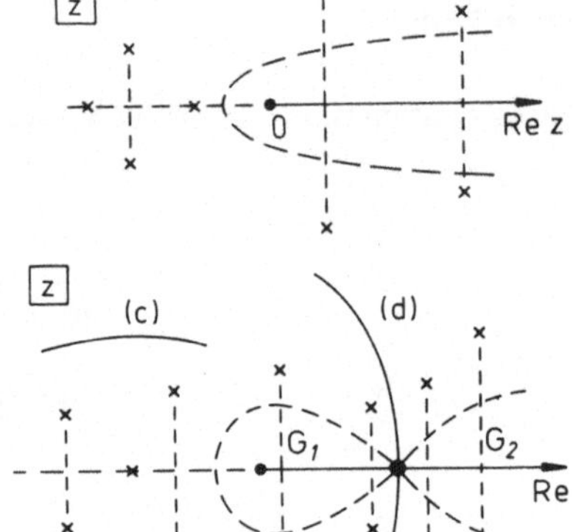

endliches System

System im thermodynamischen Limes

Von entscheidender Bedeutung sind in diesem Zusammenhang die *Sätze von Yang und Lee*, die wir hier ohne Beweis angeben:

Satz 1:

Für ein stabiles Wechselwirkungspotential $\varphi(r)$ **existiert** die *Grenzfunktion*

$$F_\infty(z,T) = \lim_{V\to\infty} \frac{1}{V} \ln \Xi_z(T,V) = \beta\, p(z,T) \tag{4.249}$$

für alle $z > 0$, also im gesamten *physikalischen Gebiet*. Sie ist unabhängig von der Gestalt der Volumina beim Grenzübergang und stellt eine **stetige, nichtabnehmende** Funktion von z dar.

Satz 2:

G_1 sei ein einfach zusammenhängendes Gebiet der komplexen z-Ebene, das einen Abschnitt der positiv-reellen z-Achse enthält, aber **keine** Nullstelle von $\Xi_z(T,V)$. Dann gilt:

1) $\frac{1}{V} \ln \Xi_z(T,V) \underset{V\to\infty}{\longrightarrow} F_\infty(z,T)$ konvergiert **gleichmäßig** für alle z aus dem Innern von G_1!

2) $F_\infty(z,T)$ **analytisch** in G_1!

Der Beweis zu Satz 1 wurde im wesentlichen in Kapitel 4.5.5 geführt. Wir diskutieren hier die **Folgerungen** aus diesen beiden Sätzen:

1) Wegen der gleichmäßigen Konvergenz lassen sich Grenzübergang $\lim_{V\to\infty}$ und Ableitung $\partial/\partial z$ miteinander vertauschen. Damit ist auch $1/v$ in G_1 analytisch, d.h. beliebig oft differenzierbar:

$$\beta\, p(z,T) = F_\infty(z,T), \tag{4.250}$$

$$v^{-1}(z,T) = z\frac{\partial}{\partial z} F_\infty(z,T). \tag{4.251}$$

Mit der Aussage von Satz 1 und denselben Überlegungen wie im letzten Abschnitt zum endlichen System findet man, daß die Zustandsgleichung keinerlei Besonderheit im Gebiet G_1 aufweist. Es gibt **keinen** Phasenübergang in G_1!

2) Als **Phase** des Systems läßt sich die Menge aller thermodynamischen Zustände auffassen, die einem $z > 0$ aus dem Innern von G_1 entsprechen.

3) Unter welchen Bedingungen ist überhaupt ein **Phasenübergang** möglich? Im *thermodynamischen Limes* können sich die Ξ_z-Nullstellen so verschieben, daß ein z_0 $(0 \leq z_0 < \infty)$ zum Häufungspunkt dieser Nullstellen wird (s. Bild). Der Punkt z_0 trennt damit zwei Gebiete G_1 und G_2 von der Art, wie sie in Satz 2 gemeint sind. z_0 ist als Randpunkt weder im Innern von G_1 noch im Innern von G_2, so daß zwar Satz 1 für z_0 noch zutrifft, Satz 2 aber nicht. Dies bedeutet, daß $p(z,T)$ in z_0 noch stetig ist, möglicherweise dort aber nicht mehr analytisch, d.h. nicht beliebig oft differenzierbar.

4) Illustration:

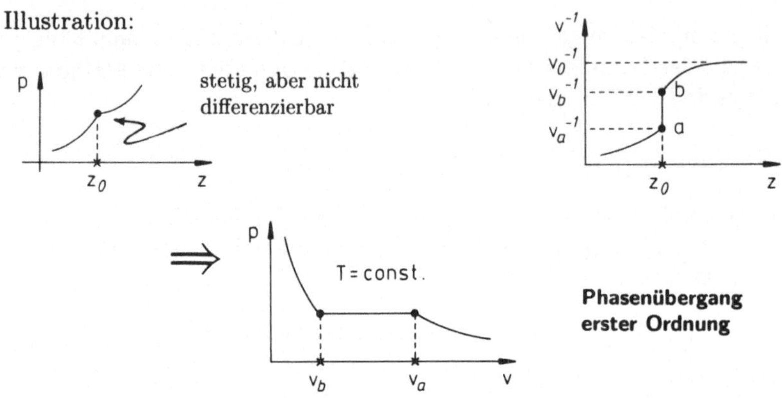

$v^{-1}(z,T)$ muß tatsächlich **alle** Werte zwischen den Punkten a und b annehmen, da $v^{-1}(z,T)$ eine Grenzfunktion für $V \to \infty$ darstellt und weil v^{-1} für jeden endlichen Wert von V eine stetige, nicht abnehmende Funktion von z ist.

5) Denkbar wäre auch:

$$\frac{\partial^\nu p(z,T)}{\partial z^\nu} \text{ stetig in } z_0 \text{ für } \nu = 0, 1, \dots, n-1,$$
$$\frac{\partial^n p(z,T)}{\partial z^n} \text{unstetig in } z_0.$$

Das Resultat wäre ein Phasenübergang *höherer Ordnung*. Auch Singularitäten in irgendeiner Ableitung können vorkommen. Der Typ des Phasenübergangs ist also durch das analytische Verhalten von $p(z)$ bei z_0 bestimmt.

Um die Korrektheit der *Yang-Lee-Theorie* des Phasenübergangs zu beweisen oder zu widerlegen, müßte die großkanonische Zustandssumme Ξ_z für reale Systeme explizit gerechnet werden, was jedoch praktisch immer unsere mathematischen Möglichkeiten übersteigt. Deswegen sind einfache Modelle interessant.

4.6.3 Mathematisches Modell eines Phasenübergangs

Zur Illustration der *Yang-Lee-Theorie* betrachten wir ein völlig abstraktes Modell zunächst ohne jeden Anspruch auf irgendeinen Bezug zu einem realen System. Dieses fiktive System besitze die großkanonische Zustandssumme:

$$\Xi_z(V) = (1+z)^V \frac{1-z^{V+1}}{1-z}. \tag{4.252}$$

Beim Übergang in den *thermodynamischen Limes* soll das Volumen V in passenden Einheiten gemessen werden, so daß wir es als ganzzahlig annehmen können:

$$V = 1, 2, 3, \ldots \to \infty.$$

Setzen wir die bekannten Reihenentwicklungen

$$\frac{1-z^{V+1}}{1-z} = \sum_{k=0}^{V} z^k; \qquad (1+z)^V = \sum_{q=0}^{N} \binom{V}{V-q} z^q$$

in (4.252) ein und sortieren nach Potenzen von V, so nimmt Ξ_z eine *fast vertraute* Gestalt an:

$$\Xi_z(V) = \sum_{N=0}^{2V} z^N Z_N(V), \tag{4.253}$$

$$Z_N(V) = \sum_{k=0}^{N} \binom{V}{N-k}. \tag{4.254}$$

Die Temperaturabhängigkeit der *kanonischen Zustandssumme* Z_N soll beim Grenzübergang $V \to \infty$ keine Rolle spielen und wird deshalb im Modell nicht explizit berücksichtigt.

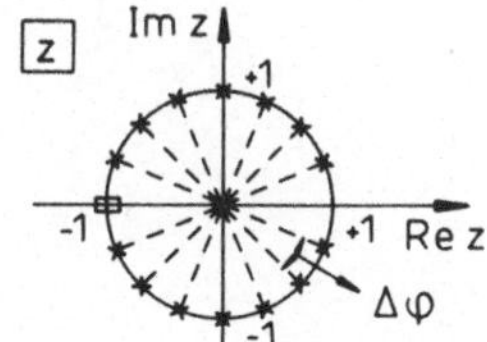

Wo liegen die Ξ_z-Nullstellen?

An (4.252) liest man ab:

1) $z = -1$: V-fache Nullstelle,

2) $z = \sqrt[V+1]{1} \implies z_n = e^{i\varphi_n}$ mit $\varphi_n = \frac{2\pi}{V+1} n$, $n = 1, 2, \ldots, V$, V einfache Nullstellen.

Ξ_z ist ein Polynom $2V$-ten Grades, besitzt also $2V$ Nullstellen, die sämtlich auf dem Einheitskreis in der komplexen z-Ebene mit Winkelabständen

$$\Delta\varphi = \frac{2\pi}{V+1} \tag{4.255}$$

anzutreffen sind. $z = +1$ ist **keine** Nullstelle, da nach der Regel von l'Hospital

$$\lim_{z \to +1} \frac{1 - z^{V+1}}{1 - z} = \lim_{z \to +1} \frac{-(V+1)z^V}{-1} = V + 1 \neq 0$$

ist. Es liegt **keine** Nullstelle auf der positiv-realen Achse (*physikalisches Gebiet*), solange es sich um ein *endliches* System handelt ($V < \infty$). **Es gibt also keinen Phasenübergang im "endlichen" System!**

Wir untersuchen nun den **thermodynamischen Limes**. Die beiden der realen z-Achse nächstgelegenen Nullstellen z_1 und z_V haben von dieser den Winkelabstand

$$\Delta\varphi = \frac{2\pi}{V+1} \xrightarrow[V \to \infty]{} 0,$$

der im unendlich großen System zu Null wird. Das gilt auch für alle anderen Winkelabstände zwischen benachbarten Nullstellen. Im thermodynamischen Limes bilden die Nullstellen somit eine **kontinuierliche Belegung des Einheitskreises**, die bis an die positiv-reale Achse heranreicht. Nach der allgemeinen Theorie ist also

bei $z = +1$ ein Phasenübergang möglich!

Wir haben im folgenden zu untersuchen, ob dem tatsächlich so ist, und wenn ja, von welcher Art dieser Phasenübergang sein wird.

Zunächst berechnen wir den **Druck p** des Systems im **thermodynamischen Limes** mit Hilfe von (4.250):

$|z| < 1$:

$$\begin{aligned}
&\lim_{V \to \infty} \frac{1}{V} \ln \Xi_z(V) = \\
&\quad = \lim_{V \to \infty} \left[\ln(1+z) + \frac{1}{V} \ln\left(1 - z^{V+1}\right) - \frac{1}{V} \ln(1-z) \right] = \\
&\quad = \ln(1+z).
\end{aligned}$$

$|z| > 1$:

$$\begin{aligned}
&\lim_{V \to \infty} \frac{1}{V} \ln \Xi_z(V) = \\
&\quad = \ln(1+z) + \lim_{V \to \infty} \frac{1}{V} \left(\ln z^V + \ln \frac{1 - \frac{1}{z^{V+1}}}{1 - \frac{1}{z}} \right) = \\
&\quad = \ln(1+z) + \ln z.
\end{aligned}$$

Der Druck $p(z)$ wird offenbar durch zwei verschiedene analytische Funktionen dargestellt, von denen keine bei $z = +1$ eine Besonderheit aufweist:

$$\beta p(z) = \begin{cases} \ln(1+z) & \text{für } |z| < 1, \\ \ln z(1+z) & \text{für } |z| > 1. \end{cases} \tag{4.256}$$

Wie vom ersten Satz der Yang-Lee-Theorie gefordert, ist $p(z)$ für alle $0 \leq z < \infty$, auch für $z = +1$, stetig und nicht-abnehmend.

Zur Berechnung des **spezifischen Volumens** nehmen wir Formel (4.251):

$$v(z) = \left(\beta z \frac{\partial}{\partial z} p(z)\right)^{-1}.$$

Man findet leicht mit (4.256):

$$v(z) = \begin{cases} \dfrac{1+z}{z} & \text{für } |z| < 1, \\ \dfrac{1+z}{1+2z} & \text{für } |z| > 1. \end{cases} \tag{4.257}$$

Hieran erkennen wir bereits, daß bei $z = +1$ in der Tat ein **Phasenübergang** vorliegt:

$$\lim_{z \overset{>}{\to} 1} v(z) = \frac{2}{3} \neq \lim_{z \overset{<}{\to} 1} v(z) = 2.$$

Ferner überprüft man leicht, daß für alle positiv-reellen z $v(z)$ eine monoton fallende Funktion von z ist:

$$\frac{d}{dz} v(z) < 0.$$

Wegen $v(z) \longrightarrow \frac{1}{2}$ für $|z| \to \infty$ gibt es ein

minimales spezifisches Volumen: $v_0 = \frac{1}{2}$.

Dies bedeutet:

$$\begin{aligned} |z| < 1 &\iff v \geq 2: && \text{“Gas”}, \\ |z| > 1 &\iff v_0 \leq v \leq \frac{2}{3}: && \text{“Flüssigkeit”}. \end{aligned} \tag{4.258}$$

Bleibt schließlich noch die **Zustandsgleichung** auszuwerten:

Gasphase ($|z| < 1$):

$$v = \frac{1+z}{z} \implies 1 + z = \frac{v}{v-1}.$$

Das wird in (4.256) eingesetzt:

$$p = \frac{1}{\beta} \ln \frac{v}{v-1}. \tag{4.259}$$

Für $v \to \infty$ verschwindet der Druck.

Flüssige Phase:

$$v = \frac{1+z}{1+2z} \Longrightarrow z = \frac{1-v}{2v-1}, \quad 1+z = \frac{v}{2v-1}.$$

Das ergibt den Druck:

$$p = \frac{1}{\beta} \ln \frac{v(1-v)}{(2v-1)^2}. \tag{4.260}$$

Der Druck wird unendlich groß, wenn sich v dem minimalen Volumen $v_0 = 1/2$ nähert. In beiden Phasen ist p als Funktion von v monoton fallend. Der Sättigungsdruck beim Phasenübergang ($z = +1$) beträgt nach (4.256):

$$\beta p(1) = \ln 2.$$

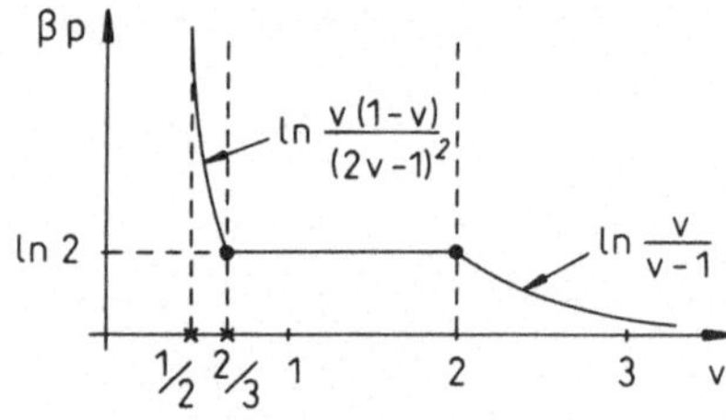

Unser Modell erfüllt also alle Details der allgemeinen Theorie mit einem Phasenübergang erster Ordnung, der eine verblüffende Ähnlichkeit mit dem des realen Gas-Flüssigkeits-Systems aufweist.

4.7 Kontrollfragen

Zu Kapitel 4.1

1) Was versteht man unter dem Begriff *Phase*?

2) Was besagt die Gibbsche Phasenregel?

3) Wie lautet die Clausius-Clapeyron-Gleichung? Auf welchen Typ Phasenübergang ist sie anwendbar?

4) Was versteht man *nach Ehrenfest* unter der *Ordnung* eines Phasenübergangs?

5) Wann ist eine Funktion $f(x)$ *konkav*, wann *konvex*? Was kann in dieser Hinsicht über $G(T, p)$ ausgesagt werden?

6) Wie manifestiert sich ein Phasenübergang erster Ordnung in der Volumenabhängigkeit der freien Energie F?

7) Wie sieht das Phasendiagramm des Magneten in der $B_0 - T$-Ebene aus?

8) Wie drückt sich ein Phasenübergang erster Ordnung im magnetischen System in der m-Abhängigkeit der freien Energie aus?

9) Wie verhält sich die Wärmekapazität $C_{H=0}$ des Supraleiters bei der kritischen Temperatur?

10) Was versteht man unter *kontinuierlichen* und *diskontinuierlichen* Phasenübergängen?

11) An welchen Meßgrößen lassen sich kontinuierliche Phasenübergänge experimentell beobachten?

12) Welche Bedeutung hat der *Ordnungsparameter*?

13) Welcher Ordnungsparameter bestimmt den Gas-Flüssigkeits-Übergang?

14) Was versteht man unter der Korrelationsfunktion einer physikalischen Größe x?

15) Was stellt die *Korrelationslänge* $\xi(T)$ dar?

16) Welcher Zusammenhang kann im Rahmen des Ising-Modells zwischen isothermer Suszeptiblität χ_T und Spinkorrelation g_{ij} hergestellt werden?

17) Was folgt aus der Divergenz von χ_T beim Phasenübergang zweiter Ordnung für die Korrelationsfunktion g_{ij}?

18) Wie verhält sich $\xi(T)$ für $T \to T_C$?

19) In welchem Temperaturbereich etwa treten Gesetzmäßigkeiten in Kraft, die man als *kritische Phänomene* bezeichnet?

Zu Kapitel 4.2

1) Wie sind kritische Exponenten definiert? Zu welchem Typ Phasenübergang werden sie eingeführt?

2) Welcher physikalischen Größe sind die kritischen Exponenten ν und ν' zugeordnet?

3) Was besagt die Universalitätshypothese?

4) Welche Situationen kann der kritische Exponent 0 beschreiben?

5) Durch welche Parameter wird die Universalität der kritischen Exponenten eingeschränkt?

6) Welche thermodynamisch exakten Exponentenungleichungen kennen Sie?

7) Was versteht man unter dem *Homogenitätspostulat* bzw. der *Skalenhypothese*?

8) Worin besteht die Grundidee der Kadanoff-Konstruktion?

9) Welche Konsequenz hat die thermodynamische Äquivalenz von *Einzelspin-* und *Blockspinbild* bezüglich der freien Enthalpie?

10) Wie geht die Gitterdimension d in das Homogenitätspostulat ein?

11) Was versteht man unter den Skalengesetzen?

12) Was sind die wichtigsten Konsequenzen der Skalenhypothese?

13) Über welche Eigenschaft welcher Funktion lassen sich Skalengesetze für die kritischen Exponenten ν, ν' und η ableiten?

Zu Kapitel 4.3

1) Wie lautet der *Landau-Ansatz* für die freie Enthalpie im kritischen Bereich eines Phasenübergangs zweiter Ordnung?

2) Könnten Sie einige Kritikpunkte bezüglich des *Landau-Ansatzes* benennen?

3) Welche Beziehung besteht zwischen der *Antwort* des Ordnungsparameters auf *äußere Störungen* und den inneren Fluktuationen des Systems, ausgedrückt durch die Korrelationsfunktion des Ordnungsparameters?

4) Welche Struktur besitzt die Korrelationsfunktion $g(\mathbf{r}, \mathbf{r}')$ des Ordnungsparameters in der Landau-Theorie?

5) Welche Zahlenwerte besitzen die kritischen Exponenten der Landau-Theorie?

6) Welcher Zusammenhang besteht im kritischen Bereich zwischen der Suszeptibilität χ_T und der Korrelationslänge ξ?

7) Welche allgemeine Voraussetzung muß für die Anwendbarkeit der Landau-Theorie erfüllt sein?

8) Worin besteht die wesentliche Aussage des Ginzburg-Kriteriums?

9) Was versteht man unter einem Langevin-Paramagneten? Durch welchen Hamilton-Operator wird er beschrieben?

10) Von welcher Struktur ist die kanonische Zustandssumme des Paramagneten?

11) Welche Gestalt besitzt die Brillouin-Funktion? Welcher Zusammenhang besteht zur Magnetisierung?

12) Welche charakteristischen Eigenschaften der Brillouin-Funktion kennen Sie?

13) Für welchen Grenzfall ist die Brillouin-Funktion mit der klassischen Langevin-Funktion identisch?

14) Welches charakteristische Hochtemperaturverhalten zeigt die Suszeptibilität des Paramagneten?

15) In welcher Form wird im Hamilton-Operator des Heisenberg-Modells die Teilchenwechselwirkung berücksichtgt?

16) Was versteht man unter einer *Molekularfeldnäherung*?

17) Wie sieht der Heisenberg-Hamilton-Operator in der Molekularfeldnäherung aus? Wie unterscheidet er sich von dem eines Paramagneten?

18) Spielt die Gitterdimension d eine Rolle beim Phasenübergang *Ferro-* $\longleftrightarrow$ *Paramagnetismus* in der Molekularfeldnäherung des Heisenberg-Modells?

19) Was besagt das Curie-Weiß-Gesetz? Wie ist die *paramagnetische Curie-Temperatur* definiert?

20) Welcher Bezug besteht zwischen der Molekularfeldnäherung des Heisenberg-Modells und der allgemeinen Landau-Theorie?

21) Wie unterscheiden sich die kritischen Exponenten der Molekularfeldnäherung von denen der Landau-Theorie?

22) Inwiefern kann man das van der Waals-Modell des realen Gases als Molekularfeldnäherung auffassen?

23) Welche physikalische Bedeutung hat die *Paarkorrelation* $g(\mathbf{r}, \mathbf{r}')$?

24) Welcher Zusammenhang besteht zwischen der Kompressibilität κ_T und der Paarkorrelation $g(\mathbf{r}, \mathbf{r}')$?

25) Wie ist der *statische Strukturfaktor* $S(\mathbf{q})$ definiert?

26) Was ist und wie erklärt sich *kritische Opaleszenz*?

27) Welche Gestalt hat der Strukturfaktor $S(\mathbf{q})$ in der *Ornstein-Zernike-Näherung*?

28) Kann die Ornstein-Zernike-Theorie explizite Zahlenwerte für die kritischen Exponeten ν und ν' liefern?

29) Wie läßt sich die Korrelationslänge ξ experimentell bestimmen?

Zu Kapitel 4.4

1) Wodurch unterscheiden sich die Hamilton-Operatoren des Heisenberg-, XY- und Ising-Modells?

2) Worin besteht die Modellvorstellung des Ising-Modells?

3) Wie viele Eigenzustände besitzt eine eindimensionale Kette aus N Ising-Spins?

4) Wie läßt sich aus der Spinkorrelation $\langle S_i S_j \rangle$ die Magnetisierung des Ising-Systems berechnen?

5) Gibt es einen Phasenübergang im eindimensionalen Ising-Modell?

6) Welcher Zusammenhang besteht zwischen *Transfermatrix* und *Transferfunktion*?

7) Wie läßt sich die Zustandssumme des $d = 1$-Ising-Modells durch die Transfermatrix ausdrücken?

8) Welchen qualitativen Verlauf zeigen die $M - B_0$-Isothermen des eindimensionalen Ising-Modells?

9) Was spricht dafür, was dagegen, das eindimensionale Ising-System als einen Ferromagneten mit $T_C = 0^+$ zu interpretieren?

10) Aus welcher einfachen Gleichung bestimmt sich die kritische Temperatur des $d = 2$-Ising-Modells?

11) Wie lauten die kritischen Exponenten α und β des $d = 2$-Ising-Modells?

Zu Kapitel 4.5

1) Wie wird der *thermodynamische Limes* für ein N-Teilchen-System im Volumen V vollzogen?

2) Wofür ist der thermodynamische Limes unerläßlich?

3) Wann nennt man ein Wechselwirkungspotential *katastrophisch*? Was bedeutet das?

4) Unter welchen Bedingungen ist ein stetiges Potential $\varphi(\mathbf{r}_i - \mathbf{r}_j)$ *katastrophisch*?

5) Was versteht man unter einem *stabilen* Potential?

6) Was ist die Grundbedingung für ein *stabiles* Potential?

7) Sind *"hard core"*-Potentiale *stabil*?

8) Wie lauten die *Stabilitätskriterien* der kanonischen Gesamtheit?

9) Warum muß im thermodynamischen Limes die freie Energie pro Teilchen eine *konvexe* Funktion des Teilchenvolumens v darstellen?

Zu Kapitel 4.6

1) Wie manifestiert sich ein Phasenübergang in der großkanonischen Zustandssumme?

2) Welche funktionale Gestalt nimmt $\Xi_z(T, V)$ an für ein Teilchensystem mit *"hard core"*-Wechselwirkungspotential im endlichen Volumen V?

3) Warum kann es in einem endlichen System keinen Phasenübergang geben?

4) Welchen Verlauf zeigt die $p - v$-Isotherme eines Teilchensystems mit *"hard core"*-Wechselwirkung im endlichen Volumen V?

5) Wie erklärt sich die *Diskrepanz*, daß im Experiment Phasenübergänge in stets endlichen Systemen beobachtet werden, während die Theorie dieses ausschließt?

6) Worin bestehen die wesentlichen Änderungen bezüglich des *Phasenübergangs* beim Wechsel des *endlichen* Systems in den *thermodynamischen Limes*?

7) Was beinhalten die *Sätze von Yang und Lee*?

8) Was versteht man in der *Yang-Lee-Theorie* unter einer *Phase*?

9) Unter welchen Bedingungen ist ein *Phasenübergang* möglich?

10) Was legt den Typ des Phasenübergangs fest?

ANHANG: LÖSUNGEN DER ÜBUNGSAUFGABEN

Kapitel 1.1.3

Lösung zu Aufgabe 1.1.1

1) Trick: Wir fassen zunächst p_1 und p_2 als unabhängige Variable auf und setzen am Schluß der Rechnung $p_1 + p_2 = 1$!

$$\langle N_1 \rangle = p_1 \frac{\partial}{\partial p_1} \sum_{N_1=0}^{N} \frac{N!}{N_1!(N-N_1)!} p_1^{N_1} p_2^{N-N_1} \bigg|_{p_1+p_2=1} =$$

$$= p_1 \frac{\partial}{\partial p_1} (p_1+p_2)^N \bigg|_{p_1+p_2=1} = N\, p_1 (p_1+p_2)^{N-1} \big|_{p_1+p_2=1} = N\, p_1,$$

$$\langle N_1^2 \rangle = p_1 \frac{\partial}{\partial p_1} \left[p_1 \frac{\partial}{p_1} (p_1+p_2)^N \right] \bigg|_{p_1+p_2=1} = \left[p_1 \frac{\partial}{\partial p_1} N\, p_1 (p_1+p_2)^{N-1} \right] \bigg|_{p_1+p_2=1} =$$

$$= \left[N\, p_1 (p_1+p_2)^{N-1} + N(N-1)\, p_1^2 \,(p_1+p_2)^{N-2} \right] \big|_{p_1+p_2=1} =$$

$$= N\, p_1 + N(N-1) p_1^2.$$

Quadratische Schwankung:

$$\overline{\Delta N_1} = \sqrt{\langle N_1^2 \rangle - \langle N_1 \rangle^2} = \sqrt{N\, p_1 (1-p_1)}.$$

Für $p_1 = 0$ und $p_1 = 1$ ist die Schwankung natürlich Null. Ansonsten wächst sie mit N über alle Grenzen.

Relative Schwankung:

$$\frac{\overline{\Delta N_1}}{\langle N_1 \rangle} = \sqrt{\frac{1-p_1}{N\, p_1}} \xrightarrow[N \to \infty]{} 0.$$

2)

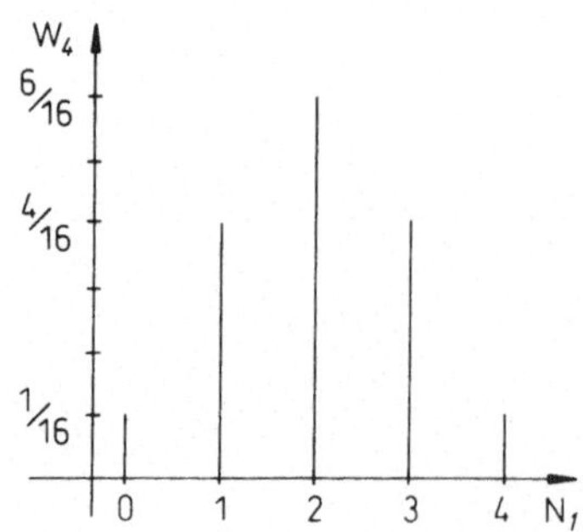

$$p_1 = p_2 = \frac{1}{2},$$

$$w_4(0) = w_4(4) = \frac{1}{16},$$

$$w_4(1) = w_4(3) = \frac{4}{16},$$

$$w_4(2) = \frac{6}{16}.$$

3)

$$\langle N_1 \rangle = \frac{1}{2}\,10^{23}; \quad \overline{\Delta N_1} = \frac{1}{2}\,10^{11,5},$$

$$\frac{\overline{\Delta N_1}}{\langle N_1 \rangle} = 10^{-11,5},$$

$$w_N(10^{23}) = \left(\frac{1}{2}\right)^{10^{23}} = 2^{-10^{23}} \approx 0.$$

Lösung zu Aufgabe 1.1.2

$$\ln m! = \ln 1 + \ln 2 + \ldots + \ln m = \sum_{n=1}^{m} \ln n.$$

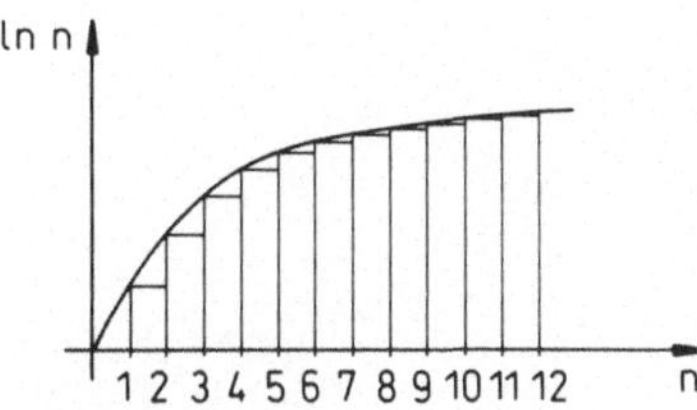

Bis auf die ersten Terme ist n praktisch eine kontinuierliche Variable:

$$\Longrightarrow \quad \ln m! \approx \int_1^m \ln x\, dx =$$

$$= [x \ln x - x]_1^m = m \ln m - m + 1 \approx m \ln m - m.$$

Lösung zu Aufgabe 1.1.3

$$N_1 \ll N \quad p_1 \ll 1.$$

Abschätzung:

$$\frac{N!}{(N-N_1)!} = N(N-1)(N-2)\cdots(N-N_1+1) \approx N^{N_1},$$

$$\ln p_2^{N-N_1} = (N-N_1)\ln(1-p_1) \approx N \ln(1-p_1) \approx -N p_1 = -\langle N_1 \rangle$$

$$\Longrightarrow \quad p_2^{N-N_1} \approx \exp(-\langle N_1 \rangle),$$

$$p_1^{N_1} = \left(\frac{\langle N_1 \rangle}{N}\right)^{N_1}$$

$$\Longrightarrow \quad w_N(N_1) = \frac{N!}{N_1!(N-N_1)!}\, p_1^{N_1} p_2^{N-N_1} \approx \frac{\langle N_1 \rangle^{N_1}}{N_1!}\, e^{-\langle N_1 \rangle}.$$

Lösung zu Aufgabe 1.1.4

$p =$ Wahrscheinlichkeit, daß ein **bestimmter** Fehler auf einer **bestimmten** Seite erscheint.

$= \frac{1}{500}$ (gleiche *a priori*-Wahrscheinlichkeit),

$N =$ gesamte Fehlerzahl $= 500$

$\Longrightarrow$ Mittelwert pro Seite:

$$\langle N_1 \rangle = N p = 1.$$

Poisson-Verteilung:

$$w_N(N_1) \approx \frac{1}{N_1!}\, e^{-1}.$$

1)

$$w_N(0) = e^{-1} = 0,368,$$

2)

$$w_N(N_1 \geq 3) = 1 - w_N(0) - w_N(1) - w_N(2) = 1 - 0,368 - 0,368 - 0,184 =$$
$$= 0,080 \qquad \text{(eigentlich erstaunlich gering!)}.$$

Lösung zu Aufgabe 1.1.5

1) (4,0), (3,1), (2,2), (1,3), (0,4).

2) Realisierungsmöglichkeiten (1.1):

$$\Gamma_4(n_a, n_b) = \frac{4!}{n_a!\, n_b!}.$$

$$\Gamma_4(4,0) = 1: \qquad |a\,a\,a\,a\rangle$$

$$\begin{array}{cc} & \uparrow\uparrow\uparrow\uparrow \\ \text{Teilchen} & 1\,2\,3\,4 \end{array}$$

$$\Gamma_4(3,1) = 4: \qquad \begin{array}{l} |a\,a\,a\,b\rangle \\ |a\,a\,b\,a\rangle \\ |a\,b\,a\,a\rangle \\ |b\,a\,a\,a\rangle \end{array}$$

$$\Gamma_4(2,2) = 6: \qquad \begin{array}{l} |a\,a\,b\,b\rangle \\ |b\,b\,a\,a\rangle \\ |a\,b\,a\,b\rangle \\ |b\,a\,b\,a\rangle \\ |a\,b\,b\,a\rangle \\ |b\,a\,a\,b\rangle \end{array}$$

$$\Gamma_4(1,3) = 4: \qquad \begin{array}{l} |a\,b\,b\,b\rangle \\ |b\,a\,b\,b\rangle \\ |b\,b\,a\,b\rangle \\ |b\,b\,b\,a\rangle \end{array}$$

$$\Gamma_4(0,4) = 1: \qquad |b\,b\,b\,b\rangle.$$

3) Gleiche *a priori*-Wahrscheinlichkeit für alle 16 *denkbaren* Zustände:

$$w(4,0) = w(0,4) = \frac{1}{16}; \quad w(3,1) = w(1,3) = \frac{4}{16}; \quad w(2,2) = \frac{6}{16}.$$

Kapitel 1.2.5

Lösung zu Aufgabe 1.2.1

$$H(q,p) = E = \text{ const.} \implies \frac{p^2}{2m\,E} + \frac{q^2}{\frac{2E}{m\,\omega^2}} \stackrel{!}{=} 1.$$

Flächen konstanter Energie im Phasenraum sind ähnliche Ellipsen mit den Halbachsen:

$$p_0(E) = \sqrt{2m\,E}; \quad q_0(E) = \sqrt{\frac{2E}{m\,\omega^2}}.$$

Phasentrajektorie:

$$\dot{q} = \frac{\partial H}{\partial p} = \frac{p}{m}; \quad \dot{p} = -\frac{\partial H}{\partial q} = -m\,\omega^2 q$$

$$\longrightarrow \; dq = \frac{p}{m}dt.$$

p aus der Ellipsengleichung:

$$p^2 = p_0^2\left(1 - \frac{q^2}{q_0^2}\right)$$

$$\implies dq = \frac{p_0}{m}\sqrt{1 - \frac{q^2}{q_0^2}}\;dt.$$

Variablentrennung:

$$\int\limits_{q_1}^{q} \frac{dq'}{\sqrt{1 - \frac{q'^2}{q_0^2}}} = \frac{p_0}{m}\int\limits_0^t dt' = \frac{p_0}{m}\,t, \qquad \int \frac{dx}{\sqrt{a^2 - x^2}} = \arcsin\frac{x}{|\,a\,|} + c$$

$$\implies \frac{p_0}{m}\,t = q_0\left[\arcsin\frac{q}{q_0} - arcsin\frac{q_1}{q_0}\right]$$

$$\implies q(t) = q_0 \sin\big(\omega t + \epsilon(q_1, E)\big),$$

$$\epsilon(q_1, E) = \arcsin\frac{q_1}{q_0}: \text{ durch Anfangsbedingungen bei } t = 0 \text{ festgelegt,}$$

$$p^2 = \frac{p_0^2}{q_0^2}\left(q_0^2 - q^2\right) = m^2\omega^2 q_0^2 \cos^2\big(\omega t + \epsilon(q_1, E)\big)$$

$$\implies p(t) = p_0 \cos\big(\omega t + \epsilon(q_1, E)\big).$$

Damit ist die Phasentrajektorie bestimmt:

$$\pi(t\,|\,q_1, E) = \left(\sqrt{\frac{2E}{m\,\omega^2}}\sin(\omega t + \epsilon), \sqrt{2m\,E}\cos(\omega t + \epsilon)\right).$$

Durch $q_1 = q(t = 0)$ als Anfangsbedingung und E ist auch der Anfangsimpuls p_1 bestimmt:

$$\pi(t\,|\,q_1, E) \;\longrightarrow\; \pi(t\,|\,q_1, p_1) = \pi(t\,|\,\pi(0)).$$

$\pi(t)$ beschreibt die Bewegung des zur Zeit $t = 0$ bei $\pi(0) = (q_1, p_1)$ befindlichen Oszillators als Funktion der Zeit. Nach der Periode $\tau = 2\pi/\omega$ wurde **jeder** Punkt der $H(q,p) = E$-*Hyperfläche* durchlaufen. Die Ergodenhypothese ist beim eindimensionalen harmonischen Oszillator also exakt!

Lösung zu Aufgabe 1.2.2

$$H = H(\mathbf{q}, \mathbf{p}); \quad \rho = \rho(H, t)$$
$$\Longrightarrow \nabla\rho = \frac{\partial\rho}{\partial H}\nabla H.$$

Wegen

$$\nabla H = \left(\frac{\partial H}{\partial q_1}, \dots, \frac{\partial H}{\partial q_s}, \frac{\partial H}{\partial p_1}, \dots, \frac{\partial H}{\partial p_s}\right) =$$
$$= (-\dot{p}_1, \dots -\dot{p}_s, \dot{q}_1, \dots, \dot{q}_s),$$
$$\mathbf{v} = (\dot{q}_1, \dots, \dot{q}_s, \dot{p}_1, \dots, \dot{p}_s)$$

gilt

$$\mathbf{v} \cdot \nabla H = 0$$

und damit auch:

$$\mathbf{v} \cdot \nabla\rho = 0.$$

Dies bedeutet nach der Liouville-Gleichung:

$$\frac{\partial\rho}{\partial t} = 0.$$

Lösung zu Aufgabe 1.2.3

Für $\det F_t$ gilt, wie für **jede** Determinante ((1.204), (1.208), Bd. 1):

$$\sum_{k=1}^{2s} a_{ik} U_{jk} = \delta_{ij} \det F^{(t,0)}.$$

Dabei sind

$$a_{ik} = \frac{\partial\pi_i(t)}{\partial\pi_k(0)}; \quad U_{ik} = \frac{\partial(\det F^{(t,0)})}{\partial a_{ik}}$$

die Elemente der Determinante bzw. ihre algebraischen Komplemente ((1.199), Bd. 1). Damit bilden wir:

$$\frac{d}{dt}\det F^{(t,0)} = \sum_{i,k} \frac{\partial(\det F^{(t,0)})}{\partial a_{ik}} \frac{da_{ik}}{dt} = \sum_{i,k} U_{ik} \frac{da_{ik}}{dt}.$$

Für diesen Ausdruck benutzen wir:

$$\frac{da_{ik}}{dt} = \frac{d}{dt}\left(\frac{\partial\pi_i(t)}{\partial\pi_k(0)}\right) = \frac{\partial}{\partial\pi_k(0)}\left(\dot{\pi}_i(t)\right) = \sum_j \frac{\partial\,\dot{\pi}_i(t)}{\partial\pi_j(t)} \frac{\partial\pi_j(t)}{\partial\pi_k(0)} = \sum_j a_{jk} \frac{\partial\,\dot{\pi}_i(t)}{\partial\pi_j(t)}.$$

Das wird oben eingesetzt:

$$\frac{d}{dt}\det F^{(t,0)} = \sum_{ijk} U_{ik} a_{jk} \frac{\partial \dot{\pi}_i(t)}{\partial \pi_j(t)} = \sum_{i,j} \delta_{ij} \det F^{(t,0)} \frac{\partial \dot{\pi}_i(t)}{\partial \pi_j(t)} =$$

$$= \det F^{(t,0)} \sum_i \frac{\partial \dot{\pi}_i(t)}{\partial \pi_i(t)},$$

$$\sum_i \frac{\partial \dot{\pi}_i(t)}{\partial \pi_i(t)} = \sum_{j=1}^{s} \left(\frac{\partial^2 H}{\partial q_j(t)\,\partial p_j(t)} - \frac{\partial^2 H}{\partial p_j(t)\,\partial q_j(t)} \right) = 0.$$

Es folgt also:

$$\frac{d}{dt}\det F^{(t,0)} = 0 \implies \det F^{(t,0)} = \det F^{(0,0)} = 1.$$

Damit ist die Behauptung bewiesen: $\Gamma_t = \Gamma_0 = 1$.

Lösung zu Aufgabe 1.2.4

1) Phasenvolumen:

$$\begin{aligned}
\varphi(E) &= \alpha \iint\limits_{H<E} dq\,dp = \\
&= \alpha * \text{Flächeninhalt der Phasenraumellipse (s. Aufgabe 1.2.1)} \\
&= \alpha * \pi\, p_0 q_0 = \\
&= \alpha * \pi \sqrt{2m\,E} \sqrt{\frac{2E}{m\,\omega^2}}
\end{aligned}$$

$$\implies \varphi(E) = \alpha * \frac{2\pi}{\omega} E.$$

Daraus folgt:

$$\Gamma(E) = \varphi(E+\Delta) - \varphi(E) = \alpha * \frac{2\pi}{\omega}\Delta.$$

Es gilt:

$$\rho_0 = \frac{\alpha}{\Gamma(E)} = \frac{\omega}{2\pi\,\Delta}.$$

Normierte Dichteverteilungsfunktion:

$$\rho(q,p,t) \equiv \rho(q,p) = \begin{cases} \omega/2\pi\,\Delta, & \text{falls } E < H(q,p) < E+\Delta, \\ 0 & \text{sonst.} \end{cases}$$

2) Kinetische Energie:

$$\langle T \rangle = \frac{\rho_0}{2m} \iint\limits_{E<H<E+\Delta} dq\,dp\,p^2,$$

$$\iint\limits_{H<E} dq\,dp\,p^2 = \int\limits_{p^2<2mE} dp\,p^2 \int\limits_{q^2<\frac{2E}{m\,\omega^2}-\frac{p^2}{m^2\omega^2}} dq = \int\limits_{-\sqrt{2mE}}^{+\sqrt{2m\,E}} dp\,p^2\, 2\sqrt{\frac{2E}{m\,\omega^2} - \frac{p^2}{m^2\omega^2}} =$$

$$= \frac{2}{m\omega} \int\limits_{-\sqrt{2mE}}^{+\sqrt{2m\,E}} dp\,p^2 \sqrt{2mE - p^2}.$$

Formelsammlung:

$$\int dx\, x^2 \sqrt{a^2-x^2} = \frac{x}{8}\left(2x^2-a^2\right)\sqrt{a^2-x^2} + \frac{a^4}{8}\,\arcsin\frac{x}{|a|} + c.$$

Damit ergibt sich:

$$\iint\limits_{H<E} dq\, dp\, p^2 = \frac{2}{m\omega}\,\frac{4m^2E^2}{8}\,\big(\arcsin 1 - \arcsin(-1)\big) = \frac{m\pi}{\omega}\,E^2.$$

Daraus folgt:

$$\langle T\rangle = \frac{\omega}{4\pi\,\Delta m}\,\frac{m\pi}{\omega}\{(E+\Delta)^2 - E^2\} = \frac{1}{4\Delta}\{2E\,\Delta + \Delta^2\},$$

$$\langle T\rangle = \frac{1}{2}E + \frac{1}{4}\Delta.$$

Potentielle Energie:

$$\langle V\rangle = \frac{1}{2}m\omega^2\rho_0 \iint\limits_{E<H<E+\Delta} dq\, dp\, q^2,$$

$$\iint\limits_{H<E} dq\, dp\, q^2 = \int\limits_{-\sqrt{\frac{2E}{m\omega^2}}}^{+\sqrt{\frac{2E}{m\omega^2}}} dq\, q^2 \int\limits_{-\sqrt{2mE-m^2\omega^2q^2}}^{+\sqrt{2mE-m^2\omega^2q^2}} dp =$$

$$= 2 \int\limits_{-\sqrt{\frac{2E}{m\omega^2}}}^{+\sqrt{\frac{2E}{m\omega^2}}} dq\, q^2\, \sqrt{2mE - m^2\omega^2q^2} =$$

$$= 2m\omega \int\limits_{-\sqrt{\frac{2E}{m\omega^2}}}^{+\sqrt{\frac{2E}{m\omega^2}}} dq\, q^2 \sqrt{\frac{2E}{m\omega^2} - q^2}$$

Das ist derselbe Integraltyp wie der bei der Berechnung der mittleren kinetischen Energie:

$$\iint\limits_{H<E} dq\, dp\, q^2 = 2m\omega\frac{1}{8}\,\frac{4E^2}{m^2\omega^4}\,\big(\arcsin 1 - \arcsin(-1)\big) = \frac{\pi\,E^2}{m\omega^3}.$$

Damit berechnen wir:

$$\langle V\rangle = \frac{1}{2}m\omega^2\frac{\omega}{2\pi\,\Delta}\,\frac{\pi}{m\omega^3}\left\{(E+\Delta)^2 - E^2\right\} = \frac{1}{4\Delta}\left(2E\,\Delta + \Delta^2\right) = \frac{1}{2}E + \frac{1}{4}\Delta = \langle T\rangle.$$

Lösung zu Aufgabe 1.2.5

1)

$$V(x) = \begin{cases} 0 & \text{für } 0 \le x \le x_0, \\ \infty & \text{sonst} \end{cases}$$

$$\Longrightarrow \; H = \frac{p^2}{2m} = E \;\Longleftrightarrow\; p = \pm\sqrt{2m\,E} \text{ für } 0 \le x \le x_0.$$

2)

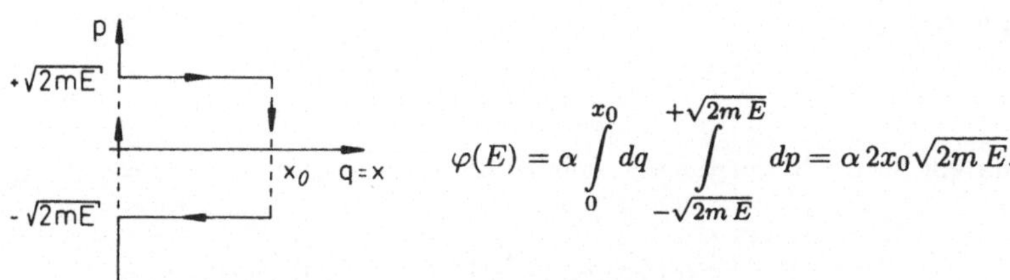

$$\varphi(E) = \alpha \int_0^{x_0} dq \int_{-\sqrt{2m\,E}}^{+\sqrt{2m\,E}} dp = \alpha\, 2x_0\sqrt{2m\,E}.$$

Lösung zu Aufgabe 1.2.6

$$\rho(\mathbf{q},\mathbf{p}) = \begin{cases} \rho_0, & \text{falls } E < H(\mathbf{q},\mathbf{p}) < E+\Delta, \\ 0 & \text{sonst,} \end{cases}$$

$$\rho_0 = \frac{\alpha}{\Gamma(E)}; \quad \Gamma(E) = \alpha \iint\limits_{E<H(\mathbf{q},\mathbf{p})<E+\Delta} d^s q\, d^s p \qquad (s = 2N),$$

$$H(\mathbf{q},\mathbf{p}) = \sum_{i=1}^{N} H_i(\mathbf{q}_i,\mathbf{p}_i),$$

$$H_i(\mathbf{q}_i,\mathbf{p}_i) = \frac{1}{2m}\left(p_{ix}^2 + p_{iy}^2\right), \text{ falls } 0 \le q_{ix} \le x_0 \text{ und } 0 \le q_{iy} \le y_0.$$

Wegen fehlender Wechselwirkungen faktorisiert das Phasenvolumen:

$$\varphi(E) = \alpha \iint\limits_{H<E} d^s q\, d^s p = \alpha \Bigg[\iint\limits_{H_i<\frac{E}{N}} dp_{ix}\, dp_{iy}\, dq_{ix}\, dq_{iy} \Bigg]^N =$$

$$= \alpha (x_0 y_0)^N \Bigg[\int\limits_{-\sqrt{2m\frac{E}{N}}}^{+\sqrt{2m\frac{E}{N}}} dp_{ix} \int\limits_{-\sqrt{2m\frac{E}{N}-p_{ix}^2}}^{+\sqrt{2m\frac{E}{N}-p_{ix}^2}} dp_{iy} \Bigg]^N =$$

$$= \alpha (2x_0 y_0)^N \Bigg[\int\limits_{-\sqrt{2m\frac{E}{N}}}^{+\sqrt{2m\frac{E}{N}}} dp_{ix} \sqrt{2m\frac{E}{N} - p_{ix}^2} \Bigg]^N.$$

Formelsammlung:

$$\int dx\,\sqrt{a^2-x^2} = \frac{x}{2}\,\sqrt{a^2-x^2} + \frac{a^2}{2}\,\arcsin\frac{x}{|\,a\,|} + c,$$

$$\int\limits_{-\sqrt{2m\frac{E}{N}}}^{+\sqrt{2m\frac{E}{N}}} dp_{ix}\,\sqrt{2m\frac{E}{N} - p_{ix}^2} = m\,\frac{E}{N}\,\big(\arcsin 1 - \arcsin(-1)\big) = \pi\, m\,\frac{E}{N}.$$

Dies bedeutet:

$$\varphi(E) = \alpha\left(2x_0y_0\pi\, m\,\frac{1}{N}\right)^N E^N.$$

Damit gilt für die Normierungskonstante der mikrokanonischen Dichteverteilung:

$$\frac{1}{\rho_0} = \alpha\left(2x_0y_0\pi\, m\,\frac{E}{N}\right)^N\left[\left(1+\frac{\Delta}{E}\right)^N - 1\right].$$

Lösung zu Aufgabe 1.2.7

1) Bewegungsgleichung ((2.109), Bd. 1):

$$m\,\ddot{q} + \bar{\alpha}\,\dot{q} = 0.$$

Lösung ((2.111), Bd. 1):

$$q(t) = a_1 + a_2\,\exp\left(-\frac{\bar{\alpha}}{m}t\right),$$
$$p(t) = m\,\dot{q}\,(t) = -\bar{\alpha}\,a_2\,\exp\left(-\frac{\alpha}{m}t\right).$$

Anfangsbedingungen:

$$q(t=0) = q_0; \quad p(t=0) = p_0$$
$$\Longrightarrow\; p_0 = -\bar{\alpha}\,a_2; \quad q_0 = a_1 + a_2,$$
$$a_2 = -\frac{p_0}{\bar{\alpha}}; \quad a_1 = q_0 + \frac{p_0}{\bar{\alpha}}$$
$$\Longrightarrow\; q(t) = q_0 + \frac{p_0}{\bar{\alpha}}\left[1 - \exp\left(-\frac{\alpha}{m}t\right)\right],$$
$$p(t) = p_0\,\exp\left(-\frac{\bar{\alpha}}{m}t\right).$$

Phasenbahn:

$$p(t) + \bar{\alpha}\,q(t) = p_0 + \bar{\alpha}\,q_0 = \text{const.}$$

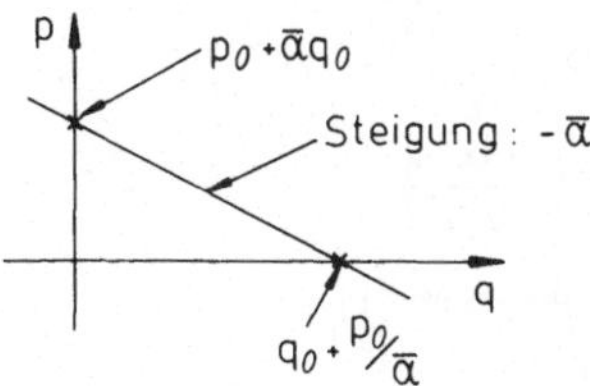

$$dq(t)\,dp(t) = \frac{\partial\big(q(t),p(t)\big)}{\partial\big(q(0),p(0)\big)}\,dq(0)\,dp(0) = \begin{vmatrix} 1 & \frac{1}{\bar{\alpha}}\left[1-\exp\left(-\frac{\bar{\alpha}}{m}t\right)\right] \\ 0 & \exp\left(-\frac{\bar{\alpha}}{m}t\right) \end{vmatrix}\, dq_0\,dp_0 =$$

$$= \exp\left(-\frac{\bar{\alpha}}{m}t\right) dq_0\,dp_0$$

$\Longrightarrow$ zeitlich veränderliches Phasenvolumen!

2) Bewegungsgleichung ((2.175), Bd. 1):

$$\ddot{q} + \frac{\bar{\alpha}}{m}\,\dot{q} + \omega^2 q = 0.$$

Lösung bei schwacher Dämpfung ((2.170), Bd. 1):

$$q(t) = \exp\left(-\frac{\bar{\alpha}}{2m}t\right)\left(q_0\,\cos\omega t + \frac{2p_0+\bar{\alpha}\,q_0}{2m\,\omega}\,\sin\omega t\right)$$

$$\Longrightarrow \dot{q}\,(t) = \exp\left(-\frac{\bar{\alpha}}{2m}t\right)\left[\left(\frac{2p_0+\bar{\alpha}\,q_0}{2m} - \frac{\bar{\alpha}\,q_0}{2m}\right)\cos\omega t - \left(\frac{\bar{\alpha}}{2m}\,\frac{2p_0+\bar{\alpha}q_0}{2m\,\omega} + q_0\omega\right)\sin\omega t\right],$$

$$p(t) = \exp\left(-\frac{\bar{\alpha}}{2m}t\right)\left[p_0\cos\omega t - \left(\bar{\alpha}\,\frac{2p_0+\bar{\alpha}\,q_0}{4m\,\omega} + mq_0\omega\right)\sin\omega t\right].$$

Kleine Reibung:

$$\frac{\bar{\alpha}}{m\,\omega} \ll 1$$

$$\Longrightarrow\; q(t) \approx \exp\left(-\frac{\bar{\alpha}}{2m}t\right)\left(q_0\cos\omega t + \frac{p_0}{m\,\omega}\,\sin\omega t\right),$$

$$p(t) \approx \exp\left(-\frac{\bar{\alpha}}{2m}t\right)\,(p_0\cos\omega t - mq_0\omega\,\sin\omega t).$$

Daraus folgt mit $\sin^2 x + \cos^2 x = 1$:

$$\frac{1}{2m}\,p^2(t) + \frac{1}{2}\,m\,\omega^2 q^2(t) = \exp\left(-\frac{\bar{\alpha}}{m}t\right)\left[\frac{1}{2m}\,p_0^2 + \frac{1}{2}\,m\,\omega^2 q_0^2\right] = E_0\,\exp\left(-\frac{\bar{\alpha}}{m}t\right).$$

Das ist eine *Ellipsengleichung* mit zeitabhängigen Halbachsen:

$$a = \sqrt{2m\,E_0}\,\exp\left(-\frac{\bar{\alpha}}{2m}t\right),$$
$$b = \sqrt{\frac{2E_0}{m\,\omega^2}}\,\exp\left(-\frac{\bar{\alpha}}{2m}t\right)$$

$\Longrightarrow$ Phasenbahn: elliptische Spirale,

$$\begin{aligned} dq(t)\,dp(t) &= \frac{\partial\big(q(t),p(t)\big)}{\partial(q_0,p_0)}\,dq_0\,dp_0 = \\ &= \begin{vmatrix} \exp(-\frac{\bar{\alpha}}{2m}t)\cos\omega t & \exp(-\frac{\bar{\alpha}}{2m}t)\,\frac{1}{m\,\omega}\,\sin\omega t \\ -\exp(-\frac{\bar{\alpha}}{2m}t)\,m\omega\,\sin\omega t & \exp(-\frac{\bar{\alpha}}{2m}t)\,\cos\omega t \end{vmatrix}\,dq_0\,dp_0 = \\ &= \exp(-\frac{\bar{\alpha}}{m}t)\,dq_0\,dp_0 \end{aligned}$$

$\Longrightarrow$ zeitlich veränderliches Phasenvolumen!

Lösung zu Aufgabe 1.2.8

Energie-Impuls-Beziehung eines relativistischen Teilchens ((2.63), Bd. 4):

$$c\,p = \sqrt{E^2 - m^2c^4}.$$

Phasenvolumen:

$$\varphi(E) = \alpha \iint\limits_{H\le E} dq\,dp = \alpha\,V\,\frac{4\pi}{3}\,p^3(E) = \alpha\,V\,\frac{4\pi}{3}\,\left(\frac{E^2}{c^2} - m^2c^2\right)^{3/2}.$$

Kapitel 1.3.8

Lösung zu Aufgabe 1.3.1

1) Wir berechnen

$$I = \int\limits_{-\infty}^{+\infty} dy_1 \ldots \int\limits_{-\infty}^{+\infty} dy_N\,\exp(-(y_1^2 + \ldots + y_N^2))$$

auf zwei Weisen, zum einen durch Faktorisierung der e-Funktion,

$$I = \Big(\int\limits_{-\infty}^{+\infty} dy\;e^{-y^2}\Big)^N = \pi^{N/2},$$

zum anderen durch Einführung von Polarkoordinaten:

$$I = \int_0^\infty dR\, S_N(R)\, e^{-R^2} = \qquad \text{(isotropes Problem)}$$

$$= N\, C_N \int_0^\infty dR\, R^{N-1}\, e^{-R^2} \stackrel{(x=R^2)}{=} \frac{1}{2} N\, C_N \int_0^\infty dx\, x^{(N/2)-1}\, e^{-x}$$

$$\Longrightarrow \; I = \frac{1}{2} N\, C_N\, \Gamma\left(\frac{N}{2}\right)$$

$$\Longrightarrow \; C_N = \frac{2\pi^{N/2}}{N\,\Gamma\left(\frac{N}{2}\right)}.$$

Gamma-Funktion:

$$\Gamma(x+1) = x\Gamma(x),$$

$$\Gamma(1) = 1; \quad \Gamma\left(\frac{1}{2}\right) = \sqrt{\pi}.$$

| N gerade | $N = 2n; \quad n \in \mathbb{N}$

$$\Gamma\left(\frac{N}{2}\right) = \Gamma(n) = (n-1)! = \left(\frac{N}{2} - 1\right)! = \frac{2}{N}\left(\frac{N}{2}\right)!$$

$$\Longrightarrow \; C_N = \frac{\pi^{N/2}}{\left(\frac{N}{2}\right)!}.$$

| N ungerade | $N = 2n + 1; \quad n \in \mathbb{N}$

$$\Gamma\left(\frac{N}{2}\right) = \Gamma\left(n + \frac{1}{2}\right) = \left(n - \frac{1}{2}\right)\Gamma\left(n - \frac{1}{2}\right) =$$

$$= \left(n - \frac{1}{2}\right)\left(n - \frac{3}{2}\right)\Gamma\left(n - \frac{3}{2}\right) = \left(n - \frac{1}{2}\right)\left(n - \frac{3}{2}\right)\cdots\frac{1}{2}\Gamma\left(\frac{1}{2}\right) =$$

$$= \frac{1}{2^n}(2n-1)(2n-3)\cdots 1\sqrt{\pi} = \frac{\sqrt{\pi}}{2^{(N-1)/2}}(N-2)(N-4)\cdots 1$$

$$\Longrightarrow \; N\,\Gamma\left(\frac{N}{2}\right) = \frac{\sqrt{\pi}}{2^{(N-1)/2}}\, N!!$$

$$\Longrightarrow \; C_N = \frac{2\,(2\pi)^{(N-1)/2}}{N!!}.$$

2) Volumen der Kugel:

$$V_N(R) = C_N\, R^N.$$

Volumen einer Oberflächenschicht der Dicke $\Delta \ll R$:

$$\Delta V_N(\Delta) = V_N(R) - V_N(R - \Delta) = C_N\left[R^N - (R-\Delta)^N\right]$$

$$\Longrightarrow \; \Delta V_N(\Delta) = V_N(R)\left[1 - \left(1 - \frac{\Delta}{R}\right)^N\right].$$

Δ, R fest:

$$\lim_{N\to\infty} \frac{\Delta V_N(\Delta)}{V_N(R)} = \lim_{N\to\infty} \left[1 - \underbrace{\left(1 - \frac{\Delta}{R}\right)}_{<1}{}^N\right] = 1, \text{ falls } \Delta > 0.$$

Lösung zu Aufgabe 1.3.2

1)

$$T^{-1} = \left(\frac{\partial S}{\partial E}\right)_{V,N} = k_B \frac{1}{\Gamma_N} \left(\frac{\partial \Gamma_N}{\partial E}\right)_{V,N} = k_B \frac{3}{2} N \frac{1}{E}$$

$$\Longrightarrow \; U = E = \frac{3}{2} N k_B T.$$

2)

$$p = T \left(\frac{\partial S}{\partial V}\right)_{E,N} = T \frac{k_B}{\Gamma_N} \left(\frac{\partial \Gamma_N}{\partial V}\right)_{E,N} = k_B T \frac{N}{V} \Longrightarrow pV = N k_B T.$$

3) *Adiabatisch*: $S =$ const. $\Longleftrightarrow \Gamma_N =$ const.

$$0 = dE + p\,dV - \mu\,dN$$

$$\Longrightarrow \; p = -\left(\frac{\partial E}{\partial V}\right)_{S,N},$$

$$E = \left(\frac{\Gamma_N}{f(N)\,V^N}\right)^{2/3N} = \left(\frac{\Gamma_N}{f(N)}\right)^{2/3N} V^{-2/3}$$

$$\Longrightarrow \; \left(\frac{\partial E}{\partial V}\right)_{\Gamma,N} = -\frac{2}{3} V^{-5/3} \left(\frac{\Gamma_N}{f(N)}\right)^{2/3N}$$

$$\Longrightarrow \; p V^{5/3} = \frac{2}{3} \left(\frac{\Gamma_N}{f(N)}\right)^{2/3N} = \text{const.}$$

Lösung zu Aufgabe 1.3.3

1) Wir übernehmen aus Aufgabe 1.2.6:

$$V = x_0 y_0; \quad \alpha = \frac{\alpha^*}{h^{2N}},$$

$$\varphi_N(E, V) = \alpha \left(2\pi m \frac{V}{N}\right)^N E^N = \alpha^* \left(\frac{2\pi}{h^2} m \frac{V}{N}\right)^N E^N,$$

$$\Gamma_N(E, V) = \alpha^* \left(\frac{2\pi}{h^2} m \frac{V}{N}\right)^N \left[(E + \Delta)^N - E^N\right] =$$

$$= \varphi_N(E, V) \left[\left(1 + \frac{\Delta}{E}\right)^N - 1\right],$$

$$\ln \varphi_N(E, V) = N \ln\left(\frac{2\pi}{h^2} m \frac{V}{N} E\right) + \ln \alpha^*,$$

$$\ln \Gamma_N(E,V) = \ln \varphi_N(E,V) + \ln \left[\left(1 + \frac{\Delta}{E}\right)^N - 1 \right],$$

$$\Delta \ll E \implies \ln \left[\left(1 + \frac{\Delta}{E}\right)^N - 1 \right] \approx \ln \left(N \frac{\Delta}{E} \right).$$

Es gilt also:

$$\ln \Gamma_N(E,V) = \ln \varphi_N(E,V) + 0(\ln N) \implies \text{Äquivalenz für große } N!$$

2) Temperatur:

$$T^{-1} = \left(\frac{\partial S}{\partial E} \right)_{V,N} = k_B N \frac{\partial}{\partial E} \ln \left(\frac{2\pi}{h^2} m \frac{V}{N} E \right) = k_B N \frac{1}{E}$$

$$\implies k_B T = \frac{E}{N}.$$

Entropie:

$$S = k_B \ln \varphi_N(E,V) = N k_B \ln \left[\frac{2\pi}{h^2} m \frac{V}{N} E \right] + k_B \ln \alpha^*,$$

$$\alpha^* = \frac{1}{N!}; \quad \ln \alpha^* = -\ln N! \approx -N(\ln N - 1)$$

$$\implies S = N k_B \left[\ln \left(\frac{2\pi}{h^2} m \frac{V}{N} \frac{E}{N} \right) + 1 \right] =$$

$$= N k_B \left[\ln \left(\frac{2\pi}{h^2} m \frac{V}{N} k_B T \right) + 1 \right] = S(T,V,N).$$

Freie Energie:

$$F = U - T S; \qquad U = E = N k_B T$$

$$\implies F(T,V,N) = -N k_B T \ln \left(\frac{2\pi}{h^2} m \frac{V}{N} k_B T \right).$$

3) Chemisches Potential:

$$\mu = -T \left(\frac{\partial S}{\partial N} \right)_{E,V},$$

$$\left(\frac{\partial S}{\partial N} \right)_{E,V} = k_B \left[\ln \left(\frac{2\pi}{h^2} m \frac{V}{N} \frac{E}{N} \right) + 1 \right] + N k_B N^2 \left(-\frac{2}{N^3} \right) =$$

$$= k_B \left[\ln \left(\frac{2\pi}{h^2} m \frac{V E}{N^2} \right) - 1 \right],$$

$$k_B T = \frac{E}{N}$$

$$\implies \mu(E,V,N) = \frac{E}{N} \left[1 - \ln \left(\frac{2\pi}{h^2} m \frac{V E}{N^2} \right) \right].$$

$\mu = \mu(T, V, N)$:

Durch Einsetzen von $\frac{E}{N} = k_B T$ in den letzten Ausdruck ergibt sich:

$$\mu(T, V, N) = k_B T \left(1 - \ln\left[\frac{2\pi}{h^2} m \frac{V}{N} k_B T\right]\right).$$

Das ist offensichtlich mit

$$\mu = \left(\frac{\partial F}{\partial N}\right)_{T,V}$$

identisch.

Lösung zu Aufgabe 1.3.4

1) Hamilton-Funktion:

$$H(\mathbf{q}, \mathbf{p}) = \frac{1}{2m} \sum_{i=1}^{N} (p_i^2 + m^2 \omega^2 q_i^2).$$

Phasenvolumen:

$$\varphi_N(E) = \alpha \iint_{H(\mathbf{q},\mathbf{p}) \leq E} d^N q \, d^N p; \quad \alpha = \frac{\alpha^*}{h^N}.$$

Variablentransformation:

$$x_i = m \omega q_i$$

$$\Longrightarrow H(\mathbf{x}, \mathbf{p}) = \frac{1}{2m} \sum_{i=1}^{N} (p_i^2 + x_i^2),$$

$$\varphi_N(E) = \frac{1}{(m \omega h)^N} \iint_{H(\mathbf{x},\mathbf{p}) \leq E} d^N x \, d^N p.$$

Das Vielfachintegral stellt eine $2N$-dimensionale Kugel mit dem Radius $\sqrt{2m E}$ dar:

$$\varphi_N(E) = \frac{1}{(m \omega h)^N} C_{2N} (2m E)^N.$$

Dabei gilt nach Aufgabe 1.3.1:

$$C_{2N} = \frac{\pi^N}{N!}$$

$$\Longrightarrow \varphi_N(E) = \frac{\alpha^*}{N!} \left(\frac{2\pi}{\omega h}\right)^N E^N.$$

2) Entropie:

$$S = k_B \left\{ \ln\left[\frac{\alpha^*}{N!} \left(\frac{2\pi}{\omega h}\right)^N\right] + N \ln E \right\}.$$

Temperatur:

$$T = \left(\frac{\partial S}{\partial E}\right)_N = \frac{N k_B}{E} \iff E = N k_B T.$$

Lösung zu Aufgabe 1.3.5

Eine *adiabatische* Zustandsänderung resultiert aus einem Eingriff in das System ausschließlich über *äußere* Parameter. Wir sehen diese deshalb formal als zeitabhängig an und berechnen:

$$\frac{d}{dt}\langle H(\mathbf{q},\mathbf{p};\mathbf{z}(t))\rangle = \frac{d}{dt}\iint d^s q\, d^s p\, H(\mathbf{q},\mathbf{p};z(t))\,\rho_{MKG}(\mathbf{q},\mathbf{p},t).$$

Ausnutzen des Liouvilleschen Satzes (1.34),

$$\frac{d}{dt}\rho_{MKG}(\mathbf{q},\mathbf{p},t) = 0,$$

führt zu:

$$\frac{d}{dt}\langle H(\mathbf{q},\mathbf{p};\mathbf{z}(t))\rangle = \iint d^s q\, d^s p \sum_{i=1}^{n}\frac{\partial H}{\partial z_i}\,\dot{z}_i\,\rho_{MKG}(\mathbf{q},\mathbf{p},t) =$$

$$= \sum_{i=1}^{n}\dot{z}_i \iint d^s q\, d^s p\,\frac{\partial H}{\partial z_i}\,\rho_{MKG}(\mathbf{q},\mathbf{p},t) = \sum_{i=1}^{n}\frac{dz_i}{dt}\langle\frac{\partial H}{\partial z_i}\rangle$$

$$\Longrightarrow\quad (dU)_{\text{ad}} = (d\langle H\rangle)_{\text{ad}} = \sum_{i=1}^{n}\langle\frac{\partial H}{\partial z_i}\rangle dz_i.$$

Lösung zu Aufgabe 1.3.6

1) Allgemein gilt:

$$d\varphi(E;\mathbf{z}) = \left(\frac{\partial\varphi}{\partial E}\right)_{\mathbf{z}} dE + \sum_{i=1}^{n}\left(\frac{\partial\varphi}{\partial z_i}\right)_{E,z_j(j\neq i)} dz_i =$$

$$= D(E,\mathbf{z})dE + \sum_{i=1}^{n}\left(\frac{\partial\varphi}{\partial z_i}\right)_{E,z_j(j\neq i)} dz_i$$

$D(E,\mathbf{z})$: Zustandsdichte (1.50).

Wir betrachten den zweiten Summanden gesondert:

$$\left(\frac{\partial\varphi}{\partial z_i}\right)_{E,z_j(j\neq i)} = \lim_{\Delta z_i\to 0}\frac{\alpha}{\Delta z_i}\left[\iint\limits_{H(z_i+\Delta z_i)\le E} d^s q\, d^s p - \iint\limits_{H(z_i)\le E} d^s q\, d^s p\right].$$

Wegen

$$H(z_i+\Delta z_i) = H(z_i) + \Delta z_i\,\frac{\partial H}{\partial z_i} + \ldots$$

folgt weiter:

$$\left(\frac{\partial\varphi}{\partial z_i}\right)_{E,z_j(j\neq i)} = \lim_{\Delta z_i\to 0}\frac{\alpha}{\Delta z_i}\iint\limits_{E\le H(z_i)\le E-\Delta z_i\frac{\partial H}{\partial z_i}} d^s q\, d^s p =$$

$$\overset{(1.54)}{=} \lim_{\Delta z_i\to 0}\frac{\alpha}{\Delta z_i}\int\limits_{H(z_i)=E}\frac{df_E}{|\nabla H|}\left(-\Delta z_i\frac{\partial H}{\partial z_i}\right) =$$

$$= \alpha\int\frac{df_E}{|\nabla H|}\left(-\frac{\partial H}{\partial z_i}\right) \overset{(1.56)}{=} D(E,\mathbf{z})\langle -\frac{\partial H}{\partial z_i}\rangle.$$

Dies bedeutet insgesamt:

$$d\varphi(E;\mathbf{z}) = D(E,\mathbf{z})\left(dE - \sum_{i=1}^{n} \langle \frac{\partial H}{\partial z_i} \rangle dz_i\right).$$

2) *Adiabatische* Zustandsänderung (s. Aufgabe 1.3.5):

$$dE = (dU)_{\text{ad}} = \sum_{i=1}^{n} \langle \frac{\partial H}{\partial z_i} \rangle dz_i \implies \big(d\varphi(E;\mathbf{z})\big)_{\text{ad}} = 0.$$

Lösung zu Aufgabe 1.3.7

1) Wahrscheinlichkeit, daß die Impulskomponente eines Teilchens im Intervall $(p_1, p_1 + dp_1)$ anzutreffen ist:

$$\begin{aligned} w(p_1)\,dp_1 &= dp_1 \frac{\int d\mathbf{q} \int \cdots \int dp_2 \ldots dp_{3N}\,\rho(\mathbf{q},\mathbf{p})}{\iint d\mathbf{q}d\mathbf{p}\,\rho(\mathbf{q},\mathbf{p})} = \\ &= dp_1 \frac{V^N \int \cdots \int dp_2 \ldots dp_{3N}\,\rho(\mathbf{q},\mathbf{p})}{V^N \int d\mathbf{p}\,\rho(\mathbf{q},\mathbf{p})} \sim \\ &\sim dp_1 \int \cdots \int dp_2 \ldots dp_{3N}\,\delta\big[(p_2^2 + \ldots + p_{3N}^2) - (2m\,E - p_1^2)\big]. \end{aligned}$$

Auf der rechten Seite steht ein Volumenintegral über den $(3N-1)$-dimensionalen Raum mit einem isotropen Integranden. Die Winkelintegration über die $(3N-1)$-dimensionale Einheitskugel liefert einen Beitrag $\sim p^{3N-2}$, wobei p der Betrag des Vektors

$$\mathbf{p} = (p_2, p_3, \ldots, p_{3N})$$

ist. Es bleibt also zu berechnen:

$$w(p_1), dp_1 \sim \Theta(2m\,E - p_1^2)dp_1 \int_0^\infty dp\,p^{3N-2}\delta\big[p^2 - (2m\,E - p_1^2)\big].$$

Substitution:

$$\begin{aligned} y &= p^2 - (2m\,E - p_1^2) \iff p = \sqrt{y + (2m\,E - p_1^2)}, \\ dp &= \frac{1}{2p}\,dy, \\ w(p_1)\,dp_1 &\sim \Theta(2m\,E - p_1^2)dp_1 \int_{-(2m\,E-p_1^2)}^{\infty} dy\big[y + (2m\,E - p_1^2)\big]^{(3N-3)/2}\delta(y) = \\ &= \Theta(2m\,E - p_1^2)dp_1\,(2m\,E - p_1^2)^{(3N-3)/2}. \end{aligned}$$

m und E sind konstant:

$$w(p_1)\,dp_1 \sim \Theta\big(2m\,E - p_1^2\big)dp_1 \left(1 - \frac{p_1^2}{2m\,E}\right)^{(3N-3)/2}.$$

N ist von der Größenordnung 10^{22}. Wir können also im Zähler des Exponenten 3 gegenüber $3N$ getrost vernachlässigen. Der Ausdruck in der zweiten Klammer ist kleiner als 1. Damit bei dem sehr großen Exponenten die rechte Seite überhaupt wesentlich von Null verschieden ist, muß der Wert der Klammer selbst sehr dicht bei 1 liegen. Dies bedeutet:

$$\frac{p_1^2}{2m\,E} \ll 1.$$

Dies erlaubt die Abschätzung:

$$1 - \frac{p_1^2}{2m\,E} \approx \exp\left(-\frac{p_1^2}{2m\,E}\right),$$

$$\left(1 - \frac{p_1^2}{2m\,E}\right)^{\frac{3N-3}{2}} \approx \left(1 - \frac{p_1^2}{2m\,E}\right)^{\frac{3N}{2}} \approx \exp\left(-\frac{3N}{2}\,\frac{p_1^2}{2m\,E}\right).$$

Wir setzen noch gemäß (1.121) $E = \frac{3}{2}N\,k_BT$ ein und haben dann:

$$w(p_1)dp_1 \sim \Theta\big(2m\,E - p_1^2\big)\,\exp\left(-\frac{p_1^2}{2m\,k_BT}\right)dp_1.$$

Mit $p_1 = m\,v_1$ ergibt sich daraus *fast* die Maxwellsche Geschwindigkeitsverteilung:

$$w(v_1)\,dv_1 \sim \Theta\left(\frac{2E}{m} - v_1^2\right)\,\exp\left(-\frac{m\,v_1^2}{2k_BT}\right)dv_1.$$

Das *fast* bezieht sich auf die Stufenfunktion. Die mikrokanonische Gesamtheit gibt eine obere Schranke für die Geschwindigkeit vor! – Wir wollen diese Beschränkung für die nächsten Teilaufgaben außer acht lassen.

2) Mit 1) gilt auch:

$$w(\mathbf{v})d^3v = c\,\exp\left(-\frac{m\,\mathbf{v}^2}{2k_BT}\right)d^3v.$$

Die Konstante c folgt aus der Normierungsbedingung:

$$\begin{aligned}
1 \stackrel{!}{=} \int w(\mathbf{v})\,d^3v &= 4\pi\,c\int_0^\infty \exp\big(-\alpha\,\mathbf{v}^2\big)v^2dv = 4\pi\,c\Big(-\frac{d}{d\alpha}\int_0^\infty \exp\big(-\alpha\,\mathbf{v}^2\big)dv\Big) = \\
&= -2\pi\,c\,\frac{d}{d\alpha}\sqrt{\frac{\pi}{\alpha}} = \pi\,c\,\sqrt{\pi}\,\alpha^{-3/2} \\
\Longrightarrow\; c &= \left(\frac{m}{2\pi\,k_BT}\right)^{3/2}.
\end{aligned}$$

Die Wahrscheinlichkeitsverteilung des Geschwindigkeitsbetrages ergibt sich durch Integration über die Winkel:

$$w(v)dv = \int_0^{2\pi} d\varphi \int_{-1}^{+1} d\cos\vartheta \, w(\mathbf{v}) v^2 dv = 4\pi \, c \, \exp\left(-\frac{m v^2}{2k_B T}\right) v^2 dv.$$

3) Wahrscheinlichster Geschwindigkeitsbetrag:

$$0 \stackrel{!}{=} \frac{d}{dv} w(v) = 4\pi \, c \, \exp\left(-\frac{m v^2}{2k_B T}\right) \left(2v - 2v^3 \frac{m}{2k_B T}\right)$$

$$\Longrightarrow \quad v_{\max} = \sqrt{\frac{2k_B T}{m}}.$$

4) Mittelwerte:

$$\langle v_x \rangle = \int v_x w(\mathbf{v}) d^3 v$$

$$v_x = v \sin\vartheta \cos\varphi,$$

$$\langle v_x \rangle = c \int_0^{\infty} \exp\left(-\frac{mv^2}{2k_B T}\right) v^2 dv \int_0^{2\pi} d\varphi \cos\varphi \int_0^{\pi} d\vartheta \sin^2\vartheta = 0,$$

$$\text{wegen} \int_0^{2\pi} d\varphi \cos\varphi = 0.$$

Analog die anderen Komponenten:

$$\langle v_y \rangle = \langle v_z \rangle = 0$$

$$\Longrightarrow \langle \mathbf{v} \rangle = 0: \ \textit{isotrope} \text{ Geschwindigkeitsverteilung.}$$

Mittlerer Impulsbetrag:

$$\langle v \rangle = \int_0^{\infty} w(v) v \, dv = 4\pi \, c \int_0^{\infty} v^3 \exp(-\alpha v^2) dv =$$

$$= 4\pi \, c \left[-\frac{d}{d\alpha} \int_0^{\infty} v \exp(-\alpha v^2) dv\right] = 4\pi \, c \left\{-\frac{d}{d\alpha}\left[-\frac{1}{2\alpha} \int_0^{\infty} \frac{d}{dv} \exp(-\alpha v^2) dv\right]\right\} =$$

$$= -4\pi \, c \frac{d}{d\alpha} \frac{1}{2\alpha} = 2\pi \, c \frac{1}{\alpha^2} = 2\pi \left(\frac{m}{2\pi \, k_B T}\right)^{3/2} \left(\frac{2k_B T}{m}\right)^2$$

$$\Longrightarrow \langle v \rangle = 2\sqrt{\frac{2k_B T}{\pi m}} = \frac{2}{\sqrt{\pi}} v_{\max}.$$

Mittleres Impulsquadrat:

$$\langle \mathbf{v}^2 \rangle = \int_0^\infty w(v) v^4 \, dv = 4\pi\, c \int_0^\infty v^4 \exp(-\alpha\, v^2) dv = 4\pi\, c \frac{d^2}{d\alpha^2} \int_0^\infty \exp(-\alpha\, v^2) dv =$$

$$= 4\pi\, c \frac{d^2}{d\alpha^2} \frac{1}{2} \sqrt{\frac{\pi}{\alpha}} = 2\pi^{3/2} c \frac{3}{4} \alpha^{-5/2} =$$

$$= \frac{3}{2} \pi^{3/2} \left(\frac{m}{2\pi\, k_B T} \right)^{3/2} \left(\frac{2 k_B T}{m} \right)^{5/2} = 3 \frac{k_B T}{m}$$

$$\Longrightarrow \quad \sqrt{\langle \mathbf{v}^2 \rangle} = \sqrt{3 \frac{k_B T}{m}} = \sqrt{\frac{3}{2}}\, v_{\max}.$$

Vergleich:

$$v_{\max} : \langle v \rangle : \sqrt{\langle \mathbf{v}^2 \rangle} = 1 : \frac{2}{\sqrt{\pi}} : \sqrt{\frac{3}{2}} \approx 1 : 1{,}13 : 1{,}22.$$

Lösung zu Aufgabe 1.3.8

Die Zustandsdichte wurde in (1.50) definiert:

$$D_N(E, V) = \frac{d}{dE} \varphi_N(E, V).$$

Das Phasenvolumen $\varphi_N(E, V)$ des idealen Gases wurde mit (1.118) berechnet:

$$D_N(E, V) = \frac{1}{N!} \left(\frac{V}{h^3} \right)^N \frac{\pi^{3N/2}}{\left(\frac{3N}{2} \right)!} \frac{3N}{2} (2m)^{3N/2} E^{(3N/2)-1}.$$

Für die Temperatur gilt:

$$\frac{1}{T} = \left(\frac{\partial S}{\partial E} \right)_{N,V} = \frac{k_B}{D_N(E, V)} \left(\frac{\partial}{\partial E} D_N(E, V) \right)_{N,V} = k_B \frac{1}{E} \left(\frac{3N}{2} - 1 \right)$$

$$\Longrightarrow \quad k_B T = \frac{E}{\frac{3N}{2} - 1}.$$

Das ist zu vergleichen mit (1.121):

$$k_B T = \frac{E}{\frac{3N}{2}}.$$

Für $N \to \infty$ sind die Ausdrücke äquivalent! Auf der anderen Seite macht es offensichtlich keinen Sinn, für Systeme mit wenigen Freiheitsgraden eine Temperatur zu definieren.

Kapitel 1.4.5

Lösung zu Aufgabe 1.4.1

Ideales Gas im Schwerefeld:

$$H = \sum_{i=1}^N \left(\frac{\mathbf{p}_i^2}{2m} + m\, g\, z_i \right).$$

1) Mittlere kinetische Energie:

$$\langle t \rangle = \frac{\displaystyle\iint d^{3N}q\, d^{3N}p\, \frac{\mathbf{p}_1^2}{2m}\, e^{-\beta H(\mathbf{q},\mathbf{p})}}{\displaystyle\iint d^{3N}q\, d^{3N}p\, e^{-\beta H(\mathbf{q},\mathbf{p})}} =$$

$$= \frac{1}{2m} \frac{\displaystyle\int d^3p_1\, \mathbf{p}_1^2 \exp\left(-\beta \frac{\mathbf{p}_1^2}{2m}\right)}{\displaystyle\int d^3p_1 \exp\left(-\beta \frac{\mathbf{p}_1^2}{2m}\right)} = \frac{1}{2m} \frac{\displaystyle\int_0^\infty dp_1\, p_1^4 \exp\left(-\beta \frac{p_1^2}{2m}\right)}{\displaystyle\int_0^\infty dp_1\, p_1^2 \exp\left(-\beta \frac{p_1^2}{2m}\right)}.$$

Formelsammlung:

$$\int_0^\infty dx\, x^n e^{-\alpha x^2} = \frac{1}{2} \alpha^{-\frac{n+1}{2}}\, \Gamma\left(\frac{n+1}{2}\right)$$

$$\Longrightarrow \langle t \rangle = \frac{1}{2m} \frac{\frac{1}{2}\left(\frac{2m}{\beta}\right)^{5/2} \Gamma\left(\frac{5}{2}\right)}{\frac{1}{2}\left(\frac{2m}{\beta}\right)^{3/2} \Gamma\left(\frac{3}{2}\right)},$$

$$\Gamma(x+1) = x\,\Gamma(x); \quad \Gamma(1) = 1; \quad \Gamma\left(\frac{1}{2}\right) = \sqrt{\pi}.$$

Mittlere kinetische Energie pro Teilchen:

$$\langle t \rangle = \frac{3}{2} k_B T.$$

Dasselbe Ergebnis fanden wir mit der mikrokanonischen Gesamtheit (1.113).

2)

$$\langle v \rangle = \frac{\displaystyle\iint d^{3N}q\, d^{3N}p\, m\, g\, z_1\, e^{-\beta H(\mathbf{q},\mathbf{p})}}{\displaystyle\iint d^{3N}q\, d^{3N}p\, e^{-\beta H(\mathbf{q},\mathbf{p})}} = m\, g\, \frac{\displaystyle\int_0^\infty dz_1\, z_1\, e^{-\beta\, m\, g\, z_1}}{\displaystyle\int_0^\infty dz_1\, e^{-\beta\, m\, g\, z_1}} =$$

$$= -\frac{d}{d\beta} \ln \int_0^\infty dz_1\, e^{-\beta\, m\, g\, z_1} = -\frac{d}{d\beta} \ln\left(+\frac{1}{\beta\, m\, g}\right) = -\beta\, m\, g \left(-\frac{1}{m\, g\, \beta^2}\right).$$

Mittlere potentielle Energie pro Teilchen:

$$\langle v \rangle = \frac{1}{\beta} = k_B T.$$

Lösung zu Aufgabe 1.4.2

1) Keine Wechselwirkungen zwischen den Molekülen:

$$Z_N(T,V) = \frac{1}{h^{6N}(2N)!}\left\{\int\cdots\int d^3p_1\, d^3p_2\, d^3r_1\, d^3r_2\, e^{-\beta H_0}\right\}^N.$$

Die Impulsintegrationen lassen sich unmittelbar ausführen (1.137):

$$\int d^3p \exp\left(-\beta\frac{\mathbf{p}^2}{2m}\right) = (2\pi\, m\, k_BT)^{3/2}.$$

Es bleibt für die Zustandssumme zu berechnen:

$$Z_N(T,V) = \frac{(2\pi\, m\, k_BT)^{3N}}{h^{6N}(2N)!}\, Q_\alpha^N(T),$$

$$Q_\alpha(T) = \iint d^3r_1\, d^3r_2 \exp\left(-\beta\frac{\alpha}{2}\,|\,\mathbf{r}_1 - \mathbf{r}_2\,|^2\right).$$

Schwerpunkt- und Relativkoordinaten:

$$\mathbf{R} = \frac{1}{2}(\mathbf{r}_1 + \mathbf{r}_2);\qquad \mathbf{r} = \mathbf{r}_1 - \mathbf{r}_2,$$

$$dr_x\, dR_x = \frac{\partial(r_x, R_x)}{\partial(r_{1x}, r_{2x})}\, dr_{1x}\, dr_{2x} = \begin{vmatrix} 1 & -1 \\ \frac{1}{2} & \frac{1}{2} \end{vmatrix}\, dr_{1x}\, dr_{2x}.$$

Analog die anderen Komponenten:

$$d^3r\, d^3R = d^3r_1\, d^3r_2$$

$$\Longrightarrow\ Q_\alpha(T) = \iint d^3R\, d^3r \exp\left(-\beta\frac{\alpha}{2}r^2\right) = V\,4\pi\int_0^\infty dr\, r^2 \exp\left(-\beta\frac{\alpha}{2}r^2\right) =$$

$$= 4\pi\, V\left(\frac{2}{\beta\,\alpha}\right)^{3/2}\frac{1}{2}\Gamma\left(\frac{3}{2}\right) = V\left(\frac{2}{\beta\,\alpha}\right)^{3/2}\pi^{3/2}.$$

Zustandssumme:

$$Z_N(T,V) = \frac{(2\pi\, m\, k_BT)^{3N}}{h^{6N}(2N)!}\, V^N\left(\frac{2\pi\, k_BT}{\alpha}\right)^{3N/2} =$$

$$= c_N\, V^N\, (k_BT)^{9N/2}.$$

2) Freie Energie:

$$F(T,V,N) = -k_BT\, \ln Z_N(T,V) =$$

$$= -k_BT\left(\ln c_N + N\, \ln V + \frac{9N}{2}\, \ln k_BT\right).$$

Druck:

$$p = -\left(\frac{\partial F}{\partial V}\right)_{T,N} = k_BT\,\frac{N}{V}.$$

$\Longrightarrow$ Zustandsgleichung des idealen Gases:

$$pV = N\,k_B T.$$

3) Innere Energie:

$$U = -\frac{\partial}{\partial\beta}\ln Z_N(T,V) = -\frac{\partial}{\partial\beta}\left(\ln c_N + N\ln V - \frac{9N}{2}\ln\beta\right) =$$
$$= \frac{9N}{2}\frac{1}{\beta} = \frac{9N}{2}k_B T.$$

Wärmekapazität:

$$C_V = \left(\frac{\partial U}{\partial T}\right)_{V,N} = \frac{9}{2}N\,k_B T.$$

4)

$$\langle\,|\mathbf{r}_1 - \mathbf{r}_2|^2\,\rangle = \frac{\iint d^3r_1\,d^3r_2\,|\mathbf{r}_1 - \mathbf{r}_2|^2 \exp\left(-\beta\frac{\alpha}{2}|\mathbf{r}_1 - \mathbf{r}_2|^2\right)}{\iint d^3r_1\,d^3r_2 \exp\left(-\beta\frac{\alpha}{2}|\mathbf{r}_1 - \mathbf{r}_2|^2\right)}.$$

Alle anderen Faktoren kürzen sich heraus!

$$\Longrightarrow\ \langle r^2\rangle = -\frac{2}{\alpha}\frac{\partial}{\partial\beta}\ln\left[\iint d^3r_1\,d^3r_2 \exp\left(-\beta\frac{\alpha}{2}|\mathbf{r}_1 - \mathbf{r}_2|^2\right)\right] \overset{(\alpha)}{=} -\frac{2}{\alpha}\frac{\partial}{\partial\beta}\ln Q_\alpha(T) =$$
$$= -\frac{2}{\alpha}\frac{\partial}{\partial\beta}\ln\left[V\left(\frac{2}{\beta\alpha}\right)^{3/2}\pi^{3/2}\right] = -\frac{2}{\alpha}\left(-\frac{3}{2}\right)\frac{1}{\beta}$$
$$\Longrightarrow\ \langle r^2\rangle = \frac{3}{\alpha}k_B T.$$

Lösung zu Aufgabe 1.4.3

1) Für die Zustandssumme des idealen Gases gilt nach (1.138):

$$Z_N(T,V) = \frac{V^N}{\lambda^{3N}(T)\,N!},$$
$$\lambda(T) = \frac{h}{\sqrt{2\pi\,m\,k_B T}}.$$

Freie Energie:

$$F(T,V,N) = -k_B T\left[N\ln V - 3N\ln\lambda(T) - N(\ln N - 1)\right].$$

Dabei haben wir die Stirling-Formel

$$\ln N! \approx N(\ln N - 1)$$

benutzt.

2) Entropie:

$$S(T,V,N) = -\left(\frac{\partial F}{\partial T}\right)_{V,N} =$$
$$= k_B N \left\{ \ln\left[\frac{V}{N}\frac{(2\pi\, m\, k_B T)^{3/2}}{h^3}\right] + 1 \right\} - 3N\, k_B T\, \frac{1}{\lambda(T)}\frac{\lambda(T)}{dT}.$$

Mit

$$\frac{1}{\lambda(T)}\frac{d\lambda(T)}{dT} = -\frac{1}{2}\frac{1}{T}$$

ergibt sich die Sackur-Tetrode-Gleichung:

$$S(T,V,N) = N\, k_B \left\{ \ln\left[\frac{V}{N}\left(\frac{2\pi\, m\, k_B T}{h^2}\right)^{3/2}\right] + \frac{5}{2}\right\},$$

wenn man $E = \frac{3}{2} N\, k_B T$ (1.121) in (1.124) einsetzt.

3) Thermische Zustandsgleichung:

$$p = -\left(\frac{\partial F}{\partial V}\right)_{T,N} = N\, k_B T\, \frac{1}{V}$$
$$\Longrightarrow\ pV = N\, k_B T.$$

Lösung zu Aufgabe 1.4.4

1) Das ist nichts anderes als die Darstellung (1.138) der Zustandssumme:

$$Z_N(T,V) = Z_0(T)\, \frac{1}{V^N} \int\limits_V d^{3N}q\, e^{-\beta \widehat{V}(\mathbf{q})}.$$

$Z_0(T)$ ist die Zustandssumme des nicht-wechselwirkenden Systems:

$$Z_0(T) = \left(N!\, \lambda^{3N}(T)\right)^{-1} V^N,$$
$$\lambda(T) = \frac{h}{\sqrt{2\pi\, m\, k_B T}} \quad \text{(thermische de Broglie-Wellenlänge)},$$
$$Z_N(T,V) = Z_0(T)\, \frac{1}{V^N} \int \cdots \int d^3r_1 \ldots d^3r_N\, \exp\left[-\beta \sum_{i<j} \widehat{V}(|\mathbf{r}_i - \mathbf{r}_j|)\right].$$

2) $\widehat{V}$ ist ein abstoßendes Paarpotential und somit positiv. Das hat zur Folge:

$$0 \le \exp(-\beta\, \widehat{V}(|\mathbf{r}_i - \mathbf{r}_j|)) \le 1 \qquad \forall i,j.$$

Damit ist

$$f(|\mathbf{r}_i - \mathbf{r}_j|) \text{ negativ mit } |f(|\mathbf{r}_i - \mathbf{r}_j|)| \le 1.$$

Eine Entwicklung nach Produkten der Funktionen $f(|\mathbf{r}_i - \mathbf{r}_j|)$ erscheint demnach sinnvoll, da die Produkte mit steigender Ordnung kleiner werden.

$$\exp\Big(-\beta \sum_{i<j} \widehat{V}(|\mathbf{r}_i - \mathbf{r}_j|)\Big) = \prod_{i<j} \exp(-\beta \widehat{V}(|\mathbf{r}_i - \mathbf{r}_j|)) =$$

$$= \prod_{i<j} (1 + f(|\mathbf{r}_i - \mathbf{r}_j|)) = 1 + \sum_{i<j} f(|\mathbf{r}_i - \mathbf{r}_j) +$$

$$+ \sum_{i<j} \sum_{k<l} f(|\mathbf{r}_i - \mathbf{r}_j|) f(|\mathbf{r}_k - \mathbf{r}_l|) + \ldots$$

$$(i, j) \neq (k, l).$$

3)

$$\int \cdots \int d^3 r_1 \ldots d^3 r_N \, f(|\mathbf{r}_i - \mathbf{r}_j|) = \int \cdots \int d^3 r_1 \ldots d^3 r_{i-1} \, d^3 r_{i+1} \ldots d r_{r_n} \, A,$$

$$A = \int d^3 r_i \, f(|\mathbf{r}_i - \mathbf{r}_j|) = \int d^3 r_i \, f(|\mathbf{r}_i|) = 2a_1(T).$$

Daraus folgt:

$$\int \cdots \int d^3 r_1 \ldots d^3 r_N \sum_{i<j} f(|\mathbf{r}_i - \mathbf{r}_j|) = 2a_1(T) \, \frac{1}{2} \, N(N-1) \, V^{N-1} \approx$$

$$\approx a_1(T) \, N^2 \, V^{N-1}, \text{ da } N \gg 1.$$

Beim zweiten Term der Entwicklung haben wir zu unterscheiden, ob alle vier Indizes paarweise verschieden sind; $i \neq j \neq k \neq l$,

$$\int \cdots \int d^3 r_1 \ldots d^3 r_N \sum_{i<j} \sum_{k<l} f(|\mathbf{r}_i - \mathbf{r}_j|) f(|\mathbf{r}_k - \mathbf{r}_l|) =$$

$$= V^{N-2} \frac{1}{2} N(N-1) \frac{1}{2} (N-2)(N-3) \big(2a_1(T)\big) \big(2a_1(T)\big) \approx$$

$$\approx V^{N-2} N^4 \big(a_1(T)\big)^2 = V^{N-2} N^4 a_2(T),$$

oder ob zwei der Indizes gleich sind; $i = k, j \neq l$:

$$\int \cdots \int d^3 r_1 \ldots d^3 r_N \sum_{i<j} \sum_{i<l} f(|\mathbf{r}_i - \mathbf{r}_j|) f(|\mathbf{r}_i - \mathbf{r}_l|) =$$

$$= V^{N-2} \, \frac{1}{3!} \, N(N-1)(N-2) \big(2a_1(T)\big)^2 \sim \frac{2}{3} N^3 \, V^{N-2}.$$

Dieser Term ist um den Faktor N kleiner als der vorangegangene Summand, kann also wegen $N \gg 1$ getrost vernachlässigt werden. Es bleibt also für die Entwicklung aus Teil 1):

$$Z_N(T, V) = \frac{Z_0(T)}{V^N} \big(V^N + a_1(T) N^2 \, V^{N-1} + a_2(T) V^{N-2} N^4 + \ldots\big) =$$

$$= Z_0(T) \left(1 + \frac{N^2}{V} a_1(T) + \frac{N^4}{V^2} a_2(T) + \ldots\right) \quad \text{q.e.d..}$$

4)

$$a_1(T) = \frac{1}{2}\int d^3r\, f(r) = 2\pi \int\limits_0^\infty dr\, r^2 \left[\exp\left(-\frac{\beta\,\alpha}{r^n}\right) - 1\right] =$$

$$= 2\pi \left\{\frac{1}{3} r^3 \left[\exp\left(-\frac{\beta\,\alpha}{r^n}\right) - 1\right]\right\}_0^\infty - \frac{2\pi}{3}\int\limits_0^\infty dr\, r^3 \left[\frac{n\,\beta\,\alpha}{r^{n+1}} \exp\left(-\frac{\beta\,\alpha}{r^n}\right)\right] =$$

$$= -\frac{2\pi}{3}\, n\,\beta\,\alpha \int\limits_0^\infty dr\, \frac{1}{r^{n-2}} \exp\left(-\frac{\beta\,\alpha}{r^n}\right).$$

Substitution:

$$\frac{\beta\,\alpha}{r^n} = x \iff r = \left(\frac{\beta\,\alpha}{x}\right)^{1/n},$$

$$\frac{dx}{dr} = -n\,\frac{\beta\,\alpha}{r^{n+1}} = -n\,\frac{x}{r}$$

$$\implies a_1(T) = +\frac{2\pi}{3}\int\limits_\infty^0 dx\, r^3\, e^{-x} = -\frac{2\pi}{3}\,(\beta\,\alpha)^{3/n}\int\limits_0^\infty dx\, x^{-3/n} e^{-x} =$$

$$= -\frac{2\pi}{3}\,(\beta\,\alpha)^{3/n}\int\limits_0^\infty dx\, x^{[(n-3)/n-1]} e^{-x}.$$

Gamma-Funktion:

$$\Gamma(t) = \int\limits_0^\infty dx\, x^{t-1} e^{-x}$$

$$\implies a_1(T) = -\frac{2\pi}{3}\,(\beta\,\alpha)^{3/n}\,\Gamma\left(\frac{n-3}{n}\right),$$

$$a_2(T) = \big(a_1(T)\big)^2.$$

Lösung zu Aufgabe 1.4.5

1) Energie des magnetischen Dipols im Magnetfeld ((3.52), Bd. 3):

$$E = -\boldsymbol{\mu}\cdot\mathbf{B}$$

$$\implies H_1 = -\mu\, B \sum_{i=1}^{N} \cos\vartheta_i,$$

ϑ_i : Winkel zwischen dem Feld $\mathbf{B}$ und dem magnetischen Moment $\boldsymbol{\mu}_i$ des i-ten Atoms.

2)

$$
\begin{aligned}
&Z_N(T,V) = \\
&= \frac{1}{h^{3N} N!} \iint d^{3N}q \, d^{3N}p \, e^{-\beta H(\mathbf{q},\mathbf{p})} = \\
&= \frac{Z_N^{(0)}(T,V)}{(4\pi)^N} (2\pi)^N \int_{-1}^{+1} \cdots \int d\cos\vartheta_1 \ldots d\cos\vartheta_N \exp\left(+\beta \, \mu \, B \sum_{i=1}^{N} \cos\vartheta_i \right) = \\
&= Z_N^{(0)}(T,V) \left[\frac{1}{2} \int_{-1}^{+1} dx \, e^{\beta \, \mu \, B \, x} \right]^N = Z_N^{(0)}(T,V) \left[\frac{1}{2\beta \, \mu \, B} \left(e^{\beta \, \mu \, B} - e^{-\beta \, \mu \, B} \right) \right]^N ,
\end{aligned}
$$

$Z_N^{(0)}(T,V)$: Zustandssumme bei abgeschaltetem Magnetfeld,

$$
Z_N(T,V) = Z_N^{(0)}(T,V) \left(\frac{\sinh \beta \, \mu \, B}{\beta \, \mu \, B} \right)^N .
$$

3)

$$
\mathbf{m} = \frac{\displaystyle\iint d^{3N}q \, d^{3N}p \left(\sum_{i=1}^{N} \boldsymbol{\mu}_i \right) e^{-\beta H(\mathbf{q},\mathbf{p})}}{\displaystyle\iint d^{3N}q \, d^{3N}p \, e^{-\beta H(\mathbf{q},\mathbf{p})}} ,
$$

$$
\boldsymbol{\mu}_i = \mu(\sin\vartheta_i \cos\varphi_i, \sin\vartheta_i \sin\varphi_i, \cos\vartheta_i).
$$

Wegen φ_i-Integration gilt:

$$
\begin{aligned}
m_x &= m_y = 0; \quad \mathbf{m} = m_z \, \mathbf{e}_z , \\
m_z &= \frac{d}{d(\beta \, B)} \ln Z_N(T,V).
\end{aligned}
$$

Mit der Zustandssumme aus 2) folgt:

$$
\begin{aligned}
m_z &= N \left(\frac{d}{dx} (\ln\sinh \, \mu \, x - \ln \mu \, x) \right) (x = \beta \, B) = \\
&= N \, \mu \left(\frac{\cosh \, \mu \, x}{\sinh \, \mu \, x} - \frac{1}{\mu \, x} \right) (x = \beta \, B) \\
\Longrightarrow \quad \mathbf{m} &= N \, \mu \left(\coth(\beta \, \mu \, B) - \frac{1}{\beta \, \mu \, B} \right) \mathbf{e}_z
\end{aligned}
$$

(klassischer Langevin-Paramagnetismus).

4)

$\boxed{\beta \, \mu \, B \gg 1}$ Tiefe Temperaturen, starke Felder

$$
\coth(\beta \, \mu \, B) \to 1; \quad \frac{1}{\beta \, \mu \, B} \to 0
$$

$$
\Longrightarrow \quad \mathbf{m} \approx N \, \mu \, \mathbf{e}_z
$$

Sättigung: alle Momente parallel ausgerichtet.

$\boxed{\beta\,\mu\,B \ll 1}$ Hohe Temperaturen, schwache Felder

$$\coth x = \frac{1}{x} + \frac{x}{3} + 0(x^3) \quad (x^2 < \pi^2)$$
$$\Longrightarrow \mathbf{m} \approx N\mu \left(\frac{1}{3}\frac{\mu B}{k_B T}\right) \mathbf{e}_z \quad (\textit{Curie-Gesetz}).$$

Lösung zu Aufgabe 1.4.6

$$\langle \pi_i \frac{\partial H}{\partial \pi_j} \rangle = \frac{\int \cdots \int \pi_i \frac{\partial H}{\partial \pi_j} \, e^{-\beta H(\mathbf{q},\mathbf{p})} dq_1 \dots dp_{3N}}{\int \cdots \int e^{-\beta H(\mathbf{q},\mathbf{p})} dq_1 \dots dp_{3N}}.$$

Wir untersuchen das *Teilintegral*:

$$\int \pi_i \frac{\partial H}{\partial \pi_j} \, e^{-\beta H(\mathbf{q},\mathbf{p})} d\pi_j = -\frac{1}{\beta} \int \pi_i \frac{\partial}{\partial \pi_j} \left(e^{-\beta H(\mathbf{q},\mathbf{p})}\right) d\pi_j =$$
$$= -\frac{1}{\beta} \left(\pi_i e^{-\beta H(\mathbf{q},\mathbf{p})}\right)\Big|_{\dots}^{\dots} + \frac{1}{\beta} \int \frac{\partial \pi_i}{\partial \pi_j} \, e^{-\beta H(\mathbf{q},\mathbf{p})} d\pi_j.$$

Der ausintegrierte Teil verschwindet. Ist π_j die kartesische Komponente eines Teilchenimpulses, so sind die Integrationsgrenzen $\pm\infty$, die kinetische Energie wird also unendlich und $e^{-\beta H}$ verschwindet. Ist π_j eine Ortskoordinate, so wird die potentielle Energie am Volumenrand (*Wand*) unendlich:

$$\int \pi_i \frac{\partial H}{\partial \pi_j} \, e^{-\beta H(\mathbf{q},\mathbf{p})} d\pi_j = \frac{\delta_{ij}}{\beta} \int e^{-\beta H(\mathbf{q},\mathbf{p})} d\pi_j.$$

Damit folgt der Gleichverteilungssatz:

$$\langle \pi_i \frac{\partial H}{\partial \pi_j} \rangle = \delta_{ij} k_B T.$$

Lösung zu Aufgabe 1.4.7

1) H: Hamilton-Funktion des Teilchensystems im Magnetfeld $\mathbf{B}$:

$$\langle \mathbf{m} \rangle = \frac{\iint d^{3N}q \, d^{3N}p \, \mathbf{m} \, e^{-\beta H(\mathbf{q},\mathbf{p})}}{\iint d^{3N}q \, d^{3N}p \, e^{-\beta H(\mathbf{q},\mathbf{p})}} = \frac{1}{\beta Z_N} \nabla_B Z_N.$$

$\mathbf{B} = \operatorname{rot} \mathbf{A}$; $\mathbf{A} = \mathbf{A}(\mathbf{r})$: *Vektorpotential.*

Hamilton-Funktion der geladenen Teilchen im Magnetfeld ((2.39), Bd. 2):

$$H = \sum_{j=1}^{N} \frac{1}{2m_j} \left(\mathbf{p}_j - \bar{q}_j \mathbf{A}(\mathbf{q}_j)\right)^2 + H_1(\mathbf{q}).$$

Zustandssumme:

$$Z_N(T) = \frac{1}{N!\,h^{3N}} \int \cdots \int d^3q_1 \ldots d^3q_N \exp\big(-\beta\, H_1(\mathbf{q})\big) *$$
$$* \prod_{j=1}^{N} \int d^3p_j \exp\left[-\frac{\beta}{2m_j}\big(\mathbf{p}_j - \bar{q}_j \mathbf{A}(\mathbf{q}_j)\big)^2\right].$$

2) Substitution:

$$\mathbf{u}_j \equiv \mathbf{p}_j - \bar{q}_j \mathbf{A}(\mathbf{q}_j).$$

Die Integrationsgrenzen ändern sich nicht:

$$\int d^3p_j \ldots = \iiint\limits_{-\infty}^{+\infty} dp_{jx} dp_{jy} dp_{jz} \ldots = \iiint\limits_{-\infty}^{+\infty} du_{jx} du_{jy} du_{jz} \ldots = \int d^3u_j \ldots.$$

Die Zustandssumme läßt sich also auch wie folgt schreiben:

$$Z_N(T,V) = \frac{1}{N!\,h^{3N}} \int \cdots \int d^3q_1 \ldots d^3q_N \exp\big(-\beta\, H_1(\mathbf{q})\big) *$$
$$* \prod_{j=1}^{N} \int d^3u_j \exp\left(-\frac{\beta}{2m_j}\,\mathbf{u}_j^2\right).$$

Z_N ist offenbar trotz $\mathbf{B} \neq 0$ feldunabhängig:

$$Z_N \neq Z_N(\mathbf{B}) \iff \nabla_B Z_N \equiv 0.$$

Dies bedeutet nach Teil 1):

$$\langle\, \mathbf{m} \,\rangle \equiv 0.$$

Hinter diesem Ergebnis verbirgt sich das sogenannte *Bohr-van Leeuwen-Theorem*:

> *Magnetismus ist ein quantenmechanischer Effekt. Streng klassisch ist das resultierende magnetische Gesamtmoment stets Null!*

Lösung zu Aufgabe 1.4.8

Wegen fehlender Teilchenwechselwirkungen separiert die Hamilton-Funktion:

$$H(\mathbf{q},\mathbf{p}) = \sum_{j=1}^{N} H_j(\mathbf{q}_j,\mathbf{p}_j) = \sum_{j=1}^{N} \left(\frac{1}{2m_j}\mathbf{p}_j^2 + \widehat{V}(\mathbf{q}_j)\right).$$

Nach (1.134) ist

$$\rho(\mathbf{q},\mathbf{p}) = \frac{\exp\big(-\beta\, H(\mathbf{q},\mathbf{p})\big)}{\iint d^{3N}q\; d^{3N}p \exp\big(-\beta\, H(\mathbf{q},\mathbf{p})\big)}$$

die normierte Wahrscheinlichkeitsdichte dafür, daß sich das Gesamtsystem bei der Temperatur T in der Phase $\boldsymbol{\pi} = (\mathbf{q}, \mathbf{p})$ befindet. Wir interessieren uns nur für das i-te Teilchen:

$$\rho_i(\mathbf{q}_i, \mathbf{p}_i) = \int \cdots \int \prod_{j}^{j \neq i} d^3q_j \, d^3p_j \; \rho(\mathbf{q}, \mathbf{p}) = \frac{\exp(-\beta \, H_i(\mathbf{q}_i, \mathbf{p}_i))}{\iint d^3q_i \, d^3p_i \, \exp(-\beta \, H_i(\mathbf{q}_i, \mathbf{p}_i))} .$$

Gefragt ist nach der Impulsverteilung im Gas:

$$\bar{w}(\mathbf{p}_i) \equiv \int d^3q_i \, \rho_i(\mathbf{q}_i, \mathbf{p}_i) = \frac{\exp\left(-\beta \frac{\mathbf{p}_i^2}{2m}\right)}{\int d^3p_i \, \exp\left(-\beta \frac{\mathbf{p}_i^2}{2m}\right)} .$$

Das Normierungsintegral wurde bereits zu (1.137) berechnet. Die Wahrscheinlichkeit dafür, daß ein Gasteilchen einen Impuls aus d^3p um $\mathbf{p}$ besitzt, lautet, wenn wir ab jetzt den Index i unterdrücken:

$$\bar{w}(\mathbf{p}) \, d^3p = (2\pi \, m \, k_BT)^{-3/2} \exp\left(-\frac{\mathbf{p}^2}{2m \, k_BT}\right) d^3p.$$

Wegen der eineindeutigen Beziehung zwischen Teilchenimpuls und Teilchengeschwindigkeit muß

$$\bar{w}(\mathbf{p}) d^3p \stackrel{!}{=} w(\mathbf{v}) \, d^3v$$

gelten. Damit ist die *Maxwellsche Geschwindigkeitsverteilung* bewiesen:

$$w(\mathbf{v}) d^3v = \left(\frac{m}{2\pi \, k_BT}\right)^{3/2} \exp\left(-\frac{m \, \mathbf{v}^2}{2k_BT}\right) d^3v.$$

Lösung zu Aufgabe 1.4.9

1) Geschwindigkeitsverteilung der Gasatome nach Aufgabe 1.4.8:

$$w(\mathbf{v}) \, d^3v = \left(\frac{m}{2\pi \, k_BT}\right)^{3/2} \exp\left(-\frac{m \, \mathbf{v}^2}{2k_BT}\right) d^3v.$$

Wir benötigen hier die Verteilung der z-Komponenten der Geschwindigkeit:

$$\begin{aligned}
w(v_z) \, dv_z &= \\
&= \int_{-\infty}^{+\infty} dv_x \int_{-\infty}^{+\infty} dv_y \, w(\mathbf{v}) \, dv_z = \\
&= \left(\frac{m}{2\pi \, k_BT}\right)^{3/2} \exp\left(-\frac{m \, v_z^2}{2k_BT}\right) dv_z \int_{-\infty}^{+\infty} dv_x \exp\left(-\frac{m \, v_x^2}{2k_BT}\right) \int_{-\infty}^{+\infty} dv_y \exp\left(-\frac{m \, v_y^2}{2k_BT}\right) = \\
&= \left(\frac{m}{2\pi \, k_BT}\right)^{1/2} \exp\left(-\frac{m \, v_z^2}{2k_BT}\right) dv_z .
\end{aligned}$$

Doppler-Effekt:

Energie- oder Frequenzänderung bei bewegter Strahlungsquelle:

$$E = E_0\left(1 + \frac{v_z}{c}\right)$$

$c =$ Lichtgeschwindigkeit.

Mittlere Energie des beobachteten Lichtes:

$$\langle E \rangle = E_0\left(1 + \frac{\langle v_z \rangle}{c}\right).$$

Es gilt:

$$\langle v_z \rangle = \int_{-\infty}^{+\infty} v_z\, w(v_z)\, dv_z \sim \int_{-\infty}^{+\infty} v_z \exp\left(-\frac{m v_z^2}{2k_B T}\right) dv_z = 0$$

$$\Longrightarrow \langle E \rangle = E_0.$$

2)

$$E - \langle E \rangle = E_0\left(1 + \frac{v_z}{c}\right) - E_0 = \frac{E_0}{c} v_z$$

$$\Longrightarrow (\overline{\Delta E}) = \frac{E_0}{c}\sqrt{\langle v_z^2 \rangle},$$

$$\int_{-\infty}^{+\infty} dv_z v_z^2 \exp\left(-\frac{m v_z^2}{2k_B T}\right) = -2k_B T \frac{d}{dm} \int_{-\infty}^{+\infty} dv_z \exp\left(-\frac{m v_z^2}{2k_B T}\right) =$$

$$= -2k_B T \frac{d}{dm}\left(\frac{2\pi\, k_B T}{m}\right)^{1/2} = (2\pi)^{1/2}(k_B T)^{3/2} m^{-3/2}$$

$$\Longrightarrow \langle v_z^2 \rangle = \int_{-\infty}^{+\infty} dv_z v_z^2 w(v_z) = \frac{k_B T}{m}.$$

Dies entspricht dem Gleichverteilungssatz (s. Aufgabe 1.4.6)!

$$(\overline{\Delta E}) = \frac{E_0}{c}\sqrt{\frac{k_B T}{m}}.$$

3)

$I(E)\, dE$: Wahrscheinlichkeit, eine Lichtenergie aus dem Intervall $(E, E + dE)$ zu beobachten.

Wegen der eineindeutigen Beziehung zwischen E und v_z gilt:

$$I(E)\, dE \stackrel{!}{=} w(v_z)\, dv_z,$$

$$v_z = \frac{c}{E_0}(E - E_0) \Longrightarrow dv_z = \frac{c}{E_0} dE$$

$$\Longrightarrow I(E)\, dE = \left(\frac{m}{2k_B T}\right)^{1/2} \exp\left(-\frac{m c^2}{2k_B T}\frac{(E - E_0)^2}{E_0^2}\right)\frac{c}{E_0} dE.$$

Lösung zu Aufgabe 1.4.10

1)

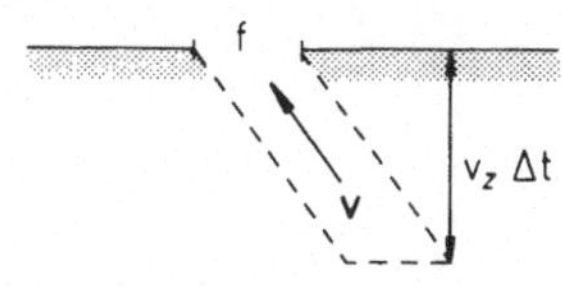

Die Geschwindigkeiten der Gasatome genügen einer Maxwellschen Verteilung zur Temperatur T. Ein Teilchen mit der Geschwindigkeit

$$\mathbf{v} = (v_x, v_y, v_z) \quad (v_z > 0)$$

erreicht genau dann innerhalb der Zeit Δt das Loch, wenn es sich in dem skizzierten schiefen Zylinder befindet. Dieser enthält

$$\frac{N}{V}(f\, v_z \Delta t)$$

Teilchen, von denen jedes mit der Wahrscheinlichkeit $w(\mathbf{v})\, d^3v$ die entsprechende Geschwindigkeit besitzt. Es durchqueren also in der Zeit Δt

$$\frac{N}{V}(f\, v_z \Delta t) w(\mathbf{v})\, d^3v$$

Teilchen mit einer Geschwindigkeit aus dem *Volumenelement* d^3v um $\mathbf{v}$ das Loch. Die Gesamtzahl aller aus dem Behälter entweichenden Atome erhalten wir durch Summation über alle in Frage kommenden Geschwindigkeiten:

$$-\frac{\Delta N}{\Delta t} = \frac{N}{V} f \int\limits_{-\infty}^{+\infty} dv_x \int\limits_{-\infty}^{+\infty} dv_y \int\limits_{0}^{+\infty} dv_z\, v_z w(\mathbf{v}) =$$

$$= \frac{N}{V} f \int\limits_0^{\infty} dv_z\, v_z w(v_z).$$

Wegen der endlichen Maße des Behälters ist dieser Ausdruck natürlich nicht ganz korrekt. So kann selbstverständlich die Höhe $v_z \Delta t$ des schiefen Zylinders (s. Bild) nicht größer als L_z sein. Auch $|\, v_x |$ und $|\, v_y |$ können eigentlich nicht beliebig groß werden, wenn der Zylinder vollständig innerhalb des Behälters liegen soll. Da die Geschwindigkeitskomponenten v_x, v_y, v_z jedoch in der Form $\exp\left(-\alpha(v_x^2 + v_y^2 + v_z^2)\right)$ für einen raschen Abfall der Maxwell-Verteilung $w(\mathbf{v})$ sorgen, machen wir sicher nur einen unbedeutenden Fehler, wenn wir als Integrationsgrenzen für v_x und v_y $\pm\infty$ wählen und entsprechend beliebig große **positive** v_z-Werte zulassen. – Die Maxwell-Verteilung $w(v_z)$ haben wir in Lösung 1.4.9 berechnet. Mit $\Delta t \to dt$ bleibt zu lösen:

$$-\frac{dN}{dt} = \frac{N}{V} f \left(\frac{m}{2\pi\, k_B T}\right)^{1/2} \int\limits_0^{\infty} dv_z\, v_z \exp\left(-\frac{m v_z^2}{2k_B T}\right) =$$

$$= -\frac{N}{V} f \left(\frac{m}{2\pi\, k_B T}\right)^{1/2} \frac{k_B T}{m} \int\limits_0^{\infty} dv_z \frac{d}{dv_z} \exp\left(-\frac{m v_z^2}{2k_B T}\right)$$

$$\Longrightarrow\ -\frac{dN}{dt} = f \frac{N}{V} \left(\frac{k_B T}{2\pi\, m}\right)^{1/2}$$

2) Integration der obigen Differentialgleichung:

$$\frac{N}{N_0} = \exp\left[-\frac{f}{V}\left(\frac{k_BT}{2\pi m}\right)^{1/2}(t-t_0)\right].$$

Ideales Gas: $pV = N k_BT$

$$T, V \text{ fest} \implies \frac{p}{p_0} = \frac{N}{N_0},$$

$$\frac{p}{p_0} = e^{-1} \implies t_e - t_0 = \frac{V}{f}\left(\frac{2\pi m}{k_BT}\right)^{1/2}.$$

3) Wir zerlegen die kinetische Energie wie folgt:

$$\langle T \rangle = \langle T_x \rangle + \langle T_y \rangle + \langle T_z \rangle,$$

$$\langle T_{x,y,z} \rangle = \frac{1}{2}m\langle v_{x,y,z}^2 \rangle.$$

Die x- und y-Beiträge sind außerhalb und innerhalb des Behälters gleich, und es gilt nach dem Gleichverteilungssatz ((1.113) und Aufgabe 1.4.6):

$$\langle T_x \rangle_{a,i} = \langle T_y \rangle_{a,i} = \frac{1}{2}k_BT.$$

Der z-Beitrag ist jedoch unterschiedlich. Nach Teil (1) gilt im Außenraum:

$$\langle v_z^2 \rangle_a = \frac{\int\limits_0^\infty dv_z v_z^2 w(v_z)\frac{1}{V}f\,v_z\Delta t}{\int\limits_0^\infty dv_z w(v_z)\frac{1}{V}f\,v_z\Delta t} = \frac{\int\limits_0^\infty dv_z v_z^3 \exp\left(-\frac{m v_z^2}{2k_BT}\right)}{\int\limits_0^\infty dv_z v_z \exp\left(-\frac{m v_z^2}{2k_BT}\right)},$$

$$\int\limits_0^\infty dv\, v^3 e^{-\alpha v^2} = -\frac{1}{2\alpha}\int\limits_0^\infty dv\, v^2 \frac{d}{dv}e^{-\alpha v^2} = \frac{1}{\alpha}\int\limits_0^\infty dv\, v\, e^{-\alpha v^2},$$

$$\implies \langle v_z^2 \rangle_a = \frac{2k_BT}{m} \implies \langle T_z \rangle_a = k_BT.$$

Damit gilt also:

$$\langle T \rangle_a = 2k_BT; \quad \langle T \rangle_i = \frac{3}{2}k_BT \iff \frac{\langle T \rangle_a}{\langle T \rangle_i} = \frac{4}{3}.$$

Lösung zu Aufgabe 1.4.11

1) Teilchendichte: $n(\mathbf{r}) = \langle \sum_{i=1}^{N} \delta(\mathbf{r} - \mathbf{r}_i) \rangle$

$$n(\mathbf{r}) = \frac{\int \cdots \int d^3r_1 \ldots d^3r_N\, d^3p_1 \ldots d^3p_N \left(\sum_{i=1}^{N} \delta(\mathbf{r} - \mathbf{r}_i) \right) e^{-\beta H}}{\int \cdots \int d^3r_1 \ldots d^3r_N\, d^3p_1 \ldots d^3p_N\, e^{-\beta H}} =$$

$$= \frac{\int \cdots \int d^3r_1 \ldots d^3r_N \left(\sum_{i=1}^{N} \delta(\mathbf{r} - \mathbf{r}_i) \right) \exp\left(-\beta \sum_{i=1}^{N} v(\mathbf{r}_i) \right)}{\int \cdots \int d^3r_1 \ldots d^3r_N \exp\left(-\beta \sum_{i=1}^{N} v(\mathbf{r}_i) \right)} =$$

$$= N \frac{\int d^3r_1 \delta(\mathbf{r} - \mathbf{r}_1) \exp(-\beta\, v(\mathbf{r}_1))}{\int d^3r_1 \exp(-\beta\, v(\mathbf{r}_1))}$$

$\Longrightarrow$ *Barometrische Höhenformel*

$$n(\mathbf{r}) = N \frac{\exp(-\beta\, v(\mathbf{r}))}{\int d^3r_1 \exp(-\beta\, v(\mathbf{r}_1))}.$$

2) Schwerefeld: $v(\mathbf{r}) = v(z) = m\, g\, z$ (z-Achse vertikal nach oben!)

$$\Longrightarrow \quad n(\mathbf{r}) = n(z) = c \exp(-\beta\, m\, g\, z) = n(0) \exp(-\beta\, m\, g\, z).$$

Druck des idealen Gases:

$$p(z) = n(z) k_B T$$
$$\Longrightarrow \quad p(z) = p(0) \exp(-\beta\, m\, g\, z).$$

Lösung zu Aufgabe 1.4.12

1) Ideales Gas:

$$H(\mathbf{q}, \mathbf{p}) = \sum_{i=1}^{N} T_i(\mathbf{p}_i).$$

Relativistische Ein-Teilchen-Energien ((2.63), Bd. 4):

$$T_i(\mathbf{p}_i) = \sqrt{c^2 \mathbf{p}_i^2 + m^2 c^2} \xrightarrow[m=0]{} c\, p_i.$$

Zustandssumme:

$$Z_N(T,V) = \frac{1}{N!\,h^{3N}} \iint d^{3N}q\, d^{3N}p\, e^{-\beta H(\mathbf{q},\mathbf{p})} = \frac{V^N}{N!\,h^{3N}} \left(\int d^3p\, e^{-\beta c p} \right)^N ,$$

$$\int d^3p\, e^{-\beta c p} = 4\pi \int_0^\infty dp\, p^2 e^{-\beta c p} = \frac{4\pi}{(\beta c)^3} \int_0^\infty dx\, x^2 e^{-x} = \frac{4\pi}{(\beta c)^3} \Gamma(3) = \frac{8\pi}{(\beta c)^3}$$

$$\Longrightarrow \quad Z_N(T,V) = \frac{1}{N!} \left[\frac{8\pi\, V}{(\beta\, c\, h)^3} \right]^N .$$

2) Innere Energie (1.141):

$$U = -\frac{\partial}{\partial \beta} \ln Z_N = 3N \frac{1}{\beta} \Longrightarrow U(T,V,N) = 3N\, k_B T.$$

3) Druck p (1.142):

$$p = \frac{1}{\beta} \frac{\partial}{\partial V} \ln Z_N = \frac{1}{\beta} \frac{N}{V}$$

$$\Longrightarrow \quad p = \frac{N}{V} k_B T = \frac{1}{3} \frac{U}{V}$$

(Achtung: statt $\frac{2}{3} \frac{U}{V}$ wie im nicht-relativistischen Fall).

4) Freie Energie (1.144):

$$F(T,V,N) = -\frac{1}{\beta} \ln Z_N = -N\, k_B T \left[\ln \left(\frac{8\pi\, V}{(c\, h)^3} \right) + 3 \ln k_B T - \ln N + 1 \right].$$

Dabei haben wir erneut die Stirling-Formel

$$\ln N! = N(\ln N - 1)$$

ausgenutzt. Wir überprüfen:

$$-\left(\frac{\partial F}{\partial V} \right)_{T,N} = +N\, k_B T \frac{1}{V} \overset{3)}{=} p.$$

5) Enthalpie: $H = U + p\,V = 4N\, k_B T.$

6) Entropie:

$$S(T,V,N) = \frac{1}{T}(U - F) = N\, k_B \left(\ln \frac{V}{N} + \ln \frac{8\pi}{(c\, h)^3} + 3 \ln k_B T + 4 \right) = -\left(\frac{\partial F}{\partial T} \right)_{V,N} .$$

7) Wärmekapazitäten:

$$C_p = \left(\frac{\partial H}{\partial T} \right)_{p,N} = 4N\, k_B,$$

$$C_V = \left(\frac{\partial U}{\partial T} \right)_{V,N} = 3N\, k_B.$$

Kapitel 1.5.4

Lösung zu Aufgabe 1.5.1

1) Kanonische Zustandssumme für N nicht-wechselwirkende Teilchen im Volumen V nach (1.138):

$$Z_N^{(0)}(T,V) = \frac{V^N}{\lambda^{3N}(T)\,N!},$$

$$\lambda(T) = \frac{h}{\sqrt{2\pi\, m\, k_B T}}.$$

Großkanonische Zustandssumme (1.159):

$$\Xi_\mu^{(0)}(T,V) = \sum_{N=0}^{\infty} z_0^N \frac{V^N}{\lambda^{3N}(T)\,N!} = \exp\left(z_0^N \frac{V}{\lambda^3(T)}\right); \qquad z_0 = e^{\beta\,\mu_0}.$$

2) Großkanonisches Potential:

$$\begin{aligned}
-pV = \Omega(T,V,\mu_0) &= -k_B T \ln \Xi_\mu^{(0)}(T,V) = -k_B T \left(z_0 \frac{V}{\lambda^3}\right) = \\
&= -k_B T \frac{1}{\beta} \frac{\partial}{\partial \mu_0} \left(z_0 \frac{V}{\lambda^3}\right) = -k_B T \frac{1}{\beta} \left(\frac{\partial}{\partial \mu_0} \ln \Xi_\mu^{(0)}(T,V)\right)_{T,V} = \\
&\stackrel{(1.168)}{=} -k_B T \langle N \rangle \\
\Longrightarrow\ pV = \langle N \rangle k_B T.
\end{aligned}$$

3) Fugazität, chemisches Potential:

$$\begin{aligned}
z_0 \frac{V}{\lambda^3} &= \ln \Xi_\mu^{(0)} \stackrel{2)}{=} \langle N \rangle, \\
\beta\,\mu_0 &= \ln z_0 = \ln\left(\frac{\langle N \rangle \lambda^3}{V}\right), \\
\mu_0 &= k_B T \ln\left(\langle N \rangle h^3 / V (2\pi\, m\, k_B T)^{3/2}\right) = \\
&= k_B T \ln\left(\frac{p\, h^3}{(k_B T)^{5/2} (2\pi\, m)^{3/2}}\right) = \mu_0(T,p).
\end{aligned}$$

4) Nach (1.167) gilt:

$$\begin{aligned}
w_N(T,V) &= \frac{z_0^N Z_N^{(0)}(T,V)}{\Xi_{\mu_0}(T,V)}; \quad \Xi_\mu^{(0)}(T,V) \stackrel{1),3)}{=} \exp(\langle N \rangle) \\
\Longrightarrow\ w_N(T,V) &= e^{-\langle N \rangle} \left(\langle N \rangle^N \frac{\lambda^{3N}}{V^N}\right) \frac{V^N}{\lambda^{3N}\, N!} = \\
&= e^{-\langle N \rangle} \frac{\langle N \rangle^N}{N!}
\end{aligned}$$

Poisson-Verteilung.

Lösung zu Aufgabe 1.5.2

Freie Energie nach (1.181):

$$F(T,V,\langle N\rangle) = \mu\langle N\rangle - k_B T \ln \Xi_\mu(T,V)$$
$$\text{mit } \mu = \mu(T,V,\langle N\rangle).$$

Dann folgt:

$$\left(\frac{\partial F}{\partial\langle N\rangle}\right)_{T,V} =$$
$$= \mu + \left(\frac{\partial\mu}{\partial\langle N\rangle}\right)_{T,V}\langle N\rangle - k_B T\left(\frac{\partial}{\partial\mu}\ln\Xi_\mu(T,V)\right)_{T,V}\left(\frac{\partial\mu}{\partial\langle N\rangle}\right)_{T,V} =$$
$$\stackrel{(1.168)}{=} \mu + \left(\frac{\partial\mu}{\partial\langle N\rangle}\right)_{T,V}\langle N\rangle - \langle N\rangle\left(\frac{\partial\mu}{\partial\langle N\rangle}\right)_{T,V} = \mu(T,V,\langle N\rangle) \qquad \text{q.e.d.}$$

Lösung zu Aufgabe 1.5.3

Entropie als Funktion von T, V, μ:

$$S(T,V,\mu) \stackrel{(1.177)}{=} -\left(\frac{\partial\Omega}{\partial T}\right)_{V,\mu} \stackrel{(1.178)}{=} k_B\left[\ln\Xi_\mu(T,V) + T\left(\frac{\partial}{\partial T}\ln\Xi_\mu\right)_{V,\mu}\right].$$

Aufgabe 1.5.1 $\Longrightarrow$

$$\Xi_\mu(T,V) = \exp\left(z\frac{V}{\lambda^3}\right); \qquad z = e^{\beta\mu}.$$

Mit

$$\frac{\partial\lambda}{\partial T} = -\frac{1}{2}\frac{\lambda}{T}; \quad \frac{\partial z}{\partial T} = \mu z\left(-\frac{\beta}{T}\right)$$

folgt dann:

$$S(T,V,\mu) = k_B\left(z\frac{V}{\lambda^3} + \frac{1}{2}k_B T z\frac{3V}{\lambda^4}\frac{\lambda}{T} - T\frac{V}{\lambda^3}\mu z\frac{\beta}{T}\right) =$$
$$= k_B\frac{zV}{\lambda^3}\left[\frac{5}{2} - \beta\mu\right].$$

Wir setzen aus Aufgabe 1.5.1

$$\mu(T,V,\langle N\rangle) = k_B T\ln\left(\frac{\langle N\rangle\lambda^3}{V}\right)$$

ein:

$$S(T,V,\langle N\rangle) = k_B\langle N\rangle\left[\frac{5}{2} + \ln\left(\frac{V}{\langle N\rangle}\frac{1}{\lambda^3}\right)\right].$$

Das stimmt exakt mit der Sackur-Tetrode-Gleichung überein, wenn man den Scharmittelwert $\langle N\rangle$ mit der thermodynamischen Zustandsvariable *Teilchenzahl* identifiziert.

Lösung zu Aufgabe 1.5.4

1) Hamilton-Funktion:

$$H_{\Sigma N_l}(\mathbf{q},\mathbf{p}) \equiv H_{\Sigma N_l}(\pi_1,\pi_2,\ldots,\pi_n)$$
$$\pi_i = (\mathbf{q}_i,\mathbf{p}_i).$$

Wir haben zu beachten, daß nur die Vertauschung von Teilchen ein und derselben Komponenten **nicht** zu einem neuen Zustand führt. Das modifiziert den Faktor der *korrekten Boltzmann-Abzählung* wie beim Phasenvolumen $\Gamma(E)$ in (1.130). Für den Erwartungswert (1.162) einer Phasenraumobservablen F gilt deshalb:

$$\langle F \rangle = \frac{1}{\Xi_{\{\mu_l\}}(T,V)} \sum_{N_1=0}^{\infty} \cdots \sum_{N_n=0}^{\infty} \frac{1}{\prod\limits_{i=1}^{n} h^{3N_i}\, N_i!} *$$
$$* \int \cdots \int \prod_{i=1}^{n} d^{3N_i}q_i\; d^{3N_i}p_i \exp\left[-\beta\left(H_{\Sigma N_l}(\mathbf{q},\mathbf{p}) - \Sigma_l \mu_l N_l\right)\right] F_{\Sigma N_l}(\mathbf{q},\mathbf{p}).$$

Nutzt man diese Formel speziell für $F = \mathbf{1}$ aus, so folgt:

$$\Xi_{\{\mu_l\}}(T,V) = \sum_{N_1=0}^{\infty} \cdots \sum_{N_n=0}^{\infty} \frac{1}{\prod\limits_{i=1}^{n} h^{3N_i}\, N_i!} \int \cdots \int \prod_{i=1}^{N} d^{3N_i}q_i\; d^{3N_i}p_i *$$
$$* \exp\Big[\beta\Big(H_{\Sigma N_l}(\mathbf{q},\mathbf{p}) - \sum_{l=1}^{n} \mu_l N_l\Big)\Big].$$

2) Bei fehlender Wechselwirkung zwischen den Komponenten:

$$H_{\Sigma N_l}(\mathbf{q},\mathbf{p}) = \sum_{l=1}^{n} H_{N_l}(\mathbf{q}_l,\mathbf{p}_l).$$

Damit ist klar, daß die Zustandssumme faktorisiert:

$$\Xi_{\{\mu_l\}}(T,V) = \prod_{l=1}^{n} \Xi_{\mu_l}(T,V),$$
$$\Xi_{\mu_l}(T,V) = \sum_{N_l=0}^{\infty} \frac{1}{h^{3N_l} N_l!} \iint d^{3N_l}q_l\, d^{3N_l}p_l *$$
$$* \exp\big[-\beta\big(H_{N_l}(\mathbf{q}_l,\mathbf{p}_l) - \mu_l N_l\big)\big].$$

3) Teilergebnisse können von Aufgabe 1.5.1 übernommen werden:

$$\Xi_{\mu_r}^{(0)}(T,V) = \exp\left(z_r \frac{V}{\lambda_r^3(T)}\right),$$
$$\lambda_r(T) = \frac{h}{\sqrt{2\pi\, m_r k_B T}}; \quad z_r = e^{\beta\,\mu_r}.$$

Dies bedeutet:

$$\Xi^{(0)}_{\{\mu_r\}}(T,V) = \exp\left[V \sum_{r=1}^{n} \frac{e^{\beta\mu_r}}{\lambda_r^3(T)}\right] = \exp\left[\sum_{r=1}^{n}\langle N_r\rangle\right].$$

4)

$$\frac{pV}{k_BT} = \ln \Xi^{(0)}_{\{\mu_r\}}(T,V) = \sum_{r=1}^{N}\langle N_r\rangle,$$

$$pV = k_BT\sum_{r=1}^{n}\langle N_r\rangle.$$

Lösung zu Aufgabe 1.5.5

Zunächst folgt mit der *Kettenregel* ((1.237), Bd. 1):

$$\left(\frac{\partial\langle N\rangle}{\partial\mu}\right)_{T,V} = -\left(\frac{\partial V}{\partial\mu}\right)_{T,\langle N\rangle}\left(\frac{\partial\langle N\rangle}{\partial V}\right)_{T,\mu} =$$

$$= -\left(\frac{\partial V}{\partial p}\right)_{T,\langle N\rangle}\left(\frac{\partial p}{\partial\mu}\right)_{T,\langle N\rangle}\left(\frac{\partial\langle N\rangle}{\partial V}\right)_{T,\mu}.$$

An (1.177) liest man die folgende Maxwell-Relation des großkanonischen Potentials ab:

$$\left(\frac{\partial\langle N\rangle}{\partial V}\right)_{T,\mu} = \left(\frac{\partial p}{\partial\mu}\right)_{T,V}.$$

Zwischenergebnis:

$$\left(\frac{\partial\langle N\rangle}{\partial\mu}\right)_{T,V} = -\left(\frac{\partial V}{\partial p}\right)_{T,\langle N\rangle}\left(\frac{\partial p}{\partial\mu}\right)_{T,\langle N\rangle}\left(\frac{\partial p}{\partial\mu}\right)_{T,V}.$$

Für das großkanonische Potential gilt wie für die anderen thermodynamischen Potentiale eine *Homogenitätsrelation* (s. Kap. 3.3, Bd. 4):

$$\Omega(T,\lambda V,\mu) = \lambda\,\Omega(T,V,\mu) \qquad \lambda\in \mathrm{R}.$$

Dies bedeutet auch:

$$p(T,\lambda V,\mu)\,(\lambda V) = \lambda\, p(T,V,\mu)\,V.$$

Es muß also für beliebige reelle λ

$$p(T,\lambda V,\mu) = p(T,V,\mu)$$

sein. p ist deshalb nur von T und μ abhängig:

$$p = p(T,\mu)$$

(s. (1.193) für den Spezialfall des idealen Gases). Damit ist formal natürlich auch

$$\left(\frac{\partial p}{\partial \mu}\right)_{T,\langle N \rangle} = \left(\frac{\partial p}{\partial \mu}\right)_{T,V}.$$

Die Indizierungen $\langle N \rangle$ und V sind redundant. Das obige *Zwischenergebnis* liefert damit bereits die in der Aufgabe gestellte Behauptung.

Lösung zu Aufgabe 1.5.6

1) Großkanonische Zustandssumme nach (1.159):

$$\Xi_z(T,V) = \sum_{N=0}^{\infty} \frac{z^N}{h^{3N} N!} \iint d^{3N}q \, d^{3N}p \, e^{-\beta H_N(\mathbf{q},\mathbf{p})}.$$

Nach (1.162) gilt dann offensichtlich:

$$\langle H \rangle = -\frac{1}{\Xi_z}\left(\frac{\partial}{\partial \beta}\Xi_z(T,V)\right)_{z,V} = -\left(\frac{\partial}{\partial \beta}\ln \Xi_z(T,V)\right)_{z,V},$$

$$\langle H^2 \rangle = \frac{1}{\Xi_z}\left(\frac{\partial^2}{\partial \beta^2}\Xi_z(T,V)\right)_{z,V}$$

Daraus ergibt sich die Energieschwankung:

$$\begin{aligned}
\langle (H - \langle H \rangle)^2 \rangle &= \langle H^2 \rangle - \langle H \rangle^2 = \\
&= \frac{1}{\Xi_z}\left(\frac{\partial^2}{\partial \beta^2}\Xi_z(T,V)\right)_{z,V} - \frac{1}{\Xi_z^2}\left(\frac{\partial}{\partial \beta}\Xi_z(T,V)\right)^2_{z,V} = \\
&= \left(\frac{\partial^2}{\partial \beta^2}\ln \Xi_z(T,V)\right)_{z,V}.
\end{aligned}$$

Also gilt:

$$(\overline{\Delta E})_r = \frac{\left(\frac{\partial^2}{\partial \beta^2}\ln \Xi_z(T,V)\right)_{z,V}}{\left[\left(\frac{\partial}{\partial \beta}\ln \Xi_z(T,V)\right)_{z,V}\right]^2}.$$

2) Ideales Gas (s. Lösung zu Aufgabe 1.5.1):

$$\begin{aligned}
&\ln \Xi_z(T,V) = \frac{zV}{\lambda^3(T)} = \langle N \rangle, \\
&(1.137)\ \lambda = \alpha\,\beta^{1/2} \\
&\Longrightarrow\ \langle H \rangle = \frac{3}{2}\langle N \rangle k_B T = \frac{3}{2}\langle N \rangle \frac{1}{\beta}.
\end{aligned}$$

Ferner gilt:

$$\left(\frac{\partial^2}{\partial \beta^2}\ln \Xi_z(T,V)\right)_{z,V} = \frac{15}{4}\frac{zV}{\lambda^3}\frac{1}{\beta^2} = \frac{15}{4}\langle N \rangle \frac{1}{\beta^2}$$

$$\Longrightarrow\ (\overline{\Delta E})_r = \frac{5}{3}\frac{1}{\langle N \rangle}.$$

Kapitel 2.1.3

Lösung zu Aufgabe 2.1.1

1) $\{|\varphi_n\rangle\}$: VON-System

$$\mathrm{Sp}\,\widehat{F}^+ = \sum_n \langle\varphi_n|\widehat{F}^+|\varphi_n\rangle = \sum_n (\langle\varphi_n|\widehat{F}|\varphi_n\rangle)^* = (\mathrm{Sp}\,\widehat{F})^*.$$

2) Folgt direkt aus:

$$\langle\varphi_n|(\alpha\widehat{F}+\beta\widehat{G})|\varphi_n\rangle = \alpha\langle\varphi_n|\widehat{F}|\varphi_n\rangle + \beta\langle\varphi_n|\widehat{G}|\varphi_n\rangle.$$

3)

$$\begin{aligned}\mathrm{Sp}\,(\widehat{F}^+\widehat{F}) &= \sum_n \langle\varphi_n|\widehat{F}^+\widehat{F}|\varphi_n\rangle = \sum_{n,m}\langle\varphi_n|\widehat{F}^+|\varphi_m\rangle\langle\varphi_m|\widehat{F}|\varphi_n\rangle = \\ &= \sum_{n,m} |\langle\varphi_m|\widehat{F}|\varphi_n\rangle|^2 \geq 0.\end{aligned}$$

4) Für zwei Operatoren gilt:

$$\begin{aligned}\mathrm{Sp}\,(\widehat{F}\widehat{G}) &= \sum_n \langle\varphi_n|\widehat{F}\widehat{G}|\varphi_n\rangle = \sum_{n,m} \varphi_n|\widehat{F}|\varphi_m\rangle\langle\varphi_m|\widehat{G}|\varphi_n\rangle = \\ &= \sum_{n,m}\langle\varphi_m|\widehat{G}|\varphi_n\rangle\langle\varphi_n|\widehat{F}|\varphi_m\rangle = \sum_m \langle\varphi_m|\widehat{G}\widehat{F}|\varphi_m\rangle = \mathrm{Sp}\,(\widehat{G}\widehat{F}).\end{aligned}$$

Daraus folgt unmittelbar die zyklische Invarianz, zum Beispiel:

$$\mathrm{Sp}\,\big(\widehat{F}(\widehat{G}\,\widehat{H})\big) = \mathrm{Sp}\,\big((\widehat{G}\,\widehat{H})\widehat{F}\big).$$

5) $\widehat{U}\,\widehat{U}^+ = \widehat{U}^+\widehat{U} = \mathbf{1}$.

Wir benutzen die unter 4) bewiesene *zyklische Invarianz* der Spur:

$$\mathrm{Sp}\,(\widehat{U}^+\,\widehat{F}\,\widehat{U}) = \mathrm{Sp}\,(\widehat{F}\,\widehat{U}\,\widehat{U}^+) = \mathrm{Sp}\,(\widehat{F}\,\mathbf{1}) = \mathrm{Sp}\,\widehat{F}.$$

Lösung zu Aufgabe 2.1.2

$$\hat{\rho} = \sum_m p_m|\psi_m\rangle\langle\psi_m|; \quad \langle\psi_m|\psi_m\rangle = 1,$$

$$\{|\psi_m\rangle\}\ \textbf{nicht}\ \text{orthogonal}; \quad \sum_m p_m = 1.$$

1) $\hat{\rho}$ hermitesch, da der Projektor $|\psi_m\rangle\langle\psi_m|$ hermitesch ist und alle p_m reell sind.

2) $\{|\bar{\varphi}_i\rangle\}$ – Basis des Hilbert-Raums:

$$\mathrm{Sp}\,\hat{\rho} = \sum_m p_m \sum_i \langle\bar{\varphi}_i|\psi_m\rangle\langle\psi_m|\bar{\varphi}_i\rangle = \sum_m p_m\langle\psi_m|\psi_m\rangle = \sum_m p_m = 1.$$

3) $\hat{\rho}$ auch jetzt nicht-negativ:

$$\langle \varphi \,|\, \hat{\rho} \,|\, \varphi \rangle = \sum_m p_m \,|\, \langle \varphi \,|\, \psi_m \rangle \,|^2 \geq 0$$

für jedes beliebige $|\,\varphi\,\rangle$.

4)

$$\hat{\rho}\,|\,\rho_n\,\rangle = \rho_n\,|\,\rho_n\,\rangle.$$

Wegen 1) sind die $|\,\rho_n\,\rangle$ orthonormal. Die Eigenwerte ρ_n sind reell und wegen 3) sogar nicht-negativ. Außerdem gilt wegen 2):

$$\sum_n \rho_n = 1.$$

Spektralzerlegung:

$$\hat{\rho} = \sum_n \rho_n \,|\, \rho_n \,\rangle\langle\, \rho_n \,|\,.$$

Die Voraussetzung (2.2) für den Statistischen Operator ist also eigentlich redundant.

Kapitel 2.2.3

Lösung zu Aufgabe 2.2.1

1) $\{\,|\,\varphi_i\,\rangle\}$: VON-System

$$|\,E_m\,\rangle = \sum_i |\,\varphi_i\,\rangle\langle\,\varphi_i\,|\,E_m\,\rangle$$

$$\Longrightarrow\ \hat{\rho} = \frac{1}{\Gamma(E)} \sum_m^{E<E_m<E+\Delta} \sum_{i,j} |\,\varphi_i\,\rangle\langle\,\varphi_i\,|\,E_m\,\rangle\langle\,E_m\,|\,\varphi_j\,\rangle\langle\,\varphi_j\,| =$$

$$= \frac{1}{\Gamma(E)} \sum_{i,j} \alpha_{ij}(E)\,|\,\varphi_i\,\rangle\langle\,\varphi_j\,|,$$

$$\alpha_{ij}(E) = \sum_m^{E<E_m<E+\Delta} \langle\,\varphi_i\,|\,E_m\,\rangle\langle\,E_m\,|\,\varphi_j\,\rangle.$$

Matrixelemente von $\hat{\rho}$ in der Basis $\{\,|\,\varphi_i\,\rangle\}$:

$$\left(\hat{\rho}(\varphi)\right)_{rt} = \frac{1}{\Gamma(E)}\alpha_{rt}(E).$$

Phasenvolumen:

$$\Gamma(\varphi) = \mathrm{Sp}\left(\sum_{i,j} \alpha_{ij}(E)\,|\,\varphi_i\,\rangle\langle\,\varphi_j\,|\right) =$$

$$= \sum_n \alpha_{nn}(E) = \sum_n \sum_m^{E<E_m<E+\Delta} \langle\,\varphi_n\,|\,E_m\,\rangle\langle\,E_m\,|\,\varphi_n\,\rangle =$$

$$= \sum_m^{E<E_m<E+\Delta} \langle\,E_m\,|\left(\sum_n |\,\varphi_n\,\rangle\langle\,\varphi_n\,|\right)|\,E_m\,\rangle = \sum_m^{E<E_m<E+\Delta} 1 = \Gamma(E).$$

Das Phasenvolumen ist natürlich darstellungsunabhängig.

2)

$$\widehat{A}\,|\,a_n\,\rangle = a_n\,|\,a_n\,\rangle,$$
$$|\,a_n\,\rangle = \sum_m |\,E_m\,\rangle\langle\,E_m\,|\,a_n\,\rangle$$
$$\Longrightarrow\ \hat{\rho}\,\widehat{A} = \frac{1}{\Gamma(E)}\sum_m^{E<E_m<E+\Delta} |\,E_m\,\rangle\langle\,E_m\,|\,\widehat{A},$$
$$(\hat{\rho}\,\widehat{A})_{ij} = \frac{1}{\Gamma(E)}\sum_m^{E<E_m<E+\Delta} \langle\,a_i\,|\,E_m\,\rangle\langle\,E_m\,|\,\widehat{A}\,|\,a_j\,\rangle =$$
$$= \frac{1}{\Gamma(E)}\sum_m^{E<E_m<E+\Delta} a_j\langle\,a_i\,|\,E_m\,\rangle\langle\,E_m\,|\,a_j\,\rangle.$$

Die Spur ist unabhängig von der Darstellung:

$$\langle\,\widehat{A}\,\rangle = \mathrm{Sp}\,(\hat{\rho}\,\widehat{A}) = \sum_i (\hat{\rho}\,\widehat{A})_{ii} = \frac{1}{\Gamma(E)}\sum_m^{E<E_m<E+\Delta}\sum_i a_i\,|\,\langle\,a_i\,|\,E_m\,\rangle\,|^2.$$

Die Interpretation des Ergebnisses liegt auf der Hand.

Lösung zu Aufgabe 2.2.2

1)

$\Gamma(E)$ = Anzahl der zur Energie E möglichen Zustände

= Anzahl der verschiedenen Möglichkeiten, bei gegebener, durch $M = N_\uparrow - N_\downarrow$ bestimmten Energie die Spins auf N Plätze zu verteilen.

$\hat{=}$ Entartungsgrad der Energie E.

$$\Gamma(E) = \frac{N!}{N_\uparrow!N_\downarrow!}.$$

Entropie: $S = k_B \ln\Gamma(E)$.

Stirling-Formel für $N \gg 1$: $\ln N! \approx N(\ln N - 1)$

$$\Longrightarrow\ S(E,N) \approx k_B\{N(\ln N - 1) - N_\uparrow(\ln N_\uparrow - 1) - N_\downarrow(\ln N_\downarrow - 1)\},$$
$$N = N_\uparrow + N_\downarrow,$$
$$S(E,N) = k_B\left\{N_\uparrow \ln\frac{N}{N_\uparrow} + N_\downarrow \ln\frac{N}{N_\downarrow}\right\},$$
$$N_\uparrow = \frac{1}{2}(N+M);\quad N_\downarrow = \frac{1}{2}(N-M)$$
$$\Longrightarrow\ S(M,N) = \frac{1}{2}k_B\left\{(N+M)\ln\frac{2N}{N+M} + (N-M)\ln\frac{2N}{N-M}\right\}.$$

2) Temperatur:

$$\frac{1}{T} = \left(\frac{\partial S}{\partial E}\right)_N = \left(\frac{\partial S}{\partial M}\right)_N \left(\frac{\partial M}{\partial E}\right)_N = -\frac{1}{\mu_B B}\left(\frac{\partial S}{\partial M}\right)_N,$$

$$\left(\frac{\partial S}{\partial M}\right)_N = \frac{1}{2}k_B\left\{\ln\frac{2N}{N+M} + (N+M)\left(-\frac{1}{N+M}\right) + \right.$$

$$\left. +(N-M)\left(+\frac{1}{N-M}\right) - \ln\frac{2N}{N-M}\right\} =$$

$$= \frac{1}{2}k_B \ln\frac{N-M}{N+M}$$

$$\Longrightarrow \frac{1}{T} = \frac{k_B}{2\mu_B B}\ln\frac{N+M}{N-M}.$$

Die Temperatur kann also auch **negativ** werden, wenn nämlich $N - M > N + M$, d.h. $N_\downarrow > N_\uparrow$ ist. In dem Fall steht die Mehrzahl der Spins antiparallel zum Feld. Parallelstellung bedeutet für einen Spin das Energieniveau $-\mu_B B$, Antiparallelstellung $+\mu_B B$. *Negative Temperaturen* liegen vor, wenn das energetisch höhere Niveau stärker (!) besetzt ist.

3) Innere Energie:

$$\frac{N_\uparrow}{N_\downarrow} = \exp(\beta\, 2\mu_B B),$$

$$M = N\frac{M}{N} = N\frac{\frac{N_\uparrow}{N_\downarrow} - 1}{\frac{N_\uparrow}{N_\downarrow} + 1}$$

$$\Longrightarrow E = -M\,\mu_B B = N\,\mu_B\,B\,\frac{1 - \exp(2\beta\,\mu_B B)}{1 + \exp(2\beta\,\mu_B B)} =$$

$$= -N\,\mu_B B \tanh(\beta\,\mu_B B) \equiv U(T, N, B).$$

4) Wärmekapazität:

$$C_V = \left(\frac{\partial U}{\partial T}\right)_N = -N\,\mu_B B\frac{\partial}{\partial T}\tanh(\beta\,\mu_B B) = N\frac{\mu_B^2 B^2}{k_B T^2}\frac{1}{\cosh^2(\beta\,\mu_B B)}.$$

Lösung zu Aufgabe 2.2.3

1)

$$N_r = \text{ Besetzungszahl des Niveaus } \epsilon_r,$$

$$E = \sum_r \epsilon_r N_r.$$

Die Energie ist also durch die Verteilung $\{N_r\}$ der Besetzungszahlen bestimmt. Diese sei zunächst fest vorgegeben:

$$\Gamma(\{N_r\}) = \frac{N!}{\prod_r N_r!},$$

$$S(E) = S(\{N_r\}) = k_B \ln\Gamma(\{N_r\}) = k_B\Big[N(\ln N - 1) - \sum_r N_r(\ln N_r - 1)\Big],$$

2) Die wahrscheinlichste Verteilung der N Teilchen auf die einzelnen Niveaus ist die mit der maximalen Zahl an Realisierungsmöglichkeiten. Wir haben also das Maximum von $\Gamma(\{N_r\})$ zu suchen, das natürlich mit dem von $\ln \Gamma$ übereinstimmt. Dabei sind die Nebenbedingungen

$$N = \sum_r N_r; \quad E = \sum_r \epsilon_r N_r$$

zu beachten. Diese koppeln wir nach dem *Lagrangeschen Variationsprinzip* mit zunächst unbestimmten *Multiplikatoren* α_1, α_2 an die Extremalbedingung an:

$$\delta\Big(\ln \Gamma + \alpha_1 \sum_r N_r + \alpha_2 \sum_r \epsilon_r N_r\Big) \stackrel{!}{=} 0$$

$$\iff -\sum_r \delta N_r (\ln N_r - 1) - \sum_r \delta N_r + \alpha_1 \sum_r \delta N_r + \alpha_2 \sum_r \epsilon_r \delta N_r \stackrel{!}{=} 0$$

$$\iff \sum_r (\ln N_r - \alpha_1 - \alpha_2 \epsilon_r)\, \delta N_r \stackrel{!}{=} 0.$$

Durch die Einführung der Lagrangeschen Multiplikatoren ist die Variation frei. Wir können δN_r beliebig wählen, zum Beispiel ein $\delta N_r \neq 0$, die anderen alle gleich Null. Dies bedeutet:

$$\ln N_r = \alpha_1 + \alpha_2 \epsilon_r \iff N_r = \exp(\alpha_1 + \alpha_2 \epsilon_r).$$

3) Die Extremalbedingung kann offensichtlich auch wie folgt geschrieben werden:

$$\delta S + k_B \alpha_1 \delta N + k_B \alpha_2 \delta E \stackrel{!}{=} 0.$$

Damit bilden wir:

$$\left(\frac{\partial S}{\partial N}\right)_E = -k_B \alpha_1 \stackrel{(1.97)}{=} -\frac{\mu}{T},$$

$$\left(\frac{\partial S}{\partial E}\right)_N = -k_B \alpha_2 \stackrel{(1.89)}{=} \frac{1}{T}$$

$$\Longrightarrow \alpha_1 = \frac{\mu}{k_B T} = \beta\,\mu; \quad \alpha_2 = -\frac{1}{k_B T} = -\beta.$$

Verteilung:

$$N_r = \exp\big[-\beta(\epsilon_r - \mu)\big].$$

Das chemische Potential μ bestimmt sich letztlich aus der Bedingung:

$$N \stackrel{!}{=} \sum_r \exp\big[-\beta(\epsilon_r - \mu)\big].$$

Die ϵ_r sind bekannt!

Wesentliche Teile dieser Ableitung werden in Kapitel 2.3.4 zur *Kanonischen Gesamtheit* noch einmal auftauchen.

Lösung zu Aufgabe 2.2.4

Zweidimensionaler, harmonischer Oszillator:
Bekannte Eigenwerte des harmonischen Oszialllators:

$$E_{n_x n_y} = \hbar\omega(n+1) = \hbar\omega(n_x + n_y + 1) = \hbar\omega\left[n_x + (n - n_x) + 1\right] \equiv E_n,$$
$$0 \le n_x \le n.$$

Eigenzustände sind Produktzustände (Kap. 4.4.6, Bd. 5, Tl. 1):

$$|\, n_x, n - n_x \,\rangle \equiv |\, n_x \,\rangle |\, n - n_x \,\rangle,$$
$$|\, n_x \,\rangle : n_x - \text{ter Oszillatoreigenzustand in } x\text{-Richtung},$$
$$|\, n - n_x \,\rangle : (n - n_x) - \text{ter Oszillatoreigenzustand in } y\text{-Richtung}.$$

Quantenmechanisches Phasenvolumen:

$\Gamma(E_n)$: Zahl der Zustände $|\, n_x, n - n_x \,\rangle$ mit der Energie E_n (Entartungsgrad!).

n_x kann die $(n+1)$-Werte $0, 1, 2, \ldots, n$ annehmen, $n_y = n - n_x$ ist dann bereits festgelegt:

$$\Longrightarrow \quad \Gamma(E_n) = n + 1.$$

Statistischer Operator:

$$\hat{\rho}(E_n) \equiv \frac{1}{n+1} \sum_{n_x=0}^{n} |\, n_x, n - n_x \,\rangle\langle\, n_x, n - n_x \,|\,.$$

Erwartungswerte für $\widehat{A} = \hat{p}_x, \hat{q}_x$:

$$\langle\, \widehat{A}^2 \,\rangle = \text{Sp}\,(\hat{\rho}\,\widehat{A}^2) = \frac{1}{n+1} \sum_{\mu,\nu} \sum_{n_x=0}^{n} \langle\, \mu, \nu \,|\, n_x, n - n_x \,\rangle\langle\, n_x, n - n_x \,|\, \widehat{A}^2 \,|\, \mu, \nu \,\rangle.$$

$\widehat{A} = \widehat{A}^+$ wirkt nur auf die x-Komponente:

$$\langle\, \widehat{A}^2 \,\rangle = \frac{1}{n+1} \sum_{\mu,\nu} \sum_{n_x=0}^{n} \delta_{\mu,n_x} \delta_{\nu,n-n_x} \delta_{n-n_x,\nu} \langle\, n_x \,|\, \widehat{A}^+ \widehat{A} \,|\, \mu \,\rangle =$$
$$= \frac{1}{n+1} \sum_{n_x=0}^{n} \langle\, n_x \,|\, \widehat{A}^+ \widehat{A} \,|\, n_x \,\rangle.$$

Nach (4.127), (4.128) in Band 5, Tl. 1:

$$\hat{q}_x = \sqrt{\frac{\hbar}{2m\omega}}(a + a^+); \quad \hat{p}_x = -i\sqrt{\frac{\hbar m\omega}{2}}(a - a^+))$$

$$\begin{aligned}
\Longrightarrow \quad \hat{q}_x \,|\, n_x \,\rangle &= \sqrt{\frac{\hbar}{2m\omega}}(a \,|\, n_x \,\rangle + a^+ \,|\, n_x \,\rangle) = \\
&= \sqrt{\frac{\hbar}{2m\omega}}\left(\sqrt{n_x} \,|\, n_x - 1 \,\rangle + \sqrt{n_x + 1} \,|\, n_x + 1 \,\rangle\right),
\end{aligned}$$

$$\begin{aligned}
\hat{p}_x \,|\, n_x \,\rangle &= -i\sqrt{\frac{\hbar m\omega}{2}}(a \,|\, n_x \,\rangle - a^+ \,|\, n_x \,\rangle) = \\
&= -i\sqrt{\frac{\hbar m\omega}{2}}\left(\sqrt{n_x} \,|\, n_x - 1 \,\rangle - \sqrt{n_x + 1} \,|\, n_x + 1 \,\rangle\right)
\end{aligned}$$

$$\begin{aligned}
\Longrightarrow \quad \langle\, n_x \,|\, \hat{q}_x^+ \hat{q}_x \,|\, n_x \,\rangle &= \frac{\hbar}{2m\omega}(n_x + n_x + 1), \\
\langle\, n_x \,|\, \hat{p}_x^+ \hat{p}_x \,|\, n_x \,\rangle &= \frac{\hbar m\omega}{2}(n_x + n_x + 1), \\
\sum_{n_x = 0}^{n} (2n_x + 1) &= \frac{1}{2}(n+1)(2n+2) = (n+1)^2.
\end{aligned}$$

Damit gilt also:

$$\langle\, p_x^2 \,\rangle = \frac{1}{2}\hbar m\omega(n+1); \quad \langle\, \hat{q}_x^2 \,\rangle = \frac{\hbar}{2m\omega}(n+1).$$

Erwartungswerte für $\widehat{B} = \hat{p}_y, \hat{q}_y$:

Die analoge Ableitung liefert

$$\langle\, \hat{p}_y^2 \,\rangle = \langle\, \hat{p}_x^2 \,\rangle; \quad \langle\, \hat{q}_y^2 \,\rangle = \langle\, \hat{q}_x^2 \,\rangle.$$

Kinetische Energie:

$$\langle\, \widehat{T} \,\rangle = \frac{1}{2m}\langle\, \hat{p}_x^2 + \hat{p}_y^2 \,\rangle = \frac{1}{2}\hbar\omega(n+1) = \frac{1}{2}E_n.$$

Potentielle Energie:

$$\langle\, \widehat{V} \,\rangle = \frac{1}{2}m\omega^2\langle\, \hat{q}_x^2 + \hat{q}_y^2 \,\rangle = \frac{1}{2}\hbar\omega(n+1) = \frac{1}{2}E_n.$$

Lösung zu Aufgabe 2.2.5

1)

$\Gamma_N(E)$: Anzahl der *denkbaren* Zustände zur Energie E = Anzahl der Möglichkeiten, N_0 Oszillatorquanten auf N Oszillatoren zu verteilen ($E_0 = \frac{1}{2}N\hbar\omega$ ist die *Nullpunktsenergie* des Gesamtsystems).

Wir symbolisieren Oszillatorquanten durch Kreuze und Oszillatoren durch Punkte:

$$\begin{array}{cccccl} & & & \times & & \longleftrightarrow N_0 \text{ Kreuze} \\ \times & & & \times & & \\ \times & & \times & \times & & \\ \bullet & \bullet & \bullet & \bullet & \bullet & \longleftrightarrow N \text{ Punkte.} \end{array}$$

Anstatt die N Oszillatoren darzustellen, können wir auch die Abstände zwischen den Punkten durch *Leerstellen* symbolisieren. Obiges Bild ist dann äquivalent zu dem folgenden:

$$\times\ \times\ \sqcup\ \sqcup\ \times\ \sqcup\ \times\ \times\ \times\ \sqcup\ \sqcup \ldots \longleftrightarrow N_0 \text{ Kreuze}\,, \quad N-1 \textit{ Leerstellen.}$$

$\Gamma_N(E)$ ist dann offensichtlich gleich der Zahl der verschiedenen Möglichkeiten, die $(N_0 + N - 1)$ Symbole, von denen N_0 Kreuze und $(N - 1)$ *Leerstellen* sind, anzuordnen. Vertauschung von *Leerstellen* untereinander oder von Kreuzen untereinander führt nicht zu einer neuen Anordnung:

$$\Gamma_N(E) = \frac{(N_0 + N - 1)!}{N_0!(N-1)!}.$$

2) Mit Hilfe der Stirling-Formel folgt:

$$S_N(E) = k_B\{(N_0+N-1)\left[\ln(N_0+N-1)-1\right] - N_0(\ln N_0 - 1) - (N-1)\left[\ln(N-1)-1\right]\}.$$

Wir können die 1 gegen N und N_0 vernachlässigen:

$$S_N(E) = k_B\left[(N_0 + N)\ln(N_0 + N) - N_0 \ln N_0 - N \ln N\right],$$
$$N_0 = \frac{E}{\hbar\omega} - \frac{1}{2}N.$$

Temperatur:

$$\frac{1}{T} = \left(\frac{\partial S_N(E)}{\partial E}\right)_N = \left(\frac{\partial S_N(E)}{\partial N_0}\right)_N \left(\frac{\partial N_0}{\partial E}\right)_N =$$
$$= \frac{k_B}{\hbar\omega}\left[\ln(N_0 + N) + 1 - \ln N_0 - 1\right]$$
$$\Longrightarrow \frac{1}{T} = \frac{k_B}{\hbar\omega} \ln \frac{N_0 + N}{N_0}.$$

3)

$$1 + \frac{N}{N_0} = \exp(\beta\hbar\omega)$$
$$\Longrightarrow N_0(T) = \frac{N}{\exp(\beta\hbar\omega) - 1}.$$

Kapitel 2.3.5

Lösung zu Aufgabe 2.3.1

$$\langle \widehat{H} \rangle = -\frac{1}{Z}\frac{\partial}{\partial\beta}Z; \qquad \langle (\widehat{H}^2) \rangle = \frac{1}{Z}\frac{\partial^2}{\partial\beta^2}Z$$

$$\Longrightarrow \langle \widehat{H}^2 \rangle - \langle \widehat{H} \rangle^2 = \frac{1}{Z}\frac{\partial^2}{\partial\beta^2}Z - \frac{1}{Z^2}\left(\frac{\partial}{\partial\beta}Z\right)^2 = \frac{\partial}{\partial\beta}\left(\frac{1}{Z}\frac{\partial}{\partial\beta}Z\right) =$$

$$= \frac{\partial}{\partial\beta}\left(\frac{\partial}{\partial\beta}\ln Z\right) \overset{(2.30)}{=} -\frac{\partial}{\partial\beta}U = k_B T^2 \frac{\partial U}{\partial T} =$$

$$= C_V k_B T^2$$

$$\Longrightarrow \sqrt{\frac{\langle \widehat{H}^2 \rangle - \langle \widehat{H} \rangle^2}{\langle \widehat{H} \rangle^2}} = \frac{\sqrt{C_V k_B T^2}}{U}$$

Lösung zu Aufgabe 2.3.2

Eigenzustände in der Besetzungszahldarstellung:

$$|\, N \rangle = |\, n_1 \rangle |\, n_2 \rangle \ldots |\, n_N \rangle \equiv |\, n_1 n_2 \ldots n_N \rangle .$$

Eigenenergien des Einzeloszillators:

$$\epsilon_{n_i} = \hbar\omega\left(n_i + \frac{1}{2}\right).$$

Gesamtenergie:

$$E_{|N\rangle} \equiv E(\{n_i\}) = \hbar\omega \sum_{i=1}^{N}\left(n_i + \frac{1}{2}\right).$$

Zustandssumme:

$$Z_N(T) = \mathrm{Sp}\; e^{-\beta\widehat{H}} = \sum_{|N\rangle} \langle N \,|\, e^{-\beta\widehat{H}} \,|\, N \rangle =$$

$$= \sum_{\{n_i\}} \exp\left[-\beta\hbar\omega \sum_{j=1}^{N}\left(n_j + \frac{1}{2}\right)\right] =$$

$$= \exp\left(-\beta N \frac{\hbar\omega}{2}\right) \sum_{n_1} e^{-\beta\hbar\omega n_1} \ldots \sum_{n_N} e^{-\beta\hbar\omega n_N} =$$

$$= \exp\left(-\beta N \frac{\hbar\omega}{2}\right) \prod_{i=1}^{N}\left(\sum_{n_i=0}^{\infty} e^{-\beta\hbar\omega n_i}\right) =$$

$$= \exp\left(-\beta N \frac{\hbar\omega}{2}\right) \left[\sum_{n=0}^{\infty} (e^{-\beta\hbar\omega})^n\right]^N =$$

$$= \exp\left(-\beta N \frac{\hbar\omega}{2}\right) \left[\frac{1}{1 - e^{-\beta\hbar\omega}}\right]^N =$$

$$= \exp\left(-\beta N \frac{\hbar\omega}{2}\right) \left[\frac{\exp\left(\frac{1}{2}\beta\hbar\omega\right)}{\exp\left(\frac{1}{2}\beta\hbar\omega\right) - \exp\left(-\frac{1}{2}\beta\hbar\omega\right)}\right]^N$$

$$\Longrightarrow \quad Z_N(T) = \left[\frac{1}{2\sinh\left(\frac{1}{2}\beta\hbar\omega\right)}\right]^N .$$

Lösung zu Aufgabe 2.3.3

1) Die Oszillationen in den drei Raumrichtungen sind ungekoppelt. Deshalb faktorisiert die Zustandssumme:

$$Z = (Z_x Z_y Z_z)^N.$$

Wie in der vorigen Aufgabe:

$$Z_{x,y,z} = \sum_n \exp\left[-\frac{\hbar\omega_{x,y,z}}{k_B T}\left(n + \frac{1}{2}\right)\right] =$$

$$= \frac{1}{2\sinh\left(\frac{1}{2}\beta\hbar\omega_{x,y,z}\right)}.$$

2)

$$U = -\frac{\partial}{\partial\beta} \ln Z = N(U_x + U_y + U_z),$$

$$U_{x,y,z} = -\frac{\partial}{\partial\beta} \ln Z_{x,y,z} = \frac{\hbar\omega_{x,y,z}}{2} \coth\left(\frac{1}{2}\beta\hbar\omega_{x,y,z}\right).$$

3) Wärmekapazität:

$$C_V = N(C_{Vx} + C_{Vy} + C_{Vz}),$$

$$\frac{d}{dx}\coth x = -\frac{1}{\sinh^2 x},$$

$$C_{Vx} = \frac{\partial U_x}{\partial T} = \frac{1}{2}\hbar\omega_x \frac{-1}{\sinh^2 \frac{1}{2}\beta\hbar\omega_x} \frac{1}{2}\hbar\omega_x \left(-\frac{1}{k_B T^2}\right)$$

$$\Longrightarrow \quad C_{Vx,y,z} = k_B \left(\frac{\beta\hbar\omega_{x,y,z}}{2\sinh\frac{1}{2}\beta\hbar\omega_{x,y,z}}\right)^2,$$

$$\sinh x \approx \begin{cases} x & \text{für } x \ll 1, \\ \frac{1}{2}e^x & \text{für } x \gg 1. \end{cases}$$

Damit folgt für $\hbar\omega_x = \hbar\omega_y \gg k_B T$; $\hbar\omega_z \ll k_B T$:

$$C_V \approx N\, k_B \left[2\left(\frac{\hbar\omega_x}{k_B T}\right)^2 \exp\left(-\frac{\hbar\omega_x}{k_B T}\right) + 1\right].$$

Lösung zu Aufgabe 2.3.4

1) Eigenwerte:

$$E_\sigma = -2\mu_B B \sum_{i=1}^{N} \sigma_i; \qquad |\,\sigma\,\rangle \equiv |\,\sigma_1\sigma_2\ldots\sigma_N\,\rangle.$$

Jedes σ_i kann zwei Werte annehmen. Es gibt also insgesamt 2^N Möglichkeiten für den Spinzustand $|\,\sigma\,\rangle$. Zwei Zustände haben immer dann dieselbe Energie, wenn die Anzahl der feldparallelen (und damit auch die der feldantiparallelen) Spins gleich ist. Die beiden Extremwerte von E_σ sind die, bei denen alle Spins parallel bzw. alle Spins antiparallel zum Feld orientiert sind. Insgesamt sind folgende Energien möglich:

$$E_n = -\mu_B B(2n - N); \qquad n = 0, 1, \ldots, N.$$

Entartungsgrad g_n: Zahl der Möglichkeiten, aus N Gitterplätzen n auszusortieren.

$$g_n = \frac{N!}{n!(N-n)!} = \binom{N}{n}.$$

2) $Z(T, B) = \text{Sp}\; e^{-\beta \widehat{H}}$

Energiedarstellung:

$$Z(T,B) = \sum_{n=0}^{N} g_n e^{-\beta E_n} = \sum_{n=0}^{N} \binom{N}{n} \left(e^{+\beta\,\mu_B B}\right)^n \left(e^{-\beta\,\mu_B B}\right)^{N-n} =$$

$$= \left(e^{+\beta\,\mu_B B} + e^{-\beta\,\mu_B B}\right)^N = \left[2\cosh(\beta\,\mu_B B)\right]^N.$$

3) Freie Energie:

$$F(T,B) = -k_B T \,\ln Z(T,B) = -N\,k_B T\,\ln\left[2\cosh(\beta\,\mu_B B)\right].$$

Innere Energie:

$$U(T,B) = -\frac{\partial}{\partial\beta}\ln Z = -N\,\mu_B B\,\tanh(\beta\,\mu_B B).$$

4) Entropie:

$$S(T,B) = -\left(\frac{\partial F}{\partial T}\right)_B = +N\,k_B\left[\ln(2\cosh\,\beta\,\mu_B B) - \beta\,\mu_B B\,\tanh(\beta\,\mu_B B)\right].$$

5) Wärmekapazität:

$$C_B = T\left(\frac{\partial S}{\partial T}\right)_B = -\frac{N}{T}\mu_B B\left(\tanh\,\beta\,\mu_B B - \beta\,\mu_B B\frac{1}{\cosh^2\beta\,\mu_B B} - \tanh\,\beta\,\mu_B B\right)$$

$$\Longrightarrow\; C_B = k_B N\left[\frac{\beta\,\mu_B B}{\cosh\,\beta\,\mu_B B}\right]^2.$$

6) Mittleres magnetisches Moment:

$$
\begin{aligned}
M &= \mathrm{Sp}\left(\hat{\rho}\sum_{i=1}^{N} 2\mu_B \widehat{S}_i^z\right) = \\
&= \frac{1}{Z}\sum_n e^{-\beta E_n}\left(-\frac{1}{B}E_n\right) = \qquad \text{(Energiedarstellung)} \\
&= \frac{1}{B}\frac{\partial}{\partial\beta}\ln Z \\
\Longrightarrow\; M(T,B) &= N\,\mu_B \tanh(\beta\,\mu_B B).
\end{aligned}
$$

7) $\beta\,\mu_B B \ll 1$:

$$
\begin{aligned}
&\tanh(\beta\,\mu_B B) \approx \beta\,\mu_B B \\
\Longrightarrow\;& M(T,B) \approx N\,\mu_B \frac{\mu_B B}{k_B T} \quad (\textit{Curie-Gesetz}).
\end{aligned}
$$

Dies stimmt bis auf den Faktor $\frac{1}{3}$ mit dem klassischen Ergebnis überein!

$\beta\,\mu_B B \gg 1$:

$$
\begin{aligned}
&\tanh(\beta\,\mu_B B) \approx 1 \\
\Longrightarrow\;& M(T,B) \approx N\,\mu_B \qquad (\textit{Sättigung}).
\end{aligned}
$$

Dies stimmt mit dem klassischen Ergebnis überein! Alle Spins (Momente) sind feldparallel ausgerichtet.

8) Der Dritte Hauptsatz ist erfüllt:

$$
\begin{aligned}
S(T \to 0, B) \approx N\,k_B\left[\ln(e^{\beta\,\mu_B B}) - \beta\,\mu_B B\right] = 0 \\
\text{(unabhängig von } B\text{!)},
\end{aligned}
$$

$$
C_B \xrightarrow[T\to 0]{} 0.
$$

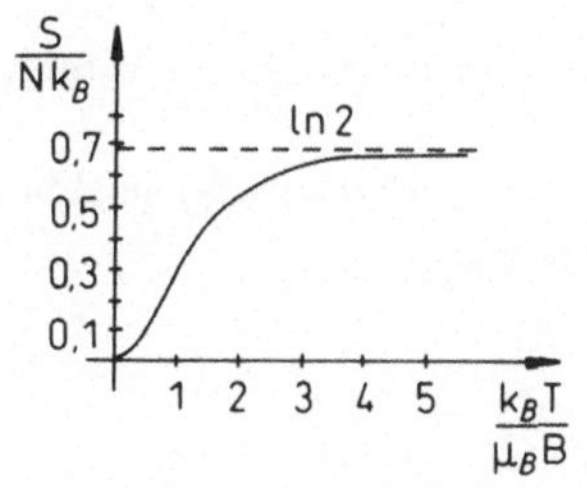

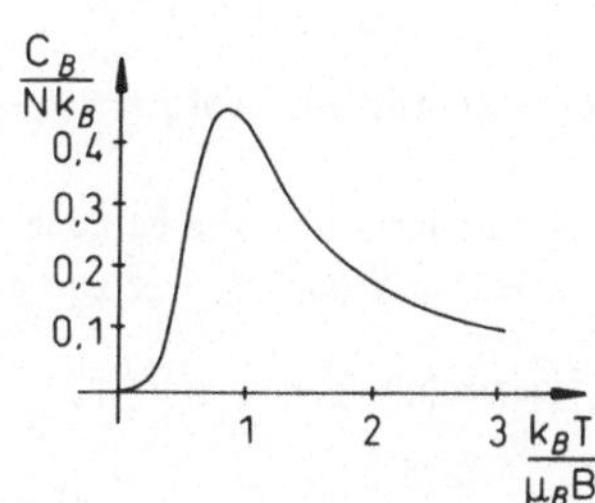

Lösung zu Aufgabe 2.3.5

1) Wechselwirkungsfreie Momente:

$$
\begin{aligned}
Z(T,B) &= \left(Z_1(T,B)\right)^N, \\
Z_1(T,B) &= \mathrm{Sp}\left[\exp(+\beta\,\hat{\boldsymbol{\mu}}\cdot\mathbf{B})\right], \\
\boldsymbol{\mu}\cdot\mathbf{B} &= g_J\mu_B M_J B \qquad \text{(Eigenwerte!)}, \\
M_J &= \text{ magnetische Quantenzahl, durchläuft die Werte } J, J-1, \dots, -J
\end{aligned}
$$

$$
\begin{aligned}
\Longrightarrow\; Z_1(T,B) &= \sum_{M_J=-J}^{+J} \exp(+\beta\, g_J\mu_B M_J B) = \\
&= \exp(\beta\, g_J\mu_B J\, B) \sum_{n=0}^{2J} \left[\exp(-\beta\, g_J\mu_B B)\right]^n = \\
&= \exp(\beta\, g_J\mu_B J\, B)\,\frac{1-\exp\left[-\beta\, g_J\mu_B B(2J+1)\right]}{1-\exp(-\beta\, g_J\mu_B B)} = \\
&= \frac{\exp\left[\beta\, g_J\mu_B B\left(J+\frac{1}{2}\right)\right]-\exp\left[-\beta\, g_J\mu_B B\left(J+\frac{1}{2}\right)\right]}{\exp\left[\frac{1}{2}\beta\, g_J\mu_B B\right]-\exp\left[-\frac{1}{2}\beta\, g_J\mu_B B\right]}
\end{aligned}
$$

$$
\Longrightarrow\; Z_1(T,B) = \frac{\sinh\left[\beta\, g_J\mu_B B\left(J+\frac{1}{2}\right)\right]}{\sinh\left(\frac{1}{2}\beta\, g_J\,\mu_B B\right)}.
$$

2) Magnetisches Moment:

$$
M = N\langle\, g_J\mu_B \widehat{J}^z\,\rangle = \frac{1}{B}N\frac{\partial}{\partial\beta}\ln Z_1(T,B) = \frac{N}{B}\,\frac{1}{Z_1(T,B)}\,\frac{\partial Z_1(T,B)}{\partial\beta},
$$

$$
\begin{aligned}
\frac{d}{dx}\,\frac{\sinh\left[x\left(J+\frac{1}{2}\right)\right]}{\sinh\left(\frac{1}{2}x\right)} &= \frac{1}{\sinh\frac{1}{2}x}\left(J+\frac{1}{2}\right)\cosh\left[x\left(J+\frac{1}{2}\right)\right] - \\
&\quad - \frac{1}{2}\,\frac{\sinh\left[x\left(J+\frac{1}{2}\right)\right]}{\sinh^2\left(\frac{1}{2}x\right)}\cosh\left(\frac{1}{2}x\right)
\end{aligned}
$$

$$
\begin{aligned}
M &= N\, g_J\mu_B\left\{\left(J+\frac{1}{2}\right)\coth\left[\beta\, g_J\mu_B B\left(J+\frac{1}{2}\right)\right]-\frac{1}{2}\coth\left(\frac{1}{2}\beta\, g_J\mu_B B\right)\right\} = \\
&= M_0 B_J(\beta\, g_J J\,\mu_B B).
\end{aligned}
$$

3a) $J=\frac{1}{2}$:

$$
B_{1/2}(x) = 2\coth(2x)-\coth x = 2\frac{\coth^2 x+1}{2\coth x}-\coth x = \frac{1}{\coth x} = \tanh x.
$$

Für $J=\frac{1}{2}$ reproduziert sich, wie es auch sein muß, das Ergebnis der letzten Aufgabe. Dabei ist für $J=S=\frac{1}{2}$ noch $g_J=2$ zu berücksichtigen.

3b) $J\to\infty$ (*klassischer Grenzfall*):

$$
B_\infty(x) = \coth x - \frac{1}{x}.
$$

Dabei haben wir im zweiten Summanden wegen des gegen Null strebenden Argumentes die Reihenentwicklung

$$\coth z = \frac{1}{z} + \frac{z}{3} - \frac{z^3}{45} + 0(z^5)$$

benutzt. $B_\infty(x)$ ist die klassische *Langevin-Funktion*. Wie wir in der Lösung zu Aufgabe 1.4.5 berechnet haben, bestimmt diese das magnetische Moment bei einer klassischen Behandlung des Problems, wenn die Richtungsquantelung außer acht gelassen wird.

3c) $\beta\, \mu_B B \gg 1$: Tiefe Temperaturen, hohe Felder:

$$B_J \to 1 \implies M \to M_0 \qquad \textit{Sättigung.}$$

Alle magnetischen Momente sind parallel zum Feld ausgerichtet!

4) $\beta\, \mu_B\, B \ll 1$:

Wir brechen die obige Reihenentwicklung nach dem linearen Term ab:

$$B_J(x) = \frac{1}{3}\left[\left(\frac{2J+1}{2J}\right)^2 x - \frac{1}{(2J)^2}x\right] + 0(x^3) \approx \frac{J+1}{3J}x$$

$$\implies M = N\, g_J J\, \mu_B \frac{J+1}{3J} \beta\, g_J J\, \mu_B B = \frac{C}{T}B,$$

$$C = N\left[g_J^2 J(J+1)\right]\frac{\mu_B^2}{3k_B}: \quad \textit{Curie-Konstante.}$$

Das ist das bekannte *Curiesche Gesetz* für den *Langevin-Paramagneten* (s. (1.25), Bd. 4) für $B = \mu_0 H$. Man zieht bisweilen μ_0 mit in die Curie-Konstante C, ebenso wie das Volumen V, wenn die *Magnetisierung* M/V diskutiert wird (s. (4.136)). V ist in einem solchen Fall lediglich ein Parameter, keine thermodynamische Variable!

Lösung zu Aufgabe 2.3.6

1) Klassischer Gleichverteilungssatz (1.110):

$$\langle p_j \frac{\partial H}{\partial p_j} \rangle = \langle q_j \frac{\partial H}{\partial q_j} \rangle = k_B T,$$

$$\langle p_j \frac{\partial H}{\partial p_j} \rangle = \frac{1}{m}\langle p_j^2 \rangle; \quad \langle q_j \frac{\partial H}{\partial q_j} \rangle = m\,\omega_j^2 \langle q_j^2 \rangle$$

$$\implies U = \langle H \rangle = \sum_{j=1}^{3N}\left(\frac{1}{2m}\langle p_j^2 \rangle + \frac{1}{2}m\,\omega_j^2 \langle q_j^2 \rangle\right) =$$

$$= \sum_{j=1}^{3N}\left(\frac{1}{2}k_B T + \frac{1}{2}k_B T\right) = 3N\, k_B T.$$

Wärmekapazität:

$$C = \frac{\partial U}{\partial T} = 3N\, k_B \quad (\textit{Dulong-Petit-Gesetz}).$$

2) *Einstein-Annahme*: $\omega_j \equiv \omega_E \quad \forall j$:

Quantenmechanische, kanonische Zustandssumme nach Lösung 2.3.2:

$$Z_N(T) = \left[\frac{1}{2\sinh\left(\frac{\hbar\omega_E}{2k_BT}\right)}\right]^{3N}.$$

Innere Energie:

$$U(T,N) = -\frac{\partial}{\partial\beta}\ln Z_N(T) = 3N\frac{\partial}{\partial\beta}\ln\left[2\sinh\left(\frac{1}{2}\beta\hbar\omega_E\right)\right] =$$
$$= \frac{3}{2}N\hbar\omega_E \coth\left(\frac{1}{2}\beta\hbar\omega_E\right) \xrightarrow[T\to 0]{} \frac{3N}{2}\hbar\omega_E.$$

Wärmekapazität:

$$C = \frac{\partial U}{\partial T} = \frac{3}{4}N\,k_B\left(\frac{\hbar\omega_E}{k_BT}\right)^2\frac{1}{\sinh^2\frac{1}{2}\frac{\hbar\omega_E}{k_BT}} = 3N\,k_B\left(\frac{\Theta_E}{T}\right)^2\frac{\exp(\Theta_E/T)}{\left[\exp(\Theta_E/T)-1\right]^2}.$$

Hohe Temperaturen: $T \gg \Theta_E$:

$$\frac{e^{\Theta_E/T}}{\left(e^{\Theta_E/T}-1\right)^2} \approx \frac{1}{\left(1+(\Theta_E/T)-1\right)^2}$$
$$\Longrightarrow \quad C = 3N\,k_B.$$

Für hohe Temperaturen geht also das quantenmechanische in das klassische Resultat über. Letzteres verletzt den Dritten Hauptsatz, **muß** deshalb für tiefe Temperaturen versagen.

Tiefe Temperaturen: $T \ll \Theta_E$:

$$C \approx 3N\,k_B\left(\frac{\Theta_E}{T}\right)^2 e^{-\Theta_E/T} \xrightarrow[T\to 0]{} 0.$$

Die Einstein-Theorie des Kristallgitters erfüllt offensichtlich den Dritten Hauptsatz.

Der klassische Gleichverteilungssatz ist nur im Grenzfall hoher Temperaturen akzeptabel.

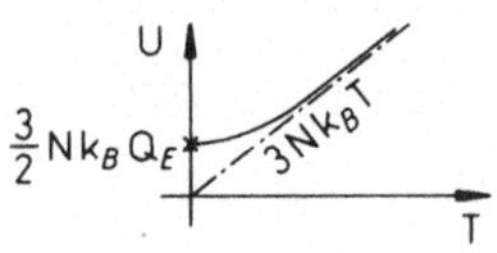

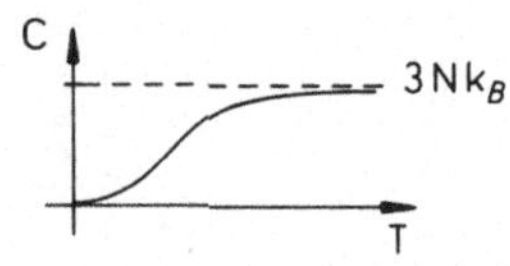

Lösung zu Aufgabe 2.3.7

Die Zustandssumme für einen Einzeloszillator ist dieselbe wie in der vorigen Aufgabe:

$$Z_1^{(j)}(T) = \frac{1}{2\sinh\left(\frac{1}{2}\beta\hbar\omega_j\right)}.$$

Da es sich um ungekoppelte Oszillatoren handelt, lautet die Gesamtzustandssumme:

$$Z_N(T) = \prod_{j=1}^{3N} Z_1^{(j)}(T).$$

Für die innere Energie folgt dann:

$$U(T,N) = -\frac{\partial}{\partial\beta}\ln Z_N(T) = +\frac{\partial}{\partial\beta}\sum_{j=1}^{3N}\ln\left[2\sinh\left(\frac{1}{2}\beta\hbar\omega_j\right)\right] =$$

$$= \sum_{j=1}^{3N}\frac{1}{2}\hbar\omega_j\coth\left(\frac{1}{2}\beta\hbar\omega_j\right).$$

Das drücken wir durch die Zustandsdichte aus:

$$U(T,N) = \int_0^\infty d\omega\, D(\omega)\left(\frac{1}{2}\hbar\omega\right)\coth\left(\frac{1}{2}\beta\hbar\omega\right).$$

Wärmekapazität:

$$C = \frac{\partial U}{\partial T} = \frac{k_B}{4}\int_0^\infty d\omega\, D(\omega)\left(\frac{\hbar\omega}{k_B T}\right)^2\frac{1}{\sinh^2\left(\frac{1}{2}\beta\hbar\omega\right)} =$$

$$= \frac{9N\,k_B}{\omega_D^3}\int_0^{\omega_D}\left(\frac{\hbar\omega}{k_B T}\right)^2\frac{e^{\beta\hbar\omega}}{\left(e^{\beta\hbar\omega}-1\right)^2}\omega^2 d\omega.$$

Variablensubstitution:

$$x = \beta\hbar\omega;\quad \Theta_D = \frac{\hbar\omega_D}{k_B}\quad \textit{Debye-Temperatur}$$

$$\Longrightarrow\; C = 9N\,k_B\left(\frac{T}{\Theta_D}\right)^3\int_0^{\Theta_D/T} dx\, x^4\frac{e^x}{(e^x-1)^2}.$$

Hohe Temperaturen:

$\Theta_D/T \ll 1$: x im Integranden dann natürlich ebenfalls klein gegen 1:

$$\frac{x^4 e^x}{(e^x-1)^2} = \frac{x^4(1+x+\dots)}{(1+x+\dots-1)^2} \approx x^2$$

$$\Longrightarrow\; C \approx 3N\,k_B.$$

Das ist gerade das klassische Dulong-Petit-Resultat!

Tiefe Temperaturen:

$\Theta_D/T \gg 1$: Obere Integrationsgrenze kann näherungweise zu $+\infty$ gewählt werden:

$$C \approx 9N\,k_B \left(\frac{T}{\Theta_D}\right)^3 \int\limits_0^\infty dx\, x^4 \frac{e^x}{(e^x-1)^2} = \alpha\, T^3,$$

$$\alpha = \frac{12}{5}\pi^4 \frac{N\,k_B}{\Theta_D^3}.$$

Das ist das berühmte *Debyesche* T^3*-Gesetz*. Der Dritte Hauptsatz ist offensichtlich erfüllt.

Lösung zu Aufgabe 2.3.8

Ortho-H_2: parallele Kernspins

$\Longrightarrow$ Triplett-Spinzustand:
$|\,1,1\,\rangle = |\uparrow\rangle|\uparrow\rangle$,
$|\,1,0\,\rangle = \frac{1}{\sqrt{2}}(|\uparrow\rangle|\downarrow\rangle + |\downarrow\rangle|\uparrow\rangle)$,
$|\,1,-1\,\rangle = |\downarrow\rangle|\downarrow\rangle$
$\Longrightarrow$ Ortsanteil der Wellenfunktion antisymmetrisch
$\Longrightarrow$ $l = 1, 3, 5, \ldots$

Para-H_2: antiparallele Kernspins

$\Longrightarrow$ Singulett-Spinzustand:
$|\,0,0\,\rangle = \frac{1}{\sqrt{2}}(|\uparrow\rangle|\downarrow\rangle - |\downarrow\rangle|\uparrow\rangle)$
$\Longrightarrow$ Ortsanteil der Wellenfunktion symmetrisch
$\Longrightarrow$ $l = 0, 2, 4, 6, \ldots$

1) **Zustandssummen:**

$$Z = \sum_l g_l \exp\left[-\beta \frac{\hbar^2}{2J} l(l+1)\right],$$

g_l : Entartungsgrad,

$g_l^{\text{ortho}} = 3(2l+1)$

$(2l+1)$: Entartung bzgl. $\widehat{L}_z$,

3 : Entartung des Triplett-Spinzustands,

$g_l^{\text{para}} = 2l+1.$

$$Z_{\text{ortho}}(T) \sum_{l}^{1,3,5,\dots} 3(2l+1)\exp\left[-\beta\frac{\hbar^2}{2J}l(l+1)\right] =$$

$$= 3\sum_{n=0}^{\infty}(4n+3)\exp\left[-\beta\frac{\hbar^2}{2J}(2n+1)(2n+2)\right],$$

$$Z_{\text{para}}(T) = \sum_{l}^{0,2,4,\dots}(2l+1)\exp\left[-\beta\frac{\hbar^2}{2J}l(l+1)\right] =$$

$$= \sum_{n=0}^{\infty}(4n+1)\exp\left[-\beta\frac{\hbar^2}{2J}2n(2n+1)\right].$$

Innere Energien:

$$U = -\frac{\partial}{\partial\beta}\ln Z = -\frac{1}{Z}\frac{\partial Z}{\partial\beta},$$

$$U_{\text{ortho}}(T) = \frac{1}{Z_{\text{ortho}}}\sum_{l}^{1,3,5,\dots} 3\frac{\hbar^2}{2J}(2l+1)l(l+1)\exp\left[-\beta\frac{\hbar^2}{2J}l(l+1)\right],$$

$$U_{\text{para}}(T) = \frac{1}{Z_{\text{para}}}\sum_{l}^{0,2,4,\dots}\frac{\hbar^2}{2J}(2l+1)l(l+1)\exp\left[-\beta\frac{\hbar^2}{2J}l(l+1)\right].$$

Wärmekapazitäten:

$$C = \frac{\partial U}{\partial T} = -\frac{1}{k_B T^2}\frac{\partial}{\partial\beta}U,$$

$$C_{\text{ortho}} = -\frac{1}{k_B T^2}\left\{U^2_{\text{ortho}}(T) - \frac{1}{Z_{\text{ortho}}}\sum_{l}^{1,3,\dots} 3(2l+1)\left[\frac{\hbar^2}{2J}l(l+1)\right]^2\exp\left[-\beta\frac{\hbar^2}{2J}l(l+1)\right]\right\},$$

$$C_{\text{para}} = -\frac{1}{k_B T^2}\left\{U^2_{\text{para}}(T) - \frac{1}{Z_{\text{para}}}\sum_{l}^{0,2,\dots}(2l+1)\left[\frac{\hbar^2}{2J}l(l+1)\right]^2\exp\left[-\beta\frac{\hbar^2}{2J}l(l+1)\right]\right\}.$$

2) **Tiefe Temperaturen:** $\beta\frac{\hbar^2}{2J} \gg 1$:

$$Z_{\text{ortho}}(T) \approx 9\exp\left(-\beta\frac{\hbar^2}{2J}2\right) + 21\exp\left(-\beta\frac{\hbar^2}{2J}12\right),$$

$$Z_{\text{para}}(T) \approx 1 + 5\exp\left(-\beta\frac{\hbar^2}{2J}6\right),$$

$$U_{\text{ortho}}(T) \approx \frac{18\exp\left(-\beta\frac{\hbar^2}{2J}2\right) + 252\exp\left(-\beta\frac{\hbar^2}{2J}12\right)}{9\exp\left(-\beta\frac{\hbar^2}{2J}2\right) + 21\exp\left(-\beta\frac{\hbar^2}{2J}12\right)}\frac{\hbar^2}{2J} =$$

$$= \frac{\hbar^2}{2J}\frac{2 + 28\exp\left(-5\beta\frac{\hbar^2}{J}\right)}{1 + \frac{7}{3}\exp\left(-5\beta\frac{\hbar^2}{J}\right)} \approx \frac{\hbar^2}{J}\left[1 + \frac{35}{3}\exp\left(-5\beta\frac{\hbar^2}{J}\right)\right],$$

$$U_{\text{para}}(T) \approx \frac{\hbar^2}{2J}\,\frac{30\exp\left(-\beta\frac{\hbar^2}{2J}6\right)+180\exp\left(-\beta\frac{\hbar^2}{2J}20\right)}{1+5\exp\left(-\beta\frac{\hbar^2}{2J}6\right)} \approx 15\frac{\hbar^2}{J}\exp\left(-3\beta\frac{\hbar^2}{J}\right),$$

$$C_{\text{ortho}} = -k_B\beta^2\frac{\partial}{\partial\beta}U_{\text{ortho}} \approx k_B\frac{175}{3}\left(\beta\frac{\hbar^2}{J}\right)^2\exp\left(-5\beta\frac{\hbar^2}{J}\right) \xrightarrow[T\to 0]{} 0,$$

$$C_{\text{para}} \approx k_B\,45\left(\beta\frac{\hbar^2}{J}\right)^2\exp\left(-3\beta\frac{\hbar^2}{J}\right) \xrightarrow[T\to 0]{} 0.$$

Hohe Temperaturen: $\beta\frac{\hbar^2}{2J} \ll 1$:

Die diskreten Energieeigenwerte der Zustandssumme rücken sehr eng zusammen, bilden praktisch ein Kontinuum, so daß die Summe durch ein Integral ersetzt werden kann:

$$\begin{aligned}Z_{\text{ortho}} &\approx 3\int_0^\infty (4x+3)\exp\left[-\beta\frac{\hbar^2}{2J}(2x+1)(2x+2)\right]dx = \\ &= 3\int_0^\infty (4x+3)\exp\left\{-\beta\frac{\hbar^2}{2J}\left[4\left(x+\frac{3}{4}\right)^2-\frac{1}{4}\right]\right\}dx.\end{aligned}$$

Substitution: $y = x + \frac{3}{4}$:

$$\begin{aligned}Z_{\text{ortho}} &= 12\exp\left(\beta\frac{\hbar^2}{8J}\right)\int_0^\infty dy\,y\exp\left(-\beta\frac{\hbar^2}{2J}4y^2\right) = \\ &= 12\exp\left(\beta\frac{\hbar^2}{8J}\right)\int_0^\infty dy\left[\frac{d}{dy}\exp\left(-\beta\frac{2\hbar^2}{J}y^2\right)\right]\left(-\frac{J}{4\hbar^2\beta}\right) = \\ &= \frac{3J}{\hbar^2\beta}\exp\left(\beta\frac{\hbar^2}{8J}\right) \approx \frac{3J}{\hbar^2\beta},\end{aligned}$$

$$\begin{aligned}Z_{\text{para}} &\approx \int_0^\infty (4x+1)\exp\left[-\beta\frac{\hbar^2}{2J}2x(2x+1)\right]dx = \\ &= \exp\left(\beta\frac{\hbar^2}{8J}\right)\int_0^\infty (4x+1)\exp\left[-\beta\frac{2\hbar^2}{J}\left(x+\frac{1}{4}\right)^2\right]dx = \\ &= 4\exp\left(\beta\frac{\hbar^2}{8J}\right)\int_0^\infty dy\,y\exp\left(-\beta\frac{2\hbar^2}{J}y^2\right) = \\ &= -\frac{J}{\beta\hbar^2}\exp\left(\beta\frac{\hbar^2}{8J}\right)\int_0^\infty dy\frac{d}{dy}\exp\left(-\beta\frac{2\hbar^2}{J}y^2\right) = \frac{J}{\beta\hbar^2}\exp\left(\beta\frac{\hbar^2}{8J}\right) \approx \frac{J}{\hbar^2\beta},\end{aligned}$$

$$\begin{aligned}U_{\text{ortho}} &= -\frac{\partial}{\partial\beta}\ln Z_{\text{ortho}} = \frac{1}{\beta} = k_BT, \\ U_{\text{para}} &= k_BT \\ \Longrightarrow\quad C_{\text{ortho}} &= C_{\text{para}} = k_B.\end{aligned}$$

3) Gemisch im thermischen Gleichgewicht:

Dem System stehen nun **alle** Zustände zur Verfügung. Es gilt also:

$$Z(T) = Z_{\text{ortho}}(T) + Z_{\text{para}}(T).$$

Tiefe Temperaturen:

$$Z(T) \approx 1 + 9\exp\left(-\beta\frac{\hbar^2}{J}\right),$$

$$U(T) \approx 9\frac{\hbar^2}{J}\frac{\exp\left(-\beta\frac{\hbar^2}{J}\right)}{1+9\exp\left(-\beta\frac{\hbar^2}{J}\right)} \approx 9\frac{\hbar^2}{J}\exp\left(-\beta\frac{\hbar^2}{J}\right),$$

$$C(T) \approx 9k_B\left(\frac{\hbar^2}{J\,k_BT}\right)\exp\left(-\frac{\hbar^2}{J\,k_BT}\right) \xrightarrow[T\to 0]{} 0.$$

Der Dritte Hauptsatz ist erfüllt!

Gleichgewichtsverhältnis:

$$\alpha(T) \approx \frac{9\exp\left(-\beta\frac{\hbar^2}{J}\right)}{1+5\exp\left(-3\beta\frac{\hbar^2}{J}\right)} \xrightarrow[T\to 0]{} 0.$$

Für $T \to 0$ befindet sich das Teilchen im para-Zustand. Der Grundzustand des Systems (l=0) ist vom para-Typ.

Hohe Temperaturen:

$$Z(T) \approx \frac{4J}{\hbar^2\beta},$$

$$U(T) \approx k_BT,$$

$$C(T) \approx k_B,$$

$$\alpha(T) = \frac{\frac{3J}{\hbar^2\beta}}{\frac{J}{\hbar^2\beta}} = 3.$$

Alle Niveaus sind für hohe Temperaturen gleich wahrscheinlich. Orthozustände sind mit dem Faktor 3 gewichtet.

Lösung zu Aufgabe 2.3.9

Es gelten die Relationen:

$$p = -\left(\frac{\partial F}{\partial V}\right)_{T,N}; \quad \mu = \left(\frac{\partial F}{\partial N}\right)_{T,V}.$$

Gibbs-Duhem-Beziehung ((3.35), Bd. 4):

$$F + pV = \mu\,N.$$

Damit folgt:

$$-k_BT\,\ln Z_N(T,V)+k_BT\,V\left(\frac{\partial\ln Z_N}{\partial V}\right)_{T,N}=-k_BT\,N\left(\frac{\partial\ln Z_N}{\partial N}\right)_{T,V}.$$

Dies bedeutet:

$$\ln Z_N(T,V)=V\left(\frac{\partial\ln Z_N}{\partial V}\right)_{T,N}+N\left(\frac{\partial\ln Z_N}{\partial N}\right)_{T,V}.$$

Lösung zu Aufgabe 2.3.10

Man setze:

$$x=N\,z.$$

Dann gilt:

$$\Gamma(N+1)=N^{N+1}\int_0^\infty e^{-N\,z}\,z^N dz=N^{N+1}\int_0^\infty \exp\bigl[N(\ln z-z)\bigr]\,dz.$$

Das Integral hat die Struktur (2.35) mit:

$$\begin{aligned}&g(z)=\ln z-z\\ \Longrightarrow\;&g'(z)=\frac{1}{z}-1\;\Longrightarrow\;z_0=1,\\ &g''(z)=-\frac{1}{z^2}\;\Longrightarrow\;g''(z_0)=-1\quad\text{(Maximum bei }z_0).\end{aligned}$$

Einsetzen in die *Sattelpunktformel* (2.37):

$$\Gamma(N+1)=N^{N+1}\sqrt{\frac{2\pi}{N}}e^{-N}=\sqrt{2\pi\,N}N^Ne^{-N}=N!\qquad\text{q.e.d.}$$

Lösung zu Aufgabe 2.3.11

1) Mittelwertsatz:

$$F(E)=F(\langle E\rangle)+(E-\langle E\rangle)F'(\langle E\rangle)+\frac{1}{2}(E-\langle E\rangle)^2F''(E^*),$$

E^*: irgendeine feste, reelle Zahl. Wir *mitteln* die obige Gleichung:

$$\begin{aligned}\langle F(E)\rangle&=\langle F(\langle E\rangle)\rangle+\langle(E-\langle E\rangle)F'(\langle E\rangle)\rangle+\frac{1}{2}\langle(E-\langle E\rangle)^2F''(E^*)\rangle=\\ &=F(\langle E\rangle)+\frac{1}{2}\langle(E-\langle E\rangle)^2\rangle F''(E^*),\\ F''(E^*)\geq 0&\Longrightarrow\langle F(E)\rangle\geq F(\langle E\rangle)\quad\text{q.e.d..}\end{aligned}$$

2) Wir diskutieren zunächst die entsprechende Ungleichung für die kanonische Zustandssumme.

Behauptung:

$$Z \geq \widehat{Z} = \sum_n e^{-\beta\langle \varphi_n | \widehat{H} | \varphi_n \rangle}.$$

Für den Beweis können wir annehmen, daß $\{ | \varphi_n \rangle \}$ vollständig ist. Bei *Unvollständigkeit* würden auf der rechten Seite der Ungleichung positive Terme fehlen und die Ungleichung somit erst recht gültig sein.

Eigenzustände von $\widehat{H}$ bilden auf jeden Fall ein vollständiges System:

$$| \varphi_n \rangle = \sum_m c_{nm} | E_m \rangle; \quad \sum_m | c_{nm} |^2 = 1,$$

$$\langle \varphi_n | H | \varphi_m \rangle = \sum_{m,m'} c^*_{nm} c_{nm'} \langle E_m | H | E_{m'} \rangle = \sum_m | c_{nm} |^2 E_m.$$

Kanonische Zustandssumme Z:

$$Z = \mathrm{Sp}\left(e^{-\beta\widehat{H}}\right) = \sum_n \langle \varphi_n | e^{-\beta\widehat{H}} | \varphi_n \rangle =$$

$$= \sum_n \sum_{m,m'} c^*_{nm} c_{nm'} \langle E_m | e^{-\beta\widehat{H}} | E_{m'} \rangle = \sum_n \left(\sum_m | c_{nm} |^2 e^{-\beta E_m} \right).$$

Für $\widehat{Z}$ gilt:

$$\widehat{Z} = \sum_n e^{-\beta\langle \varphi_n | \widehat{H} | \varphi_n \rangle} = \sum_m e^{-\beta \sum_m | c_{nm} |^2 E_m}.$$

Sei nun:

$$F(E) = e^{-\beta E} \implies F''(E) \geq 0,$$

$$d_m \longleftrightarrow | c_{nm} |^2$$

$$\langle E \rangle = \sum_m | c_{nm} |^2 E_m$$

$$\langle F(E) \rangle = \sum_m | c_{nm} |^2 e^{-\beta E_m}.$$

Die Voraussetzungen von Teil 1) sind erfüllt:

$$\langle F(E) \rangle \geq F(\langle E \rangle)$$

$$\implies \sum_m | c_{nm} |^2 e^{-\beta E_m} \geq e^{-\beta \sum_m | c_{nm} |^2 E_m}$$

$$\implies \sum_n \sum_m | c_{nm} |^2 e^{-\beta E_m} \geq \sum_n e^{-\beta \sum_m | c_{nm} |^2 E_m}$$

$$\implies Z \geq \widehat{Z}$$

$$\implies F = -k_B T \ln Z \leq -k_B T \ln\left(\sum_n e^{-\beta\langle \varphi_n | \widehat{H} | \varphi_n \rangle} \right) \quad \text{q.e.d.}$$

Das Gleichheitszeichen gilt genau dann, wenn die $| \varphi_n \rangle$ die Eigenzustände von $\widehat{H}$ sind.

Kapitel 2.4.2

Lösung zu Aufgabe 2.4.1

1) Realisierungsmöglichkeiten:

$$W\big(\{n_m(N)\}\big) = \frac{M!}{\prod\limits_{m,N} n_m(N)!}.$$

Randbedingungen:

$$\sum_{m,N} n_m(N) = M,$$

$$\sum_{m,N} E_m(N) n_m(N) = E_t,$$

$$\sum_{m,N} N\, n_m(N) = N_t.$$

2)

$$\ln W\big(\{n_m(N)\}\big) \approx M(\ln M - 1) - \sum_{m,N} n_m(N)\big(\ln n_m(N) - 1\big).$$

$\lambda_1, \lambda_2, \lambda_3$: Lagrangesche Multiplikatoren.

$$0 \overset{!}{=} \delta\Big[\ln W\big(\{n_m^{(0)}(N)\}\big) - \lambda_1 \sum_{m,N} n_m^{(0)}(N) -$$

$$- \lambda_2 \sum_{m,N} E_m(N) n_m^{(0)}(N) - \lambda_3 \sum_{m,N} N\, n_m^{(0)}(N)\Big] =$$

$$= \sum_{m,N} \delta n_m^{(0)}(N)\big[\ln n_m^{(0)}(N) - 1 + 1 + \lambda_1 + \lambda_2 E_m(N) + \lambda_3 N\big],$$

Freie Variation $\Longrightarrow$ jeder Summand muß bereits Null sein.

$$\Longrightarrow\ n_m^{(0)}(N) = \exp\big(-\lambda_1 - \lambda_2 E_m(N) - \lambda_3 N\big).$$

3)

$$\ln W_{\max} \approx M \ln M - \sum_{m,N} n_m^{(0)}(N) \ln n_m^{(0)}(N) =$$

$$= M \ln M - \sum_{m,N} n_m^{(0)}(N)\big(-\lambda_1 - \lambda_2 E_m(N) - \lambda_3 N\big) =$$

$$= M \ln M + \lambda_1 M + \lambda_2 E_t + \lambda_3 N_t,$$

$$\frac{1}{T} \approx \frac{\partial}{\partial E_t} k_B \ln W_{\max} = k_B \lambda_2,$$

$$-\frac{\mu}{T} \approx \frac{\partial}{\partial N_t} k_B \ln W_{\max} = k_B \lambda_3.$$

Zwischenergebnis:

$$n_m^{(0)}(N) = e^{-\lambda_1} e^{-\beta\left(E_m(N)-\mu N\right)}.$$

Der Parameter λ_1 folgt aus der Randbedingung:

$$M = \sum_{m,N} n_m^{(0)}(N) = e^{-\lambda_1} \sum_{m,N} e^{-\beta\left(E_m(N)-\mu N\right)}$$

$$\Longrightarrow \quad n_m^{(0)} = M \frac{e^{-\beta\left(E_m(N)-\mu N\right)}}{\sum\limits_{m,N} e^{-\beta\left(E_m(N)-\mu N\right)}}.$$

4)

$p_m(N) \equiv \dfrac{n_m^{(0)}}{M}$: Wahrscheinlichkeit dafür, eines der M Einzelsysteme im Zustand $|\, E_m(N) \,\rangle$ anzutreffen.

Damit folgt für den Statistischen Operator:

$$\hat{\rho} = \sum_{m,N} p_m(N) \,|\, E_m(N) \,\rangle\langle\, E_m(N) \,| = \frac{\sum\limits_{m,N} e^{-\beta\left(E_m(N)-\mu N\right)} \,|\, E_m(N) \,\rangle\langle\, E_m(N) \,|}{\sum\limits_{m,N} e^{-\beta\left(E_m(N)-\mu N\right)}} =$$

$$= \frac{e^{-\beta(\widehat{H}-\mu \widehat{N})}}{\sum\limits_{m,N} e^{-\beta\left(E_m(N)-\mu N\right)}} \underbrace{\sum_{m,N} |\, E_m(N) \,\rangle\langle\, E_m(N) \,|}_{\mathbf{1}} = \frac{e^{-\beta(\widehat{H}-\mu \widehat{N})}}{\sum\limits_{m,N} e^{-\beta\left(E_m(N)-\mu N\right)}} =$$

$$= \frac{e^{-\beta(\widehat{H}-\mu \widehat{N})}}{\mathrm{Sp}\; e^{-\beta(\widehat{H}-\mu \widehat{N})}} \quad \Longleftrightarrow \quad (2.69).$$

Lösung zu Aufgabe 2.4.2

1)

$$\Xi_z(T,V) = \sum_{\widehat{N}} z^{\widehat{N}} Z_{\widehat{N}}(T,V).$$

z als komplexe Variable auffassen, dann ist Z_N das Residuum der komplexen Funktion: Ξ_z / z^{N+1}. Es gilt also nach dem Residuensatz:

$$Z_N = \frac{1}{2\pi i} \oint_C \frac{\Xi_z}{z^{N+1}} dz,$$

C: geschlossener Weg um die Singularität $z = 0$ in der komplexen Ebene.

2)

$$\Xi_z = e^{-\beta\Omega}.$$

Das großkanonische Potential ist extensiv, also proportional zu N.

$$\frac{\Xi_z}{z^{N+1}} = \exp\big(N\,g(z)\big),$$
$$g(z) = -\frac{1}{N}\beta\Omega - \left(1+\frac{1}{N}\right)\ln z \approx -\left(\frac{1}{N}\beta\Omega + \ln z\right).$$

Sattelpunktsbedingung (2.36):

$$\begin{aligned}
&\left.\frac{dg}{dz}\right|_{z_0} \overset{!}{=} 0 = -\left.\left(\frac{1}{N}\beta\frac{\partial\Omega}{\partial z} + \frac{1}{z}\right)\right|_{z_0} \\
&\Longleftrightarrow 0 = -\frac{1}{N}\frac{\langle\widehat{N}\rangle}{z_0} + \frac{1}{z_0} \\
&\Longleftrightarrow N = \langle\widehat{N}\rangle.
\end{aligned} \tag{2.78}$$

Einfachste Sattelpunktsnäherung:

$$\begin{aligned}
&\ln Z_N \approx \langle\widehat{N}\rangle g(z_0) = -\beta\Omega - \langle\widehat{N}\rangle\ln z_0 \\
\Longrightarrow\quad & F = -\frac{1}{\beta}\ln Z_N \approx \Omega + \frac{1}{\beta}\langle\widehat{N}\rangle\beta\mu = \Omega + \mu\langle\widehat{N}\rangle.
\end{aligned}$$

μ ist das der Teilchenzahl $\langle\widehat{N}\rangle$ entsprechende chemische Potential.

Lösung zu Aufgabe 2.4.3

$$\begin{aligned}
\frac{\partial}{\partial z}\left(z\frac{\partial\ln\Xi_z}{\partial z}\right) &= \frac{\partial}{\partial z}\ln\Xi_z + z\frac{\partial^2}{\partial z^2}\ln\Xi_z = \\
&= \frac{1}{\Xi_z}\frac{\partial\Xi_z}{\partial z} - z\frac{1}{\Xi_z^2}\left(\frac{\partial\Xi_z}{\partial z}\right)^2 + z\frac{1}{\Xi_z}\frac{\partial^2\Xi_z}{\partial z^2}, \\
\frac{1}{\Xi_z}\frac{\partial}{\partial z}\Xi_z &= \frac{1}{\Xi_z}\sum_N N\,z^{N-1}Z_N = \frac{1}{z}\langle\widehat{N}\rangle, \\
-z\frac{1}{\Xi_z^2}\left(\frac{\partial\Xi_z}{\partial z}\right)^2 &= -\frac{1}{z}\langle\widehat{N}\rangle^2, \\
z\frac{1}{\Xi_z}\frac{\partial^2\Xi_z}{\partial z^2} &= z\frac{1}{\Xi_z}\sum_N N(N-1)z^{N-2}Z_N = \frac{1}{z}\big(\langle\widehat{N}^2\rangle - \langle\widehat{N}\rangle\big) \\
\Longrightarrow\quad \frac{\partial}{\partial z}\left(z\frac{\partial}{\partial z}\ln\Xi_z\right) &= \frac{1}{z}\big(\langle\widehat{N}\rangle - \langle\widehat{N}\rangle^2 + \langle\widehat{N}^2\rangle - \langle\widehat{N}\rangle\big) = \\
&= \frac{1}{z}\langle\big(\widehat{N} - \langle\widehat{N}\rangle\big)^2\rangle \geq 0, \text{ da } z > 0.
\end{aligned}$$

Kapitel 3.1.3

Lösung zu Aufgabe 3.1.1

1) Kanonische Zustandssumme der idealen Quantengase:

$$Z_N(T,V) = \sum_{\{n_r\}}^{\sum_r n_r = N} \exp\left(-\beta \sum_r n_r \epsilon_r\right).$$

Mittlere Besetzungszahl:

$$\langle \hat{n}_j \rangle = Sp\,(\hat{\rho}\,\hat{n}_j) = \frac{1}{Z_N} \sum_{\{n_r\}}^{\sum_r n_r = N} n_j \exp\left(-\beta \sum_r n_r \epsilon_r\right) =$$

$$= -\frac{1}{\beta}\frac{\partial}{\partial \epsilon_j} \ln Z_N(T,V).$$

2) Wir definieren:

$$Q(z) = \sum_{N=0}^{\infty} z^N Z_N.$$

Exakt dieselbe Begründung wie die nach (3.18) führt zu:

$$Q(z) = \prod_r \left[\sum_{n_r} \left(z\,e^{-\beta\epsilon_r}\right)^{n_r}\right] = \begin{cases} \prod_r \left(1 + z e^{-\beta\epsilon_r}\right) & : \text{Fermionen,} \\ \prod_r \dfrac{1}{1 - z e^{-\beta\epsilon_r}} & : \text{Bosonen.} \end{cases}$$

Außerdem gilt:

$$Z_N(T,V) = \frac{1}{2\pi i} \oint_C \frac{Q(z)}{z^{N+1}} dz.$$

C: in der komplexen Ebene geschlossener Weg um $z = 0$. Es gilt auch:

$$Z_N(T,V) = \frac{1}{2\pi i} \oint_C e^{Ng(z)} dz,$$

$$g(z) = \frac{1}{N} \ln Q(z) - \frac{N+1}{N} \ln z \approx \frac{1}{N} \ln Q(z) - \ln z.$$

Sattelpunkt:

$$\frac{d}{dz} g(z)\bigg|_{z_0} \stackrel{!}{=} 0 = \frac{1}{N} \frac{\partial}{\partial z} \ln Q(z)\bigg|_{z_0} - \frac{1}{z_0}$$

$$\Longrightarrow \frac{N}{z_0} = \begin{cases} \sum_r \dfrac{1}{e^{\beta\epsilon_r} + z_0} : & \text{Fermionen,} \\ \sum_r \dfrac{1}{e^{\beta\epsilon_r} - z_0} : & \text{Bosonen.} \end{cases}$$

Damit ist z_0 implizit bestimmt!

Sattelpunktsmethode:

$$\ln Z_N(T,V) \approx N\, g(z_0) \approx \ln Q(z_0) - N \ln z_0$$
$$= \begin{cases} \sum_r \ln\left(1 + z_0 e^{-\beta\epsilon_r}\right) - N \ln z_0 & : \text{Fermionen}, \\ -\sum_r \ln\left(1 - z_0 e^{-\beta\epsilon_r}\right) - N \ln z_0 & : \text{Bosonen}. \end{cases}$$

3)

$$\mu = \left(\frac{\partial F}{\partial N}\right)_{N,V} = -k_B T \left(\frac{\partial}{\partial N} \ln Z_N(T,V)\right)_{T,V} = +k_B T \ln z_0$$
$$\Longrightarrow z_0 = e^{\beta\mu},$$
$$\Longrightarrow N = \begin{cases} \sum_r \frac{1}{e^{\beta(\epsilon_r - \mu)} + 1} & : \text{Fermionen}, \\ \sum_r \frac{1}{e^{\beta(\epsilon_r - \mu)} - 1} & : \text{Bosonen}. \end{cases}$$

Mittlere Besetzungszahlen:

Fermionen:

$$\langle \hat{n}_j \rangle = -\frac{1}{\beta} \frac{\partial}{\partial \epsilon_j} \ln Z_N(T,V) = -\frac{1}{\beta} \frac{-\beta e^{-\beta(\epsilon_j - \mu)}}{1 + e^{-\beta(\epsilon_j - \mu)}} = \frac{1}{e^{\beta(\epsilon_j - \mu)} + 1}.$$

Bosonen:

$$\langle \hat{n}_j \rangle = +\frac{1}{\beta} \frac{+\beta e^{-\beta(\epsilon_j - \mu)}}{1 - e^{-\beta(\epsilon_j - \mu)}} = \frac{1}{e^{\beta(\epsilon_j - \mu)} - 1}.$$

Das sind exakt die Ausdrücke (3.29) und (3.30).

Lösung zu Aufgabe 3.1.2

1) Wegen des Pauli-Prinzips kann jedes Energieniveau maximal von zwei Fermionen mit entgegengesetzter Spinprojektion besetzt sein ($m_s = +\frac{1}{2}$ und $-\frac{1}{2}$). Dies bedeutet:

$$\langle \widehat{N} \rangle \leq 2M.$$

2) Für die großkanonische Zustandssumme gilt (3.20), wobei zu beachten ist, daß $\prod$ über alle *Zustände* zu bilden ist. Entartete Energieniveaus treten ihrem Entartungsgrad entsprechend häufig als Faktoren auf:

$$\Xi_\mu^{(-)}(T,V) = \prod_{r=1}^{M} \left[1 + e^{-\beta(\epsilon_r - \mu)}\right]^2.$$

3)

$$
\begin{aligned}
F(\langle \widehat{N} \rangle \, \textit{Teilchen}, \mu) &= \langle \widehat{N} \rangle \mu - k_B T \, \ln \Xi_\mu = \\
&= \langle \widehat{N} \rangle \mu - 2 \, k_B T \sum_{r=1}^{M} \ln \left[1 + e^{-\beta(\epsilon_r - \mu)} \right] = \\
&= \langle \widehat{N} \rangle \mu - 2 \, k_B T \sum_{r=1}^{M} \ln \frac{1 + e^{\beta(\epsilon_r - \mu)}}{e^{\beta(\epsilon_r - \mu)}} = \\
&= \langle \widehat{N} \rangle \mu - 2 \, k_B T \sum_{r=1}^{M} \ln \left[1 + e^{\beta(\epsilon_r - \mu)} \right] + 2 \, k_B T \sum_{r=1}^{M} \beta(\epsilon_r - \mu) = \\
&= 2 \sum_{r=1}^{M} \epsilon_r + \left(2M - \langle \widehat{N} \rangle \right) (-\mu) - k_B T \, \ln \prod_{r=1}^{M} \left\{ 1 + e^{-\beta[(-\epsilon_r) - (-\mu)]} \right\}^2 .
\end{aligned}
$$

Andererseits:

$$
\begin{aligned}
F & \left[\left(2M - \langle \widehat{N} \rangle \right) \textit{Löcher}, -\mu \right] = \\
&= \left(2M - \langle \widehat{N} \rangle \right) (-\mu) - k_B T \, \ln \prod_{r=1}^{M} \left\{ 1 + e^{-\beta[(-\epsilon_r) - (-\mu)]} \right\}^2 .
\end{aligned}
$$

Der Unterschied liegt also nur in dem konstanten Term $2 \sum_{r=1}^{M} \epsilon_r$, der die thermodynamischen Eigenschaften des Systems **nicht** beeinflußt. (Freie Wahl des Energienullpunkts!)

$$\Longrightarrow \textit{Teilchen-Loch-Symmetrie.}$$

Lösung zu Aufgabe 3.1.3

$$
\langle \hat{n}_r \rangle^{(\pm)} = \frac{1}{\Xi_\mu^{(\pm)}} \sum_N \sum_{\{n_p\}}^{\sum_p n_p = N} n_r \, \exp \left[-\beta \sum_p n_p (\epsilon_p - \mu) \right] .
$$

Damit berechnen wir:

$$
\begin{aligned}
\frac{\partial}{\partial(\beta\epsilon_r)} & \langle \hat{n}_r \rangle^{(\pm)} = \\
&= \frac{-1}{\Xi_\mu^{(\pm)}} \sum_N \sum_{\{n_p\}}^{\sum_p n_p = N} n_r^2 \, \exp \left[-\beta \sum_p n_p (\epsilon_p - \mu) \right] + \\
&+ \frac{1}{\Xi_\mu^{(\pm)2}} \left\{ \sum_N \sum_{\{n_p\}}^{\sum_p n_p = N} n_r \, \exp \left[-\beta \sum_p n_p (\epsilon_p - \mu) \right] \right\}^2 \\
&= - \langle \hat{n}_r^2 \rangle^{(\pm)} + \langle \hat{n}_r \rangle^{(\pm)2} .
\end{aligned}
$$

Es gilt also:

$$\left(\overline{\Delta n_r}\right)^2 = \frac{-1}{\langle\, \hat{n}_r \,\rangle^{(\pm)2}} \frac{\partial}{\partial(\beta\epsilon_r)} \langle\, \hat{n}_r \,\rangle^{(\pm)}.$$

Mit

$$\langle\, \hat{n}_r \,\rangle^{(\pm)} = \frac{1}{e^{\beta(\epsilon_r - \mu)} \mp 1}$$

folgt weiter:

$$\begin{aligned}
\left(\overline{\Delta n_r}\right)^2 &= \frac{-1}{\langle\, \hat{n}_r \,\rangle^{(\pm)2}} \frac{-e^{\beta(\epsilon_r - \mu)}}{\left[e^{\beta(\epsilon_r - \mu)} \mp 1\right]^2} = \\
&= e^{\beta(\epsilon_r - \mu)} \\
&\Longrightarrow \left(\overline{\Delta n_r}\right)^2 = \frac{1}{\langle\, \hat{n}_r \,\rangle^{(\pm)}} \pm 1.
\end{aligned}$$

(In $\pm$: Oberes Zeichen für Bosonen, unteres für Fermionen.) Für Fermionen gibt es wegen $\hat{n}_r^2 = \hat{n}_r$ natürlich einen direkteren Lösungsweg!

Lösung zu Aufgabe 3.1.4

Ist das Teilchen aus einer geraden (ungeraden) Anzahl von Fermionen zusammengesetzt, ist es ein Boson (Fermion):

$$\begin{aligned}
H_2\text{-Molekül}: &\quad 2 \text{ Protonen} + 2 \text{ Elektronen} \longrightarrow \text{Boson}, \\
{}^4He^+\text{-Ion}: &\quad 2 \text{ Protonen} + 2 \text{ Neutronen} + 1 \text{ Elektron} \longrightarrow \text{Fermion}, \\
{}^7Li^+\text{-Ion}: &\quad 3 \text{ Protonen} + 3 \text{ Neutronen} + 2 \text{ Elektronen} \longrightarrow \text{Boson}, \\
{}^3He\text{-Atom}: &\quad 2 \text{ Protonen} + 1 \text{ Neutron} + 2 \text{ Elektronen} \longrightarrow \text{Fermion}.
\end{aligned}$$

Kap 3.2.11

Lösung zu Aufgabe 3.2.1

(3.44):

$$n\, \lambda^3(T) = (2S+1)\, f_{3/2}(z),$$

$$\lambda(T) \xrightarrow[T \to \infty]{} 0.$$

Also muß

$$f_{3/2}(z) \xrightarrow[T\to\infty]{} 0$$

gelten, da n als fest gegeben anzusehen ist.

$$\begin{aligned}
f_{3/2}(z) &= z \frac{d}{dz} f_{5/2}(z) = z \frac{d}{dz} \frac{4}{\sqrt{\pi}} \int_0^\infty dx\, x^2 \ln\left(1 + ze^{-x^2}\right) = \\
&= \frac{4}{\sqrt{\pi}} \int_0^\infty dx\, \frac{zx^2 e^{-x^2}}{1 + ze^{-x^2}} = \frac{4}{\sqrt{\pi}} \int_0^\infty dx\, \frac{x^2}{\frac{e^{x^2}}{z} + 1}.
\end{aligned}$$

$f_{3/2}(z) \to 0$ bedeutet offensichtlich $z \to 0$. Dies wiederum geht nur, wenn

$$\beta\,\mu \underset{T\to\infty}{\longrightarrow} -\infty.$$

Dies hat schließlich

$$\mu \underset{T\to\infty}{\longrightarrow} -\infty$$

zur Folge.

Lösung zu Aufgabe 3.2.2

Substitution:

$$p = m\,c\,\sinh\alpha$$
$$\Longrightarrow \epsilon(p) = \sqrt{c^2p^2 + m^2c^4} = mc^2\sqrt{\sinh^2\alpha + 1} = mc^2\,\cosh\alpha.$$

Für die mittlere Teilchenzahl gilt (3.24):

$$\langle\,\widehat{N}\,\rangle = \sum_r \frac{1}{e^{\beta(\epsilon_r-\mu)}+1} \overset{(3.37)}{=} (2S+1)\,\frac{4\pi V}{h^3}\int\limits_0^\infty \frac{p^2\,dp}{e^{\beta(\epsilon(p)-\mu)}+1},$$
$$p^2\,dp = (mc)^3\,\sinh^2\alpha\,\cosh\alpha\,d\alpha$$
$$\Longrightarrow \langle\,\widehat{N}\,\rangle = (2S+1)\,\frac{m^3c^3}{2\pi^2\hbar^3}\,V\int\limits_0^\infty \frac{\sinh^2\alpha\,\cosh\alpha\,d\alpha}{\exp\left(-\beta\mu + \beta mc^2\cosh\alpha\right)+1} \qquad \text{q.e.d.}$$

Analog berechnet sich die innere Energie aus (3.28):

$$U = \sum_r \frac{\epsilon_r}{e^{\beta(\epsilon_r-\mu)}+1} =$$
$$= (2S+1)\,\frac{m^4c^5}{2\pi^2\hbar^3}\,V\int\limits_0^\infty \frac{\sinh^2\alpha\,\cosh^2\alpha\,d\alpha}{\exp\left(-\beta\mu + \beta mc^2\cosh\alpha\right)+1}.$$

Tiefe Temperaturen:

$$\frac{1}{\exp\left(-\beta\mu + \beta mc^2\cosh\alpha\right)+1} \underset{T\to 0}{\longrightarrow} \begin{cases} 1, & \text{falls } \mu > mc^2\cosh\alpha \\ 0, & \text{falls } \mu < mc^2\cosh\alpha. \end{cases}$$

α_F sei definiert durch

$$\epsilon_F = \mu(T=0) = mc^2\,\cosh\alpha_F.$$

Fermi-Impuls:

$$p_F = mc\,\sinh\alpha_F.$$

Mittlere Teilchenzahl:

$$\langle \widehat{N} \rangle \approx (2S+1)\,\frac{m^3c^3}{2\pi^2\hbar^3}\,V \int\limits_0^{\alpha_F} \sinh^2\alpha\,\cosh\alpha\,d\alpha =$$

$$= (2S+1)\,\frac{m^3c^3}{2\pi^2\hbar^3}\,V\,\frac{1}{3} \int\limits_0^{\alpha_F} \frac{d}{d\alpha}\,\sinh^3\alpha\,d\alpha =$$

$$= (2S+1)\,\frac{m^3c^3}{6\pi^2\hbar^3}\,V\,\sinh^3\alpha_F.$$

Damit ergibt sich derselbe Zusammenhang mit dem *Fermi-Impuls* wie im nicht-relativistischen Fall:

$$\frac{\langle \widehat{N} \rangle}{V} = \frac{2S+1}{6\pi^2\hbar^3}\,p_F^3.$$

Innere Energie:

$$U \approx (2S+1)\,\frac{m^4c^5}{2\pi^2\hbar^3}\,V \int\limits_0^{\alpha_F} \sinh^2\alpha\,\cosh^2\alpha\,d\alpha,$$

$$\sinh^2\alpha\,\cosh^2\alpha = \frac{1}{16}\left(e^{2\alpha}+e^{-2\alpha}-2\right)\left(e^{2\alpha}+e^{-2\alpha}+2\right) =$$

$$= \frac{1}{16}\left(e^{4\alpha}+e^{-4\alpha}-2\right) = \frac{1}{8}\,(\cosh 4\alpha - 1)$$

$$\Longrightarrow U \approx (2S+1)\,\frac{m^4c^5}{16\pi^2\hbar^3}\,V\left[\frac{1}{4}\,\sinh(4\alpha_F) - \alpha_F\right].$$

Lösung zu Aufgabe 3.2.3

1)

$$U(T=0) = \sum_{\mathbf{k}}^{k\le k_F} \frac{\hbar^2k^2}{2m} = (2S+1)\,\frac{V}{8\pi^3}\,4\pi \int\limits_0^{k_F} dk\,k^4\,\frac{\hbar^2}{2m} =$$

$$= (2S+1)\,\frac{V}{2\pi^2}\,\frac{k_F^3}{5}\,\frac{\hbar^2k_F^2}{2m} \overset{(3.61)}{=} E_F\,(2S+1)\,\frac{V}{10\pi^2}\,\frac{6\pi^2}{2S+1}\,\frac{N}{V} =$$

$$= \frac{3}{5}\,N\,E_F.$$

2)

$$\hbar = 1{,}054 \cdot 10^{-34}\,\mathrm{J\,s},$$

$$\begin{aligned} E_F &= \frac{\hbar^2}{2m}\left(\frac{6\pi^2}{2}\frac{N}{V}\right)^{2/3} = \\ &= \frac{\left(1{,}054 \cdot 10^{-34}\right)^2}{2 \cdot 9{,}1 \cdot 10^{-31}} \cdot \left(3\pi^2\right)^{2/3} \cdot \left(\frac{6 \cdot 10^{23}}{25 \cdot 10^{-6}}\right)^{2/3} \mathrm{J} = \\ &= 6{,}098 \cdot 10^{-39} \cdot 9{,}571 \cdot 8{,}320 \cdot 10^{18}\ \mathrm{J} = \\ &= 4{,}86 \cdot 10^{-19}\ \mathrm{J} = \\ \Longrightarrow\ E_F &= 3{,}03\,\mathrm{eV}. \end{aligned} \tag{3.62}$$

3)

$$\begin{aligned} E_F &= \frac{\hbar^2}{2m}\left(3\pi^2\frac{N}{V}\right)^{2/3}, \\ \frac{N}{V} &= \frac{3}{4\pi}\left(a_B r_s\right)^{-3}, \\ \frac{\hbar^2}{2m} &= \frac{a_B e^2}{8\pi\epsilon_0}, \\ \Longrightarrow\ E_F &= \frac{e^2}{8\pi\epsilon_0 a_B}\left(\frac{9\pi}{4}\right)^{2/3}\frac{1}{r_s^2} \end{aligned}$$

$$\Longrightarrow\ U(T=0) = N\,\frac{3}{5}\left(\frac{9\pi}{4}\right)^{2/3}\frac{1}{r_s^2}\ [\mathrm{ryd}] = N\,\frac{2{,}21}{r_s^2}\ [\mathrm{ryd}].$$

4)

$$d = (2S+1)\,\frac{V}{4\pi^2}\left(\frac{2m}{\hbar^2}\right)^{3/2} \overset{(3.62)}{=} (2S+1)\,\frac{V}{4\pi^2}\,\frac{6\pi^2}{2S+1}\,n\,\frac{1}{E_F^{3/2}}$$

$$\Longrightarrow\ d = \frac{3N}{2E_F^{3/2}}.$$

5)

$$\begin{aligned} p &= \frac{2}{5}\frac{N}{V}E_F = \frac{2}{5}\cdot\frac{6 \cdot 10^{23}}{25 \cdot 10^{-6}} \cdot 4{,}86 \cdot 10^{-19}\ \frac{\mathrm{J}}{\mathrm{m}^3} = \\ &= 4{,}6656 \cdot 10^{9}\ \mathrm{Pa} = 4{,}6632 \cdot 10^{4}\ \mathrm{bar}. \end{aligned}$$

Lösung zu Aufgabe 3.2.4

N: Gesamtzahl der Elektronen im Valenzband und im Leitungsband:

$$N = \sum_i^{VB} f_-(\epsilon_i) + \sum_j^{LB} f_-(\epsilon_j),$$

N temperaturunabhängig. Bei $T = 0$ sind alle Elektronen im Valenzband, das dann voll besetzt ist:

$$N = \sum_i^{VB} 1.$$

Kombiniert man die beiden Gleichungen für N,

$$\sum_i^{VB} (1 - f_-(\epsilon_i)) = \sum_j^{LB} f_-(\epsilon_j),$$

so erkennt man, daß die Zahl der Löcher im Valenzband selbstverständlich gleich der Zahl der Elektronen im Leitungsband ist:

$$n_L = n_e.$$

Energienullpunkt = Oberkante des Valenzbandes.

Ein-Teilchen-Energien:

$$\text{Löcher:} \qquad \epsilon_i = -\frac{\hbar^2 k^2}{2m_L},$$

$$\text{Elektronen:} \qquad \epsilon_j = E_g + \frac{\hbar^2 k^2}{2m_e}.$$

Zustandsdichten (3.50):

$$\text{Löcher:} \qquad D_L(E) = 2\frac{V}{4\pi^2}\left(\frac{2m_L}{\hbar^2}\right)^{3/2}\sqrt{-E},$$

$$\text{Elektronen:} \qquad D_e(E) = 2\frac{V}{4\pi^2}\left(\frac{2m_e}{\hbar^2}\right)^{3/2}\sqrt{E - E_g}.$$

Teilchendichten:

Elektronen:

$$n_e = \frac{1}{2\pi^2}\left(\frac{2m_e}{\hbar^2}\right)^{3/2}\int_{E_g}^{\infty}\frac{\sqrt{E - E_g}\,dE}{e^{\beta(E-\mu)} + 1},$$

Löcher:

$$n_L = \frac{1}{2\pi^2}\left(\frac{2m_L}{\hbar^2}\right)^{3/2}\int_{-\infty}^{0}\frac{\sqrt{-E}\,dE}{e^{\beta(-E+\mu)} + 1}.$$

Wegen der angegebenen Ungleichungen läßt sich in beiden Fällen die 1 im Nenner des Integranden gegen die Exponentialfunktion vernachlässigen:

$$n_e \approx \frac{1}{2\pi^2}\left(\frac{2m_e}{\hbar^2}\right)^{3/2}\int_{E_g}^{\infty}\sqrt{E - E_g}\,e^{-\beta(E-\mu)}\,dE,$$

$$n_L \approx \frac{1}{2\pi^2}\left(\frac{2m_L}{\hbar^2}\right)^{3/2}\int_{-\infty}^{0}\sqrt{-E}\,e^{\beta(E-\mu)}\,dE.$$

Wir substituieren für n_e:

$$x = \beta(E - E_g)$$

$$\Longrightarrow n_e \approx \frac{1}{2\pi^2}\left(\frac{2m_e}{\hbar^2}\right)^{3/2} \frac{1}{\beta^{3/2}} e^{-\beta(E_g-\mu)} \int_0^\infty dx\,\sqrt{x}\,e^{-x},$$

$$\int_0^\infty dx\,\sqrt{x}\,e^{-x} = \Gamma\left(\frac{3}{2}\right) = \frac{1}{2}\sqrt{\pi}$$

$$\Longrightarrow n_e \approx 2\left(\frac{m_e k_B T}{2\pi\hbar^2}\right)^{3/2} e^{-\beta(E_g-\mu)}.$$

Wir substituieren für n_L:

$$x = -\beta E$$

$$\Longrightarrow n_L \approx \frac{1}{2\pi^2}\left(\frac{2m_L}{\hbar^2}\right)^{3/2} \frac{1}{\beta^{3/2}} e^{-\beta\mu} \int_0^\infty dx\,\sqrt{x}\,e^{-x},$$

$$\Longrightarrow n_L \approx 2\left(\frac{m_L k_B T}{2\pi\hbar^2}\right)^{3/2} e^{-\beta\mu}.$$

Chemisches Potential:

$$1 \overset{!}{=} \frac{n_e}{n_L} = \left(\frac{m_e}{m_L}\right)^{3/2} e^{2\beta\mu}\, e^{-\beta E_g}$$

$$\Longrightarrow \mu(T) = \frac{1}{2}E_g + \frac{3}{4}k_B T \ln\frac{m_L}{m_e},$$

$$\mu(T=0) = \frac{1}{2}E_g.$$

Teilchendichten:

$$e^{\beta\mu} = e^{(1/2)\beta E_g}\left(\frac{m_L}{m_e}\right)^{3/4}.$$

Damit folgt die Behauptung:

$$n_e = n_L \approx 2\left(\frac{\sqrt{m_e m_L}\,k_B T}{2\pi\hbar^2}\right)^{3/2} e^{-(1/2)\beta E_g},$$

$$n_e = n_L \underset{T\to 0}{\longrightarrow} 0.$$

Lösung zu Aufgabe 3.2.5

Wir setzen wie bei der Ableitung der dreidimensionalen Zustandsdichte (3.50) periodische Randbedingungen voraus. *Rastervolumina:*

$$(\Delta k)^{(1)} = \frac{2\pi}{L}; \qquad (\Delta k)^{(2)} = \frac{(2\pi)^2}{L_x L_y}.$$

Damit gilt genau wie im dreidimensionalen Fall:

$$D_i(E) = \frac{2S+1}{(\Delta k)^{(i)}} \frac{d}{dE} \varphi_i(E); \qquad i = 1,2.$$

Phasenvolumina:

$$\varphi_1(E) = \int\limits_{-\frac{1}{\hbar}\sqrt{2mE}}^{+1/\hbar\sqrt{2mE}} dk_x = 2\sqrt{\frac{2mE}{\hbar^2}},$$

$$\varphi_2(E) = \int\limits_{\epsilon(\mathbf{k})\leq E} d^2k = \pi k^2\big|_{\epsilon(\mathbf{k})\leq E} = \frac{2mE}{\hbar^2}\,\pi.$$

Damit folgt für die Zustandsdichten:

$$D_1(E) = \begin{cases} \dfrac{2S+1}{\pi} L \sqrt{\dfrac{m}{2\hbar^2}} \dfrac{1}{\sqrt{E}}, & \text{falls } E > 0, \\ 0 & \text{sonst.} \end{cases}$$

$$D_2(E) = \begin{cases} \dfrac{2S+1}{2\pi} L_x L_y \dfrac{m}{\hbar^2} = \text{const.}, & \text{falls } E > 0, \\ 0 & \text{sonst.} \end{cases}$$

Lösung zu Aufgabe 3.2.6

Für die eindimensionale Zustandsdichte gilt nach Aufgabe 3.2.5:

$$D_1(E) = \begin{cases} d_1 \frac{1}{\sqrt{E}} & \text{für } E > 0, \\ 0 & \text{sonst.} \end{cases}$$

Die Konstante d_1,

$$d_1 = \frac{2S+1}{\pi} L \sqrt{\frac{m}{2\hbar^2}},$$

läßt sich auch durch N und E_F ausdrücken:

$$N = \int\limits_0^{E_F} dE\, D_1(E) = 2d_1 \sqrt{E_F}$$

$$\Longrightarrow d_1 = \frac{1}{2} \frac{N}{\sqrt{E_F}}.$$

Damit berechnen wir (3.53) unter Ausnutzung von (3.73):

$$N = \int_{-\infty}^{\infty} dE\, D_1(E)\, f_-(E) \approx \int_{-\infty}^{\mu} dE\, D_1(E) + \frac{\pi^2}{6}(k_BT)^2\, D_1'(\mu) =$$

$$= 2d_1\sqrt{\mu} + \frac{\pi^2}{6}(k_BT)^2\left(-\frac{1}{2}d_1\frac{1}{\mu^{3/2}}\right) = N\sqrt{\frac{\mu}{E_F}} - \frac{\pi^2}{24}\left(\frac{k_BT}{\mu}\right)^2 N\sqrt{\frac{\mu}{E_F}}$$

$$\Longrightarrow 1 \approx \sqrt{\frac{\mu}{E_F}}\left[1 - \frac{\pi^2}{24}\left(\frac{k_BT}{\mu}\right)^2\right]$$

$$\Longrightarrow \mu(T) \approx E_F\left[1 + \frac{\pi^2}{12}\left(\frac{k_BT}{\mu}\right)^2\right].$$

Im Gegensatz zum dreidimensionalen System nimmt $\mu(T)$ mit steigender Temperatur zu!

Lösung zu Aufgabe 3.2.7

Wir benutzen die thermodynamische Relation (1.154):

$$F = -pV + G = -pV + \mu N.$$

Mit (3.75) und (3.81) folgt dann:

$$F \approx N E_F\left[1 - \frac{\pi^2}{12}\left(\frac{k_BT}{E_F}\right)^2\right] - \frac{2}{5}N E_F\left[1 + \frac{5\pi^2}{12}\left(\frac{k_BT}{E_F}\right)^2\right] =$$

$$= \frac{3}{5}N E_F\left[1 - \frac{5\pi^2}{12}\left(\frac{k_BT}{E_F}\right)^2\right].$$

Lösung zu Aufgabe 3.2.8

1) Gleicher Energienullpunkt innerhalb wie außerhalb des Metalls.

Ein-Teilchen-Energien:

$$\text{innen}: \quad \epsilon_i(\mathbf{k}) = \frac{\hbar^2k^2}{2m},$$

$$\text{außen}: \quad \epsilon_a(\mathbf{k}) = V_0 + \frac{\hbar^2k^2}{2m}.$$

Zustandsdichte:

$$\text{innen}: \quad D_i(E) = \begin{cases} d\sqrt{(E)}, & \text{falls } E \geq 0, \\ 0 & \text{sonst,} \end{cases}$$

$$\text{außen}: \quad D_a(E) = \begin{cases} d\sqrt{E - V_0}, & \text{falls } E \geq V_0, \\ 0 & \text{sonst.} \end{cases}$$

$$d \overset{(3.51)}{=} \frac{V}{2\pi^2}\left(\frac{2m}{\hbar^2}\right)^{3/2}.$$

Mittlere Besetzungszahlen:

$$\text{innen}: \quad \langle \hat{n}^{(i)}_{\mathbf{k}\sigma} \rangle = \left\{ \exp\left[\beta \left(\frac{\hbar^2 k^2}{2m} - \mu \right) \right] + 1 \right\}^{-1},$$

$$\text{außen}: \quad \langle \hat{n}^{(a)}_{\mathbf{k}\sigma} \rangle = \left\{ \exp\left[\beta \left(\frac{\hbar^2 k^2}{2m} + V_0 - \mu \right) \right] + 1 \right\}^{-1},$$

2)

$$n_a = \frac{1}{V} \int\limits_{V_0}^{\infty} dE \, \frac{D_a(E)}{e^{\beta(E-\mu)} + 1}.$$

Die Austrittsarbeit ist von der Größenordnung eV. Es ist deshalb bei realistischen Temperaturen $\beta(V_0 - \mu) \gg 1$. (Sonst wäre das Metall auch gar nicht stabil!) Wir können also die 1 im Nenner getrost gegen die Exponentialfunktion vernachlässigen.

$$n_a \approx \frac{1}{V} \int\limits_{V_0}^{\infty} dE \, D_a(E) \, e^{-\beta(E-\mu)} = \frac{1}{2\pi^2} \left(\frac{2m}{\hbar^2} \right)^{3/2} \int\limits_{V_0}^{\infty} dE \, \sqrt{E - V_0} \, e^{-\beta(E-\mu)} =$$

$$= \frac{1}{2\pi^2} \left(\frac{2m}{\hbar^2} \right)^{3/2} \int\limits_{0}^{\infty} dx \, \sqrt{x} \, e^{-\beta(x+V_0-\mu)} = \frac{1}{2\pi^2} \left(\frac{2m}{\beta\hbar^2} \right)^{3/2} e^{-\beta(V_0-\mu)} \underbrace{\int\limits_{0}^{\infty} dy \, \sqrt{y} \, e^{-y}}_{\Gamma\left(\frac{3}{2}\right) = \frac{1}{2}\sqrt{\pi}}.$$

$$n_a \approx \frac{1}{4} \left(\frac{2m k_B T}{\pi \hbar^2} \right)^{3/2} e^{-\beta(V_0-\mu)}.$$

$V_0 - \mu$ ist prakisch gleich der Austrittsarbeit.

3) Wegen $e^{-\beta(V_0-\mu)} \gg 1$ ist

$$\langle \hat{n}^{(a)}_{\mathbf{k}\sigma} \rangle \approx \exp\left[-\beta \left(\frac{\hbar^2 k^2}{2m} + V_0 - \mu \right) \right].$$

Damit berechnen wir den Emissionsstrom:

$$j_z \approx \frac{1}{V} \exp\left[-\beta(V_0 - \mu)\right] 2 \frac{V}{(2\pi)^3} \int\limits_{0}^{\infty} dk_z \, \frac{\hbar k_z}{m} \iint\limits_{-\infty}^{+\infty} dk_x \, dk_y \, *$$

$$* \exp\left[-\beta \frac{\hbar^2}{2m} \left(k_x^2 + k_y^2 + k_z^2 \right) \right].$$

Der Faktor 2 resultiert aus der Spinsummation!

$$j_z \approx 2 \exp\left[-\beta(V_0 - \mu)\right] \frac{1}{h^3} \int\limits_{0}^{\infty} dp_z \, \frac{p_z}{m} \exp\left(-\beta \frac{p_z^2}{2m} \right) * \left[\int\limits_{-\infty}^{+\infty} dp_x \exp\left(-\beta \frac{p_x^2}{2m} \right) \right]^2 =$$

$$\overset{(1.137)}{=} \frac{4\pi m \, k_B T}{h^3} \exp\left[-\beta(V_0 - \mu)\right] \left(-\frac{1}{\beta} \right) \int\limits_{0}^{\infty} dp_z \, \frac{d}{dp_z} \exp\left(-\beta \frac{p_z^2}{2m} \right)$$

$$\Longrightarrow j_z \approx \frac{4\pi m}{h^3} (k_B T)^2 \exp\left[-\beta(V_0 - \mu)\right]$$

Richardson-Formel ((1.47), Bd. 5, Tl. 1).

Lösung zu Aufgabe 3.2.9

1) Die Ableitung der Zustandsdichte gestaltet sich genauso wie zu (3.50):

$$D(E) = (2S+1)\,\frac{V}{(2\pi)^3}\,\frac{d}{dE}\,\varphi(E).$$

Das Phasenvolumen sieht nun allerdings anders aus:

$$\varphi(E) = \frac{4\pi}{3}\,k^3\bigg|_{c\hbar k=E} = \frac{4\pi}{3c^3\hbar^3}\,E^3$$

$$\Longrightarrow D(E) = \begin{cases} (2S+1)\,\dfrac{V}{2\pi^2\,c^3\,\hbar^3}\,E^2 & \text{für } E \geq 0, \\ 0 & \text{sonst.} \end{cases}$$

2) Sei

$$Q(E) = \int D(E)\,dE = \frac{1}{3}\,E\,D(E)$$

die Stammfunktion der Zustandsdichte. Nach (3.22) gilt:

$$\begin{aligned} \beta\,p\,V &= \sum_r \ln\left[1+e^{-\beta(\epsilon_r-\mu)}\right] \\ &\longrightarrow \int_0^\infty dE\,D(E)\,\ln\left[1+e^{-\beta(E-\mu)}\right] = \\ &= Q(E)\,\ln\left[1+e^{-\beta(E-\mu)}\right]\Big|_0^\infty - \int_0^\infty dE\,Q(E)\,\frac{-\beta\,e^{-\beta(E-\mu)}}{1+e^{-\beta(E-\mu)}}. \end{aligned}$$

Der ausintegrierte Anteil verschwindet (warum?):

$$p\,V = \int_0^\infty Q(E)\,\frac{dE}{e^{\beta(E-\mu)}+1} = \frac{1}{3}\int_0^\infty E\,D(E)\,f_-(E)\,dE = \frac{1}{3}\,U \qquad \text{q.e.d.}$$

3)

$$p(T=0) \overset{2)}{=} \frac{1}{3V}\,U(T=0),$$

$$U(T=0) = \int_0^{E_F} E\,D(E)\,dE = \frac{V(2S+1)}{2\pi^2\,c^3\,\hbar^3}\,\frac{1}{4}\,E_F^4,$$

$$E_F = \hbar\,c\,k_F \overset{(3.61)}{=} c\,\hbar\left(\frac{6\pi^2}{2S+1}\,\frac{N}{V}\right)^{1/3}.$$

Nullpunktsdruck:

$$p(T=0) = \frac{1}{4}\left(\frac{6\pi^2}{2S+1}\right)^{1/3} c\,\hbar\left(\frac{N}{V}\right)^{4/3}.$$

Lösung zu Aufgabe 3.2.10

Nach Aufgabe (3.2.9) ist die Zustandsdichte extrem relativistischer Fermionen durch

$$D(E) = (2S+1)\,\frac{V}{2\pi^2\,c^3\,\hbar^3}\,E^2 \equiv \hat{d}\,E^2 \quad \text{für } E \geq 0$$

gegeben. ($D(E) = 0$ für $E < 0$.)

1) *Chemisches Potential:*

$D(E)$ erfüllt die Voraussetzungen der Sommerfeld-Entwicklung. Die Teilchenzahl N ist T-unabhängig. Deshalb gilt sowohl

$$N = \int\limits_{-\infty}^{E_F} dE\,D(E) \qquad (T=0)$$

als auch

$$N = \int\limits_{-\infty}^{\mu} dE\,D(E) + \frac{\pi^2}{6}\,(k_B T)^2\,D'(\mu).$$

Gleichsetzen ergibt:

$$\frac{1}{3}\,E_F^3 \approx \frac{1}{3}\mu^3 + \frac{\pi^2}{6}\,(k_B T)^2\,2\,\mu$$

$$\Longrightarrow \mu \approx E_F \left[1 - \left(\frac{\pi\,k_B\,T}{E_F}\right)^2 \frac{\mu}{E_F}\right]^{1/3}$$

entartetes Fermi-Gas $\Longrightarrow$ zweiter Term sehr klein, $\mu \approx E_F$

$$\Longrightarrow \mu(T) \approx E_F \left[1 - \frac{\pi^2}{3}\left(\frac{k_B\,T}{E_F}\right)^2\right].$$

Dieses Ergebnis hat dieselbe Struktur wie (3.75), lediglich der Zahlenfaktor vor dem Korrekturterm hat sich geändert:

$$E_F = c\,\hbar\left(\frac{6\pi^2}{2S+1}\,\frac{N}{V}\right)^{1/3} \qquad \text{(s. Aufgabe 3.2.9).}$$

2) *Innere Energie:*

$$U(T=0) = \frac{V(2S+1)}{2\pi^2\,c^3\,\hbar^3}\,\frac{E_F^4}{4} = \frac{1}{4}\,\hat{d}\,E_F^4,$$

$$U(T) \approx \int\limits_0^{\mu} dE\,E\,D(E) + \frac{\pi^2}{6}(k_B\,T)^2\,(\mu\,D'(\mu) + D(\mu)) =$$

$$= \frac{1}{4}\hat{d}\,\mu^4 + \frac{\pi^2}{6}(k_B\,T)^2\,3\,\hat{d}\,\mu^2 =$$

$$= U(0)\left[\left(\frac{\mu}{E_F}\right)^4 + 2\pi^2\left(\frac{k_B\,T}{E_F}\right)^2\left(\frac{\mu}{E_F}\right)^2\right].$$

Nach 1) gilt:

$$\left(\frac{\mu}{E_F}\right)^n \approx 1 - n\,\frac{\pi^2}{3}\left(\frac{k_B T}{E_F}\right)^2$$

$$\Longrightarrow U(T) = U(0)\left[1 + \frac{2\pi^2}{3}\left(\frac{k_B T}{E_F}\right)^2\right],$$

$$U(0) = \frac{3}{4}\,N\,E_F.$$

3) *Wärmekapazität*:

$$C_V = \widehat{\gamma}\,T,$$

$$\widehat{\gamma} = N\,\frac{\pi^2\,k_B^2}{E_F}.$$

C_V hat dieselbe Tieftemperaturabhängigkeit wie im nicht-relativistischen Fall. Auch der Koeffizient $\widehat{\gamma}$ hat bis auf den Faktor $\frac{1}{2}$ dieselbe Struktur wie γ, allerdings sind die Fermi-Energien unterschiedlich:

$$\frac{\widehat{\gamma}}{\gamma} = \frac{\hbar}{m\,c}\left(\frac{6\pi^2}{2S+1}\,\frac{N}{V}\right)^{1/3} \gg 1.$$

Lösung zu Aufgabe 3.2.11

Ein-Teilchen-Energien:

$$\eta_{m_S}(\mathbf{k}) = \epsilon(\mathbf{k}) + 2\,m_S\,\mu_B\,B,$$

$$m_S = -S,\ -S+1,\ \dots,\ +S.$$

m_S-Anteil der Zustandsdichte:

$$D_{m_S}(E)\,dE = \frac{1}{\Delta k}\int\limits_{E \le \eta_{m_S}(\mathbf{k}) \le E+dE} d^3k = \frac{V}{(2\pi)^3}\,\frac{d}{dE}\,\varphi_{m_S}(E)\,dE.$$

Phasenvolumen:

$$\varphi_{m_S}(E) = \int\limits_{\eta_{m_S}(\mathbf{k}) \le E} d^3k = \int\limits_{\epsilon(\mathbf{k}) \le E - 2m_S\,\mu_B\,B} d^3k,$$

$$\epsilon(\mathbf{k}) \ge 0 \Longrightarrow \text{notwendig: } E \ge 2m_S\,\mu_B\,B,$$

$$\varphi_{m_S}(E) = 0,\ \text{falls } E < 2m_S\,\mu_B\,B,$$

sonst:

$$\varphi_{m_S}(E) = \frac{4\pi}{3} k^3 \bigg|_{\epsilon(\mathbf{k})=E-2m_S\,\mu_B\,B} = \frac{4\pi}{3} \left[\frac{2m}{\hbar^2} (E - 2m_S\,\mu_B\,B) \right]^{3/2}$$

$$\Longrightarrow D_{m_S}(E) = \begin{cases} d_{m_S} \sqrt{E - 2m_S\,\mu_B\,B}, & \text{falls } E \geq 2m_S\,\mu_B\,B, \\ 0 & \text{sonst,} \end{cases}$$

$$d_{m_S} = \frac{V}{4\pi^2} \left(\frac{2m}{\hbar^2} \right)^{3/2} \overset{(3.51)}{=} \frac{1}{2S+1} d.$$

Es ist also:

$$D_{m_S}(E) = \frac{1}{2S+1} D(E - 2m_S\,\mu_B\,B).$$

Gesamt-Zustandsdichte:

$$D_{\text{tot}}(E;B) = \frac{1}{2S+1} \sum_{m_S=-S}^{+S} D(E - 2m_S\,\mu_B\,B)$$

mit D wie in (3.50).

Lösung zu Aufgabe 3.2.12

Es gilt für die spinabhängigen Teilchenzahlen (Kap. 3.2.6):

$$N_\sigma = \frac{1}{2} \int_{-\infty}^{+\infty} dE\, f_-(E)\, D(E - z_\sigma\,\mu_B\,B).$$

Sommerfeld-Entwicklung (3.73):

$$\begin{aligned} N_\sigma &= \frac{1}{2} \left[\int_{-\infty}^{\mu} dE\, D(E - z_\sigma\,\mu_B\,B) + \frac{\pi^2}{6} (k_B\,T)^2\, D'(\mu - z_\sigma\,\mu_B\,B) \right] = \\ &= \frac{d}{2} \left[\frac{2}{3} (\mu - z_\sigma\,\mu_B\,B)^{3/2} + \frac{\pi^2}{12} (k_B\,T)^2 (\mu - z_\sigma\,\mu_B\,B)^{-1/2} \right] = \\ &= \frac{1}{2} N \left(\frac{\mu}{E_F} \right)^{3/2} \left[\left(1 - \frac{z_\sigma\,\mu_B\,B}{\mu} \right)^{3/2} + \frac{\pi^2}{8} \left(\frac{k_B\,T}{\mu} \right)^2 \left(1 - \frac{z_\sigma\,\mu_B\,B}{\mu} \right)^{-1/2} \right]. \end{aligned}$$

Reihenentwicklung:

$$(1+x)^{n/m} = 1 + \frac{n}{m} x - \frac{n\,(m-n)}{2!\,m^2} x^2 + \dots \qquad (-1 < x < +1)$$

$$\begin{aligned} \Longrightarrow N_\sigma = \frac{1}{2} N \left(\frac{\mu}{E_F} \right)^{3/2} &\left[1 - z_\sigma \frac{\mu_B\,B}{\mu} + \frac{3}{8} \left(\frac{\mu_B\,B}{\mu} \right)^2 + \right. \\ &\left. + \frac{\pi^2}{8} \left(\frac{k_B\,T}{\mu} \right)^2 \left(1 + \frac{1}{2} z_\sigma \frac{\mu_B\,B}{\mu} + \frac{3}{8} \left(\frac{\mu_B\,B}{\mu} \right)^2 + \dots \right) \right]. \end{aligned}$$

Summation über beide Spinrichtungen und Herauskürzen von $N = N_\uparrow + N_\downarrow$:

$$1 = \left(\frac{\mu}{E_F}\right)^{3/2} \left[1 + \frac{3}{8}\left(\frac{\mu_B B}{\mu}\right)^2 + \frac{\pi^2}{8}\left(\frac{k_B T}{\mu}\right)^2 + \ldots\right].$$

Damit ergibt sich, wenn wir noch einmal die obige Reihenentwicklung ausnutzen und schließlich in den quadratischen Korrekturtermen μ durch E_F ersetzen:

$$\mu(T,B) \approx E_F \left[1 - \frac{1}{4}\left(\frac{\mu_B B}{E_F}\right)^2 - \frac{\pi^2}{12}\left(\frac{k_B T}{E_F}\right)^2\right].$$

Für $B = 0$ bleibt das *alte* Ergebnis (3.75).

Lösung zu Aufgabe 3.2.13

Man kann für $f(x)$ schreiben:

$$f(x) = \delta\left(x - \frac{1}{2}\right) + \delta\left(x + \frac{1}{2}\right) \quad \text{für} - 1 \leq x \leq +1$$
$$\text{mit} \quad f(x) = f(x+2).$$

$f(x)$ ist also periodisch mit der Periodenlänge 2 und ferner symmetrisch:

$$f(-x) = f(x).$$

Ansatz als Fourier-Reihe ((4.174), Bd. 3):

$$f(x) = f_0 + \sum_{m=1}^{\infty} \left[a_m \cos(m\pi x) + b_m \sin(m\pi x)\right],$$

$$f_0 = \frac{1}{2}\int_{-1}^{+1} f(x)\, dx = 1,$$

$$a_m = \int_{-1}^{+1} f(x) \cos(m\pi x)\, dx = \begin{cases} 0 & \text{für } m = 2p+1, \\ 2\,(-1)^p & \text{für } m = 2p, \end{cases}$$

$$b_m \equiv 0, \quad \text{weil } f(x) \text{ symmetrisch}$$

$$\Longrightarrow f(x) = 1 + \sum_{p=1}^{\infty} 2(-1)^p \cos(2p\pi x) = 1 + \sum_{p=1}^{\infty} (-1)^p \left(e^{i2p\pi x} + e^{-i2p\pi x}\right) =$$

$$= \sum_{p=-\infty}^{+\infty} (-1)^p\, e^{i2p\pi x}.$$

Lösung zu Aufgabe 3.2.14

Für die Ableitung der Fermi-Funktion gilt auch:

$$\hat{f}'_-(\epsilon) = -\frac{b}{4\cosh^2\left[\frac{1}{2}b\,(\epsilon - \mu_0)\right]}.$$

Mit $\rho = b\,(\epsilon - \mu_0)$ bleibt dann zu berechnen:

$$I_p = -\mathrm{Re}\left[\exp\left(i2\pi p\mu_0 - \frac{\pi}{4}\right)K_p\right],$$

$$K_p = \int\limits_{-\infty}^{+\infty} d\rho\,\frac{\exp\left(i\dfrac{2\pi p\rho}{b}\right)}{4\cosh^2\left(\dfrac{1}{2}\rho\right)}.$$

Das Integral wird mit dem Residuensatz gelöst, wobei wir wegen $p > 0$ den Integrationsweg in der oberen Halbebene schließen. Wegen $\cosh x = \cos(ix)$ hat der Integrand Pole an den Stellen $\rho = \rho_n$,

$$\rho_n = i\,(2n+1)\,\pi,$$

wobei nur die mit $n \geq 0$ innerhalb des Integrationsgebietes liegen. Mit

$$\cosh\left(\frac{1}{2}\rho_n\right) = 0; \qquad \sinh\left(\frac{1}{2}\rho_n\right) = i\,(-1)^n$$

haben wir die Taylor-Entwicklung:

$$\begin{aligned}\cosh\left(\frac{1}{2}\rho\right) &= \frac{1}{2}\,i(-1)^n\,(\rho-\rho_n) + \frac{1}{48}\,i(-1)^n\,(\rho-\rho_n)^3 + \ldots = \\ &= \frac{1}{2}\,i(-1)^n\,(\rho-\rho_n)\left[1 + \frac{1}{24}\,(\rho-\rho_n)^2 + \ldots\right].\end{aligned}$$

Damit gilt auch:

$$\frac{1}{\cosh^2\left(\frac{1}{2}\rho\right)} = \frac{-4}{(\rho-\rho_n)^2}\left[1 - \frac{1}{12}\,(\rho-\rho_n)^2 + \ldots\right].$$

Der Integrand von K_p hat also bei ρ_n einen Pol zweiter Ordnung. Wir berechnen das Residuum:

$$\begin{aligned}\operatorname*{Res}_{\rho_n}\frac{\exp\left(i\,\frac{2\pi p\rho}{b}\right)}{4\cosh^2\left(\frac{1}{2}\rho\right)} &= \lim_{\rho\to\rho_n}\frac{d}{d\rho}\left[(\rho-\rho_n)^2\,\frac{\exp\left(i\,\frac{2\pi p\rho}{b}\right)}{4\cosh^2\left(\frac{1}{2}\rho\right)}\right] = \\ &= -\lim_{\rho\to\rho_n}\frac{d}{d\rho}\left[\exp\left(i\,\frac{2\pi p\rho}{b}\right)\left(1 - \frac{1}{12}\,(\rho-\rho_n)^2 + \ldots\right)\right] = \\ &= -i\,\frac{2\pi p}{b}\,\exp\left[-\frac{2\pi^2}{b}\,(2n+1)p\right].\end{aligned}$$

Nach dem Residuensatz folgt dann:

$$K_p = 4\pi^2 \frac{p}{b} \sum_{n=0}^{\infty} \exp\left[-\frac{2\pi^2}{b}(2n+1)p\right] = 4\pi^2 \frac{p}{b} \exp\left(-\frac{2\pi^2}{b}p\right) \sum_{n=0}^{\infty} \exp\left(-\frac{4\pi^2}{b}np\right) =$$

$$= 4\pi^2 \frac{p}{b} \frac{\exp\left(-\frac{2\pi^2}{b}p\right)}{1-\exp\left(-\frac{4\pi^2}{b}p\right)} = \frac{2\pi^2 p}{b \sinh\left(2\pi^2 \frac{p}{b}\right)}.$$

Da K_p reell ist, folgt somit unmittelbar für I_p die Formel, die wir in (3.119) verwendet haben:

$$I_p = -2\pi^2 \frac{p}{b} \frac{\cos\left(\frac{\pi}{4} - 2p\pi\mu_0\right)}{\sinh\left(2\pi^2 \frac{p}{b}\right)}.$$

Lösung zu Aufgabe 3.2.15

1) Energieniveaus (3.100):

$$E_n(k_z) = 2\,\mu_B\,B_0\left(n+\frac{1}{2}\right) + \frac{\hbar^2 k_z^2}{2m}.$$

Entartungsgrad (3.102):

$$g_y(B_0) = \frac{e\,L_x\,L_y}{2\,\pi\,\hbar}\,B_0.$$

Zustandssumme:

$$Z_1 = \frac{1}{2\pi/L_z} \int\limits_{-\infty}^{+\infty} dk_z \sum_{n=0}^{\infty} g_y(B_0) \exp\left[-\beta\,E_n(k_z)\right] =$$

$$= \frac{e\,V\,B_0}{(2\pi\hbar)^2}\left[\int\limits_{-\infty}^{+\infty} dp_z \exp\left(-\beta\,\frac{p_z^2}{2m}\right)\right] e^{-\beta\,\mu_B\,B_0} \sum_{n=0}^{\infty} e^{-\beta\,2\,\mu_B\,B_0\,n} =$$

$$\overset{(1.137)}{=} \frac{e\,V\,B_0}{(2\pi\hbar)^2}\sqrt{\frac{2\,\pi\,m}{\beta}}\,\frac{e^{-\beta\,\mu_B\,B_0}}{1-e^{-2\,\beta\,\mu_B\,B_0}}$$

$$\Longrightarrow\; Z_1 = V\left(\frac{m}{2\,\pi\,\hbar^2\,\beta}\right)^{3/2} \frac{\beta\,\mu_B\,B_0}{\sinh(\beta\,\mu_B\,B_0)}. \qquad \left(\mu_B = \frac{e\,\hbar}{2m}\right)$$

2) Freie Energie:

$$dF = -S\,dT - m\,dB_0$$

(zur *Magnetisierungsarbeit* s. Kap. 3.2.8).

$$\Longrightarrow\; m = -\frac{\partial F}{\partial B_0} = k_B\,T\,\frac{\partial}{\partial B_0}\ln Z_N = N\,k_B\,T\,\frac{\partial}{\partial B_0}\ln Z_1 =$$

$$= N\,k_B\,T\,\frac{\partial}{\partial B_0}\ln\frac{\beta\,\mu_B\,B_0}{\sinh(\beta\,\mu_B\,B_0)} = -N\,\mu_B\left(\frac{d}{dx}\ln\frac{\sinh x}{x}\right)_{x=\beta\mu_B B_0}$$

In der Klammer steht die *klassische Langevin-Funktion* (s. Lösung 1.4.5):

$$L(x) = \coth x - \frac{1}{x}$$

$$\Longrightarrow m = -N \mu_B L \left(\frac{\mu_B B_0}{k_B T} \right).$$

Vorzeichen $\rightarrow$ induziertes magnetisches Moment ist dem Feld entgegengerichtet
$\rightarrow$ Diamagnetismus.

Lösung zu Aufgabe 3.2.16

Eigenenergien (3.101):

$$E_{n\sigma}(k_z) = 2 \mu_B^* B_0 \left(n + \frac{1}{2} \right) + \frac{\hbar^2 k_z^2}{2m^*} + z_\sigma \mu_B B_0,$$

$$\mu_B = \frac{e \hbar}{2m}; \qquad \mu_B^* = \frac{e \hbar}{2m^*}.$$

Entartungsgrad (3.102):

$$g_y(B_0) = \frac{e L_x L_y}{2 \pi \hbar} B_0.$$

Die Zustandssumme berechnet sich wie in der vorigen Aufgabe:

$$Z_1 = \frac{1}{2\pi / L_z} \int\limits_{-\infty}^{+\infty} dk_z \sum_{n=0}^{\infty} g_y(B_0) \exp\left[-\beta E_{n\sigma}(k_z) \right] =$$

$$= V \left(\frac{m^*}{2 \pi \hbar^2 \beta} \right)^{3/2} \frac{\beta \mu_B^* B_0}{\sinh(\beta \mu_B^* B_0)} 2 \cosh(\beta \mu_B B_0)$$

$\Longrightarrow$ mittleres magnetisches Moment:

$$m = -N \mu_B^* L(\beta \mu_B^* B_0) + N \mu_B \tanh(\beta \mu_B B_0),$$

$$L(x) = \coth x - \frac{1}{x} \underset{x \to 0}{\longrightarrow} \frac{1}{x} + \frac{x}{3} + \ldots - \frac{1}{x} \approx \frac{x}{3}.$$

Schwaches Feld:

$$m \approx -\frac{1}{3} N \mu_B^{*2} \beta B_0 + N \mu_B^2 \beta B_0.$$

Nullfeld-Suszeptibilität:

$$\chi(T) = \mu_0 \frac{N}{V} \frac{\mu_B^2 - \frac{1}{3} \mu_B^{*2}}{k_B T} \qquad \text{(vgl. Kap. 3.2.9).}$$

Lösung zu Aufgabe 3.2.17

Ausgangspunkt ist das Zwischenergebnis (3.134) bis (3.140) für den *oszillatorischen Anteil* der Magnetisierung eines freien Elektronengases im homogenen Magnetfeld:

$$\chi_{\text{osz}} = \mu_0 \left(\frac{\partial M_{\text{osz}}}{\partial B_0} \right)_T = \chi_1 + \chi_2 + \chi_3 .$$

$$\begin{aligned}
\chi_1 = \mu_0 \Bigg[& -\frac{3}{4} \frac{a}{B_0} \mu_B \frac{N}{V} \sum_{p=1}^{\infty} \frac{(-1)^p}{p^{3/2}} \cos(z_\sigma p \pi) \frac{\cos(\pi/4 - p c)}{\sinh(p b)} + \\
& + \frac{3}{2} \frac{a c}{B_0} \mu_B \frac{N}{V} \sum_{p=1}^{\infty} \frac{(-1)^p}{p^{1/2}} \cos(z_\sigma p \pi) \frac{\sin(\pi/4 - p c)}{\sinh(p b)} - \\
& - \frac{3}{2} \frac{a b}{B_0} \mu_B \frac{N}{V} \sum_{p=1}^{\infty} \frac{(-1)^p}{p^{1/2}} \cos(z_\sigma p \pi) \frac{\cos(\pi/4 - p c)}{\sinh(p b)} \coth(p b) \Bigg] ,
\end{aligned}$$

$$\begin{aligned}
\chi_2 = \mu_0 \Bigg[& -\frac{1}{2} \frac{a c}{B_0} \mu_B \frac{N}{V} \sum_{p=1}^{\infty} \frac{(-1)^p}{p^{1/2}} \cos(z_\sigma p \pi) \frac{\sin(\pi/4 - p c)}{\sinh(p b)} + \\
& + \frac{a c^2}{B_0} \mu_B \frac{N}{V} \sum_{p=1}^{\infty} (-1)^p p^{1/2} \cos(z_\sigma p \pi) \frac{\cos(\pi/4 - p c)}{\sinh(p b)} + \\
& + \frac{a b c}{B_0} \mu_B \frac{N}{V} \sum_{p=1}^{\infty} (-1)^p p^{1/2} \cos(z_\sigma p \pi) \frac{\sin(\pi/4 - p c)}{\sinh(p b)} \coth(p b) \Bigg] ,
\end{aligned}$$

$$\begin{aligned}
\chi_3 = \mu_0 \Bigg[& \frac{1}{2} \frac{a b}{B_0} \mu_B \frac{N}{V} \sum_{p=1}^{\infty} \frac{(-1)^p}{p^{1/2}} \cos(z_\sigma p \pi) \frac{\cos(\pi/4 - p c)}{\sinh(p b)} \coth(p b) + \\
& + \frac{a b c}{B_0} \mu_B \frac{N}{V} \sum_{p=1}^{\infty} (-1)^p p^{1/2} \cos(z_\sigma p \pi) \frac{\sin(\pi/4 - p c)}{\sinh(p b)} \coth(p b) - \\
& - \frac{a b^2}{B_0} \mu_B \frac{N}{V} \sum_{p=1}^{\infty} (-1)^p p^{1/2} \cos(z_\sigma p \pi) \frac{\cos(\pi/4 - p c)}{\sinh^3(p b)} \left(1 + \cosh^2(p b)\right) \Bigg] .
\end{aligned}$$

Kapitel 3.3.8

Lösung zu Aufgabe 3.3.1

(3.152), (3.153):

$$[n - n_0]\, \lambda^3(T) = (2S + 1)\, g_{3/2}(z),$$

$[n - [n - n_0]\, n_0]$ beschränkt, $\lambda(T) \underset{T \to \infty}{\longrightarrow} 0$. Es muß also

$$g_{3/2}(z) \underset{T \to \infty}{\longrightarrow} 0$$

gelten. Aus (3.149) folgt:

$$g_{3/2}(z) = -\frac{4}{\sqrt{\pi}} \int\limits_0^\infty dx\, x^2 \, \frac{-z\, e^{-x^2}}{1 - z\, e^{-x^2}} = \frac{4}{\sqrt{\pi}} \int\limits_0^\infty dx\, x^2 \, \frac{1}{\frac{e^{x^2}}{z} - 1}.$$

$g_{3/2}(z) \to 0$ bedeutet offenbar $z \to 0$. Das heißt:

$$\beta\,\mu \;\to\; -\infty.$$

Da β für $T \to \infty$ gegen Null strebt, muß also auf jeden Fall

$$\mu \underset{T\to\infty}{\longrightarrow} -\infty$$

gelten.

Lösung zu Aufgabe 3.3.2

$$I_\alpha(z) \equiv \int\limits_0^\infty \frac{x^{\alpha-1}}{z^{-1}\, e^x - 1}\, dx = \int\limits_0^\infty z\, e^{-x}\, x^{\alpha-1} \sum_{n=0}^\infty (z\, e^{-x})^n \, dx = \sum_{n=1}^\infty z^n \int\limits_0^\infty x^{\alpha-1}\, e^{-x\, n}\, dx.$$

Substitution $t = x\, n$:

$$I_\alpha(z) = \sum_{n=1}^\infty z^n\, n^{-\alpha} \int\limits_0^\infty t^{\alpha-1}\, e^{-t}\, dt = \Gamma(\alpha) \sum_{n=1}^\infty \frac{z^n}{n^\alpha}$$

$$\Longrightarrow \; g_\alpha(z) = \frac{1}{\Gamma(\alpha)}\, I_\alpha(z) \qquad \text{q.e.d.}$$

Lösung zu Aufgabe 3.3.3

1) Nach (3.146) gilt es zu berechnen:

$$\beta\,\Omega = (2S+1)\, \frac{V}{(2\pi)^3}\, 4\pi \int\limits_0^\infty dk\, k^2 \ln\left(1 - z\, e^{-\alpha k}\right) + (2S+1) \ln(1-z),$$

$$\alpha \equiv \beta \hbar c > 0.$$

Partielle Integration:

$$\int\limits_0^\infty dk\, k^2 \ln\left(1 - z\, e^{-\alpha k}\right) =$$

$$= \frac{1}{3} k^3 \ln\left(1 - z\, e^{-\alpha k}\right)\Big|_0^\infty - \frac{1}{3} \int\limits_0^\infty dk\, k^3\, \frac{+\alpha\, z\, e^{-\alpha k}}{1 - z\, e^{-\alpha k}} =$$

$$= -\frac{\alpha}{3} \int\limits_0^\infty dk\, k^3\, \frac{1}{z^{-1}\, e^{\alpha k} - 1} \overset{(x=\alpha k)}{=} -\frac{1}{3\alpha^3} \int\limits_0^\infty dx\, \frac{x^3}{z^{-1}\, e^x - 1} = -\frac{1}{3\alpha^3}\, \Gamma(4)\, g_4(z).$$

Im letzten Schritt haben wir die Integralformel aus Aufgabe 3.3.2 verwendet. Mit $\Gamma(4) = 3!$ bleibt schließlich:

$$\beta\Omega = (2S+1)\,\ln(1-z) - \frac{(2S+1)\,V}{\pi^2\,(\beta\,\hbar\,c)^3}\,g_4(z).$$

2)

$$pV = -\Omega$$
$$\Longrightarrow \beta\,p = (2S+1)\left[\frac{g_4(z)}{\pi^2\,(\beta\,\hbar\,c)^3} - \frac{1}{V}\ln(1-z)\right].$$

Teilchendichte gemäß (2.78):

$$n = \frac{\langle\widehat{N}\rangle}{V} = z\left(\frac{\partial}{\partial z}\beta\,p\right)_{T,V}$$
$$\Longrightarrow n = (2S+1)\left[\frac{g_3(z)}{\pi^2\,(\beta\,\hbar\,c)^3} + \frac{1}{V}\,\frac{z}{1-z}\right].$$

Innere Energie gemäß (2.83):

$$U = -\left(\frac{\partial}{\partial\beta}\ln\Xi_z\right)_{z,V} = \left[\frac{\partial}{\partial\beta}(\beta\,\Omega)\right]_{z,V}$$
$$\Longrightarrow U = \frac{3}{\beta^4}\,\frac{(2S+1)\,V}{\pi^2\,(\hbar\,c)^3}\,g_4(z).$$

3) Nach 2) gilt:

$$U = 3\,p\,V + 3\,k_B\,T\,(2S+1)\,\ln(1-z).$$

Es ist also zu zeigen:

$$\lim_{V\to\infty}\frac{1}{V}\ln(1-z) = 0.$$

Für $z < 1$ ist das trivial. Für $z \to 1$ folgt aus der Beziehung für die Teilchendichte n:

$$\frac{1}{V}\,\frac{z}{1-z} \longrightarrow \frac{n}{2S+1} - \frac{g_3(1)}{\pi\,(\beta\,\hbar\,c)^3} \equiv x(T).$$

$g_{3/2}(z)$ ist monoton wachsend im Intervall $0 \le z \le 1$ mit einem endlichen Wert für $z = 1$:

$$g_3(1) = \xi(3) = 1{,}202.$$

$x(T)$ ist also endlich. Dies bedeutet, daß sich in der Grenze $z \to 1$, $V \to \infty$ $(1-z)$ wie $1/V$ verhalten muß. Dann strebt allerdings in der Tat $(1/V)\ \ln(1-z)$ gegen Null, und der zweite Summand in obiger Gleichung für U kann vernachlässigt werden:

$$U = 3\,p\,V,$$
$$p = \frac{2S+1}{\beta^4}\,\frac{1}{\pi^2\,(\hbar\,c)^3}\,g_4(z).$$

4) Die Beziehung für n aus 2) läßt sich wie folgt schreiben:

$$n_0 = n - \frac{2S+1}{\pi^2 (\beta \hbar c)^3} g_3(z),$$

n_0: Teilchendichte im Grundzustand (N_0/V). Falls

$$n > \frac{2S+1}{\pi^2 (\beta \hbar c)^3} g_3(1)$$

wird, nimmt n_0 makroskopische Werte an $\Longrightarrow$ Bose-Einstein-Kondensation. Kritische Daten aus

$$n \stackrel{!}{=} \frac{2S+1}{\pi^2 (\beta \hbar c)^3} g_3(1).$$

n fest:

$$k_B T_c(n) = \hbar c \left[\frac{\pi^2 n}{(2S+1) g_3(1)} \right]^{1/3}.$$

T fest:

$$n_c(T) = \frac{2S+1}{\pi^2 (\beta \hbar c)^3} g_3(1).$$

5)

$$\frac{n_0}{n} = 1 - \frac{2S+1}{\pi^2 (\beta \hbar c)^3} \frac{g_3(1)}{n} = 1 - \left(\frac{\beta_c}{\beta} \right)^3 = \frac{N_0}{N}$$

$$\Longrightarrow N_0 = \left[1 - \left(\frac{T}{T_c} \right)^3 \right] N.$$

6) Aus den Gleichungen

$$p_c(T) = (k_B T)^4 \frac{2S+1}{\pi^2 (\hbar c)^3} g_4(1),$$
$$n_c(T) = (k_B T)^3 \frac{2S+1}{\pi^2 (\hbar c)^3} g_3(1)$$

ist die Temperatur zu eliminieren:

$$p_c = c\, n^{4/3},$$
$$c = \frac{\hbar c \pi^{1/3}}{(2S+1)^{1/3}} \frac{g_4(1)}{\left(g_3(1)\right)^{4/3}}.$$

Lösung zu Aufgabe 3.3.4

1)

$$\sum_r \cdots \Longrightarrow (2S+1) \frac{V}{4\pi^2} \int d^2k \ldots,$$
$$d^2k = k\, dk\, d\varphi.$$

Mit (3.21) folgt zunächst:

$$\beta\,\Omega(T,V,z) = (2S+1)\,\frac{V}{4\,\pi^2}\,2\pi \int\limits_0^\infty dk\,k\,\ln\left(1 - z\,e^{-\beta\,\epsilon(k)}\right) + (2S+1)\,\ln(1-z).$$

Der zweite Summand begründet sich wie zu (3.146). Substitution:

$$y = \frac{\hbar^2\,k^2}{2\,m}\,\beta = \pi\,\lambda^2\,k^2 \implies dy = 2\,\pi\,\lambda^2\,k\,dk.$$

Das obige Integral schreibt sich damit:

$$\begin{aligned}
&2\,\pi\,\lambda^2 \int\limits_0^\infty dk\,k\,\ln\left[1 - z\,\exp\left(-\beta\,\frac{\hbar^2\,k^2}{2\,m)}\right)\right] = \\
&= \int\limits_0^\infty dy\,\ln\left(1 - z\,e^{-y}\right) = \\
&= y\,\ln\left(1 - z\,e^{-y}\right)\Big|_0^\infty - \int\limits_0^\infty dy\,y\,\frac{z\,e^{-y}}{1 - z\,e^{-y}} = \\
&= -\int\limits_0^\infty dy\,\frac{y}{z^{-1}\,e^y - 1} = -\Gamma(2)\,g_2(z) = -g_2(z).
\end{aligned}$$

Zum Schluß haben wir die Integralformel aus Aufgabe 3.3.2 ausgenutzt:

$$\beta\,\Omega(T,V,z) = -\frac{(2S+1)\,V}{4\pi^2\,\lambda^2}\,g_2(z) + (2S+1)\,\ln(1-z).$$

2) Mit (2.78) und Formel (3.158) ergibt sich für die Teilchendichte:

$$n = z\left(\frac{\partial}{\partial z}\,\beta\,p\right)_{T,V} = -z\left(\frac{\partial}{\partial z}\,\frac{\beta\,\Omega}{V}\right)_{T,V} = \frac{2S+1}{4\pi^2\,\lambda^2}\,g_1(z) + \frac{2S+1}{V}\,\frac{z}{1-z}.$$

3)

$$g_1(z) = \sum_{n=1}^{\infty} \frac{z^n}{n} \quad \textbf{divergiert}\text{ für } \quad z \to 1.$$

Bedingung für den Übergang ins *Kondensationsgebiet* wäre in Analogie zu (3.161):

n fest und endlich:

$$n\,4\pi^2\,\lambda_c^2 \stackrel{!}{=} (2S+1)\,g_1(1) = \infty$$

$$\implies T_C = 0.$$

Es gibt somit keine Bose-Einstein-Kondensation im zweidimensionalen idealen Bose-Gas, wenn die Ein-Teilchen-Energien von der angegebenen Art sind (vgl. mit Aufgabe 3.3.7).

Lösung zu Aufgabe 3.3.5

In der *gasförmigen* Phase des idealen Bose-Gases gilt nach (3.152):

$$n = \frac{2S+1}{\lambda^3}\, g_{3/2}(z),$$

$$g_{3/2}(z) = \sum_{n=1}^{\infty} \frac{z^n}{n^{3/2}}.$$

In niedrigster Ordnung folgt (Kap. 3.3.2):

$$z \approx z^{(0)} = \frac{n\,\lambda^3}{2S+1}.$$

Ansatz:

$$z = \alpha_1\, z^{(0)} + \alpha_2 \left(z^{(0)}\right)^2 + \alpha_3 \left(z^{(0)}\right)^3 + \cdots$$

Einsetzen in die Beziehung für n:

$$\begin{aligned} z^{(0)} = {} & \alpha_1\, z^{(0)} + \alpha_2 \left(z^{(0)}\right)^2 + \alpha_3 \left(z^{(0)}\right)^3 + \cdots + \\ & + \frac{1}{2^{3/2}} \left(\alpha_1\, z^{(0)} + \alpha_2 \left(z^{(0)}\right)^2 + \cdots\right)^2 + \\ & + \frac{1}{3^{3/2}} \left(\alpha_1\, z^{(0)} + \alpha_2 \left(z^{(0)}\right)^2 + \cdots\right)^3 + \cdots . \end{aligned}$$

Sortieren nach Potenzen von $z^{(0)}$:

$$\begin{aligned} 0 &= (\alpha_1 - 1)\, z^{(0)} && \Longrightarrow \alpha_1 = 1, \\ 0 &= \left(\alpha_2 + \frac{\alpha_1}{2^{3/2}}\right) \left(z^{(0)}\right)^2 && \Longrightarrow \alpha_2 = -\frac{1}{2^{3/2}}, \\ 0 &= \left(\alpha_3 + \frac{2}{2^{3/2}}\,\alpha_1\,\alpha_2 + \frac{\alpha_1^3}{3^{3/2}}\right) \left(z^{(0)}\right)^3 && \Longrightarrow \alpha_3 = \frac{1}{4} - \frac{1}{3^{3/2}}. \end{aligned}$$

Für den Druck gilt (3.151):

$$\begin{aligned} \beta\, p\, V &= \frac{(2S+1)\,V}{\lambda^3}\, g_{5/2}(z) = \frac{(2S+1)\,V}{\lambda^3} \left(z + \frac{z^2}{2^{5/2}} + \frac{z^3}{3^{5/2}} + \cdots\right) = \\ &= \frac{(2S+1)\,V}{\lambda^3} \left[\alpha_1\, z^{(0)} + \alpha_2 \left(z^{(0)}\right)^2 + \alpha_3 \left(z^{(0)}\right)^3 + \cdots + \right. \\ &\qquad + \frac{1}{2^{5/2}} \left(\alpha_1\, z^{(0)} + \alpha_2 \left(z^{(0)}\right)^2 + \cdots\right)^2 + \\ &\qquad \left. + \frac{1}{3^{5/2}} \left(\alpha_1\, z^{(0)} + \alpha_2 \left(z^{(0)}\right)^2 + \cdots\right)^3 + \cdots\right] = \\ &= n\, V \left[1 + z^{(0)} \left(\alpha_2 + \frac{1}{2^{5/2}}\right) + \right. \\ &\qquad \left. + \left(z^{(0)}\right)^2 \left(\alpha_3 + \frac{2\,\alpha_1\,\alpha_2}{2^{5/2}} + \frac{1}{3^{5/2}}\right) + \cdots\right]. \end{aligned}$$

Zahlenwerte für α_1, α_2, α_3 einsetzen:

$$pV = N\,k_B\,T\left(1 - \frac{1}{2^{5/2}}\,z^{(0)} + \left(\frac{1}{8} - \frac{2}{3^{5/2}}\right)\left(z^{(0)}\right)^2 + \cdots\right).$$

Die ersten beiden Terme der Entwicklung wurden bereits in (3.156) gefunden.

Lösung zu Aufgabe 3.3.6

Lösung zu Aufgabe 3.3.3:

$$n = \frac{2S+1}{\pi^2(\beta\,\hbar\,c)^3}\,g_3(z),$$

$$p = \frac{2S+1}{\beta^4}\,\frac{1}{\pi^2(\hbar\,c)^3}\,g_4(z) = \frac{k_B\,T\,n}{z^{(0)}}\,g_4(z).$$

In niedrigster Ordnung gilt ($z \ll 1$):

$$z^{(0)} = g_3(z) \approx z.$$

Ansatz:

$$z = \sum_{n=1}^{\infty} \alpha_n\left(z^{(0)}\right)^n.$$

Einsetzen in

$$z^{(0)} = \sum_{n=1}^{\infty} \frac{z^n}{n^3}$$

und nach Potenzen von $z^{(0)}$ sortieren:

$$0 = (\alpha_1 - 1)\,z^{(0)} \qquad \Longrightarrow \alpha_1 = 1,$$

$$0 = \left(\alpha_2 + \frac{\alpha_1}{2^3}\right)\left(z^{(0)}\right)^2 \qquad \Longrightarrow \alpha_2 = -\frac{1}{2^3},$$

$$0 = \left(\alpha_3 + \frac{2}{2^3}\,\alpha_1\,\alpha_2 + \frac{\alpha_1^3}{3^3}\right)\left(z^{(0)}\right)^3 \qquad \Longrightarrow \alpha_3 = \frac{1}{2^5} - \frac{1}{3^3}.$$

Thermische Zustandsgleichung:

$$\begin{aligned}
pV &= N\,k_B\,T\,\frac{1}{z^{(0)}}\left(z + \frac{z^2}{2^4} + \frac{z^3}{3^4} + \cdots\right) = \\
&= N\,k_B\,T\left[\alpha_1 + \alpha_2\,z^{(0)} + \alpha_3\left(z^{(0)}\right)^2 + \right.\\
&\quad + \frac{1}{2^4\,z^{(0)}}\left(\alpha_1\,z^{(0)} + \alpha_2\,z^{(0)} + \cdots\right)^2 + \\
&\quad \left. + \frac{1}{3^4\,z^{(0)}}\left(\alpha_1\,z^{(0)} + \alpha_2\,z^{(0)} + \cdots\right)^3 + \cdots\right]
\end{aligned}$$

$$\Longrightarrow pV = N\,k_B\,T\left[1 + \gamma_1\,z^{(0)} + \gamma_2\left(z^{(0)}\right)^2 + \cdots\right],$$

$$\gamma_1 = \alpha_2 + \frac{1}{2^4}\,\alpha_1 = -\frac{1}{2^4},$$

$$\begin{aligned}
\gamma_2 &= \alpha_3 + \frac{2}{2^4}\,\alpha_1\,\alpha_2 + \frac{1}{3^4}\,\alpha_1 = \\
&= \frac{1}{2^5} - \frac{1}{3^3} - \frac{1}{2^6} + \frac{1}{3^4} = \frac{1}{2^6} - \frac{2}{3^4}.
\end{aligned}$$

Lösung zu Aufgabe 3.3.7

1) Nach (3.146) gilt es zu berechnen:

$$\beta\,\Omega(T,V,z) = (2S+1)\,\frac{V}{(2\pi)^3}\,2\pi\int\limits_0^\infty dk\,k\,\ln\left(1 - z\,e^{-\beta\hbar c k}\right) + (2S+1)\,\ln(1-z) =$$

$$= (2S+1)\,\frac{V}{(2\pi\,\beta\,\hbar\,c)^2}\int\limits_0^\infty dy\,y\,\ln\left(1 - z\,e^{-y}\right) + (2S+1)\,\ln(1-z),$$

$$\int\limits_0^\infty dy\,y\,\ln\left(1 - z\,e^{-y}\right) = \frac{1}{2}\,y^2\,\ln\left(1 - z\,e^{-y}\right)\Big|_0^\infty - \frac{1}{2}\int\limits_0^\infty dy\,y^2\,\frac{z\,e^{-y}}{1 - z\,e^{-y}} =$$

$$= -\frac{1}{2}\int\limits_0^\infty dy\,\frac{y^2}{z^{-1}\,e^y - 1} = -\frac{1}{2}\,\Gamma(3)\,g_3(z).$$

Im letzten Schritt haben wir wiederum die Integralformel aus Aufgabe 3.3.2 benutzt:

$$\beta\,\Omega(T,V,z) = -\frac{(2S+1)\,V}{(2\pi\,\beta\,\hbar\,c)^2}\,g_3(z) + (2S+1)\,\ln(1-z).$$

2) Mit (2.78) und Formel (3.158) folgt:

$$n = -z\left(\frac{\partial}{\partial z}\,\frac{\beta\,\Omega}{V}\right)_{T,V} = \frac{2S+1}{(2\pi\,\beta\,\hbar\,c)^2}\,g_2(z) + \frac{2S+1}{V}\,\frac{z}{1-z}.$$

3) $g_2(1)$ endlich $\Longrightarrow$ Es gibt eine Bose-Einstein-Kondensation.

Bei festem n:

$$k_B\,T_C(n) = 2\,\pi\,\hbar\,c\,\sqrt{\frac{n}{(2S+1)\,g_2(1)}}; \quad g_2(1) = \zeta(2) = \frac{\pi}{6}.$$

Lösung zu Aufgabe 3.3.8

Plancksche Strahlungsformel (3.206) muß zunächst auf Wellenlängen umgeschrieben werden:

$$\omega = \frac{2\,\pi\,c}{\lambda} \;\rightarrow\; \left|\frac{d\omega}{d\lambda}\right| = \frac{2\,\pi\,c}{\lambda^2},$$

$$\hat{\epsilon}(\lambda,T)\,d\lambda = \hat{\epsilon}\left(\omega = \frac{2\,\pi\,c}{\lambda}\right)\left|\frac{d\omega}{d\lambda}\right|\,d\lambda$$

$$\Longrightarrow \hat{\epsilon}(\lambda,T) = \frac{8\,\pi\,h\,c}{\lambda^5}\,\frac{1}{\exp\left(\beta\frac{h\,c}{\lambda}\right) - 1}.$$

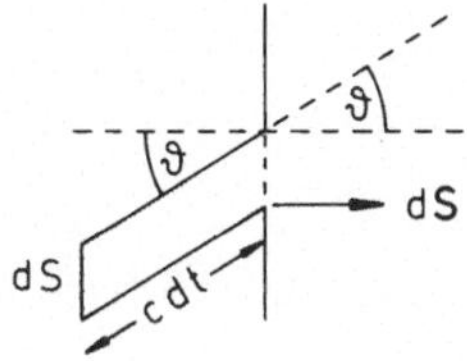

Photonen bewegen sich mit Lichtgeschwindigkeit. Alle Photonen in dem skizzierten Zylinder mit *passender* Bewegungsrichtung erreichen in der Zeit dt das Loch dS. Die Richtungen der Geschwindigkeitsvektoren sind isotrop verteilt. Der Bruchteil $d\Omega/4\pi$ wird die *richtige* Richtung haben. Der Zylinder hat das Volumen:

$$(c\,dt)\,(dS\,\cos\vartheta).$$

Damit gilt für die pro Zeiteinheit entweichende spektrale Energie:

$$I_\lambda(T,\vartheta)\,d\lambda\,d\Omega\,dS = \hat{\epsilon}(\lambda,T)\,d\lambda\,(c\,dS\,\cos\vartheta)\,\frac{d\Omega}{4\pi}$$

$$\Longrightarrow\quad I_\lambda(T,\vartheta) = 2\,\cos\vartheta\,\frac{h\,c^2}{\lambda^5}\,\frac{1}{\exp\left(\beta\,\frac{h\,c}{\lambda}\right)-1}.$$

Lösung zu Aufgabe 3.3.9

1) Nach (3.206) gilt:

$$\hat{\epsilon}(\omega,T) = \frac{\hbar\,\pi}{(\pi\,\beta\,c)^3}\,\frac{x^3}{e^x-1}.$$

T fest $\rightarrow$ Extremwertbedingung:

$$0 \stackrel{!}{=} \frac{d}{dx}\,\frac{x^3}{e^x-1} = \frac{(e^x-1)\,3x^2 - x^3\,e^x}{(e^x-1)^2}$$

$$\Longrightarrow\quad 0 = 3\,(e^x-1) - x\,e^x$$

$$\Longrightarrow\quad (3-x)\,e^x = 3 \quad\Longleftrightarrow\quad x = x_0.$$

2) Unabhängig von der Temperatur T ist das Maximum stets durch dasselbe x_0 gegeben:

$$x_0 = \frac{\hbar\,\omega}{k_B\,T} \quad\Longrightarrow\quad \frac{\omega_1}{T_1} = \frac{\omega_2}{T_2}.$$

Lösung zu Aufgabe 3.3.10

Kinetische Energie:

$$\sum_{i,\alpha} \dot{u}_{i\alpha}^2\,(t) = \sum_{i,\alpha}\frac{1}{N}\sum_{r,r'}\sum_{\mathbf{q},\mathbf{q}'} \dot{Q}_r\,(\mathbf{q},t)\;\dot{Q}_{r'}\,(\mathbf{q}',t)\,\epsilon_{r\alpha}(\mathbf{q})\,\epsilon_{r'\alpha}(\mathbf{q}')\,e^{i(\mathbf{q}+\mathbf{q}')\mathbf{R}_i} =$$

$$= \sum_{\substack{r,r'\\ \alpha}}\sum_{\mathbf{q},\mathbf{q}'}\delta_{\mathbf{q}-\mathbf{q}'}\;\dot{Q}_r\,(\mathbf{q},t)\;\dot{Q}_{r'}\,(\mathbf{q}',t)\,\epsilon_{r\alpha}(\mathbf{q})\,\epsilon_{r'\alpha}(\mathbf{q}') =$$

$$\stackrel{(3.222)}{=} \sum_{r,r'}\sum_{\mathbf{q}} \dot{Q}_r\,(\mathbf{q},t)\;\dot{Q}_{r'}\,(-\mathbf{q},t)\,\sum_{\alpha}\epsilon_{r\alpha}(\mathbf{q})\,\epsilon^*_{r'\alpha}(\mathbf{q}) =$$

$$\stackrel{(3.218)}{=} \sum_{r,\mathbf{q}} \dot{Q}_r\,(\mathbf{q},t)\;\dot{Q}_r^*\,(\mathbf{q},t)$$

$$\Longrightarrow\quad T = \frac{1}{2}\,M\sum_{i,\alpha}\dot{u}_{i\alpha}^2\,(t) = \frac{1}{2}\,M\sum_{r,\mathbf{q}}\dot{Q}_r\,(\mathbf{q},t)\;\dot{Q}_r^*\,(\mathbf{q},t).$$

Potentielle Energie:

$$V = V_0 + \frac{1}{2} \sum_{i,j} \sum_{\alpha,\beta} \varphi_{i\alpha}^{j\beta} u_{i\alpha} u_{j\beta} =$$

$$= V_0 + \frac{1}{2N} \sum_{\substack{i,j \\ \alpha\beta}} \varphi_{i\alpha}^{j\beta} \sum_{r,r'} \sum_{\mathbf{q},\mathbf{q}'} Q_r(\mathbf{q},t)\, Q_{r'}(\mathbf{q}',t)\, \epsilon_{r\alpha}(\mathbf{q})\, \epsilon_{r'\beta}(\mathbf{q}')\, e^{i(\mathbf{q}\,\mathbf{R}_i + \mathbf{q}'\,\mathbf{R}_j)} =$$

$$= V_0 + \frac{1}{2N} \sum_{j\alpha\beta} \sum_{r,r'} \sum_{\mathbf{q},\mathbf{q}'} Q_r(\mathbf{q},t)\, Q_{r'}(\mathbf{q}',t)\, \epsilon_{r\alpha}(\mathbf{q})\, \epsilon_{r'\beta}(\mathbf{q}') *$$

$$* \sum_m \varphi_{m\alpha}^{o\beta}\, e^{i\,\mathbf{q}\,\mathbf{R}_m}\, e^{i(\mathbf{q}+\mathbf{q}')\mathbf{R}_j} =$$

$$= V_0 + \frac{1}{2} \sum_{\alpha\beta} \sum_{r,r'} \sum_{\mathbf{q},\mathbf{q}'} Q_r(\mathbf{q},t)\, Q_{r'}(\mathbf{q}',t)\, \epsilon_{r\alpha}(\mathbf{q})\, \epsilon_{r'\beta}(\mathbf{q}')\, M\, K_{\alpha\beta}(\mathbf{q})\, \delta_{\mathbf{q}-\mathbf{q}'} =$$

$$\stackrel{(3.216)}{=} V_0 + \frac{1}{2} M \sum_{\alpha} \sum_{r,r'} \sum_{\mathbf{q}} Q_r(\mathbf{q},t)\, Q_{r'}(-\mathbf{q},t)\, \epsilon_{r\alpha}(\mathbf{q})\, \omega_{r'}^2(-\mathbf{q})\, \epsilon_{r'\alpha}(-\mathbf{q}) =$$

$$\stackrel{(3.218)}{=} V_0 + \frac{1}{2} M \sum_{r,r'} \sum_{\mathbf{q}} Q_r(\mathbf{q},t)\, Q_{r'}^*(\mathbf{q},t)\, \omega_{r'}^2(\mathbf{q})\, \delta_{rr'}$$

$$\Longrightarrow\ V = V_0 + \frac{1}{2} M \sum_{\mathbf{q},r} \omega_r^2(\mathbf{q})\, Q_r(\mathbf{q},t)\, Q_r^*(\mathbf{q},t).$$

Bei der Ableitung haben wir

$$\omega_r(\mathbf{q}) = \omega_r(-\mathbf{q}); \qquad K_{\alpha\beta}(\mathbf{q}) = K_{\alpha\beta}(-\mathbf{q})$$

ausgenutzt (Inversionssymmetrie, Zeitumkehrinvarianz).

Lösung zu Aufgabe 3.3.11

Die ersten beiden Relationen ergeben sich unmittelbar aus (3.220) und (3.227). Wir beweisen die dritte Beziehung:

$$\left[\widehat{P}_r(\mathbf{q},t), \widehat{Q}_{r'}(\mathbf{q}',t)\right]_- = \frac{M}{N} \sum_{i,\alpha} \sum_{j,\beta} \left[\dot{\hat{u}}_{i\alpha}(t), \hat{u}_{j\beta}(t)\right]_- \epsilon_{r\alpha}(\mathbf{q})\, \epsilon_{r'\beta}^*(\mathbf{q}')\, e^{i(\mathbf{q}\,\mathbf{R}_i - \mathbf{q}'\,\mathbf{R}_j)} =$$

$$\stackrel{(3.227)}{=} \frac{1}{N} \sum_{i,\alpha} \frac{\hbar}{i}\, \epsilon_{r\alpha}(\mathbf{q})\, \epsilon_{r'\alpha}^*(\mathbf{q}')\, e^{i(\mathbf{q}-\mathbf{q}')\mathbf{R}_i} =$$

$$= \frac{\hbar}{i} \sum_{\alpha} \epsilon_{r\alpha}(\mathbf{q})\, \epsilon_{r'\alpha}^*(\mathbf{q}')\, \delta_{\mathbf{q}\mathbf{q}'} \stackrel{(3.218)}{=} \frac{\hbar}{i}\, \delta_{rr'}\, \delta_{\mathbf{q}\mathbf{q}'}.$$

STICHWÖRTERVERZEICHNIS

vieweg